Springer-Lehrbuch

Werner Buselmaier
Gholamali Tariverdian

Humangenetik für Biologen

Mit 201 Abbildungen

Prof. Dr. Werner Buselmaier
Prof. Dr. Gholamali Tariverdian
Universität Heidelberg
Institut für Humangenetik
Im Neuenheimer Feld 366
69120 Heidelberg

Werner.Buselmaier@med.uni-heidelberg.de
Gholamali.Tariverdian@med.uni-heidelberg.de

ISBN 10 3-540-24036-5 Springer Berlin Heidelberg New York
ISBN 13 978-3-540-24036-5 Springer Berlin Heidelberg New York

Bibliografische Information der Deutschen Bibliothek
Die Deutsche Bibliothek verzeichnet diese Publikation in der Deutschen Nationalbibliografie; detaillierte bibliografische Daten sind im Internet über http://dnb.ddb.de abrufbar.

Dieses Werk ist urheberrechtlich geschützt. Die dadurch begründeten Rechte, insbesondere die der Übersetzung, des Nachdrucks, des Vortrags, der Entnahme von Abbildungen und Tabellen, der Funksendung, der Mikroverfilmung oder der Vervielfältigung auf anderen Wegen und der Speicherung in Datenverarbeitungsanlagen, bleiben, auch bei nur auszugsweiser Verwertung, vorbehalten. Eine Vervielfältigung dieses Werkes oder von Teilen dieses Werkes ist auch im Einzelfall nur in den Grenzen der gesetzlichen Bestimmungen des Urheberrechtsgesetzes der Bundesrepublik Deutschland vom 9. September 1965 in der jeweils geltenden Fassung zulässig. Sie ist grundsätzlich vergütungspflichtig. Zuwiderhandlungen unterliegen den Strafbestimmungen des Urheberrechtsgesetzes.

Springer ist ein Unternehmen von Springer Science+Business Media
springer.de

© Springer-Verlag Heidelberg 2006
Printed in Germany

Die Wiedergabe von Gebrauchsnamen, Handelsnamen, Warenbezeichnungen usw. in diesem Werk berechtigt auch ohne besondere Kennzeichnung nicht zu der Annahme, dass solche Namen im Sinne der Warenzeichen- und Markenschutzgesetzgebung als frei zu betrachten wären und daher von jedermann benutzt werden dürften.

Produkthaftung: Für Angaben über Dosierungsanweisungen und Applikationsformen kann vom Verlag keine Gewähr übernommen werden. Derartige Angaben müssen vom jeweiligen Anwender im Einzelfall anhand anderer Literaturstellen auf ihre Richtigkeit überprüft wreden.

Planung: Iris Lasch-Petersmann, Heidelberg
Redaktion: Stefanie Wolf, Heidelberg
Herstellung: ProEdit GmbH, Heidelberg
Umschlaggestaltung: deblik Berlin
Umschlagfoto: Zwei unauffällige homologe menschliche Chromosomen 7, dargestellt mittels proteinvermittelter, konventioneller Bänderungszytogenetik und DNA-vermittelter Vielfarben-Bänderung (multicolor banding = MCB),
Dr. Thomas Liehr, Jena
Satz: SDS, Leimen
Gedruckt auf säurefreiem Papier   29/3152/Re – 5 4 3 2 1 0

*Unserem langjährigen wissenschaftlichen
Lehrer Prof. Dr. med. Dr. h.c. Friedrich Vogel
zum 80. Geburtstag gewidmet*

Vorwort

Die Humangenetik ist ein Brückenfach zwischen Medizin und Biologie. Durch die ungeheuren Fortschritte der molekularen Biologie bis hin zum Human Genom Projekt wurde der Humangenetik ein Erkenntniszuwachs beschert, wie er wohl in kaum einer anderen Teildisziplin der Lebenswissenschaften erfolgte. Für die Medizin hat sie sich zum führenden Grundlagenfach schlechthin entwickelt. Dabei spürt man den interdisziplinären Charakter des Faches in allen Bereichen. Unter den Arbeitsgruppenleitern der Institute ist er genauso vorhanden wie in der Zusammensetzung der Studenten und Doktoranden. Humangenetik ist Pflichtfach in der Medizinausbildung und wird an vielen deutschen Universitäten im Fachbereich Biologie gelehrt. In vielen grundlagenwissenschaftlichen, klinischen und privatwirtschaftlichen Laboratorien arbeiten Biologen an humangenetischen Fragestellungen oder an solchen, für die eine humangenetische Grundausbildung nützlich ist.

Darüber hinaus vermittelt der Oberstufenunterricht an weiterführenden Schulen vorwiegend Humanbiologie. Eine universitäre Vorbereitung ist hier gerade in Humangenetik von außerordentlicher Bedeutung. Entsprechendes gilt bezüglich der Grundlagenausbildung für Fachpersonal von Einrichtungen der Behindertenhilfe.

Gleichwohl gab es bisher kein Lehrbuch der Humangenetik für Studenten der verschiedenen Teilbereiche der Biowissenschaften. Dies gilt sowohl für den universitären Bereich mit den Studiengängen Biologie mit Zielrichtung Diplom, Staatsexamen, Master of Science und Biotechnologie als auch für die entsprechenden Bereiche an Fachhochschulen. Die Studenten waren im Wesentlichen auf das Humangenetik-Lehrbuch für Medizinstudenten der Autoren dieses Buches angewiesen oder auf molekularbiologische Unterrichtswerke, bei denen humangenetische Fragestellungen eher eine nachgeordnete Bedeutung haben.

Da wir aber selbst seit Jahrzehnten auch an der Lehre in der Fakultät für Biowissenschaften für diesen Bereich tätig sind und der Erstautor hier eine umfangreiche Prüfungserfahrung besitzt, nahmen wir die Anregung des Verlags für ein solches Lehrbuch gerne auf. Dabei schien es uns wichtig, die humangenetische Wissenschaft in der vollen Breite des Faches darzustellen. Neben den modernsten molekularen Erkenntnissen sollte die Geschichte der Humangenetik genauso behandelt werden wie die Zytogenetik, die formale und klinische Genetik, die Populationsgenetik sowie die Interaktion von Genen und Umwelt. Wichtig war auch die Beschreibung der praktischen Anwendungsbereiche und der wissenschaftlichen Aspekte für andere Fachbereiche wie die Krebsforschung, die experimentelle Embryologie, die Evolutionsforschung bis hin zur forensischen Medizin.

Bei der Vermittlung des Stoffes wurde natürlich modernsten didaktischen Bedürfnissen Rechnung getragen. Wert gelegt wurde auch auf ein ausführliches Glossarium, da im Text viele Fachausdrücke Verwendung finden müssen, die aus der medizinischen Terminologie stammen und folglich nicht zum allgemeinen Inventar der Biologen gehören.

Autoren und Verlag erhoffen sich Hinweise, Empfehlungen und kritische Beurteilungen des Textes von studentischer Seite und von Seiten der Fachkollegen, die entscheidend zu Verbesserungen künftiger Auflagen beitragen können.

Herzlich danken möchten die Autoren ihren wissenschaftlichen Lehrern und hier vor allem Herrn Prof. Dr. med. Dr. h.c. Friedrich Vogel, dem Wegbegleiter der modernen Humangenetik, für seine jahrzehntelange wissenschaftliche Unterstützung und dafür, dass wir an seinem dualen Ansatz der Interpretation der Humangenetik als Fach zwischen Medizin und Biologie teilhaben durften. Unser ganz besonderer Dank gilt dem Verlag mit Frau Iris Lasch-Petersmann und Frau Stefanie Wolf sowie den Herstellern. Ebenso danken möchten wir Herrn Dr. Walter Reichert vom Institut für Rechts- und Verkehrsmedizin der Universität Heidelberg für seine Durchsicht des entsprechenden Kapitels. Hervorheben möchte der Erstautor auch die außerordentlich engagierte Unterstützung und die arbeitsintensive Tätigkeit bei der Bearbeitung des Manuskripts auf allen Ebenen durch seine Lebenspartnerin Sigrid Göhner. Ihr gilt mein ganz persönlicher herzlicher Dank.

Heidelberg im Sommer 2005

Werner Buselmaier
Gholamali Tariverdian

Inhaltsverzeichnis

1	**Die Geschichte der Humangenetik.**	**1**	3.3.3	Zentromer, Telomer und Origin of Replication	68
1.1	Erfahrungswissenschaft von der Antike bis ins 19. Jahrhundert	2	3.4	Charakterisierung und Darstellung menschlicher Chromosomen	70
1.2	Die Paradigmen von Galton und Mendel	3	3.4.1	Strukturelle Varianten menschlicher Chromosomen	77
1.3	Die frühe Humangenetik	4	3.4.2	Chromosomen als Grundlage der Geschlechtsentwicklung	79
1.4	Eugenik und Politik	7	3.4.3	Die Inaktivierung des X-Chromosoms	83
1.5	Die Entwicklung der medizinischen Genetik	9	3.5	Arten von Mutationen	86
1.6	DNA-technologisches Zeitalter der Gegenwart	10	3.5.1	Klassifizierung von Mutationen	87
			3.5.2	Mechanismen der Entstehung	87
2	**Molekulare Grundlagen der Humangenetik**	**13**	3.6	Ursachen von Mutationen	98
2.1	Universalität der genetischen Grundlage	14	3.6.1	Spontanmutationen	98
2.2	Aufbau und Replikation der DNA	15	3.6.2	Bedeutung des väterlichen Alters bei Genmutationen	100
2.3	Aufbau und Definition von Genen	23	3.6.3	Induzierte Mutationen	103
2.4	Transkription der DNA in RNA und Processing	27	3.7	Chromosomenstörungen beim Menschen	110
2.5	Genexpression	35	3.7.1	Entstehungsmechanismus numerischer Chromosomenstörungen	110
2.6	Proteinbiosynthese – Translation	39			
2.7	Proteinstruktur	43	3.7.2	Fehlverteilung gonosomaler Chromosomen	112
3	**Chromosomen, Mutationen und ihre Folgen für die Gesundheit**	**47**	3.7.3	Fehlverteilung autosomaler Chromosomen	113
3.1	Zellzyklus und Zellteilung	49	3.7.4	Polyploidien, Mosaike und Chimären	114
3.1.1	Intermitosezyklus	49			
3.1.2	Mitose und ihre Stadien	52	3.7.5	Strukturelle Chromosomenaberrationen	114
3.1.3	Amitotische Veränderungen des Chromosomensatzes	55	3.7.5.1	Translokationen	114
3.2	Meiose	57	3.7.5.2	Sonstige Strukturaberrationen	119
3.2.1	Entwicklung der Geschlechtszellen	57	3.7.5.3	Strukturelle Y-Chromosomenaberrationen	121
3.2.2	Ablauf der Meiose	57			
3.2.3	Funktion und Fehlfunktionen der Reifeteilung	60	3.7.5.4	Kleine strukturelle Chromosomenaberrationen	122
3.2.4	Spermato- und Oogenese	61	3.7.6	Chromosomenaberrationen bei Spontanaborten	122
3.3	Aufbau eines Chromosoms	64			
3.3.1	Territoriale Anordnung im Zellkern	65	3.7.7	Häufige Symptome bei autosomalen Chromosomenaberrationen	123
3.3.2	Die Verpackung zum Metaphasechromosom	66	3.7.8	Somatische Chromosomenaberrationen	123

3.8	Genmutationen und ihre funktionellen Folgen 124	5.3	Multifaktorielle Vererbung mit geschlechtsspezifischen Schwellenwerteffekten 164
3.8.1	Hämoglobinmolekül 124		
3.8.2	Multiple Allelie 129		
3.8.3	Mutationen nicht-gekoppelter Loki mit verwandter Funktion 129	**6**	**Das Methodeninventar der molekularen Humangenetik 167**
		6.1	Vermehrung von DNA durch Klonierung 168
4	**Formale Genetik** **133**	6.1.1	Die Standard-PCR-Methode zur In-vitro-Klonierung 169
4.1	Kodominante Vererbung 134		
4.2	Autosomal-dominanter Erbgang .. 135		
4.3	Autosomal-rezessiver Erbgang 137	6.1.2	Anwendungsbeispiele der PCR und ihre Anpassung an spezielle Fragestellungen 172
4.3.1	Pseudodominanz 139		
4.3.2	Rezessive Erbleiden bei Blutsverwandten 139	6.1.3	Die zellbasierte In-vivo-Klonierung 176
4.3.3	Auswirkungen von Homozygotie und Heterozygotie 141	6.1.3.1	Wirkungsweise von Restriktionsendonukleasen 178
4.4	X-chromosomale Vererbung 142	6.1.3.2	Isolierung rekombinierter DNA ... 180
4.4.1	X-chromosomal-rezessiver Erbgang 142	6.1.3.3	Markergene erkennen Zellen mit rekombinierter DNA 180
4.4.2	X-chromosomal-dominanter Erbgang 143	6.1.4	Die Klonierung verschieden großer DNA-Sequenzen erfordert unterschiedliche Vektoren 181
4.5	Einige Besonderheiten monogener Erkrankungen 146	6.1.4.1	Plasmidvektoren 181
4.5.1	Genetische Heterogenität 146	6.1.4.2	Lambda- und Cosmidvektoren 181
4.5.2	Pleiotropie 146	6.1.4.3	Vektoren aus P1-Bakteriophagen, PACs, BACs und YACs 182
4.5.3	Expressivität und Penetranz 148		
4.5.4	Manifestationsalter 148	6.1.5	Einige Anwendungsbeispiele der In-vivo-Klonierungstechniken 184
4.5.5	Somatische Mutationen und Mosaike 149	6.2	Nukleinsäurehybridisierung 187
4.5.6	Genomisches Imprinting 149	6.2.1	Sonden 187
4.5.7	Expandierende Trinukleotide 150	6.2.2	Methoden der Nukleinsäurehybridisierung und praktische Anwendungsbeispiele 190
5	**Multifaktorielle (polygene) Vererbung** **153**		
		6.3	Analyse von DNA, die Suche nach Genen und ihre Expression 195
5.1	Erbgrundlage normaler Merkmale und häufiger Erkrankungen mit genetischer Beteiligung 154	6.3.1	Die Didesoxymethode zur DNA-Sequenzierung und ihrer Automatisation 196
5.1.1	Genetische Faktoren bei der Körperhöhe 155	6.3.2	Suche nach Genen 198
5.1.2	Genetik der Intelligenz 158	6.3.3	Genexpressionsuntersuchungen ... 201
5.2	Genetische Grundlagen pathologischer Merkmale 161	6.3.3.1	Genexpressionsanalysen, die auf Hybridisierung beruhen 201
5.2.1	Die Probleme bei Familien-, Zwillings- und Adoptionsstudien .. 163	6.3.3.2	Genexpressionsanalysen, die auf PCR beruhen 202
5.2.2	Statistische Ansätze zur Bearbeitung des genetischen Anteils komplexer Erbanlagen 163	6.3.3.3	Genexpressionsanalysen auf Proteinebene 202

Inhaltsverzeichnis

7	**Das Human Genom Projekt und der Aufbau des menschlichen Genoms** 203
7.1	Das erste biologische Großprojekt: Die Sequenzierung des Humangenoms und seine Begleitprojekte . 205
7.2	Die verschiedenen methodischen Ansätze 206
7.2.1	Genetische Kartierung mit Restriktions-fragmentlängen-Polymorphismen 206
7.2.2	Genetische Kartierung über Mikrosatelliten-Marker 207
7.2.3	Genetische Kartierung über Einzelnukleotid-Polymorphismen (SNPs) . 207
7.2.4	Physikalische Kartierungsstrategien nach klassischem Ansatz 208
7.2.5	Hochauflösende physikalische Kartierungsmethoden 209
7.3	Nomenklatur menschlicher Gene und DNA-Segmente 211
7.4	Genomprojekte anderer Organismen 211
7.5	Der allgemeine Aufbau des menschlichen Genoms 213
7.5.1	Das Kerngenom 214
7.5.2	Die Verteilung des Chromatins und der Gene im Genom 215
7.5.3	Menschliche RNA-Gene 215
7.5.4	Mitochondriale Gene 216
7.5.5	Der mitochondriale Genetische Code 218
7.6	Kodierende DNA 219
7.6.1	Anteile an repetitiver DNA 219
7.6.2	Die Lage von Genen mit verwandter Funktion 219
7.6.3	Einige Besonderheiten bei Lagebeziehungen von Genen .. 219
7.7	Nichtkodierende DNA 221
7.7.1	Tandemwiederholte nichtkodierte DNA 221
7.7.2	Verstreute repetitive DNA 222

8	**Klinische Genetik** 229
8.1	Chromosomenstörungen 230
8.1.1	Autosomale Aneuploidien 231
8.1.2	Gonosomale Aneuploidien 233
8.1.3	Strukturelle Chromosomenaberrationen 237
8.1.4	Mikrodeletions-Syndrome 240
8.1.5	Chromosomeninstabilität bei bestimmten genetisch bedingten Krankheiten (Chromosomenbruchsyndrome) 241
8.2	Monogene Erkrankungen 245
8.2.1	Autosomal-dominante Erkrankungen 245
8.2.2	Autosomal-rezessive Erkrankungen 249
8.2.3	X-chromosomal-rezessive Erkrankungen 253
8.2.4	X-chromosomal-dominante Erkrankungen 255
8.2.5	Monogene Krankheiten mit atypischen Mechanismen 258
8.2.5.1	Krankheiten mit instabilen, dynamischen Trinukleotidrepeats . 258
8.2.5.2	Krankheiten mit Imprintingstörung 262
8.2.5.3	Variable Expressivität und verminderte Penetranz 264
8.2.5.4	Heterogenität 264
8.3	Mitochondropathien 265
8.4	Multifaktorielle Erkrankungen 268
8.4.1	Multifaktorielle Krankheiten ohne geschlechtsspezifische Schwelleneffekte 269
8.4.2	Multifaktorielle Krankheiten mit geschlechtsspezifischen Schwelleneffekten 277
8.5	Angeborene Fehlbildungen 278
8.6	Genetische Diagnostik und Beratung 284
8.6.1	Klinisch genetische Untersuchungen 284
8.6.2	Genetische Labordiagnostik 285
8.6.3	Genetische Beratung 285

9	**Experimentelle Modelle zur genetischen Manipulation** 289
9.1	Transgenetik 291
9.1.1	Die Produktion transgener Tiere .. 292
9.1.2	Die Steuerung der Genfunktion ... 294
9.2	Gene targeting 296
9.3	Zell- und Tiermodelle für genetisch bedingte Erkrankung des Menschen 297
9.4	Animal- und Plant-Pharming 299

9.5	Die Klonierung von Tieren 302	12.2	Evolution von Genen, Genomen und Chromosomen 333
9.6	Somatische Gentherapie beim Menschen 305	12.3	Das Methodeninventar zur molekularbiologischen Untersuchung der menschlichen Stammesgeschichte 337
9.6.1	Theoretische Ansätze der somatischen Gentherapie 306		
9.6.2	Ex- und In-vivo-Therapie und ihre Vektoren 306	12.4	Out-of-Africa-Hypothese oder Multiregionale Hypothese 338
9.6.3	Beispiele bisheriger gentherapeutischer Behandlungen 308	12.5	Die Evolution menschlicher Populationen 343
10	**Gene und Krebs** **311**	**13**	**Populationsgenetik** **345**
10.1	Onkogene 314	13.1	Definition des Populationsbegriffs 346
10.2	Tumorsuppressorgene 315	13.2	Genhäufigkeiten 346
10.3	Mutatorgene 315	13.2.1	Hardy-Weinberg-Gleichgewicht ... 346
10.4	Retinoblastom 315	13.2.2	Voraussetzungen und Abweichungen des Hardy-Weinberg-Gleichgewichts .. 349
10.5	Mammakarzinom 316		
10.6	Kolorektale Karzinome 317		
11	**DNA-Profile zur Individualidentifikation** **321**	13.3	Unterschiede von Allelhäufigkeiten in verschiedenen Bevölkerungen .. 352
11.1	Der Ausgangspunkt 322	13.3.1	Adaption an verschiedene Umweltbedingungen 352
11.2	Die Entwicklung von DNA-Untersuchungen zur individualisierenden Analyse 323	13.4	Zusammenwirken von Mutation und Selektion 354
		13.5	Balancierter genetischer Polymorphismus 357
11.3	DNA-analytische Untersuchungen in der Praxis 326		
11.4	Die Verwendung von gonosomalen und mitochondrialen DNA-Polymorphismen bei zwei Fällen von geschichtlicher Bedeutung 327	**14**	**Genetik und Umwelt** **361**
		14.1	Umweltfaktoren 362
		14.2	Pharmakogenetik 363
		14.2.1	Genmutationen als Grundlage atypischer Arzneimittelwirkungen 366
11.5	DNA-Profile zur Bestimmung der Eiigkeit von Zwillingen 329		
12	**Genetische Mechanismen der Evolution des Menschen und menschlicher Populationen** **331**	**Glossar** **369**
		Literaturverzeichnis **401**
		Sachverzeichnis **407**
12.1	Methodische Rekonstruktion der menschlichen Stammesgeschichte . 332		

Die Geschichte der Humangenetik

1.1 Erfahrungswissenschaft von der Antike bis ins 19. Jahrhundert 2

1.2 Die Paradigmen von Galton und Mendel 3

1.3 Die frühe Humangenetik 4

1.4 Eugenik und Politik 7

1.5 Die Entwicklung der medizinischen Genetik 9

1.6 DNA-technologisches Zeitalter der Gegenwart 10

1.1 Erfahrungswissenschaft von der Antike bis ins 19. Jahrhundert

Die Betrachtung der geschichtlichen Entwicklung der Humangenetik ist von besonderem Interesse, weil die Humangenetik, im Gegensatz zu vielen anderen Naturwissenschaften immer wieder soziale und politische Ereignisse beeinflusst hat. Umgekehrt war sie in ihrer Entwicklung als Wissenschaft auch unterschiedlichen politischen Drücken ausgesetzt, die ihre höchste Pervertierung in Deutschland in der als „Rassenhygiene" bezeichneten Eugenik des Nationalsozialismus erreichten. In Erweiterung der anderen Lebenswissenschaften beschäftigt sich die Humangenetik mit den **biologischen Grundlagen unserer eigenen Existenz** und mit der Frage, welchen Anteil von dem, was der explodierende Erkenntniszuwachs möglich erscheinen lässt, wir auch tun dürfen und sollten. Sie konfrontiert die Gesellschaft als Ganzes ständig mit der Problematik, ethische Antworten auf Fragen des in Zukunft technisch Machbaren zu finden, obwohl wir kaum oder nur ansatzweise abschätzen können, was die sozialen Konsequenzen daraus sein werden. Beispiele aus jüngerer Zeit, wie das Embryonenschutzgesetz, das Gentechnikgesetz oder die Diskussion um die Stammzelltherapie, die Präimplantationsdiagnostik und die teilweise zu pervertieren drohenden Konsequenzen, die sich aus dem *„animal cloning"* ergeben, verdeutlichen die besondere Problematik, der sich die Humangenetik ständig ausgesetzt sieht.

Vorwissenschaftliches Erfahrungswissen existierte bereits seit der Domestikation von Nutztieren, und bereits frühe griechische Wissenschaftler und Philosophen berichteten Beobachtungen und entwickelten theoretische Konzepte und sogar eugenische Maßnahmen. So sah *Hippokrates* schon den Samen als Informationsträger, der durch alle Teile des Körpers, gesunde und kranke, produziert wird und berichtete über die Vererbung von normalen und pathologischen Merkmalen. Der athenische Philosoph *Anaxagoras* berichtete ähnliche Ansichten, in dem er schrieb, derselbe Samen enthalte Haare, Nägel, Venen, Arterien, Sehnen und Knochen, unsichtbar, weil ihre Teile so klein seien. Während des Wachstums würden sie sich getrennt voneinander entwickeln und er postulierte „wie könnte sich Haar aus Nicht-Haar und Fleisch aus Nicht-Fleisch entwickeln". Nach seiner Ansicht produzierten Männer den Samen und Frauen die Brutgrundlage. Eine zusammenfassende Theorie der Vererbung entwickelte *Aristoteles*. Auch er glaubte an einen unterschiedlichen Beitrag von Männern und Frauen: „Wenn der männliche Einfluss stärker ist, wird ein Sohn geboren, der mehr seinem Vater ähnelt, ist der weibliche stärker eine Tochter, die mehr ihre Mutter repräsentiert. Dies ist der Grund warum Söhne ähnlich ihren Vätern und Töchter ähnlich ihren Müttern sind". *Plato* erklärte sogar detailliert die Aufgabe einer sorgfältigen Gattenwahl, um Kinder zu zeugen, die sich körperlich und ethisch zu eminenten Persönlichkeiten entwickeln würden. Die „Besten" beider Geschlechter sollten Kinder erzeugen, die mit Sorgfalt zu erziehen sind, die Kinder der „niedrigen Schicht" hingegen sollten ausgesetzt werden. *Demokrit* hingegen schrieb: „Mehr Personen erhalten Fähigkeit durch Training als durch ihre natürliche Prädisposition", womit er bereits das Erbe-Umwelt-Problem ansprach.

Die Literatur des Mittelalters dagegen enthält wenige Anspielungen auf die Vererbung. Man konzentrierte sich mehr auf die nichtorganische Welt und erst später auf die Biologie. In dem Werk De Morbis Hereditariis des spanischen Arztes *Mercado* (1605) ist noch immer der Einfluss von Aristoteles überwiegend, aber es gibt bereits einige Hinweise auf eine beginnende Emanzipation des Gedankengutes. Ein Beispiel hierfür ist die These, dass beide Eltern und nicht nur der Vater gleichmäßig zur Zukunft des Kindes beitragen. *Malpighi* (1628–1694) schlug die Hypothese der „Vorausbildung" vor, was bedeutet, dass im Ei der ganze Organismus vorgeformt und vollständig ausgebildet ist; es erfolgt nur noch Größenwachstum. Selbst nach der Entdeckung des Spermas durch *van Leeuwenhoek*, *van Ham* und *Hartsoecker* (1677), hielt sich noch die Hypothese der Formierung, wenn auch einige glaubten, dass das Individuum in Spermien vorausgebildet vorhanden wäre. Dieser Streit der „Ovisten" gegen die „Spermatisten" hielt lange an, bis schließlich *Wolff* (1759) beide Seiten in Frage stellte und die Notwendigkeit weiterer empirischer Untersuchungen hervorhob. In kurzem Abstand folgten nun die ersten Experimente zur Vererbung in Pflanzen durch *Gärtner* (1772–1850) und *Koelreuter* (1733–1806) welche schließlich die Grundlage für *Mendels* Experimente lieferten.

Die medizinische Literatur des 18. und 19. Jahrhunderts enthält einige bemerkenswerte Hinweise auf die Vererbbarkeit von Krankheiten. So publizierte *Mampertius* 1752 eine Familie mit Polydaktylie in vier Generationen, wobei er durch Wahrscheinlichkeitsberechnungen eine Entstehung der familiären Konzentration durch Zufall ausschloss. Schließlich veröffentlichte der britische Arzt *Adams* (1756–1818) 1814 ein Buch mit dem Titel „A Treatise on the Supposed Hereditary Properties of Diseases". Es kann als erster Vorläufer von Erkenntnissen zur genetischen Beratung angesehen werden, indem es bemerkenswerte Befunde beschreibt. So werden bereits „rezessive" und „dominante" *Vererbungsbedingungen* angedeutet. Es werden häufige nahe Verwandtschaftsbeziehungen von Eltern bei familiären Erkrankungen beschrieben. Unterschiedliche Manifestationsalter werden ebenso aufgezeigt, wie der Einfluss von Umweltfaktoren auf die Prädisposition von Erkrankungen und deren Weitergabe, wenn die Prädisponierten nicht selbst erkranken. Das Buch geht ein auf die mögliche unterschiedliche genetische Basis von Erkrankungen, intrafamiliäre Korrelationen beim Erkrankungsalter, höhere Frequenz von Erkrankungen in isolierten Populationen durch Inzucht und reduzierte Reproduktion von Personen mit erblichen Krankheiten. Schließlich wird beschrieben, dass diese mit der Zeit verschwinden würden, würden sie nicht von Zeit zu Zeit bei Kindern gesunder Personen neu auftreten. Letzteres muss heute als ein erster Hinweis auf das Auftreten von neuen Mutationen gewertet werden.

Kurz nach Erscheinen dieses Buches folgte 1820 durch den deutschen Medizinprofessor *Nasse* die Entdeckung des wichtigsten formalen Charakteristikums *X-chromosomal-rezessiver Vererbung* bei *Hämophilie*. Nasse erkannte, dass die Bluterkrankheit nur bei männlichen Personen manifest wird und die Übertragung von Töchtern erkrankter Männer auf deren Kinder erfolgt, selbst wenn sie mit einem Mann verheiratet sind, dessen Familie nicht betroffen ist. Er führte weiter aus, dass die Anlageträgerschaft bei diesen Frauen nie zu einer Erkrankung führt.

1.2 Die Paradigmen von Galton und Mendel

Sowohl für das 19. Jahrhundert als auch für alle anderen Arbeiten in der „vorwissenschaftlichen Zeit" (wir beziehen diesen Ausdruck ausschließlich auf die Genetik) ist auffallend, dass richtige Beobachtungen mit falschen Konzepten gemischt wurden und dass es, wenn überhaupt, wenige Kriterien gab, der wissenschaftlichen Richtigkeit näher zu kommen. Die Humangenetik besaß kein führendes Paradigma. Die Entwicklung zu einer Wissenschaft begann, wie dies *Vogel* (1996) beschreibt, im Jahre 1865 durch zwei vom Ansatz her sehr unterschiedliche Paradigmen von *Galton* und *Mendel*. Während Mendel mit seinen Erbsen-Experimenten (Abb. 1.1 und 1.2) als der Gründer der allgemeinen Genetik gilt, führte Galton das biometrische Paradigma durch zwei kurze Schriften mit dem Titel „Hereditary Talent and Character" ein (Tabelle 1.1). Durch die Sammlung und biometrische Auswertung von Biographien herausragender Männer und der Frequenz von prominenten Verwandten konnte er abschätzen, dass deren Häufigkeit wesentlich höher war als unter Zufallsbedingungen erwartet (Tabelle 1.2). Dieser biometrische Ansatz sollte für die Jahrzehnte des ausgehenden 19. Jahrhunderts der einzig führende bei der Erforschung der genetischen Grundlagen des Menschen werden, so dass man Galton als den Begründer der Humangenetik bezeichnen kann. Auch in den ersten Jahrzehnten des 20. Jahrhunderts war Galtons Ansatz einflussreich. Er verlor erst an Bedeutung durch die Fortschritte der molekularen Biologie, und Mendels Gesetze erwiesen sich als unbegrenzt fruchtbar und von endgültiger, analytischer Kraft. Das

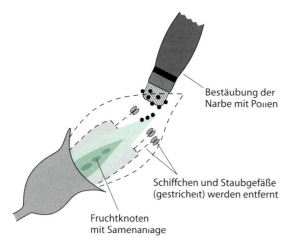

Abb. 1.1. Mendels Versuchsansatz

Tabelle 1.1. Die entscheidenden Publikationen, welche die wissenschaftliche Genetik gründeten (Mendels Publikation erschien auf der Basis von zwei Vorlesungen am 8. Februar und am 8. März 1965 im Folgejahr)

Gregor Mendel:
Versuche über Pflanzenhybriden (1866) IV. Band der Verhandlungen des nachforschenden Vereins in Brünn

Francis Galton:
Hereditary Talent and Character (1865)
Macmillans Magazine 12:157

Genkonzept wurde zum zentralen Konzept für die gesamte Genetik. Dennoch, auch heute, im Zeitalter der Analyse des menschlichen Genoms, gibt es komplexe, moderne Ansätze, wie z. B. in der Verhaltens- und Sozialgenetik, in denen eine direkte Genwirkung noch nicht untersucht werden kann und der biometrische Ansatz der einzig gangbare ist.

1.3 Die frühe Humangenetik

Das Mendel'sche Paradigma wurde in die menschliche Forschung durch **Garrod** (1902) mit seiner Publikation „The incidence of Alkaptonuria: A study in Chemical Individuality" eingeführt. Nach eingehenden Familienuntersuchungen und der Beschreibung der ausschließlichen Ausscheidung von Homogentisinsäure durch Träger dieses Leidens erwähnt Garrod die Mendel'schen Gesetze und die Kompatibilität der Daten mit einem rezessiven Erbgang. Darüber hinausgehend erwähnt er Albinismus und Zystinurie als weitere mögliche Beispiele für eine gleichartige Vererbung und dies als ein Prinzip weitverbreiteter, chemischer Unterschiede zwischen Menschen. Er zieht daraus den Schluss, dass geringe chemische Unterschiede zwischen Menschen so häufig sind, dass kein Mensch chemisch identisch zu einem anderen ist. Dies war der Beginn eines neuen Forschungszweiges, der *biochemischen Genetik.*

In den Jahrzehnten nach Mendels Hybridisierungsexperimenten und Galtons biometrischen Analysen entwickelte sich die **Chromosomenforschung.** Mendel wusste noch nichts von substanziellen Trägern der genetischen Information. Bald darauf folgte jedoch die Identifikation der Chromosomen und die Analyse von Mitose und Meiose. Diese Prozesse wurden als hoch geordnet und offensichtlich geeignet für die reguläre Verteilung der genetischen Information erkannt, so dass man 1900 die Parallelität zwischen Mendel'scher Segregation und chromosomaler Verteilung in der Meiose erkannte. Die **Chromosomen** wurden **als Träger der genetischen Information** identifiziert.

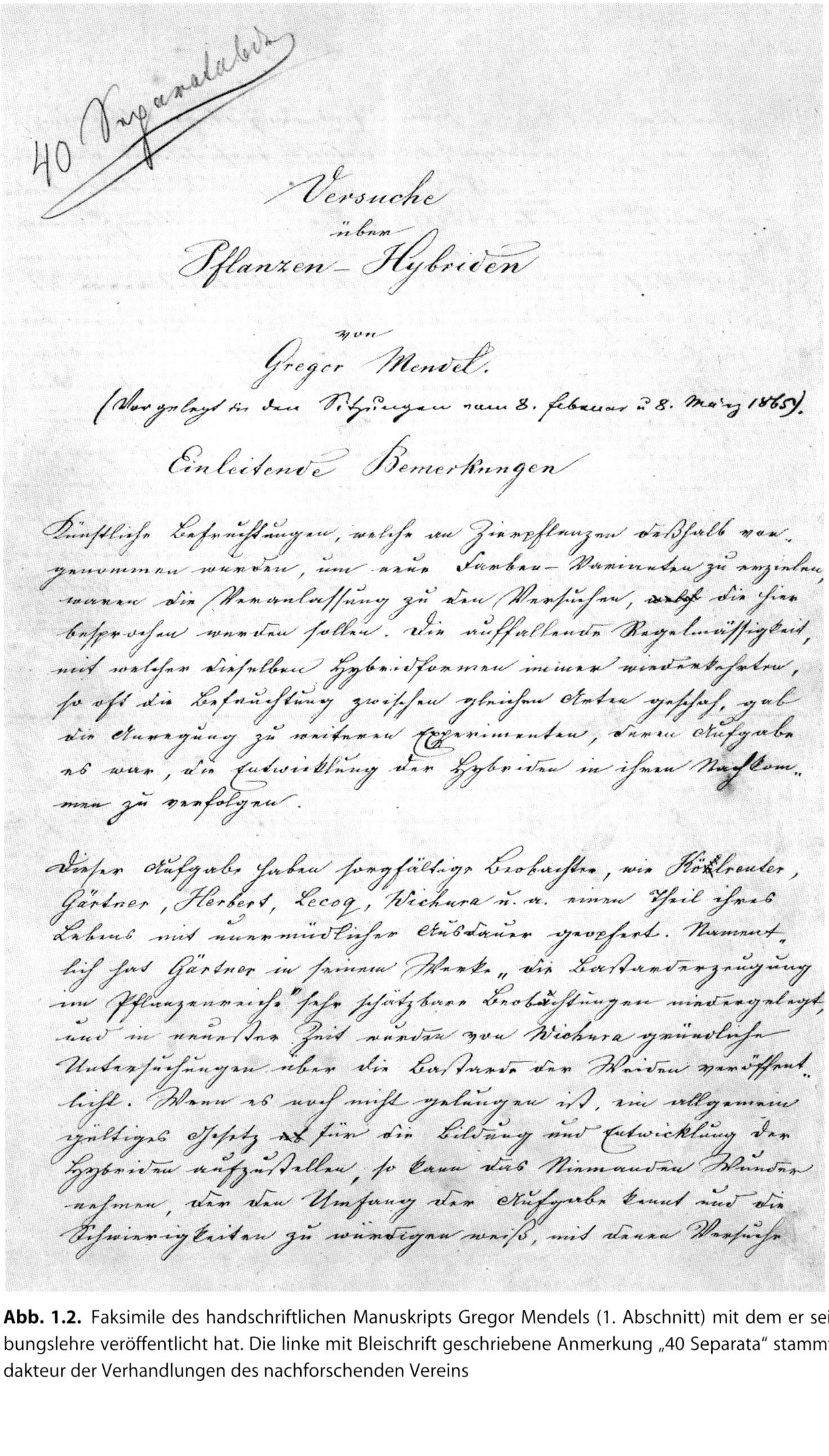

40 Separatabdr.

Versuche über Pflanzen-Hybriden

von

Gregor Mendel.

(Vorgelegt in den Sitzungen vom 8. Februar u. 8. März 1865).

Einleitende Bemerkungen

Künstliche Befruchtungen, welche an Zierpflanzen deshalb vorgenommen wurden, um neue Farben-Varianten zu erzielen, waren die Veranlassung zu den Versuchen, die hier besprochen werden sollen. Die auffallende Regelmässigkeit, mit welcher dieselben Hybridformen immer wiederkehrten, so oft die Befruchtung zwischen gleichen Arten geschah, gab die Anregung zu weiteren Experimenten, deren Aufgabe es war, die Entwicklung der Hybriden in ihren Nachkommen zu verfolgen.

Dieser Aufgabe haben sorgfältige Beobachter, wie Kölreuter, Gärtner, Herbert, Lecoq, Wichura u. a. einen Theil ihres Lebens mit unermüdlicher Ausdauer geopfert. Namentlich hat Gärtner in seinem Werke „die Bastarderzeugung im Pflanzenreiche" sehr schätzbare Beobachtungen niedergelegt, und in neuester Zeit wurden von Wichura gründliche Untersuchungen über die Bastarde der Weiden veröffentlicht. Wenn es noch nicht gelungen ist, ein allgemein gültiges Gesetz für die Bildung und Entwicklung der Hybriden aufzustellen, so kann das Niemanden Wunder nehmen, der den Umfang der Aufgabe kennt und die Schwierigkeiten zu würdigen weiss, mit denen Versuche

Abb. 1.2. Faksimile des handschriftlichen Manuskripts Gregor Mendels (1. Abschnitt) mit dem er seine Vererbungslehre veröffentlicht hat. Die linke mit Bleischrift geschriebene Anmerkung „40 Separata" stammt vom Redakteur der Verhandlungen des nachforschenden Vereins

Tabelle 1.2. Hervorragende Männer und ihre Verwandtschaftsbeziehungen (nach GALTON 1865)

Zahl der Fälle		Vorkommen von nahen männlichen Verwandten	Prozentsätze	
			Bedeutender Vater hatte bedeutenden Sohn	Bedeutender Mann hatte bedeutenden Bruder
605	Alle Männer von „originellem" Verstand (original mind) aus allen Berufsschichten zwischen 1453 und 1853 (n. Sir T. PHIL-LIPS)	1 v. 6 Fällen	6 mal v. 100	2 mal v. 100
85	Lebende Berühmtheiten (nach WALFORDS' „Men of the times" Buchstabe A)	1 v. 3 $^1/_2$ Fällen	7 mal v. 100	7 mal v. 100
391	Maler aller Zeiten (BRYAN'S Dict. A)	1 v. 6 Fällen	5 mal v. 100	4 mal v. 100
515	Musiker (FETY'S Dict. A)	1 v. 10 Fällen	6 mal v. 100	3 mal v. 100
54	Lordkanzler (n. LORD CAMPBELL)	1 v. 3 Fällen	16 mal v. 100	4 mal v. 100
41	„Senior classics" (Beste in den klassischen Sprachen) Cambridge	1 v. 4 Fällen	(zu jung)	10 mal v. 100
	Durchschnittswerte:	1 v. 6 Fällen	8 mal v. 100	5 mal v. 100

Viele Wissenschaftler sind hier zu nennen. *Hertwig* (1875) beobachtete die Fertilisation und etablierte mit der Aussage „*omnis nucleus e nucleo*" die Kontinuität von Zellkernen. *Flemming* (1880–1882) erkannte die Separation von Schwesterchromatiden in der Mitose. *Van Beneden* (1883) etablierte die gleiche und reguläre Verteilung von Chromosomen auf die Schwesterkerne. *Boveri* fand Belege für die Individualität eines jeden Chromosomenpaares und *Waldeger* (1888) prägte den Begriff „Chromosom". In der Zwischenzeit hatte *Naegeli* (1985) das Konzept des „Idioplasmas" entwickelt, welches die Information für die Entwicklung für die nächste Generation enthielt, ohne dies einem spezifischen Teil der Zelle zuzuordnen. *Roux* definierte zuerst die Kriterien, welche ein Träger der genetischen Information haben sollte. Er kam auch zu dem Schluss, dass das Verhalten von Zellkernen während der Verteilung perfekt diese Anforderungen erfüllt. Die hochspezifischen Verhältnisse der meiotischen Teilung in Bezug auf die Reduktion von genetischem Material wurden zuerst von *Weismann* erkannt.

Diese Ergebnisse und Spekulationen führten schließlich zur Identifikation der Chromosomen als Träger der genetischen Information, welche kurz nach Wiederentdeckung der Mendel'schen Gesetze offenbar unabhängig durch verschiedene Autoren erfolgte. (*Boveri, Suttan, Correns* 1902, *De Vries* 1903). Es sollte allerdings dann, und dies sei in zeitlichem Vorgriff erwähnt, noch ein halbes Jahrhundert dauern, bis in den 1950er Jahren die mikroskopisch klare Darstellung der menschlichen Chromosomen gelang.

In den Jahren der frühen Humangenetik sind aber noch weitere Entwicklungen erwähnenswert. So wurde das *ABo-Blutgruppensys-*

tem 1900 durch *Landsteiner* entdeckt; der Beweis, dass die Blutgruppen erblich sind, erfolgte durch *Dungers* und *Hirschfeld* 1911. Dies war ein weiteres herausragendes Beispiel für Mendel'sche Vererbung beim Menschen. Der britische Mathematiker *Hardy* und der deutsche Arzt *Weinberg* formulierten etwa zur gleichen Zeit (1908) das fundamentale Theorem der *Populationsgenetik*, welches erklärt, warum die Frequenz eines dominanten Gens nicht von Generation zu Generation zunimmt.

Zwischen 1910 und 1930 finden sich keine größeren paradigmatischen Entdeckungen in der Humangenetik, sondern eher in der allgemeinen Genetik. So zeigte 1911 der US-Forscher *Morgan* durch Experimente mit Fruchtfliegen, dass auf Chromosomen lokalisierte *Gene Träger der Vererbung* sind, wofür er 1933 den Medizinnobelpreis erhielt. Durch die Weiterentwicklung biometrischer Techniken durch den Briten *Haldane*, sowie durch die Arbeiten von *Fischer* aus England und *Wright* aus den USA, wurde das Werkzeug für die Populationsgenetik geschaffen, welches noch heute von Wissenschaftlern benutzt wird, die auf diesem Gebiet arbeiten.

1.4 Eugenik und Politik

Die erste Dekade des 20. Jahrhunderts ist erschreckenderweise auch geprägt von der Abwendung der exakten Wissenschaft in die Entwicklung der *Eugenik* in Europa und USA. Viele biologische Wissenschaftler waren beeindruckt durch ihre Interpretationen eines offensichtlich allgemeinen Einflusses von genetischen Faktoren auf sowohl normale körperliche und geistige Eigenschaften, als auch auf geistige Retardierung, seelische Erkrankungen, Alkoholismus, Kriminalität usw. Sie kamen zu der Überlegung, die menschliche Spezies sollte mit Unterstützung für die Verbindung zwischen Personen mit wünschenswerten Eigenschaften interessiert (positive Eugenik) werden und abgeschreckt werden von Krankheit, geistiger Retardierung und sonstigen nach dem damaligen Zeitgeist negativen Entwicklungen (negative Eugenik). Zahllose eugenische Studien zweifelhafter Qualität wurden in den USA (Eugenics Record Office, Cold Spring Harbor) und Großbritannien etabliert. Viele menschliche Eigenschaften wurden in eine Mendel'sche Zwangsjacke gepresst. Manche seriösen Genetiker wurden desillusioniert und distanzierten sich privat, aber nicht öffentlich. So war es möglich, dass die Propagandisten der Eugenik ihre Arbeit mit Enthusiasmus fortsetzten, wie dies *Vogel* und *Motulsky* in Human Genetics (1996) beschreiben. Dies hatte verschiedene wichtige, politische Konsequenzen, wie Eugenik-Sterilisationsgesetze in vielen Staaten der USA, die es ermöglichten, Zwangssterilisationen für Eigenschaften wie z. B. Neigung zu Kriminalität, seelische Erkrankungen u. a. durchzuführen, die jeglicher genetischen Grundlage entbehren. Eugenische Einflüsse spielten auch eine entscheidende Rolle für restriktive Einwanderungsgesetze, die Einwanderer aus Nordwesteuropa bevorzugten und Südeuropäer, Südosteuropäer und Asiaten stark beschnitten. Ähnliche Trends starker eugenischer Propaganda waren ebenfalls in Großbritannien zu beobachten, von denen auch der berühmte genetische Statistiker *Pearson*, der Nachfolger von Galton auf dessen Lehrstuhl in London nicht ausgenommen war. In Deutschland wurde Eugenik nach einem Buch von *Ploetz* (1895) als *Rassenhygiene* bezeichnet, und es entwickelte sich eine gefährliche Assoziation mit Antisemitismus. Repräsentanten dieser Bewegung warnten vor einer Kontamination deutschen Blutes mit fremdem, speziell jüdischem Einfluss. Es kam zu einer Identifikation mit der Naziideologie. Prominente deutsche Humangenetiker wie *Fischer, Lenz, Rüdin* und *von Verschuer* identifizierten sich mit der Naziführung und Naziphilosophie, und Männer wie Fischer und Verschuer beteiligten sich an der Verbreitung der Nazirassenideologie. Juden wurden als fremdes, genetisches Material bezeichnet, welches vom deutschen Volk zu entfernen sei. Das eugenische Sterilisationsgesetz, das Zwangssterilisationen für eine Reihe von Krankheiten, deren genetischer Ursprung deklariert war, obligatorisch gemacht hat, war bereits 1933 in Kraft getreten. Vererbungsgerichte wurden etabliert. *Mengele* im Konzentrationslager Auschwitz war ein früherer Assistent von Verschuer, der von ihm dort weiter unterstützt wurde.

NATURE

No. 4356 **April 25, 1955**

MOLECULAR STRUCTURE OF NUCLEIC ACIDS

A structure for Deoxyribose Nucleic Acid

We wish to suggest a structure for the salt of deoxyribose nucleic acid (D.N.A.). This structure has novel features which are of considerable biological interest.

A structure for nucleic acid has already been proposed by Pauling and Corey[1]. They kindly made their manuscript available to us in advance of publication. Their model consists of three intertwined chains, with the phosphates near the fibre axis, and the bases on the outside. In our opinion, this structure is unsatisfactory for two reasons: (1) We believe that the material which gives the X-ray diagrams is the salt, not the free acid. Without the acidic hydrogen atoms it is not clear what forces would hold the structure together, especially as the negatively charged phosphates near the axis will repel each other. (2) Some of the van der Waals distances appear to be too small.

Another three-chain structure has also been suggested by Fraser (in the press). In his model the phosphates are on the outside and the bases on the inside, linked together by hydrogen bonds. This structure as described is rather ill-defined, and for this reason we shall not comment on it.

This figure is purely diagrammatic. The two ribbons symbolize the two phosphate—sugar chains, and the horizontal rods the pairs of bases holding the chains together. The vertical line marks the fibre axis

We wish to put forward a radically different structure for the salt of deoxyribose nucleic acid. This structure has two helical chains each coiled round the same axis (see diagram). We have made the usual chemical assumptions, namely, that each chain consists of phosphate diester groups joining β-D-deoxyribofuranose residues with 3', 5' linkages. The two chains (but not their bases) are related by a dyad perpendicular to the fibre axis. Both chains follow right-handed gelices, but owing to the dyad the sequences of the atoms in the two chains run in opposite directions. Each chain loosely resembles Furberg's[2] model No. 1; that is the bases are on the inside of the helix and the phosphates on the outside. The configuration of the sugar and the atoms near it is close to Furberg's 'standard configuration', the sugar being roughly perpendicular to the attached base. There is a residue on each chain every 3·4. A. in the z-direction. We have assumed an angle of 36° between adjacent residues in the same chain, so that the structure repeats after 10 residues on each chain, that is, after 34 A. The distance of a phosphorus atom from the fibre axis is 10 A. As the phosphates are on the outside, cations have easy access to them.

The structure is an open one, and its water content is rather high. At lower water contents we would expect the bases to tilt so that the structure could become more compact.

The novel feature of the structure is the manner in which the two chains are held together by the purine and pyrimidine bases. The planes of the bases are perpendicular to the fibre axis. They are joined together in pairs, a single base from one chain being hydrogen-bonded to a single base from the other chain, so that the two lie side by side with identical z-co-ordinates. One of the pair must be a purine and the other a pyrimidine for bonding to occur. The hydrogen bonds are made as follows: purine position 1 to pyrimidine position 1; purine position 6 to pyrmidine position 6.

If it is assumed that the bases only occur in the structure in the most plausible tautomeric forms (that is, with the keto rather than the enol configurations) it is found that only specific pairs of bases can bond together. These pairs are: adenine (purine) with thymine (pyrimidine), and guanine (purine) with cytosine (pyrimidine).

In other words, if an adenine forms one member of a pair, on either chain, then on these assumptions the other member must be thymine; similarly for guanine and cytosine. The sequence of bases on a single chain does not appear to be restricted in any way. However, if only specific pairs of bases can be formed, it follows that if the sequence of bases on one chain is given, then the sequence on the other chain is automatically determined.

It has been found experimentally[3,4] that the ratio of the amounts of adenine to thymine, and the ratio of guanine to cytosine, are always very close to unity for deoxyribose nucleic acid.

It is probably impossible to build this structure with a ribose sugar in place of the deoxyribose, as the extra oxygen atom would make too close a van der Waals contact.

The previously published X-ray data[5,6] on deoxyribose nucleic acid are insufficient for a rigorous test of our structure. So far as we can tell. It is roughly compatible with the experimental data, but it must be regarded as unproved until it has been checked against more exact results. Some of these are given in the following communications. We were not aware of the details of the results presented there when we devised our structure, which rests mainly though not entirely on published experimental data and stereochemical arguments.

It has not escaped our notice that the specific pairing we have postulated immediately suggests a possible copying mechanism for the genetic material.

Full details of the structure, including the conditions assumed in building it, together with a set of co-ordinates for the atoms, will be published elsewhere.

We are much indebted to Dr. Jerry Donohue for constant advice and criticism, especially on inter-atomic distances. We have also been stimulated by a knowledge of the general nature of the unpublished experimental results and ideas of Dr. M. H. F. Wilkins, Dr. R. E. Franklin and their co-workers at King's College, London. One of us (J. D. W.) has been aided by a fellowship from the National Foundation for Infantile Paralysis.

J. D. Watson
F. H. C. Crick

Medical Research Council Unit for the
Study of the Molecular Structure of
Biological Systems,
Cavendish Laboratory, Cambridge.
April 2.

[1]Pauling, L., and Corey, R. B., *Nature*, 171, 346 (1953); *Proc. U.S. Nat. Acad. Sci.*, 39, 84 (1953).
[2]Furberg, S., *Acta Chem. Scand.*, 6, 634 (1952).
[3]Chargaff, E., for references see Zamenhof, S., Brawerman, G., and Chargaff, E., *Biochim. et Biophys. Acta*, 9, 402 (1952).
[4]Wyatt, G. R., *J. Gen. Physiol.*, 36, 201 (1952).
[5]Astbury, W. T., *Symp. Soc. Exp. Biol.* 1, Nucleic Acid, 66 (Camb. Univ. Press, 1947).
[6]Wilkins, M. H. F., and Randall, J. T., *Biochim. et Biophys. Acta*, 10, 192 (1953).

Abb. 1.3. Molekulare Struktur der Nukleinsäure. Reproduktion der Originalpublikation. Nature 1953, Vol. 171, pp. 737-738

Die Auswertungen von Archivmaterial hat bisher zu keinen Hinweisen geführt, dass sich in Deutschland irgendeine Stimme erhoben hätte, weder gegen den Mord an geistig Retardierten und neugeborenen Kindern mit kongenitalen Defekten, noch gegen den Massenmord an 6 Mio. Juden. Die Periode von Hitler-Deutschland ist eines der makabersten und tragischsten Kapiteln in der Geschichte menschlicher Inhumanität im Namen eines pseudowissenschaftlichen Nationalsozialismus.

In der Sowjetunion wurde die Eugenik in den 1920er Jahren etabliert durch die Gründung eines Eugenik-Instituts, einer eugenischen Gesellschaft und eines eugenischen Journals. Die eugenischen Ideale kamen jedoch schnell in Konflikt mit den offiziellen Doktrinen des Marxismus-Leninismus, so dass in den späten 1920er Jahren die Bewegung zusammenbrach und sich die involvierten Wissenschaftler in andere Gebiete zurückzogen. Dennoch blieb das Interesse an der medizinischen Anwendung der Humangenetik bestehen. Ein großes Institut für medizinische Genetik wurde in den 1920er Jahren etabliert, allerdings verschwand sein Direktor in den 1930er Jahren und Humangenetik wurde offiziell als Nazi-Wissenschaft erklärt. Der spätere Einfluss Lyssenkos erstickte alle genetischen Arbeiten bis in die frühen 1960er Jahre, nachdem *Lyssenkos* Dominanz beendet war. Die Wiedereinführung von Humangenetik in die Sowjetunion fand über die medizinische Genetik statt, und ein neues Institut wurde in Moskau 1969 unter dem Zytogenetiker *Bochkov* als Ausgangsbasis der modernen Humangenetik gegründet.

1.5 Die Entwicklung der medizinischen Genetik

Die Entwicklung der medizinischen Genetik hat ihren Ausgangspunkt in einer Reihe von bahnbrechenden Entdeckungen und Pionierarbeiten. 1943 gelingt dem britischen Biochemiker *Astburg* die erste **Röntgenaufnahme der DNA**. 1944 beweisen *Avery* und Mitarbeiter am New York Rockefeller Research Institute, dass sich genetische Merkmale durch DNA von einem Organismus übertragen lassen, womit bewiesen ist, dass DNA in den Chromosomen der Träger der Erbsubstanz ist. *Pauling* erkennt 1949, dass Sichelzellanämie eine molekulare Erkrankung ist, und im gleichen Jahr weist der US-Biochemiker *Chagaff* die Basenkomplementarität der DNA nach. Zwei Jahre später, 1951 gelingen *Rosalin Franklin* vom Kings-College in London die ersten Röntgenstrukturaufnahmen von kristalliner DNA als Grundlage für das Modell von Watson und Crick. 1952 beschreibt *Hsu* den menschlichen Chromosomensatz und 1956 korrigieren diesen *Tjio* und *Levan* auf die richtige Zahl von 46 Chromosomen. 1953 beschreiben *Watson* und *Crick* die DNA-Struktur als Doppelhelix, wofür sie 1962 zusammen mit *Wilkins* den Nobelpreis für Medizin erhalten (Abb. 1.3). Im Jahre 1959 entdeckt *Lejeune* die Trisomie 21 als Ursache für das Down-Syndrom und *Ford* und Mitarbeiter beschreiben das Fehlen eines X-Chromosoms als Ursache für das Turner-Syndrom. *Jacobs* und Mitarbeiter entdecken im gleichen Jahr das überzählige X-Chromosom als Ursache für das Klinefelter-Syndrom. 1960 folgt die Beschreibung der Trisomie 13 und 18 durch *Pätau* und *Edwards*. Das erste Deletions-Syndrom, das Cri-du-chat-Syndrom wird 1963 wiederum von *Lejeune* entdeckt. Schließlich knacken *Nierenberg* und Kollegen 1965 den *genetischen Code*. Die Abfolge von jeweils drei Bausteinen auf der DNA legt eine Aminosäure beim Aufbau eines Proteins fest.

Parallel zu diesen Entdeckungen leistete eine Anzahl von Institutionen in den 1940er und 1950er Jahren Pionierarbeit in der Epidemiologie genetischer Erkrankungen. *Kemp's* Institut in Koppenhagen, *Neel's* Department in Ann Arbor, Michigan und das von *Stevenson* in Nord-Irland erweiterten unser Wissen über den Vererbungsmodus, die Heterogenität und die Mutationsraten von verschiedenen erblichen Erkrankungen. Nach der Entdeckung des genetischen Codes wurden viele Mutationen bei menschlichen Krankheiten als einzelne *Aminosäuresubstitutionen* gefunden, andere entpuppten sich als unterschiedliche *Deletionen* oder *frameshift-Mutationen*, ähnlich solchen, wie man sie bei Mikroorganismen entdeckte. Die Nukleotidsequenz der menschlichen Hämo-

Tabelle 1.3. Die entscheidenden Meilensteine der Molekularbiologie der letzten 25 Jahre

1970	Werner Arber entdeckt die Restriktionsendonukleasen
1972	Paul Berg gelingt die Herstellung rekombinanter DNA
1973	Herbert Boer und Stanley Cohen schleusen erstmals Fremd-DNA in E. coli
1983	Kary B. Mullins entwickelt die PCR-Methode
1990	Start des Human Genom Projekts
2000	Craig Venter und das Human Genom Projekt geben eine grobe Karte des menschlichen Genoms bekannt
2003	Zum 50. Jahrestag der Entdeckung der Doppelhelixstruktur wird die Sequenzierung von 99,99% des menschlichen Genoms bekannt gegeben
2004	Die Zahl der proteinkodierenden Gene wird durch das Internationale Human Genom Sequenzierungskonsortium mit 20.000-25.000 angegeben

globin-Gene wurde aufgeklärt. Viele angeborene Fehler im Metabolismus wurden als Enzymdefekte geklärt, ausgelöst von **Mutationen**, die zur Änderung der Enzymstruktur führen.

All diese Arbeiten und Entdeckungen zur molekularen Struktur der DNA, zur genetischen Epidemiologie von Erkrankungen, zur biochemischen Aufklärung von Einzelgen-Defekten, zur Darstellung von Chromosomen und die Erkenntnis der biochemischen Individualität des Menschen führten zusammen mit methodischen Weiterentwicklungen in der Gynäkologie zu einem explosionsartig erweiterten Erkenntnisstand in der medizinischen Genetik. Ab etwa den 1970er Jahren war es damit möglich geworden, Risikoabschätzungen vorzunehmen, betroffene Familien und Paare genetisch zu beraten und durch die Einführung *pränataldiagnostischer Methoden* das Schicksalhafte von vielen Erkrankungen zu nehmen.

1.6 DNA-technologisches Zeitalter der Gegenwart

Doch die Entwicklung sollte nochmals an Geschwindigkeit zunehmen, womit man den Beginn des DNA-technologischen Zeitalters auf 1970 festlegen kann. In diesem Jahr entdeckt der Schweizer Mikrobiologe **Arber** die Restriktionsendonukleasen und erhält hierfür 1978 den Nobelpreis (mit Nathaus und Smith), 1972 gelingt dem US-Biochemiker **Berg** die Herstellung rekombinanter DNA. Er erhält 1980 den Nobelpreis für Chemie (mit Gilbert und Sanger). Im Jahre 1973 schleusen die amerikanischen Wissenschaftler **Boyer** und **Cohen** erstmals fremde DNA in das Darmbakterium *Escherichia coli* ein. Durch die parallele Weiterentwicklung und Verfeinerung embryologischer Techniken an Versuchs- und Nutztieren wird 1978 in Großbritannien das erste durch *In-vitro-Fertilisation* gezeugte Retortenbaby geboren. 1982 kommt Insulin als erstes gentechnisch hergestelltes Medikament auf den Markt und 1983 entwickelt **Mullins** die PCR-Methode, wofür er 1993 den Nobelpreis für Chemie (mit Smith) erhält (Tabelle 1.3). Damit ist das methodische Inventar zur Entschlüsselung des menschlichen Genoms entscheidend komplettiert. Das Jahr 1990 ist schließlich der offizielle Start des staatlich finanzierten Human Genom Projekts zur Entschlüsselung des menschlichen Genoms, an dem sich Deutschland mit Schwerpunkten aus der funktionellen Genomforschung 1995 beteiligt.

Nachdem es der humangenetischen Forschung zwischenzeitlich zunehmend gelang, viele Gene zu isolieren und zu klonieren, erschien das Wunschstreben, genetische Defekte durch Einbau „gesunder" Gene heilen zu können – eine lang gehegte Utopie – in den Bereich des Möglichen gerückt zu sein, und tatsächlich war es dann im September 1990 so weit. Der erste *Gentherapieversuch* wurde unternommen. Die vier Jahre alte Ashanti De Silva, die an dem rezessiv erblichen Mangel an Adenosindesaminase (ADA) litt, wurde therapiert. Das ADA-Gen wurde in einem Retrovirus ex vivo kloniert und in ADA-T-Lymphozyten der Patientin ex vivo übertragen, welche kultiviert und der Patientin reimplantiert wurden.

Nach weiteren durchgeführten Gentherapien bei der angeborenen Immunschwäche des Typs X1, der Zystischen Fibrose, der familiären Hypercholesterinämie und der Gaucher-Krankheit werden wegen dreier tödlich verlaufener Zwischenfälle baldige Erfolgsaussichten heute weit weniger euphorisch gesehen.

Andere Projekte waren dagegen erfolgreicher. 1997 präsentiert der schottische Forscher Wilmut das sieben Monate alte Klonschaf Dolly. Er benötigte allerdings 273 Versuche bis zum Erfolg. Es handelt sich um das erste aus einer erwachsenen Zelle klonierte Säugetier. Nach sechs Lebensjahren muss Dolly aufgrund einer Lungenerkrankung im Februar 2003 eingeschläfert werden.

Das Human Genom Projekt – das wohl ehrgeizigste und umfassendste Großforschungsprojekt der Menschheitsgeschichte – hat am 26. Juni 2000 mit der Bekanntgabe der DNA-Sequenz von mehr als 90% des menschlichen Genoms durch den US-Genetiker *Venter* und das internationale staatliche Human Genom Projekt einen Durchbruch erzielt, der von Fachkollegen und Politikern in der ganzen Welt als historisches Ereignis und als Meilenstein in der Geschichte der Menschheit gewürdigt wurde. Am 14. April 2003 wird die Sequenzierung von 99,99% des Genoms verkündet und am 21. Oktober 2004 erfolgt eine weitere Präzisierung des euchromatischen Genoms mit einer Fehlerrate von nur ca. 1 pro 1.000.000 Basen.

Während der Drucklegung dieses Manuskripts wird schließlich im März 2005 die Sequenzierung des menschlichen X-Chromosoms mit 99,3% der euchromatischen Sequenz und 1098 Genen publiziert. Damit hat sich die Humangenetik seit der Entdeckung der Struktur der DNA vor 50 Jahren zu der *am schnellsten fortschreitenden Teildisziplin der Biomedizin* und zu ihrer führenden theoretischen Grundlagenwissenschaft entwickelt.

Molekulare Grundlagen der Humangenetik

2.1 Universalität der genetischen Grundlage   14

2.2 Aufbau und Replikation der DNA   15

2.3 Aufbau und Definition von Genen   23

2.4 Transkription der DNA in RNA und Processing   27

2.5 Genexpression   35

2.6 Proteinbiosynthese – Translationen   39

2.7 Proteinstruktur   43

2.1 Universalität der genetischen Grundlage

Das Vorhandensein von *Nukleinsäure* ist ein universelles Charakteristikum der belebten Natur. Ohne Nukleinsäure gibt es auf unserem Planeten kein Leben, ja man kann das Nukleinsäuremolekül als die Grundsubstanz bezeichnen, die Leben definiert. Von einigen Virusfamilien abgesehen, die Ribonukleinsäure (RNA) enthalten, ist es immer die *Desoxyribonukleinsäure (DNA)*, welche die genetische Information eines Organismus beinhaltet. Dies gilt sowohl für die niederen Protisten, wie Bakterien und Blaualgen, die aus prokaryotischen Zellen aufgebaut sind, als auch - ausgehend von den höheren Protisten - für alle höheren Pflanzen und Tiere bis zum Menschen. Wissenschaftliche Erkenntnisse, die auf der Ebene der Nukleinsäuren von Mikroorganismen (zu Mikroorganismen zählt man niedrige und höhere Protisten sowie Viren und Viroide) gewonnen wurden, haben daher in der Regel auch Gültigkeit für den Menschen. Die Molekularbiologie hat uns in den letzten Jahrzehnten einen revolutionären Erkenntniszuwachs beschert. Ihr Verdienst ist es, dass überwiegend an Mikroorganismen erarbeitete Grundlagen heute und in naher Zukunft zu völlig neuen Diagnose- und Therapiemöglichkeiten auf DNA-Ebene geführt haben bzw. noch führen werden. Dabei zeigt sich die Universalität der DNA und des Triplett-Raster-Codes. Am eindrucksvollsten demonstriert dies die *Gentechnologie*, bei der DNA von Eukaryoten auf Prokaryoten und umgekehrt übertragen werden kann, über praktisch alle Art-, Gattungs- und Familiengrenzen hinweg.

Universalität des genetischen Codes

Sucht man nach Erklärungen für die Universalität des genetischen Codes, so ist wohl am einleuchtendsten, dass jede Spezies immer Proteine bilden muss, unabhängig vom *Ausmaß der Veränderungen*, die sie im Laufe der *Evolution* durchläuft. Die Proteinbildung, seien es Enzyme, Hormone, Rezeptoren oder Strukturproteine, ist aber vom präzisen Einbau der 20 Aminosäuren an der richtigen Stelle abhängig. Jede Mutation, die eine neue Kodierung für eine bestimmte Aminosäure schaffen würde, würde unmittelbar alle Proteine betreffen, in denen die Aminosäure vorkommt. Würde der Code für eine Aminosäure (z. B. Valin) zufällig in den einer anderen geändert (z. B. Leucin), so würde die entsprechende t-RNA diese Aminosäure in der Polypeptidkette falsch positionieren, bzw. sie würde mit der t-RNA für die richtige Aminosäure um die Position konkurrieren. Dies hätte (im Beispiel Valin mit Leucin) für viele Proteine gleichzeitig drastische Konsequenzen mit letalen Auswirkungen. Mutationen haben also (dies zeigt uns auch die Analyse der Aminosäuresequenzen mutierter Proteine) meistens nur einzelne Aminosäuresubstitutionen in einzelnen Proteinen zur Folge. Dies lässt aber den genetischen Code unberührt.

Tabelle 2.1. Unterschiede in der Translation einzelner m-RNA-Kodons zwischen dem universellen Code und Mitochondrien

m-RNA Kodon	Pro- und eukaryotische Zellen	Aminosäuren Hefe	Mitochondrien Drosophila	Säuger
AUA	Isoleucin	Methionin	Methionin	Methionin
AGA, AGG	Arginin	Arginin	Serin (AGA)	Stoppkodon
CUA	Leucin	Threonin	Leucin	Leucin
UGA	Stoppkodon	Tryptophan	Tryptophan	Tryptophan

Der starke Selektionsdruck auf **Konstanz des genetischen Codes** wird auch dadurch bestätigt, dass dort, wo die Universalität für das evolutionäre Überleben nicht notwendig ist, tatsächlich abgewichen werden kann. Dies ist der Fall bei einigen mitochondrialen m-RNA-Kodons (Tabelle 2.1). Da der Proteinsyntheseapparat der **Mitochondrien** nur einige wenige Proteine herstellt, ist die Veränderung des Codes tolerabel. Ja, es scheint sogar eine ausgesprochene Ökonomie im Wechsel einzelner Kodons zu liegen, da in einigen Fällen zwei Kodons, die unterschiedliche Bedeutung haben, so verändert werden, dass sie für dieselbe Aminosäure kodieren.

Das Beispiel der Mitochondrien zeigt auch, dass biologisch mehr als ein genetischer Code möglich ist. Wurde aber quasi im Evolutionsstamm ein Code „eingeführt", so muss dieser zwangsläufig „eingefroren" werden und erhält damit Universalität.

Diese Aussage wird auch dadurch nicht geschmälert, dass man in jüngster Zeit Abweichungen vom universellen Code sogar in der Kern-DNA von Ziliaten und im Genom einer Gruppe von Prokaryoten, den Mykoplasmen, gefunden hat. Sie stellen eine Ausnahme dar in einer Regel, die sich sonst bisher überall bestätigt hat.

2.2 Aufbau und Replikation der DNA

Bausteine der DNA

Nukleinsäuren sind Moleküle mit Molekulargewichten in der Größenordnung von Millionen. Durch *nukleinsäurespaltende Enzyme (Nukleasen)* lassen sich diese Makromoleküle in Untereinheiten spalten, deren Molekulargewicht etwa 350 beträgt. Man bezeichnet diese monomere Untereinheit der Nukleinsäure als **Nukleotid**.

Ein Nukleotid besteht aus:
- einer spezifischen stickstoffhaltigen Base,
- einer Pentose,
- einer Orthophosphatgruppe.

Die Verbindung von Base und Pentose wird als **Nukleosid** bezeichnet (Abb. 2.1). Nukleoside entstehen durch eine N-glykosidische C-N-Bindung mit formaler Wasserabspaltung an der Hydroxylgruppe am C-1'-Atom einer Pentose und an einer NH-Gruppe einer Base (Abb. 2.2). RNA und DNA unterscheiden sich in ihren Pentosen. RNA-Nukleotide erhalten eine Ribose, DNA-Nukleotide eine 2'-Desoxyribose (Abb. 2.3). Sowohl bei DNA als auch bei RNA finden sich je 4 stickstoffhaltige Basen, und zwar je zwei Purin- und Pyrimidinabkömmlinge (Abb. 2.4 und 2.5). Von seltenen Basen abgesehen, gibt es in den einzelnen Nukleinsäuren jeweils nur 3 verschiedene Pyrimidinbasen, dabei kommt die Base Thymin nur in DNA vor, die Base Uracil nur in RNA.

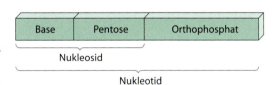

Abb. 2.1. Schema zum Aufbau und zur Nomenklatur eines Nukleotids

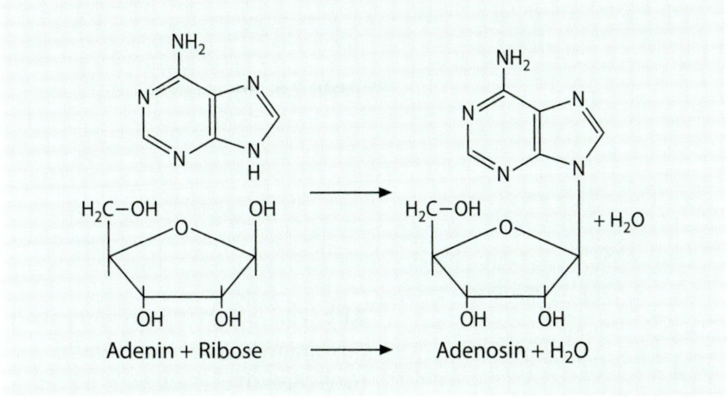

Abb. 2.2. Zusammensetzung von Adenosin aus Adenin und Ribose

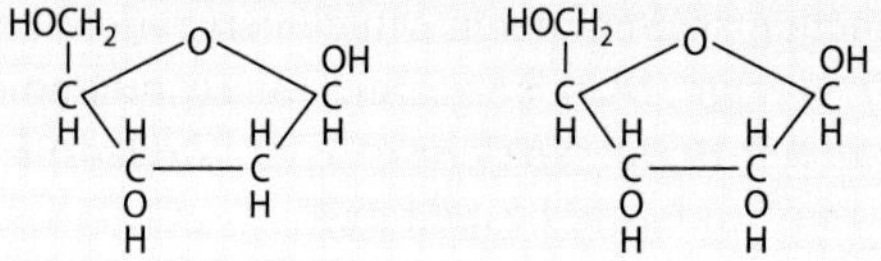

Abb. 2.3. 2′-Desoxyribose der DNA und Ribose der RNA

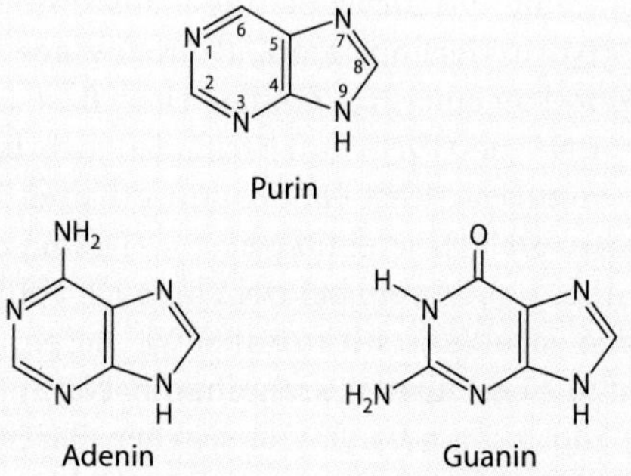

Abb. 2.4. Purinbasen

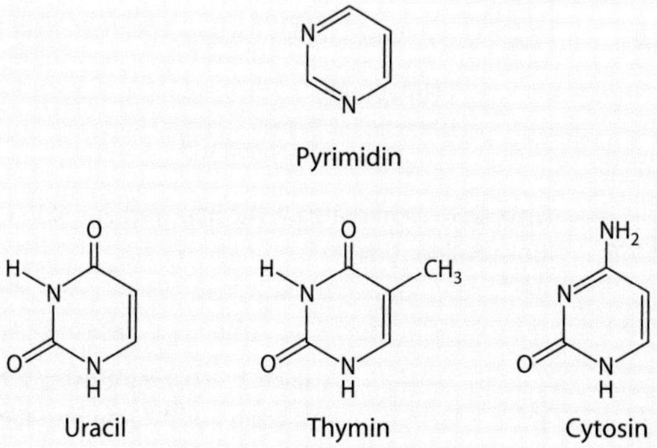

Abb. 2.5. Pyrimidinbasen

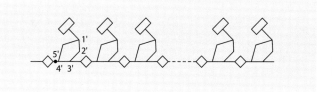

Abb. 2.6. Schematischer Ausschnitt aus einem Polynukleotidstrang (nach Bresch u. Hausmann 1972)

	Purinbase	*Pyrimidinbase*
DNA:	Guanin, Adenin	Cytosin, Thymin
RNA:	Guanin, Adenin	Cytosin, Uracil

Chemische und physikochemische Daten zeigen, dass Nukleinsäuren aus langen und unverzweigten **Fadenmolekülen** bestehen. Hierbei sind die einzelnen Mononukleotide durch Phosphodiesterbindungen zwischen C-3' und C-5' der Pentosen miteinander verknüpft. Die Moleküle besitzen also wegen der 3' - 5'-Bindungen zwischen Zucker und Phosphat einen **Richtungssinn** (Abb. 2.6.)

Nukleinsäuren bestehen also aus vielen Bausteinen, den Nukleotiden. Ein Nukleotid setzt sich aus einer stickstoffhaltigen Base, einer Pentose und einer Orthophosphatgruppe zusammen (Abb. 2.7). DNA enthält die Basen Adenin (A), Guanin (G), Cytosin (C) und Thymin (T) und als Pentose eine Desoxyribose. RNA enthält in der Regel statt der Base Thymin Uracil (U) und eine Ribose statt Desoxyribose.

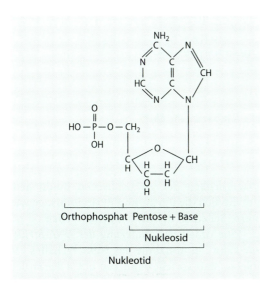

Abb. 2.7. DNA-Nukleotid (hier Adenin als Base)

Strukturmodell der DNA

Kristallographische Untersuchungen (Beugung von Röntgenstrahlen) zeigen, dass die DNA eine **Schraubenstruktur** besitzt. Weiter lässt sich aus den Daten für Durchmesser und Ganghöhe der Schraube einerseits und für Masse und Länge des Moleküls andererseits belegen, dass es sich um eine **Doppelschraube (Doppelhelix)** handeln muss.

Chagaff entdeckte (1950-1953) eine allgemeine Gesetzmäßigkeit für DNA verschiedenster Herkunft:
- das molekulare Verhältnis von Adenin zu Thymin und von Guanin zu Cytosin beträgt stets 1:1.

Auf diesen hier nur kurz angedeuteten Befunden basiert im Wesentlichen das 1953 von **Watson** und **Crick** aufgestellte und später in Einzelheiten von **Wilkins** verbesserte DNA-Strukturmodell. Diese drei Wissenschaftler teilten sich 1962 den Nobelpreis für Physiologie und Medizin für ihre Forschung zur molekularen Struktur der DNA. Danach besteht das **DNA-Molekül aus zwei Polynukleotidsträngen**, die eine gegenläufige Polarität besitzen und zu einer **Doppelschraube** umeinandergewunden sind. Dabei bilden jeweils zwei sich gegenüberliegende, zueinander komplementäre und senkrecht zur Halbachse stehende Basen mit ihren Nebenvalenzen **Wasserstoffbrücken**, und es paart sich Adenin stets mit Thymin und Guanin stets mit Cytosin.

Der Drehsinn der Spirale bildet eine **Rechtsschraube**. Die Windungen weisen dabei eine breite und eine schmale Rinne auf. Der Abstand zwischen den aufgestockten Basen beträgt 0,34 nm Nach jeweils zehn Basenpaaren, also 3,4 nm, ist eine volle Umdrehung erreicht (Abb. 2.8). Die gegenläufige Polarität bedeutet, dass in einem Polynukleotidstrang die Sequenz C-3'-Phosphat-C-5' ansteigend, in dem anderen abfallend verläuft. Die Stabilität der Helix beruht auf Stapelkräften, die zwischen den hydrophoben Seiten eng beieinanderliegender Basen auftreten, nicht, wie man annehmen könnte, auf den Wasserstoffbrücken komplementärer Basen (Abb. 2.9, Tabelle 2.2).

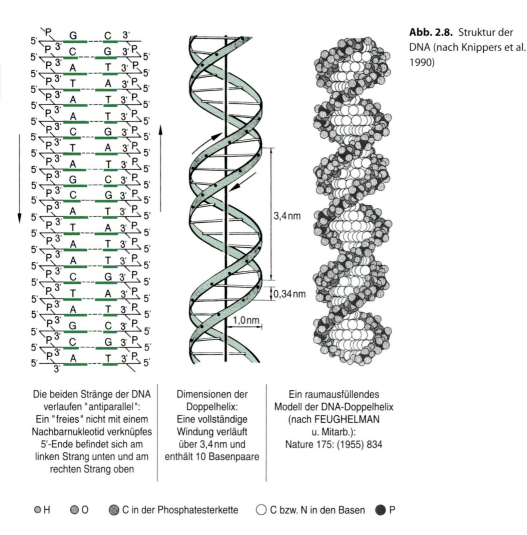

Abb. 2.8. Struktur der DNA (nach Knippers et al. 1990)

Die beiden Stränge der DNA verlaufen "antiparallel": Ein "freies" nicht mit einem Nachbarnukleotid verknüpfes 5'-Ende befindet sich am linken Strang unten und am rechten Strang oben

Dimensionen der Doppelhelix: Eine vollständige Windung verläuft über 3,4 nm und enthält 10 Basenpaare

Ein raumausfüllendes Modell der DNA-Doppelhelix (nach FEUGHELMAN u. Mitarb.): Nature 175: (1955) 834

● H   ● O   ● C in der Phosphatesterkette   ○ C bzw. N in den Basen   ● P

Flexibilität der DNA

Die Doppelhelix der Abb. 2.8 ist die Standarddarstellung der DNA und tatsächlich entspricht der allergrößte Teil der Kern-DNA in lebenden Zellen mehr oder weniger genau dieser Darstellung, die man als *B-Form* bezeichnet. Neuere kristallographische Daten zeigen jedoch, dass innerhalb der B-Form-Geometrie Flexibilität herrscht und sich verschiedene Strukturen ausbilden können. Diese hängen von der Art und Reihenfolge der beteiligten Basenpaare ab. Die Flexibilität ist durch Beweglichkeit der chemischen Bindungen im Fünferring der Desoxyribose, Beweglichkeit der Bindungen zwischen der Desoxyribose und den Phosphatresten und Beweglichkeit der glykosidischen Bindungen, um die sich die Purin- und Pyrimidinringe wie starre Scheiben drehen können, gegeben.

Eine drastische *Änderung der DNA-Struktur* kann bei Abnahme des Wassergehaltes erfolgen. Man spricht dann von der *A-Form* der DNA, in der die Basenpaare nicht mehr senkrecht zur Zentralachse stehen, sondern in einem Winkel von etwas mehr als 70° gekippt und zur großen Rinne verschoben. Dadurch entsteht ein offener Raum im Inneren des Moleküls und es kommt zur Ausbildung einer tiefen und engen großen Rinne. An der *Rechtsläufigkeit* der Doppelhelix ändert sich dadurch nichts. Es gibt aber auch *linksläufige DNA*, die man als *Z-Form* bezeichnet. Hier nimmt das Zucker-Phosphatdiester-Rückgrat eine Zick-Zack-Form ein. Man hat diese Form in Lösungen mit hohem Salzgehalt gefunden. Die wirkliche biologische Existenz der A- und Z-Form ist umstritten, möglicherweise sind sie nur experimentell erzeugbar. Sie zeigen aber, dass grundsätzlich die DNA-Struktur flexibel ist, und tatsächlich kommen auch bei Gen-Strukturen Abweichungen von der allgemeinen B-Form vor.

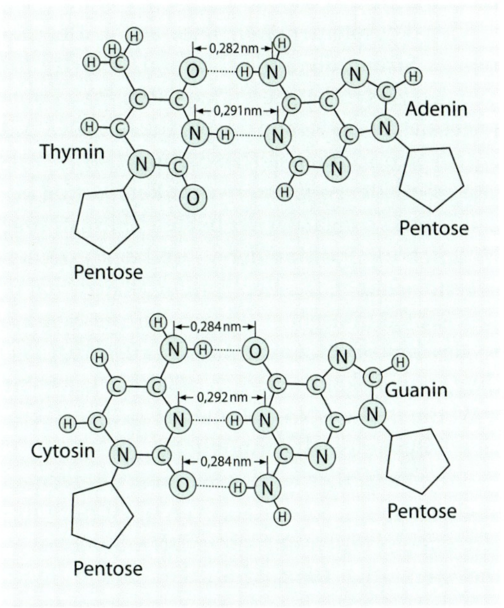

Die kleinsten DNA-Moleküle, die wir von Viren kennen, bestehen aus einigen Tausend Basenpaaren, die größten befinden sich im Chromosomen von Tieren und Pflanzen und können aus mehreren hundert Millionen Basenpaaren aufgebaut sein. Dabei ist die Größe zumindest in erster Näherung ein Maß für die Menge *an genetischer Information*.

Lineare und ringförmige DNA

Die DNA in eukaryotischen Chromosomen liegt linear vor (Abb. 2.10). Bei den meisten Bakterien, bei Mitochondrien und den pflanzlichen Chloroplasten ist sie ringförmig geschlossen. Dies hat z. B. in der praktischen Ar-

Abb. 2.9. Die Paarung komplementärer Basen durch 2 bzw. 3 Wasserstoffbrücken

Tabelle 2.2. Struktureller Aufbau der DNA

Doppelhelix:
2 Polynukleotidstränge sind zu einer Doppelschraube umeinander gewunden

Polarität:
Beide Stränge besitzen eine gegenläufige Polarität

Basenpaarung:
Spezifische Basenpaarung: A mit T + G mit C

Drehsinn:
Gegen den Uhrzeigersinn aufsteigender Drehsinn. Eine volle Umdrehung ist nach 10 Basenpaaren erreicht.

Stabilität:
Hydrophobe Bindungen beieinanderliegender Basen schaffen den Zusammenhalt

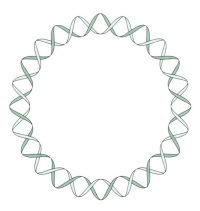

Ringförmig entspannte DNA

Lineare DNA

Abb. 2.10. Lineare und ringförmige DNA (Nach Kippers 2001)

beit Folgen für ihre Stabilität bei der Erstellung von DNA-Profilen zur Personenidentifikation (s. Kap. 11). Darüber hinaus ist ringförmig geschlossene DNA oft verdrillt, was man als **Superhelix** bezeichnet, denn die Verdrillungen sind von den Windungen der Doppelhelix überlagert. Die Zahl der Verdrillungen (**supercoils**) kann von DNA- zu DNA-Molekül unterschiedlich sein.

Replikation der DNA

Der **Vermehrungsmechanismus der DNA** wird als Replikation bezeichnet. Die große biologische Bedeutung dieses Vorgangs liegt darin, dass durch ihn die Information des elterlichen Erbguts (**Genom**) auf die Nachfolgegeneration übertragen wird. Nach dem Watson- und Crick-Modell zeigt die DNA gerade bezüglich der Replikation einen großen Vorteil. Durch die Komplementarität der Basen ist nämlich die Information im DNA-Molekül doppelt und in jedem Polynukleotidstrang einmal vorhanden. Grundsätzlich ist die Information eines Strangs ausreichend, um die Basenfrequenz des anderen zweifelsfrei anzugeben.

Aufspreizung der Doppelhelix

Mehrere Enzyme sind in den Vorgang der Replikation eingebunden. Sie sind bei Prokaryoten als **Replikationskomplex** an die Zellmembran gebunden. Zunächst öffnet sich das DNA-Molekül nach der Art eines Reißverschlusses. Dabei besteht der erste Schritt zur Öffnung des DNA-Moleküls in der Aufwindung der Doppelhelix durch eine Helikase. Zur Verminderung der Spannung setzt dabei eine Topoisomerase gelegentliche Einzelstrangbrüche in die DNA. Das Öffnen der Doppelhelix erfolgt durch ein weiteres Enzym, welches die beiden Polynukleotidstränge so spreizt, dass sich die relativ leicht zu trennenden Wasserstoffbrücken lösen. Schließlich stabilisieren DNA-Bindungsproteine die einzelsträngige DNA und verhindern eine neuerliche Nukleotidpaarung.

Im Gegensatz zu Prokaryoten gibt es bei Eukaryoten mehrere Replikations-Startpunkte, die man als **origin of replication** bezeichnet.

Replikation mittels Polymerasen

Nach der Öffnung der Doppelhelix entstehen neue Stränge der richtigen Sequenz, indem sich jede einzelne Base der beiden getrennten Stränge aus dem Vorrat der verschiedenen Nukleotide der Zelle das Nukleotid mit der zu ihr passenden komplementären Base sucht. Der parentale Strang dient gleichsam als Matrize für den neu zu synthetisierenden (Abb. 2.11). Dabei paart sich je ein Strang der parentalen DNA mit einem **neu synthetisierten Strang**. Dieser Vorgang wird als **semikonservative Replikation** bezeichnet. Die Polarität der beiden Elternstränge ist durch die Position der 5'- und der 3'-Enden gekennzeichnet. Die Replikation pflanzt sich in der Replikationsgabel fort, wobei die Synthese des linken Tochterstrangs (**Leitstrang, leading strand**) kontinuierlich ablaufen kann. Sie wird durch die DNA-Polymerase α (bei Bakterien Polymerase III) ermöglicht.

Anders ist dies bei der Synthese des rechten Tochterstrangs. Sie verläuft von oben nach unten, dabei werden nur kurze DNA-Stücke synthetisiert (die **Okazaki**-Stücke). Somit muss zwangsläufig alle paar hundert Nukleotide ein neues DNA-Stück anfangen. Dies wird dann mit dem vorher synthetisierten durch Ligase verknüpft, die das 3'-Ende eines DNA-Stücks mit dem 5'-Ende eines zweiten DNA-Stücks verbinden.

Die Polymerasen können im Wesentlichen nur ein Desoxynukleotid an das 3'-Ende einer schon bestehenden Kette anhängen, die man als **Primer** bezeichnet. Diese Primer-Stücke, von denen aus die DNA-Synthese ablaufen kann, bestehen aus RNA die von der DNA-Polymerase α synthetisiert werden. Sie besteht aus 4 Untereinheiten, von denen die Größte die DNA-polymerisierende Aktivität besitzt. Die beiden kleineren Untereinheiten wirken als Primasen und synthetisieren kurze RNA-Stücke, Primer, die von der größeren Untereinheit durch Anheftung von Desoxynukleotiden verlängert werden können. Eine Aufgabe der mittleren Untereinheit ist die Wechselwirkung mit anderen Replikationsproteinen.

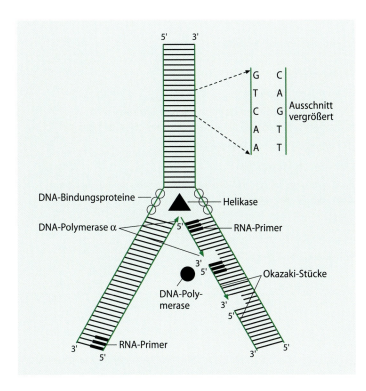

Abb. 2.11. Replikationsmodell der DNA

Reparatur durch Polymerase

DNA-Polymerasen wiederum, nämlich die DNA-Polymerase β (bei Bakterien Polymerase I) haben bei der Replikation noch eine andere spezifische Funktion, die RNA-Polymerasen nicht haben. Diese Enzyme können nämlich ein *falsch eingebautes Nukleotid* wieder *herausschneiden* und durch ein richtiges ersetzen: Sie besitzen eine 3'-Exonukleaseaktivität. Durch diesen Reparaturmechanismus kann die Mutationsrate entscheidend gesenkt werden.

Mit dieser Erkenntnis gewinnt auch die Tatsache, dass der Primer als RNA-Fragment gemacht wird, eine andere Bedeutung. Wenn er nämlich seine Funktion erfüllt hat, kann er wieder durch die RNA-spezifische β-Polymerase abgebaut und die so entstandene offene Phosphodiesterbindung mit der DNA-Polymerase durch DNA-Kettenwachstum geschlossen werden. Hierdurch wird die *Fehlerrate* über das gesamte Genom möglichst *gering* gehalten. Die Verbindung der neu synthetisierten DNA-Fragmente zu einem einheitlichen Strang erfolgt schließlich durch eine DNA-Ligase (Tabelle 2.3).

Telomerase und das Problem der Verkürzung von Chromosomen

Durch die vorgegebene Richtung der Replikation kommt es bei der Verdoppelung eukaryotischer Chromosomen zu einem Problem am 5'-Ende der neu synthetisierten DNA. Die DNA-Polymerase kann nach Abbau des endständigen RNA-Starters die entstehende Lücke nicht mit DNA ausfüllen. Es steht zum Synthesebeginn kein freies 3'-OH-Ende zur Verfügung. Die Folge davon wäre eine ständige Chromosomenverkürzung von Replikation zu Replikation. Heute ist bekannt, dass die *Telomere* (die distalen Enden der Chromosomen) keine kodierenden Sequenzen besitzen, sondern bei vielen Eukaryoten aus langen Folgen von *Sequenzwiederholungen* bestehen. Beispiele sind TTGGGG (*Paramecium*), TAGGG (*Trypanosoma*), TTAGGG (*Arabidopsis*) und TTAGGG (*Homo sapiens*). Beim Menschen sind dies bis zu 1000. Das Problem der Replikation der Chromosomenenden wird dadurch gelöst, dass der Leitstrang mit Hilfe eines speziellen Enzyms, der Telomerase weitersynthetisiert wird. Die

Tabelle 2.3. Ablauf der Replikation mit beteiligten Polymerasen

Enzym/Protein	Biologischer Schritt
Helikase	Entwindung der Doppelhelix
Topoisomerase	Entspannung der verdrillten Doppelhelix und Setzung von Einzelstrangbrüchen, als die Rotation nicht weiterleitende Gelenke
DNA-Bindungsprotein	Stabilisierung der einzelsträngigen DNA
Primase	Synthese kleiner Primer-RNA
DNA-Polymerase α	Primase, Synthese kurzer DNA-Stücke zur Einleitung der Replikation, Synthese des Folgestrangs
DNA-Polymerase β	Reparatur
DNA-Polymerase δ	Synthese des Leitstrangs
DNA-Polymerase ε	Kettenverlängerung, Reparatur
DNA-Polymerase γ	Mitochondrial, mt-DNA-Replikation

Telomerase ist ein interessantes Enzym, das aus einem RNA-Bestandteil und einem Protein-Bestandteil aufgebaut ist. Der RNA-Bestandteil kann unterschiedlich lang sein, z. B. bei Säugetieren etwa 250 Nukleotide und enthält Bereiche, die Basenpaarung mit den Telomersequenzen eingehen können. Bei dem aus mehreren Untereinheiten bestehenden Protein-Bestandteil ist die größte Untereinheit am wichtigsten. Sie trägt die Bezeichnung *Telomerase-Reverse-Transkripase (TERT)*. Es ist also ein Enzym, das RNA in DNA übersetzt. TERT nimmt den RNA-Teil des Enzyms als bewegliche Matrize und heftet entsprechend der Vorgabe der RNA-Sequenz neue Nukleotide an das 3'-Telomerende (Abb. 2.12). Ist eine Telomereinheit fertig, springt sie an deren Ende und beginnt von neuem. An das nun verlängerte Strangende kann nun ein neuer RNA-Starter binden, an welchem die DNA-Polymerase die Synthese des Folgestrangs vollendet. An Enden ohne Doppelstrang mit überhängendem 3'-Ende kann sich eine Haarnadelstruktur zurückfalten und so die Telomerenden versiegeln (Abb. 2.13).

Tabelle 2.4. Biologische Aufgaben des Erbmaterials

Replikation:
Präzise Verdoppelung während der Zellteilung

Speicherung:
Speicherung der gesamten notwendigen biologischen Funktion

Weitergabe:
Weitergabe der genetischen Information an die Zelle

Stabilität:
Aufrechterhaltung der Strukturstabilität, um Erbänderungen (Mutationen) zu minimieren

Übertragung des Erbguts

Zusammenfassend lässt sich also feststellen, dass die DNA nach dem Watson- und Crick-Modell alle Erfordernisse an das genetische Material erfüllt. Die DNA erlaubt die *Informationsspeicherung*, sie besitzt die Möglichkeit der *identischen Replikation* und der *Reparatur und somit der Weitergabe des Erbguts*. Als Grenzfall können gewisse Fehler (*Mutationen*) auftreten (Tabelle 2.4).

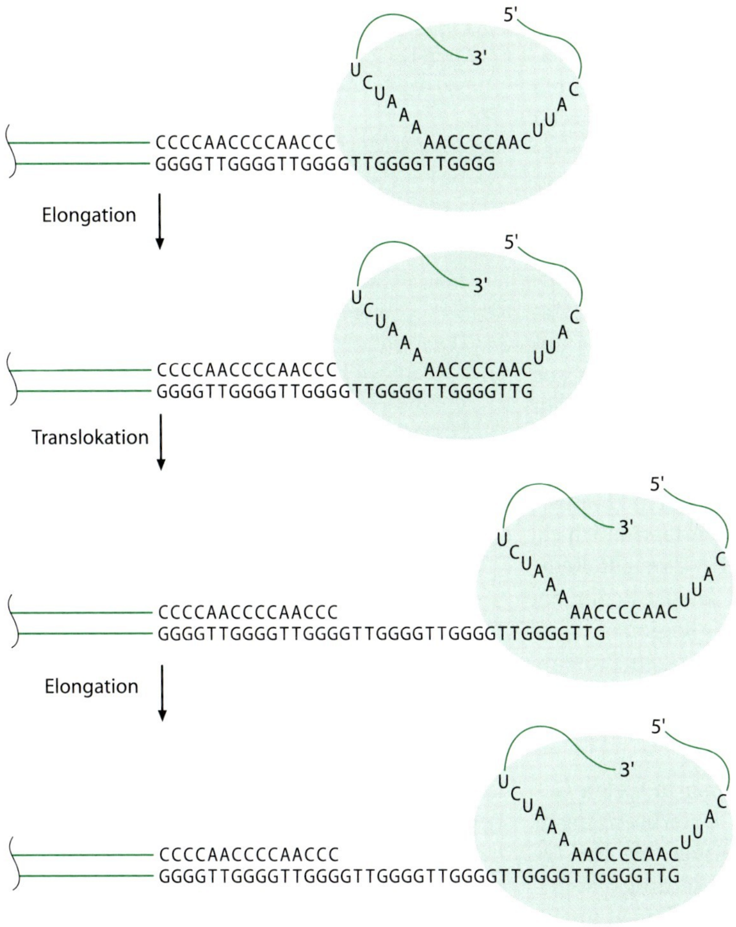

Abb. 2.12. Die Funktion der Telomerase (Proteinteil grün gerastert, RNA-Teil grüne Linie mit schwarzen Nukleotiden) (Nach Knippers 2001)

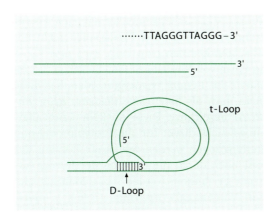

Abb. 2.13. Telomere. Durch überstehende Einzelstrangenden kann sich eine Haarnadelstruktur ausbilden, indem überstehende Hexanukleotid-Gruppen Basenpaarungen mit internen Hexanukleotid-Gruppen eingehen. (Nach Kippers 2001)

2.3 Aufbau und Definition von Genen

Vergleicht man die Nukleotidsequenz eines Gens bei Prokaryoten mit der Aminosäuresequenz eines Proteins, so stellt man fest, dass die *Reihenfolge der Nukleotide* des Gens genau mit der *Aminosäurefolge* im Protein korrespondiert.

Die Länge der DNA-Sequenz des Gens hängt also direkt von der Länge des Proteins ab, für das es kodiert. Tatsächlich hielt man diesen Aufbau, der aus der Analyse von Prokaryotengenen hergeleitet war, lange Zeit für den allgemein gültigen. Eine Generation von Medizin- und Biologiestudenten lernte als schlagwortartige Definition: *ein Gen - ein Enzym* oder später erweitert: *ein Gen - ein Protein*.

Aufbau von eukaryoten Genen

Im Jahr 1977 wurde jedoch dieses einfache Genkonzept erschüttert, als man technisch durch die Entdeckung der *Restriktionsenzyme* soweit war, auch Eukaryotengene zu untersuchen. Dabei war das β-Globin das erste Gen von Eukaryoten, das ausführlich untersucht wurde. Überraschenderweise entdeckte man durch elektronenmikroskopische Aufnahmen Schleifenbildungen zwischen der genomischen DNA von β-Globin und der copy-DNA (c-DNA), die mit Hilfe des Enzyms *Reverse Transkriptase* aus m-RNA erstellt wurde. Diese Schleifen wurden durch genomische DNA-Regionen verursacht, die offensichtlich in der c-DNA nicht vorhanden waren, obwohl als Voraussetzung angenommen wurde, dass die c-DNA tatsächlich eine identische Kopie der m-RNA darstellt. Beim β-Globin-Gen fand man zwei solcher Regionen, die innerhalb der kodierenden Regionen lagen und drei Sequenzen des zugehörigen Proteins bzw. der entsprechenden m-RNA unterbrachen. Dies war die Entdeckung der unterbrochenen Gene bei Eukaryoten.

In der Zwischenzeit hat man in vielen Genen von Eukaryoten solche Unterbrechungen entdeckt, die man jedoch bisher nie bei typischen Prokaryoten fand. Allerdings konnte man inzwischen bei einem T-Phagen unterbrochene Gene nachweisen. Daher ist es nicht unwahrscheinlich, dass auch ihre prokaryotischen Wirte solche Gene enthalten, die man bisher nur noch nicht entdeckt hat, jedenfalls ist dieser Genaufbau für den Menschen die Regel. Nur sehr wenige menschliche Gene haben keine Unterbrechungen, diese sind in der Regel sehr klein (Tabelle 2.5). Insgesamt gibt es bei menschlichen Genen *erhebliche Größenunterschiede*.

Tabelle 2.5. Menschliche Gene (Auswahl), die nicht durch Introns unterbrochen sind

Alle 37 Mitochondriengene
Histongene
Gene für kleine RNAs, z. B. die meisten t-RNA-Gene

Hormonrezeptorgene:
S-HT$_{18}$ Serotoninrezeptor
Dopaminrezeptor D1 und D5
Angiotensin-II-Typ-1-Rezeptor
α$_2$-adrenerger Rezeptor
Formylpeptidrezeptor

Hodenspezifische Expressionsmuster:
Phosphoglyceratkinase (PKG2)
Glyzerinkinase (GK)
Gen der myc-Familie (MYCL2)
Pyruvatdehydrogenase E1a (PDHA2)
Glutamatdehydrogenase (GLUD2)

Exons und Introns

Man hat die Sequenzen, die in der m-RNA vorhanden sind, als *Exons* definiert und solche, die dort fehlen, als *Introns*. Exon- und Intronlängen sind sehr unterschiedlich. In menschlichen Genen sind Exons durchschnittlich 122 bp lang (s. Kap. 7.6). Dabei ist die Exonlänge unabhängig von der Länge des Gens; so sind auch einige sehr große Exons bekannt. Bei großen Genen ist der Exongehalt dagegen sehr gering. in der Regel übertrifft die Länge der Introns die der Exons um ein Vielfaches (Tabelle 2.6).

Splicing

Auf dem Wege zwischen Information auf DNA-Ebene und Genexpression muss also noch ein Prozess dazwischengeschaltet sein, den wir zumindest bis heute bei Prokaryoten nicht beobachten konnten. Von DNA wird eine Kopie in Form von RNA abgelesen, die genau die *Sequenz im Genom* wiedergibt. Man hat diese RNA auch als *heterogene nukleäre RNA (hnRNA)* bezeichnet. Diese hn-RNA kann allerdings nicht direkt für die Proteinproduktion herangezogen werden: Sie ist ein Rohling, der erst noch durch die Exzision der Introns zurecht geschnitten werden muss. Man hat diesen Vorgang als *„splicing"* (Deutsch: *Spleißen*) bezeichnet. Das Ergebnis des Spleißens ist dann eine m-RNA, die aus einer Reihenfolge von Exons zusammengesetzt ist. Dabei werden die Exons immer in derselben Reihenfolge hintereinander geordnet, in der sie in der DNA auftreten.

Tabelle 2.6. Größenunterschiede und durchschnittliche Exon- und Introngrößen einiger menschlicher Gene (Nukleotide X 1000)

Genprodukt	Gengröße	m-RNA-Größe	Anzahl der Exons	Anzahl der Introns	Durchschnittliche Größe Exons(bp)	Introns(kb)
β-Globin	1,6	0,6	3	2	150	0,49
Insulin	1,4	0,4	3	2	155	0,48
Faktor VIII	186	9	26	25	375	7,10
Dystrophin	2400	17	79	>500	180	30,00

Bedeutung der unterbrochenen Gene

Doch welchen Sinn haben die „unterbrochenen" Gene der Eukaryoten mit ihrer in Exons fragmentarisch angeordneten Information?

Leider ist man dabei auf Spekulationen angewiesen, da in vielen Fällen experimentelle Belege, ja sogar Hinweise, fehlen. Möglicherweise könnten unterbrochene Gene *Vorteile für evolutionäre Veränderungen* bieten. Wir wissen, dass die DNA aufgrund verschiedener Mechanismen erstaunlich flexibel ist. So können DNA-Bereiche von einem chromosomalen Ort ausgeschnitten und in einen anderen eingesetzt werden, auch können sie zwischen homologen Genen ausgetauscht werden. Solche Prozesse könnten dann gefährlich werden, wenn sie Gene zerstören. Kommt jedoch der Austausch von DNA innerhalb der Introns vor, so ist die potenzielle Zerstörung von Informationen limitiert. Eine andere Möglichkeit ist, dass der Austausch von Introns und ihre Rearrangierung im Laufe der Zeit dem *Aufbau neuer Gene* dient. In späteren Kapiteln werden wir auf diese Problematik zurückkommen.

Funktion von Introns

Diese Überlegungen schreiben den Introns nur eine indirekte Funktion zu. Dagegen sind viele Molekularbiologen der Meinung, dass Introns, oder zumindest der größte Teil von ihnen, einfach *Nukleotidsequenzen ohne jegliche Funktion* sind. Diese Meinung beruht auf folgenden Tatsachen:
- Alle bisher untersuchten Introns beginnen mit derselben Sequenz von zwei Basen, nämlich G-T, und enden mit A-G. Damit sind Beginn und Ende klar für das Ausschneiden markiert.
- Mutationen in Basensequenzen nahe oder innerhalb der Intron-Exon-Grenzen führen zu m-RNAs, die keine funktionsfähigen Proteine bilden.
- Künstlich aus den Exons konstruierte Minigene werden mit einem Promotor häufig genauso effizient exprimiert wie natürliche Gene aus dem Zellkern.

Letztere Aussage wird jedoch insofern relativiert, als sich bei der experimentellen Übertragung von Genen in sog. transgene Mäuse herausgestellt hat, dass eine Intron-Exon-Sequenz bessere Chancen hat, tatsächlich auch exprimiert zu werden (s. Kap. 9).

Dennoch sieht es bisher so aus, als ob die Funktion der Introns für die Genexpression weitgehend irrelevant ist. Andererseits wurden aber in wenigen Fällen regulatorische DNA-Sequenzen beschrieben, die innerhalb eines Introns eines Gens liegen. Auch konnte in jüngster Zeit mehrfach gezeigt werden, dass Introns *katalytische Fähigkeiten* besitzen, die in ihrem eigenen Ausschneiden resultieren. So gibt es bei Pilzen, aber auch bei anderen Organismen Introns, die sich selbst aus einem Vorläufer-r-RNA-Transkript herausschneiden und die losen Enden der Exons zusammenfügen. Mindestens kann aus diesen Beschreibungen abgeleitet werden, dass nach der Entdeckung von katalytischer RNA die Annahme, alle biochemischen Reaktionen würden von Proteinen katalysiert, relativiert werden muss.

Einige Introns wurden auch innerhalb von Promotor- und Enhancerregionen entdeckt, welche Gene ein- und abschalten. So könnten Introns auch als Rezeptoren für bestimmte Hormone dienen, die einzelne Gene während bestimmter Entwicklungsphasen aktivieren und in anderen Phasen deaktivieren.

Durch die Separierung der Exons für viele verschiedene Proteine in *Antikörpergenen* schaffen die Introns Flexibilität und ermöglichen Rearrangements von **multipel kodierenden Regionen**, die zur Produktion von mehr als 18 Mio. verschiedenen Antikörpermolekülen notwendig sind.

Gendefinition

Die ursprüngliche Gendefinition wurde nicht nur durch den komplizierteren Aufbau der Eukaryotengene erschüttert. Man fand auch bei Pro- und Eukaryoten, bei diesen allerdings selten, einige Gene, die überlappen, und sogar Gene innerhalb von Genen, die bei der Translation die Synthese mehrerer Polypeptide steuern. Auch hat man in den letzten Jahren einige große menschliche Introns gefunden, in denen komplette kleine Gene enthalten sind. Allerdings werden diese meist von verschiedenen Strängen transkribiert.

Nicht jedes Gen wird an Ribosomen *translatiert*, also in ein Protein umgesetzt. Translatiert werden nur Gene, von denen eine **m-RNA** gebildet wird. Dagegen werden Gene für andere RNA-Typen ausschließlich transkribiert und assistieren dem allgemeinen Prozess der Genexpression.

Man könnte zusammenfassend ein Gen als den Abschnitt der DNA definieren, der zwischen einem *Transkriptionsstart (Promotor)* und einem *Transkriptionsende (Terminator)* liegt (Abb. 2.14).

Diese Definition auf der Basis der Transkriptionseinheit stimmt tatsächlich für viele Gene. Sie wird jedoch dann mangelhaft, wenn mehrere Gene in einer Transkriptionseinheit, gesteuert durch einen Promotor, abgelesen werden. Wir sehen also, dass man heute auf eine klare und griffige Gendefinition verzichten muss. Man kann letztlich ein Gen nur folgendermaßen definieren:

- Ein Gen ist ein Abschnitt der DNA, der ein funktionelles Produkt kodiert.

In den meisten Fällen ist dieses Produkt eine Polypeptidkette.

Kontrollelemente menschlicher Gene

Die riesige Anzahl miteinander agierender Gene erfordert in höheren eukaryotischen Genomen bzw. beim Menschen ein ausgeklügeltes *Kontrollsystem*. Das wesentlichste Kontrollsystem, das ein Gen sozusagen einschaltet, ist sein *Promotor*. Promotoren sind die *Initiatoren der Transkription*. Sie liegen in der Regel strang-

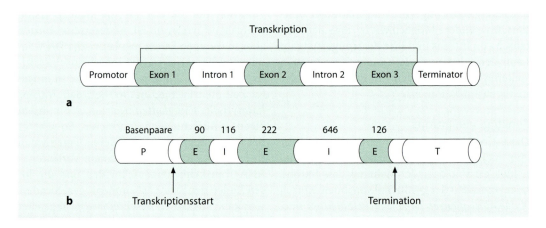

Abb. 2.14. a Modellvorstellung zum Aufbau eines Eukaryotengens, b β-Globingen des Menschen mit 3 Exons und 2 Introns

aufwärts vom Gen, oft wenig vom Transkriptionsstart entfernt. Ihr Charakteristikum ist eine Kombination kurzer Sequenzen, die von Transkriptionsfaktoren erkannt werden.

Weiterhin findet man bei bestimmten Genen häufig etwas strangaufwärts von den Promotoren (ca. 1 kb von der Transkriptionsstartstelle entfernt) sog. *Response-Elemente (RE)*. Die Expression dieser Gene wird von externen Faktoren, wie Hormonen oder Wachstumsfaktoren, bzw. internen Signalmolekülen wie dem cAMP gesteuert. Bindet der entsprechende Signalfaktor an ein solches RE-Element, so kann eine starke Genexpression ausgelöst werden.

Die Transkription eukaryotischer Gene kann durch *positive Kontrollelemente*, die *Enhancer*, verstärkt werden. Man findet sie bei vielen menschlichen Genen. *Negative Kontrollelemente* sind dagegen die *Silencer*. Sie können die Transkriptionsaktivität von Genen unterdrücken, wobei ihr Wirkmechanismus bisher nicht gut verstanden ist.

2.4 Transkription der DNA in RNA und Processing

Ribonukleinsäure (Abb. 2.15) unterscheidet sich von Desoxyribonukleinsäure grundsätzlich durch
- den Besitz von Ribose an Stelle von Desoxyribose,
- den Einbau der Base Uracil an Stelle von Thymin,
- Einsträngigkeit (abgesehen von der t-RNA).

In der Zelle gibt es jedoch nicht eine einzige einheitliche RNA, sondern verschiedene Typen von RNA, die völlig verschiedene Funktionen übernehmen. Man unterscheidet:
- Messenger-RNA (m-RNA)
- Transfer-RNA (t-RNA)
- Ribosomale RNA (r-RNA)

Daneben gibt es noch andere Typen von RNA, die in Kapitel 7.5.3 behandelt werden.

Allen hier besprochenen RNA-Typen ist jedoch gemeinsam:
- Sie werden alle im Kern an der DNA gebildet, die Matrizenfunktion besitzt.
- Sie dienen alle der Umsetzung der genetischen Information in Polypeptidketten.
- Dabei bestimmt die DNA die Synthese der RNA, die RNA die der Polypeptidkette, aus denen letztlich die Proteine entstehen.

Der Fluss der genetischen Information von der DNA über die RNA zum Polypeptid wird als das *zentrale Dogma der Molekularbiologie* bezeichnet. Kürzlich entdeckte man jedoch, dass eukaryotische Zellen, einschließlich Säuger und Mensch, nicht-virale DNA-Sequenzen besitzen, die für Reverse Transkriptase kodieren (ein Enzym, das RNA in DNA umschreiben kann). Da zusätzlich bewiesen ist, dass somit einige RNA-Sequenzen als Matrize für die DNA-Synthese fungieren können, gilt dieses Dogma nicht mehr uneingeschränkt, denn hier verläuft der Informationsfluss umgekehrt.

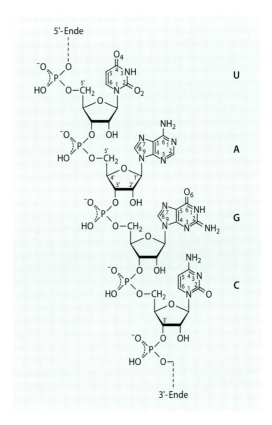

Abb. 2.15. Ribonukleinsäure (Nach Knippers 2001)

Bildung von Messenger-RNA

Die Messenger-RNA trägt, wie der übersetzte Name „Boten-RNA" bereits sagt, die genetische Information der DNA ins Plasma. Man nennt den Vorgang der Informationsübertragung von DNA auf m-RNA *Transkription* (Tabelle 2.7). Allerdings wird nur ein geringer Teil der gesamten DNA jemals transkribiert. Der Anteil der m-RNA an der gesamten RNA der Zelle beträgt etwa 3%. Ihr Molekulargewicht ist sehr unterschiedlich und liegt in der Größenordnung von 100.000 bis einige Millionen.

Prinzip der Transkription

Betrachten wir nun den Vorgang der Transkription etwas genauer. Die Biosynthese von Proteinen erfolgt im *Zellplasma*. Die Information über den Bau der Proteine, sozusagen die Konstruktionspläne, liegen jedoch in der DNA im Zellkern, ohne diesen jemals zu verlassen. Von diesen Originalplänen macht nun die Zelle eine Negativkopie in Form einer m-RNA. Dabei wird nur einer der beiden DNA-Stränge, der *Coding-Strang*, in RNA übersetzt. Die RNA-Polymerase unterscheidet, welcher der „sinnvolle" Matrizenstrang ist. Da die wachsende Kette komplementär zum Matrizenstrang ist, hat das Transkript dieselbe 5'-3'-Orientierung wie der zur Matrize komplementäre Strang. Daher wird der Coding-Strang auch oft als *Gegensinnstrang* bezeichnet, der Nicht-Matrizen-Strang oft als *Sinnstrang* (Abb. 2.16).

Regulation der Transkription

Bei eukaryotischen Zellen beträgt die Transkriptionsgeschwindigkeit 1,8 kb/min. Insgesamt werden drei unterschiedliche RNA-Polymerasen benötigt, um die unterschiedlichen RNA-Klassen zu synthetisieren (Tabelle 2.8). Gene, die für Polypeptide kodieren, werden zum überwiegenden Teil von der Polymerase II transkribiert. Allerdings können eukaryoti-

Tabelle 2.7. Vorteile der Transkription

Informationsübertragung
Die DNA verbleibt im Zellkern, die m-RNA überträgt die Information zum Bau der Proteine ins Zellplasma

Informationsselektion
Transkription bestimmter DNA-Abschnitte je nach Bedarf

Informationsmultiplikation
Durch mehrfaches Kopieren kann ein in größerer Menge benötigtes Enzym rasch ausreichend zur Verfügung gestellt werden

Tabelle 2.8. Die drei Klassen eukaryotischer RNA-Polymerasen

Polymerase	Transkribierte Gene
I	28 S r-RNA, 18S r-RNA, 5,8 S r-RNA in einem Primärtranskript (45 S r-RNA)
II	Alle Gene, die Polypeptide kodieren, die meisten sn-RNA Gene (siehe hierzu Kap. 7.5.3)
III	5 S r-RNA, t-RNA und die Gene seltener kleiner RNA Fraktionen

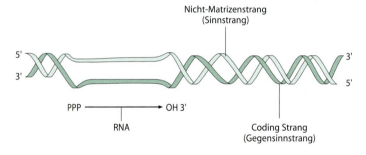

Abb. 2.16. Die RNA wird transkribiert als Einzelstrang mit komplementärer Basensequenz zum Coding-Strang

sche Polymerasen die Transkription nicht initiieren. Hierzu sind Transkriptionsfaktoren notwendig, die an die DNA binden, und zwar an mehrere kurze Sequenzelemente in der direkten Nähe eines Gens. Diese dienen somit als Erkennungsstellen für die Transkriptionsfaktoren, die dann der Polymerase den Weg weisen. Diese *Erkennungssequenzen*, die sich häufig stromaufwärts (oft weniger als 200 bp) von den kodierenden Sequenzen eines Gens befinden, also am Anfang des Gens und dort eine zusammenhängende Gruppe bilden, werden als *Promotoren* bezeichnet.

Weitere regulatorische Elemente sind die *Enhancer*. Während der Abstand der Promotoren von der Transkriptionsstartstelle relativ konstant ist, sind die Enhancer oft mehrere Kilobasen davon entfernt. Promotoren werden *niemals transkribiert*, Enhancer dagegen können, wie z. B. bei den Immunglobulinen, auch in Introns liegen. Sie binden regulatorische Proteine. Danach findet zwischen Promotor und Enhancer eine DNA-Schlaufenbildung statt; die regulatorischen Proteine können mit dem an den Promotor gebundenen Transkriptionsfaktor und der RNA-Polymerase interagieren und die Transkription verstärken.

Im Weiteren gibt es *Silencer* mit der umgekehrten Funktion. Sie befinden sich sowohl in der Nähe der Promotoren als auch innerhalb des 1. Introns.

Bei einigen Genen, die nur in bestimmten Zelltypen oder zu bestimmten Zellstadien exprimiert werden, enthält der Promotor ca. 25 bp stromaufwärts der Transkriptionsstartstelle immer eine *TATA-Box*, die auch etwas abgewandelt sein kann. Promotoren für *Haushaltsgene*, Gene, die in der Mehrzahl aller Zellen exprimiert werden, sowie zahlreiche andere Genpromotoren besitzen keine TATA-Box. Hier findet man häufig eine *GC-Box*. Sie enthält Variationen der *Konsensussequenz* GGGCGG. Die CAAT-Box (etwa an der Position -80 vom Transkriptionsstartpunkt aus) ist ebenfalls bei Promotoren weit verbreitet und in der Regel der für die Wirksamkeit des Promotors bestimmende Faktor (Tabelle 2.9).

Die RNA-Polymerase wird durch die Bindung an die Transkriptionsfaktoren aktiviert

Tabelle 2.9. Konsensussequenz ausgewählter Promotorboxen, die von Transkriptionsfaktoren erkannt werden

Box	Konsensussequenz der DNA
TATA	TATAAA
GC	GGGCGG
CAAT	CCAAT

und beginnt an einer bestimmten Stelle mit der RNA-Synthese (Abb. 2.17). Häufig ist dies ein G- oder A-Nukleotid in definierter Entfernung vom Startkodon eines Gens.

Oft sind Gene, die transkribiert werden, durch sog. *CpG-Inseln* gekennzeichnet. Dies ist eine Abkürzung für die Kopplung von C mit G über eine 3'-5'-Phosphodiesterbindung. Es handelt sich hierbei um DNA-Bereiche von 1-2 kb Länge, in denen dieses Dinukleotid häufig vertreten ist, während es in der restlichen DNA wesentlich seltener zu finden ist. Die Cytosinreste in den CpG-Dinukleotiden können am Kohlenstoffatom 5 methyliert werden. Die Methylierung wird in der Regel als *Transkriptionsverbot* angesehen. Ist bei einem Promotor eine CpG-Insel methyliert, so ist normalerweise die Genexpression des dazugehörenden Gens unterdrückt (Tabelle 2.10).

Processing und Splicing der RNA

Die im Zellkern synthetisierte RNA ist wesentlich größer als die, die man im Zytoplasma an den Ribosomen findet. Es wird eine sehr viel größere *Präkursorform* produziert, die dann durch das sog. Processing im Verlauf des Transports vom Zellkern zum Zytoplasma, noch im Kern, zur endgültigen m-RNA zurechtgeschnitten wird (Abb. 2.18).

Man bezeichnet die Präkursorform in den verschiedenen Processingstadien als heterogene nukleäre RNA (hn-RNA), weil die RNA-Moleküle in der Länge variieren. Von der hn-RNA stammt auch eine kleine nukleäre RNA ab: Die sn-RNA (s = small) ist bei der Durchführung des Splicing beteiligt, welches wir wei-

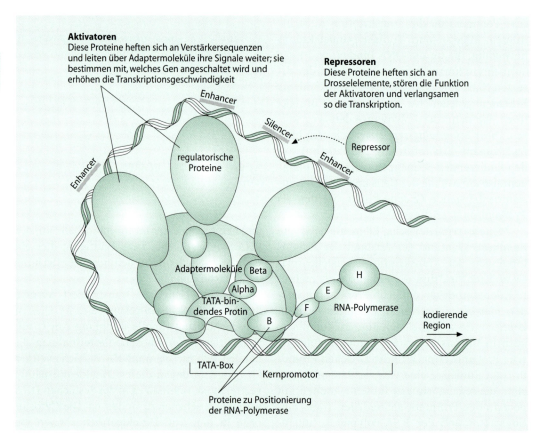

Abb. 2.17. Transkriptionsstart. Mehrere Transkriptionsfaktoren binden am Promotor direkt neben einem Gen und bringen die RNA-Polymerase in Startposition zur Transkribierung eines Gens

Tabelle 2.10.	Ablauf der Transkription
Transkriptionsgeschwindigkeit	1,8 kb/min
RNA-Polymerasen	
– RNA-Polymerase I–III:	Für die Transkription der verschiedenen RNA-Klassen
– RNA-Polymerase II:	Für die zellulären Gene:
Transkriptionsregulatoren	Promotor, Enhancer, Silencer und Transkriptionsfaktoren
Promotorboxen	TATA-Box
	GC-Box
	CAAT-Box
Transkriptionsunterdrückung	Methylierung der DNA, besonders 5-Methylcytosin

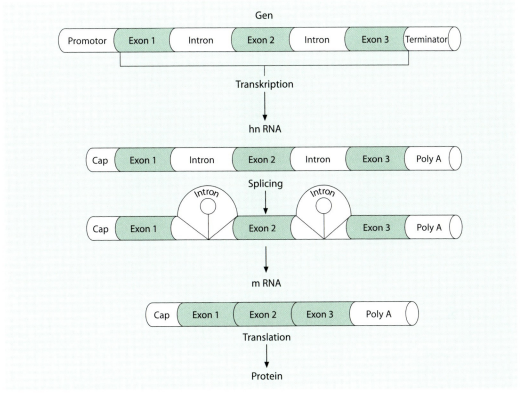

Abb. 2.18. Transkription eines Gens auf hn-RNA und Splicing der hn-RNA zur translationsfähigen m-RNA. (Cap und Poly-A-Schwanz werden nicht translatiert)

ter unten kennen lernen werden. Beim Menschen wurde man auf diese RNA durch Autoantikörper aufmerksam, die man bei Trägern von systemischem Lupus erythematodes nachweisen kann.

Ablauf des Processing

Das Processing (Tabelle 2.11) beinhaltet sowohl ein Wegschneiden als auch ein Anheften von Gruppen, die im primären Transkript nicht vorhanden waren. Bereits Sekunden nach Transkriptionsbeginn wird ein spezielles Nukleotid, das *7-Methyl-Guanosin* über eine *Triphosphatbrücke* an das 5'-Ende als *Cap* einer neuen m-RNA angefügt (Abb. 2.19). Das Cap dient der Anheftung der m-RNA an das Ribosom.

Danach folgt die weitere Anheftung von Nukleotiden an das 3'-Ende der Kette mit einer Geschwindigkeit von 30-50 Nukleotiden pro Sekunde. Direkt nach Beendigung dieser

Tabelle 2.11. Processing der m-RNA

Capping:
Anheftung von 7-Methyl-Guanosin an das 5'-Ende, dies ermöglicht spätere Fixierung der m-RNA an das Ribosom

Polyadenylierung:
Anheftung eines Poly-A-Schwanzes an das 3'-OH-Ende

Splicing:
Trennung und Zusammenfügung von den Exons mit übersetzbaren Informationen von den dazwischen liegenden Introns, die nicht übersetzt werden

Kette wird eine Sequenz von Nukleotiden abgespalten und 100-200 AMP werden an das

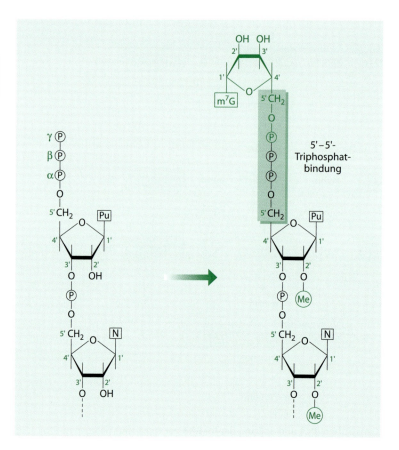

Abb. 2.19. Capping des 5'-Endes eukaryotischer m-RNAs. Das γ-Phospat am endständigen 5'-Nukleotid wird entfernt. Es wird von einem GTP-Vorläufer, der mit dem ursprünglichen terminalen 5'-Nukleotid eine spezielle 5'-5'-Triphosphat-Bindung eingeht, ein neues GMP bereitgestellt. Weiter wird der Kohlenstoff 7 am endständigen G sowie das 2'-Kohlenstoffatom der Ribose an den beiden benachbarten Nukleotiden methyliert. (Nach Stracchan, Read 2004)

3'-OH-Ende angeheftet. Dieser Vorgang, den man als *Polyadenylierung* bezeichnet, dient dem Schutz des primären Transkripts vor zytoplasmatischen Enzymen. Nach allen Untersuchungen fand man bis heute nur eine einzige m-RNA, die im Kern nicht polyadenyliert und ohne Poly-A-Schwanz ins Zytoplasma entlassen wird. Dies ist die *m-RNA für Histonproteine*, die nur eine kurze Überlebenszeit im Zytoplasma haben.

Die Modifikation des primären Transkripts dient offenbar dem *längeren Überleben* der m-RNA im Zytoplasma. Nach genauer Betrachtung des Präkursormoleküls ließ sich zeigen, dass dieses im Zellkern im Durchschnitt ca. 5000 Nukleotide lang ist, während die m-RNA im Zytoplasma nur ungefähr 1000 Nukleotide umfasst. Damit war klar, dass, im Gegensatz zu Prokaryoten, keine direkte Abhängigkeit zwischen der Länge der DNA-Sequenz des Gens und der Länge des Proteins besteht, für das es kodiert.

Die Verkürzung des Primärtranskripts bedingt ein Zurechtschneiden der m-RNA vor der Translation. Diesen Vorgang, welcher der Entfernung der Introns dient, haben wir bereits als *Splicing (Spleißen)* angesprochen.

Splicing der RNA

Introns beginnen immer mit GT und enden mit AG. Dies sind die beiden Stellen, an denen das Intron herausgeschnitten wird. Offenbar zeigen sie jedoch nicht allein ein Intron an, bzw. reichen sie zur Intronerkennung nicht aus. So wurde noch eine dritte wesentliche **Intronsequenz** entdeckt, die für das Splicing wichtig ist, die „branch site". Sie befindet sich nahe am Ende des Introns, maximal 40 Nukleotide vom terminalen AG-Ende entfernt. Das Splicing läuft demnach in 3 Schritten ab:
1. Spaltung der 5'-gelegenen-Exon-Intron-Grenze (Donatorstelle).
2. Das G-Nukleotid greift an der Donatorstelle nukleolytisch ein A an der „branch site" an, es folgt eine Lassobildung.
3. Spaltung der 3'-gelegenen-Exon-Intron-Grenze (Akzeptorstelle), das Intron wird als Lasso freigesetzt und die Exonanteile werden zusammengespleißt. Mehrere sn-RNA-Komplexe führen dabei das Splicing aus. Diese Partikel bestehen aus proteingebundenen sn-RNA-Molekülen und bilden die Spliceosomen. Diese binden an die Donatorstelle, die „branch site" und die Akzeptorstelle und führen das Splicing durch (Abb. 2.20).

Alternatives Spleißen und Spleißmutationen

Bei vielen menschlichen Genen werden Spleißstellen **alternativ benutzt**. Dadurch entstehen verschiedene m-RNA-Sequenzen für gewebsspezifische Proteine. Das Calcitoningen ist ein Beispiel hierfür. Eine Kombination aus **alternativem Spleißen** und **alternativer Polyadenylierung** führt zu unterschiedlichen Genprodukten. In der Schilddrüse wird Calcitonin gebildet, das im Blut den Ca^{2+}-Spiegel konstant hält, im Hypothalamus wird dagegen das sog. calcitoningenverwandte Peptid gebildet, das neuromodulierend und trophisch wirken kann.

Auch können **Spleißmutationen** die Spleißstellen inaktivieren oder zu einer kryptischen Spleißstelle aktivieren. Ein Beispiel hierfür ist die β-*Globin-Mutation D26K* im Hämoglobin E. Sie verursacht unerwarteter Weise eine β-Thalassämie. Das Codon 26 liegt in der DNA-Sequenz in der Nähe der Spleißdonatorstelle im Codon 30. Die Substitution G → A vermindert die Effektivität der Spleißreaktion.

Transfer-RNA

Die Transfer-RNA (t-RNA) macht etwa 10% der gesamten RNA der Zelle aus. Sie ist für den

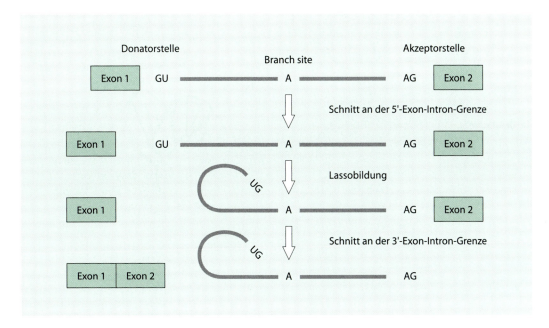

Abb. 2.20. Splicing der hn-RNA

Aminosäuretransport zuständig. Ihre Aufgabe besteht somit darin, aus dem Zellraum Aminosäuren aufzunehmen und an den Syntheseort der Polypeptidketten zu bringen, wo sie dann entsprechend der Matrizenvorschrift der m-RNA zusammengebaut werden.

Aufbau der t-RNA

t-RNA-Moleküle besitzen etwa die Form eines Kleeblatts (Abb. 2.21), sind aus 75–90 Nukleotiden aufgebaut und haben ein Molekulargewicht von etwa 30.000. Betrachtet man t-RNA verschiedener Organismen und verschiedener Aminosäurespezifität, so fällt bei allen bisher bekannten t-RNA-Spezies eine Reihe von *Gemeinsamkeiten* auf:

- Der Stiel des Kleeblatts hat am 3'-Ende der Nukleotidkette stets die Basensequenz 5'...XCCA3'. Dabei bedeutet X an 4. Position vor dem Ende, dass hier in den einzelnen t-RNA-Spezies verschiedene Basen auftreten. An dieses 3'-Ende wird die für jede t-RNA *spezifische Aminosäure* angeheftet. Am 5'-Ende steht immer ein pG.
- Die mittlere Kleeblattschleife ist durch ein für die angeheftete Aminosäure charakteristisches Basentriplett gekennzeichnet. Dieses als Antikodon bezeichnete Basentriplett ist komplementär zu dem Triplett, das die entsprechende Aminosäure auf der m-RNA kodiert, und dient zum *Ablesen der m-RNA-Matrize*.
- Eine weitere Gemeinsamkeit aller t-RNA-Moleküle ist die Existenz einer großen Anzahl seltener Basen neben den vier Standardbasen. Da diese seltenen Basen keinen komplementären Partner finden können, garantieren sie die Einzelsträngigkeit der entsprechenden Regionen. Eine seltene Base, nämlich ψ, liegt in der *TψC-Schleife*, die

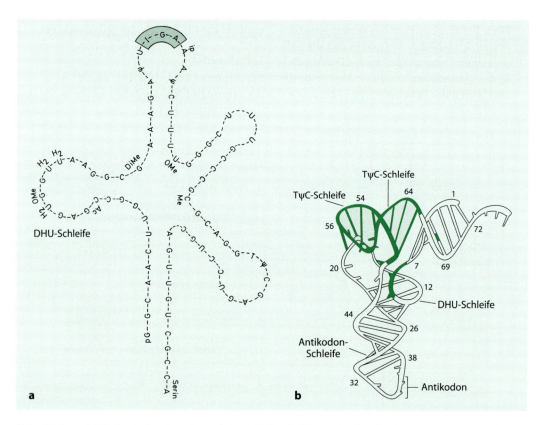

Abb. 2.21. a t-RNA der Aminosäure Serin, **b** Modell der dreidimensionalen Struktur einer t-RNA. (Nach Rich 1978)

eine wichtige Rolle bei der Anheftung der t-RNA an das Ribosom spielt. An der DHU-Schleife finden wir die seltene Base Dihydroxyuridin. Diese Schleife ist hauptsächlich für die *Anlagerung der t-RNA* an die Synthetasen verantwortlich.

Processing der t-RNA

Ein ähnliches Processing, wie bei der m-RNA beschrieben, findet auch bei t-RNA-Molekülen statt. Das primäre Transkriptionsprodukt ist auch hier größer. Zunächst werden mehrere t-RNAs in einem Molekül synthetisiert. Dieses wird dann in die einzelnen t-RNAs gespalten, die 5'- und 3'-terminalen Sequenzen werden durch *Processingenzyme* entfernt. Beim Menschen wird die t-RNA von ungefähr 60 t-RNA-Genen transkribiert. Die seltenen oder modifizierten Basen sind nicht im ursprünglichen Transkriptionsprodukt vorhanden, sie werden im Zuge des Processing durch Umwandlung der gängigen Basen gebildet.

Kopplung der Aminosäuren an t-RNA

Wie erkennt eine bestimmte Aminosäure ihre t-RNA? Der erste Schritt ist die Aktivierung der Aminosäure mit Hilfe von *Adenosintriphosphat (ATP)*, vermittelt durch das Enzym Aminoacyl-t-RNA-Synthetase. Für jede t-RNA existiert mindestens ein solches Enzym. Nun lagern sich die Aminosäuren und ATP zusammen. Dadurch entsteht *Aminoacyl-AMP*, in dem der Aminosäurerest aktiviert ist, sowie *Pyrophosphat*. Als nächstes erkennt die Aminoacyl-t-RNA-Synthetase an der spezifischen Tertiärstruktur die Dihydroxyuridinschleife der zu ihr gehörenden t-RNA. Das Enzym richtet die t-RNA so aus, dass eine *freie Hydroxygruppe* der Ribose des endständigen Adenosins in den Bereich des Aminoacyl-AMP gelangt. Schließlich wird der Aminosäurerest auf die Ribose des Adenosins der t-RNA unter Freisetzung von AMP übertragen, und die Synthetase löst sich für neue Reaktionsvermittlungen. Die Aminosäure ist an ihre t-RNA gekoppelt und kann mit Hilfe des Antikodons richtig in ein Polypeptid eingebaut werden.

Ribosomale RNA

Den größten Anteil an der gesamten RNA der Zelle hat mit 80-85% die ribosomale RNA (r-RNA). Sie ist, wie der Name bereits sagt, ein Bestandteil der Ribosomen, die aus der r-RNA und aus Proteinen bestehen. r-RNA wird an *Chromosomenabschnitten* synthetisiert, an denen eine vielfach wiederholte Folge von Genorten für r-RNA vorliegt. Die große Zahl redundanter Gene für r-RNA ist wegen der großen Menge der benötigten r-RNA notwendig. Man bezeichnet die Chromosomenabschnitte, auf denen die Gene für r-RNA lokalisiert sind, als *Nukleolusorganisatoren*.

Processing der r-RNA

Auch bei der r-RNA findet ein Processing aus *Präkursormolekülen* statt. Beim Menschen wird ein langes Primärtranskript mit einer 28-S- einer 18-S- und einer 5,8-S-Einheit gebildet. Im ersten Schritt des Processing wird, enzymatisch vermittelt, ein Schnitt zwischen der 18-S- und der 5,8-S-Einheit durchgeführt und das Intron entfernt. Dann wird die 5,8-S-r-RNA an die 28-S-Einheit gebunden, die zusammen mit ihr, sowie einer 5-S-r-RNA, die separat transkribiert wird, und 49 Proteinen die größere 60-S-Untereinheit eines Ribosoms bildet. Die 40-S-Untereinheit ist nur aus 18-S-RNA und 33 Proteinen aufgebaut. Zusammengefügt bilden beide Einheiten das 80-S-Ribosom der Eukaryoten (Abb. 2.22 und Tabelle 2.12). Bei Prokaryoten besteht die r-RNA in der 50-S-Untereinheit aus 23-S-r-RNA und 5-S-r-RNA. In der 30-S-Untereinheit kommt nur die 16-S-r-RNA vor.

2.5 Genexpression

Regulation der Genexpression

Bei der Beschreibung der Transkription wurden bereits die Transkriptionsfaktoren als *regulatorische Elemente* beschrieben, die oft von weit entfernten Genen transkribiert werden und erst an die Promotorregion wandern müssen. Auch die Enhancer und Silencer wurden bereits erwähnt. Sie binden Proteine, die der Genregulation dienen. Auch gibt es Unterschiede zwischen transkriptionell aktiven und inaktiven Regionen in der DNA, was sich in der

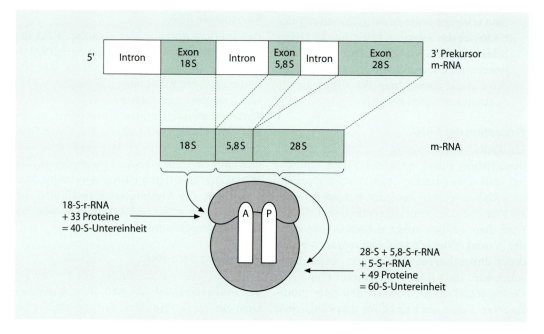

Abb. 2.22. Processing der r-RNA für Ribosomen von Eukaryoten

Tabelle 2.12. Entstehung der verschiedenen RNA-Arten

	Messenger-RNA	Transfer-RNA	Ribosomale RNA
Genebene	Produktion einer größeren Präkursorform	Produktion mehrerer t-RNAs in einem Molekül	Produktion einer 28-S-r-RNA, einer 18-S-r-RNA, einer 5,8-S-r-RNA und einer 5-S-r-RNA
Processing	Capping und Polyadenylierung, Splicing von Introns und Exons	Spaltung in einzelne t-RNAs, Entfernung der terminalen Sequenzen und Bildung der seltenen Basen	Zusammenfügen zur 60-S- und 40-S-Untereinheit

Struktur des Chromatins widerspiegelt. Inaktives Chromatin ist stärker kondensiert und wird spät in der S-Phase des Zellzyklus repliziert. Außerdem ist das Histon H1 fest gebunden. Transkriptionell aktive DNA hat eine offene Konformation und wird in der Regel früh in der S-Phase repliziert. Sie besitzt eine schwache Bindung von Histon-H1-Molekülen und eine starke Acetylierung der nukleosomalen Histone. Weiterhin enthalten die Promotoren keine methylierten Cytosine.

Gerade diese Methylierung, nämlich *methylierte Basen*, besonders 5-Methylcytosin ist eine ganz besondere Eigenart des Wirbeltiergenoms. Die DNA einiger anderer Eukaryoten, wie z. B. die der Fruchtfliege *Drosophila*, ist nicht methyliert. Man bringt diese Methylierung mit einer Unterdrückung der Transkripti-

2.5 · Genexpression

on in Verbindung. Sie ist an *selektiven Repressionsmechanismen* für nicht zu transkribierende Gene beteiligt.

Auch *Mutationen* können die Genexpression beeinflussen. Die Testikuläre Feminisierung als klinische Folge einer Mutation im Androgenrezeptor mit der Konsequenz, dass keine m-RNA für Testosteron produziert wird, verdeutlicht dies eindrucksvoll.

Differenzielle Genaktivität

Die *Zelldifferenzierung* ist im Wesentlichen ein Vorgang der *differenziellen Genaktivität*, d. h., in Zellen, die sich unterschiedlich differenzieren, werden unterschiedliche Gene aktiviert oder unterschiedliche Gene inaktiviert. Dabei hat zwar – von Ausnahmen abgesehen – weiterhin jede Zelle die gesamte genetische Information, genauso wie die ursprüngliche Zygote, sie kann aber nur einen *Teil dieser Information* „abrufen". Verschiedene Zellen werden genetisch unterschiedlich reguliert. Die Tabelle 2.13 verdeutlicht die verschiedenen möglichen regulierenden Schritte.

Besonders die *Ontogenese (Keimentwicklung)* ist durch ständige Veränderungen des Phänotyps gekennzeichnet. Sie beginnt mit den ersten Furchungsteilungen und setzt sich über embryonale, fetale und Jugendstadien bis zu den Stadien höchster Differenzierung fort. Dabei ist ein und derselbe Genotyp in der Lage, sehr verschiedene Phänotypen in gesetzmäßiger Abfolge hervorzubringen.

Immer stehen Fortpflanzungszellen am Anfang einer solchen Entwicklung. Mit der aus ihnen resultierenden Zygote ist der Grundstock für die gesamte Entwicklung gelegt. Die erste Furchungsteilung zum 2-Zellstadium bringt zwei omnipotente Zellen hervor, von denen sich jede zu einem kompletten Individuum entwickeln könnte – und manchmal in eineiigen Zwillingen auch entwickelt. Spätestens jedoch mit der 3. Furchungsteilung, also mit dem 8-Zellstadium, wird beim Menschen die Omnipotenz aufgegeben. Es setzt ein Vorgang ein, den man als Zelldifferenzierung bezeichnet. *Zelldifferenzierung* ist im Wesentlichen ein Vorgang der *differenziellen Genaktivität*, d.h. in sich

Tabelle 2.13. Regulation der Genaktivierung

Intrazelluläre Regulation	
Regulation auf DNA-Ebene:	Genamplifikation Abbau von Genen in Somazellen Kernverlust
Regulation der Transkription:	Steuerung der Bereitstellung von m-RNA Negative Genregulation bei Prokaryoten über Repressoren: – Substratinduktion – Endproduktrepression Positive Genregulation bei Pro- und und Eukaryoten: – c-AMP
Regulation der Translation:	Steuerung der Halbwertzeit der m-RNA Steuerung der Faktoren der Proteinbiosynthese
Regulation der Enzymaktivität:	Steuerung über das Endprodukt
Interzelluläre Regulation	
Steuerung über Signale:	Hormonregulation Neurotransmitterregulation

verschieden differenzierenden Zellen werden unterschiedliche Gene aktiviert bzw. inaktiviert. Dabei verfügt zwar – von Ausnahmen wie den antikörpersynthetisierenden B-Lymphozyten und Plasmazellen sowie T-Lymphozyten abgesehen, deren Differenzierung über Translokationen und Deletionen erfolgt – weiterhin jede Zelle über die gesamte genetische Information, sie kann aber nur einen Teil dieser Information abrufen. Diesen Vorgang bezeichnet man als *differenzielle Transkription*. Sie ist der wichtigste Mechanismus in der Zelldifferenzierung. Sind die Differenzierungsprozesse eines Organismus abgeschlossen, so ist es wiederum die differenzielle Transkription, die in verschiedenen Organen zu örtlichen Unterschieden in der Genaktivität führt und damit für die organspezifische Ausprägung und Funktion von Zellen verantwortlich ist.

Zeitlich unterschiedliche Genaktivität

Hier kann uns das Hämoglobin zum Verständnis der Genaktivitäten auf molekularer Ebene hilfreich sein. Es lehrt uns, dass zu verschiedenen Zeitpunkten der Entwicklung verschiedene Gene nacheinander aktiv sein können, um die Funktion eines Genprodukts den jeweiligen *Entwicklungsprozessen* ideal anzupassen. Das Hämoglobinmolekül von Kindern und erwachsenen Menschen (HbA) setzt sich zu 98% aus 2α- und 2β-Polypeptidketten zusammen. Es wird als $\alpha_2\beta_2$ bezeichnet. Alle Erwachsenen besitzen darüber hinaus in kleinem Umfang etwa 2% HbA$_2$. Es besteht aus je 2α- und 2δ-Ketten und wird als $\alpha_2\delta_2$ bezeichnet. Die δ-Kette unterscheidet sich nur in 10 Aminosäurepositionen von der β-Kette. Das fetale Hämoglobin (HbF) dagegen besteht aus 2α- und 2γ-Ketten ($\alpha_2\gamma_2$). Zum Zeitpunkt der Geburt hat es mit ca. 80% den Hauptanteil an der Hämoglobinmenge, wird dann aber zunehmend ersetzt, so dass es bereits nach einigen Monaten nur noch wenige Prozent ausmacht (Abb. 2.23). Man kann bei HbF 2 Varianten unterscheiden; es sind dies Aγ (mit Alanin) und Gγ (mit Glycin; Tabelle 2.14). Die γ-Kette unterscheidet sich

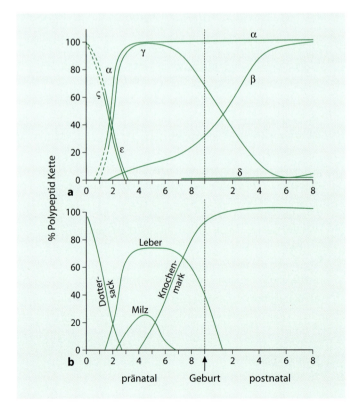

Abb. 2.23 a,b. Ontogenese der menschlichen Hämoglobinketten. **a** Entwicklungsmuster der verschiedenen Globinketten. **b** Charakteristische Orte der Erythropoese während der Entwicklung. Es bestehen charakteristische Ähnlichkeiten in der Zeitfolge der Entwicklung von Dottersack und ε- und ξ-Kette, Leber und Milz und γ-Kette, Knochenmark und β-Kette. (Nach Motulsky 1970)

mit 43 Aminosäuren recht erheblich von der β-Kette. Die α-Kette mit 141 Aminosäuren und die γ-Kette mit 146 Aminosäuren haben 50 Aminosäuren gemeinsam.

Weiterhin kommen in den ersten Embryonalwochen noch *embryonale Hämoglobine* vor. Es sind dies: Hb Portland, welches durch 2ζ-Ketten charakterisiert ist ($\zeta_2\gamma_2$), Hb Gower 1 mit 2ζ- und 2ε-Ketten ($\zeta_2\varepsilon_2$) und Hb Gower 2 mit 2 α- und 2ε-Ketten ($\alpha_2\varepsilon_2$). In der Aminosäurezusammensetzung gleicht die ζ-Kette, der α-Kette, und die ε-Kette hat Ähnlichkeit mit der β-Kette. Der Vorteil der embryonalen und fetalen Hämoglobine ist ihre *höhere Sauerstoffaffinität*, was eine vermehrte O2-Abgabe an die Gewebe ermöglicht.

Örtlich unterschiedliche Genaktivität

Ein Beispiel für organspezifische Genaktivität ist die Expression der Phenylalaninhydroxylase. Der Defekt dieses Enzyms führt zu *Phenylketonurie (PKU)*. Dabei ist die Hydroxylasereaktion ein Schritt in der Stoffwechselkette von Phenylalanin zu Thyrosin, in der eine Reihe anderer genetischer Blocks mit charakteristischen Syndromen bekannt sind. Die *Hydroxylase* besteht aus zwei Proteinkomponenten, einer labilen und einer stabilen. PKU ist durch einen kompletten Ausfall der Leber-Phenylalaninhydroxylase gekennzeichnet, wobei die labile Komponente des Enzymsystems betroffen ist. Die stabile Komponente kann in vielen anderen Geweben nachgewiesen werden. Die labile Komponente wird nur in Leberzellen gefunden, wird also ausschließlich dort synthetisiert. Die PKU ist nur ein Beispiel dafür, dass sowohl „normale" als auch defekte Gene nur in *bestimmten Organen oder Geweben* aktiviert sein können. Andere Genaktivitäten dagegen lassen sich an vielen verschiedenen Stellen des Organismus nachweisen. Hierzu zählen die „*house keeping genes*", also die Gene, die für die allgemeinen Aufgaben des *Zellstoffwechsels* verantwortlich sind.

- Der aktive Teil des Genoms einer jeden Zelle setzt sich einerseits sowohl aus Genen zusammen, die in vielen Zellen aktiv und daher für einen definierten Differenzierungsgrad weniger spezifisch sind, und andererseits aus Genen, die hochspezifisch und funktionsadaptiert nur in bestimmten Organen abgelesen werden.

2.6 Proteinbiosynthese – Translation

Die DNA ist *Träger der genetischen Information*, und diese Information ist in *Nukleotidtripletts* niedergelegt (Abb. 2.24). Da sich die genetische Information im Zellkern befindet, die Proteinbiosynthese aber im Plasma stattfindet, wird ein Mittler in Form der *Messenger-*

Tabelle 2.14. Menschliche Hämoglobine von der embryonalen bis zur adulten Entwicklung

Stadium	Hämoglobin	Struktur
Embryonalphase	HbGower 1	$\zeta_2\varepsilon_2$
	HbGower 2	$\alpha_2\varepsilon_2$
	HbPortland	$\zeta_2\gamma_2$
Fetalphase	HbF	$\alpha_2{}^G\gamma_2$
		$\alpha_2{}^A\gamma_2$
Adultphase	A	$\alpha_2\beta_2$
	A_2	$\alpha_2\alpha_2$

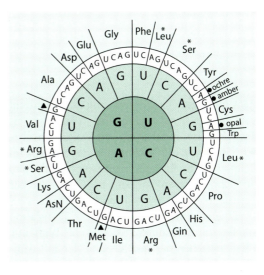

Abb. 2.24. Code-Sonne (Nach Bresch u. Hausmann 1972)

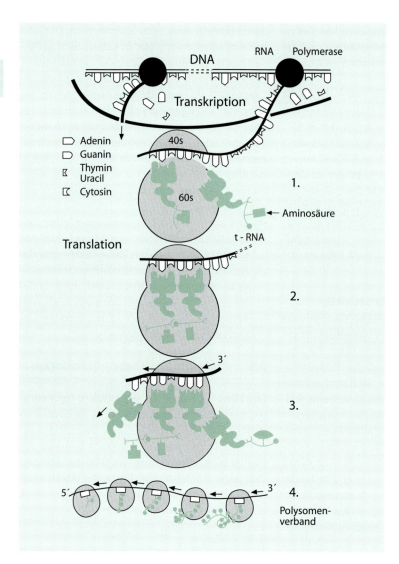

Abb. 2.25. Schema der Transkription und der Translation. Das Processing der m-RNA wurde der Übersicht halber nicht mitgezeichnet

RNA benötigt. Die Übertragung der Nachricht von der DNA auf die m-RNA haben wir als **Transkription** bezeichnet. Wir wollen nun beschreiben, wie die Information der m-RNA im Zellplasma in Proteine umgesetzt wird. Man bezeichnet diesen Vorgang im Gegensatz zur Transkription als **Translation** (Abb. 2.25).

Eine wesentliche Rolle bei der Translation spielen die Ribosomen. Sie sind das bindende Glied zwischen der m-RNA und der mit Aminosäuren beladenen t-RNA. Man kann sie als die „universellen Druckmaschinen" der Zelle bezeichnen.

Der Vorgang beginnt mit der Bildung des **Initiationskomplexes**. Die ribosomale 40S-Untereinheit erkennt das 5'-Cap unter Beteiligung von Proteinen. Sie sucht die m-RNA ab, bis sie auf das Startkodon AUG stößt, welches für Methionin kodiert. AUG muss aber in die richtige Sequenz eingelagert sein, um als „Start" erkannt werden zu können. Die häufigste Erkennungssequenz ist GCCA/GCCAUGG. Dabei ist offenbar das letzte G und das 3 Nukleotide vor AUG liegende G für die Kennung entscheidend. Anschließend werden die Aminosäuren nacheinander in die sich verlängernde Polypeptid-

2.6 · Proteinbiosynthese – Translation

kette eingebaut. Über eine Peptidbindung wird jeweils die Aminogruppe der neu an den *Translationskomplex* herangebrachten Aminosäure mit der Carboxylgruppe der zuletzt eingebauten Aminosäure verknüpft. Dies wird katalysiert durch die große Untereinheit des Ribosoms mit Hilfe des Enzyms Peptidyltransferase, das integraler Bestandteil der großen Untereinheit ist (Abb. 2.26). Dieser Vorgang wird solange fortgesetzt, bis die Polypeptidkette fertiggestellt ist und sich vom Ribosom trennt (Abb. 2.27).

- Als Peptidbindung bezeichnet man eine Reaktion zwischen Carboxylgruppe und Aminogruppe zweier Aminosäuren unter Wasserabspaltung.

Es gibt 64 Kodons, aber nur 20 verschiedene Aminosäuren. Der genetische Code ist also *degeneriert*. Auch gibt es nur etwas mehr als 30 t-RNA-Moleküle im Zytoplasma und 22 in den Mitochondrien. Beide können die 64 Kodons erkennen. Dabei sind die ersten beiden Positionen bei der Paarung von Kodon-Antikodon entscheidend. In der 3. Position kann es zu Schwankungen kommen. Nach der *Wobble-Hypothese* sind auch G-U-Paarungen gestattet (Tabelle 2.15) und es wird von der A-U- und G-C-Regel abgewichen.

Wie erkennt nun die Zelle, dass ein Polypeptid festgestellt ist? Das Ende der Polypeptidkette (Termination) wird durch *Nonsenskodonen*, also solche, die Stop bedeuten, angezeigt. Für im Kern kodierte m-RNA sind dies *UAA*, *UAG* und *UGA* (s. Code-Sonne Abb. 2.24), für in den Mitochondrien kodierte *UAA*, *UAG*, *AGA* oder *AGG* (s. Tabelle 7.5). Die Stopkodonen

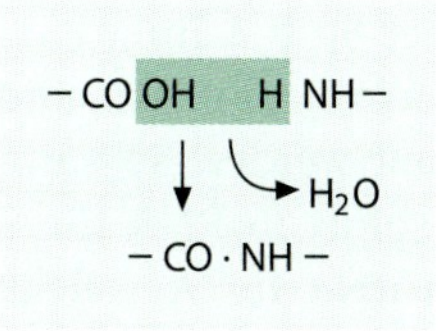

$$-CO|OH \quad H|NH- $$
$$\downarrow \searrow H_2O$$
$$-CO \cdot NH-$$

Abb. 2.26. Peptidbindung zwischen Carboxylgruppe und Aminogruppe zweier Aminosäuren.

Tabelle 2.15. Wobble-Hypothese

Base am 5'-Ende des t-RNA-Antikodon	Erkannte Base am 3'-Ende der m-RNA
A	nur U
C	nur G
G	C oder U
U	A oder G

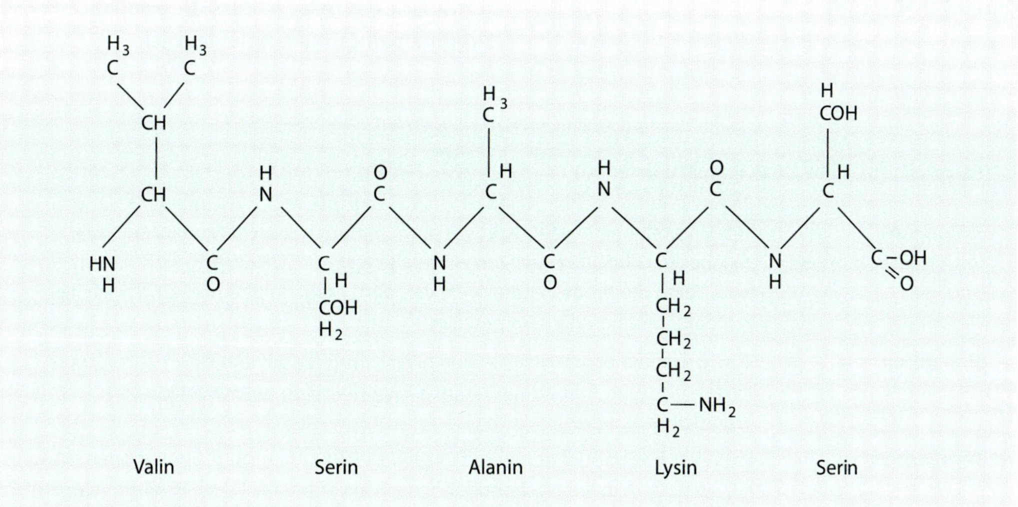

Valin — Serin — Alanin — Lysin — Serin

Abb. 2.27. Ausschnitt aus einer Polypeptidkette (Nach Bresch u. Hausmann 1972)

der Kern-m-RNA werden als *amber, ochre* und *opal* bezeichnet. Den Bereich zwischen Start- und Stopkodon bezeichnet man als offenes Leseraster („*open reading frame*").

Es gibt sowohl am 5'- als auch am 3'-Ende der m-RNA zwar transkribierte, aber *untranslatierte Sequenzen* (5'-UTS und 3'-UTS). Dabei sind die 5'-UTS in der Regel kürzer als 100 bp, die 3'-UTS normalerweise viel länger. Neben dem 5'-Cap spielen sie offenbar für die Auswahl der m-RNA zur Translation eine entscheidende Rolle. Es gibt Hinweise dafür, dass sie als *Translationsbeschleuniger* wirken und eine hohe Effizienz der Translation bewirken. Wie der Abb. 2.25 zu entnehmen ist, wird die m-RNA bei der Translation meist nicht nur durch ein einziges Ribosom „gezogen", sondern aus ökonomischen Gründen durch mehrere nebeneinanderliegende Ribosomen, so dass an einem m-RNA-Strang gleichzeitig mehrere Polypeptidketten entstehen. Man bezeichnet den Verband zwischen m-RNA und mehreren Ribosomen als *Polysomenverband*. Wird die Polypeptidsynthese an einer m-RNA beendet, so lösen sich die Ribosomen wieder von dieser und stehen im Plasma für die Ablesung eines anderen Messengers und damit für die Produktion einer *anderen Polypeptidkette* zur Verfügung. Die Ribosomen sind also wirklich universelle Druckmaschinen der Zellen, in die eine beliebige m-RNA als Druckstock eingelegt werden kann (Tabelle 2.16).

Aus Untersuchungen an Bakterien weiß man, dass die m-RNAs sehr **kurzlebig** sind. Ihre Halbwertzeit liegt etwa bei 100 s. Die Halbwertzeit der m-RNA höherer Organismen ist ebenfalls relativ kurz, wenn sie auch mehrere Stunden beträgt. Was ist der biologische Sinn dieser kurzen Halbwertszeiten? Sie sind eine sehr ökonomische Einrichtung der Zelle. Eine Bakterienzelle z.B. unterliegt häufig Milieuveränderungen, die eine schnelle Adaption der Zelle erfordern. Eine schnelle Adaption erfordert aber einen schnellen Wechsel der Syntheseleistungen. Wäre die m-RNA langlebig, so würden über einen langen Zeitraum immer *dieselben Enzyme* gebildet (z.B. zum Abbau des Stoffes A), die vielleicht aufgrund eines Milieuwechsels nicht mehr gebraucht werden. Dafür könnten andere lebensnotwendige Enzyme (z.B. zum Abbau des Stoffes B) nicht gebildet werden. Ist die m-RNA jedoch kurzlebig, so werden an der DNA so lange *neue m-RNA-Spezies* zum Abbau von A transkribiert und in die Translation gegeben, wie der Stoff A im Milieu vorhanden ist. Fehlt der Stoff A plötzlich und muss stattdessen B abgebaut werden, so kann unter Kontrolle der DNA sofort m-RNA für B gebildet werden, da die m-RNA für A, welche die Ribosomen besetzt hält, schnell verdämmert und damit die Druckmaschinen freigibt. Zellen höherer Organismen unterliegen nicht so rasch Milieuveränderungen wie Bakterien, somit ist es günstiger, dass die *m-RNA höherer Organismen* etwas langlebiger ist.

Tabelle 2.16. Ablauf der Translation

Bildung des Initiationskomplexes	40S-Untereinheit des Ribosoms erkennt 5'-Cap und sucht Startkodon AUG, welches in richtige Sequenzen eingelagert ist (GCCA/**G**CC**AUGG**). Ribosom wird durch die große Untereinheit vervollständigt. Initiationsfaktoren (kleine Proteine) und Energie sind beteiligt.
Elongation	Wachstum der Polypetidkette durch Verknüpfung der von t-RNA antransportierten richtigen Aminosäuren durch Peptidbildung unter Katalyse von Peptidyltransferase.
Termination	Ende der Polypeptidkette wird bei Kern-m-RNA durch die Stoppkodonen UAA, UAG und UGA; bei mitochondrialer m-RNA durch UAA, UAG, AGA und AGG angezeigt. Die Nicht-Sinn-Kodonen führen zum Kettenabbruch.

Modifikationen nach der Translation

Die *primären Translationsprodukte* werden häufig in verschiedener Weise modifiziert. So werden zusätzliche chemische Gruppen kovalent an die Polypeptidketten auf der Translations- oder nach-Translationsebene gebunden. Das können einfache chemische Modifikationen wie *Hydroxylierungen* oder *Phosphorylierungen* usw. an der Seitenkette einzelner Aminosäuren sein. Häufig sind auch komplexere Vorgänge wie z.B. die Kohlenhydratseitenketten von Glykoproteinen oder die Glykoaminoglycane in Proteoglycanen. In Zytosol sind in der Regel nur wenige Proteine glykosyliert, alle exportablen Proteine werden dagegen glykosyliert, ob sie sezerniert oder über Liposomen, Golgi-Apparat oder Plasmamembran ausgeschieden werden.

2.7 Proteinstruktur

Proteine sind **makromolekulare Polypeptidketten**, die aus 20 verschiedenen Aminosäuren aufgebaut sind. Sie sind zweifellos die vielseitigsten molekularen Komponenten der Zellstruktur. Die Aminosäuren sind fast alle α-Aminosäuren, d.h. die Aminogruppe befindet sich an dem der Carboxylgruppe benachbarten α-C-Atom, welches noch ein Wasserstoffatom trägt und den für jede Aminosäure spezifischen Rest (R). Mit Ausnahme von Glycin ist das α-C-Atom asymmetrisch substituiert, so dass die Aminosäuren optisch aktiv sind. Sie gehören der L-Reihe an. Die Reihenfolge in der Polypeptidkette ist, wie wir wissen, genau vorgegeben, und damit wird eine feste Sequenz der Reste als spezifische Funktionsträger festgelegt. Sie stehen seitlich der Hauptvalenzkette ab, die eine unspezifische ständige Wiederholung der Atome N-C-C-N ... -C-C-N-C-C-N-C-C beinhaltet (Abb. 2.28). Mehrere Polypeptidketten können durch *Disulfidbrücken* zweier Zysteinmoleküle, die je eine SH-Gruppe (Sulfhydrylgruppe) tragen, kovalent aneinander gebunden werden. Eine Verzweigung von Polypeptidketten ist allerdings durch die Art der Synthese ausgeschlossen. Die genetische Information legt die Gestalt, die *Primärstruktur*, der Porteinmole-

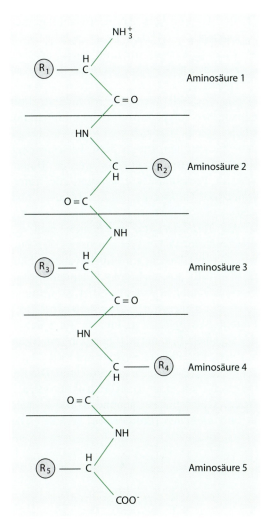

Abb. 2.28. Oligopeptid

küle fest, die sich bereits bei der Synthese der Polypeptidkette bildet.

Denaturiert man diese Kettenkonfiguration z.B. durch eine pH-Wertverschiebung oder Hitze, so lässt sich durch die Möglichkeit der Renaturierung belegen, dass die Art der Kettenkonfiguration durch die Aminosäuresequenz selbst festgelegt wird. Eine weitere Aufschiebung oder Faltung zur *Sekundärstruktur* erfolgt durch Nebenvalenzen (H-Brücken und hydrophobe Effekte). Beispiele sind:
- die α-Helixstruktur, die durch Wasserstoffbrücken zwischen den Carboxylsauerstoff-

atomen und den Aminostickstoffatomen entsteht,
- die Faltblattstrukturen, die auf H-Brücken zwischen gestreckten Polypeptidketten beruhen.

Häufig wechselt auch die Sekundärstruktur entlang der Polypeptidkette eines Proteinmoleküls, oder es lässt sich kein festes Ordnungsprinzip erkennen. Durch diese *verschiedenen Konfigurationsmöglichkeiten* werden *Domänen* im Proteinmolekül erzeugt, die *unterschiedliche Funktionen* erfüllen können (Abb. 2.29).

Als *Tertiärstruktur* bezeichnet man die dreidimensionale Struktur des kompletten Proteinmoleküls. Besteht ein Protein (dies ist häufig der Fall) aus mehreren Polypeptidketten in einer räumlich komplizierten Anordnung, so spricht man von der *Quartärstruktur* eines Proteins. Als Beispiel sei hier an die 4 Ketten des allgemein bekannten Hämoglobinmoleküls erinnert. Ein anderes Beispiel sind die Multienzymkomplexe von Enzymproteinen. Die Polypeptidketten einer Quartärstruktur werden durch Nebenvalenzen gebunden und können in *Untereinheiten (Protomeren)* zerfallen. Dabei kann die Protomerenzahl genau festgelegt sein, wie z.B. in den oben erwähnten Multienzymkomplexen oder in Kapsiden von Viren oder Phagen. In Strukturproteinen finden wir dagegen nichtlimitierte Quartärstrukturen, die entsprechend wachsen können. Beispiele hierfür sind:
- die Muskelproteine Aktin und Myosin, aber auch
- Fibrinfasern,
- Kollagenfibrillen,
- Mikrotubuli,
- Keratine.

Eine wichtige Gruppe von Proteinen, die Enzyme, besitzt ein aktives Zentrum zur Bindung und Veränderung des Substrats. Es ist die *räumliche Gestaltung* der Substratbindungsstelle, die den Enzymen ihre Spezifität verleiht.

Ein anderes Beispiel für durch ihre Konfiguration auf hochspezifische Aufgaben spezialisierte Proteine sind Proteine für *zelluläre Transportmechanismen*. So können Ionenporen und Tunnelproteine (die uns von den Antibiotika her bekannt sind und die auch als Transportvehikel für Zellmembranen disku-

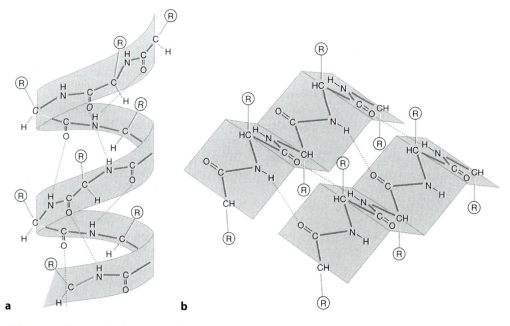

Abb. 2.29 a,b. Grundstrukturen von Polypeptiden. **a** α-Helix; **b** β-Faltblattstruktur. (Nach Henning, 1995)

Tabelle 2.17. Aufbau von Proteinen

Primärstruktur:	Wird durch die genetische Information festgelegt.
Sekundärstruktur:	Entsteht durch Absättigung von Nebenvalenzen (vor allem H-Brücken und hydrophobe Effekte). Beispiele: α-Helix, β-Faltblattstruktur, Entstehung von Domänen.
Tertiärstruktur:	Dreidimensionale Struktur eines ganzen Proteinmoleküls.
Quartärstruktur:	Aufbau aus mehreren Polypeptidketten in oft räumlich komplizierter Anordnung. Bindung erfolgt durch Nebenvalenzen oder Disulfidbrücken, die in Untereinheiten (Protomeren) = einzelne Polypeptidketten zerfallen können. Die Protomerenzahl kann festgelegt oder unlimitiert sein. Beispiele: Hämoglobinmolekül, Multienzymkomplexe, Kapside, Aktin, Myosin, Fibrinfasern, Kollagenfibrillen, Mikrotubuli, Keratine.
Funktion:	Wird allein durch Struktur festgelegt.

tiert werden) durch Konfigurationsänderung aktiv Ionen einfangen und wieder entlassen bzw. durch Öffnen und Schließen *Transporttunnel* bilden (Tabelle 2.17).

Wir sehen also, dass bei Proteinen – beginnend bei der Primärstruktur bis hin zur Quartärstruktur – die Gestaltung der Struktur ein *vielfältiges Funktionsprogramm* festlegt, das allein auf der Struktur beruht und keine weiteren genetischen Steuerungsmechanismen benötigt (Abb. 2.30). Dabei ist es bis jetzt noch außerordentlich schwierig, die dreidimensionale Struktur theoretisch vorauszusagen. Bereits einfache Polypeptide zeigen oft eine äußerst komplexe Gestalt. Da viele Proteine aus zahlreichen Polypeptidketten zusammengesetzt sind, werden *Strukturprognosen* noch schwieriger.

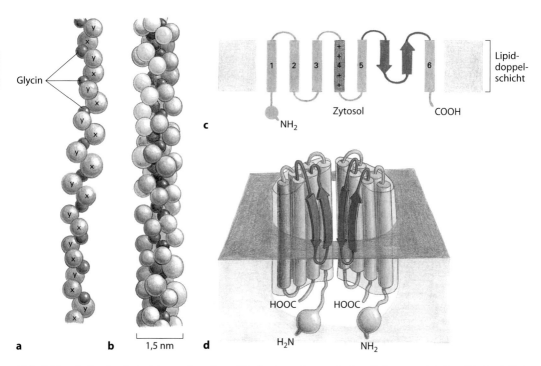

Abb. 2.30 a,b. Strukturbeispiele von Proteinen. Die Struktur eines typischen Kollagenmoleküls. **a** Ein Modell einer einzelnen α-Kette des Kollagens; jede Aminosäure ist durch eine Kugel dargestellt. Die Kette besteht aus etwa 1000 Aminosäuren und hat die Form einer linksgängigen Helix mit drei Aminosäuren je Windung, wobei Glycin an jeder dritten Position steht. Die α-Kette besteht also aus hintereinanderliegenden Tripeptiden mit der Sequenz Gly-X-Y, wobei X und Y für jede beliebige Aminosäure stehen (X ist allerdings häufig Prolin und Y Hydroxyprolin). **b** Ein Modell von einem Ausschnitt eines Kollagenmoleküls, in dem drei α-Ketten umeinander gewunden sind und einen dreisträngigen, helikalen Faden bilden. Als einzige Aminosäure ist das Glycin klein genug, um im Innern der dreisträngigen Helix Platz zu finden. Gezeigt ist nur ein kurzer Molekülabschnitt. Das ganze Molekül ist 300 nm lang **c, d.** Ein Modell für die Struktur eines spannungskontrollierten K^+-Kanals. **c** Übersichtsbild, das die funktionellen Hauptdomänen der Polypeptidkette einer Untereinheit zeigt. Die sechs mutmaßlichen membranüberspannenden α-Helices sind mit 1 bis 6 nummeriert. Vier solcher Untereinheiten, jede mit etwa 600 Aminosäuren, sind wahrscheinlich zur transmembranalen Pore zusammengesetzt; nur zwei davon sind in **d** gezeigt. Bei den spannungskontrollierten Na^{2+}- und Ca^{2+}-Kanälen sind die vier Untereinheiten Abschnitte einer einzigen, sehr langen Polypeptidkette, aber sonst ist ihre Gesamtstruktur vermutlich sehr ähnlich. Die 20 Aminosäuren in der Region, welche die Helices 5 und 6 miteinander verbindet, überspannen die Membran wahrscheinlich als zwei antiparallele β-Faltblätter und kleiden die Pore in der gezeigten Weise aus. Die vierte α-Helix besitzt an jeder dritten Position positiv geladene Reste, die diese α-Helix vermutlich zum Spannungssensor machen (nach Alberts et al. 1995)

Chromosomen, Mutationen und ihre Folgen für die Gesundheit

3.1 Zellzyklus und Zellteilung 49
3.1.1 Intermitosezyklus 49
3.1.2 Mitose und ihre Stadien 52
3.1.3 Amitotische Veränderungen des Chromosomensatzes 55

3.2 Meiose 57
3.2.1 Entwicklung der Geschlechtszellen 57
3.2.2 Ablauf der Meiose 57
3.2.3 Funktion und Fehlfunktionen der Reifeteilung 60
3.2.4 Spermato- und Oogenese 61

3.3 Aufbau eines Chromosoms 64
3.3.1 Territoriale Anordnung im Zellkern 65
3.3.2 Die Verpackung zum Metaphasechromosom 66
3.3.3 Zentromer, Telomer und Origin of Replication 68

3.4 Charakterisierung und Darstellung menschlicher Chromosomen 70
3.4.1 Strukturelle Varianten menschlicher Chromosomen 77
3.4.2 Chromosomen als Grundlage der Geschlechtsentwicklung 79
3.4.3 Die Inaktivierung des X-Chromosoms 83

3.5 Arten von Mutationen 86
3.5.1 Klassifizierung von Mutationen 87
3.5.2 Mechanismen der Entstehung 87

3.6 Ursachen von Mutationen 98
3.6.1 Spontanmutationen 98
3.6.2 Bedeutung des väterlichen Alters bei Genmutationen 100
3.6.3 Induzierte Mutationen 103

3.7	**Chromosomenstörungen beim Menschen** 110
3.7.1	Entstehungsmechanismus numerischer Chromosomenstörungen 110
3.7.2	Fehlverteilung gonosomaler Chromosomen 112
3.7.3	Fehlverteilung autosomaler Chromosomen 113
3.7.4	Polyploidien, Mosaike und Chimären 114
3.7.5	Strukturelle Chromosomenaberrationen 114
3.7.5.1	Translokationen 114
3.7.5.2	Sonstige Strukturaberrationen 119
3.7.5.3	Strukturelle Y-Chromosomenaberrationen 121
3.7.5.4	Kleine strukturelle Chromosomenaberrationen 122
3.7.6	Chromosomenaberrationen bei Spontanaborten 122
3.7.7	Häufige Symptome bei autosomalen Chromosomenaberrationen 123
3.7.8	Somatische Chromosomenaberrationen 123
3.8	**Genmutationen und ihre funktionellen Folgen** 124
3.8.1	Hämoglobinopathien 124
3.8.2	Multiple Allelie 129
3.8.3	Mutationen nicht-gekoppelter Loki mit verwandter Funktion 129

3.1 Zellzyklus und Zellteilung

Der grundlegende Mechanismus der Zellvermehrung ist eine Verdoppelung der genetischen Information und deren Weitergabe auf die Tochterzellen. Bei der Keimzellbildung (s. Kap. 3.2) ist umgekehrt eine Reduktion der Chromosomenzahl notwendig, damit es nicht in jeder Generation zu einer Verdoppelung der Chromosomen kommt. Identische Weitergabe und die Reduktion von Chromosomen, aber auch die Neukombination von Genen bei der *Keimzellbildung* und *Befruchtung* sind grundlegende biologische Vorgänge, die eine *Evolution* der Organismen erst ermöglicht haben.

3.1.1 Intermitosezyklus

Die Voraussetzung zur Entstehung eines höheren Organismus ist die **Zellvermehrung**. Dabei durchläuft die wachsende Zelle bis zur Teilung in zwei Tochterzellen eine Folge von physiologisch unterschiedlichen, nicht umkehrbaren Phasen, die man als **Intermitosezyklus** zusammenfasst (Abb. 3.1). Dieser weist drei Phasen auf:

- G_1-Phase,
- S-Phase,
- G_2-Phase.

G_1-Phase

Die G_1-Phase ist die **Wachstumsphase** der Zelle und dient der Vorbereitung auf die Zellteilung. Nach Abschluss der vorhergehenden Zellteilung wird die Proteinsynthese, die während der Kernteilung stark reduziert war, wieder aufgenommen. So werden die Proteine für den Verteilungsapparat der Chromosomen in der Mitose (Mitosespindel), die Enzyme für die Vermehrung der DNA sowie die Histone und nichtbasischen Proteine zur Umschließung der DNA gebildet. Weiter findet eine **Neubildung der Zentriolen** statt. Auch die RNA-Synthese steigt rasch an. Dagegen findet zunächst in den meisten Fällen **keine DNA-Verdoppelung** statt. Die Länge der G_1-Phase kann sehr variabel sein.

S-Phase

Nach der G_1-Phase folgt die S-Phase, in ihr findet die Replikation (Verdoppelung) der DNA statt (s. Kap. 2.2). Hier spielen die Enzyme RNA-Polymerase, DNA-Polymerase und DNA-Ligase

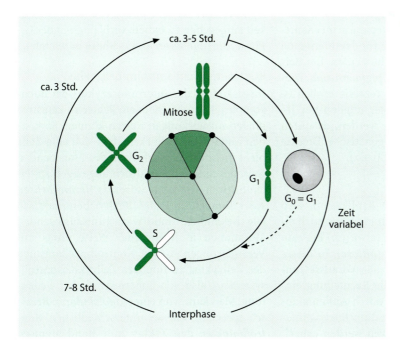

Abb. 3.1. Intermitosezyklus

eine entscheidende Rolle. Nach Abschluss dieses Prozesses, der bei einem Säugetier konstant etwa 7-8 h in Anspruch nimmt, liegt das *gesamte genetische Material* der Zelle verdoppelt vor.

Jedes Chromosom besteht aus zwei identisch aufgebauten Untereinheiten, den *Chromatiden*, die in der nächsten Mitose getrennt und auf die beiden entstehenden Tochterkerne verteilt werden. Die Replikation der DNA erfolgt jedoch nicht, wie man annehmen könnte, von einem zum anderen Ende des Chromosoms, sondern nach einem für jedes Chromosom charakteristischen Synthesesystem, d.h. die DNA-Synthese beginnt an *mehreren Stellen* des Chromosoms und die Stücke werden anschließend verknüpft. Ein solcher Abschnitt des DNA-Moleküls, an dem von einem *Startpunkt* aus die DNA-Synthese als Einheit durchgeführt wird, ist ein *Replikon*. Diese stückweise Synthese mit anschließender Verknüpfung bezeichnet man als *asynchrone DNA-Synthese*.

Während der Replikation können bestimmte Umwelteinflüsse wie ultraviolettes Licht, ionisierende Strahlen und bestimmte Chemikalien den Aufbau der neuen DNA stören, d.h. es können *Mutationen* induziert werden. Nach der S-Phase werden bestimmte kleinere *Replikationsfehler* im DNA-Molekül durch Reparaturenzyme wieder beseitigt. Liegt ein *genetischer Defekt* in einem Reparaturmechanismus vor, so können dadurch für den Menschen schwere *Erbleiden* verursacht werden. Ein Beispiel hierfür ist *Xeroderma pigmentosum*. Diese Krankheit ist autosomal-rezessiv erblich (s. Kap. 4.3), homozygote Träger müssen vor jedem Sonnenlicht geschützt werden, da durch den UV-Anteil induzierte genetische Defekte zu Hauttumoren führen (Abb. 3.2).

G$_2$-Phase

Nach Abschluss der DNA-Replikation, also nach der S-Phase, verstreicht meistens noch eine relativ kurze Zeitspanne (etwa 3 h) bis zum Eintritt in die *Kernteilung (Mitose)*. In dieser G$_2$-Phase sind in der Zelle alle Voraussetzungen vorhanden, sofort in die Kernteilung einzutreten. Diese kann auch durch Außenfaktoren wie z.B. einen Temperaturschock stimuliert werden. Solche Verfahren werden experi-

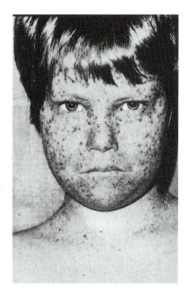

Abb. 3.2. Xeroderma pigmentosum

mentell angewandt, um eine Synchronisation in Zellkulturen zu erreichen.

G$_0$-Phase

Zellen, die ihre Teilungsaktivität einstellen und in einen *Dauerzustand* übergehen, oder solche Zellen, die für längere Zeit in einem *Ruhezustand* verharren, ohne ihre Regenerationsfähigkeit aufgegeben zu haben, verbleiben in der G$_1$-Phase, die man dann als G$_0$-Phase bezeichnet.

Kontrollmechanismus im Zellzyklus

Insgesamt ist der Intermitosezyklus ein hochkomplexer Prozess, bei dem Fehler zu katastrophalen Auswirkungen führen können. So können Mutationen bewirken, dass sich eine Zelle nicht mehr den Bedürfnissen des umgebenden Gewebes unterwirft und sich ungeregelt zu teilen beginnt. Die Folge wäre das *Heranwachsen eines Tumors*. Und tatsächlich haben praktisch alle bekannten tumorwachstumsauslösenden Mutationen in irgendeiner Weise etwas mit Veränderungen in den Kontrollmechanismen des Zellzyklus zu tun. Das Zellzykluskontrollsystem ist also von außerordentlicher Bedeutung. Man kann von einer „*molekularen Bremse*" sprechen, die an unterschiedlichen *Kontrollpunkten* den Zyklus zum Stand bremsen

kann, wenn der vorhergehende Zyklusschritt nicht regelgerecht abgeschlossen ist. Drei derartige Kontrollpunkte gibt es:
- den G_2-Kontrollpunkt am Übergang von der G_2-Phase zur Mitose,
- den Metaphasekontrollpunkt am Übergang von der Mitose zur G_1-Phase,
- den G_1-Kontrollpunkt am Übergang von der G_1-Phase zur S-Phase.

Kontrollpunkte des Zellzyklus

Zwei Gruppen von Proteinen sind hier von entscheidender Bedeutung, wobei die erste Gruppe, nämlich *zyklisch aktivierte Proteinkinasen* (Phosphat übertragende Enzyme), sozusagen das Rückgrat der Zellzykluskontrolle bilden. Wegen ihrer Abhängigkeit von der zweiten Gruppe werden sie als *zyklinabhängige Proteinkinasen (CdK: „cyclin dependent protein kinases")* bezeichnet. *Zykline* selbst besitzen keine enzymatische Aktivität. Ihre Aktivität wird durch Phosphorylierung und Bindung an zyklinabhängige Proteinkinasen gesteuert. Wie der Name Zykline bereits aussagt, ändert sich ihre Konzentration periodisch im Verlauf des Zellzyklus, was bei den CdK nicht der Fall ist.

G_2-Kontrollpunkt. Während der G_2-Phase aktivieren *G_2-Zykline* zyklinabhängige Proteinkinasen und steuern den Eintritt in die **Mitose**. Dabei wird die Empfänglichkeit der CdK für ihre Zyklinaktivierung durch Phosphorylierung (mittels Kinasen) und Dephosphorylierung (mittels Phosphatasen) geregelt.

Ein wichtiges Zyklin für den Beginn der Mitose ist *Zyklin B*. Seine ansteigende Produktion führt zur Bindung an phosphataktiviertes Cdc2 (eine Untereinheit der CdK). Dadurch bildet sich ein *M-Phase-Förderfaktor (MPF)*, eine aktive Proteinkinase. Diese Proteinkinase phosphoryliert Schlüsselproteine, die entscheidende Mitoseprozesse steuern wie die Chromosomenkondensation, den Zerfall der Kernhülle, die Neuorganisation der Mikrotubuli und die Ausbildung der Mitosespindel. Der Zerfall der Kernhülle erfolgt beispielsweise durch Auflösung der Kernlamina, einem Netzwerk aus Laminfilamenten, das der inneren Kernmembran anliegt. Die MPF-Kinase phosphoryliert die Lamine und bewerkstelligt so die Auflösung der Kernlamina. Mikrotubuliassoziierte Proteine werden ebenfalls phosphoryliert, was die Eigenschaften der Mikrotubuli ändert und zur Ausbildung der Mitosespindel führt. Dabei hilft die Bindung von Zyklinen wahrscheinlich auch, um die Kinase zu den Proteinen zu lenken.

Metaphasekontrollpunkt. Sind schließlich die Chromosomen in der Metaphase (s.Kap. 3.1.2) alle richtig geordnet, kann deren Verteilung auf die künftigen Tochterzellen beginnen. Phosphatgruppen werden durch Phosphatasen wieder abgebaut, Zyklin B wird von MPF induziert abgebaut, was umgekehrt zur Inaktivierung von MPF führt. Die Zellteilung kann dann eingeleitet werden.

G_1-Kontrollpunkt. Der schärfste Kontrollpunkt im Zellzyklus ist der Übergang von der G_1- in die S-Phase. Der Eintritt in die S-Phase wird durch *G_1-Zykline* gesteuert, in dem sie während der G_1-Phase an zyklinabhängige Proteinkinasen binden (*S-Phase-Promotor*). Die Neusynthese von G_1-Zyklinen stoppt den Abbau von Zyklin B über die Inaktivierung des proteolytischen Systems. Der Eintritt in die S-Phase wird ausgelöst durch eine Assoziation von Cdc1 mit G_1-Zyklinen (Tabelle 3.1). Vorher muss jedoch noch kontrolliert werden, ob bis jetzt alles korrekt verlaufen ist, vor allem ob keine DNA-Mutationen z.B. durch Kopierfehler vorliegen, ob der Zytoplasmagehalt richtig ist usw. Hierbei spielt das *Protein p53* eine Schlüsselrolle. Fällt p53 durch Mutation aus, wird der Zyklus nicht gestoppt, es kommt zur ungehemmten Proliferation mit Tumorwachstum als Folge. So wurden auch in vielen Tumoren Mutationen am p53-Gen nachgewiesen.

Inaktivierung des Zellzykluskontrollsystems

Viele Zellen durchlaufen natürlich nicht in *ständiger Teilung* den Intermitosezyklus. Das Zellzykluskontrollsystem muss also auch inaktiviert werden können, damit Zellen in die G_0-Phase eintreten können. So müssen z.B. Nervenzellen und Skelettmuskelzellen ein ganzes Leben ohne Teilung erhalten bleiben. Bei ihnen wird das Zellzykluskontrollsystem zum Teil außer Kraft gesetzt, viele CdK und Zykline werden inaktiviert und abgebaut. Die meisten unserer Körperzellen nehmen aber eine gewisse Zwischenposition ein, sie können sich teilen, falls es notwendig ist, tun dies aber selten bzw. nur, wenn sie von anderen Zellen das Signal zur Zellteilung erhalten (Abb. 3.3)

3.1.2 Mitose und ihre Stadien

Nach Durchlaufen der beschriebenen Intermitosephasen ist die sich reproduzierende Zelle bereit, in die **Kernteilung (Mitose)** einzutreten (Abb. 3.4 und Abb. 3.5). Bei der Mitose handelt es sich ausschließlich um die Verteilung des in

Tabelle 3.1. Zellzykluskontrolle

Kontrollpunkte und beteiligte Proteine	G_2-Kontrollpunkt: $G_2 \to M$	G_2-Zykline (Zyklin B)$\to$Cdc2$\to$MPF
	M-Kontrollpunkt: $M \to G_1$	Abbau M-Zykline
	G_1-Kontrollpunkt: $G_1 \to S$	G_1-Zykline $\to$Cdc1 und p53
		Zyklinabhängige Proteinkinasen
		Zykline
		M-Phase-Förderfaktor (MPF)
		p53
Folge von Störungen:		Ungehinderte Proliferation und Tumorwachstum

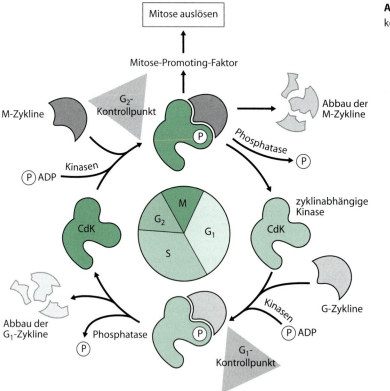

Abb. 3.3. Zellzykluskontrolle

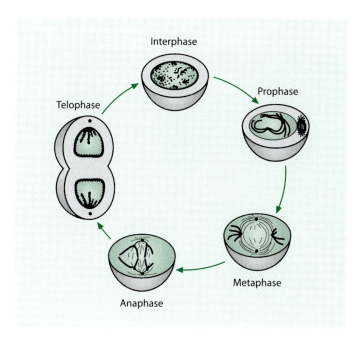

Abb. 3.4. Schema der Mitose

der Intermitose replizierten DNA-Materials auf die beiden Tochterzellen, es findet jetzt keine DNA-Synthese mehr statt. Die Mitose ist exakt erbgleich, d.h. die beiden Tochterzellen enthalten infolge exakter *Chromatidenverteilung* die gleiche genetische Information.

Wie bereits beschrieben, phosphoryliert der M-Phase-Förderfaktor die Kernlamina vor Eintritt in die Mitose und ändert die Eigenschaften der Mikrotubuli, was zur Ausbildung der Mitosespindel führt. Weiterhin wird durch eine Proteinkinase das *Histon-H1* phosphoryliert, was zu einer dichteren Verpackung der Chromosomen führt. Der nachfolgende Ablauf der Mitose gliedert sich in verschiedene Teilschritte.

Prophase

Die Prophase bereitet die Kernteilung vor, indem sich die *Chromosomen* durch *Spiralisierung* verdichten. Am Ende der Prophase liegen die Chromosomen in einer physiologisch inaktiven *„Transportform"* vor, wobei jedes Chromosom hier aus den beiden in der Intermitose entstandenen Tochterchromatiden besteht. Außerdem wandern die beiden Zentriolen zu den Zellpolen, was durch Längenzunahme der Spindelfasern geschieht. Sie werden sozusagen zu den Zellpolen geschoben und legen damit bereits die Teilungsrichtung der Zelle im Gewebe fest. Der Prozess der *Zentriolenwanderung* wird von Motorproteinen aus der Dynein- und Kinesinfamilie angetrieben, die an die Zentriolen binden und Energie benutzen, die bei der ATP-Hydrolyse frei wird, um an den Spindelfasern entlang zu wandern. Die Verdoppelung der Zentriolen findet bereits kurz vor der S-Phase statt. Die Bildungsorte der Spindelfasern sind die Mikrotubulusorganisationszentren, deren Mittelpunkt die in einem rechten Winkel zueinander liegenden Zentriolen darstellt. Die Prophase erstreckt sich über einen Zeitraum von 0,5-4,5 h.

Prometaphase

In der Prometaphase löst sich die Kernmembran auf, wodurch der Spindelapparat an den Chromosomen ansetzen kann. Dabei bilden sich die *Kinetochor-Spindelfasern* zwischen den Zentromeren der Chromosomen und den Zentriolen aus. Die Kinetochor-Spindelfasern sind von den *Pol-Spindelfasern* zu unterscheiden, welche die Zentriolen zu den Polen verschoben haben.

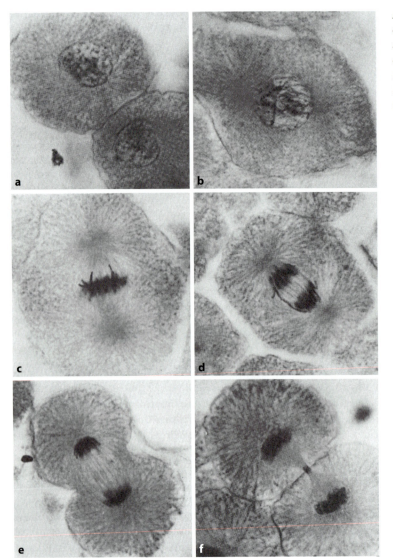

Abb. 3.5 a.-f. Mitose in einer Fisch-Blastula. **a** Interphase, **b** Prophase, **c** Metaphase, **d** frühe Anaphase, **e** späte Anaphase, **f** Telophase (Nach Macleod 1973)

Metaphase

Die Chromosomen liegen nun frei etwa in der Mitte des Zytoplasmas. Die Kinetochor-Spindelfasern haben nun alle Chromosomen an den Zentromeren erfasst. Aus dem Bereich des Spindelapparats werden alle größeren Zellorganellen verdrängt. Auch die Nukleolen werden aus dem Spindelbereich eliminiert und haben sich im Grundplasma aufgelöst. Im Verlauf von wenigen Minuten gelangen die Spindelfaseransatzstellen der Chromosomen in die *Äquatorialebene* (*Metaphaseplatte*, Symmetrieebene zwischen beiden Spindelpolen) und werden durch den gegenseitigen Spindelfaserzug dort in der Schwebe gehalten (diese sternartige Figur wird auch als *Monaster* bezeichnet). Die Chromosomenarme ragen in dieser Phase gewöhnlich polwärts aus der Äquatorialebene heraus. In jedem Chromosomenarm wird nun ein Längsspalt sichtbar (teilweise ist dieser auch schon in der Prophase erkennbar), und zuletzt hängen die beiden identischen Spalthälften des Chromosoms, die *Chromatiden*, nurmehr in der Zentromerregion zusammen.

Verlust des Zentromerbereichs. Durch mutative Ereignisse ist es möglich, dass der Zentromerbereich eines Chromosoms verloren geht. Die Deletion entsteht in diesem Fall durch zwei Bruchereignisse im Zentromerbereich. Die Folgen sind:
- Verlust des Chromosomenstücks zwischen den Bruchstellen.
- Wiederverschmelzung der beiden Chromosomenarme.

Da die Spindelfasern jedoch nur an einem Zentromer ansetzen können, dieser Chromosomenbereich jedoch verlorengegangen ist, ist nun eine ordnungsgemäße, exakt erbgleiche Verteilung der Chromosomen auf die beiden Tochterkerne nicht mehr möglich. Das Chromosom mit der Deletion wird zufallsgemäß bei der Zellteilung in eine der beiden Tochterzellen geraten. Damit tritt eine zahlenmäßige Veränderung im Chromosomenbestand (*numerische Chromosomenmutation*) in den beiden Tochterzellen auf, die entweder zum Zelltod oder zu abnormalen Zelllinien führt.

Anaphase

Wie die Metaphase ist auch die darauffolgende Anaphase von relativ kurzer Dauer (2-20 min). Als erstes teilen sich die Zentromeren, die in der Metaphase die beiden Chromatiden eines Chromosoms noch zusammenhielten, in der Längsachse der Chromosomen und geben damit die Chromatiden für eine Trennung frei, was man auch als Ende der Metaphase bezeichnen kann. Dann erfolgt mit Hilfe der Spindelfasern eine *Trennung der Chromatiden* und ihr Transport zu den entgegengesetzten Zellpolen, mit einer Geschwindigkeit von 1 nm pro Minute. Dies geschieht durch Kürzerwerden der Kinetochormikrotubuli und weiteres Auseinanderrücken der Spindelpole. Die durch die beiden Chromatidensätze gebildeten zwei sternartigen Anordnungen werden auch als *Diaster* bezeichnet.

Telophase

Die letzte Phase der Kernteilung, die Telophase, fällt gewöhnliche mit der Zellteilung zusammen. Mit der Bildung einer neuen Kernhülle wird ein neuer Arbeitskern gebildet. Zur *Ausbildung der neuen Kernhülle* gruppieren sich zunächst Membranvesikel um einzelne Chromosomen und fusionieren dann zur Kernhülle. Auch die Kernporen werden wieder gebildet. Die Kernlamine, Intermediärfilamentproteinuntereinheiten, die in der Prophase phosphoryliert wurden, werden nun dephosphoryliert und bilden wieder die Kernlamina. Nach Bildung der Kernhülle werden durch die Poren Kernproteine transportiert, der Kern dehnt sich aus, *neue Nukleolen* entstehen.

Die bei der Kernteilung dicht geballten Chromosomensätze lockern sich durch Entfaltung und Entschraubung der Chromatiden auf. Mit der *Entspiralisierung der Chromosomen* steigt die RNA-Syntheseleistung im Kern wieder messbar an, wodurch die Proteinsynthese im Zytoplasma wieder zunimmt. Die Dauer der Telophase ist bei verschiedenen Organismen sehr unterschiedlich.

Zytokinese

In der Zytokinese wird das Zytoplasma in zwei Hälften geteilt, und somit werden auch andere Zellkomponenten wie Membranen, Zytoskelett, Organellen und lösliche Proteine auf die Tochterzellen verteilt. Dies geschieht mit Hilfe eines kontraktilen Ringes, der aus Aktin und Myosin besteht. Er schnürt die Zelle ein und teilt sie in zwei Tochterzellen. Durch *Depolarisation* der Mikrotubuli bildet sich gleichzeitig, ausgehend vom Zentromer, wieder die Interphaseanordnung der Mikrotubuli (Tabelle 3.2).

3.1.3 Amitotische Veränderung des Chromosomensatzes

Endomitose

In besonders spezialisierten Zellen oder auch unter pathologischen Bedingungen (beispielsweise bei Tumoren) kann es zu einer Vermehrung der Chromosomen innerhalb der intakt bleibenden Kernmembran ohne Ausbildung einer Mitosespindel kommen. Man bezeichnet diesen Vorgang als Endomitose. Die Folge ist eine *Vervielfachung* des Chromosomensatzes, eine *Polyploidie*. Üblicherweise werden durch Polyploidisierung alle Chromosomen einer Zelle verdoppelt, vervierfacht usw. Allerdings können auch nur einzelne Chromosomen betroffen sein (partielle Endomitose).

Als Beispiele für eine solche Vermehrung des Chromosomensatzes sind Osteoklasten und Fremdstoffriesenzellen zu nennen. Ein weiteres Beispiel sind die Knochenmarkriesenzellen (*Megakaryozyten*). Ebenso finden wir beim Menschen in einem Teil der Leberzellen eine Verdoppelung des Chromosomensatzes. Die Endomitose führt zu einer Vergrößerung des *Kernvolumens*, was eine Vergrößerung der Zelle (Kern-Plasma-Relation) möglich macht. Die Zelle wird dadurch zu höheren Transkriptions- und damit zu höheren Syntheseleistungen befähigt.

Zellfusion

Bei der Zellfusion findet eine Auflösung von Zellmembranen und die Bildung mehrkerniger Komplexe statt, die als *Synzytien* bezeichnet werden. Das bekannteste Beispiel hierfür ist die Fusion von Myoblasten zur Bildung quergestreifter Muskelfasern. Während bei der Endomitose also die Zellteilung unterbleibt, ist die Zellfusion ein sekundärer Prozess der *Verschmelzung von Zellen*.

Amitose

Entspricht die Endomitose einer Chromosomenvermehrung ohne Zellteilung, so wird eine *Zellteilung ohne Chromosomenvermehrung* als

Tabelle 3.2. Phasen der Mitose

Prophase:
Spiralisation der Chromosomen und Sichtbarwerden der Chromatiden
Wanderung der Zentriolen zu den Zellpolen, angetrieben durch Motorproteine und durch Pol-Spindelfasern

Prometaphase:
Auflösung der Kernhülle
Ausbildung der Kinetochor-Spindelfasern
Anordnung der Spindelfaseransatzstellen in der Äquatorialebene durch die Spindelfasern
Chromatiden hängen nur noch in der Zentromerregion zusammen, wodurch das typische Bild eines Metaphasechromosoms entsteht

Anaphase:
Teilung der Zentromeren
Trennung der Chromatiden und Transport zu entgegengesetzten Zellpolen

Telophase:
Entspiralisation der Chromosomen
Bildung der Nukleolen
Auflösung des Spindelapparates

Zytokinese:
Durchschnürung der Zelle mit zufälliger Verteilung der Zellorganellen
Entstehung von zwei Tochterzellen
Bildung der Interphasenanordnung der Mikrotubuli

Tabelle 3.3. Endomitose, Amitose und Zellfusion

Endomitose:
Chromosomenvermehrung ohne Zellteilung
Folge:
Polyploidie, Vergrößerung der Zelle
Beispiele:
Megakaryozyten, Osteoklasten, Fremdstoffriesenzellen, Leberzellen, Tumorzellen

Amitose:
Zellteilung ohne Chromosomenvermehrung
Folge:
Kernfragmentation, Mehrkernigkeit
Beispiele:
Ziliaten und bestimmte Protisten

Zellfusion:
Sekundäre Verschmelzung von Zellen unter Auflösung von Zellmembranen
Folge:
Synzytien
Beispiele:
Myoblasten zur Bildung quergestreifter Muskelfasern

Amitose bezeichnet. Ohne Ausbildung einer Teilungsspindel und ohne Auflösung der Kernhülle wird bei diesem Vorgang der Kern hantelförmig durchschnürt und die Zelle geteilt. Diese Form der Zellteilung kommt vor allem in besonders ausdifferenzierten, spezialisierten Zellen vor, bei denen sich eine Funktionsunterbrechung, wie sie durch die normale Mitose gegeben wäre, für den Organismus ungünstig auswirken würde. Dies kann auch in krankhaften Fällen vorkommen. Als Beispiele wären *Ziliaten* und bestimmte *Protisten* zu nennen (Tabelle 3.3).

3.2 Meiose

3.2.1 Entwicklung der Geschlechtszellen

Wenn die Zahl der Chromosomen in jeder Generation konstant bleiben soll, so muss der diploide Chromosomensatz (2n), der in jeder Körperzelle des Menschen vorhanden ist, in den Geschlechtszellen auf die Hälfte reduziert werden. Erst dann können die *haploide Eizelle* (1n) und das *haploide Spermium* (1n) zur Zygote verschmelzen, die damit wieder einen diploiden Chromosomensatz besitzt (Abb. 3.6).

Diesen Vorgang bezeichnet man als *Meiose (Reifeteilung)*. In der Meiose werden im Gegensatz zur Mitose *homologe Chromosomen* voneinander getrennt und damit der Chromosomensatz auf die Hälfte reduziert. In der Mitose werden dagegen *Chromatiden* getrennt, der Chromosomensatz wird nicht reduziert.

Die Entwicklung der Geschlechtszellen wird als *Spermatogenese* und *Oogenese* bezeichnet. Beide Vorgänge stimmen hinsichtlich der Teilungsfolge und Verteilung der Chromosomen grundsätzlich überein (Abb. 3.7).
- Die *Urkeimzellen* sind wie Körperzellen diploid. Sie führen zunächst zahlreiche mitotische Teilungen durch und produzieren eine große Zahl von *Spermatogonien* und *Oogonien*.
- Diese entwickeln sich weiter zu *Spermatozyten I. Ordnung* und *Oozyten I. Ordnung*, beides noch diploide Stadien.
- Diese Stadien treten nun in die Reduktionsteilung ein, die sich in zwei Reifeteilungen (R I und R II) aufgliedert, und entwickeln sich über *Spermatozyten II. Ordnung* und *Oozyten II. Ordnung*
- entweder zu reifen *Spermien* oder zu *Eizellen* und *Polkörpern*.

Jede diploide Spermatogonie bildet somit 4 haploide Spermien, jede diploide Oogonie 1 Eizelle und 3 Polkörper.

Bevor wir nun auf die speziellen Verhältnisse, die wir beim Menschen vorfinden, genauer eingehen, ist es notwendig, den entscheidenden Schritt in der Keimzellenentwicklung, die Meiose, detailliert zu besprechen.

3.2.2 Ablauf der Meiose

S-Phase

Bevor die Geschlechtszellen in die Meiose eintreten, durchlaufen sie eine ähnliche Entwicklung wie gewöhnliche Körperzellen in der Interphase vor einer Mitose. Auch hier finden wir während der letzten *prämeiotischen Interphase* eine S-Phase, in der die *Replikation der DNA* stattfindet. Die so vorbereiteten Zellen treten nun in die erste Reifeteilung ein.

Die Verteilung der Chromosomen in der Meiose läuft, wie bereits erwähnt, in zwei Teilschritten ab:
- In der *ersten Reifeteilung (R I)* werden die homologen Chromosomen, die aus zwei

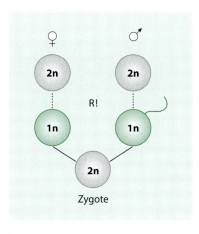

Abb. 3.6. Stark vereinfachtes Schema zur Reifeteilung und Befruchtung

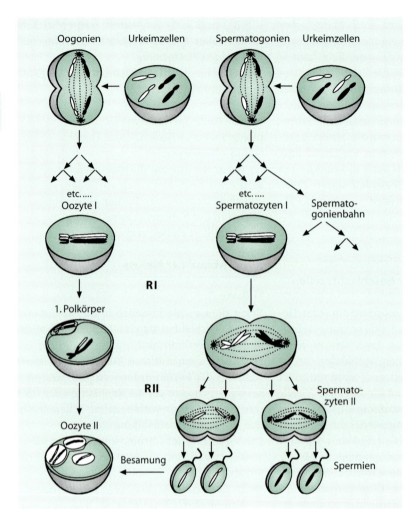

Abb. 3.7. Vergleichendes Schema von Oogenese und Spermatogenese

Chromatiden bestehen, voneinander getrennt (Abb. 3.8)
- Die zweite Reifeteilung (R II) entspricht prinzipiell einer Mitose, in der die beiden Chromatiden voneinander getrennt werden (Tabelle 3.4).

Verlauf der 1. Reifeteilung
Prophase I

Die Prophase I lässt sich wiederum in mehrere Teilschritte aufteilen.
- *Leptotän.* Die Chromosomen spiralisieren sich und werden als feine Fäden sichtbar. Die Spiralisierung verstärkt sich von dieser Phase bis in die Metaphase hinein weiter. Eine Zweiteilung der Chromosomen in die Chromatiden ist noch nicht sichtbar. Jedes Chromosom ist mit beiden Enden, den *Telomeren*, an der Kernmembran fixiert.
- *Zygotän.* Im Zygotän beginnen sich die homologen Chromosomen (oft von den Enden her fortschreitend) parallel aneinander zu lagern. Dieser Vorgang wird als *Synapsis* bezeichnet und stellt den entscheidenden ordnenden Vorgang in der Meiose dar. Die Chromosomenpaare liegen nun mit den einander entsprechenden Genorten exakt nebeneinander. Dies wird durch die „Schienung" mittels eines proteinartigen Bandes erreicht, an das sich die beiden Schwesterchromatiden anlagern. Die Proteinachsen der homologen Chromosomen liegen dann

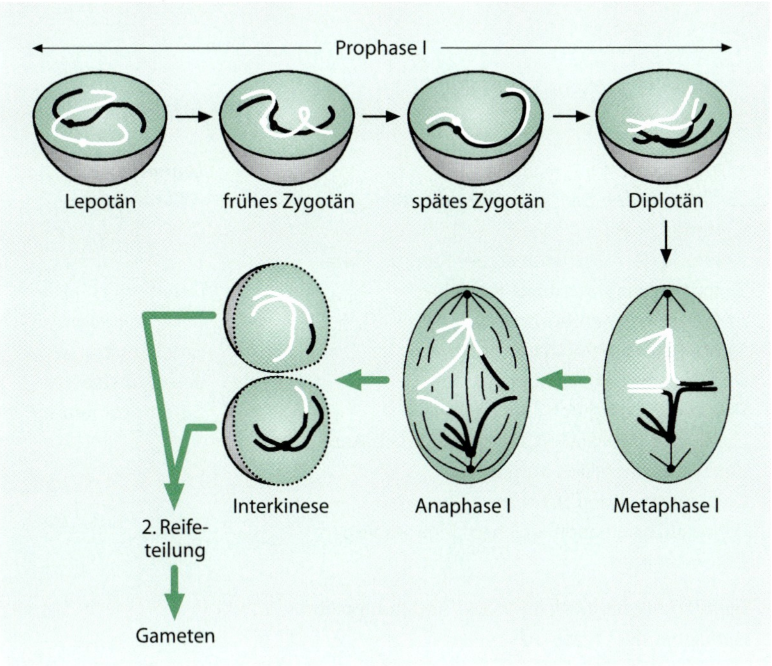

Abb. 3.8. Erste Reifeteilung der Meiose

einander gegenüber. Zwischen ihnen sieht man im Elektronenmikroskop einen Zwischenraum, den synaptonemalen Komplex.
- *Pachytän.* In dieser Phase wird erkennbar, dass jedes Chromosom aus zwei Chromatiden aufgebaut ist, so dass insgesamt 4 parallele Stränge sichtbar werden, die sich paarweise umeinander winden. Man beachte, dass die Chromatiden nicht etwa im Pachytän erst gebildet werden, sie werden lediglich in diesem Stadium sichtbar. Ihre Bildung, d.h. die Replikation der DNA, hat schon vor Beginn der Prophase I in der S-Phase der Interphase stattgefunden. Die gepaarten homologen Chromosomen bezeichnet man als Bivalente. Da sich diese *Bivalente* aus 4 Chromatiden zusammensetzen, spricht man auch von einem *Tetradenstadium.*
- *Diplotän.* Die Parallelkonjugation lockert sich allmählich wieder. Dabei ist an bestimmten Stellen noch eine Verbindung zwischen den homologen Chromosomen zu erkennen, bei der sich jeweils eine Chromatide mit einer des anderen Chromosoms zu überkreuzen scheint. Diese Überkreuzung wird auch als *Chiasma* bezeichnet.
- *Diakinese.* Die homologen Chromosomen weichen noch weiter auseinander und werden von der Kernmembran abgelöst, wobei sich in vielen Fällen die Chiasmata an die Enden der Chromosomen verlagern. Diese *Terminalisierung* entsteht vermutlich unter dem Zug der auseinanderweichenden Chromosomen. Die Chiasmata können dann ganz abreißen oder werden noch bis in die Metaphase aufrechterhalten. Mit der Diakinese ist die Prophase I beendet.

Metaphase I
Die homologen Chromosomen formieren sich als Bivalente in der Äquatorialplatte. Die Kernmembran hat sich inzwischen aufgelöst. Die Zentromeren der Chromosomen richten sich nach einem der Spindelpole aus. Die Orientierung erfolgt zufallsgemäß.

Anaphase I
Die gepaarten Chromosomen trennen sich nun und wandern, das Zentromer voraus, aus der Äquatorialplatte polwärts.

Interkinese

Tabelle 3.4. Meiose

1. Reifeteilung (RI)		Karyotyp
Prophase I		*Diploid,*
- Leptotän:	Sichtbarwerden der sich spiralisierenden Chromosomen Fixierung der Telomeren an der Kernmembran	4 **Chromatiden** ↓
- Zygotän:	Synapsis, synaptonemaler Komplex ist für exakte Paarung verantwortlich	Genetische Rekombination
- Pachytän:	Sichtbarwerden von Bivalenten mit 4 Chromatiden = Tetradenstadium Rekombination durch Crossing-over	unter Erhaltung einer konstanten Chromosomenzahl
- Diplotän:	Lockerung der Parallelkonjugation durch Auflösung des synaptonemalen Komplexes Chiasmata werden sichtbar	
- Diakinese:	Weiteres Auseinanderweichen der homologen Chromosomen	
Metaphase I	Formierung der Bivalente in der Äquatorialplatte Auflösung der Chiasmata	
Anaphase I	Trennung der homologen Chromosomen und Bewegung zu entgegengesetzten Polen	↓
Interkinese	Bildung zweier haploider Tochterkerne	**Haploid** 2 **Chromatiden**
2. Reifeteilung (RII)		
Prophase II *Metaphase II* *Anaphase II* *Telophase II*	Entspricht mitotischer Teilung, wobei als Ergebnis die homologen Chromatiden getrennt werden und 4 Zellen mit haploidem Chromosomensatz entstehen	↓ **Haploid** 1 **Chromatide**

Am Ende der 1. Reifeteilung bilden sich zwei haploide Tochterkerne.

Verlauf der 2. Reifeteilung

Bei der zweiten Reifeteilung handelt es sich um eine *mitotische Teilung*. Sie schließt sich ohne zwischengeschaltete S-Phase unter Umgehung einer Intermitose und einer ausgedehnten Prophase direkt an die Interkinese der ersten Reifeteilung an. Die zweite Reifeteilung trennt die Chromatiden des haploiden Chromosomensatzes der in der ersten Reifeteilung entstandenen beiden Tochterzellen.

3.2.3 Funktion und Fehlfunktionen der Reifeteilung

Verteilung des Erbguts

Aus jeder in die Meiose eintretenden diploiden Zelle entstehen 4 haploide Zellen. Das Erbgut wird bereits vor der Meiose in der S-Phase repliziert. Vor dieser Replikation ist jedes aus nur einer Chromatide bestehende Chromosom doppelt vorhanden. Nach der Replikation haben wir 2 homologe Chromosomen, die aus je 2 Chromatiden bestehen, also insgesamt 4 Chromatiden. In der ersten Reifeteilung werden die beiden homologen Chromosomen getrennt, in der zweiten Reifeteilung die homologen Chromatiden jedes dieser Chromosomen auf 4 Meioseprodukte verteilt. Dabei bleibt es dem *Zufall* überlassen, aus welchen Chromosomen (der väterlichen oder mütterlichen Linie) die vier haploiden Chromosomensätze zusammengestellt werden.

Überdies werden im Diplotän Chiasmata zwischen homologen Chromosomen erkennbar. Diese Chiasmata sind die zytologisch sichtbaren Folgen eines Austauschs von Teilen des Erbguts, der durch *Crossing-over* in der Prophase I stattgefunden hat. Beim Crossing-over findet in zwei Nicht-Schwester-Chromatiden homologer Chromosomen an den gleichen Stellen ein Bruch statt. Diese Bruchstellen vereinigen sich dann über Kreuz. Crossing-over-Prozesse ermöglichen also eine *Neuverteilung* der Gene innerhalb der Kopplungsgruppe. Durch diesen Vorgang wird die genetische Kombinationsfähigkeit über die zufällige Verteilung der väterlichen und mütterlichen Chromosomen hinaus noch erhöht (Abb. 3.9).

Chromosomenfehlverteilungen

Sowohl in der 1. als auch in der 2. Reifeteilung kann es zu Chromosomenfehlverteilungen kommen, die beim Menschen zu *Trisomien* führen, dem Auftreten von 3 homologen Chromosomen. Ursache hierfür sind *meiotische Nondisjunctionprozesse*. Nach allgemeiner Annahme haben Chiasmata nicht nur die Funktion der Rekombination durch Crossing-over, sondern sind auch zur Erkennung der homologen Chromosomen notwendig. Beispielsweise haben Oozyten eine lange Ruhephase bis zur Befruchtung. Hier können sich offenbar Chiasmata lösen, wobei das Risiko mit zunehmendem Alter der Frau ansteigt. Dadurch werden homologe Chromosomen nicht mehr als solche erkannt und können fehlverteilt werden. Dies ist die Hauptursache für den Anstieg der *Trisomierate bei Spätgebärenden* (s. Kap. 3.7.1 u. 8).

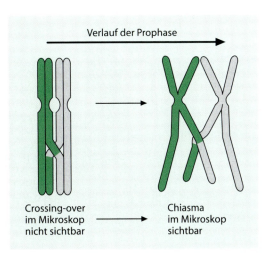

Abb. 3.9. Crossing-over und zytologisch sichtbares Chiasma

3.2.4 Spermato- und Oogenese

Nachdem wir nun die Meiose als entscheidenden Schritt der Keimzellenentwicklung kennen gelernt haben, können wir die *Morphogenese* der Keimzellenentwicklung, wie sie beim Menschen stattfindet, genauer darstellen. Dies trägt wesentlich zum Verständnis der Chromosomenfehlverteilungen des Menschen bei.

Entwicklung des Spermiums

Die *Spermatogonien* legen während ihrer Entwicklung zu reifen Spermien eine räumliche Wanderung im Hoden zurück. Querschnitte des Säugerhodens (Abb. 3.10) zeigen eine konzentrische Zonierung von Samenkanälchen. Die Spermatogonien nehmen hier eine periphere Lage ein, während ihre Abkömmlinge, solange sie die Spermatogenese durchlaufen, fortschreitend von der Wand der Kanälchen abdrängen. Da bei der Teilung einer Spermatogonie immer nur ein Abkömmling zur Spermatozyte I wird, während der andere den Charakter einer Spermatogonie beibehält, findet bis zum Erlöschen der Geschlechtsfunktion eine Vermehrung der primordialen (bei der Geburt bereits angelegten) Geschlechtszellen statt, die Anzahl der insgesamt erzeugten Spermien ist folglich sehr groß.

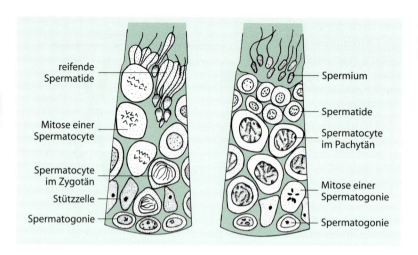

Abb. 3.10. Querschnitt durch einen Säugerhoden

Beim Menschen sind alle Stammspermatogonien bereits bis zur Pubertätszeit gebildet. Beim geschlechtsreifen Mann treten jede Sekunde eine große Anzahl diploider Spermatozyten in die wenige Stunden dauernde Reduktionsteilung (Meiose) ein und führen zu 4 **Spermatiden** (runde Zellen mit Plasma). Die Spermatiden entwickeln sich dann ohne weitere Zellteilung zu reifen Spermien. Hierbei machen sie einen bemerkenswerten Differenzierungsprozess durch. Aus den relativ undifferenzierten Spermatidenzellen entwickeln sich hochdifferenzierte, *bewegliche Zellen*. Diese Spermien bestehen aus einem Kopf, einem Mittel- und einem Schwanzstück. Der Spermienkopf lässt sich in ein *Akrosom* und einen *Kern* unterteilen. Der Kern enthält das genetische Material in Form eines haploiden Chromosomensatzes mit extrem kondensierten Chromosomen. Im Mittelstück liegen zwei Zentriolen (sie sind die späteren Zentriolen der befruchteten Eizelle) sowie Mitochondrien, die eine Rolle bei der Bewegung des Schwanzstückes spielen, das als *Geißel* ausgebildet ist (Abb. 3.11).

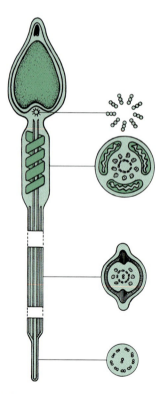

Abb. 3.11. Schematischer Aufbau eines reifen Spermiums

Entwicklung der Oozyte

Wie Abb. 3.7 zeigt, sind Spermatogenese und Oogenese *genetisch identische Prozesse*. Sie dienen beide der Reduktion des Chromosomenbestands von 2n auf 1n und damit der Produktion befruchtungsreifer Geschlechtszellen. Dennoch zeigen beide Prozesse im meiotischen Geschehen eine ganze Reihe von prinzipiellen Unterschieden, wie das Studium der Oogenese des Menschen zeigt (Abb. 3.12 und Tabelle 3.5).

Die weibliche Meiose beginnt im Gegensatz zu der männlichen *bereits während der Embryonalentwicklung* und endet erst Jahrzehnte später nach der Befruchtung der Eizelle. Etwa bis zum 3. Monat der Embryonalentwicklung finden sich in der Keimbahn ausschließlich mitotische Zellteilungen. Dann tauchen die ersten meiotischen Kerne auf. Pachytän- und Diplotänstadien werden im 7. Monat beobachtet. Gleichzeitig beginnen bis zum 7. Monat immer neue Oogonien die Meiose. Nach dem Diplotänstadium entwickelt sich die Meiose nicht wie üblich weiter. Die Chromosomentetraden, die sich nun eigentlich in der Äquatorialplatte anordnen sollten, strecken sich statt dessen und lockern sich unter Erhaltung der Chiasmata wieder auf. Die Zellen gehen in ein Wartestadium über (*Diktyotän*).

Kurze Zeit nach der Geburt befinden sich alle Geschlechtszellen eines Mädchens, das sind etwa 400.000 bis 500.000, in diesem Oozytenstadium. In diesem Ruhestadium können nun die Oozyten für viele Jahre, ja Jahrzehnte, verbleiben. Bis zum Beginn der Pubertät *degenerieren* allerdings bereits 90% der angelegten Oozyten.

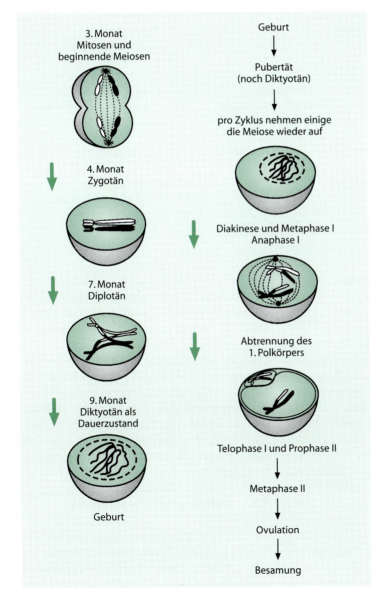

Abb. 3.12. Schema der Meiose der Frau

Tabelle 3.5. Vergleich des Ablaufs der Spermatogenese und der Oogenese

	Spermatogenese	**Oogenese**
1. Monat	Urkeimzellen	Urkeimzellen
3. Monat	Spermatogonien	Oogonien *R I*
7. Monat	Spermatogonien	Oozyten I
Geburt:	Spermatogonien	Diktyotänstadium
Pubertät:	Stammspermatogonien und Spermatozyten I *R I und R II* ↓ Ständiges Durchlaufen der Spermatogenese mit differenzieller Teilung der Stammspermatogonien zu: ↓ ↓ Stammspermatogonien Spermien	Diktyotän, Oozyten I *Ende R I und unvollständige R II* 1. Ovulation ↓ Pro Zyklus nehmen 10-50 Oozyten die Meiose wieder auf und entwickeln sich zu: ↓ Metaphase-II-Oozyten
	↘ Pronukleusstadium ↙	
	↓ Zyote	

Mit Eintritt der Geschlechtsreife nehmen von den verbliebenen Oozyten in der ersten Hälfte des Monatszyklus ca. 10-50, angeregt durch Hormone, die Meiose wieder auf. Darauf folgen die Diakinese, welche die Prophase I der ersten meiotischen Teilung beendet, dann die Metaphase I, die Anaphase I, die Telophase I und im Abstand von wenigen Minuten die Prophase II und Metaphase II. In diesem Stadium kommt die Entwicklung erneut zum Stillstand. Zytologisch findet man eine ungleiche Plasmaverteilung zwischen Eizelle und 1. Polkörper. Beide Zellen bleiben jedoch umschlossen von einer dicken Proteinhülle *(Zona pellucida)*.

Einige Stunden nach Erreichen der Metaphase II findet, durch Hormone induziert, die **Ovulation (der Eisprung)** statt. Üblicherweise verlässt nur eine Oozyte den Eierstock und wird vom Eileiter aufgefangen. Die anderen im gleichen Zyklus herangereiften Oozyten degenerieren. Im Eileiter kann nun das Eindringen des Spermiums und damit die Besamung der Metaphase-II-Oozyte stattfinden. Erst danach führt die Metaphase-II-Oozyte die Meiose zu Ende, wobei der 2. Polkörper abgetrennt wird. Das jetzt vorliegende Stadium wird als *Pronukleusstadium* bezeichnet, da sich jeweils um die haploiden Chromosomensätze der Oozyte und des Spermiums eine Kernmembran ausbildet und so jeweils ein Pronukleus entsteht. Anschließend verschmelzen die beiden Pronuklei zum diploiden Zygotenkern, der sich in schneller Folge mitotisch weiter teilt (Abb.3.13).

3.3. Aufbau eines Chromosoms

Chromosomen, so wie wir sie aus Lehrbüchern kennen und folglich vor unserem geistigen Auge gegenwärtig haben, verführen uns eher zu einer teilweise irrigen Vorstellung, denn sie re-

3.3 · Aufbau eines Chromosoms

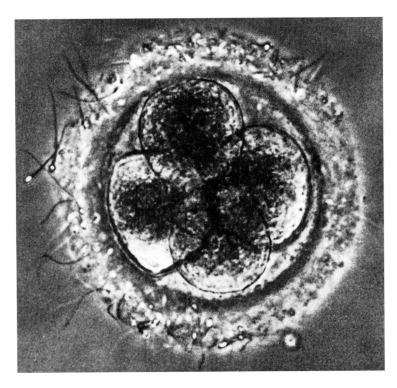

Abb. 3.13. Befruchtete menschliche Eizelle im Vierzellstadium, Zona pellucida und eine größere Anzahl von Spermien sind gut zu erkennen (Nach Edwards)

präsentieren nur ein *kurzes Zustandsbild* im Zellzyklus während einer kurzen Phase, der Metaphase der Mitose in Vorbereitung auf die Zellteilung. Genau in dieser Phase, nämlich der der höchsten Kondensation, lassen sie sich aber analysierbar präparieren und darstellen, was automatisch unsere bildliche Vorstellung prägt. In diesem Stadium sind sie aber eigentlich nicht repräsentativ, da die extreme Verpackung zu einer Abschaltung der Gene führt. Wenn auch die Zellteilung an sich von außerordentlicher Bedeutung ist, da natürlich Fehler in Verpackung und Verteilung zu erheblichen Konsequenzen in der Auslösung genetisch bedingter Syndrome führen, sollten wir uns doch vergegenwärtigen, dass Chromosomen während des gesamten sonstigen Zellzyklus ein ganz anderes Aussehen haben. Sie sind erheblich größer und bestehen nur aus einer einzigen Chromatide und einer DNA-Doppelhelix, in der sich Gene in funktionell aktivem Zustand befinden. In diesem Zustand sind es 3 Klassen von DNA-Sequenzen, durch die sich Chromosomen definieren lassen. Es handelt sich um die *Zentromere*, die *Telomere* und die *Startpunkte der Replika-*

tion (Origins of Replication), und tatsächlich werden in jüngerer Zeit sog. künstliche funktionsfähige Chromosomen (Artificial Chromosomes) nach ähnlichen Prinzipien konstruiert (s. Kap. 6.1.4.3).

3.3.1 Territoriale Anordnung im Zellkern

Die Telomerregion wurde in Kap. 2.2 bereits besprochen. Bevor die Verpackung zum Metaphasechromosom und die Bedeutung der Zentromerregion, des Telomers und der *origins of replication* behandelt werden können, sollte der Wissensstand über die territoriale Anordnung von Interphasechromosomen im Zellkern beschrieben werden. Lange wusste man über die *Organisation und Kompartimentierung* des Nukleus so gut wie nichts. Man konnte zwar den mikroskopisch sichtbaren Nukleolus als Ort der Transkription der r-RNA und des Aufbaus der Untereinheiten der Ribosomen beschreiben, hatte aber keine Vorstellungen über die Organisation von Chromosomen im Kern. Dies lag und liegt teilweise daran, dass hier wegen der mangelnden Auflösung das Lichtmikroskop natürlich versagt, das Elektronenmikroskop zwar die Auflösungsproblematik beseitigt, aber einer Darstellung der dreidimensionalen Struktur dieser langen Moleküle im Kern erhebliche Schwierigkeiten entgegensetzt. Auch heute noch ist unser Wissenstand über die territoriale Anordnung der Chromosomen im Kern fragmentarisch, es gelang aber in der letzten Zeit eine ganze Reihe subnukleärer Kompartimente zu identifizieren. Wir wissen inzwischen, dass die *Positionierung* der Chromosomen im Kern hoch *organisiert* ist. Eine wahllose Anordnung der langen DNA-Fäden (menschliche Chromosomen sind durchschnittlich 5 cm lang, die 46 Chromosomen des Menschen insgesamt 2 m) würde auch zu einem heillosen Chaos und zu einer Verknäuelung führen. Die Positionierung ist also keinesfalls zufällig. Die einzelnen Chromosomen nehmen im Kern **distinkte Räume** ein, ohne determiniertes Muster der Territorien, die sich nicht überlappen. Gendichtes Chromatin sitzt eher zur Mitte hin, genarmes zum Rand. Große Chromosomen liegen eher zur Kernperipherie, kleine mehr zur Kernmitte. Die Chromosomen sind an die Kernlamina angeheftet. Chromsomen, die Gene für r-RNA tragen, sind im Nukleolus zumindest mit den für diese Gene entscheidenden Regionen lokalisiert.

3.3.2 Die Verpackung zu Metaphase-Chromosomen

Chromatin

Betrachtet man einen fixierten und mit basischen Farbstoffen angefärbten Zellkern unter dem Lichtmikroskop, so erkennt man ein *„Kerngerüst"*. Dies ist das Chromatin, das aus der eigentlichen Erbsubstanz, den **Chromosomen** besteht. Das Chromatin ist ein Artefakt und entspricht nicht dem natürlichen Zustand der Chromosomen. In der Zelle liegt es in zwei Formen vor:
- *Euchromatin.* Locker verteiltes Chromatin im Arbeitskern. Das Euchromatin ist weitgehend *entspiralisiert* und wird als *aktives Genmaterial* angesehen.
- *Heterochromatin.* Dicke Chromatinmassen, die das Kerngerüst bilden. Das Heterochromatin kann als *inaktives Genmaterial* gedeutet werden, das in spiralisierter Form vorliegt. Das Heterochromatin nimmt vor der Zellteilung beim Übergang vom Arbeits- in den Teilungskern stark zu. Entsprechend ist die Menge des Heterochromatins ein Ausdruck für die Stoffwechselaktivität einer Zelle; somit unterliegt der Anteil des Heterochromatins in einem Zellkern deutlichen Schwankungen. Beim Heterochromatin lassen sich wiederum zwei Formen unterscheiden:
- **Konstitutives Heterochromatin.** Prinzipiell kann sich jeder Teil eines Chromosoms kondensieren und heterochromatisch werden, manche Teile liegen aber immer in dieser Form vor. Man spricht dann von konstitutivem Heterochromatin. Dieses Chromosomenmaterial wird *niemals in Protein übersetzt*, es wird bei der Zellteilung spät repliziert und geht als Heterochromatin auf die Tochterzellen über. Ein Beispiel ist die *Zentromerregion*, an der die beiden Chromatiden eines Chromosoms zusammengehalten werden. Ebenso wird zur Dosiskompensation gegenüber männlichen Zellen in jeder weiblichen Zelle eines der beiden X-Chromosome inaktiviert: Dieses *Sexchromatin* kann durch geeignete Färbemethoden sichtbar gemacht werden.
- **Fakultatives Heterochromatin.** An seiner Menge kann man den Entwicklungszustand oder den physiologischen Zustand einer Zelle erkennen. So findet sich in *ausdifferenzierten Zellen viel Heterochromatin*, weil ein Großteil des chromosomalen Materials kondensiert und damit stillgelegt ist. Nur ein geringer Teil der Erbinformation muss noch abgelesen werden und ist folglich nicht kondensiert. Embryonale Zellen dagegen, bei denen ein großer Teil der Erbinformation tatsächlich in Protein übersetzt werden muss, haben wenig Heterochromatin.

Chromosomen

Einzelne Chromosomen sind im Interphasekern der eukaryoten Zelle lichtmikroskopisch nicht sichtbar. Die DNA-Fäden besitzen einen Durchmesser von 2 nm und eine durchschnittliche Länge von 5 cm. Würde man alle menschlichen Chromosomen aneinander reihen, so ergäbe dies einen Faden von ca. 2 m Länge. Bei einem Kerndurchmesser von ca. 5 µm muss also offensichtlich ein **hohes Ordnungsprinzip** existieren, um die DNA-Fäden auf diesem kleinen Raum zu verpacken.

Isoliert man das Chromatin aus Zellkernen und untersucht es chemisch, so findet man neben der DNA und einer kleinen Menge von Ribonukleinsäure (RNA) zwei Hauptklassen von Proteinen:
- 5 verschiedene Typen von basischen **Histonen** (H1, H2A, H2B, H3 und H4),
- eine heterogene Gruppe von **Nicht-Histon-Proteinen**, die beispielsweise verschiedene Enzyme darstellen.

Die Histone sind für die strukturelle Organisation der Chromosomen verantwortlich. Sie haben viele basische, positiv geladene Aminosäuren und daher eine hohe Affinität zur negativen Ladung der DNA. Die Histone H2A, H2B, H3 und H4 bilden an den Polen abgeflachte Proteinkugeln, Oktamere aus den Dimeren der vier verschiedenen Histone. Jede Proteinkugel ist von einem DNA-Faden mit 1,75 Linkswindungen umwickelt, was 146 Basenpaaren entspricht. Dieser Komplex ist der **Nukleosomencore** (Tabelle 3.6).

Das Histon H1 liegt außerhalb des Nukleosomencores und ist mit DNA variierender Länge (15-100 Basenpaare) assoziiert, die ein Nukleosom mit dem anderen verbindet, der „**Linker-DNA**". So werden fortlaufende Einheiten von ca. 200 Basenpaaren gebildet, die einen Faden mit einem Durchmesser von 10 nm erzeugen.

Die H1-Histone verkürzen den DNA-Faden weiter, indem mit ihrer Hilfe mehrere Nukleosomen helikal aufgedreht werden. Dies führt zu einer Chromatinfaser von etwa 30 nm Durchmesser. Sie wird wiederum in Schlaufen gelegt, wobei jede Schlaufe etwa 75 kb DNA enthält.

Die Schlaufen sind an ein zentrales Gerüst aus sauren Nicht-Histon-Proteinen geheftet. Dieses Gerüst enthält das Enzym **Topoisomerase II**, das in der Lage ist, die beiden DNA-Stränge des DNA-Doppelstrangs wieder zu entwinden. Die Topoisomerase II und andere Proteine des Chromatins binden an bestimmte DNA-Sequenzen mit einem hohen Anteil (über 65%) des Basenpaares Adenin und Thymin. Diese Sequenzen werden auch als Gerüstkoppelungsbe-

Tabelle 3.6. Struktur des Chromatins

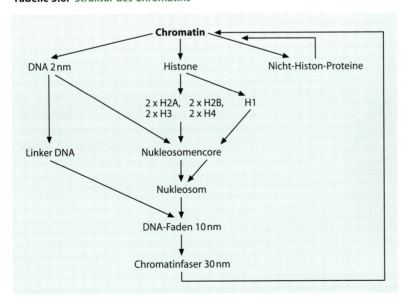

reiche *("scaffold attachment regions", SAR)* bezeichnet und stellen möglicherweise auch die Elemente dar, an denen die Chromatinschlaufen aufgehängt sind.

Die so in Schlaufen aufgehängte Chromatinfaser wird durch Schleifenbildung weiter verkürzt. Diese weitere Aufwindung zu den Chromatiden eines Metaphasechromosoms führt schließlich zu einer etwa 10.000fachen Verkürzung der ursprünglichen Länge des DNA-Fadens (Abb. 3.14, Abb. 3.15)

3.3.3 Zentromer, Telomer und Origin of Replication

Zentromer

In Metaphasechromosomen ist pro Chromosom ein Zentromer als primäre Konstriktion an der Paarungsstelle der Schwesterchromatiden sichtbar. Durch Bruchereignisse entstandene *azentrische Fragmente* werden von der Chromosomenspindel nicht mehr erfasst und gehen bei der Zellteilung verloren. Während der späten Prophase der Mitose bildet sich ein Paar Multiproteinkomplexe (Kinetochore) an jedem Zentromer, wobei jeder der beiden Komplexe an eine Schwesterchromatide gebunden ist. An jedes Kinetochor wiederum sind Mikrotubuli angelagert, welche die Polbewegung bewerkstelligen. Die Kinetochore kontrollieren die Anlagerung und den Abbau der Mikrotubuli und Motormoleküle steuern die **Chromosomenbewegung**. Die Zentromere selbst bestehen aus *repetitiver DNA*, Hunderte von Kilobasen lang, die teilweise chromosomenspezifisch, teilweise unspezifisch ist. Charakteristisch ist eine komplexe Familie von tandem-wiederholter DNA (α-Satelliten-DNA), deren Monomere aus 171 bp bestehen. Verschiedene Proteine sind hiermit assoziiert. So bindet ein Protein direkt an die α-Satelliten-DNA des Zentromers (*CENP-B*) und zwar an eine Sequenz von 17 Basenpaaren im α-Satelliten-Monomer (*CENP-B-Box*) und ist für die Heterochromatinstruktur verantwortlich. Ein *weiteres* wesentliches *Zentromerprotein* ist *CENP-A* an der äußeren Kinetochorplatte, eine zentromerspezifische Histon-3-Variante, welche für *CENP-C* essentiell ist. CENP-C wiederum besitzt zentrale Bedeutung für die richtige Zentromer/Kinetochor-Funktion und ist an der inneren Kinetochorplatte lokalisiert. Ebenfalls an der inneren Kinetochorplatte ist *CENP-G* lokalisiert, welches an ein Set von Sequenzen der α-Satelliten-Familie bindet.

Telomer

Telomere sind *spezifische DNA-Protein-Strukturen*, welche die Enden eukaryotischer Chromosomen abschließen. Sie sind für die Erhaltung der *Strukturintegrität der Chromosomen* verantwortlich, wie man bei ihrem Verlust sieht. Die Chromosomen neigen dann zur Fusion mit anderen defekten Chromosomen, werden in Rekombinationsprozesse involviert oder abgebaut. Weiterhin sichern sie die vollständige DNA-Replikation (s. Kap. 2.2) und sind beteiligt bei der Positionierung der Chromosomen im Kern. Sie spielen eine Rolle bei der Chromosomenpaarung und beim Aufbau der dreidimensionalen Kernstruktur. In manchen Zellen scheinen sie mit der Kernmembran assoziiert zu sein.

Molekular handelt es sich um mittellange *Tandem-Repeats einfacher Sequenz*, TG-reich an einen DNA-Strang und CA-reich am Kom-

Abb. 3.14. Metaphasechromosom des chinesischen Hamsters (Nach Stubblfield 1973)

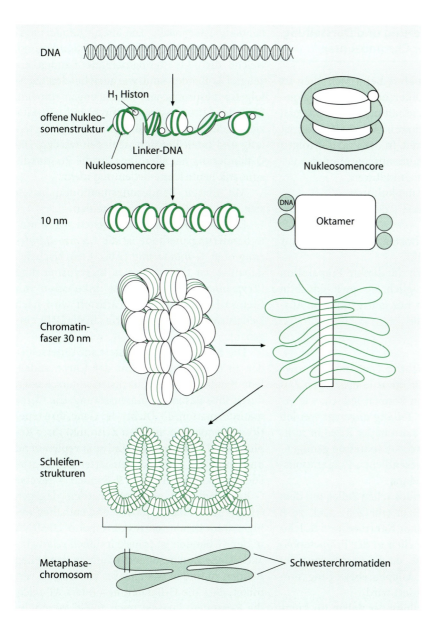

Abb. 3.15. Die Organisation der DNA im Metaphasechromosom

plementärstrang. Beim Menschen findet man die Hexanukleotide TTAGGG über 3-20 kb, danach folgen Telomer-assoziierte Wiederholungen, deren Funktion unbekannt ist.

Origin of Replication

Über die Origins of Replication ist bei Säugern wenig bekannt. Aus Untersuchungen an der Hefe wissen wir, dass es dort ein *autonomously repeating sequence-Element (ARS)* gibt, ungefähr 50 bp lang und AT-reich. ARS-Elemente besitzen eine Bindungsstelle für einen Transkriptionsfaktor und einen Multiproteinkomplex. Beim Säuger gelang es bisher nicht, einen einheitlichen Origin of Replication zu identifizieren, was zu Spekulationen führte, dass dort die Replikation an multiplen Stellen über Kilobasen lang initiiert werden kann. Künstliche Säugerchromosomen funktionieren ohne spezifische ARS-Sequenzen.

3.4 Charakterisierung und Darstellung menschlicher Chromosomen

Zur Chromosomenanalyse beim Menschen ist grundsätzlich jedes Untersuchungsmaterial geeignet, das Mitosen enthält oder bei dem man die Mitose anregen kann. Von Bedeutung ist auch die Zugänglichkeit. In der Praxis erfolgen die meisten Chromosomenpräparationen aus
- Kurzzeitlymphozytenkulturen,
- Langzeit-Fibroblastenkulturen,
- Amnionzellkulturen (für pränataldiagnostische Zwecke),
- Mitosen nach Chorionzottenbiopsie (zur Pränataldiagnostik).

Grundsätzlich ist auch die direkte Präparation aus **Knochenmark** möglich. Sie spielt jedoch in der Praxis kaum oder nur in begründeten Ausnahmefällen eine Rolle.

Präparation

Das Blut gesunder, nicht an Leukämie erkrankter Personen enthält keine teilungsfähigen Zellen. Die Lymphozyten können jedoch, wie erwähnt, *artifiziell zur Teilung angeregt* werden und vermehren sich dann in der Regel in 72-h-Kulturen zu einer für die Präparation genügenden Zelldichte. Die wesentlichen Präparationsschritte sind im Einzelnen:
- Behandlung der mitotischen Zellen mit dem Spindelgift Kolchizin (für 2 h) nach 70 h Zucht in geeignetem Nährmedium. Kolchizin arretiert die Zellen in der Prämetaphase oder Metaphase, da die Formierung der Spindel, die zur Anaphasebewegung notwendig ist, verhindert wird,
- Hypotone Behandlung der Zellen für kurze Zeit, z.B. mit 0,075 molarer KCl,
- Fixierung des Materials mit einem Gemisch aus Essigsäure und Methanol (in der Regel im Verhältnis 1:3),
- Auftropfen der Zellen auf Objektträger und deren Trocknung,
- Färbung mit geeigneten Färbemethoden.

Darstellungsmethoden

Die sog. *Konventionelle Färbung* der Chromosomen erfolgt in der Regel mit Giemsa-Färbelösung oder anderen Kernfarbstoffen.

Bänderungstechniken. Die älteste *Bänderungsmethode* ist die mit *Quinakrin (Q-Bänderung)*, welche distinkte fluoreszierende Banden erzeugt. Die Banden sind, wie auch bei den nachfolgend besprochenen Bänderungsmethoden, für jedes Chromosom spezifisch und reproduzierbar. Sie können nach Anzahl, Größe, Verteilung und Intensität unterschieden werden. Die Q-Bänderung hat allerdings für die Routinediagnostik heute keine Bedeutung mehr.

Mit diesen Bänderungsmethoden lassen sich etwa 350 Banden unterscheiden.

Die in der Praxis am häufigsten angewandte Bänderungsmethode ist die *Giemsa-Bänderung* oder *G-Bänderung* (Abb. 3.16). Nach Inkubation der Chromosomen in Trypsinlösung (*Trypsinierung*) erfolgt eine Inkubation mit Giemsa-Lösung, und der Farbstoff wird nach Denaturierung des Chromatins in die DNA eingebaut.

Die Bandenstruktur basiert auf Unterschieden in der Längenstruktur der Chromatiden. Jede Bande ist von der nächsten unterschieden durch ihre Basenzusammensetzung, die Chromatinformation, die Dichte der Gene, ihre repetitiven Sequenzen und den Zeitpunkt ihrer Replikation. Die *G-Banden* sind spät replizierend und enthalten stark kondensiertes Chromatin. Die hellen Banden (auch *R-Banden* = reverse G-Bandenmuster genannt) werden dagegen früh in der S-Phase repliziert und enthalten weniger stark kondensiertes Chromatin. Die DNA in den G-Banden ist transkriptionell relativ inaktiv, Gene sind besonders häufig in den hellen Banden zu finden. Man hat bis vor kurzem vermutet, dass die G-Banden besonders AT-reich, die R-Banden dagegen reich an GC wären. Jedoch hat sich inzwischen herausgestellt, dass beim Menschen in den G-Banden nur geringfügig mehr AT-reiche Sequenzen vorhanden sind als in den hellen Banden. Das weiterentwickelte Modell des Aufbaus von Metaphasechromosomen brachte hier die richtige Lösung. Danach werden die besonders AT-reichen Gerüstkoppelungsbereiche (SAR) entlang der Längsachse der Chromatiden jeweils unterschiedlich gefaltet. Bereiche mit hoher Dichte an SAR findet man in den G-Banden, mehr entfaltete SAR in den hellen Banden. Dabei wird angenommen,

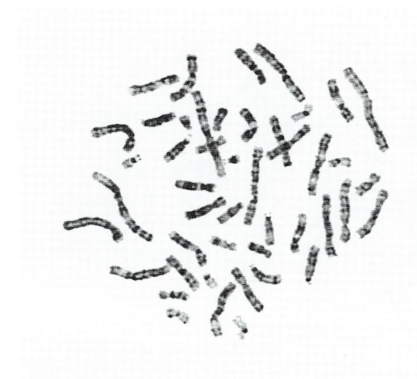

Abb. 3.16. Mikroskopisches Bild einer Metaphase nach Giemsa-Bänderung. (Mit freundlicher Genehmigung von H.-D. Hager, Institut für Humangenetik der Universität Heidelberg)

dass der Giemsa-Farbstoff *selektiv* die Basis der DNA-Schlaufen anfärbt, während man das R-Bandenmuster (z.B. durch die nachfolgend erklärte Färbemethode) dann sieht, wenn man gezielt die Schlaufenkörper anfärbt. Die Q- und die G-Banden sind identisch.

Nach Vorbehandlung der Chromosomen mit heißem Phosphatpuffer und nachfolgender Färbung mit Giemsa kann man R-Banden erzeugen. Die *R-Bänderung* bringt helle Heterochromatin- und dunkle Euchromatinbanden hervor. Sie entspricht also quasi dem fotografischen Negativ der G-Bänderung.

Das *konstitutive Heterochromatin* in der Region um das Zentromer und am distalen Ende des langen Armes (q) des Y-Chromosoms kann mit der *C-Bänderung* dargestellt werden. Die *T-Bänderung* schließlich markiert die *Telomerregion* der Chromosomen.

Eine Variante zur Darstellung von Metaphasen mit höherer Auflösung ist die Darstellung von mittleren und späten Prophasen und von Prometaphasen *(High Resolution Banding)*. Sie gelingt nach Synchronisation der Zellzyklen. Da die Chromosomen zu diesem Zeitpunkt noch nicht ganz so stark kondensiert sind, können einzelne Chromosomenabschnitte, die sich in der Metaphase als eine Bande darstellen, in mehrere Banden aufgelöst werden. Bei einer qualitativ einwandfreien Präparation lassen sich ca. 500–850 Banden (im haploiden Satz) erkennen (Abb. 3.17).

Hybridisierungstechniken

Die *Fluoreszenz-in-situ-Hybridisierung (FISH)* brachte nun eine entscheidende Erweiterung dieser Darstellungsmethoden, wobei die vorangestellten Chromosomendarstellungsmöglichkeiten für die Routinezytogenetik damit nicht

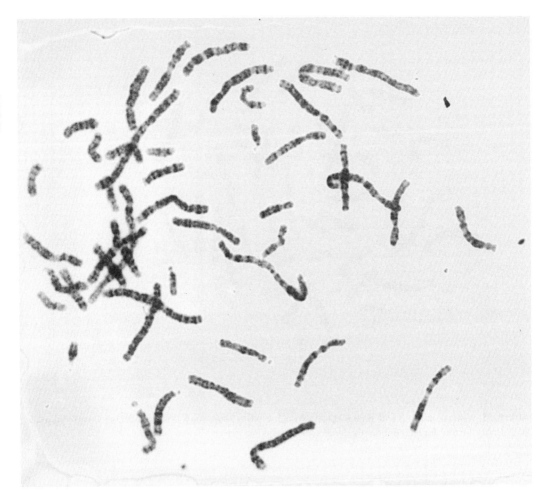

Abb. 3.17. Mikroskopisches Bild einer Prometaphase nach hochauflösender Giemsa-Bänderung. (Mit freundlicher Genehmigung von H.-D. Hager, Institut für Humangenetik der Universität Heidelberg)

etwa an Bedeutung verloren haben. Wie auch in Kap. 6.2. ausgeführt, verwendet man **DNA-Sonden**, die durch modifizierte Nukleotide mit Reportermolekülen (wie Biotin) charakterisiert sind und an die fluoreszenzmarkierte Affinitätsmoleküle gebunden sind. Dabei setzt man verschiedene *Fluorophoren* ein. Die verwendeten DNA-Sonden stammen aus verschieden angelegten DNA-Bibliotheken:
- Phagen- und Plasmid-DNA-Bibliotheken, in die sortierte menschliche Chromosomen einkloniert sind;
- Plasmid-DNA-Bibliotheken mit chromosomenspezifischen Teilbereichen;
- Kosmide und YACs (das sind Plasmide mit Verpackungssequenzen von Lambda, einem *E.-coli*-Virus bzw. *Yeast Artificial Chromosomes* (= künstliche Hefeminichromosomen) mit definierten DNA-Abschnitten.)

Allerdings existiert da noch das Problem der verstreuten repetitiven Sequenzen, die ja, wie später ausführlich beschrieben, über alle menschlichen Chromosomen verteilt sind. Eine direkte Hybridisierung der Sonden würde zu keinen verwertbaren Ereignissen führen, da diese eben auch repetitive Sequenzen enthalten. Es würde zu einer Markierung aller Chromosomen kommen. Daher ist die Anwendung der *In-situ-Suppressionshybridisierung* sinnvoll, einer *Kompetitionshybridisierung*. Man versetzt vor der eigentlichen Sondenhybridisierung die Sonde mit einem großen Überschuss von unmarkierter chromosomaler Gesamt-DNA und denaturiert. Dadurch wird eine Absättigung der repetitiven Sequenzen der Sonde erreicht; sie können somit das Signal der spezifischen Sequenz nicht mehr überlagern.

Die so vorbereitete Sonde kann nun direkt auf *Metaphasechromosomen* auf dem Objektträger hybridisiert werden. In einer Spezialform der FISH-Anwendung besteht die DNA der Sonden aus vielen verschiedenen Fragmenten, die von einem einzigen Chromosomentyp abstammen. Das Hybridisierungssignal setzt sich dann aus vielen Signalen vieler Loki, die über das ganze Chromosom verteilt liegen, zusammen. Dies führt zum *Chromosome Painting*. Verwendet man noch zusätzlich verschiedenfarbige Fluoreszenzmarker, so erhält man eine Palette von Farbabstufungen für das ganze Chromosom. In Erweiterung dieser Methode ist es gelungen, eine *Multikolorspektralkaryotypisierung* aller menschlichen Chromosomen

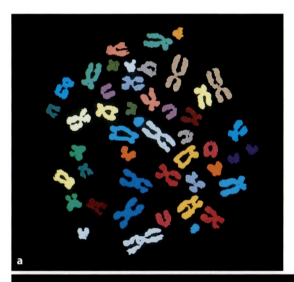

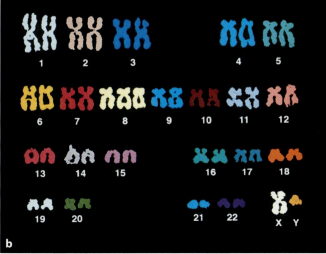

Abb. 3.18. a Männliche Metaphase mit einer Trisomie des Chromosoms 8; **b** Karyogramm nach einer Hybridisierung mit 24 chromosomenspezifischen DNA-Sonden als Falschfarbenbild. (Mit freundlicher Genehmigung von M.R.Speicher, Institut für Anthropologie und Humangenetik der Universität München)

vorzustellen, welche die simultane Darstellung aller menschlichen Chromosomen in verschiedenen Farben erlaubt. (Abb. 3.18).

Die FISH hat damit einen hohen Stellenwert in der Ergänzung der konventionellen Chromosomendarstellungstechniken erreicht. Sie wird besonders dort unentbehrlich, wo es um komplizierte Strukturumbauten menschlicher Chromosomen geht, sowohl bei *chromosomal bedingten menschlichen Syndromen* als auch in der *Tumorzytogenetik* (Abb. 3.19).

Auswertung

Nach Färben der Chromsomenpräparate mit einer oder (auf verschiedenen Objektträgern) mehreren der vorgestellten Färbemethoden können diese unter dem Mikroskop bei 1000facher Vergrößerung analysiert und fotografiert werden. Nach Herstellung von fotografischen Abzügen ist dann die *Sortierung* der Chromosomen möglich. Dies geschah konventionellerweise von Hand durch Ausschneiden und Aufkleben der Chromosomen zu einem geordneten Bild. Häufig werden die Chromosomen heute bereits über Computerprogramme in der nachfolgend beschriebenen Weise zur Auswertung geordnet und das Dokumentationsbild wird über Printer ausgedruckt.

Abb. 3.19 a-f. Vergleichende genomische Hybridisierung („*compartive genomic hybridization*"; CGH) mit Tumor-DNA aus autoptischem Material einer Patientin mit kleinzelligem Lungenkarzinom. Die Tumor-DNA (Detektion mit FITC, grüne Fluoreszenz) wurde im Verhältnis 1:1 mit Referenz-DNA (Detektion mit TRITC; rote Fluoreszenz) eines gesunden, männlichen Probanden gemischt und auf Metaphasespreitungen mit normalem, weiblichem Chromosomenkomplement (46, XX) hybridisiert. **a** Metaphasespreitung zeigt eine relativ homogene Färbung mit TRITC (Hybridisierung der Referenz-DNA). **b** die FITC-Färbung dieser Metaphasespreitung (Hybridisierung der Tumor-DNA) zeigt eine im Vergleich zur Referenz-DNA stärkere oder schwächere Färbung einzelner Chromosomen und Chromosomenabschnitte. **c** Überlagerung des FITC- und TRICT-Bildes; Chromosomenabschnitte mit signifikant erhöhten FICT/TRICT-Quotienten (Hinweis auf eine Überrepräsentation des Chromosomenabschnitts im Tumor) sind in dieser Falschfarbendarstellung grün, Chromosomenabschnitte mit signifikant erniedrigten FITC/TRICT-Quotienten (Hinweis auf eine Unterrepräsentation des Chromosomenabschnitts im Tumor) sind rot gekennzeichnet. Blau gefärbte Abschnitte repräsentieren unauffällige FICT/TRICT-Quotienten. Die Zahlen geben die Chromosomennummer an. **d** Fluoreszenzbänderung mit DAPI. Zur verbesserten Sichtbarmachung des Bandenmusters wurde eine inverse Darstellung gewählt. Die Aufnahmen (**a**), (**b**) und (**d**) wurden mit einer CCD-Kamera mit FITC, TRITC und DAPI-spezifischen Filterkombinationen aufgenommen. **e** Paarweise Anordnungen der in c dargestellten Chromosomen. Man beachte, dass homologe Chromosomen ein weitgehend identisches Falschfarbenbild aufweisen. Beispielsweise sind die kurzen Arme auf beiden Chromosomen 3 rot (Verlust von 3p), die proximalen Abschnitte des langen Arms sind blau (Hinweis auf eine ausgeglichene Kopienzahl), die distalen Abschnitte grün (Erhöhung der Kopienzahl). Bei Chromosom 5 weist die Falschfarbendarstellung auf eine erhöhte Kopienzahl des kurzen Arms und eine verminderte Kopienzahl des langen Arms hin usw. Ungleichmäßige Farbverteilungen auf beiden Chromatiden eines Chromosoms oder beiden homologen Chromosomen sind Hinweise auf Artefakte. Für statistisch gesicherte Aussagen muss eine Serie von Referenzmetaphasespreitungen ausgewertet werden. **f** Mittelwerte der FITC/TRITC-Fluoreszenzquotientenprofile wurden für jeweils 10 Referenzchromosomen ermittelt. Die drei Linien neben den schematisch dargestellten Chromosomen (ISCN 1985) stellen von links nach rechts einen unteren Schwellenwert, normale Fluoreszenzquotienten und einen oberen Schwellenwert dar. Eine Unterschreitung des unteren Schwellenwerts oder eine Überschreitung des oberen Schwellenwerts weist darauf hin, dass ein Verlust oder ein Gewinn des entsprechenden Chromosoms oder Chromosomenabschnitts in mindestens 50% der Tumorzellen eingetreten ist. Die schraffierten Areale kennzeichnen heterochromatische Abschnitte, die von der Bewertung ausgeschlossen wurden. Die Profile für die Chromosomen 3, 4, 5, 8, 9, 10, 13, 16, 17, 19 und 21 weisen auf pathologische Veränderungen hin, während die Profile für die übrigen Chromosomen unauffällig sind. Das nach rechts verschobene Profil für das X-Chromosom ist Ausdruck der höheren X-Kopienzahl in der weiblichen Tumor-DNA im Vergleich zur männlichen Referenz-DNA. (Mit freundlicher Genehmigung von Th. Reed, Institut für Humangenetik, Heidelberg)

3.4 · Charakterisierung und Darstellung menschlicher Chromosomen

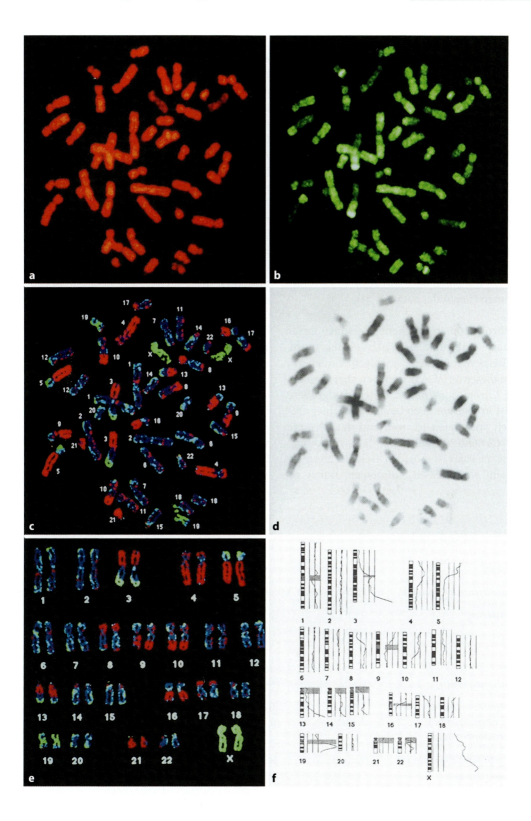

Beschreibung der Chromosomen

Nach Beschreibung des technischen Ablaufs der Chromosomenpräparation und der Auswertung soll nun auf die Einteilung der Chromosomen (Tabelle 3.7) in einem geordneten Chromosomenbild einer Metaphase, das man als *Karyogramm* bezeichnet, eingegangen werden (Abb. 3.20 und 3.21). Nach der Denver-Konvention 1960, der Londoner Konferenz 1963, der Chicagoer Konferenz 1966 und der Pariser Konferenz 1971 über die Standardisierung und Nomenklatur der Chromosomen werden diese nach Form, Größe, Lage des Zentromers und Bandenmuster einander zugeordnet.

- Die menschlichen Körperzellen enthalten einen diploiden Satz von 2n = 46 Chromosomen (haploider Satz n = 23).

Die Chromosomen weiblicher Personen lassen sich nach Größe und Form zu 23 Paaren anordnen. Beim männlichen Geschlecht finden wir 22 von diesen 23 Paaren, daneben aber zwei unpaare Chromosomen, von denen das größere, das *X-Chromosom*, auch bei der Frau, hier aber doppelt vorhanden ist, während das kleinere, das *Y-Chromosom*, nur beim Mann vorkommt.

Die 22 Paare, die beiden Geschlechtern gemeinsam sind, heißen *Autosomen*. Ihnen gegenüber stehen die beiden *Geschlechtschromosomen*, auch *Gonosomen* genannt (XX bei der Frau, XY beim Mann). Je nach der endständigen oder mehr oder weniger mittelständigen Lage des Zentromers spricht man von *akrozentrischen*, *submetazentrischen* und *metazentrischen* Chromosomen. Dabei wird der kurze Arm als *p-Arm* und der lange Arm als *q-Arm* bezeichnet. Nach diesen Kriterien ist eine Unterteilung in 7 Chromosomengruppen möglich, die man mit A, B, C, D, E, F und G bezeichnet. Dies bezeichnet man als Erstellung eines *Karyogramms*.

Die Gruppe A enthält 3 Chromosomenpaare, B 2 Paare, C 7 Paare, D und E je 3 Paare und F und G enthalten je 2 Paare. Die beiden X-Chromosomen der Frau sind submetazentrisch. Sie sind genauso groß wie die Chromosomen der C-Gruppe und mit herkömmlichen Analysemethoden von diesen nicht zu unterscheiden. Das Y-Chromosom des Mannes sieht ähnlich aus wie die Chromosomen der G-Gruppe.

Für die Ausbildung des Geschlechts sind beim Menschen die Gonosomen verantwortlich. Eine Oozyte, die immer nur ein X-Chromosom enthält, kann mit einem Spermium verschmelzen, das entweder ein X- oder ein Y-Chromosom enthält. Treffen *2 X-Chromosomen* zusammen (Gonosomen XX), so entwickelt

Tabelle 3.7. Die Chromosomen des Menschen

Anzahl	2n = 46, 44 Autosomen und 2 Gonosomen
Geschlechtsunterschied	XX bei der Frau; XY beim Mann
Einteilung	nach Länge und Lage des Zentromers (akrozentrisch, submetazentrisch, metazentrisch); 7 Gruppen von A-G; X-Chromosom metazentrisch, geordnet an C-Gruppe; Y-Chromosom entspricht der G-Gruppe
Gebräuchliche Färbemethoden	G-, Q-, R- und C-Bänderung, FISH-Methode, konventionelle Giemsa-Färbung
Identifikation spezifischer Chromosomen und homologer Paare	Chromosomenspezifische Bandenmuster, Länge, Lage des Zentromers
Identifikation aberranter Chromosomen	Veränderungen im Bandenmuster, über FISH-Darstellungen exakter Chromosomenumbauten, Veränderungen der Lage des Zentromers oder der Länge.

sich aus der Zygote ein *Mädchen*; treffen *X und Y* zusammen, so entwickelt sich ein *Junge*.

Die Chromosomenbänderung erlaubt eine Feineinteilung jedes Chromosoms. Danach werden der p- und der q-Arm in Regionen unterteilt. Die Abb. 3.22 zeigt dies entsprechend der Pariser Nomenklaturkonferenz. Die Regionen werden mit arabischen Ziffern bezeichnet. Das Chromosom 1 enthält z.B. im p-Arm 3 Regionen und im q-Arm 4 Regionen. Innerhalb dieser Regionen werden die einzelnen hellen und dunklen Banden wiederum mit arabischen Ziffern nummeriert. Bei der *hochauflösenden Prophasebänderung* wird eine entsprechende *verfeinerte Einteilung* getroffen.

3.4.1 Strukturelle Varianten menschlicher Chromosomen

Heteromorphismus

Betrachtet man Chromosomen auf der Ebene einer Population, so sieht man, dass einzelne Chromosomen bezüglich ihrer Struktur nicht immer identisch sind. Diese Variabilität heißt *chromosomaler Polymorphismus* oder besser *chromosomaler Heteromorphismus*. Allerdings sind chromosomale Heteromorphismen nicht gleichmäßig über ganze Chromosomen verteilt, sondern sie betreffen einzelne *distinkte Regionen* bestimmter Chromosomen. Überwiegend sind heterochromatische Regionen betroffen - also Regionen mit genetisch inaktiver DNA - oder Regionen mit vielfachen Kopien eines Gens, wo die Gendosis weniger relevant ist. Folglich finden wir Heteromorphismus hauptsächlich in den Satellitenregionen akrozentrischer Chromosomen (Chromosomen 13-15 und 21 und 22; Abb. 3.23), aber auch in den heterochromatischen Bereichen um das Zentromer (bei allen Chromosomen). Darüber hinaus ist das Heterochromatin der distalen Bande des q-Arms des Y Chromosoms betroffen (Abb. 3.24) und die Sekundärkonstriktionen der Chromosomen 1 und 9.

Für den Zytogenetiker ist wichtig, Variabilitäten im *Bereich des Normalen* von *pathologischer Chromosomenmorphologie* unterscheiden zu können. In Zweifelsfällen kann die Anwendung spezieller Färbemethoden (z.B. C-Bänderung zur Identifikation von heterochromatischen Bereichen oder die Q-Bänderung) Entscheidungshilfe bieten, wobei das Diagnosespektrum über die FISH-Technik in speziellen Fällen erheblich erweitert wurde. Auch die *NOR-Region* (Nukleolus-Organisator-Region) kann mit einer Silbernitratbänderung spezifisch angefärbt werden.

Ein Chromosom, das man von seinem homologen Partner unterscheiden kann, wird als *Markerchromosom* bezeichnet. Markerchromosomen sind dadurch gekennzeichnet, dass sie in allen Zellen (oder zumindest in einem signifikanten Anteil) eines Individuums vorhanden sind. Anhand eines Heteromorphismus kann man auch die Herkunft eines Chromosoms durch die Generationen verfolgen. Es hat sich gezeigt, dass solche Heteromorphismen durchaus keine Seltenheit sind. Praktisch jede Person besitzt zumindest ein Markerchromosom. Dabei ist die Wahrscheinlichkeit, dass zwei nicht verwandte Personen das gleiche Markerchromosom besitzen etwa 1:10.000. Nach detaillierter Untersuchung der Chromosomenmorphologie größerer Gruppen konnte belegt werden, dass es keine 2 Personen mit dem gleichen Typ von Chromosomenvariationen gibt. Es sieht dagegen so aus, als ob jede Person, ähnlich wie bei Fingerabdrücken, ihren *individuellen Chromosomenheteromorphismus* hat.

Fragile Stellen

Eine andere strukturelle Variante menschlicher Chromosomen sind „fragile" Stellen, eine Störung der Chromosomenstruktur. Dies sind Orte, an denen ein erhöhtes Risiko für *Chromosomen- oder Chromatidenbrüche* besteht. Fragile Stellen sind in der Regel nicht unmittelbar sichtbar, sondern sie treten bei bestimmten Präparationen wie Folsäuremangel in Kulturmedien auf. Bei Chromosomeninstabilitäten und -umbauten bei Tumoren besteht eine gewisse Homologie zwischen der Art der chromosomalen Veränderung und bestimmten fragilen Stellen (Tabelle 3.8).

Eine fragile Stelle am langen Arm des *X-Chromosoms (Xq28)* ist dabei besonders von Bedeutung, da sie mit einer charakteristischen Form geistiger Retardierung einhergeht. Mit

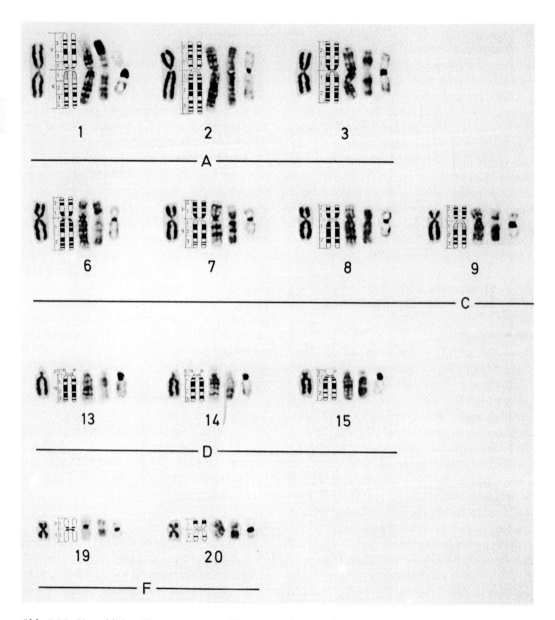

Abb. 3.20. Menschlicher Chromosomensatz (Karyogramm) im Vergleich verschiedener Färbemethoden 1. konventionelle Giemsa-Färbung, 2. Schema der Banden, 3. Färbung nach der Giemsa-Bandenmethode, 4. methodische Variante, welche die Stellen im Chromosom anfärbt, die nach der Giemsa-Bandenmethode ungefärbt bleiben (R-Banden, R = reverse), 5. Zentromerfärbung. (Nach Vogel u. Motulsky 1996)

einer Häufigkeit von 1:1000 findet man unter Männern das *Martin-Bell-Syndrom* (s. Kap. 8.2.5.1). Bei 2-35% der X-Chromosomen dieser Personen ist eine spezifische fragile Stelle zu beobachten, deren Entstehungsmechanismus seit einiger Zeit aufgeklärt ist. Es handelt sich um repetitive Triplettsequenzen, die offenbar die Methylierung und die Chromatinstruktur betreffen. So entstehen zerbrechliche Stellen auf dem Chromosom. Das Synd-

3.4 · Charakterisierung und Darstellung menschlicher Chromosomen

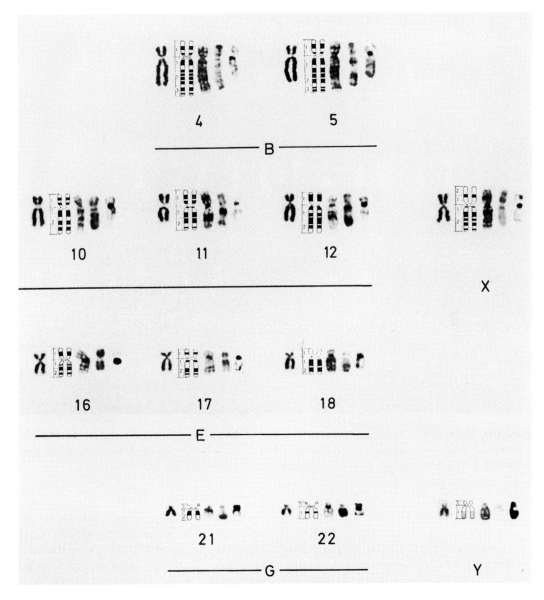

Abb. 3.20. (Fortsetzung)

rom führt bei *hemizygoten Männern* in der Regel zu *Schwachsinn*. Man findet dieses Marker-X-Chromosom auch bei weiblichen Überträgerinnen; sogar unter retardierten Frauen ist es wesentlich häufiger als in der Normalbevölkerung. Viele männliche Patienten zeigen eine Reihe charakteristischer, phänotypischer Auffälligkeiten.

3.4.2 Chromosomen als Grundlage der Geschlechtsentwicklung

Die Geschlechtsentwicklung wird sowohl von gonosomalen (X und Y) als auch von autosomalen Genen determiniert. Die *gonosomalen Chromosomen X und Y* sowie die *Autosomen* enthalten eine Reihe von Genen, die für einen

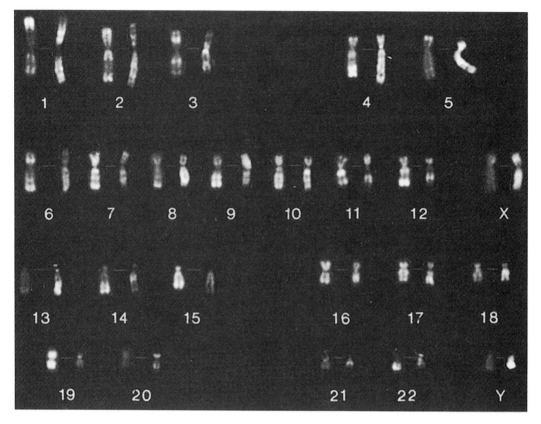

Abb. 3.21. Menschlicher Chromosomensatz im Vergleich zweier Fluoreszenzbänderungen. *Rechts*: Q-Banden (benannt nach dem Fluoreszenzfarbstoff Quinakrin), welche der normalen Giemsa-Bänderung entsprechen; *links*: R-Banden, welche denen der Abb. 3.20 (4) entsprechen. (Nach Vogel u. Motulsky 1996)

normalen Ablauf der Geschlechtsentwicklung und -differenzierung verantwortlich sind.

Das menschliche Y-Chromosom hat etwa 60 Mb DNA und nur sehr wenige funktionstüchtige Gene. Einige von diesen sind auch auf dem X-Chromosom lokalisiert. Die wichtigsten befinden sich in zwei homologen Bereichen und wurden als *pseudoautosomale Regionen* bezeichnet. Sie sind entscheidend für die Aneinanderlagerung der Chromosomen in der männlichen Meiose. Die pseudoautosomale Hauptregion (*PAR1*) liegt am äußeren Ende des kurzen Arms und hat eine Länge von 2,6 Mb. Die pseudoautosomale Nebenregion (*PAR2*) liegt am Ende des langen Arms und hat eine Ausdehnung von 320 kb. Zwischen den pseudoautosomalen Hauptregionen von X- und Y-Chromosomen findet in der männlichen Meiose das obligate Crossing-over statt. Direkt neben PAR1 in der Bande Yp22 liegt *SRY („Sex Determining Region of Y")*, das Gen, welches das männliche Geschlecht determiniert und die Synthese des *Testis Determining Factor (TDF)* kontrolliert, der für die Entwicklung des männlichen Geschlechts notwendig ist (Abb. 3.25). SRY besitzt zwei offene Leseraster, die für 99 und 273 Aminosäuren kodieren. Die Schlüsselsequenz involviert eine *„High Mobility Group Box"* (HMG) als zentralen konservierten Abschnitt. HMG-Proteine sind Nichthistone, die jedoch wie die Histone ohne Sequenzspezifität an die DNA binden. Unter Anwendung molekularbiologischer Methoden ließen sich weitere auf dem Y-Chromosom kodierte Faktoren nachweisen, die zur testikulären Differenzierung beitragen.

3.4 · Charakterisierung und Darstellung menschlicher Chromosomen

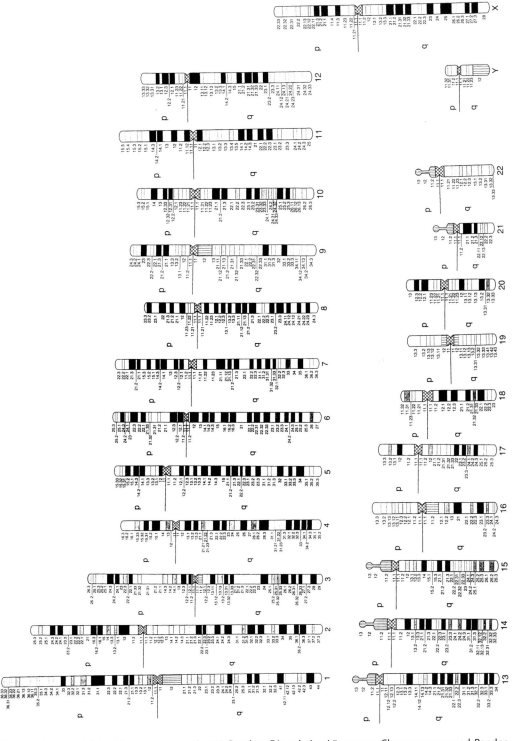

Abb. 3.22. Menschliche Chromosomen mit 850 Banden. Die relative Länge von Chromosomen und Banden basiert auf exakten Messungen (Nach Vogel u. Motulsky 1996)

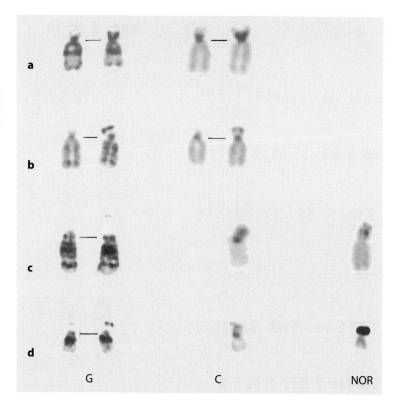

Abb. 3.23 a-d. Heteromorphismus akrozentrischer Markerchromosomen. Varianten der akrozentrischen Chromosomen: **a** Vergrößerung des heterochromatischen Bereichs im kurzen Arm vom Chromosom 15; **b** Vergrößerung der Satelliten in einem Chromosom 14; **c** Doppelsatelliten in einem Chromosom 14 (nur erkennbar an der doppelten NOR-Struktur); **d** Vergrößerung der nukleolusorganisierenden Region (NOR). Links: normale Chromosomenstruktur, rechts: Variante. (Mit freundlicher Genehmigung von H.-D. Hager, Institut für Humangenetik der Universität Heidelberg)

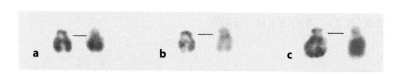

Abb. 3.24 a-c. Varianten des Y-Chromosoms. **a** Normale Struktur; **b** Deletion des Heterochromatins (Yqh-); **c** Vergrößerung des Heterochromatins (Yqh+). *Links*: G-Banden; *rechts*: C-Banden (Mit freundlicher Genehmigung von H.-D. Hager, Institut für Humangenetik der Universität Heidelberg)

Neben Genen auf dem Y-Chromosom sind aber auch Loki auf dem X-Chromosom neben solchen auf Autosomen zur testikulären Differenzierung notwendig. (Die kürzlich publizierte Sequenzierung beschreibt 99 Protein kodierende Gene, die im Testis exprimiert werden) So enthält Xp eine Region, welche unter bestimmten Umständen die testikuläre Entwicklung trotz der Anwesenheit von SRY unterdrücken kann. Das Gen, welches für dieses Phänomen verantwortlich ist, wird als *(„dose-dependent sex reversal"-Gen (DDS)* bezeichnet.

Neben den pseudosomalen Regionen gibt es noch weitere Homologien zum X-Chromosom, jedoch in sehr unterschiedlichen Bereichen beider Chromosomen.

Wenn die *Aktivierung des SRY* in der Gonadenagenesie ausbleibt, kommt es zu einer Diskrepanz zwischen chromosomalem und somatischem Geschlecht. Dies bedeutet einen *weiblichen Phänotyp* bei vorhandenen XY-Chromosomen. Bei einer *Translokation des SRY-Gens* auf ein X-Chromosom kann sich ein *männlicher Phänotyp* mit einem XX-Chromosomensatz entwickeln, wenn das SRY aktiv ist.

3.4.3 Die Inaktivierung des X-Chromosoms

Lyon-Hypothese

Vor 100 Jahren wurde das X-Chromosom erstmals bei Insekten beschrieben. Nachdem man verstanden hatte, dass 2 X-Chromosomen die Ausprägung des weiblichen sowie ein X- und ein Y-Chromosom die des männlichen Geschlechts bedingen, war man mit der Frage der genetischen Inbalance konfrontiert. Weibliche Individuen haben doppelt so viele X-chromosomal gekoppelte Gene wie männliche. Wie wird dieses Ungleichgewicht ausgeglichen? Es musste ein *Dosiskompensationsmechanismus* existieren. 1949 entdeckten *Barr* und *Bertram* das *Sexchromatin* (auch *Barr-Body* genannt) in den Zellkernen weiblicher Katzen. Sie fanden es jedoch nicht in Zellen männlicher Tiere. Nach verschiedenen Spekulationen über die Natur dieses Körperchens, das in Somazellen randständig kondensiert und dunkel anfärbbar aufgefunden wurde, wurde bewiesen, dass es sich um ein einzelnes X-Chromosom handelt. M. Lyon gelang schließlich der Schritt von der morphologischen Beobachtung zur funktionellen Erklärung der Dosiskompensation mit folgender *Hypothese*:

— In weiblichen Zellen ist eines der beiden X-Chromosomen inaktiviert.
— Das inaktivierte X-Chromosom ist entweder väterlicher oder mütterlicher Herkunft.
— In verschiedenen Zellen des gleichen Individuums kann entweder das eine oder das andere inaktiv sein.

Tabelle 3.8. Strukturelle Varianten menschlicher Chromosomen

Chromosomaler Heteromorphismus
Variabilität in:
Satellitenregionen der Chromosomen 13-15, 21 und 22 Heterochromatischen Bereichen um das Zentromer
Distaler Bande des q-Arms von Y
Sekundärkonstriktionen der Chromosomen 1 und 9

Markerchromosomen
Heteromorphismus in einem bestimmten Chromosom

Fragile Stellen
Orte mit erhöhtem Bruchrisiko im Chromosom
Beispiel: Martin-Bell-Syndrom

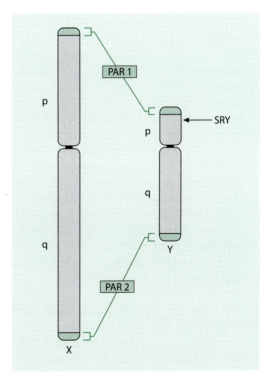

Abb. 3.25. Die Lage der pseudoautosomalen Regionen auf X- und Y-Chromosomen sowie die Lage des männlichen Determinanzgenes SRY

- Die Inaktivierung erfolgt in der frühen Embryogenese.
- In allen Tochterzellen wird immer wieder das gleiche X-Chromosom inaktiviert wie in der Zelle, von der diese abstammen.

Inaktivierungsmechanismus

Im menschlichen Trophoblasten erfolgt die Inaktivierung am 12. Tag der Entwicklung; im Embryo am 16. Tag. In Präparaten kann man *Barr-Bodies* bzw. *Drumsticks*, wie man sie in Leukozyten bezeichnet, in etwa 40% der Zellen nachweisen (Abb. 3.26 a und b). Bei der Entwicklung der Säugetiere gibt es zwei Formen der Inaktivierung:

- Beginnend mit *frühen Embryonalstadien*, in denen beide X-Chromosomen aktiv sind, wird in embryonalem Versorgungsgewebe und bei bestimmten frühen Säugetierspezies das väterliche X-Chromosom im frühen Blastozystenstadium *nicht zufällig* inaktiviert.
- Eine zufällige Inaktivierung beim Menschen scheint in der *späten Blastozyste* zu erfolgen. Dabei wird entweder das mütterliche oder das väterliche X-Chromosom inaktiviert. Dies geschieht nach dem *Zufallsprinzip* und bleibt stabil, so dass dieses Inaktivierungsmuster an alle Tochterzellen weitergegeben wird. Etwa 10-15% der Frauen zeigen eine Verschiebung des Gleichgewichts der statistischen Verteilung von 1:1. Dabei kann es zu einer *überwiegenden Inaktivierung* des väterlichen oder mütterlichen X-Chromosoms kommen („*skewed inactivation*"). Die Inaktivierung geht von einem als XJST bezeichneten Gen aus, das für eine lange nicht in Protein transkribierte RNA kodiert. Sie geht immer vom Allel des inaktivierten X-Chromosoms aus.

In der Oogenese weiblicher Individuen wird vor Beginn der Meiose das inaktive X-Chromosom wieder reaktiviert. Es lässt sich nachweisen, dass nicht das ganze X-Chromosom inaktiviert wird. Wie man an einem menschlichen Blutgruppensystem, dem Xg-System, das X-gekoppelt vererbt wird, und an einem eng damit gekoppelten Genlokus für Steroidsulfatase nachweisen kann, entgeht der distale Teil des kurzen und des langen Arms des menschlichen X-Chromosoms der Inaktivierung (pseudoautosomale Region). Auch außerhalb der PAR-Regionen sind auf dem X- und Y-Chromosom homologe Gene, die der X-Inaktivierung entgehen.

Ganz allgemein ist nicht davon auszugehen, dass die Inaktivierung immer und in jeder Zelle besteht. Der Unterschied zwischen normalen Männern (XY) und Klinefelter-Patienten

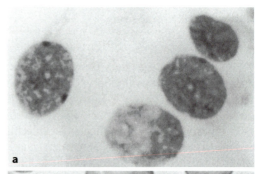

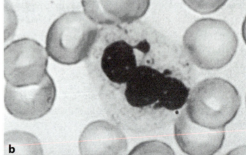

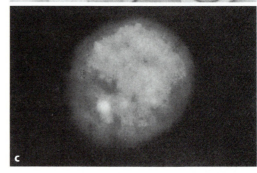

Abb. 3.26. **a** Barr-Bodies in den Zellkernen einer Patientin mit XXX; **b** Drumstick einer normalen Frau mit XX (analoge Chromatinverdichtung in den segmentkernigen Leukozyten weiblicher Personen); **c** F-Body eines Mannes

(s. Kap. 8.1.2) mit XXY sowie zwischen normalen Frauen und solchen mit dem Ulrich-Turner-Syndrom (XO) kann nicht allein durch die volle *Genaktivität beider X-Chromosomen* in den ersten Embryostadien erklärt werden.

Dennoch kann man an dem späten Zeitpunkt der Replikation und durch die andere Kondensation in der Prophase der Mitose erkennen, dass das 2. X-Chromosom offenbar über weite Strecken des Zellzyklus inaktiviert ist, wobei der Mechanismus auf einer weitgehenden Methylierung der DNA beruht. Der genaue Mechanismus ist noch nicht völlig aufgeklärt. Bei pathologischen Veränderungen an X-Chromosomen wird häufig beobachtet, dass das pathologisch veränderte X-Chromosom – z.B. Isochromosom der langen Arme, Ringchromosom oder deletiertes X-Chromosom – inaktiviert wird und das normale X-Chromosom aktiv bleibt. Es handelt sich um eine *Ausnahme von der randomisierten Inaktivierung*. Dafür gibt es 2 Hypothesen:

- Hypothese 1 nimmt einen *Selektionsvorteil* der Zellen mit aktivem normalem X-Chromosom an. Denn die Zellen, in denen das normale X-Chromosom inaktiviert ist, sind genetisch unbalanciert und haben dadurch möglicherweise eine geringere Teilungsrate.
- Hypothese 2 nimmt an, dass das abnorme X-Chromosom *gezielt inaktiviert* wird.

Andererseits werden auch Fälle beobachtet, bei denen bei Translokationsträgern das normale X-Chromosom inaktiviert wird. Hier kann man unterscheiden in

- balancierte reziproke Translokationen mit 46 Chromosomen, die praktisch alle vom X-autosomalen Typ sind,
- Translokationen mit 46 Chromosomen und einer unbalancierten X-autosomalen oder X/X-Translokation,
- Translokationen mit 45 Chromosomen und einer unbalancierten X-autosomalen Translokation.

Konsequenz für die Genwirkung

Die Inaktivierung des einen X-Chromosoms hat auch Konsequenzen bei *X-chromosomal-rezessiven Erkrankungen*. So konnte für die *Muskeldystrophie* (Typ Duchenne) nachgewiesen werden, dass Überträgerinnen neben dystrophischen Muskelbezirken solche mit völlig normal ausgebildeter Struktur besitzen. Es hängt davon ab, welches X-Chromosom in den Zellen inaktiviert ist. Durch Verschiebung der Inaktivierungsmuster kann es zu einer Manifestation von X-chromosomal-rezessiver Erkrankung bei Mädchen kommen (*Skewed inactivation*). Ein anderes Beispiel sind menschliche G6PD-Varianten. Hier konnte man zeigen, dass Frauen und Männer etwa den gleichen Level an G6PD-Enzymaktivität haben, obwohl Männer 1 und Frauen 2 Gene besitzen. Bei heterozygoten Frauen für eine elektrophoretische G6PD-Variante liegt ein *genetisches Mosaik* vor. In einer einzigen Zelle ist immer nur eine der beiden Enzymvarianten messbar. Untersucht man mehrere Zellen, so ist in einem Teil das Normalallel, in einem anderen das Allel mit der Variante aktiv. Bei *chronischer Granulomatose* ist die bakterizide Aktivität der Granulozyten stark reduziert. Bei heterozygoten Frauen liegen normale und abnormale Leukozytenpopulationen vor.

Bei *gonosomalen Aneuploidien* (s. Kap. 8.1.2) lässt sich die relativ schwache klinische Ausprägung im Vergleich zu autosomalen Syndromen dadurch erklären, dass durch die Inaktivierung eine bessere Genbalance gegeben ist. Es werden nämlich immer alle X-Chromosomen bis auf eines inaktiviert. Allerdings sieht man auch hier einen *Gendosiseffekt*. Je mehr X-Chromosomen im pathologischen Fall vorhanden sind, desto niedriger ist der Intelligenzquotient.

Dies belegt, dass die Lyon-Hypothese mit den tatsächlich aufgefundenen Sachverhalten übereinstimmt (Tabelle 3.9)

Molekularbiologische Befunde zur Lyon-Hypothese

Die beschriebenen klinisch-genetischen Befunde haben auf molekularbiologischer Ebene inzwischen teilweise eine Erklärung gefunden. Die Inaktivierung muss auf *Ebene der Transkription* vonstatten gehen. Man hat ein Gen isoliert, das hierfür wohl direkt verantwortlich ist, das *XIST-Gen*, wobei das Allel des inaktiven X-Chromosoms in weiblichen Zellen exprimiert wird. Es kodiert für eine RNA mit verschiedenen repetitiven Sequenzen. Dabei scheint das XIST-Gen die Inaktivierung einzuleiten, ist aber wohl nicht für deren Aufrechterhaltung verantwortlich. Man geht davon aus, dass zu Beginn der X-Inaktivierung wohl das ganze Chromosom inaktiviert wird und später lokusspezifisch die Inaktivierung aufrechterhalten wird.

Inzwischen nimmt man an, dass die Geschlechtschromosomen sich aus einem Autosomenpaar entwickelt haben, von denen eines das *geschlechtdeterminierende Allel* erhielt, was dann in der Folge die Verhinderung der Rekombination notwendig machte und die Auseinanderdifferenzierung der beiden Chromosomen einleitete.

Darstellung von X- und Y-Chromosomen in Interphasekernen

In Interphasekernen lässt sich, wie erwähnt, das inaktivierte X-Chromosom (oder auch im pathologischen Falle die inaktivierten X-Chromosomen) in Form von *Barr-Bodies* darstellen. Dies kann dazu benutzt werden, das genetische Geschlecht eines Menschen sehr schnell an leicht zugänglichen Zellen (Haarwurzeln) festzustellen.

Der Vollständigkeit halber sollte noch erwähnt werden - auch wenn dies mit der Lyon-Hypothese nichts zu tun hat - dass das Y-Chromosom auf ähnliche Weise nachgewiesen werden kann. Färbt man Zellen in der Mundschleimhaut, in Haarwurzeln, in Leukozyten sowie in Spermien mit fluoreszierenden Kernfarbstoffen an, kann man das Y-Chromosom am intensiven Leuchten seiner langen Arme erkennen (*F-Body*). Mit dieser Methode findet man das Y-Chromosom als leuchtenden Punkt im Zellkern, und zwar auch im Interphasekern. Die fluoreszierenden Teile stellen das bereits erwähnte Heterochromatin dar (s. Abb. 3.26 c).

3.5 Arten von Mutationen

Der Begriff Mutation wurde 1901 von *de Vries* nach der Beobachtung plötzlicher genetischer Veränderungen bei der Pflanze *Oenothera lamakkiana* eingeführt. Die ersten induzierenden Faktoren entdeckte 1927 *Muller* in Röntgenstrahlen bei *Drosophila melanogaster*. Chemische Agenzien als auslösendes Prinzip beschrieben erstmals 1942 *Auerbach* und *Robson* unabhängig voneinander nach Untersuchung von N-Lost bei *Drosophila melanogaster* und 1943 *Oehlkers* nach Untersuchung von Urethan bei *Oenothera*.

Tabelle 3.9. Lyon-Hypothese (erweitert durch molekularbiologische Befunde)

In jeder weiblichen Zelle wird eines der beiden X-Chromosomen inaktiviert. Dabei entgeht die pseudoautosomale Hauptregion (PAR1) der Inaktivierung.

Die Inaktivierung geht vom XIST-Gen aus, wobei das Allel des inaktivierten X-Chromosoms exprimiert wird.

Die Inaktivierung findet um den 12.-16. Tag der Embryonalentwicklung statt.

Die Wahl des inaktivierten X-Chromosoms ist zufällig, wird aber in allen Folgezellen dieser Stammzelle beibehalten.

Die chromosomale Konstitution im weiblichen Organismus kann als genetisches Mosaik betrachtet werden, wenn Heterogenie bei Allelen des X-Chromosoms besteht.

Das inaktive X-Chromosom kann als Sexchromatin dargestellt werden.

Das inaktive X-Chromosom ist in der Mitose spät replizierend.

3.5 · Arten von Mutationen

3.5.1 Klassifizierung von Mutationen

Mutationen lassen sich je nach *Art der Veränderung* in drei Gruppen unterteilen:
- Genommutationen
- Chromosomenmutationen
- Genmutationen

Die Auswirkungen von Mutationen beim Menschen sind in allgemeiner Form in Tabelle 3.10 und in spezieller Form für Genommutationen, Chromosomenmutationen und Genmutationen in Kap. 3.7, 3.8 und 8 zusammengefasst.

3.5.2 Mechanismen der Entstehung

Genommutationen

Genommutationen sind *Veränderungen der Chromosomenzahl* (*Aneuploidien*). Sie können durch meiotische oder mitotische Non-disjunction-Prozesse oder durch Chromosomenverlust eintreten. In der Regel entstehen sie also durch *Neumutation* in einer der Keimzellen der Elterngeneration oder in frühen Furchungsstadien.
- Man bezeichnet Zellen, die ein oder mehrere Chromosomen zu viel haben, als hyperploid, Zellen, die ein oder mehrere Chromosomen zu wenig haben, als hypoploid.

Beim Menschen sind *hypoploide Zellen* normalerweise nicht lebensfähig. *Hyperploide Zellen* können durchaus lebensfähig sein, sie erzeugen jedoch beim Menschen *Fehlbildungen* verschiedenen Schweregrades. Auch bei hypoploiden Zellen gibt es Ausnahmen. So ist der meist postzygotische Verlust eines X- oder Y-Chromosoms durchaus mit dem Leben vereinbar, führt aber zu Anomalien in der Entwicklung (*Turner-Syndrom*, s. Kap. 8.1.2). Der Verlust eines Autosoms ist immer letal.

Ein anderer Mechanismus, der zur Veränderung der Chromosomenzahl führt, ist die *Polyploidisierung*. Sie ist eine Vermehrung um ganze Chromosomensätze. Beim Menschen beobachtet man nur *Triploidien* (3n=69 Chromosomen). Sie führen zu Embryonen und Feten mit *vielfältigen Fehlbildungen. Tetraploidien* dagegen sind nicht mehr mit der Entwicklung eines Embryos vereinbar.

Es existieren aber auch Anomalien, bei denen der Karyotyp *vordergründig normal* erscheint. Sie sind auf unterschiedliche Verteilung der elterlichen Chromosomen zurückzuführen. So können sämtliche Chromosomen von einem Elternteil stammen (*uniparentale Diploidie*). Sie führt nicht zur Entwicklungsfähigkeit. Die *uniparentale Disomie*, bei der lediglich die beiden Homologen eines bestimmten Chromosomenpaares von einem Elternteil vererbt wurden, ist dagegen oft für Krankheiten mitverantwortlich (Tabelle 3.11).

Chromosomenmutationen

Chromosomenmutationen sind *Veränderungen der Chromosomenstruktur*. Es gibt sie in vielfältiger Weise. Man bezeichnet sie je nach Strukturveränderung als
- Deletionen,
- Duplikationen,

Tabelle 3.10 Mutationen beim Menschen und ihre wichtigsten Folgen

	Genommutationen Chromosomenmutationen	Genmutationen
In Keimzellen (einschl. früher Furchungsstadien)	Aborte Fehlgeburten	Anomalien mit Mendelschem Erbgang
In somatischen Zellen	Tumoren Fehlgeburten durch Fruchtschädigung	

- Insertionen,
- Inversionen,
- Translokationen.

Grundsätzlich können Chromosomenmutationen an jeder Stelle der Chromosomen auftreten. Sie lassen sich mit Chromosomenbänderungstechniken und über FISH in der Regel problemlos unter dem Mikroskop diagnostizieren (Tabelle 3.12). Beim **Menschen** sind sie **seltener** als Genommutationen. Allerdings entgehen vermutlich viele strukturelle Aberrationen der Beobachtung, weil sie zum Absterben des Embryos führen, bevor der Abgang als Spontanabort erkennbar wird. Daher ist eine genaue Abschätzung der Häufigkeit problematisch. Auch die Phänotypen sind entsprechend der großen Variabilität in der Entstehung vielfältig. Im Folgenden sollen die wichtigsten chromosomalen Strukturanomalien nach ihren Entstehungsmechanismen besprochen werden.

Deletionen. Von einer Deletion spricht man, wenn ein Teil eines Chromosoms verloren gegangen ist (Abb. 3.27). Dabei kann man unterscheiden zwischen *terminalen Deletionen*, bei denen Endfragmente entstehen, und *interstitiellen Deletionen*, die zwei Bruchereignisse voraussetzen und bei denen das Fragment aus einem mittleren Chromosomenbereich stammt.

Ebenso kann bei interstitiellen Deletionen der Bruchbereich das Zentromer einschließen oder nicht. Durch einen solchen Vorgang entsteht in der Zelle immer ein zentrisches (mit einem Zentromer) und ein azentrisches Chromosomenfragment (ohne Zentromer). Letzteres geht im Mitose- und Meioseverlauf in der Regel verloren, da es keine Ansatzstelle für die Spindelfaser besitzt. Geht ein Telomerbereich durch die Deletion verloren, wird das betroffene Chromosom instabil und in den meisten Fällen abgebaut. Die Entstehung azentrischer Fragmente und der dadurch bedingte Verlust von genetischem Material ist die Ursache dafür, dass größere Deletionen häufig bereits *im heterozygoten Zustand zu Letaleffekten* sowohl teilweise in der Zygote als auch während der Embryonalentwicklung führen. Bei interstiti-

Tabelle 3.11. Entstehungsmechanismen von Genommutationen

Mechanismus	Folgen
Non-Disjunction (häufiger meiotisch seltener mitotisch)	Meiotisch: Trisomien, Monosomien Mitotisch: Chromosomale Mosaike
Chromosomenverlust	Monosomien (beim Menschen nur Turner-Syndrom lebensfähig; häufig Verlust des väterlichen Y-Chromosoms)
Polyploidisierung	Triploidien, Tetraploidien
Uniparentale Diploidie	Blasenmole bzw. Teratome
Uniparentale Disomie	Auslöser für genetische Erkrankungen

Tabelle 3.12. Einteilung der Genom- und Chromosomenmutationen

Genommutationen
Hyperploidien (Beispiel: 2n+1=Trisomie)
Hypoploidien (Beispiel: 2n-1=Monosomie)
Polyploidien (Beispiel: 3n=Triploidie)

Chromosomenmutationen
Deletion (Verlust eines Chromosomensegments)
Duplikation (Verdoppelung eines Chromosomensegments)
Insertion (Inkorporation eines Chromosomensegments)
Inversion (Drehung eines Chromosomensegments um 180°)
Translokalisation (Änderung der Position eines oder mehrerer Chromosomensegmente)

ellen Deletionen kann es zur Verschmelzung der Bruchenden kommen, was in zentrischen und azentrischen Ringchromosomen resultiert. Letztere gehen wegen des fehlenden Zentromers verloren. Bei mit dem Leben zu vereinbarenden Deletionen sind häufig *schwere Fehlbildungen* die Folge.

Translokationen. Translokationen (Abb. 3.28) sind chromosomale Strukturveränderungen in deren Verlauf entweder ein Chromosomensegment *in einer neuen Lage* im gleichen Chromosom eingebaut oder *auf ein anderes Chromosom* übertragen wird. Auch können zwei Segmente zwischen homologen oder inhomologen Chromosomen wechselseitig ausgetauscht werden.

Im letzten Falle – häufig wird der Terminus Translokation ausschließlich in diesem Sinne verstanden – müssen zwei verschiedene Chromosomenstücke abbrechen, also zwei Bruchereignisse auftreten, die dann wechselseitig ausgetauscht werden. Man spricht hier korrekt

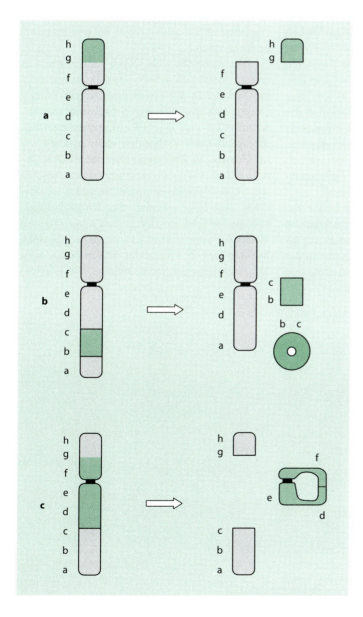

Abb. 3.27 a-c. Schema zu Entstehung und Folgen von Deletionen. **a** Terminale Deletion mit Fragmentverlust; **b** interstitielle Deletion mit Fragmentverlust mit und ohne Ringbildung; **c** interstitielle Deletion mit Ringchromosombildung und Fragmentverlust

von einer *reziproken Translokation*. Von einer *nicht-reziproken Translokation* spricht man, wenn ein Stück eines Chromosoms abbricht und auf ein anderes Chromosom übertragen wird (Abb. 3.29 und 3.30).

Bei reziproken Translokationen kann nach dem Austausch der Fragmente jedes der beiden beteiligten Chromosomen ein Zentromer besitzen. Weitere mitotische Zellteilungen können dann ungestört ablaufen. Ist aber ein Translokationschromosom aus zwei Fragmenten mit Zentromeren hervorgegangen und enthält daher das reziproke Translokationschromosom *kein Zentromer*, so kommt es zu einem Verlust des „*azentrischen*" Chromosoms, zur Brückenbildung und zum Zerreißen des dizentrischen Chromosoms im Verlauf der Mitose. Die Zelle ist also nicht stabil. Der Effekt ist gewöhnlich letal. Stabile reziproke Translokationen haben dagegen normalerweise keine Folgen für den Phänotyp, da weder chromosomales Material verlorengegangen noch hinzugekommen ist. Lediglich die Anordnung in den Kopplungsgruppen wurde verändert.

Von einer *zentrischen Fusion* (Abb. 3.31 und 3.32) oder auch *Robertson-Translokation* spricht man dagegen, wenn bei zwei akrozentrischen Chromosomen die kurzen Arme in der Nähe des Zentromers abbrechen und diese beiden Chromosomen in der Gegend des Zentromers miteinander verschmelzen. Dabei entsteht ein *Translokationschromosom*, das aus den langen Armen zweier akrozentrischer Chromosomen besteht. Das reziproke Translokationsprodukt, das aus den kurzen Armen besteht, ist in den Zellen nicht mehr auffindbar. Die Träger solcher Translokationen haben nur 45 Chromosomen, wobei das genetische Material der kurzen Arme zweier akrozentrischer Chromosomen fehlt. Dennoch sind sie in der Regel *phänotypisch normal*. Offenbar ist der genetische Informationsgehalt der kurzen Arme so gering, dass er für eine normale Entwicklung keine Rolle spielt.

Wie verhalten sich solche zentrischen Fusionen oder Robertson-Translokationen in der Meiose? In der ersten meiotischen Teilung paaren sich die homologen Chromosomenabschnitte. Da von jedem Chromosom zwei homologe Partner vorhanden sind, erhalten wir im Normalfall *Bivalente*. Die homologen Abschnitte der Translokationsprodukte paaren sich in der Meiose ebenfalls. So paart sich bei einer zentrischen Fusion das Translokationschromosom, das aus den beiden langen Armen zweier akrozentrischer Chromosomen besteht, mit den langen Armen der beiden homologen akrozentrischen Chromosomen. Wir erhalten

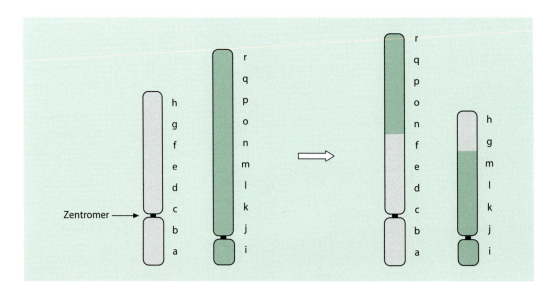

Abb. 3.28. Schema zur Entstehung einer reziproken Translokation

also ein *Trivalent*. Bei Trivalenten ist im Gegensatz zu Bivalenten eine exakte polare Verteilung homologer Chromosomenabschnitte auf die Tochterzellen nicht mehr gewährleistet. Es können daher Gameten mit nichtbalanciertem Chromosomensatz entstehen. Ist also ein Elternteil Träger einer zentrischen Fusion, so kann diese Translokation sowohl in balancierter Form als auch in nicht balancierter Form an die Kinder weitergegeben werden.

Duplikationen. Unter einer Duplikation (Abb. 3.33) versteht man ein zweimaliges Auftreten ein und desselben (kleineren oder größeren) Chromosomensegments im haploiden Chromosomensatz.

Als Ursache für das Entstehen von Duplikationen wird u.a. *illegitimes Crossing-over* angesehen. Man nimmt an, dass ein Kontakt zwischen zwei homologen Chromosomen an nicht homologen Stellen eintritt und so ein Chromatidenstück des einen Chromosoms mit dem des anderen Chromosoms vereinigt wird. Gerade Duplikationen haben in der Evolution eine große Rolle bei der *Entstehung neuer Gene* gespielt.

Auch kann durch Chromosomenfragmentation oder Chromosomenbruch ein Teilstück eines Chromosoms oder einer Chromatide abgetrennt werden. Dieses Stück kann an eine Bruchstelle des homologen Chromosoms bzw. der Chromatide angeheftet werden.

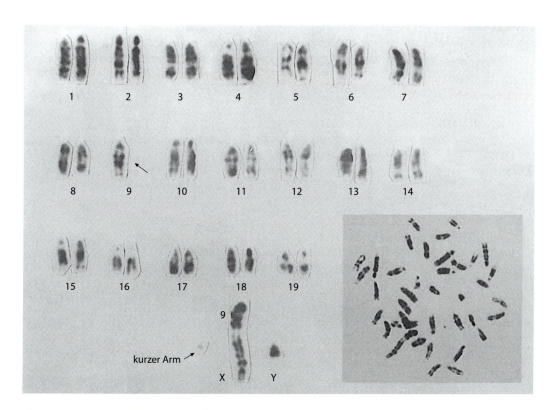

Abb. 3.29. Experimentell bei der Maus induzierter nichtreziproker Translokationsträger. Durch Behandlung der Elterngeneration mit einer mutagenen Verbindung wurde in der Oozyte der Mutter des Trägers eine Translokation des langen Arms des X-Chromosoms auf das Chromosom 9 induziert. Der Zentromerbereich des X-Chromosoms mit dem kurzen Arm blieb als eigenständiges kleines Chromosom erhalten. Die befruchtete Oozyte führte zu einer gesunden männlichen Maus, da kein genetisches Material verlorengegangen war (Nach Buselmaier 1976)

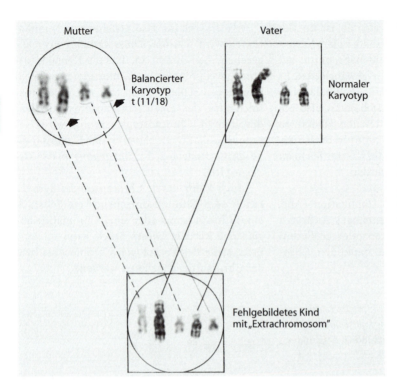

Abb. 3.30. Nichtreziproke Translokation eines Teils der langen Arme des Chromosoms 18 auf das Chromosom 11 (balanciert). Die Translokation führte bei dem Kind der Familie zu einer partiellen Trisomie 18, da das deletierte Chromosom nicht regelgerecht verteilt wurde. Von den beiden Chromosomen 11 wurde das ohne Translokation vererbt

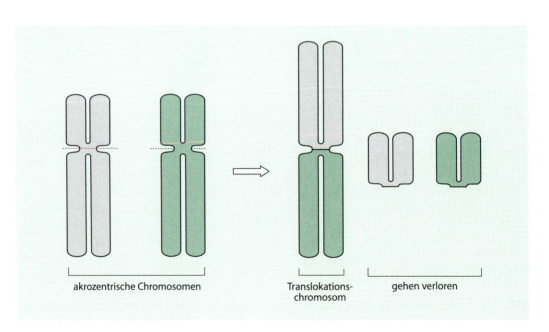

Abb. 3.31. Schema zur Entstehung einer zentrischen Fusion (die exakte Bruchstelle im Zentromerbereich ist nicht bekannt und daher in der Abbildung hypothetisch)

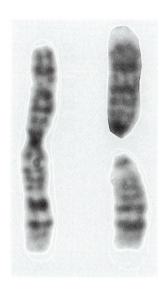

Abb. 3.32. Zentrische Fusion zwischen dem Chromosom 1 und 3 der Maus. Die Fusion ist auf dem Wege einer neuen Artabspaltung von *Mus musculus musculus* zu *Mus musculus poschiavinus* evolutionär entstanden

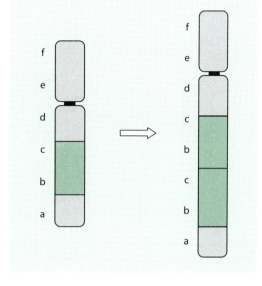

Abb. 3.33. Schema zur Entstehung von Duplikationen

Inversionen. Bei einer Inversion (Abb. 3.34) liegt eine **Drehung** eines Chromosomenstücks innerhalb eines Chromosoms um 180° vor. Hierzu sind zwei Bruchereignisse innerhalb des Chromosoms notwendig. Das herausgebrochene Stück dreht sich und wird **umgekehrt** in die Bruchstelle wieder eingebaut.

Auswirkungen

Sowohl strukturelle Chromosomenaberrationen als auch Chromosomenfehlverteilungen führen in der überwiegenden Zahl der Fälle zu **klinischen Syndromen von erheblichem Schweregrad** (s. Kap. 3.7). Dabei ist allerdings zu beachten, dass das klinische Bild in sehr vielen Fällen ohne zytogenetische Analyse keinen sofortigen Rückschluss auf die Art des chromosomalen Defekts zulässt. Nicht balancierte Chromosomenfehlverteilungen oder Strukturveränderungen führen offenbar zu Störungen des genetischen Gesamtgleichgewichts, so dass trotz **verschiedenster Ursachen** häufig **gleichartige morphologische Veränderungen** beobachtet werden können (z.B. Gedeihstörungen, psychomotorische Retardierung, Mikrozephalie, Augenstellungsanomalien, abnorme Nasenform, zurückweichender zu kleiner Unterkiefer, fehlgestaltete und fehlsitzende Ohren, Spaltbildungen, Hand- und Fußstellungsanomalien, Herz- und Nierenfehlbildungen). Natürlich treten neben diesen auch Symptome auf, die einen bestimmten chromosomalen Defekt charakterisieren (Tabelle 3.13).

Es ist zu hoffen, dass es der humangenetischen Forschung in den nächsten Jahren gelingt, durch zunehmende Kenntnis der beteiligten Gene - sowohl bei Genommutationen als auch bei Chromosomenmutationen - die verursachenden Prinzipien über die **zytogenetische Diagnostik** hinaus besser zu verstehen. Einen Ansatz eröffnet ein spezielles Tiermodell, **die transgenen Mäuse.** Damit ist es möglich, einzelne bekannte Gene in das Genom der Tiere zu integrieren und beispielsweise trisome Zustände für einzelne Gene zu erzeugen. Die Exprimierung dieser Trisomien auf Genebene kann uns helfen, die Genprodukte und ihre Folgen für den Gesamtorganismus besser zu verstehen (s. Kap. 9.1.1).

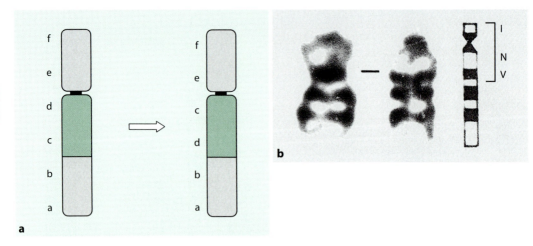

Abb. 3.34. **a** Schema zur Entstehung von Inversionen; **b** Inversion am Chromosom 7 des Menschen, die das Zentromer mit einschließt (perizentrische Inversion)

Tabelle 3.13. Chromosomenmutationen und ihre Folgen

Deletion	Terminale und interstitielle Deletionen, Zentromerbereich kann mit eingeschlossen sein, führen zum Verlust von Chromosomenbereichen und in seltenen Fällen zu Ringchromosomenbildung. Folgen: Häufig schwere Fehlbildungen (Deletionssyndrome), embryonale Letalität und erhöhtes Tumorrisiko durch partielle Monosomie.
Translokation	**Nicht-reziproke Translokation** Chromosomensegment wird in neuer Lage im gleichen oder einem anderen Chromosom eingebaut. Folgen: Vielfältig von unauffällig bis schwere Fehlbildungen. ***Reziproke Translokation*** Wechselseitiger Austausch zwischen homologen oder inhomologen Chromosomen. Als Sonderfall Robertson-Translokation oder zentrische Fusion bei akrozentrischen Chromosomen. Folgen: Stabile reziproke Translokationen haben normalerweise keine Folgen für den Phänotyp. In der Meiose können Gameten mit nichtbalanciertem Chromosomensatz entstehen. Nichtstabile reziproke Translokationen führen gewöhnlich zur Letalität.
Duplikation	Zweimaliges Auftreten desselben Chromosomensegments im haploiden Chromosomensatz. Eine Ursache für Duplikationen ist illegitimes Crossing-over zwischen homologen Chromosomen. Folgen: Abhängig von der genetischen Information des duplizierten Segments und der Änderung in der Genbalance. Es können Gameten entstehen, die zu einer partiellen Trisomie führen. Ein Spezialfall der Duplikation am X-Chromosom ist die Entstehung eines Isochromosoms. Die Folge ist partielle Trisomie und partielle Monosomie.
Inversion	Drehung eines Chromosomensegments um 180°. Ist das Zentromer eingeschlossen, so spricht man von einer perizentrischen Inversion, ist nur ein Chromosomenarm betroffen von einer parazentrischen. Folgen: Wegen Euploidie der Träger sind besonders bei parazentrischen Inversionen in der Regel keine klinischen Folgen zu erwarten. Perizentrische Inversionen können zu verschiedenen Anomalien, meiotischen Segregationsstörungen und Embryoletalität führen.

Genmutationen

– Genmutationen sind mikroskopisch unsichtbare, kleine molekulare Änderungen.

Punktmutationen sind Änderungen, die nur *ein einziges Basenpaar* betreffen. Sie sind tatsächlich die am häufigsten beobachteten Mutationen. Man kann folgende Einteilungen treffen:

Substitutionen. Bei einer Substitution handelt es sich um den *Austausch einer einzigen Base* im Triplett. Ein Beispiel ist die Entstehung der Sichelzellanämie, bei der HbA in HbS umgewandelt ist (s. Kap 3.8.1). Auf Ebene der Aminosäuren wird in Position 6 der β-Kette des Hämoglobins Glutaminsäure durch Valin ersetzt. Auf der Ebene der DNA sind folgende Basensubstitutionen möglich:
– CCT→CAT
– CTC→CAC
Thymin wird also durch Adenin ersetzt.

Diese Substitution einer Purinbase durch eine Pyrimidinbase (oder umgekehrt) nennt man *Transversion*. Die Substitution einer Purinbase durch eine Purinbase oder eine Pyrimidinbase durch eine Pyrimidinbase wird als *Transition* bezeichnet.

Transversion und Transition als *Mutationsmechanismen* zeigt Abb. 3.35. Die Folge einer Substitution auf Genproduktebene ist also der Austausch einer Aminosäure in der Polypeptidkette. Dies ist immer dann der Fall, wenn der Austausch im Kodon auch zu einer anderen Aminosäure führt. Da die einzelnen Positionen im Kodon aber einem unterschiedlichen Grad an Degeneration unterliegen *(Wobble-Hypothese)*, kann es auch zu einem Nukleotidaustausch ohne Veränderung der Aminosäuresequenz kommen *(Same-sense-Mutationen)*. Die Substitutionsrate an nicht degenerierten kodierenden Bereichen ist sehr gering, da hier der Selektionsdruck konserviert.

Deletionen. Weit weniger häufig als Substitutionen sind Deletionen. Es kann sich dabei um die *Deletierung eines Basenpaares* oder um den *Verlust* eines oder mehrerer *Triplettkodons* handeln. Letzteres führt zum Ausfall von Aminosäuren in der Polypeptidkette. Die Deletierung eines Basenpaares hat eine *Verschiebung des Leserasters* zur Folge. In der Regel bedingt diese eine komplette Veränderung der Aminosäuresequenz. Man bezeichnet diesen Typ von Mutation als *Frame-shift-Mutation*. Als Beispiel sei hier das Dystrophingen erwähnt. Deletionen in seinem mittleren Abschnitt führen zu einer Becker- (also zu einer leichteren Erkrankung) oder Duchenne-Muskeldystrophie. Deletionen mit Verschiebung des Leserasters führen meist zur schweren Duchenne-Form (Abb. 3.36).

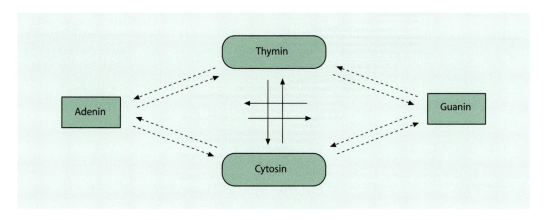

Abb. 3.35. Transitionen und Transversionen als Mutationsmechanismen auf molekularer Ebene (4 Transitionen ⇆ und 8 Transversionen ⇆ sind möglich; □ = Purinbase; □ = Pyrimidinbase)

Insertionen. Sehr selten können auch – umgekehrt wie bei der Deletion – ein oder mehrere Basenpaare *neu integriert* werden. Der Effekt ist der gleiche wie bei der molekularen .Deletion; es kommt zu einer *Verschiebung des Leserasters*.

Duplikationen. Wie bei der chromosomalen Duplikation entstehen Duplikationen auf Genebene häufig durch *illegitimes oder nicht-homologes Crossing-over*, jedoch ist das duplizierte Segment Teil eines Gens oder ein komplettes Gen. In der Evolution sind durch solche Prozesse ganze *Stoffwechselketten* schrittweise aufgebaut worden, indem nach erfolgten Genverdoppelungen Punktmutationen modifizierend einwirken (Abb. 3.37).

Trinukleotidwiederholungen. Es handelt sich hier um einen Mutationstyp, der erst vor einigen Jahren entdeckt wurde und den man in dieser Form nicht erwartet hatte. Er besteht in einer *Amplifikation* eines Motivs, das aus drei Basen besteht, das instabil ist und sich zunehmend vermehrt (s. Kap. 4.5.7 u. 8.2.5.1). 1991 entdeckte man dieses Phänomen beim fragilen X-Syndrom und später bei der myotonischen Dystrophie und der Chorea Huntington. Das Lebensalter und die Schwere des Krankheitsverlaufs korrelieren mit der Anzahl der Trinukleotidwiederholungen. Auch konnte der bereits früher bestehende Verdacht, dass sich bei diesen Erkrankungen die Krankheit in aufeinander folgenden Generationen immer früher manifestiert und immer schwerer verläuft *(Antizipation)* bestätigt werden. So nimmt die Anzahl der repetitiven Sequenzen von Generation zu Generation zu.

Über die genetischen Mechanismen, die den Verlängerungen repetitiver Triplettsequenzen zugrunde liegen, ist noch wenig bekannt. Möglicherweise entstehen schwache Wiederholungen durch Fehlpaarung gegeneinander verschobener DNA-Stränge. Ist eine bestimmte

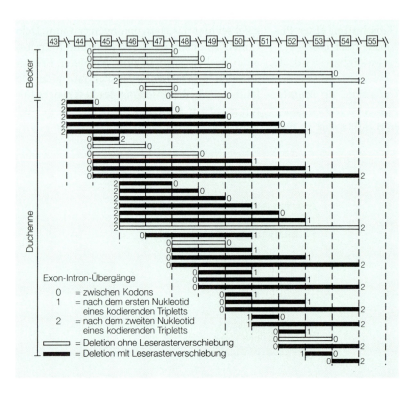

Abb. 3.36. Deletionen im mittleren Teil des Dystrophingens. Es treten sowohl Frameshift-Mutationen auf, die in der Regel zur schweren Duchenne-Form führen, als auch solche ohne Leserasterverschiebung, die zur leichteren Becker-Form führen. Die nummerierten Kästen symbolisieren die Exons 43-55 (Nach Strachan 1994)

Wiederholungssequenz erst einmal vorhanden, kann es über **ungleiches Crossing-over** von Schwesterchromatiden zu starken Verlängerungen kommen. Ein anderer Mechanismus ist das *Polymeraseslippage* (s. Kap. 3.6.1). Es kann aber auch ein bisher unbekannter, völlig anderer Mechanismus verantwortlich sein. Mehrere bisher beschriebene Gene enthalten das Wiederholungsmotiv (CAG)n im kodierenden Bereich, welches als Polyglutamin translatiert wird. In nicht-pathologischen Genen finden sich 10-30 Wiederholungen, in pathologischen findet man 40-100 Wiederholungsmotive. Ein anderes Wiederholungsmotiv ist (CGG) n. Man findet es in nicht kodierenden Bereichen mit einer Wiederholungssequenz von 10-50 Kopien. Diese können sich im pathologischen Falle auf Hunderte bis Tausende ausdehnen. Dies beeinflusst offenbar die DNA-Methylierung und die Chromatinstruktur. Es entstehen bruchanfällige Bereiche an den Chromosomen (vgl. fragiles X-Syndrom). Bei der *myotonischen Dystrophie* ist die Wiederholungssequenz (CTG)n bisher einzigartig im untranslatierten Bereich am 3'-Ende des Gens der Dystrophia-myotonica-Kinase aufgetreten. Das Normalgen besitzt 5-35 Wiederholungseinheiten, das pathologische bis zu 2000.

Sonstige wesentliche Typen von Genmutationen

Ist die Nukleotidsequenz an ganz bestimmten kritischen Stellen, z.B. an einem Terminationskodon mutiert, so springt die DNA-Polymerase nicht herunter. Es kommt zur **Überlesung der Terminationsstelle**. Folgen sind eine Verlängerung der m-RNA und die Bildung einer Nicht-Sinn-Polypeptidkette auf der Ebene der Translation. Ein Terminationskodon kann durch Mutation an einer nicht dafür vorgesehenen Stelle **neu entstehen**. Daraus resultiert ein zu früher Kettenabbruch (Beispiel: Neurofibromatose Typ I).

Darüber hinaus kann die Promotorregion mutiert sein. Dies kann zu einem völligen Ausfall der Transkription für das nachfolgende Gen führen. Das Ergebnis sind **Pseudogene** (Tabelle 3.14).

Fehler im Splicing können durch Punktmutationen entstehen. Beim Tay-Sachs-Syndrom sind solche Mutationen beschrieben, wenngleich der häufigste Mutationstyp hier eine

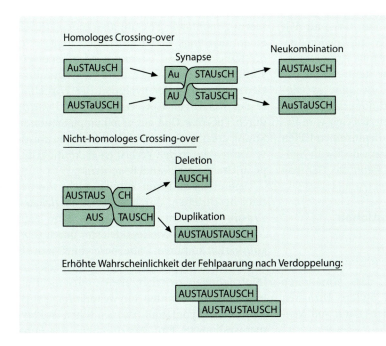

Abb. 3.37. Homologes und inhomologes Crossing-over (Nach Lenz 1983)

Tabelle 3.14. Genmutationen und ihre Folgen

Substitution	Transition und Transversion
Deletion	Ausfall von Aminosäuren oder Frame-shift-Mutation
Insertion	Frame-shift-Mutation
Duplikation	Zweimaliges Auftreten eines Gens oder eines Teils davon
Instabile repetitive Trinukleotidsequenzen	z.B. (CAG)n, (CGG)n, (CTG)n
Stoppkodonmutationen	Zu später oder zu früher Kettenabbruch
Nukleotidaustausch ohne Veränderung der Aminosäuresequenz	Same-sense-Mutation
Promotorregionmutation	Pseudogen
Splicingmutation	Fehler im Splicing

Insertion darstellt, die eine *Leserasterverschiebung* bewirkt.

Splicingmutationen können dazu führen, dass ganze Exons nicht in die reife RNA übernommen oder Exonsequenzen ausgeschlossen werden. Auch ganz neue Exonsequenzen können entstehen. Am weitesten verbreitet sind Punktmutationen in konservierten Sequenzen, die für das normale Splicing notwendig sind. Sie treten hauptsächlich an den GT- und AG-Dinukleotiden auf, die an der Splicingdonator- bzw. -akzeptorstelle eines Introns vorkommen.

Auch *Imprintingprozesse* können sich wie Genmutationen auswirken. So gibt es Glomustumoren, die autosomal-dominant vererbt werden, allerdings nur, wenn das Gen vom Vater vererbt wurde. Auch das in einzelnen Fällen dominant vererbte Wiedemann-Beckwith-Syndrom wird nur exprimiert, wenn das Gen von der Mutter vererbt wurde.

3.6 Ursachen von Mutationen

3.6.1 Spontanmutationen

Es wurde bereits erwähnt, dass Mutationen spontan, ohne erkennbare äußere Ursachen auftreten können. Man spricht dann von *Neumutationen* (Tabelle 3.15).

Ein Mechanismus der Entstehung von Neumutationen ist die *Desaminierung*. Im Zusammenhang mit Imprinting wird die Methylierung in Kapitel 4.5.6 behandelt. Dabei spielt 5-Methylcytosin eine wesentliche Rolle. Transkribierte Gene sind durch CpG-Inseln charakterisiert. Die Cytosinreste in den CpG-Dinukleotiden werden am Kohlenstoffatom 5 methyliert. 5-Methycytosin kann sich durch Desaminierung spontan in Thymin umwandeln. Durch einen allerdings wenig effizienten Reparaturmechanismus kann Thymin wieder herausgeschnitten werden. Wegen dieser geringen Effizienz hat sich in der Evolution der Wirbeltiere der Anteil von CpG verringert und wurde durch TpG bzw. CpA auf dem komplementären Strang ersetzt. Auch unmethylierte Cytosinreste können durch den Verlust einer Aminogruppe in Uracil umgewandelt werden.

Spontanmutationen können auch, wie bereits beschrieben, durch *Prozesse ungleichen Crossing-overs* entstehen oder es kann zum Austausch ganzer Nukleotidcluster durch *Genkonversion* kommen. Dabei bezeichnet man als Genkonversion eine Übertragung von Sequenzinformationen zwischen allelen oder nicht-allelen DNA-Abschnitten. Ein weiterer Mechanismus der zu Spontanmutationen führt, ist Polymeraseslippage. Ein „Wegrutschen" der Poly-

Tabelle 3.15. Anteil von Neumutationen bei autosomal-dominant erblichen Krankheiten (Nach Vogel u. Motulsky 1996)

Krankheit	Prozentsatz
Apert-Syndrom	>95
Achondroplasie	80
Tuberöse Sklerose	80
Neurofibromatose	40
Marfan-Syndrom	30
Myotone Dystrophie	25
Chorea Huntington	1
Adulte polyzystische Niere	1
Familiäre Hypercholesterinämie	<1

merase bei der DNA-Replikation kann die Verlängerung von kurzen Wiederholungssequenzen bewirken, z.B. bei Triplettrepeats oder Mikrosatelliten. Dies erhöht die *Instabilität* der repetitiven Sequenzen.

Häufigkeiten von Mutationen

Spontane Mutationen treten mit einer bestimmten statistischen Gesetzmäßigkeit als seltene Ereignisse auf, wobei die *Mutationsraten* für verschiedene menschliche Loki unterschiedlich sind. Tatsächlich sind bei der DNA-Replikation auftretende Fehler wesentlich häufiger als sich durch Mutationsraten an Hand von Defektgenen berechnen lässt. Die Zelle besitzt nämlich sehr *effiziente Reparatursysteme*, die nach jeder DNA-Replikation die duplizierte DNA auf falsch eingesetzte Basen überprüfen, diese entfernen und durch richtige ersetzen. Sichtbare oder messbare Mutationen sind also quasi biologische Unfälle, die der Reparatur entgingen. Dabei gehört diese nicht vollständige Reparatur, so gravierende Folgen sie für eine hoch entwickelte Spezies wie den Menschen auch hat, zum evolutionären Programm. Die Häufigkeit von Mutationen kann jedoch durch *äußere Einflüsse* wie z.B. ionisierende Strahlen und bestimmte chemische Stoffe (che-

mische Mutagene, s. Kap. 3.6.3) erhöht werden. Solche Einwirkungen auf die DNA überlasten die Reparatursysteme und führen zu *erhöhtem Risiko* von Spontanaborten und Fehlbildungen verschiedener Schweregrade. Die DNA ist auf diese zusätzlichen Belastungen nicht vorbereitet, denn ihre Reparatursysteme haben sich als Anpassung an die kosmische Strahlung entwickelt.

Nachdem wir nun die verschiedensten Möglichkeiten spontaner Mutationen und die mögliche Erhöhung der Mutationsfähigkeit durch chemische Agenzien und ionisierende Strahlen angesprochen haben, wollen wir zum besseren Verständnis der Problematik noch einige Berechnungen zur *Häufigkeit* spontaner mutativer Ereignisse anführen: Jedes *200. neugeborene Kind* ist Träger einer numerischen oder strukturellen *Chromosomenaberration*, die in der Keimzelle eines seiner Eltern neu entstanden ist. Diese Zahlenangabe beruht auf mikroskopisch diagnostizierbaren Chromosomenaberrationen. Darüber hinaus dürfte ein Teil der Chromosomenaberrationen, besonders kleinere strukturelle Aberrationen, mikroskopisch nicht erkennbar sein. Besonders der Pädiater wird des öfteren fehlgebildete Kinder vorfinden, deren Phänotyp auf eine genetische Ursache deuten könnte. Jedoch nur bei einigen wird sich die Erstdiagnose mikroskopisch verifizieren lassen. Bei den übrigen können andere Ursachen vorliegen, wobei jedoch eine *genetische Ursache* nicht ganz auszuschließen ist.

Direkte Methode

Außer für Genom- und Chromosomenmutationen lässt sich die Mutationsrate auch für dominante und X-chromosomal-rezessive Neumutationen berechnen (s. Kap. 4.2-4.4). Für Genom- und Chromosomenmutationen und für autosomal-dominante Neumutationen kann man die direkte Methode anwenden. Die Formel für die *Mutationsrate* (μ) lautet dann:

$$\mu = \frac{\text{Zahl der Neumutationen}}{2\text{x Gesamtgeburtenzahl}}$$

Der Multiplikator 2 im Nenner ist notwendig, da sich die Methode auf die haploiden

Keimzellen, also auf die Zahl der Allele, bezieht und nicht auf die Individuen. Allerdings beinhaltet dieses einfache Berechnungsprinzip eine Anzahl von *Irrtumsmöglichkeiten*. Die bedeutendste ist die einer *nicht-eindeutigen Paternität*. Diese Möglichkeit muss besonders beachtet werden, wenn der Selektionsnachteil bei einem dominanten Leiden nicht offensichtlich ist und sporadische Fälle im Vergleich zu den familiären selten sind. Besteht jedoch ein starker Selektionsnachteil bei vielen sporadischen und wenigen familiären Fällen, so dürfte ein gelegentlicher Fall von illegitimer Paternität die Berechnung nicht zu stark beeinflussen. Eine zweite Irrtumsmöglichkeit ist gegeben, wenn phänotypisch ähnliche oder gleiche, aber nicht erbliche Fälle existieren. Dies kann, zumindest beim Vorhandensein einer größeren Zahl von Phänotypen, durch das notwendige 1:1-Verhältnis von Betroffenen und Nicht-Betroffenen unter den Nachkommen überprüft werden. Oft existieren auch verschiedene Varianten, die autosomal-dominant und phänotypisch ähnlich sind, aber auf verschiedenen Mutationen beruhen. Ebenso ist gelegentlich neben der autosomal-dominanten Erkrankung eine rezessive Variante möglich. Schließlich sollte die *Penetranz* (s. Kap. 4.5.3), also der Anteil der tatsächlich Erkrankten unter den Genträgern, nicht wesentlich von 100% abweichen.

Indirekte Methode

Eine zweite Methode, mit der man für autosomal-dominante und für X-chromosomal-rezessive Erbgänge recht präzise Schätzungen erhält, ist die *indirekte Schätzung der Mutationsrate* (indirekte Methode). Sie beruht auf der Annahme eines Gleichgewichts zwischen der verminderten Fortpflanzungsrate von Defektgenträgern und Neumutationen. Es kommt also zur *Kompensation* zwischen aus der Population verschwindenden und neu auftretenden Genen. Dies entspricht letztlich einem Gleichgewicht zwischen Mutation und Selektion. Auf dieser Basis gelten nach *Haldane* (1932) folgende Formeln:

$\mu = 1/2 \,(1-f)x$ für autosomal-dominante Erbgänge

$\mu = 1/3 \,(1-f)x$ für X-chromosomal-rezessive Erbgänge

$\mu = \dfrac{\text{Zahl der Neumutationen}}{\text{Zahl der Allele in der Bevölkerung}}$

f = Relative Fertilität der Merkmalsträger im Verhältnis zur Gesamtbevölkerung

$x = \dfrac{\text{Zahl der Merkmalsträger}}{\text{Gesamtbevölkerung}}$

Beim X-chromosomal-rezessiven Erbgang ist x der männlichen Gesamtbevölkerung gleichzusetzen.

Autosomal-rezessive Erbgänge können mit dieser Methode nicht abgeschätzt werden, weil die Heterozygoten um ein Vielfaches häufiger sind als die homozygot Betroffenen. Bereits ein geringer Selektionsnachteil der Heterozygoten würde eine relativ hohe Mutationsrate erforderlich machen, um eine Kompensation zu ermöglichen. Andererseits würde ein leichter selektiver Vorteil der Heterozygoten (wie wir dies z.B. bei einigen Hämoglobinopathien und der Malaria tropica kennen) Neumutationen zur Erreichung eines Gleichgewichts überflüssig machen.

- Die Mutationsraten für einzelne menschliche Gene liegen nach Berechnungen in der Größenordnung zwischen 10^{-4} und 10^{-6}.

Viele Gene weisen jedoch wesentlich geringere Mutationsraten auf (Tabelle 3.16)

3.6.2 Bedeutung des väterlichen Alters bei Genmutationen

Während alle Oozyten zum Zeitpunkt der Geburt eines Mädchens gebildet sind und im Diktyotänstadium über die Pubertät hinaus oft viele Jahre, ja Jahrzehnte, verharren, bis einzelne pro Zyklus die Meiose vollenden und sich zu befruchtungsfähigen Oozyten entwickeln, ist die Spermatogenese ein *kontinuierlicher Prozess*. Die Anzahl von Zellteilungen, die ein Spermium von der frühen embryonalen Entwicklung bis zum Alter eines 28-jährigen Mannes durchmacht, ist 15-mal größer, als die Anzahl der Teilungen in der Entwicklung einer Oozyte. Legt man ein höheres Lebensalter zugrunde, würde sich eine noch höhere Zahl ergeben,

Tabelle 3.16. Mutationsratenschätzung für menschliche Gene (Nach Vogel u. Motulsky 1996)

Erkrankungen	Untersuchte Population	Mutationsrate	Anzahl der Mutanten/ 10^6 Gameten
– Autosomale Mutationen			
Achondroplasie	Dänemark	1×10^{-5}	10
	Nordirland	$1,3 \times 10^{-5}$	13
	4 Städte	$1,4 \times 10^{-5}$	14
	Deutschland	$6\text{-}9 \times 10^{-6}$	6-9
Aniridie	Dänemark	$2,9\text{-}5 \times 10^{-6}$	2,9-5
	Michigan (USA)	$2,6 \times 10^{-6}$	2,6
Myotone Dystrophie	Nordirland	8×10^{-6}	8
	Schweiz	$1,1 \times 10^{-5}$	11
Retinoblastom	England, Michigan (USA) Schweiz, Deutschland	$6\text{-}7 \times 10^{-6}$	6-7
	Ungarn	6×10^{-5}	6
	Niederlande	$1,23 \times 10^{-6}$	12,3
	Japan	8×10^{-6}	8
	Frankreich	5×10^{-6}	5
	Neuseeland	$9,3\text{-}10,9 \times 10^{-6}$	~ 9-11
Akrozephalosyndaktylie	England	3×10^{-6}	3
(Apert-Syndrom)	Deutschland (Reg.-Bez. Münster)	4×10^{-6}	4
Osteogenesis imperfecta	Schweden	$0,7\text{-}1,3 \times 10^{-5}$	7-13
Tuberöse Sklerose	Oxford Regional Hospital Board Areal (GB)	$1,05 \times 10^{-5}$	10,5
	China	6×10^{-6}	6
Neurofibromatose	Michigan (USA)	1×10^{-4}	100
	Moskau (UDSSR)	$4,4\text{-}4,9 \times 10^{-5}$	44-49
Polyzystische Niere	Dänemark	$6,5\text{-}12 \times 10^{-5}$	65-120
Multiple Exostose	Deutschland (Reg.-Bez. Münster)	$6,3\text{-}9,1 \times 10^{-6}$	6,3-9,1
Von-Hippel-Lindau-Syndrom	Deutschland	$1,8 \times 10^{-7}$	0,18
– X-chromosomale Mutationen			
Hämophilie	Dänemark	$3,2 \times 10^{-5}$	32
	Schweiz	$2,2 \times 10^{-5}$	22
	Deutschland (Reg.-Bez. Münster)	$2,3 \times 10^{-5}$	23
Hämophilie A	Deutschland (Hamburg)	$5,7 \times 10^{-5}$	57
	Finnland	$3,2 \times 10^{-5}$	32

Tabelle 3.16. (Fortsetzung)

Erkrankungen	Untersuchte Population	Mutationsrate	Anzahl der Mutanten/ 10^6 Gameten
– X-chromosomale Mutationen			
Hämophilie B	Deutschland (Hamburg)	3×10^{-6}	3
	Finnland	2×10^{-6}	2
	Utah (USA)	$9{,}5 \times 10^{-5}$	95
Muskeldystrophie Typ Duchenne	Northumberland und Durham (GB)	$4{,}3 \times 10^{-5}$	43
	Südbaden (Deutschland)	$4{,}8 \times 10^{-5}$	48
	Nordirland	$6{,}0 \times 10^{-5}$	60
	Leeds (GB)	$4{,}7 \times 10^{-5}$	47
	Wisconsin (USA)	$9{,}2 \times 10^{-5}$	92
	Bern (Schweiz)	$7{,}3 \times 10^{-5}$	73
	Fukuodo (Japan)	$6{,}5 \times 10^{-5}$	65
	Nordostengland (GB)	$10{,}5 \times 10^{-5}$	105
	Warschau (Polen)	$4{,}6 \times 10^{-5}$	46
	Venedig (Italien)	$3{,}5\text{-}6{,}1 \times 10^{-5}$	35-61
Incontinentia pigmenti (Bloch-Sulzberger)	Deutschland (Reg.-Bez. Münster)	$0{,}6\text{-}2{,}0 \times 10^{-5}$	6-20
Orofaziodigitales Syndrom (OFD)	Deutschland (Reg.-Bez. Münster)	5×10^{-6}	5

wobei solche Abschätzungen wegen des Rückgangs der Spermatogenese im höheren Lebensalter problematisch sind.

Die Kenntnis dieser Unterschiede zwischen Oo- und Spermatogenese ist notwendig, um zu verstehen, dass die **Genmutationsrate** mit zunehmendem Alter des Vaters ansteigt. Offensichtlich hängt die Mutationsfrequenz mit der Zellteilung und der DNA-Replikation zusammen. Während der Replikation werden falsche Basen eingebaut, und eine erhöhte Zellteilungsrate führt folglich zu einer höheren Rate an Spontanmutationen.

Die Abb. 3.38 zeigt die **relativen Mutationsraten** im Vergleich zum Populationsdurchschnitt für die **dominanten Erbkrankheiten** Achondroplasie, das Apert-Syndrom, die Myositis ossificans, das Marfan-Syndrom und für die X-chromosomal-rezessive Hämophilie A (mütterlicher Großvater). Allerdings zeigen nicht alle dominanten Mutationen einen deutlichen väterlichen Alterseffekt. Es gibt auch solche mit schwachem Effekt wie das bilaterale Retinoblastom oder mit statistisch nicht signifikantem, wie die Neurofibromatose, die Osteogenesis imperfecta und die tuberöse Sklerose. Neben der Hämophilie A ist für andere X-chromosomal-rezessive Erkrankungen ein Alterseffekt wahrscheinlich, wobei die Mutation in den Keimzellen des mütterlichen Großvaters neu aufgetreten sein muss. Jedenfalls beobachtet man für mehrere X-chromosomal vererbte Erkrankungen, wie außer bei der Hämophilie A auch beim Lesch-Nyhan-Syndrom, eine deutlich höhere Mutationsrate im männlichen Geschlecht.

Auf die Altersabhängigkeit der Genommutationen beim weiblichen Geschlecht wird in Kapitel 3.7.1 näher eingegangen.

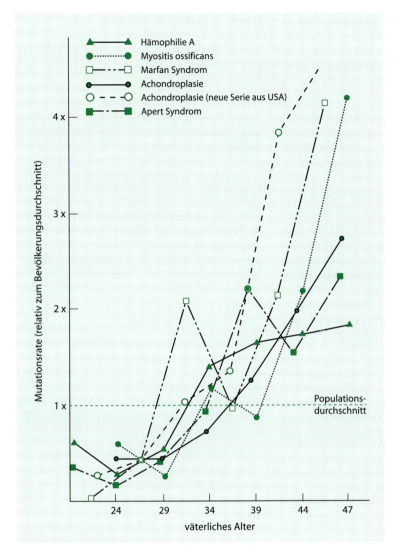

Abb. 3.38. Abhängigkeit der Genmutationen vom väterlichen Alter (Aus Vogel u. Motulsky 1986)

3.6.3 Induzierte Mutationen

Die *spontane Häufigkeit* von Mutationen kann durch ionisierende Strahlen und chemische Mutagene gesteigert werden. Auch Viren sind in diesem Zusammenhang zu erwähnen.

Ionisierende Strahlen

Ionisierende Strahlen können die Mutationsrate für alle Arten von Mutationen erhöhen. Dabei entstehen durch die Strahleneinwirkung keine prinzipiell anderen Veränderungen an der DNA als bei Spontanmutationen. Für eine Mutationsauslösung ist im Allgemeinen eine *direkte Strahleneinwirkung* auf die betroffene Zelle erforderlich. Auch sehr kleine Dosen sind nicht ungefährlich.

- Schon eine einzige Ionisierung durch ein einziges Strahlungsquantum kann einen genetischen Defekt verursachen.

In Biomolekülen gebundene Atome werden ionisiert und Zellwasser wird zu hochreaktiven Wasserionen und -radikalen gespalten. Diese wiederum greifen die DNA an. Dies trifft vor allem für Strahlung mit höherer Energie als

UV-Licht zu. Ultraviolette Strahlung hat dagegen eine **direkte Wirkung** auf die DNA. Allerdings ist hier die Energie für das Eindringen in tiefere Gewebeschichten nicht ausreichend, so dass durch UV-Strahlung Oberflächen wie z.B. die Haut betroffen sind. Besondere Wirkung zeigen sie im Bereich der höchsten Energieabsorption von Nukleinsäuren, dies ist bei einer Wellenlänge von 254 nm. Dann werden Thymidindimeren zwischen benachbarten Basen der DNA gebildet.

Zusätzlich zu der reinen Energiedosis, das ist die Dosis der auf Materie übertragenen Energie, gibt man daher als Maß für das Risiko die sog. *Äquivalentdosis* in Sievert (Sv) an. Die kosmische Strahlung, natürliche Radioaktivität, radioaktiver Fall-out, medizinische Diagnostik und der Innenraumschadstoff Radon belasten den einzelnen Menschen jährlich mit 4 mSv. Beschäftigten in kerntechnischen Anlagen werden jährlich 20 mSv zugemutet. Das genetische Risiko der Keimzellen wird über die *genetisch signifikante Dosis (GSD)* abgeschätzt. Sie liegt niedriger als die jährliche Gesamtbelastung, da nicht alle Strahlungsquellen die Gonaden erreichen. Die mittlere GDS wird gegenwärtig mit 1,7 mSv jährlich angegeben (Abb. 3.39 und 3.40).

Mutagene

Chemische Mutagene erhöhen die spontane Mutationsrate für alle Arten von Mutationen sowohl in Soma- als auch in Keimzellen. Neben Gen- und Chromosomenmutationen werden nach Einwirkung von Mutagenen auch Hyper- und Hypoploidien beobachtet, die nach Strahleneinwirkung sehr selten sind. Während eine Ionisation Gen- und Chromosomenmutationen vorwiegend durch direkte und momentane Einwirkung bewirkt, verweilen *chemische Noxen* länger in der Zelle. Dies induziert verstärkt numerische Chromosomenveränderungen. Wegen der hohen Korrelation zwischen Mutagenese und Kanzerogenese besteht einerseits nach Mutationen in Keimzellen ein erhöhtes Risiko für die nachfolgende Generation. Andererseits ist nach Mutationen in Somazellen mit einem erhöhten Tumorrisiko zu rechnen.

Mutagenitätstest

Seit Anfang der 1970er Jahre werden alle neu einzuführenden Pharmaka und relevanten Industriechemikalien mit Hilfe von Mutagenitätstestungen auf ihre genetische Potenz hin untersucht. Alle Industriestaaten haben entsprechende Prüfverordnungen erlassen. Es ist jedoch möglich, dass Kombinationen von als harmlos qualifizierten Verbindungen über *Interaktionen von Metaboliten* zu unerwarteten Risiken führen. Ein Ausschluss solcher Risiken ist aber aus evidenten Gründen unmöglich. Auch mit Altlasten von lange eingeführten Verbindungen ist zu rechnen. Dabei sollte man bedenken:

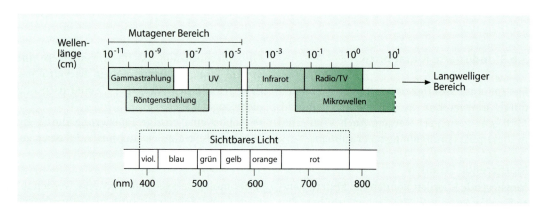

Abb. 3.39. Das Spektrum elektromagnetischer Wellen. Der mutagene Bereich liegt im kurzwelligen Gebiet und beginnt im Bereich des UV-Lichtes (Nach Henning 1998)

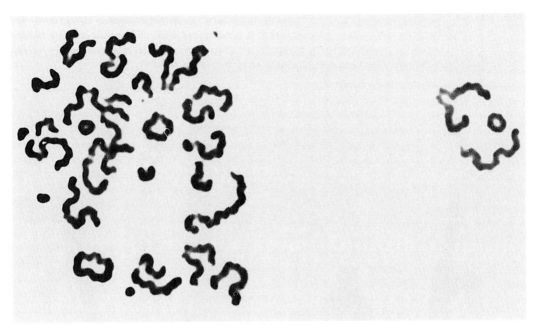

Abb. 3.40. Experimentell durch Röntgenstrahlen bei der Maus induzierte Chromosomenmutationen in einer Metaphase-II-Oozyte. Es sind vor allem Ringchromosomen und Chromosomenfragmente zu erkennen (Nach Reichert 1975)

- Auch sehr schwache genetische Aktivität stellt auf Populationsebene ein erhebliches genetisches Risiko dar.

In den Mutagenitätslaboratorien der Industrie werden verschiedene Testsysteme am Säuger (vorwiegend an Maus und chinesischem Hamster) zur Prüfung einer Substanz eingesetzt. Zu erwähnen sind hier zytogenetische Tests in Soma- und Keimzellen, wie **Knochenmarkmetaphasen** (Abb. 3.41) und **Spermatogonien**. Viele Mutagene induzieren in hohem Maße Schwesterchromatidaustausche, die mit dem **SCE-Test** (SCE = *sisterchromatid exchange*) untersucht werden.

Auch indirekte Testsysteme zur Überprüfung einer Induktion von vorwiegend Genom- und Chromosomenmutationen stehen zur Verfügung. Ein bekannter Versuchsansatz ist der **dominante Letaltest**. Dabei injiziert man eine Testsubstanz in männliche Mäuse und paart sie mit virginen Weibchen. Die **dominant letal wirkenden Mutationen** werden durch abgestorbene Embryonen nachgewiesen. Dieser Test hat den Vorteil, dass man über ein fraktioniertes Verpaarungsmuster das räumliche Nebeneinander verschiedener Spermatogenesestadien in ein zeitliches Aufeinander auflösen kann. Hiermit wird es möglich, Sensibilitätsmuster der Spermatogenese aufzustellen (Abb. 3.42 und 3.43). Nach Behandlung weiblicher Tiere und anschließender Verpaarung mit unbehandelten Männchen, ist dies grundsätzlich auch für die Oogenese möglich. Allerdings müssen hier mögliche toxische (also nicht-genetische) Nebenwirkungen auf die Entwicklung der Embryonen im Uterus ausgeschlossen werden. Sensibilitätsmuster sind hilfreich, um ein zeitliches Risiko für den Menschen abzuschätzen (Beispiel: Risiko nach Verabreichung genetisch aktiver Zytostatika, also für Substanzen, die nach einer Nutzen-Risiko-Abwägung trotz ihrer genetischen Aktivität zur Krebsbekämpfung verabreicht werden müssen).

Neben diesen Testsystemen soll als Vortest noch der **Mikronukleustest** erwähnt werden. Dieser Test erfasst Chromosomenmutationen an Interphasekernen über Mikronuklei,

Abb. 3.41 a-f. Induktion verschiedener Chromosomenmutationen in Knochenmarkzellen des Chinesischen Hamsters nach Behandlung mit der N-Nitrosoverbindung Butylnitrosoharnstoff. **a** Chromatidbruch mit Dislokation des Bruchstückes; **b** Chromatidendeletion; **c** dizentrisches Chromosom; **d** Ringchromosom, multiple Brüche und Interchanges; **e** multiple Interchanges; **f** Chromosomenfragmentation

Abb. 3.42. a Uterus bicornis einer Maus am 14. Tag der Trächtigkeit nach Behandlung mit dem Zytostatikum Cyclophosphamid. Neben einem lebenden Embryo sind abgestorbene bzw. resorbierte Embryonen in verschiedenen Stadien zu erkennen; **b** Uterus eines Kontrolltieres

welche die sichtbaren Folgen von Chromosomenfragmenten im Zellkern sind.

Induzierte Chromosomenschäden werden also vorwiegend *in vivo* am Säugetier untersucht (Tabelle 3.17). Man tut dies, um mögliche mutagene Metabolite von an sich nicht mutagenen Verbindungen zu erfassen. Leider gelingt es bis heute noch nicht mit hinreichender Sicherheit, für eine *Mutationsprophylaxe* alle metabolischen Prozesse außerhalb des Tieres (*ex vivo*) zu simulieren. Allerdings können – nach sorgfältiger Abwägung der Fragestellung – teilweise Zellkulturen (insbesondere aus peripheren Lymphozyten) ergänzend verwendet werden.

Mit allen genannten Testsystemen an Säugern ist es nicht möglich, *Genmutationen* zu erfassen. Auch der dominante Letaltest erfasst vorwiegend mikroskopisch erkennbare Chromosomenschäden. An Mikroorganismen, wie Bakterien, ist es dagegen über die Induktion von Rück- und Vorwärtsmutanten mit geeigneten Selektivnährböden möglich, auch Genmutationen zu erfassen (Abb. 3.44).

Allerdings berücksichtigen Tests mit Mikroorganismen den Stoffwechsel der Säuge-

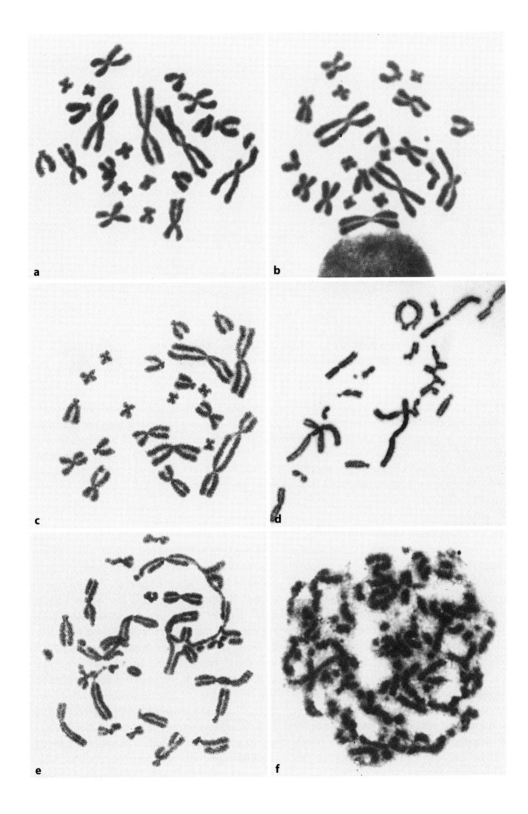

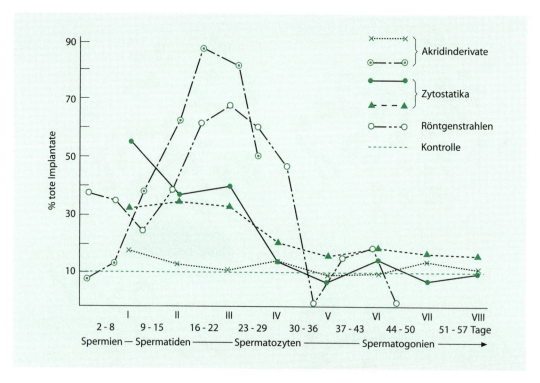

Abb. 3.43. Wirkung verschiedener Mutagene auf die Spermatogenese der Maus. Sowohl nach Röntgenstrahlen als auch nach chemischen Mutagenen zeigt sich im dominanten Letaltest eine hohe Sensibilität der postmeiotischen Stadien der Spermatogenese. Die prämeiotischen Stadien erweisen sich dagegen als weit weniger sensibel, was überwiegend daran liegt, dass ein Großteil der geschädigten Keimzellen, die sich zum Zeitpunkt der Behandlung noch nicht in der Meiose befanden, durch die Meiose eliminiert wird. Die Meiose stellt so einen wirksamen biologischen Filter dar. (Zusammengestellt von G. Röhrborn u. W. Buselmaier)

tiere bzw. des Menschen nicht in ausreichendem und übertragbarem Maße. Daher wurde vor einigen Jahren der **Ames-Test** entwickelt (Abb. 3.45). Bei diesem Verfahren bringt man in vitro die Prüfsubstanz mit einem Gemisch aus Bakterien und Lebermikrosomen in Kontakt. Die Lebermikrosomen werden aus einem Zentrifugat meist von Rattenlebern gewonnen und stellen die Stoffwechselmaschinen des Organismus dar. Da sie durch diese Prozedur ihre biologische Aktivität nicht verlieren, kann der Säugetierstoffwechsel annähernd simuliert werden. Hiermit ist es zur Untersuchung auf *induzierte Genmutationen* möglich, die Vorteile mikrobieller Tests mit den Gegebenheiten des Stoffwechsels der Säuger zu verbinden. Nachgewiesen werden die induzierten Mutationen an Revertanten auf Selektivnährböden. Normalerweise setzt man bei solchen Tests mehrere Bakterienstämme ein, um bei der bekannten spezifischen Revertierbarkeit der einzelnen Stämme keine falsch negativen Befunde zu erhalten. Routinemäßig wird der Ames-Test auf einer frühen Stufe der Substanzentwicklung vorwiegend als Kanzerogenitätstest eingesetzt. Er weist aber über die Kanzerogenitätsinduktion durch Mutation die **Induktion von Punktmutationen** nach. Dennoch kann der Ames-Test bis heute andere notwendige Mutagenitätstests am Säuger *in vivo* nicht ersetzen, da er nicht alle Mutagene erfasst. Mit diesem Verfahren ist es jedoch möglich, sozusagen die „Spitze des Eisberges" zu erkennen. Diese als schädlich erkannten Verbindungen werden in der Regel von einer Weiterentwicklung ausgeschlossen. So werden viele Versuchstiere eingespart. Der

3.6 · Ursachen von Mutationen

Test ist also ein Beitrag, die Verantwortung des Menschen für das Tier als Mitgeschöpf wahrzunehmen. Weitere Entwicklungen von Ex-vivo-Testsystemen werden aktiv betrieben, um den Bedarf an Versuchstieren zu verringern.

Viren und andere Mutagene

Neben Strahlen und chemischen Mutagenen induzieren verschiedene Viren, aber auch Schimmelpilze und Mykoplasmen Chromosomenbrüche. Vorwiegend für Retroviren, aber auch für Adenoviren und Papovaviren sind Induktionen von Genmutationen nachgewiesen. Für eine geringe Zahl von Substanzgruppen ist der *mutagene Wirkmechanismus* aufgeklärt. Als Beispiel sei hier auf die Alkylierung am N7 des Guanins bei alkylierenden Agenzien hingewiesen.

Für die meisten Verbindungen ist jedoch die Art der Interaktion mit der DNA noch unbekannt, so dass Strukturwirkungsbeziehungen die Ausnahme darstellen; daher sind theoreti-

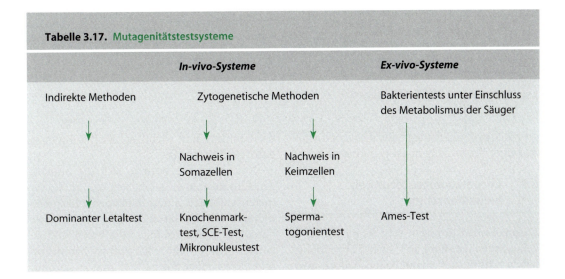

Tabelle 3.17. Mutagenitätstestsysteme

	In-vivo-Systeme		Ex-vivo-Systeme
Indirekte Methoden	Zytogenetische Methoden		Bakterientests unter Einschluss des Metabolismus der Säuger
↓	↓		↓
	Nachweis in Somazellen	Nachweis in Keimzellen	
↓	↓	↓	↓
Dominanter Letaltest	Knochenmarktest, SCE-Test, Mikronukleustest	Spermatogonientest	Ames-Test

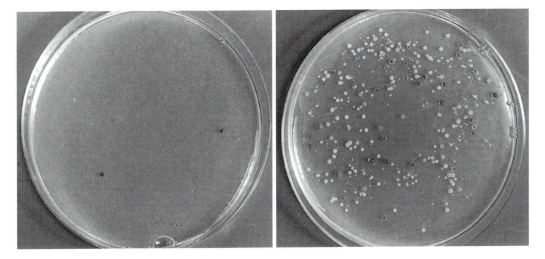

Abb. 3.44. Pertrischalen mit Selektivagar und induzierten Revertanten von *Serratia marcescens*. Die Mutanten wurden mit dem Zytostatikum Trenimon induziert. Daneben ist eine Kontrollpetrischale abgebildet mit spontanen Revertanten zur Feststellung der spontanen Mutationsrate

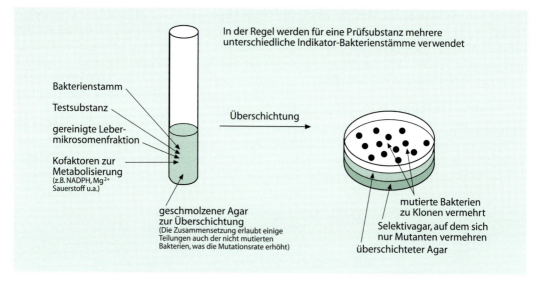

Abb. 3.45. Versuchsaufbau zum Ames-Test

sche Risikoabschätzungen aus der *Strukturformel* einer Verbindung meist nicht möglich.

3.7 Chromosomenstörungen beim Menschen

Chromosomenstörungen sind beim Menschen keine Seltenheit. Etwa 20% aller Konzeptionen haben Chromosomenanomalien, jedoch wird der größte Teil dieser Embryonen bzw. Feten spontan abortiert. Etwa 60% der Spontanaborte des 1. Trimenons und 5% der späteren Spontanaborte haben eine Chromosomenstörung. Von allen lebend geborenen Kindern weisen ca. 0,5% Chromosomenaberrationen auf (Tabelle 3.18).

Chromosomenstörungen können *numerisch* oder *strukturell* sein, in seltenen Fällen können numerische und strukturelle Aberrationen gemeinsam auftreten. In der Tabelle 3.19 sind die häufigsten Chromosomenstörungen bei Neugeborenen zusammengefasst.

3.7.1 Entstehungsmechanismus numerischer Chromosomenstörungen

Unterschiedliche Mechanismen können zu numerischen Chromosomenstörungen führen ; der häufigste und wichtigste Mechanismus ist das *Non-disjunction.*

Normalerweise trennen sich die homologen Chromosomen in der Meiose, und die Gameten enthalten einen haploiden Chromosomensatz mit 23 Chromosomen. Bleiben zwei homologe Chromosomen zusammen und gelangen in eine Keimzelle, so entstehen *aneuploide Keimzellen* mit 24 bzw. nur 22 Chromosomen. Nach der Befruchtung mit einer normalen Keimzelle entsteht entweder eine Zygote mit einer Trisomie oder einer Monosomie. Eine *monosome Zygote ist letal*. Non-disjunction von Gonosomen oder Autosomen kann sowohl in der *Meiose* (Abb. 3.46 a,b u. 3.47 a, b) als auch in der *Mitose* (Abb. 3.46 c,d u. 3.47 c) stattfinden (s. Kap. 3.7.8)

Ein weiterer Mechanismus zur Entstehung numerischer Chromosomenstörungen ist die *Polyploidisierung*. Dabei werden nicht einzelne Chromosomen, sondern der ganze Chromosomensatz vervielfacht. Als Beispiel ist hier die *Triploidie* (3 n = 69 Chromosomen) beim Menschen zu nennen (s. Kap. 3.7.4)

Faktoren, welche die Häufigkeit des meiotischen Non-disjunction beeinflussen

Das Risiko für das Auftreten einer numerischen Chromosomenstörung aufgrund einer

Tabelle 3.18. Häufigkeit[a] von Chromosomenaberrationen bei Spontanaborten, verschiedenen Patientengruppen und bei Neugeborenen (Nach Müller 1989)

Spontane Aborte im 1. Trimenon	50-60%
Abnorme Geschlechtsentwicklung	ca. 30%
Primäre Amenorrhoe	ca. 25%
Totgeburten	5-10%
Kinder mit geistiger Retardierung oder Fehlbildungen	ca. 10%
Infertile Männer	ca. 2%
Neugeborene	ca. 0,5%

[a] Durchschnittszahlen aus verschiedenen Untersuchungen

Fehlerverteilung von homologen Chromosomen steigt mit *zunehmendem Alter der Mutter* an.

Während das Risiko für ein lebend geborenes Kind mit Trisomie bei einer 20-jährigen Frau 1 zu 1500 beträgt, ist das Risiko bei einer 45-jährigen Frau 1 zu 30.

Möglicherweise beruht diese Zunahme darauf, dass sich der Zusammenhalt der homologen Chromosomen durch *Chiasmata*, der schon vor der Geburt während der ersten meiotischen Teilung entsteht, mit zunehmendem Alter lockern kann (s. Kap. 3.2.3). Als weitere Faktoren werden der Einfluss von radioaktiven Strahlen sowie ein verlängertes Intervall zwischen der Ovulation und der Fertilisierung diskutiert.

Die Herkunft des *überzähligen Chromosoms 21 beim Down-Syndrom* kann heute durch molekulargenetische Untersuchungen genau festgestellt werden. So kann abgeklärt werden, ob Non-disjunction in der ersten oder zweiten meiotischen Teilung der Oogenese oder der Spermatogenese stattgefunden hat (Tabelle 8.2). Wenn Non-disjunction in der *ersten Meiose* stattfindet, dann sind *beide homologen Chromosomen* in dem Gameten enthalten; findet aber Non-disjunction in der *zweiten Meiose* statt, dann sind *zwei Kopien eines der homologen Chromosomen* vorhanden.

Bei Fällen mit mütterlichem Non-disjunction in der meiotischen Teilung ist das mütterliche Alter deutlich erhöht. Eine Abhängigkeit vom väterlichen Alter konnte bis jetzt nicht mit Sicherheit bestätigt werden. Falls das väterliche Alter Einfluss haben sollte, ist dieser offenbar so unbedeutend, dass er bei der Indikation für eine pränatale Chromosomendiagnostik nicht berücksichtigt zu werden braucht.

Tabelle 3.19. Häufigkeit der verschiedenen Chromosomenstörungen bei Neugeborenen (nach Connor u. Ferguson-Smith 1987)

Chromosomenstörung	Häufigkeit bei der Geburt
Balancierte Translokation	1/500
Nicht-balancierte Translokation	1/2000
Perizentrische Inversion	1/100
Trisomie 21	1/700
Trisomie 18	1/3000
Trisomie 13	1/5000
47,XXY	1/100 ♂
47,XYY	1/100 ♂
47,XXX	1/100 ♀
45,X	1/2000-1/500 ♀

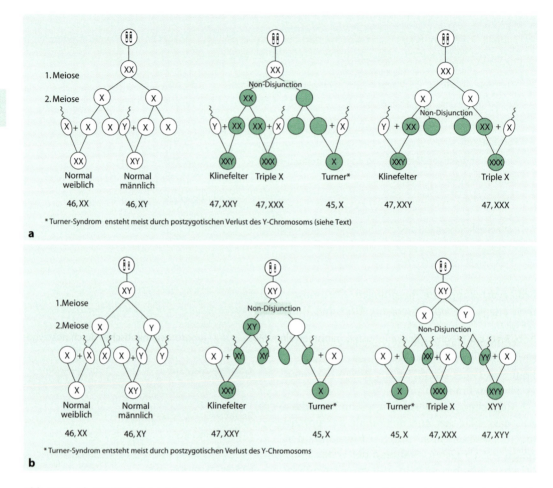

Abb. 3.46 a,b. Mögliche Entstehungsmechanismen einer gonosomalen Aneuploidie. **a** Non-disjunction in der 1. bzw. 2. Meiose der Oogenese. **b** Non-disjunction in der 1. bzw. 2. Meiose der Spermatogenese.

Mitotisches Non-disjunction und dessen Folgen

Gelegentlich können durch Fehlverteilung einzelner Chromosomen in der mitotischen Teilung aneuploide Zellen entstehen. Grundsätzlich kann in somatischen Zellen jederzeit Non-disjunction stattfinden. Wenn ein mitotisches Non-disjunction im Blastozystenstadium stattfindet, findet man neben normalen Zellen aneuploide Zelllinien. Man spricht dann von einer *Mosaikbildung* (Abb. 3.46 c,d, 3.47 c). Je später Non-disjunction nach der Bildung der Zygote stattfindet, um so niedriger ist der Anteil der aneuploiden Zelllinie. Überwiegen im Mosaik dagegen die zahlenmäßig trisomen Zellen, kann man annehmen, dass die Zygote primär trisom angelegt war, und dass die diploiden Zellen durch *postmeiotischen Chromosomenverlust* entstanden sind.

In der Tabelle 3.20 sind die Symbole und Abkürzungen zur Beschreibung zygotischer Befunde dargestellt.

3.7.2 Fehlverteilung gonosomaler Chromosomen

Gonosomale Chromosomenstörungen wurden erstmals 1959 von *Jacobs* und *Strang* und zu gleicher Zeit von *Ford* und Mitarbeitern beschrieben. Sie fanden heraus, dass die Ge-

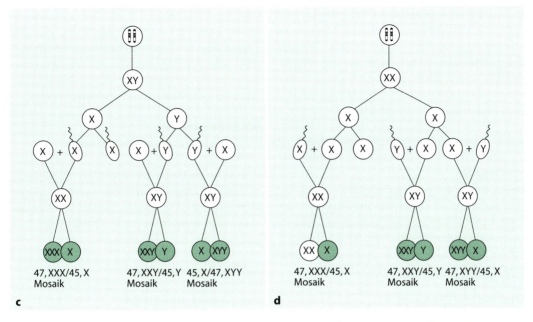

Abb. 3.46 c,d. Mögliche Entstehungsmechanismen eines Mosaiks der Gonosomen mitotisches durch postzygotisches Non-disjunction

schlechtschromosomen nicht immer den phänotypisch männlichen oder weiblichen Geschlechtsmerkmalen entsprechen. Die *gonosomalen Chromosomenaberrationen* führen im Vergleich zu den autosomalen Chromosomenstörungen nicht zu schwerwiegenden Erkrankungen. Fehlbildungen liegen in der Regel nicht vor, schwere geistige Entwicklungsverzögerungen sind seltene Ausnahmen. Sie entstehen durch ein gonosomales meiotisches bzw. mitotisches *Non-disjunction* (Abb. 3.46 a-d). Die klinischen Folgen sind in Kap. 8.1.2 beschrieben.

3.7.3 Fehlverteilung autosomaler Chromosomen

Autosomale Chromosomenstörungen führen zu schweren Fehlbildungen, die meist intrauterin zum Absterben des Embryos führen. Bei den lebend geborenen Kindern mit autosomalen Chromosomenstörungen liegen *multiple Fehlbildungen*, kraniofaziale Dysmorphie und schwere geistige und motorische Entwicklungsstörungen vor. Bei einer numerischen Aberration kann entweder ein einzelnes Chromosom (Trisomie, Monosomie) oder ein ganzer Chromosomensatz (Polyploidie) von der Norm abweichen. Sie entsteht durch Non-disjunction in den meiotischen oder mitotischen Teilungen (Abb. 3.47 a-c).

Bei einem überzähligen Chromosom liegt in der Regel eine *freie Trisomie* vor. Eine Translokationstrisomie, die durch Verschmelzung von 2 Chromosomen oder Abschnitten davon zustande kommt, ist selten. Sie kann de novo entstehen, aber auch familiär sein.

Wenn nicht das ganze Chromosom sondern nur ein Teil zusätzlich vorhanden ist, spricht man von einer *partiellen Trisomie*. Sie stammt häufig von einer balancierten Translokation eines Elternteils. Bei den partiellen Trisomien sind, je nachdem welcher Chromosomenabschnitt trisom vorliegt, die klinischen Merkmale und der Grad der geistigen Retardierung unterschiedlich ausgeprägt.

Eine *Monosomie* liegt dann vor, wenn ein ganzes Chromosom oder ein Chromosomenabschnitt fehlt. Die Monosomie eines ganzen autosomalen Chromosoms ist beim Menschen *letal*. Partielle Monosomien sind je nach Art und Größe des fehlenden Chromosomenstückes mit bestimmten klinischen Merkmalen und einer mehr oder weniger schwer wiegenden psychomotorischen Retardierung verbunden. Die **klinischen Syndrome,** die durch numerische Chromosomenstörungen ausgelöst werden, sind in Kap. 8.1.1 besprochen.

3.7.4 Polyploidien, Mosaike und Chimären

Polyploidien
Bei ca. 20% aller Spontanaborte findet man eine Polyploidie, etwa 2/3 davon sind triploid (Abb. 3.48). Unter Neugeborenen wird diese Chromosomopathie selten beobachtet. Bei den Lebendgeborenen handelt es sich meist um *Mosaike* von normalen und triploiden Zelllinien.

Mosaike und Chimären
Durch ein mitotisches Non-disjunction etwa im Blastozystenstadium können neben aneuploiden Zelllinien auch normale Zellen entstehen. Hierbei handelt es sich um eine *Mosaikbildung* (Abb. 3.46 c,d, Abb. 3.47 c). Die unterschiedlichen Zelllinien stammen aus einer *einzigen Zygote*. Die verschiedenen Zelllinien bei *Chimären* stammen dagegen von unterschiedlichen Zygoten ab, beispielsweise durch Befruchtung von zwei miteinander verbundenen Eizellen.

3.7.5 Strukturelle Chromosomenaberrationen

Die verschiedenen strukturellen Chromosomenaberrationen sowie deren Entstehungsmechanismen sind in Kap. 3.5 ausführlich besprochen. Hier werden einzelne klinisch relevante Beispiele ergänzend dargestellt.

3.7.5.1 Translokationen

Reziproke Translokation
Eine reziproke Translokation ist ein Austausch von zwei durch zwei Bruchereignisse entstandenen Chromosomensegmenten. Zwar wird die Anordnung des genetischen Materials ver-

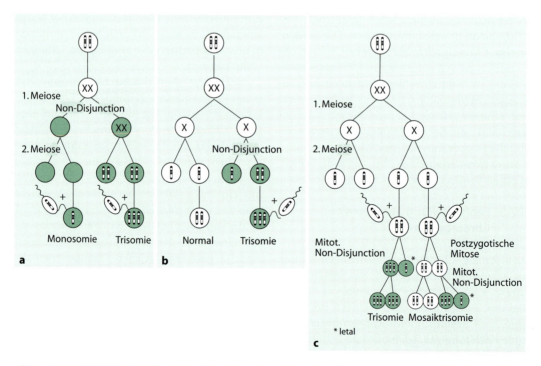

Abb. 3.47 a-c. Mögliche Entstehungsmechanismen einer autosomalen Trisomie. **a** Non-disjunction in der 1. Meiose, **b** Non-disjunction in der 2. Meiose, **c** Mitotisches Non-disjunction

Tabelle 3.20. Symbole und Abkürzungen für die Beschreibung zytogenetischer Befunde (Nomenklatur 1995)

ace	Azentrisches Fragment
Add	Zusätzliches Material unbekannter Herkunft
b	Bruch
cen	Zentromer
chr	Chromosom
cht	Chromatide
(::)	Bruch und Reunion
(,)	Trennt Chromosomennummern, Geschlecht und Chromosomenaberrationen
del	Deletion
de novo	Bezeichnung einer Chromosomenanomalie, die nicht vererbt ist
der	Derivatives Chromosom
dic	Dizentrisch
dis	Distal
dmin	Double minute
dup	Duplikation
fra	Fragile Stelle
g	Gap
h	Heterochromatin
i	Isochromosom
idic	Isodizentrisches Chromosom
ins	Insertion
Inv/mar, mat	Inversion oder Markerchromosom maternaler Herkunft
mos	Mosaik
p/pat	Kurzer Arm eines Chromosoms paternaler Herkunft
Ph	Philadelphia-Chromosom
(+)	Zugewinn
prx	Proximal
psu	Pseudo
q	Langer Arm eines Chromosoms
qr	Quadriradial
r	Ringchromosom
rcp	Reziprok
rea	Rearrangement
rec	Rekombinantes Chromosom
rob	Robertson-Translokation
s	Satellit
sce	Schwesterchromatidenaustausch

▼

Tabelle 3.20. (Fortsetzung)

sct	Sekundärkonstriktion
(;)	Trennt verändertes Chromosom und Bruchpunkt in strukturellen Rearrangements, wenn mehr als ein Chromosom involviert ist
t	Translokation
tan	Tandem
tas	Telomerische Assoziation
tel	Telomer
ter	Terminales Ende des Chromosoms
tr	Triradial
upd	Uniparentale Disomie
updh	Uniparentale Heterodisomie
v	Variant oder variable Region

ändert, aber es ist weder Chromosomenmaterial verlorengegangen noch dazugekommen. Die Translokation ist *balanciert*. Obwohl die Träger der balancierten Translokation in der Regel klinisch unauffällig sind, werden jedoch hin und wieder bei Kindern mit mentaler Retardierung mit oder ohne Dysmorphiezeichen reziproke Chromosomentranslokationen gefunden. Möglicherweise liegt hier doch ein mikroskopisch nicht erkennbarer *unbalancierter Stückaustausch* vor.

Während der meiotischen Teilung bilden die Chromosomen mit reziproker Translokation *Quadrivalente* (Abb. 3.49), welche die Paarung von homologen Chromosomensegmenten ermöglichen. Nach Vollendung der meiotischen Teilung enthalten die Gameten unterschiedliche Kombinationen von Teilen der Quadrivalente.

Die Segregationsmöglichkeiten, die von Bedeutung sind, werden hier geschildert. Gelangen bei der 2:2-Segregation im Quadrivalent gegenüberliegende Chromosomen in dieselbe Tochterzelle, nennt man dies *alternierende Teilung*. Die entstandenen Gameten haben entweder normale Chromosomen oder eine balancierte Translokation. Daraus entstandene Nachkommen sind in der Regel klinisch gesund. Gelangen benachbarte Chromosomen zusammen in eine Zelle, wobei die homologen Zentromere getrennt werden, d.h. dass die nicht homologen Chromosomen in eine Tochterzelle gelangen, bezeichnet man dies als *Adjacent-1-Teilung*. Trennen sich benachbarte Chromosomen von homologen Zentromeren nicht, liegt eine *Adjacent-2-Teilung* vor. Die entstandenen Gameten aus Adjacent-1- und Adjacent-2-Teilungen sind *nicht balanciert*. Wenn einer von diesen vier Gametentypen zur Zygote beiträgt, liegt entweder eine partielle Trisomie oder Monosomie des betroffenen Segments vor. Meist sterben diese Kinder intrauterin ab, die Lebendgeborenen zeigen *multiple Fehlbildungen* und schwere geistige Entwicklungsstörungen.

Bei der Teilung von Quadrivalenten kann es auch durch eine diskordante Orientierung zu einer 3:1-Segretion kommen. Dies bedeutet, dass nur zwei von vier Zentromeren orientiert sind und dass sich entweder die beiden normalen oder die beiden Translokationschromosomen trennen und in die beiden Tochterzellen gelangen. Die Folge sind acht verschiedene Möglichkeiten. Gelangen zwei normale Chromosomen des Quadrivalents zusammen mit einem Translokationschromosom in eine Zelle, so bezeichnet man dies als *Tertiärtrisomie*. Wenn zwei Translokationschromosomen

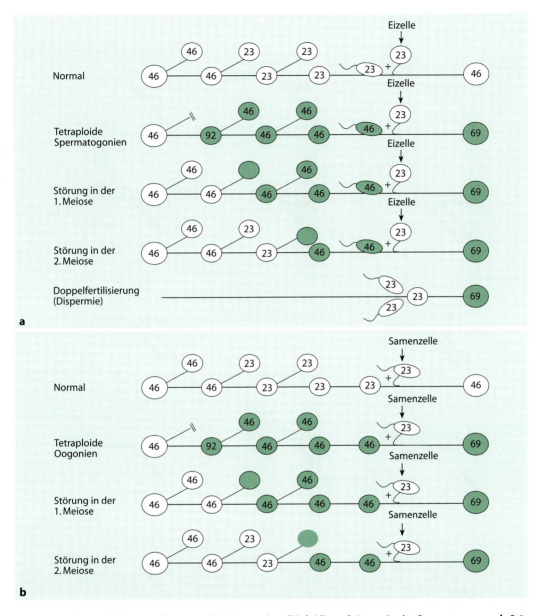

Abb. 3.48 a,b. Mögliche Entstehungsmechanismen einer Triploidie. **a** Störung in der Spermatogenese. **b** Störung in der Oogenese

mit einem normalen Chromosom in eine Zelle gelangen, entsteht eine *Interchange-Trisomie*. Entsprechend entstehen auch *tertiäre Monosomien* und *Interchange-Monosomien*, die gewöhnlich letal sind.

Eine 3:1-Segregation tritt normalerweise nur auf, wenn die Mutter Trägerin einer *balancierten Translokation* ist. Eine 2:2-Segregation dagegen ist sowohl in der väterlichen als auch in der mütterlichen Meiose gleich häufig.

Robertson-Translokation

Eine zentromere bzw. zentromernahe Verschmelzung zweier akrozentrischer Chromo-

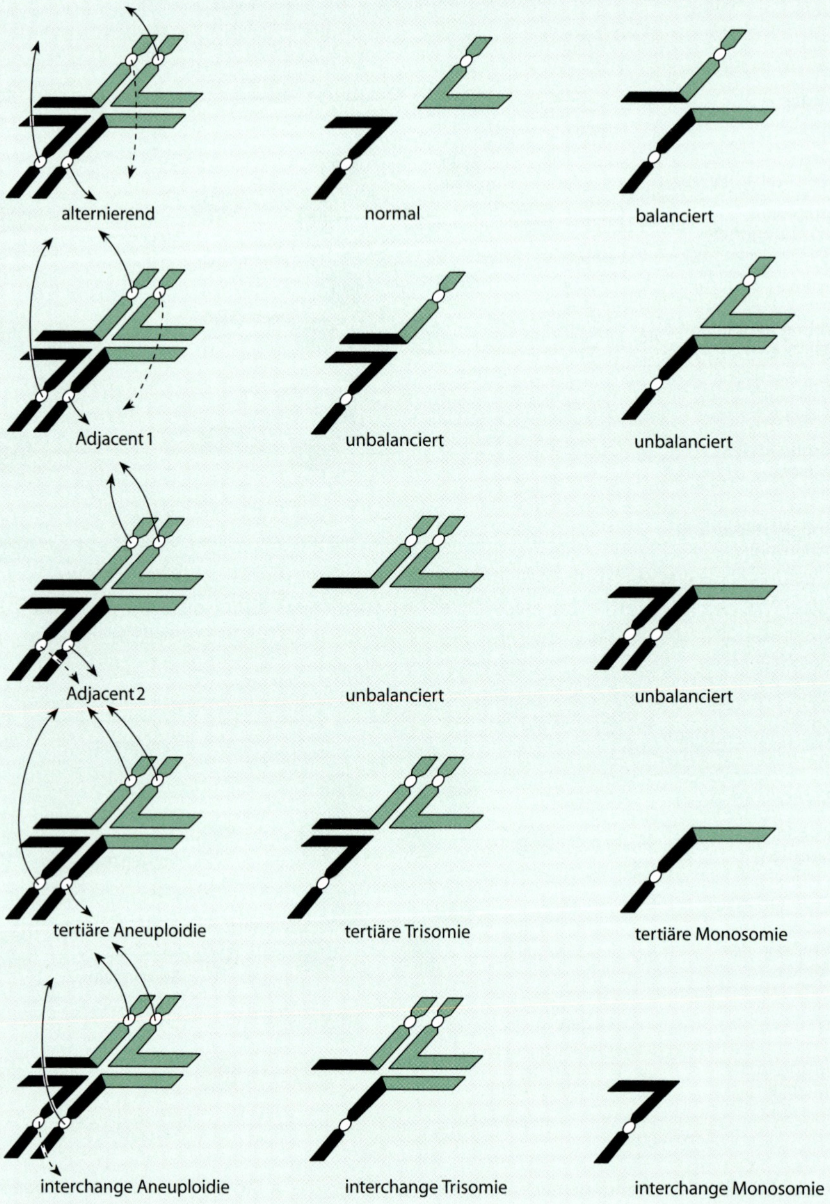

Abb. 3.49. Segregationsmöglichkeiten bei reziproker Translokation (Nach Vogel u. Motulsky 1996)

somen wird als Robertson-Translokation bzw. als *zentrische Fusion* bezeichnet. Die Bruchpunkte liegen unmittelbar im Zentromerbereich, so dass das Translokationsprodukt die beiden langen Arme enthält, und zwei Fragmente aus den beiden kurzen Armen ohne zentromeren Bereich verloren gehen. Die zentromere Fusion von Chromosom 13 und 14 sowie 14 und 21 ist die häufigste Robertson-Translokation beim Menschen. Die Chromosomen 13-15 sowie 21 und 22 enthalten die NOR-Regionen. Das Fehlen eines Teils dieser Gene in diesem Bereich hat offenbar **keine klinische Auswirkung**. Durch zentrische Fusion zweier akrozentrischer Chromosomen reduziert sich die Chromosomenzahl auf 45. Robertson-Translokationen können familiär vorkommen, aber auch *de novo* entstehen.

Träger einer Robertson-Translokation sind **klinisch unauffällig**. Bei meiotischen Teilungen paaren sich homologe Segmente; so entstehen Trivalente (Abb. 3.50), die wiederum unterschiedliche Segregationsweisen ermöglichen. Die entstandenen Gameten können normal, balanciert oder unbalanciert sein. Träger einer balancierten Robertson-Translokation haben aus diesem Grund ein erhöhtes Risiko für Translokationstrisomien bei ihren Nachkommen.

Insertionale Translokation

Voraussetzung für eine insertionale Translokation sind *drei Brüche* in einem oder zwei Chromosomen, wobei ein durch zwei Brüche entstandenes Bruchstück des einen Chromosoms in die Bruchstelle des anderen eingebaut wird. Die balancierten Träger sind gesund. Es besteht aber wiederum das Risiko, Nachkommen mit einer Deletion oder einer Duplikation zu bekommen.

3.7.5.2 Sonstige Strukturaberrationen

Inversion

Eine Inversion entsteht, wenn das Segment zwischen zwei Brüchen an einem Chromosom um 180° gedreht wird. Wenn beide Bruchpunkte auf einem Arm des Chromosoms liegen und das Zentromer nicht mit eingeschlossen ist, spricht man von einer *parazentrischen Inversion*. Liegen die Bruchstücke zu beiden Seiten des Zentromers und die Inversion schließt das Zentromer ein, entsteht eine *perizentrische Inversion*. In der Regel verursacht eine Inversion keine klinischen Auffälligkeiten. Bei der Meiose können aber unbalancierte Keimzellen entstehen. Bei der Paarung während der Meiose muss in der Inversionsregion eine Schleife gebildet werden. Diese führt zu einem ungleichen Crossing-over. Findet das Crossing-over innerhalb der Schleife statt, entsteht bei der parazentrischen Inversion eine dizentrische Chromatide und ein azentrisches Fragment (Abb. 3.51). Beide sind instabil und kommen in der Regel nicht zur Befruchtung. Bei der perizentrischen Inversion können durch ungleiches Crossing-over bei der homologen Paarung Chromosomen mit einer Duplikation oder einer Deletion entstehen. Aus diesem Grund ist das Risiko für Nachkommen mit einer nicht balancierten Strukturaberration erhöht.

Isochromosom

Ein Isochromosom ist meist Folge einer *transversalen Teilung des Zentromers* während der Meiose. Nach der Duplikation ist das Zentromer wieder vollständig, aber beide Chromosomenarme sind homolog und beinhalten identisches Genmaterial. Bei Lebendgeborenen ist das Isochromosom des langen Arms des X-Chromosoms mit einem Turner-Phänotyp bekannt, weil dabei eine Monosomie des kurzen Arms des Y-Chromosoms vorliegt. Auch das Isochromosom des Y-Chromosoms ist beobachtet worden. Isochromosomen der anderen Chromosomen hat man nur in Abortmaterial gefunden.

Dizentrische Chromosomen

Dizentrische Chromosomen entstehen nach *einfachen Chromatidenbrüchen* und Reunion der jeweils ein Zentromer tragenden Segmente der beiden Chromatiden.

Zentrische Fragmente

Ein zentrisches Fragment ist ein *zusätzliches*, meist metazentrisches Fragment. Oft ist es familiär und entsteht durch zentrische Fusion in der Meiose der Eltern. In der Regel beinhaltet die zentrische Fusion keine genetische Information und hat deshalb keine klinische Konsequenz.

Duplikation

Bei einer Duplikation liegt ein Chromosomensegment mit *zwei Kopien* vor. Sie kann durch ungleiches Crossing-over oder über Schleifenbildung bei der meiotischen Teilung der elterlichen Translokation, Inversion oder des Isochromosoms entstehen.

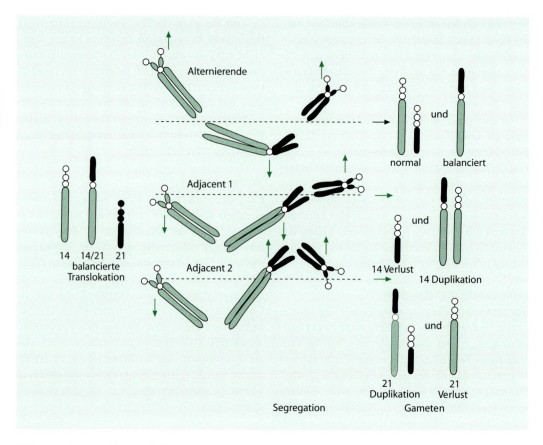

Abb. 3.50. Segregationsmöglichkeiten bei Robertson-Translokation (Nach Connors u. Ferguson-Smith 1989)

Deletion

Der Verlust eines Chromosomensegmentes wird als Deletion bezeichnet. Sie entsteht, wenn ein Stück von einem Chromosom *zwischen zwei Bruchpunkten* verloren geht *(interstitielle Deletion)*, bei einem ungleichen Crossing-over in der Meiose bzw. als Folge einer balancierten elterlichen Translokation oder als ein terminaler Strukturverlust durch ein Bruchereignis. Das deletierte Stück ohne Zentromer geht meist bei der weiteren Teilung verloren. Mikroskopisch sichtbare Deletionen verursachen multiple Fehlbildungen und mentale Retardierungen. Kleinere Deletionen, die mikroskopisch bei einer Routinediagnostik nicht entdeckt werden können, werden als **Mikrodeletionen** bezeichnet.

Ringchromosom

Ein Ringchromosom entsteht durch zwei Brüche in beiden Chromatiden eines Chromosoms, indem die Bruchflächen der terminalen Enden miteinander verschmelzen und so zur Bildung eines geschlossenen Ringes führen. Solche Ringchromosomen sind klinisch relevant und können infolge Verlustes von Chromosomenmaterial zu schweren, sehr unterschiedlichen Krankheitsbildern führen. Wenn ein Ringchromosom ein Zentromer beinhaltet, kann es repliziert werden und bei den weiteren Zellteilungen bestehen bleiben. Es kann aber auch weitere Unregelmäßigkeiten, wie Verdoppelung, Entstehung eines größeren Ringes mit zwei Zentromeren oder Verlust des Ringes nach sich ziehen (Abb. 3.52).

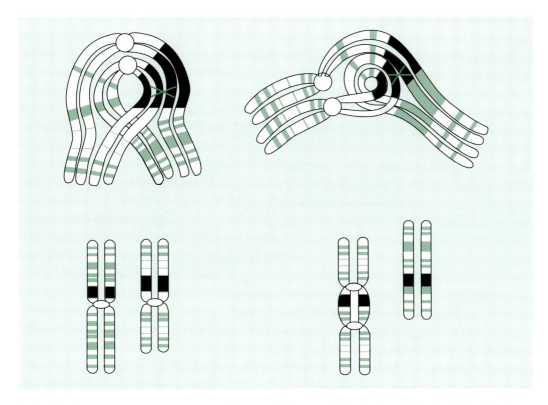

Abb. 3.51. Crossing-over in einer Paarungsschlinge und daraus entstehende aberrante Chromosomen, links perizentrische, rechts parazentrische Inversion (Nach Vogel u. Motulsky 1986)

Die klinischen Syndrome, die durch Strukturaberrationen aufgelöst werden, sind in Kap. 8.1.3 beschrieben.

3.7.5.3 Strukturelle Y-Chromosomenaberration

Die Länge des Y-Chromosoms ist variabel, wird aber in der Regel konstant vom Vater auf den Sohn übertragen. Diese polymorphen Veränderungen, die meist den distalen Teil des langen Arms (Yq12) betreffen, haben keinen klinischen Einfluss. *Dagegen ist die Deletion des kurzen Arms oder des proximalen Teils des langen Arms (Yq11)* von großer Bedeutung. Heute weiß man, dass auf dieser Region das Gen SRY lokalisiert ist (s. Kap. 3.4.2). Die Deletion des proximalen Abschnitts des langen Arms führt je nach Größe des verloren gegangenen Stücks und je nach Bruchpunkt zu Minderwuchs, Hypogonadismus und Störungen der Spermatogenese. Diese Beobachtungen sowie moderne molekulargenetische Untersuchungen lassen vermuten, dass die Gene, welche die Spermatogenese, das Wachstum und wahrscheinlich auch andere Faktoren der testikulären Differenzierung kontrollieren, im Bereich Yq11 lokalisiert sind.

Auf dem kurzen Arm des Y-Chromosoms, etwa zwischen SRY und dem Telomer, liegt ein Bereich, der dem terminalen Bereich des kurzen Arms des X-Chromosoms homolog ist und als **pseudoautosomale Region (PAR1)** bezeichnet wird (s. Abb 3.25). In der männlichen Meiose kommt es zu einer Endpaarung der kurzen Arme des X- und Y-Chromosoms, Crossing-over ist dort möglich. X- und Y-Translokationen führen zu Störungen der Geschlechtsentwicklung des Mannes. Weitere bekannte strukturelle Y-chromosomale Aberrationen sind dicYplic,

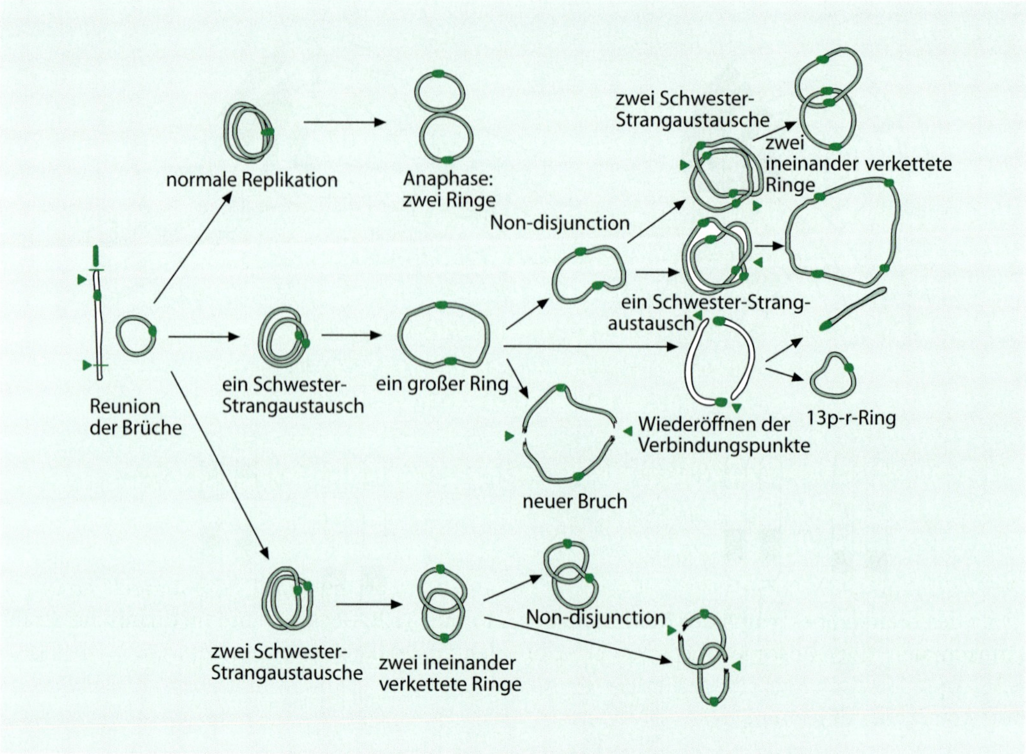

Abb. 3.52. Entstehungsmechanismus eines Ringchromosoms (Nach Vogel u. Motulsky 1996)

dYq und Ring Y. Die klinischen Merkmale dieser strukturellen Aberrationen sind sehr variabel.

3.7.5.4 Kleinere strukturelle Chromosomenaberrationen

Eine strukturelle Chromosomenaberration kann so klein sein, dass sie mikroskopisch nicht oder schwer erkannt wird. Durch die Entwicklung von *hochauflösender Bandentechnik* und *Fluoreszenz-in-situ-Hybridisierung* (FISH; s. Kap. 3.4) ist es möglich, eine Reihe von submikroskopischen strukturellen Chromosomenanomalien zu entdecken. Häufig handelt es sich um *interstitielle Mikrodeletionen*, es können aber auch Duplikationen, Translokationen und/oder komplizierte Chromosomenrearrangements vorliegen. Sie haben aufgrund einer Inbalance im normalen Gendosiseffekt oft klinische Auswirkungen mit entsprechenden charakteristischen Merkmalen. Meist umfassen sie eine Größe von unter 3 Mb und können je nach Größe und Bruchpunkt zum Verlust oder zur Veränderung eines einzelnen oder mehrerer eng gekoppelter Gene führen. Dementsprechend wird klinisch eine oder gleichzeitig eine Anzahl von monogenen Krankheiten manifest.

3.7.6 Chromosomenaberrationen bei Spontanaborten

Zytogenetische Untersuchungen an Abortmaterial haben ergeben, dass in etwa 60% der Fälle eine Chromosomenstörung vorliegt. Am häufigsten wurde ein *zusätzliches Autosom* nachgewiesen. An erster Stelle steht Trisomie 16, die unter Lebendgeborenen nicht beobachtet wird. Die 45,X-Konstitution ist die zweithäufigste Chromosomenstörung, die zum Spontanabort führt. Etwa 99% aller 45,X-Zygoten sterben intrauterin ab. Andere Chromosomenaberrationen sind seltener. Bei etwa 15% aller Fälle findet man eine Triploidie. Die Trisomie als Abortursache nimmt mit steigendem Alter der Mutter zu, jedoch nicht für alle Chromosomen. So ist die häufigste Trisomie im Abortmaterial die Trisomie 16, die unabhängig vom Alter der Mutter auftritt. Ein lebend geborenes Kind mit Trisomie 16 ist bis jetzt nicht beobachtet worden. Chromosomenaberrationen als Abortursache kommen überwiegend sporadisch vor, sie können aber auch durch eine familiäre balancierte Translokation bedingt sein. Aus diesem Grund ist bei habituellen Aborten eine Chromosomenanalyse der Eltern dringend indiziert. Die Häufigkeit der Chromosomenaberration ist in Tabelle 3.21 zusammengestellt.

3.7.7 Häufige Symptome bei autosomalen Chromosomenaberrationen

Trotz des breiten Spektrums der Merkmale bei autosomalen Chromosomenaberrationen gibt es Symptome, die als charakteristisch für die eine oder andere Chromosomenstörung gelten. Eine *Chromosomenanalyse* ist indiziert, wenn bestimmte Kriterien (Tabelle 3.22) bei einem Patienten vorliegen und andere pathogenetische Ursachen ausgeschlossen sind.

3.7.8 Somatische Chromosomenaberrationen

Wie bereits in Kap. 3.7.1 erwähnt, kann ein *mitotisches Non-disjunction* nach den ersten Teilungen der Zygote nur in einem Teil der Körperzellen auftreten. Dadurch kommt es zu einer *Mosaikbildung* (Abb 3.46c,d und Abb. 3.47c). Tritt sie nach der Embryonalzeit auf, so gehen nur wenige aberrante Zellen aus der Mutation hervor, die für die weitere Entwicklung geringe Bedeutung haben. Jedoch können sich die aberranten Zellkolonien entsprechend eines zweiten Mutationsereignisses, beispielsweise wie beim Retinoblastom, maligne vermehren. In fast allen malignen Tumoren findet man mit Hilfe der neuen zytogenetischen Methoden strukturelle oder numerische Chromosomenstörungen. Somatische Chromosomenaberrationen können auch durch Einwirkung von *Umweltfaktoren*, wie z.B. ionisierende Strahlen, chemische Substanzen oder biologische Noxen verursacht werden.

Chromosomenaberrationen nach Einwirkung ionisierender Strahlen

Erstmals machten 1960 *Tough* und Mitarbeiter auf Chromosomenaberrationen in peripheren Lymphozyten von Patienten, die wegen einer Bechterew-Erkrankung mit Röntgenstrahlen behandelt worden waren, aufmerksam. Ebenso ließen sich noch nach 20 Jahren in Lymphozyten von Überlebenden von Hiroshima und Nagasaki strukturelle Chromosomenaberrationen nachweisen. Weitere Befunde liegen von Personengruppen mit Strahlenexpositionen vor. Die Strahlenexposition der Weltbevölkerung wird durch natürliche Strahlenquellen (kosmische und terrestrische Strahlung), industrielle Strahlenquellen (Atombombenversuche), Unfälle (z.B. Reaktor) und medizinische Strahlenquellen verursacht (s. Kap. 3.6.3). Die Chromosomenaberrationen nach Strahlenexposition umfassen *verschiedene strukturelle Anomalien*, darunter auch „instabile", die bei Zellteilungen den Zelltod bedingen können oder die bei der Zellteilung verloren gehen. Ein sicherer Rückschluss auf die Wahrscheinlichkeit ei-

Tabelle 3.21. Chromosomenbefunde bei Frühaborten

Normaler Karyotyp	40%
Pathologischer Karyotyp	60%
Autosomale Trisomie	50%
Autosomale Monosomie	0,5%
Gonosomale Trisomie	0,5%
Gonosomale Monosomie	20%
Triploidie	16%
Tetraploidie	6%
Unbalancierte strukturelle Anomalie	3%
Balancierte strukturelle Anomalie	0,5%
Sonstige	3,5%

Tabelle 3.22. Indikationen für eine Chromosomenuntersuchung

1. pränatal:
- Erhöhtes Risiko für eine Chromosomenstörung

2. Bei Neugeborenen und im Kindesalter:
- Prä- und postnatale Wachstumsstörungen,
- geistige Retardierung,
- multiple Fehlbildungen,
- mindestens 3 Dysmorphiezeichen.

3. Bei Jugendlichen und im Erwachsenenalter:
- Ausbleiben der sekundären Geschlechtsmerkmale,
- primäre und sekundäre Amenorrhoe,
- Infertilität,
- wiederholte Spontanaborte,
- bestimmte maligne Erkrankungen,
- Verdacht auf eine Erkrankung mit chromosomaler Instabilität,
- Nachweis von Spender- und Empfängerzellen nach Knochenmarktransplantation,
- Dosisermittlung bei Strahlentherapie.

---

ner Keimzellmutation und damit eine prognostische Aussage über das Auftreten genetischer Schäden bei den Nachkommen ist nicht möglich. Das *Auftreten maligner Erkrankungen* nach einer Strahlenschädigung ist eine Folge der Chromosomenstörung. Das Schilddrüsenkarzinom bei der Bevölkerung der nahe liegenden Umgebung von Tschernobyl ist nach dem Reaktorunfall von 1985 vervielfacht.

Chromosomenaberrationen nach Einwirkung chemischer Substanzen

Die Zahl der chemischen Substanzen, die Chromosomenstörungen verursachen können, ist groß. Es entstehen strukturelle Veränderungen sowie aneuploide und polyploide Zellen. Von besonderer Bedeutung sind *alkylierende Substanzen*, die bei der Krebstherapie verwendet werden, verschiedene Alkaloide und industrielle Chemikalien.

Chromosomenaberrationen nach Einwirkung biologischer Noxen

Die gleichen Chromosomenstörungen, wie sie nach physikalischen und chemischen Einflüssen beobachtet werden, sind auch nach *Infektionen mit Viren* gefunden worden. Virusinfektionen, z.B. Masern, Windpocken, Röteln und Herpes simplex, verursachen Chromosomenbrüche in Lymphozytenkulturen. Beim Burkitt-Lymphom, das Folge einer Infektion mit dem Epstein-Barr-Virus ist, findet man in den malignen Zellen meist eine Translokation zwischen Chromosom 8 und einem der drei Chromosomen, die Gene für Immunglobuline tragen (2p, 14p, 22q).

3.8 Genmutationen und ihre funktionellen Folgen

Die Auswirkungen von Art und Lokalisation von Genmutationen auf die Funktion des Endprodukts lassen sich bei den verschiedenen *Hämoglobinopathien* besonders gut zeigen, da man hier beinahe das ganze Spektrum der theoretisch abgehandelten Genmutationen studieren kann.

3.8.1 Hämoglobinmolekül

Das Hämoglobin ist ein zusammengesetzter Eiweißkörper mit einer Nichtproteingruppe, einem Protoporphyrin-Eisen-Komplex (Häm, Farbstoffkomponente) und einem Eiweißanteil (Globin).

Dabei bleibt der **Aufbau des Häms immer konstant**. Die Hämoglobinformen unterscheiden sich in der Struktur der Polypeptidketten. Die generelle Formel lautet α2 β2, d.h. von den 4 Globinketten sind 2 gleich und jede dieser Ketten existiert doppelt. Das zweiwertige Eisen, das zentrale Atom der Hämgruppe, bindet über ein Histidin mit jeder der 4 Polypeptidketten und bewerkstelligt so den Sauerstofftransport im Körper. Eine Polypeptidkette besteht aus einem Strang von mehr als 140 Aminosäuren (α-Kette 141, β-Kette 146 Aminosäuren) und besitzt eine spezifische Struktur. Die Aminosäuresequenz ist die *Primärstruktur*, die Bildung einer Helix ist die *Sekundärstruktur*, und die dreidimensionale Anordnung einer Proteinuntereinheit wird als *Tertiärstruktur* bezeichnet. Die *Quartärstruktur* des Hämoglobins ist schließlich die Aggregation der 4 Untereinheiten zu einem funktionellen Hämoglobinmolekül.

Die menschlichen Hämoglobine liegen als zwei separate *Cluster verwandter Multigenfamilien* auf der DNA kodiert. Das α-Gencluster wurde auf den kurzen Arm von Chromosom 16 lokalisiert und umfasst einen Bereich von 25 kb. Die χ-δ-β-Familie liegt auf dem kurzen Arm von Chromosom 11 und umfasst eine Region von 60 kb. Bisher ist der *genetische Mechanismus* unbekannt, der die Genfunktion auf den zwei verschiedenen Chromosomen so reguliert, dass in gleicher Menge α- und Nicht-α-Polypeptidketten resultieren. Die Strukturgene des α-Komplexes - von 5' (stromaufwärts) zu 3' (stromabwärts) - schließen das embryonale ζ-Gen, ein Pseudogen für Hbζ und zwei identische α-Gene ein. Die verschiedenen Gene des β-Clusters sind das embryonale ε-Gen, 2 fetale γ-Gene, ein Hbβ-Pseudogen, ein Hbδ- und ein Hbβ-Gen (Abb. 3.53, s. Kap. 2.5 und 12.2)

Hämoglobinvarianten

Von den verschiedenen Hämoglobinvarianten, die durch Genmutationen entstanden sind, sind *Aminosäuresubstitutionen* die häufigsten; bisher wurden etwa 350 beschrieben. Die meisten Aminosäuresubstitutionen bleiben - aus Gründen, die bereits behandelt wurden - ohne Folgen für die Hämoglobinfunktion und damit für die Gesundheit. Generell haben Substitutionen, die den Außenteil der Hämoglobinkette betreffen, geringere Auswirkungen als solche, die den Innenteil betreffen, oder solche, die sich nahe an der Insertion der Hämgruppe befinden. Man kann die Hämoglobinvarianten folgendermaßen einteilen:

- Substitutionen, welche die helikale Windung betreffen, induzieren Hämoglobininstabilität und führen zu hämolytischen Anämien;
- Varianten, welche die Bindung der Untereinheiten betreffen, sind oft mit einer abnormalen Sauerstoffaffinität assoziiert und haben Erythrozytosen zur Folge;
- Methämoglobinämien führen zu Zyanosen;
- Varianten der Sichelzellbildung.

Instabile Hämoglobine

Über 100 instabile Hämoglobine wurden beschrieben. Die meisten betreffen die β-Kette. Viele basieren auf Aminosäuresubstitutionen oder Deletionen, die zu einer vorzeitigen Dissoziation der Hämgruppe von der Globulinkette führen. Daraus folgt eine *intrazelluläre Präzipitation* des denaturierten Hämoglobins in Form von Heinz-Körper-Bildung und *hämolytische Anämie*. Dabei variiert die Manifestation von milder – klinisch unauffälliger – Instabilität bis zu schwerer Instabilität. Sulfonamide können bei dieser Gruppe von Hämoglobinvarianten schwere Hämolyse auslösen.

Varianten mit veränderter Sauerstoffaffinität

Diese können unterteilt werden in:
- Varianten mit erhöhter Sauerstoffaffinität (etwa 30 Hämoglobinvarianten),
- Varianten mit erniedrigter Sauerstoffaffinität (bisher 3 Hämoglobinvarianten).

Bei den Varianten mit erhöhter Sauerstoffaffinität können die α- und β-Kette betroffen sein, vorwiegend jedoch die β-Kette. Durch die erhöhte O_2-Affinität wird der Sauerstofftransport in die Gewebe verringert. Die Folge ist eine Hypoxie. Hierdurch wird die Produktion des Hormons *Erythropoetin* gesteigert. Es kommt zu

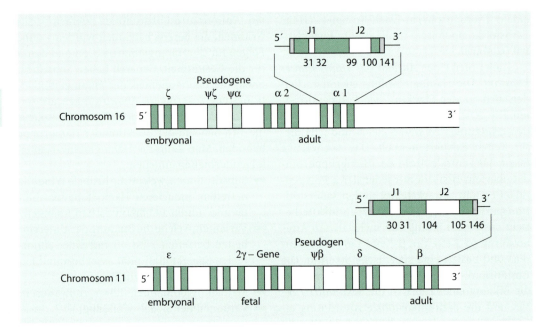

Abb. 3.53. Strukturgene des α-Komplexes auf Chromosom 16 und der β-Genfamilie auf Chromosom 11. Für das α- und β-Globingen ist die Intron-Exon-Struktur und die Kodonnummer gezeigt, bei der Introns Exons unterbrechen. Das ebenfalls bekannte Pseudogen am 3'-Ende des Genclusters ist nicht eingezeichnet

einer *Polyglobulie*. Bei Varianten mit erniedrigter Sauerstoffaffinität ist die β-Kette betroffen. Dies führt umgekehrt zu einer reduzierten Erythropoetinproduktion, was zu leichten Anämien führt.

Methämoglobinämie

Bei Methämoglobinämien (HbM) gibt es 5 verschiedene Hämoglobinvarianten. 2 davon sind auf der α-Kette und 2 auf der β-Kette lokalisiert. Die 5. Variante, das Hb Milwaukee 1, ist auf molekularer Ebene noch nicht vollständig geklärt. Die Varianten 1 bis 4 beruhen auf der **Substitution eines Histidins durch Tyrosin.** Bei den Methämoglobien wird die physiologisch zweiwertige Eisenverbindung der Hämgruppe durch Oxidation in dreiwertiges Eisen umgewandelt. Dies verhindert die reversible Bindung des Hämoglobins an Sauerstoff und damit die Erfüllung seiner eigentlichen Funktion. Patienten mit HbM-Mutationen der α-Kette sind von Geburt an zyanotisch. Solche mit einer HbM-Mutation der β-Kette entwickeln keine schwere Zyanose vor dem 6. Monat. Neben der klinisch auffälligen Zyanose beobachtet man bei den Patienten eine leichte hämolytische Anämie.

Sichelzellanämie

Die Sichelzellanämie (HbS) ist die am längsten bekannte Hämglobinopathie. Die entsprechende Basenpaarsubstitution wurde bereits auf der Ebene der DNA besprochen (s. Kap. 3.5.2). Im Gegensatz zu allen anderen Basenpaarsubstitutionen verändert diese die **Löslichkeit** und **Kristallisation des Hämoglobins.** Das HbS polymerisiert in Filamente von hohem molekularem Gewicht, welche sich zu Faserbündeln assoziieren. Diese verformen die **Erythrozytenmembran** in charakteristischer Weise zu Sichelzellen (Abb. 3.54).

Die Sichelzellen *erhöhen die Viskosität* des Blutes mit der Folge der Verstopfung von Kapillaren. Dies führt zu abdominalen Symptomen bei Milzinfarkten und zu pleuropneumonieartigen Krankheitserscheinungen. Ein Befall der Röhrenknochen führt zu osteomyelitisartigen Krankheitsbildern; ist die Sehrinde betroffen, sind Erblindungen die Folge. Durch den beschleunigten Abbau der Sichelzellen kommt es zur *hämolytischen Anämie* (Tabelle 3.23). Diese Krankheitserscheinungen treten bei *homozygoten Genträgern* auf. Heterozygote dagegen haben zwischen 25% und 40% HbS und sind klinisch weitgehend normal. Aus der Sicht der *Genprodukte* liegt bei Heterozygoten eine *kodominante Vererbung* vor, auf der Ebene des *Genotyps* ein *autosomal-rezessiver Erbgang*, da nur Homozygote das volle Krankheitsbild ausprägen. Probleme treten nur in Höhen über 3000 m, d.h. bei niedrigem Sauerstoffpartialdruck, in Form einer schweren Hypoxie auf, da HbS weniger Sauerstoff bindet und die Tendenz hat auszukristallisieren.

Sichelanämie ist bei *Negriden* häufig. Der Grund für die hohe Frequenz des Sichelzellgens ist ein *Selektionsvorteil* der Heterozygoten gegen *Malaria tropica*.

Thalassämie

Auch andere Mutationen führen zu *Hämoglobinopathien*. An erster Stelle sind hier die Thalassämien zu nennen. Sie sind durch eine ungenügende oder fehlende Synthese der einen oder anderen Hämoglobinkette gekennzeichnet, also nicht durch eine qualitative Veränderung wie bei den bisher besprochenen Hämoglobinopathien. Häufig sind hier Deletionen verschiedener Länge. Man unterscheidet 2 Klassen von Thalassämien:
- Thalassämien mit Mutationen im α-Gen,
- Thalassämien mit Mutationen im β-Gen.

In beiden Fällen ist die α- oder β-Globinproduktion herabgesetzt oder nicht vorhanden. Deletionen können auch einzelne Nukleotide betreffen; die Folge sind *Frame-shift-Mutationen* (z.B. Hb Wayne, welches die α-Kette betrifft) mit Kettenverlängerung und Überlesung des Stoppkodons.

Die α-Thalassämien sind häufig in Thailand, Malaysia, Afrika und auf den Philippinen, kommen aber auch im Mittelmeerraum vor. Sporadische Fälle finden sich in allen ethnischen Gruppen. Die höchste Frequenz von β-Thalassämien wird im mediterranen Raum beobachtet. Die β-Thalassämie kann durch Verlust oder Herabsetzung der Genaktivität in einem oder beiden Allelen der β-Globingene zustande kommen. Personen mit einer Mutation in einem Gen exprimieren eine milde Form von Anämie (*Thalassämia minor*), solche mit einer Mutation in beiden Genen, also homozygote Träger (*Thalassämia major*), produzieren kein normales Hämoglobin. Homozygote kann man wiederum in zwei klinische Typen unterteilen:

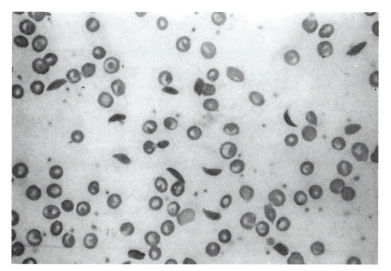

Abb. 3.54. Charakteristische Verformung der Erythrozyten bei der Sichelzellanämie

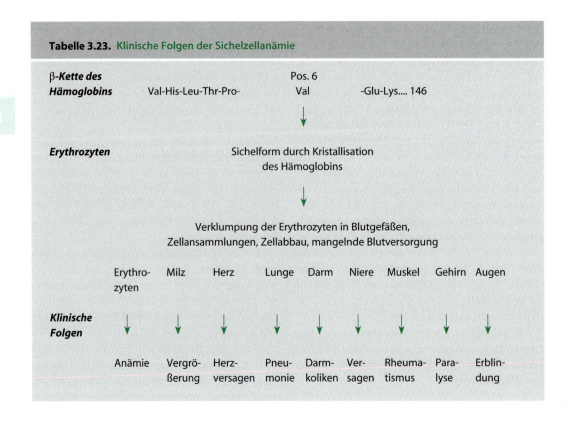

Tabelle 3.23. Klinische Folgen der Sichelzellanämie

- Bei der β^+-Thalassämie ist die Produktion von normalem Hämoglobin reduziert.
- Bei der β^0-Thalassämie fehlt die Produktion von β-Hämoglobin.

Auch bei β-Thalassämien ist bei Heterozygoten ein *Selektionsvorteil bei Malaria* wahrscheinlich, wenn auch nicht so deutlich wie bei der Sichelzellanämie. Der Selektionsvorteil dürfte für die in der Evolution entstandene hohe Frequenz des Gens (Thalassämia minor in Italien 10-30%) verantwortlich sein. Thalassämien können mit molekularbiologischen Methoden pränatal diagnostiziert werden.

Im Gegensatz zu den β-Thalassämien ist die homozygote Form der α-*Thalassämie letal*. Die Kinder kommen entweder als Totgeburten zur Welt oder sie sterben kurze Zeit nach der Geburt an hämolytischen Anämien. Die heterozygote Form wird wegen der geringen Ausprägung klinisch kaum diagnostiziert.

Weitere Hämoglobinopathien

Neben den erwähnten Hämoglobinopathien finden sich noch eine große Zahl anderer, die z.B. auf Promotor- oder Terminatormutationen, auf Duplikationen oder auf Genkonversionen beruhen. Auch illegitimes Crossing-over im β-Cluster wird beobachtet, was z.B. zu Fusionsvarianten der Loki für die β- und δ-Kette führt (Hb-Lepro-Anomalie).

Auch das epigenetische Phänomen des Imprinting, das eine gewisse Zahl von Genen betrifft, bei denen nur eines der elterlichen Allele exprimiert wird, kann zu phänotypischen Auswirkungen von Genmutationen führen, wenn genetische Defekte solche Gene betreffen. Dabei kann das Imprinting auch gewebsspezifisch sein und zu mono- und biallerer Expression in verschiedenen Geweben führen und zu *Haploinsuffizienz* in Geweben, in denen das Gen biallelisch exprimiert wird. Von Haploinsuffizienz spricht man, wenn die *Expression eines Allels nicht ausreichend* zur Aufrechterhaltung der Funktion ist. Hierdurch kann phänotypische Heterogenität entstehen.

Die Hämoglobinopathien stellen wegen ihrer großen Häufigkeit in den betroffenen Regionen ein großes soziales Problem dar. Man schätzt, dass jährlich etwa 200.000 homozygot betroffene Kinder geboren werden. 50% sind Sichelzellanämien, 50% Thalassämien. Genetische Beratung und pränatale Diagnostik, wie sie auch in einigen Gebieten im mediterranen Raum existieren, erscheinen als einzige Alternative, die vorhandenen großen sozialen Probleme zu mildern. Zusammenfassend belegen gerade Hämoglobinopathien die verschiedenartigen phänotypischen Auswirkungen von Genmutationen, abhängig von der Art und Lokalisation der Mutation. Sie sind aber auch ein Beispiel, das die ganze *Variationsbreite der verschiedenen Mutationen* beim Menschen demonstriert.

3.8.2 Multiple Allele

Ein einzelnes Gen ist durch seine Basensequenz definiert und nimmt einen spezifischen Platz im Genom ein. Es kann allerdings in verschiedenen, meist leicht veränderten Formen vorkommen, da es im Verlauf der Evolution - wie bereits beschrieben - zu Mutationen in der DNA kommt.
- Verschiedene, in der DNA-Sequenz leicht veränderte Formen eines Gens heißen Allele (Allel = das Andere).

Die Menge der vorhandenen Allele eines Gens entspricht der Zahl der *stabilen Mutationen*, die sich im Verlauf der Evolution angesammelt haben. Man muss davon ausgehen, dass alle menschlichen Gene multipel allel sind. Das Konzept der multiplen Allelie muss man auf Populationen beziehen, da eine bestimmte Person nur zwei Allele eines Gens besitzen kann, jeweils eines von jedem Elternteil. Würde man also eine Population bezüglich aller Phänotypen untersuchen, die ein bestimmtes Gen repräsentieren, so könnte man alle verfügbaren Allele beschreiben. Das Allel, dessen Sequenz für einen als „normal" klassifizierten Phänotyp kodiert, bezeichnet man als *Wildtypallel*.

Das wohl bekannteste Beispiel für multiple Allelie sind die AB0-Blutgruppen des Menschen. Die Blutgruppen A1, A2, A3, B1, B2 und 0 sind verschiedene Allele eines Gens. Die definierte Blutgruppe einer Person hängt dann davon ab, welche beiden Allele vererbt werden. Auch die verschiedenen Mutationen, z.B. der β-Kette des Hämoglobins sind multiple Allele.

Die *Laktoseunverträglichkeit* wird ebenfalls als ein System multipler Allele diskutiert. Die Aktivität der Laktose zeigt nämlich in verschiedenen Teilen der Welt bezüglich ihrer vollen Expression erhebliche Altersunterschiede.

Ein weiteres bekanntes Beispiel ist die *White-Serie von Drosophila melanogaster*. Abhängig von der Allelsituation im Genom der Fruchtfliege werden hier phänotypisch verschiedene Augenfarben - vom Rot des Wildtyps über verschiedene Variationen von Rotabstufungen bis zum reinen Weiß der Mutante „white" - ausgebildet.

Die Begriffe *Homozygotie und Heterozygotie* beziehen sich auf die Vererbung identischer oder unterschiedlicher Allele. Die Begriffe *Dominanz, Rezessivität* und *Kodominanz* drücken aus, wie stark ein Allel im Phänotyp repräsentiert ist. Wenn zwei Gene nicht unabhängig voneinander vererbt werden, wie dies nach Mendel zu fordern ist, so können diese Gene komplett oder eng gekoppelt sein. Dies kann ein System multipler Allelie vortäuschen. Selten auftretende Rekombinationen durch Crossing-over-Prozesse belegen, dass die Gene zwar unabhängig, aber doch eng gekoppelt sind (Tabelle 3.24)

3.8.3 Mutationen nicht-gekoppelter Loki mit verwandter Funktion

Eng gekoppelte Loki haben oft verwandte Funktionen. Beispiele sind:
- die γ-δ-β-Familie des Hämoglobins,
- die Immunglobulinregion, die eine Anzahl von Loki für die γ-Globin-Ketten enthält,
- 4 Gene, die im Stoffwechselprozess der Glykolyse eine Rolle spielen,
- Gene, die für eng verwandte Enzyme kodieren.

Zu erwähnen ist hier auch ein Cluster von Genen, das in die Immunantwort involviert ist, nämlich der **Major Histocompatibility Complex**, und Oberflächenantigene hauptsächlich der roten Blutzellen. Beispiele sind die Subtypen innerhalb des Rh-Systems. Von Bakterien kennen wir eine Koppelung von funktionell verwandten Loki; häufig sind diese sogar unter die Kontrolle eines Operons gestellt.

Es gibt auch Beispiele von nicht gekoppelten Loki mit verwandter Funktion. Bisher hat man beim Menschen keine Anzeichen gefunden, dass überhaupt *bakterienähnliche Operons* unter der Kontrolle eines Promotors existieren. So liegen die Gene für Galaktose-1-Phosphat-Uridyl-Transferase und Galaktokinase, die bei Bakterien gekoppelt sind, beim Menschen auf den Chromosomen 3 und 17.

Das Gen für G6PD ist auf dem X-Chromosom lokalisiert und das für das Folgeenzym 6-PGD auf Chromosom 1. Die menschlichen Gene für die α-Hämoglobinkette und die der γ-δ-β-Familie sind offensichtlich nahe verwandt; dennoch liegen sie auf verschiedenen Chromosomen. Folglich vererben sich Mutationen in Genen mit verwandter Funktion auch voneinander *unabhängig*, da sie *genetisch nicht gekoppelt* sind.

Wie kommt es dazu, dass in der Evolution auseinander hervorgegangene Gene auf verschiedenen Chromosomen lokalisiert sind und wie wird das Verhältnis der Genprodukte zueinander reguliert? Eine Antwort auf die letzte Frage liegt noch völlig im Dunkeln. Es ist nicht bekannt, wie beispielsweise die Produktion menschlicher α- und β-Hämoglobinketten so reguliert wird, dass immer ein Verhältnis 1:1 entsteht. Beantworten lässt sich jedoch die Frage nach der *Lokalisation auf verschiedenen Chromosomen*. Im Laufe der Evolution ist es immer wieder zu erheblichen Aus- und Umbauvorgängen gekommen; auch *Polyploidisierung ganzer Chromosomensätze* haben eine Rolle gespielt. Dadurch erklärt sich, dass sich Gene, die mit ziemlicher Sicherheit durch illegitimes *Crossing-over* auseinander hervorgegangen sind, plötzlich auf verschiedenen Chromosomen befinden. Möglicherweise wird hierdurch das Risiko weiterer illegitimer Crossing-over-Prozesse vermindert, denn lange DNA-Abschnitte mit sich wiederholenden Kaskaden von Basen würden solche Prozesse begünstigen (s. Kap. 12.2).

Es könnte also ein *evolutionärer Vorteil* sein, wenn Gene verwandter Funktion auf verschiedenen Chromosomen sitzen.

Auch die funktionell abgeschalteten Pseudogene liegen häufig auf einem ganz anderen Chromosom als die entsprechenden kodierenden Gene (Tabelle 3.25).

Tabelle 3.24. Zustandsformen von Genen und ihre Konsequenzen für die genotypische Vererbung

Gen	DNA-Abschnitt, der für ein funktionelles Produkt mit einer spezifischen Basensequenz kodiert.
Allele	Alternative Formen von Genen, die denselben Lokus im Chromosom einnehmen. Die verschiedenen Allele unterscheiden sich voneinander durch eine oder mehrere mutative Veränderung.
Multiple Allelie	Existieren mehr als zwei Alle eines bestimmten Gens, so spricht man von multiplen Allelen bzw. von multipler Allelie.
Homozygotie	Vorhandensein von identischen Allelen an sich entsprechenden Loki in homologen Chromosomensegmenten.
Heterozygotie	Vorhandensein von verschiedenen Allelen an sich entsprechenden Loki in homologen Chromosomensegmenten.

Tabelle. 3.25. Lagebeziehung von Genen mit verwandter Funktion

Gene mit verwandter Funktion liegen häufig eng gekoppelt

Gene mit verwandter Funktion können auch auf völlig verschiedenen Chromosomen liegen

Gene mit verwandter Funktion sind in der Regel durch Duplikation wie z.B. illegitimes Crossing-over auseinander hervorgegangen

Verantwortlich für die Trennung von Genen mit verwandter Funktion sind evolutionäre Umbauvorgänge

Die Regulation des quantitativen Verhältnisses der Genprodukte zueinander ist bei räumlich getrennten Genen unbekannt

Formale Genetik

4.1 Kodominante Vererbung 134

4.2 Autosomal-dominanter Erbgang 135

4.3 Autosomal-rezessiver Erbgang 137
4.3.1 Pseudodominanz 139
4.3.2 Rezessive Erbleiden bei Blutsverwandten 139
4.3.3 Auswirkungen von Homozygotie und Heterozygotie 141

4.4 X-chromosomale Vererbung 142
4.4.1 X-chromosomal-rezessiver Erbgang 142
4.4.2 X-chromosomal-dominanter Erbgang 143

4.5 Einige Besonderheiten monogener Erkrankungen 146
4.5.1 Genetische Heterogenität 146
4.5.2 Pleiotropie 146
4.5.3 Expressivität und Penetranz 148
4.5.4 Manifestationsalter 148
4.5.5 Somatische Mutationen und Mosaike 149
4.5.6 Genomisches Imprinting und uniparentale Disomie 149
4.5.7 Expandierende Trinukleotide 150

In der Praxis wird der Humangenetiker bzw. der behandelnde Arzt immer wieder mit Krankheiten konfrontiert, die entweder direkt nach den Mendelschen Gesetzen vererbt werden oder zumindest eine *erbliche Disposition* voraussetzen.

Vermutet der Arzt ein erbliches Leiden, so kann er durch eine *Stammbaumanalyse* feststellen, ob sich seine Vermutung bestätigt oder nicht. Der Stammbaum liefert gleichzeitig die Grundinformationen für alle weiteren Überlegungen.

4.1 Kodominante Vererbung

Rufen wir uns das 1. Mendelsche Gesetz (Tabelle 4.1) und den klassischen Kreuzungsfall der *Wunderblume (Mirabilis japala)* ins Gedächtnis, so unterscheiden sich die beiden homozygoten Elterntypen und die heterozygote Filialgeneration phänotypisch voneinander (Für die Definition der Begriffe *homozygot* und *heterozygot* s. Tabelle 3.25).

Wir haben es bei der Wunderblume mit einem Spezialfall der *kodominanten Vererbung*, nämlich mit einem intermediären Erbgang, zu tun. Man spricht von einem *intermediären Erbgang*, wenn der heterozygote Zustand phänotypisch in der Mitte zwischen beiden homozygoten Zuständen liegt, wenn also jedes Allel zu 50% an der Ausprägung eines Merkmals beteiligt ist.

Der Begriff kodominant umschreibt dagegen in allgemeiner Form die Möglichkeit, dass die beiden Formen, die für ein Allelpaar homozygot sind, vom heterozygoten Zustand im Phänotyp unterschiedlich sind. Betrachtet man die Nachweisbarkeit phänischer Wirkung aller Gene nebeneinander nicht auf der Ebene einer bestimmten Person, die nur 2 Allele eines Gens besitzen kann, sondern auf der Ebene einer Population, so existieren so viele Allele eines Gens wie sich im Verlauf der Evolution *stabile Mutationen* angesammelt haben. Diese Zusammenhänge sind in Kapitel 3.8.2 ausführlich besprochen.

Beispiele für kodominante Vererbung finden sich bei Blutgruppen, Enzym- und anderen Proteinpolymorphismen. Historisch wurden beim Menschen die ersten Beispiele für Kodominanz an der Genetik von Blutgruppen entdeckt. So spielten die Blutgruppen des MN-Systems bei Fällen ungeklärter Paternität eine Rolle, bevor man solche Fälle auf DNA-Ebene untersucht. (Abb. 4.1). Es existieren 2 Allele M und N. Die Phänotypen M und N repräsentieren die Homozygoten. MN ist der heterozygote Geno- und Phänotyp.

Auch bei den *ABO-Blutgruppen* liegt *Kodominanz* vor. Treffen nämlich die Allele A und B heterozygot zusammen, dann prägen beide ihre spezifischen Erythrozytenantigene aus. Der Träger dieser Erythrozyten hat die Blutgruppe AB. Phänotypisch werden also beide Merkmale ausgeprägt.

Ein anderes Beispiel sind die *Haptoglobine*, Serumproteine, die als Transportproteine für das Hämoglobin abgebauter Erythrozyten dienen. Durch die Stärkegelelektrophorese ist es möglich, die drei wichtigsten Haptoglobinty-

Tabelle 4.1. Die Mendelschen Gesetze

1. Mendelsches Gesetz (Uniformitätsgesetz)	Kreuzt man zwei homozygote Linien, die sich in einem oder mehreren Allelpaaren unterscheiden, so sind alle F_1-Hybriden uniform.
2. Mendelsches Gesetz (Spaltungsgesetz)	Kreuzt man F_1-Hybride, die in einem Allelpaar heterozygot sind, so ist die F_2-Generation nicht uniform.
3. Mendelsches Gesetz (Unabhängigkeitsregel)	Kreuzt man zwei homozygote Linien untereinander, die sich in zwei oder mehreren Allelpaaren voneinander unterscheiden , so werden die einzelnen Allele unabhängig voneinander entsprechend den beiden ersten Mendelschen Gesetzen vererbt.

4.2 · Autosomal-dominanter Erbgang

Abb. 4.1. MN-Blutgruppensystem bei der Vaterschaftsbegutachtung

Mutter	Kind	mögliche Väter			unmögliche Väter
M	M	M	MN		N
M	MN		MN	N	M
MN	M	M	MN		N
MN	MN	M	MN	N	-
MN	N		MN	N	M
N	MN	M	MN		N
N	N		MN	N	M

pen zu unterscheiden. Familienuntersuchungen zeigen, dass den drei Phänotypen Hp 1-1, 2-1 und 2-2 zwei Allele Hp^1 und Hp^2 zugrunde liegen. Dabei entsprechen die Typen 1-1 und 2-2 den Homozygoten, 2-1 entspricht den Heterozygoten. In unserer Bevölkerung hat das Gen Hp^1 etwa eine Häufigkeit von 0,4. Dies führt zu einer Phänotypenhäufigkeit von 16% des Phänotyps 1-1, 36% 2-2 und 48% 2-1. Auch Haptoglobine hatten in der forensischen Medizin bei der Vaterschaftsbegutachtung Bedeutung.

In Erythrozyten befindet sich die *saure Erythrozytenphosphatase*. Von diesem Enzym gibt es drei verschiedene Allele, P^a, P^b und P^c, die drei Phänotypen entsprechen.

4.2 Autosomal-dominanter Erbgang

Viel häufiger als der kodominante Erbgang ist beim Menschen jedoch der **dominante Erbgang**, bei dem der Phänotyp eines Homozygoten dem Phänotyp eines Heterozygoten entspricht. Von autosomal-dominanter Vererbung spricht man dann, wenn der betreffende *Genlokus auf einem Autosom* und nicht auf einem Geschlechtschromosom liegt. Die Grenzen zwischen den Begriffen dominant, kodominant und rezessiv sind jedoch in der Realität nicht so exakt, wie die Definition vermuten lässt.

- Dominante Vererbung liegt vor, wenn bereits die Anwesenheit der entsprechenden genetischen Information in einfacher Dosis genügt, um das Merkmal voll zur Ausprägung zu bringen.

Der heterozygote Träger des Gens zeigt die phänotypischen Auswirkungen des Gens, weil die Aktivität des normalen Allels für die Kompensation des mutierten Allels nicht ausreicht (**Haploinsuffizienz**). Allerdings kann auch sein, dass das mutierte Genprodukt die Funktion des normalen stört, beispielsweise aufhebt oder eine ganz neue Wirkung besitzt. Diese Phänomene werden als *dominant-negative Genwirkung* und/oder *Aktivierungswirkung* bezeichnet.

Die Einstufung eines Gens als dominant oder rezessiv hängt allerdings häufig von der Genauigkeit ab, mit der man phänotypische Merkmale von Heterozygoten untersucht oder nach dem heutigen Forschungsstand untersuchen kann. Je sorgfältiger und detaillierter der Vergleich von homozygoten und heterozygoten Trägern durchgeführt wird, desto eher wird man auch *phänische Unterschiede* entdecken. Verfeinerte Untersuchungsmethoden werden in der Zukunft sicher immer mehr solcher Unterschiede aufzeigen.

Beim Menschen sind heute über 6000 meist sehr seltene, *dominant erbliche Merkmale* bekannt, die häufig zu mehr oder weniger schweren Fehlbildungen oder Anomalien führen. Dies bedeutet keineswegs, dass alle oder die meisten Störungen dominanter Gene zu Erkrankungen führen. Vielmehr ist die Dominanz eines Gens, das verglichen mit der Normalsituation zu schweren Anomalien führt, lediglich leichter zu entdecken. Homozygote Träger solcher *krankheitsinduzierender Gene* sind meist nicht bekannt, da sie sehr selten sind und die Heterozygoten oft einen erheblichen Fortpflanzungsnachteil haben. Die Übereinstimmung zwischen homozygotem und heterozygotem Genotyp ist oft gar nicht nachprüfbar, es sei denn, das Gen ist kartiert und entsprechende molekularbiologische Methoden stehen zur Verfügung. Sind homozygot Kranke bekannt, ist das *Erbleiden* tatsächlich häufig wesentlich *schwerer ausgeprägt* als im heterozygoten Fall. Man müsste in diesen Fällen streng genommen von kodominantem Erbgang sprechen. Scharfe Grenzen sind aber, wie gezeigt, schwer zu ziehen. Es hat sich deshalb durchgesetzt, ein Merkmal als dominant erblich zu bezeichnen, wenn die Heterozygoten *deutlich vom Normalen abweichen* Man sollte sich also beim Gebrauch der Begriffe dominant und rezessiv darüber im Klaren sein, dass diese eine Abstraktion darstellen, die in praktischen und didaktischen Notwendigkeiten begründet ist, die biologischen Tatsachen aber oft nur ungenau wiedergeben.

Die Übertragung eines autosomal-dominanten Merkmals erfolgt in der Regel von einem der Eltern auf die Hälfte der Kinder (Abb. 4.2 und Abb. 4.3). Der übertragende Elternteil ist gewöhnlich heterozygot für das entsprechende Allel, während der andere normalerweise homozygot für das wesentlich häufigere (bei menschlichen Erbleiden nicht krankhafte) rezessive Allel ist.

— Für jedes Kind eines Merkmalträgers ergibt sich damit bei einem autosomal-dominanten Erbleiden eine Erkrankungswahrscheinlichkeit von 1/2.

Dabei spielt es keine Rolle, welcher Elternteil das krankhaft dominante Allel in die Zygote eingebracht hat. Da Träger schwerer autosomal-dominanter Erbleiden häufig das Fortpflanzungsalter nicht erreichen oder so stark geschädigt sind, dass die Fortpflanzungsrate stark herabgesetzt bzw. gleich Null ist, sollte man erwarten, dass krankhafte dominante Gene sich von selbst eliminieren. Häufig treten solche Erbleiden jedoch *sporadisch* auf; d.h. beide Eltern sind gesund, das Kind weist jedoch eine Anomalie oder Fehlbildung auf, die aus anderen Familien als autosomal-dominant bekannt ist. In diesem Falle hat man es mit einer *Neumutation* zu tun. Neumutationen sind im Verhältnis zur Gesamtzahl der Erkrankten um so häufiger zu beobachten, je schwerer das betreffende Erbleiden den Träger schon in jungen Jahren beeinträchtigt und je seltener sich die Merkmalsträger fortpflanzen.

Möglich ist auch, dass zwar ein Elternteil Träger des autosomal-dominanten Gens ist, dieses sich bei ihm aber aus uns bisher unbekannten Gründen nicht vollständig phänotypisch manifestiert hat und nicht bei 50% der Nachkommenschaft auftritt. Durch eine solche *unregelmäßig dominante Vererbung* kann eine Generation scheinbar übersprungen werden. Man spricht in diesem Falle von *unvollständiger Penetranz*. Die Penetranz gibt an, in wie viel Prozent der Genträger sich das Leiden manifestiert. Hat also z.B. ein Erbleiden eine Penetranz von 60%, so bedeutet dies, dass nur 60% der Genträger die Symptomatik des Leidens zeigen und die restlichen 40% davon mehr oder weniger frei sind. Diese können es jedoch auf ihre Kinder weitervererben, bei denen sich das Leiden manifestieren kann. Dabei kann der phänotypische Ausprägungsgrad bei penetranten Genen, d.h. die Stärke, mit der ein Gen manifestiert wird, durchaus unterschiedlich sein. Man drückt dies durch den Begriff *Expressi-*

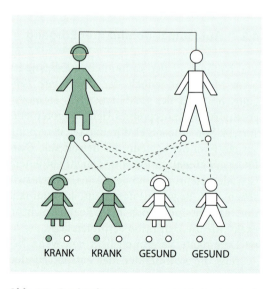

Abb. 4.2. Der häufigste Kreuzungstyp bei autosomal-dominantem Erbgang, wenn das Leiden nicht durch Neumutation entstanden ist

4.2 · Autosomal-dominanter Erbgang

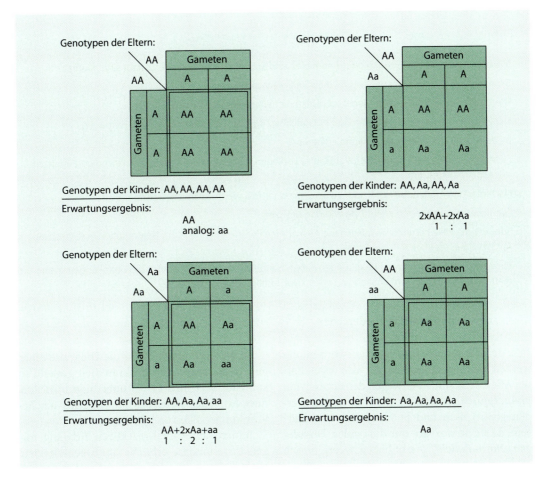

Abb. 4.3. Kreuzungstypen bei autosomalem Erbgang. A = dominantes Gen, a = rezessives Gen

vität aus. Ein Gen kann auch voneinander unabhängige unterschiedliche Symptome verursachen (*Pleiotropie*). Besteht bei einem Gen *Spätmanifestation* (Kap. 4.5.4), erkranken Genträger beispielsweise erst im Erwachsenenalter, so kann es sein, dass ein Genträger stirbt, bevor die Krankheit manifest wird. Auch dies kann eine Ursache für unregelmäßige Dominanz sein (Tabelle 4.2).

4.3 Autosomal-rezessiver Erbgang

Von einem autosomal-rezessiven Erbgang sprechen wir, wenn **nur der homozygote Genträger** das interessierende Merkmal – etwa eine Erbkrankheit – aufweist, während der Heterozygote sich nicht von dem häufigeren, „normalen" Homozygoten mit zwei nicht-krankhaften Allelen unterscheidet. Bei allen schweren autosomal-rezessiven Erbleiden wird der Kranke in der Regel von gesunden Eltern abstammen, die selbst heterozygot für das betroffene Gen sind.

- Bei autosomal-rezessivem Erbgang tragen die Eltern zwar genotypisch den Defekt, er drückt sich jedoch phänotypisch nicht aus, da die Wirkung des betreffenden Gens im Vergleich zum normalen, nicht krankhaften Allel rezessiv ist. Eltern, die beide heterozygot für ein autosomal-rezessives Leiden sind, werden entsprechend dem 2. Mendelschen Gesetz zu 1/4 homozygot-kranke Kinder bekommen, d.h. jedes Kind hat ein Erkrankungsrisiko von 25%.

> **Tabelle 4.2.** Hauptkriterien bei autosomal-dominanter Vererbung
>
> Morphologische Fehlbildungen oder Anomalien und Störungen der Gewebestruktur sind häufig.
> Dominant vererbte Erkrankungen sind meist äußerlich sichtbar.
> Die Übertragung erfolgt in der Regel von einem der Eltern auf die Hälfte der Kinder.
> Der Phänotyp heterozygoter Genträger entspricht weitgehend dem homozygoten Genträger.
> Beide Geschlechter sind gleich häufig erkrankt.
> Es kann unregelmäßig dominante Vererbung vorliegen, beispielsweise durch unvollständige Penetranz oder Spätmanifestation.
> Nachkommen merkmalsfreier Personen sind merkmalsfrei, wenn volle Penetranz herrscht.
> Dominante Gene können pleiotrope Wirkung besitzen.
> Sporadische Fälle beruhen bis auf seltene Ausnahmen (Keimzellmosaike) auf Neumutationen (bei schweren Erbleiden oft über 50% der Fälle).
> Viele autosomal-dominante Erkrankungen haben Häufigkeiten unter 1/10 000, alle Erkrankungen zusammen haben eine Gesamthäufigkeit von etwa 7 auf 1.000 Neugeborene.

50% der Kinder aus einer solchen Verbindung werden heterozygot Genträger des krankhaften Allels sein, sind aber wegen der Rezessivität **phänotypisch unauffällig**. 25% der Kinder werden genotypisch und phänotypisch „normal" sein, da sie homozygot nur die beiden **homologen „Normalallele"** geerbt haben. Es ergibt sich also genotypisch ein Aufspaltungsverhältnis von 1:2:1, phänotypisch jedoch von 3:1, d.h. von 75% gesunden Kindern und von 25% kranken Kindern (Abb. 4.4). Bei der geringen Kinderzahl der meisten Familien heutzutage bedeutet dies, dass die Mehrzahl der Krankheitsfälle anscheinend sporadisch auftritt, da sie häufig die einzigen Fälle in der Familie und in der Sippe sind. Diese Fakten sollte man sorgfältig beachten und nicht aus der Tatsache, dass weitere Kranke in der Familie nicht auffindbar sind, ableiten, das Leiden sei nicht erblich.

Wir kennen zur Zeit ca. 4000 autosomal-rezessive Erbleiden, die zwar sehr selten sind, jedoch für das betroffene Individuum sehr schwere Folgen haben. Daher ist es für den Arzt unbedingt notwendig, zumindest die Symptome der häufigsten autosomal-rezessiven Erbleiden zu kennen und im Zweifelsfall einen Fachmann, z.B. einen Humangenetiker, zu Rate zu ziehen.

Wurde bei einem Kind die Diagnose einer autosomal-rezessiven Erbkrankheit gestellt, so sollte der Arzt den Eltern unbedingt mitteilen, dass für jedes weitere Kind ebenfalls ein Erkrankungsrisiko von 25% besteht.

Einem autosomal-rezessiven Erbgang folgen insbesondere erbliche Stoffwechselleiden, speziell Enzymdefekte. Dabei handelt es sich normalerweise um einen Mangel eines bestimmten Enzyms. Untersucht man heterozygote Genträger, so stellt man fest, dass sie nur etwa 50% der normalen Enzymaktivität besitzen. Das genügt jedoch in der Regel zur Aufrechterhaltung einer phänotypisch normalen Lebensfunktion. Heterozygote Genträger zeigen im Allgemeinen **keine Krankheitserscheinungen** (Tabelle 4.3).

Im Gegensatz dazu wirken autosomal-dominante Erbleiden, also Erbleiden, die sich bereits im **heterozygoten Zustand manifestieren**, gewöhnlich nicht über einen Enzymblock. Charakteristisch für die dominante Vererbung sind ausgedehnte Anomalien der Gewebsbeschaffenheit und der Organform. Sie gehen häufig mit **schweren äußerlichen Fehlbildungen** einher.

Eine konstante Stoffwechselveränderung ist im Gegensatz zu autosomal-rezessiver Genwirkung normalerweise nicht erfassbar. Man

4.3 · Autosomal-rezessiver Erbgang

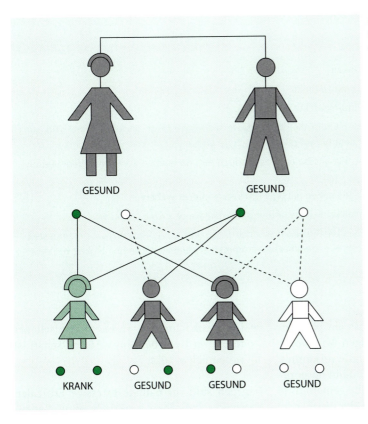

Abb. 4.4. Der häufigste Kreuzungstyp bei autosomal-rezessivem Erbgang

nimmt daher für dominante Erbleiden an, dass abnormale Genprodukte gebildet werden, deren Aufgabe nicht die Steuerung von Stoffwechselprozessen, sondern der Aufbau von Zellstrukturen und Gewebestrukturen ist. Es werden abnormale Polypeptide oder Proteine neben normalen gebildet und in die Zell- und Gewebestrukturen eingebaut, die jedoch dann die Struktur krankhaft verändern und zu ausgedehnten Fehlbildungen führen.

4.3.1 Pseudodominanz

Ein Spezialfall rezessiver Vererbung soll noch Erwähnung finden: Kommt es zu einer Verbindung eines homozygoten Genträgers für ein erbliches Stoffwechselleiden der oben besprochenen Form mit einem heterozygoten Genträger, so ist der Erwartungswert für erkrankte Kinder nicht mehr 25%, sondern 50%, wie sich leicht formal ableiten lässt. Vom Erwartungswert her wird also hier autosomal-dominante Vererbung *simuliert*. Man spricht daher von Pseudodominanz.

4.3.2 Rezessive Erbleiden bei Blutsverwandten

Die meisten rezessiven Gene haben Häufigkeiten zwischen 1:100 und 1:1000. Dies bedeutet, dass das *Risiko für eine Homozygotie* zwischen 1:10.000 bis 1:1.000.000 beträgt. Seltene Gene haben also in der Regel ein relativ geringes Risiko zusammenzutreffen, sofern *Panmixie* bezüglich des betreffenden Merkmals herrscht, d.h., wenn die Heiratsgewohnheiten unabhängig vom Merkmal sind. Haben Personen jedoch einen Teil ihrer Gene gemeinsam, wie es bei Blutsverwandtschaft der Fall ist, so erhöht sich das Risiko beträchtlich. Dies gilt vor allem für *seltene pathologische Gene.* Je seltener nämlich ein rezessives Gen in der Bevölkerung ist, desto häufiger wird es sich bei den Nachkommen des gleichen Stammelternpaares finden. Der

> **Tabelle 4.3.** Die Hauptkriterien bei autosomal-rezessiver Vererbung
>
> Nur homozygote Genträger erkranken.
>
> Beide Geschlechter sind gleich häufig erkrankt.
>
> Stoffwechselstörungen, speziell Enzymdefekte, sind häufig.
>
> Die Übertragung erfolgt von beiden Eltern, die heterozygote, phänotypisch gesunde Genträger sind, auf 1/4 der Kinder. 1/2 der Kinder ist heterozygot phänotypisch gesund und 1/2 homozygot gesund.
>
> Die Mehrzahl der Krankheitsfälle tritt anscheinend sporadisch auf, da heutige Familien wenige Kinder haben.
>
> Patienten mit seltenen Erkrankungen gehen häufiger aus Verwandtenehen hervor.
>
> Neumutationen spielen im Einzelfall keine Rolle und sind normalerweise auch nicht nachweisbar.
>
> Die meisten rezessiven Gene haben Häufigkeiten zwischen 1/100 und 1/1000, homozygote Krankheiten zwischen 1/10.000 und 1/1.000.000. Alle Krankheiten zusammen haben eine Gesamthäufigkeit von etwa 2,5 auf 1000 Neugeborene.

Extremfall hierbei wäre der, dass ein pathologisches Gen durch einen einzigen Mutationsschritt nur in einer einzigen Familie vorkommt. Dieses Gen kann überhaupt nur dann homozygot werden, wenn Blutsverwandte gemeinsame Nachkommen haben. Je näher der Verwandtschaftsgrad zweier blutsverwandter Partner ist, um so höher ist die Wahrscheinlichkeit, dass es zur Verbindung zweier Heterozygoter und damit zum Homozygotwerden des Gens kommt. Wie bereits in obigem Beispiel gezeigt, entspricht das zufällige Zusammenkommen zweier homologer Gene und damit das Homozygotwerden dem Quadrat der Heterozygotenhäufigkeit in der Bevölkerung. Bei einer Heterozygotenfrequenz von 1/50 errechnet sich dies zu

$$1/50 \times 1/50 = 1/2500$$

Bei rezessivem Erbgang ergibt dies eine Manifestationswahrscheinlichkeit von

$$1/4 \times 1/2500 = 1/10.000$$

Beispiel: Nehmen wir eine Vetternehe 1. Grades an, so ist der Anteil der gemeinsamen Gene 1/8. Auf die Manifestationswahrscheinlichkeit hat dies folgenden Einfluss:

$$1/50 \times 1/8 \times 1/4 = 1/1600$$

- Das Risiko für eine Homozygotie seltener rezessiver Gene bei Blutsverwandtschaft ist wesentlich erhöht.

Dagegen sind für häufige rezessive Erbleiden Verwandtschaftsehen praktisch ohne Bedeutung, da es durch den hohen Anteil von Heterozygoten in der Bevölkerung auch ohne Verwandtenehen zu homozygoten Genträgern kommt.

Welche Konsequenzen hat dies für die praktische genetische Beratung? Ohne Frage erhöht sich bei Verwandtenehen das Risiko für eine Homozytogie pathologisch rezessiver Gene beträchtlich. Dies muss bei der Beratung berücksichtigt werden. Andererseits wird das Risiko für ein genetisch geschädigtes Kind aus solchen Verbindungen allgemein häufig *überschätzt*. Der Grund liegt darin, dass bestimmte Erkrankungen, wie z.B. Kretinismus nach Jodmangel im Wasser in Alpenisolaten früher auf diese genetische Ursache zurückgeführt wurde.

Insgesamt besteht also eine Risikoerhöhung, das Risiko für Kinder aus solchen Verbindungen ist allerdings absolut nicht allzu hoch.

Genetische Erkrankungen unter Isolatbedingungen

Seltene rezessive Erkrankungen finden sich in bestimmten Bevölkerungsgruppen in erstaunlicher Häufigkeit. Der Grund ist eine Anhäufung solcher Gene in *Isolaten*. Die Entstehung solcher Isolate kann geographische, historische, ethnische oder religiöse Ursachen haben. Dabei spielen Verwandtschaftsehen eher eine geringere Rolle. Von größerer Bedeutung ist die allgemeine Verwandtschaft in solchen Bevölkerungen, die häufig von relativ *kleinen Populationsstärken* ihren Ausgang genommen haben. Die humangenetische Forschung zieht solche Isolate heran, um einzelne genetische Erkrankungen bezüglich ihrer klinischen Manifestation und ihrer Heterogenität näher zu untersuchen. In den letzten Jahren brechen die sozialen Veränderungen und die weltweit *gestiegene Mobilität* zwar zunehmend auch die letzten echten Isolate auf, dennoch bilden sie manchmal den Ausgangspunkt großer Stammbäume für seltene genetische Erkrankungen. Solche Stammbäume können u.a. bei der Genlokalisation wichtiger pathologischer Gene mit Methoden der modernen Molekulargenetik sehr hilfreich sein.

Ein Beispiel für die Zunahme genetischer Erkrankungen unter Isolationsbedingungen ist die hohe Frequenz von drei Lipidspeichererkrankungen unter den Aschkenasim-Juden Ost-Europas. Diese Krankheiten, die auf Defekten verschiedener lysosomaler Hydrolasen beruhen, sind die kindliche Form der *Tay-Sachs-Erkrankung* (G_{M_2}-Gangliosidose), die *Niemann-Pick-Krankheit* (Sphingomyelin-Lipidose) und die adulte Form (Typ I) der *Gaucher-Krankheit*. Viele Bedingungen sprechen dafür, dass eine *genetische Drift* für die Zunahme dieser Krankheiten verantwortlich ist. Während langer Perioden ihrer Geschichte lebten die Ashkenasim-Juden als eine religiöse Minorität in relativer Isolation. Es gibt Schätzungen, dass die Population zu Beginn des 19. Jahrhunderts nicht mehr als 10.000 Personen umfasste. Andere Daten sprechen jedoch dafür, dass es verschiedene Einflüsse auf diesen Genpool gegeben hat, die einer wirksamen genetischen Drift widersprechen. Immerhin waren es drei pathologisch und genetisch ähnliche Gene, die sich in der gleichen Bevölkerung ausgebreitet haben. Es muss daher auch diskutiert werden, inwieweit nicht sehr spezifische Selektionsvorteile für Heterozygote unter den besonderen Lebensbedingungen eine Rolle gespielt haben. Allerdings konnte ein definierter Selektionsvorteil bisher nicht nachgewiesen werden. Die Sachlage ist also hier durchaus komplex; dennoch zeigt das Beispiel, dass in bestimmten Populationen seltene genetische Erkrankungen weit häufiger sein können als in der allgemeinen Population.

4.3.3 Auswirkungen von Homozytogie und Heterozygotie

Der Unterschied zwischen *autosomal-dominantem* und *autosomal-rezessivem* Erbgang ist, wie bereits in Kap. 4.3 erwähnt wurde, in der *Gendosis* zu suchen. Während beim autosomal-dominanten Erbgang bereits die *einfache Gendosis* ausreicht, um bei Defektgenen Krankheitserscheinungen hervorzurufen, also der heterozygote Zustand bereits zur Symptomatik führt, wird beim autosomal-rezessiven Erbgang die *doppelte Gendosis* benötigt, also die Homozytogie von Genen. Ob ein Gen dominant oder rezessiv wirkt, hängt ausschließlich von der Information ab, die es kodiert. Folglich unterliegen insbesondere erbliche Stoffwechselleiden, speziell *Enzymdefekte* einem autosomal-rezessiven Erbgang.

Bei für Enzyme kodierenden Genen reicht nämlich in der Regel die einfache Gendosis aus, um eine phänotypisch normale Lebensfunktion aufrechtzuerhalten. Da Defektallele normalerweise zum Mangel eines Enzyms führen, kann man bei Heterozygoten – sofern für einen bestimmten Defekt Hetereozygotentests existieren – tatsächlich nur etwa 50% der Enzymaktivität von homozygot Gesunden nachweisen. Die halbe Genaktivität gewährleistet eine normale Lebensfunktion. Erst der völlige Ausfall der genetischen Information, also der *homozygote Zustand*, führt zur Manifestation der Erkrankung.

Dominante Gene sind dagegen normalerweise nicht durch den Ausfall eines Genprodukts, sondern durch die Bildung *abnormaler Genprodukte* gekennzeichnet, deren Aufgabe nicht die Steuerung von Stoffwechselprozessen, sondern der Aufbau von Zell- und Gewebestrukturen ist. Werden aber abnormale Polypeptide oder Proteine neben normalen gebildet und in Zellen und Gewebe eingebaut, so wird deren Struktur so verändert, dass ausgedehnte Fehlbildungen die Folge sind (Tabelle 4.4).

4.4 X-chromosomale Vererbung

In den vorhergehenden Kapiteln wurden Erbgänge dargelegt, für welche die verantwortlichen Gene auf den Autosomen lokalisiert waren. Nun soll auf die geschlechtsgebundene Vererbung eingegangen werden, d.h. auf den Vererbungsmodus von Genen, die auf den Gonosomen lokalisiert sind.

4.4.1 X-chromosomal-rezessiver Erbgang

Das menschliche X-Chromosom enthält relativ zahlreiche Gene (nach neuen Analysen 1.098), deren Erbgang sowohl dominant als auch rezessiv sein kann. Da die Männer ein X-Chromosom, die Frauen aber zwei X-Chromosomen haben, gibt es im Falle einer X-gekoppelten Mutation für Männer zwei, für die Frauen drei Möglichkeiten. Die Männer können jeweils hemizygot für mutierte oder normale Gene sein, während die Frauen entweder heterozygot oder homozygot für jedes Allel sein können. Von *Hemizygotie* spricht man dann, wenn ein Gen nur einmal im Genotyp vorhanden ist, also bei Genen, die auf dem einzigen X- oder Y-Chromosom des Mannes lokalisiert sind. Ein rezessives Gen, das auf dem X-Chromosom liegt, wird sich phänotypisch beim Mann manifestieren, da er im Gegensatz zum weiblichen Geschlecht kein zweites normales Gen besitzt (Tabelle 4.5).

Folgende *Kreuzungsmöglichkeiten* können vorliegen:
- Mutter heterozygot (*X*/X, phänotypisch gesund, Vater gesund (XY). Hier wird die Mutter als Konduktorin (Übertragerin) das krankmachende Gen auf die Hälfte der Söhne vererben (*X*/Y), die dann hemizygot das defekte Gen besitzen und erkranken. Alle Töchter aus dieser Verbindung sind bis auf Ausnahmefälle (s. Kap. 3.4.3) klinisch gesund. Die Hälfte von ihnen sind aber wieder Konduktorinnen (Abb. 4.5).
- Vater hemizygot krank (*X*/Y), Mutter homozygot gesund (XX). Bei dieser Kreuzungssituation werden alle Söhne gesund sein, denn sie erhalten immer das normale Gen mit dem X-Chromosom der Mutter. Alle Töchter sind jedoch heterozygote Konduktorinnen (X/*X*), denn sie erhalten das krankhafte Gen über das *X*-Chromosom des Vaters. Töchter eines hemizygot kranken Mannes werden dieses Chromosom mit dem krankmachenden Gen auf die Hälfte ihrer Söhne weiter vererben (Abb. 4.6).
- Mutter homozygot krank (*X*/*X*), Vater gesund (XY). Alle Söhne werden krank ((*X*/Y), die Töchter alle gesunde Konduktorinnen (*X*/X; Abb. 4.7)
- Mutter homozygot krank (XX), Vater hemizygot krank (*X*/Y),. Alle Kinder werden krank (XX, XY; Abb. 4.8)
- Mutter heterozygot (*X*/X), Vater hemizygot krank (*X*/Y). Die Hälfte der Söhne werden hemizygot krank (XY), die Hälfte der Töch-

Tabelle 4.4. Die Wirkung rezessiver und dominanter Defektgene

Rezessive Gene	kodieren meist für Enzymproteine. Defekte führen gewöhnlich zum Ausfall des Genprodukts. Ein Normalallel reicht zur Aufrechterhaltung der Funktion aus.
Dominante Gene	kodieren meist für Strukturproteine. Defekte führen gewöhnlich zum Einbau eines falschen Genproduktes. Normalallel und Defektallel werden exprimiert, Fehlbildungen sind die Folge.

4.4 · X-chromosomale Vererbung

ter werden homozygot krank (XX), die andere Hälfte gesunde Konduktorinnen (XX; Abb. 4.9)

4.4.2 X-chromosomal-dominanter Erbgang

Neben der X-chromosomal-rezessiven Vererbung gibt es den recht seltenen X-chromosomal-dominanten Erbgang. Er unterscheidet sich vom X-chromosomal-rezessiven Erbgang dadurch, dass nicht nur die hemizygoten Männer, sondern auch die *weiblichen heterozygoten Träger* Krankheitserscheinungen aufweisen. Frauen sind doppelt so häufig betroffen wie Männer, jedoch ist die *Expression* bei ihnen in der Regel milder (Tabelle 4.6). Allerdings ist eine exakte Abgrenzung der dominanten und rezessiven Erkrankungen bei geschlechtsgebundenen Erbgängen nicht immer vorhanden.

Tabelle 4.5. Hauptkriterien bei X-chromosomal-rezessiver Vererbung

Die Übertragung erfolgt nur über alle gesunden Töchter kranker Väter und über die Hälfte der gesunden Schwestern kranker Männer (Konduktorinnen).

Besonders bei seltenen Leiden erkranken fast nur Männer.

Söhne von Merkmalsträgern können das kranke Gen nicht von ihrem Vater erben.

Bei Konduktorinnen erkranken 50% der Söhne, 50% der Töchter sind Konduktorinnen.

Alle Krankheiten zusammen haben eine Gesamthäufigkeit von 0,8 auf 1000 männliche lebende Neugeborene.

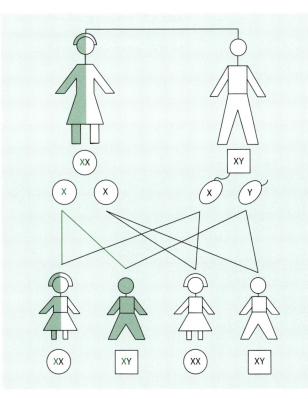

Abb. 4.5. X-chromosomal-rezessiver Erbgang mit Mutter (XX) als Konduktorin und gesundem Vater (XY)

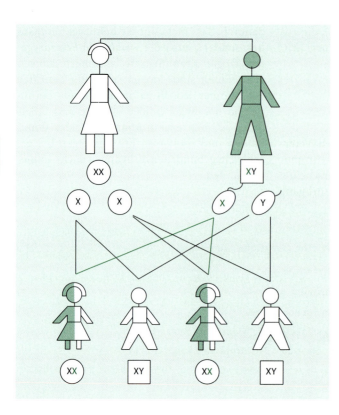

Abb. 4.6. X-chromosomal-rezessiver Erbgang mit homozygot gesunder Mutter (XX) und hemizygot krankem Vater (**X**Y)

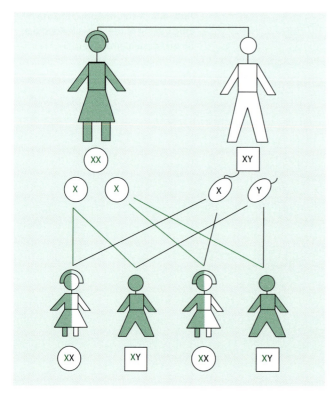

Abb. 4.7. X-chromosomal-rezessiver Erbgang mit homozygot kranker Mutter (**XX**) und gesundem Vater (XY)

4.4 · X-chromosomale Vererbung

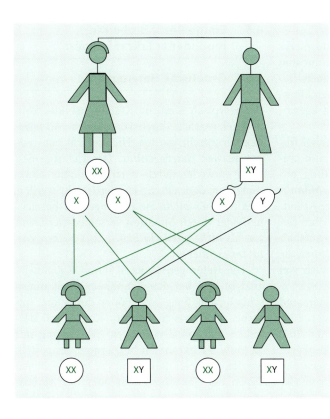

Abb. 4.8. X-chromosomal-rezessiver Erbgang mit homozygot kranker Mutter (**XX**) und hemizygot krankem Vater (**X**Y)

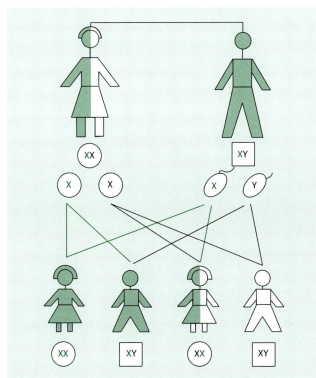

Abb. 4.9. X-chromosomal rezessiver Erbgang mit Mutter (**X**X) als Konduktorin und hemizygot krankem Vater (**X**Y)

Im Einzelfall gilt:
- Die Söhne betroffener Männer sind merkmalsfrei, da sie ihr einziges X-Chromosom von der gesunden Mutter geerbt haben. Dafür sind *alle Töchter* von männlichen Merkmalsträgern ebenfalls Merkmalsträgerinnen.
- Unter den Kindern weiblicher Kranker findet sich in Analogie zum autosomal-dominanten Erbgang eine 1:1-Aufspaltung ohne Rücksicht auf das Geschlecht. *Männliche* Merkmalsträger haben also ihre Krankheit immer von der Mutter geerbt. Ihre Geschwister zeigen immer eine 1:1-Aufspaltung. *Weibliche* Merkmalsträger können die Krankheit sowohl vom Vater als auch von der Mutter geerbt haben.
- Bei Erkrankung beider Geschlechter sind alle Töchter Merkmalsträger, bei den Söhnen findet sich eine 1:1-Aufspaltung. Sind weibliche Merkmalsträger homozygot krank, führt dies bei *allen Kindern* zur Merkmalsausprägung unabhängig vom Geschlecht und unabhängig davon, ob der Vater hemizygot befallen ist oder nicht.

Es kann also – zumal wenn dem Arzt wenig Material aus dem Stammbaum einer Familie zur Verfügung steht – häufig schwierig sein, einen X-chromosomal-dominanten Erbgang von einem autosomal-dominanten abzugrenzen. Am besten gelingt dies, wenn die als erstes aufgeführten *Aufspaltungsverhältnisse* vorliegen. (Abb. 4.10).

4.5 Einige Besonderheiten monogener Erkrankungen

4.5.1 Genetische Heterogenität

Phänotypisch ähnliche Krankheitsbilder können gelegentlich durch **verschiedene Mutationen** verursacht werden. Hier spricht man von **genetischer Heterogenität**. Die Heterogenität kann entweder durch unterschiedliche Mutationen an demselben Gen verursacht werden, dies wird als **allelische Heterogenität** bezeichnet, oder durch Mutation verschiedener Gene, was als **nicht-allelische bzw. Lokus-Heterogenität** bezeichnet wird.

Die Heterogenität kann durch Kopplungsanalyse, wie bei den Krankheiten mit unterschiedlichen Erbgängen, oder durch die Tatsache, dass zwei homozygot Kranke mit derselben autosomal-rezessiven Erkrankung nur *gesunde* Nachkommen bekommen, festgestellt werden. Beispiel dafür sind die verschiedenen Typen der **Taubstummheit** oder des **Albinismus**. Wenn die Eltern homozygot für verschiedene krankmachende Anlagen sind, werden die Kinder alle gesund sein, jedoch heterozygot für zwei verschiedene Mutationen, die nur in homozygotem Zustand zur Erkrankung führen (Abb. 4.11).

4.5.2 Pleiotropie

Jedes Gen hat einen einzigen primären Effekt, bedingt durch die Synthese der dazugehörigen

Tabelle 4.6. Hauptkriterien bei X-chromosomal-dominanter Vererbung

Sowohl Männer als auch Frauen erkranken (Männer oft schwerer.)

Frauen sind doppelt so häufig betroffen wie Männer.

Die Übertragung erfolgt von erkrankten Männern auf alle Töchter und von erkrankten Frauen auf die Hälfte aller Kinder.

Männliche Merkmalsträger haben die Krankheit immer von der Mutter geerbt, weibliche Merkmalsträger können die Erkrankung vom Vater als auch von der Mutter geerbt haben.

Bei Verwandtenehen besteht kein erhöhtes Risiko.

4.5 · Einige Besonderheiten monogener Erkrankungen

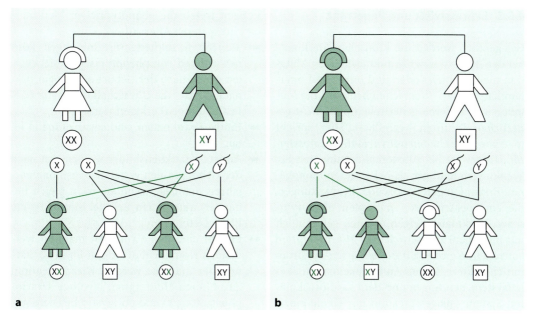

Abb. 4.10 a,b. X-chromosomal-dominanter Erbgang

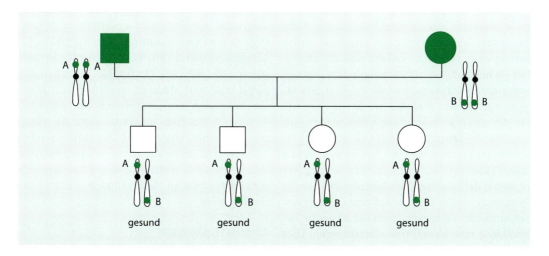

Abb. 4.11. Homozygote Eltern für zwei verschiedene Mutationen können bei gleicher Erkrankung gesunde Nachkommen haben, da unterschiedliche genetische Defekte unabhängig voneinander vererbt werden

Polypeptidkette. Dieser **Primäreffekt** kann jedoch unterschiedliche Wirkungen haben. Wenn eine Mutation verschiedene voneinander unabhängige phänotypische Merkmale verursacht, wird dies als Pleiotropie bezeichnet, ein klassisches Beispiel dafür ist das **Marfan-Syndrom** mit seinen verschiedenen Symptomen in Auge, Skelett und kardiovaskulärem System. Primär liegt hier eine Strukturveränderung in den Fibrillen vor, ein wichtiger Bestandteil des Bindegewebes.

4.5.3 Expressivität und Penetranz

Gelegentlich werden die klinischen Merkmale bei den Trägern einer krankmachenden Mutation nicht manifest oder sind intra- und interfamiliär variabel. Wahrscheinlich wird die Mutation von anderen genetischen bzw. *nicht-genetischen* Faktoren beeinflusst. Hier spricht man von Krankheiten mit *variabler Expressivität*. Diese wird bei autosomal-dominanten Erkrankungen häufiger als bei anderen monogenen Erkrankungen beobachtet. Erkrankungen, die ein Spektrum von multiplen phänotypischen Merkmalen zeigen, können gelegentlich nur mit einem abgeschwächten *Mikrosymptom* auftreten. So gibt es z.B. beim Marfan-Syndrom mit charakteristischen Auffälligkeiten am Skelettsystem, den Augen und dem kardiovaskulären System Anlageträger mit nur einem einzigen Symptom oder überhaupt keinen äußeren Merkmalen. Weitere Beispiele sind die tuberöse Hirnsklerose und die Neurofibromatose.

Wenn die Expression der klinischen Merkmale bei einer monogenen Erkrankung nicht bei allen Mutationsträgern manifest wird, spricht man von einer *reduzierten Penetranz*. Die Penetranz ist vollständig oder 100%ig, wenn die Erkrankung bei allen Mutationsträgern irgendwann manifest wird, wie dies z.B. bei der *Chorea Huntington*, einer autosomal-dominanten Erkrankung, der Fall ist. Die klinische Manifestation tritt bei den Anlageträgern irgendwann im Laufe des Lebens auf. Anders ist es bei der Spalthandfehlbildung, bei der die Symptome nicht immer auftreten. Aufgrund verminderter Penetranz kann die klinische Erkrankung eine *Generation überspringen*. Dies erschwert dann die genetische Beratung. Bei manchen Krankheiten mit verminderter Penetranz sind die Prozentzahlen statistisch ermittelt und können bei der Risikoberechnung berücksichtigt werden.

4.5.4 Manifestationsalter

Nicht alle genetischen Erkrankungen sind *kongenital*, also sind die klinischen Merkmale nicht immer zum Zeitpunkt der Geburt ausgeprägt. Bei einem Teil der genetischen Erkrankungen treten die phänotypischen Merkmale erst im späteren Alter auf.

- Manche Krankheiten/Fehlbildungen können anhand von phänotypischen Merkmalen gleich nach der Geburt oder sogar pränatal durch eine Ultraschalldiagnostik (z.B. Fehlbildungen) erkannt werden.
- Einige Krankheiten sind sogar pränatal letal.
- Andere Krankheitsbilder werden erst nach der Geburt in den ersten Lebensmonaten/-jahren manifest, wenn sie nicht gleich behandelt werden, ein Beispiel hierfür ist die Phenylketonurie.
- Es gibt eine Reihe von spät manifest werdenden Krankheiten, die erst im Erwachsenenalter manifest werden. Hierzu gehören z.B. Chorea Huntington, myotone Dystrophie (s. Kap. 8) und polyzystische Nierenerkrankung vom Erwachsenentyp.

Das Manifestationsalter sowie die Schwere der Erkrankung kann manchmal bei aufeinander folgenden Generationen und/oder in Abhängigkeit vom Geschlecht des übertragenden Elternteils variieren. Ein Beispiel hierfür ist wiederum die *myotone Dystrophie*. Sie ist in der Regel eine spät manifest werdende Krankheit, sie kann aber auch angeboren mit schweren klinischen Zeichen auftreten, wenn sie durch die Mutter übertragen wird. Den zunehmenden Schweregrad oder die frühere Manifestation einer genetisch bedingten Krankheit bei aufeinanderfolgenden Generationen nennt man *Antizipation*.

Chorea Huntington

Die Chorea Huntington ist eine *neurodegenerative Erkrankung* mit *autosomal-dominantem* Erbgang und *vollständiger Penetranz*. Die Häufigkeit beträgt 1:10.000. Sie manifestiert sich fortschreitend im Erwachsenenalter. Im Kindes- bzw. Jugendalter zeigt sie sehr selten Symptome. Die Störung betrifft vorwiegend die Basalganglien. Die charakteristischen Merkmale sind unwillkürliche choreatische Bewegungen, psychische Störungen und Demenz. Die ersten Manifestationszeichen sind in der Regel neurologische Störungen, jedoch können gelegentlich auch die psychischen Störungen den neurologischen vorausgehen. Da es sich hierbei um eine spät manifest werdende Krankheit handelt, werden oft Kinder gezeugt, bevor der Betroffene um die Vererbung der eigenen Krankheit weiß. Für die Nachkommen besteht ein Risiko von 50%, daran zu erkranken. Betrachtet man die Art der Altersverteilung bei der Krankheitsmanifestation, so zeigt sich, dass sich das Erkrankungsrisiko für die gesunden Nachkommen mit zunehmendem symptomfreien Alter reduziert. Das Manifestationsalter kann sogar innerhalb einer Familie eine Variationsbreite zeigen. Patienten mit jüngerem Manifestationsalter erhalten die Mutation von erkrankten Vätern. Hier liegt ein Einfluss des Geschlechts des übertragenden Elternteils vor, den man auch bei einigen anderen Krankheiten in der letzten Zeit festgestellt hat. Die Antizipation beruht auf geschlechtsspezifisch unterschiedlicher Methylierung der DNA in der Gametogenese und wird als *Genomic Imprinting* bezeichnet (s. Kap. 4.5.6). Hinweise auf diese Unterschiede lieferten Experimente mit transgenen Mäusen.

Das Gen für Chorea Huntington ist inzwischen identifiziert. Es liegt auf dem kurzen Arm des *Chromosoms 4 (4p16.3)*, ist ca. 180–200 kb groß und besteht aus 67 Exons. Das Protein wird Huntingtin genannt und kommt in verschiedenen Geweben und vor allem im Gehirn vor, wobei die Funktion noch nicht genau bekannt ist. Die Zellstörung wird auf eine Apoptose von Neuronen im N. caudatus und im Putamen zurückgeführt. Bei dem Chorea-Huntington-Gen handelt es sich um ein expandierendes *CAG-Repeat*. Während bei Gesunden bis 36 Trinukleotide vorkommen, findet man bei Chorea-Huntington-Patienten über 37 CAG-Tripletts (s. Kap. 4.5.7). Das Manifestationsalter sowie die Schwere der Erkrankung korrelieren mit der Länge der CAG-Repeats.

4.5.5 Somatische Mutationen und Mosaike

Eine *postzygotische Mutation* kann je nachdem, in welcher embryonalen Entwicklungsphase sie entsteht, eine Störung in einer bestimmten Region oder einem bestimmten Gewebe verursachen. Die Neurofibromatose Typ 5 kann z.B. durch eine somatische Mutation gelegentlich segmental auftreten. Somatische Mutationen sind auch eine der häufigsten *Ursachen der Krebsentstehung* (s. Kap. 10)

Wenn in einem Individuum oder in einem Gewebe mindestens zwei verschiedene Zelllinien vorliegen, die sich genetisch voneinander unterscheiden, obwohl sie von einer einzigen Zygote stammen, spricht man von einem *Mosaik*. Somatische Mosaike sind bei einer Reihe von *monogenen Erkrankungen* beobachtet worden. Eine postzygotische Mutation kann aber auch in einem Entwicklungsstadium auftreten, in dem Keimzellen und somatische Zellen sich noch nicht getrennt haben. Dann enthalten auch die Keimzellen die Mutation. Das Mutationsereignis kann so auf die nächste Generation übertragen werden und dort zur Erkrankung führen.

4.5.6 Genomisches Imprinting

In den letzten Jahren sind Genetiker und Embryologen auf einige phänotypische Merkmale gestoßen, die nicht der von Mendel beobachteten Gesetzmäßigkeit folgen. Die Ursache dafür ist die *genomische Prägung (Genomic Imprinting)*, d.h. dass die Expression einer Erbanlage in Abhängigkeit von der elterlichen Herkunft reguliert wird. Die DNA-Sequenz wird dabei *epigenetisch modifiziert*. Genomic Imprinting bezieht sich auf die unterschiedliche Wirkung, die das väterliche bzw. das mütterliche Gen oder Chromosom ausübt. Die Prägung geschieht während der elterlichen Keimzellenentwicklung durch Methylierungsunterschiede der DNA. Dadurch wird das Ablesen des genetischen Codes und somit die *Expression der Erbanlage* reguliert. Die Einzelheiten sind jedoch kompliziert und bis heute noch nicht vollständig verstanden.

Prägungen können während der folgenden Generationen ausgelöscht oder wiederhergestellt werden. Der geprägte Lokus wird nach den Mendelschen Regeln weitervererbt, jedoch ist die Expression in der nächsten Generation von der elterlichen Herkunft abhängig. Die

Prägung bewirkt meist den *Verlust* oder die *Verminderung der Aktivität* des betroffenen Gens und führt zu einer unterschiedlichen Aktivität der beiden Allele im Embryo. Bei geprägten Genen wird dann nur eines der beiden Allele der homologen Chromosomen exprimiert.

Bei einigen Genen ist die Kombination eines aktiven und eines inaktiven Allels notwendig, um einen normalen Phänotyp zu erreichen. Wahrscheinlich ist die Expression des Phänotyps von der *Gendosis* abhängig. Es ist noch nicht völlig geklärt, warum während der Evolution ein Mechanismus wie das Genomic Imprinting bestehen blieb bzw. entstanden ist. Allerdings ist inzwischen nachgewiesen, dass das Genomic Imprinting für die *embryonale Entwicklung* bei Säugetieren von Bedeutung ist. In der Tabelle 4.7 sind einige Beobachtungen, bei denen die genomische Prägung eine Rolle spielt, zusammengefasst.

Die genomische Prägung spielt bei der *Manifestation* einer Reihe von Krankheiten eine Rolle. Es tritt z.B. eine schwere und frühe Manifestation der myotonen Dystrophie auf, wenn das mutierte Gen mütterlicher Herkunft ist. Aber auch die klinischen Auswirkungen von Deletionen einzelner Chromosomenabschnitte sind von der elterlichen Herkunft abhängig. Hier ist, wie bei der uniparentalen Disomie (s. unten), das gestörte Imprinting die Ursache der unterschiedlichen Manifestation. Es gibt auch andere Mechanismen, die in der menschlichen Zelle zu einer monoallelischen Expression von biallelischen Genen führen.

Uniparentale Disomie (UPD) bedeutet, dass homologe Chromosomenpaare aus einem Elternteil stammen und das oder die entsprechenden Chromosomen des anderen Elternteils fehlen. Wenn dasselbe elterliche Chromosom zweifach vorliegt, spricht man von einer *Isodisomie*, wenn beide Chromosomen desselben Elternteils vorhanden sind, wird dies als *Heterodisomie* bezeichnet. Je nach dem, ob eine uniparentale väterliche oder uniparentale mütterliche Disomie vorliegt, kann dies bei geprägten Genen zu einem vollständigen *Ausfall der Expression* oder zu einer *Überexpression* führen. Die theoretisch möglichen Entstehungsmechanismen für eine UPD sind in der Abb. 8.27 im Kapitel „Krankheiten mit Imprintingstörung" aufgezeigt. Die häufigste und wahrscheinlich auch die plausibelste Form scheint die Entstehung von einer *trisomen Zygote* zu sein.

Uniparentale Disomie ist in den letzten Jahren bei einigen monogenen Erkrankungen nachgewiesen worden. Das *Prader-Willi-Syndrom* und das *Angelman-Syndrom* sind zwei gute Beispiele für das Auftreten von uniparentaler Disomie und Genomic Imprinting (s. Kap. 8.2.5.2).

4.5.7 Expandierende Trinukleotide

Innerhalb des gesamten Genoms gibt es eine Reihe von *repetitiven Sequenzen*, die meisten als *polymorphe Mikrosatelliten*. Diese Stellen sind für die Entstehung von Mutationen prä-

Tabelle 4.7. Beobachtungen, welche die Existenz einer elterlichen Prägung (Genomic Imprinting) eines Genes zeigen

Beobachtung der Ergebnisse bei Transplantation des Pronukleus der Maus (androgenetisch und parthenogenetisch)
Beobachtung der Phänotypen von Triploiden beim Menschen (diandrisch, gynogenetisch)
Unterschiedliche Auswirkungen von Chromosomenanomalien auf den Phänotyp bei Mäusen und Menschen in Abhängigkeit von der elterlichen Herkunft
Expression des Transgens in transgenen Mäusen in Abhängigkeit von der elterlichen Herkunft
Expression der Mutation einiger Krankheitsbilder in Abhängigkeit von der elterlichen Herkunft

disponiert, weil es bei der Zellteilung zu einer Fehlpaarung solcher DNA-Regionen der homologen Chromosomen kommen kann. Dies führt dann zur Vergrößerung oder Verkleinerung der repetitiven Sequenzen. Als besondere Form können sich **Trinukleotidrepeats** expandierend amplifizieren. Die Anzahl der repetitiven Trinukleotide kann von Generation zu Generation ansteigen. Dies ist eine Ursache der Antizipation, der zunehmenden Schwere der klinischen Merkmale und früheren Manifestation der Erkrankung über nachfolgende Generationen. Molekularbiologische Analysen haben gezeigt, dass die verantwortlichen Genbereiche für diese Krankheiten aus Wiederholungen von jeweils 3 DNA-Bausteinen aufgebaut sind, z.B. *CTG* (Cytosin, Thymin und Guanin) im myotonen Dystrophiegen und *CAG* (Cytosin, Adenin und Guanin) im Chorea-Huntington-Gen oder *CGG* (Cytosin, Guanin und Guanin) im FMR1-Gen. Bei Gesunden findet man z.B. bei der myotonen Dystrophie etwa 40 solcher repetitiver Trinukleotidblöcke, während bei schwer betroffenen Patienten mehrere Tausend Trinukleotidrepeats vorkommen können. Die klinisch unauffälligen Überträger des FMR1-Gens (Prämutation) weisen etwa 50-200 Trinukleotide auf. Diese Repeats sind nicht stabil und tendieren in Abhängigkeit von ihrer Länge zur weiteren Expansion, was von Generation zu Generation zu einer Verlängerung um mehrere hundert bis tausend Trinukleotide führen kann. In jüngster Zeit werden mehr und mehr expandierende Trinukleotidrepeats beim Auftreten von einigen Krankheiten beobachtet.

Die **pathogenetischen Mechanismen** dieser expandierenden Trinukleotide sind nicht eindeutig geklärt. Wahrscheinlich spielen in diesem Zusammenhang mehrere unterschiedliche Mechanismen eine Rolle. CAG-Tripletts werden bei der Proteinsynthese in die Aminosäure Glutamin übersetzt. Bei allen Krankheiten mit intragenen CAG-Repeats handelt es sich um neurodegenerative Störungen, bei denen wahrscheinlich die Proteine mit langen Polyglutaminabschnitten neurotoxisch sind.

Unterschiedliche Symptome dieser Krankheiten wären dann eine Folge der verschiedenen zellulären Verteilungen dieser Proteine. Bei der spinobulbären Muskelatrophie (SBMA) hat die Expansion des CAG-Repeats im androgenen Rezeptorgen wahrscheinlich auch eine Funktionseinschränkung des Androgenrezeptors zur Folge, was die relative Androgenresistenz bei Patienten mit SBMA erklärt.

Die **Stabilität** der repetitiven Sequenzen nimmt mit der **Repeatlänge** ab. Dies gilt nicht nur für die Trinukleotide, sondern auch für die di- und tetranukleotiden Repeats. Ab 40-50 Trinukleotidrepeats nimmt die Instabilität rapide zu, weshalb die klinisch unauffälligen Träger der FMR1-Prämutation häufig betroffene Nachkommen haben. Im Unterschied zum Fragilen-X-Syndrom und der myotonen Dystrophie findet man bei Kindern von Patienten mit Chorea Huntington keine massiv expandierten Repeatlängen, wenn die Repeatlänge des Elternteils länger als 50 Trinukleotide ist. Wahrscheinlich ist hier, dass die Patienten mit längerer CAG-Repeatlänge bereits im *Jugendalter* erkranken und keine Nachkommen haben oder CAG-Repeats von über 120 Trinukleotiden letal sind und gar nicht beobachtet werden. Es liegt also ein Selektionsmechanismus vor.

- Bei all diesen Krankheiten nimmt die Schwere der Erkrankungen mit der Länge der Trinukleotidrepeats zu, und die elterliche Herkunft der Mutation spielt eine wesentliche Rolle.

Untersuchungen an embryonalem Gewebe haben gezeigt, dass die Expansion der Repeats *postzygotisch* erfolgt. Wahrscheinlich sind die Zellen in der frühen Embryonalphase in der Lage, die beiden elterlichen Allele aufgrund ihrer unterschiedlichen DNA-Methylierung (Genomic Imprinting) zu unterscheiden. Es werden auch andere Möglichkeiten diskutiert, eine endgültige Klärung steht noch aus.

Eine übersichtliche Darstellung der Erkrankungen mit instabilen repetitiven Trinukleotidsequenzen findet sich in Kap. 8.2.5.1.

Multifaktorielle (polygene) Vererbung

5.1 Erbgrundlage normaler Merkmale und häufiger Erkrankungen mit genetischer Beteiligung 154
5.1.1 Genetische Faktoren bei der Körperhöhe 155
5.1.2 Genetik der Intelligenz 158

5.2 Genetische Grundlagen pathologischer Merkmale 161
5.2.1 Die Probleme bei Familien-, Zwillings- und Adoptionsstudien 163
5.2.2 Statistische Ansätze zur Bearbeitung des genetischen Anteils komplexer Erkrankungen 163

5.3 Multifaktorielle Vererbung mit geschlechtsspezifischen Schwellenwerten 164

In den vorangegangenen Kapiteln war das Augenmerk auf Merkmale gerichtet, von denen in der Bevölkerung in der Regel zwei, manchmal drei Phänotypen bei ihren Trägern existieren:
- Träger eines bestimmten Merkmals, meist einer bestimmten genetischen Erkrankung,
- Träger ohne diese Merkmale, also ohne diese Erkrankung,
- Personen, bei denen dieses Merkmal schwach ausgeprägt ist.

Dabei folgten diese Merkmale einem der bekannten Mendelschen Erbgänge. Wir wollen uns nun Vorgängen zuwenden, die in der Population keine scharfe Zwei- oder Dreiteilung zulassen, sondern eine *kontinuierliche Variabilität* zeigen. Eine solche Variabilität beruht meist auf dem Zusammenspiel vieler Gene, von denen das einzelne keine so starke Wirkung besitzt, dass die Träger von den Individuen mit einem anderen Allel unterschieden werden könnten.
- Das Zusammenspiel vieler Gene wird als polygene Vererbung bezeichnet.

Allerdings unterliegt auch bei der polygenen Vererbung jedes einzelne Gen den Grundgesetzen der Mendelschen Vererbung, kann also dominant oder rezessiv, autosomal oder X-gekoppelt sein. Jedoch zeigt sich die Wirkung dieser Gene nicht als *Einzelgenunterschied*, sondern als *Zusammenspiel von Genwirkungen* einer meist größeren Zahl von Einzelgenen.

Die Variabilität der meisten Merkmale hängt allerdings nicht nur und ausschließlich vom genetischen Hintergrund ab, sondern von einer *Gen-Umwelt-Interaktion*. Merkmale, die durch eine Interaktion von Genen und Umwelt bestimmt sind, werden als *multifaktorielle Merkmale* bezeichnet. Bei der multifaktoriellen Vererbung variiert der relative Anteil von genetischen Faktoren und Umweltfaktoren für verschiedene Merkmale beträchtlich.

Häufig werden die Begriffe polygen und multifaktoriell synonym verwendet, obwohl sie es eigentlich nicht sind. Polygen heißt, dass eine Anzahl verschiedener Gene involviert ist, berücksichtigt aber keinen Umwelteinfluss. Es ist also nur ein Teil eines umfassenderen multifaktoriellen Schemas, das die genetischen *Prädispositionen* von Individuen betrachtet. Die Prädisposition wiederum bildet den Rahmen für ein Gesamtbild, das durch die Umwelt geprägt wird. Die genetische Prädisposition bei polygener Vererbung könnte man mit einer Rangierharfe der Bahn vergleichen. Eine Richtung und verschiedene Stellmöglichkeiten werden von den Weichen genetisch vorgegeben. Welches Gleis allerdings befahren wird, hängt von den besonderen Verhältnissen ab, die ein Individuum in seiner Umwelt vorfindet.

5.1 Erbgrundlage normaler Merkmale und häufiger Erkrankungen mit genetischer Beteiligung

Die meisten menschlichen Merkmale scheinen *multifaktorieller Natur* zu sein. Jedes Gen partizipiert je nach Umwelteinfluss mit einem kleinen additiven Teil an der Gesamtexpression eines gegebenen Merkmals. Typische multifaktorielle Merkmale sind:
- Körperhöhe,
- Gewicht,
- Intelligenz,
- Hautfarbe,
- Fruchtbarkeit,
- Blutdruck,
- Zahl der Hautleisten.

Aber auch viele genetische Erkrankungen, die wegen ihrer Häufigkeit von Bedeutung sind, gehören dazu. Beispiele sind:
- Diabetes mellitus,
- Hypertonie,
- verschiedene Formen des Schwachsinns,
- Schizophrenie und andere geistige Erkrankungen,
- psychische Labilitäten wie Alkoholismus und Drogenabhängigkeit.

Durch das Zusammenwirken von Polygenie und Umweltfaktoren variieren die Phänotypen in der Population kontinuierlich innerhalb einer gewissen *Bandbreite*.

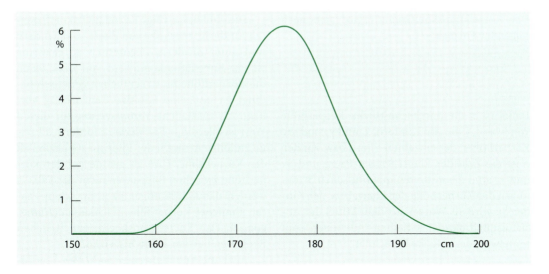

Abb. 5.1. Kontinuierliche Variation der Körperhöhe innerhalb einer Gauß-Normalverteilung

5.1.1 Genetische Faktoren bei der Körperhöhe

Betrachtet man das Merkmal Körperhöhe (Abb. 5.1), so findet man beim Menschen alle Zwischengrößen. Die Verteilung entspricht einer Gauß-Kurve. Die meisten Menschen zeigen eine mittlere Körperhöhe, wenige Menschen sind extrem groß oder extrem klein, da sich fördernde und hemmende Faktoren die Waage halten.

Eine solche *Normalverteilung* wird durch zwei Quantitäten spezifiziert: den *Mittelwert*, welcher der Summe aller Messwerte entspricht, geteilt durch die Gesamtzahl und die *Varianz* bzw. die *Standardabweichung* (Quadrat der Varianz, als Ausdruck der Größe, um die ein einzelner Messwert vom Mittelwert abweicht). Bei der Normalkurve gibt die Standardabweichung (δ) die horizontale Distanz vom Durchschnittswert bis zum steilsten Punkt des Kurvenverlaufs auf beiden Seiten an. Bei einer Standardabweichung liegen unter der Kurve 68,26% der Fläche, bei 2 Standardabweichungen 95,5% und bei 3 Standardabweichungen 99,7%. Dies bedeutet, dass 2/3 der Messwerte vom Mittelwert weniger als eine Standardabweichung schwanken, 95,5% weniger als 2 Standardabweichungen und 99,7% weniger als 3 Standardabweichungen. Die Standardabweichung wird hier angesprochen, weil bei biologischen Größen mit entsprechender Variabilität die Angabe der Abweichung vom Mittelwert in Standardabweichungen sinnvoll ist. Im Einzelfall wird die Frage, ob eine Abweichung noch in den Normalbereich gehört oder bereits pathologisch ist, durch Festlegung empirischer *Grenzwerte* beantwortet.

Die Körperhöhe ist hier als multifaktoriell vererbtes Merkmal postuliert. Gauß-Verteilungen finden sich aber sowohl bei polygen bzw. multifaktoriell bedingten Merkmalsausprägungen als auch bei Merkmalen, die ausschließlich durch die Umwelt modifiziert werden. Für die Körperhöhe fehlt also der schlüssige Beleg noch. Hierzu kann man Körperhöhenvergleiche zwischen Eltern und Kindern heranziehen und deren Ähnlichkeit in dem betreffenden Parameter prüfen. Bei quantitativen Merkmalen wie der Körperhöhe wird die Ähnlichkeit durch den *Korrelationskoeffizienten* gemessen.

- Der Korrelationskoeffizient ist ein Maß für die Unterschiede zwischen den auf Ähnlichkeit zu prüfenden Individuen und den Unterschieden beliebiger Individuen derselben Bevölkerung, der sie angehören.

Der Korrelationskoeffizient ergibt sich nach folgender Formel:

$$r = \frac{\Sigma(x_i - \bar{x})(y_i - \bar{y})}{n\, S_x \cdot S_y}$$

Dabei ist x die durchschnittliche Körperhöhe von Eltern, y die von Kindern, x_i und y_i sind die Körperhöhen der einzelnen Eltern bzw. Kinder, n ist die Zahl der Eltern-Kinder-Paare und Sx und Sy sind die mittleren quadratischen Streuungen der Körperhöhe der Eltern bzw. der Kinder. Sx wird als Wurzel aus dem Mittel der Abstandsquadrate der x-Reihen-Individuen vom Mittelwert der x-Reihe berechnet.

$$Sx = \sqrt{\frac{(x_i - \bar{x})^2}{n}}$$

bzw.

$$Sy = \sqrt{\frac{(y_i - \bar{y})^2}{n}}$$

Der Korrelationskoeffizient kann Werte von –1 bis +1 annehmen. +1 bedeutet völlige Korrelation, 0 bedeutet das Fehlen von Korrelation und –1 bedeutet einen Ausschluss der betrachteten Merkmale.

Die Tabelle 5.1 zeigt Korrelationskoeffizienten für die Körperhöhe von Eltern und Kindern und unter Brüdern. Theoretisch zu erwarten ist ein Korrelationkoeffizient von +0,5, wenn die Körperhöhe im wesentlichen genetisch bedingt ist und eine additive Genwirkung vorliegt. Als zusätzliche **Voraussetzung** für diesen Wert ist allerdings **Panmixie** zu fordern, d.h. eine zufällige Auswahl der Elternpaare bezüglich der Körperhöhe. Dies ist gerade bei der Körperhöhe zwischen Ehepaaren nicht der Fall. Es werden nämlich häufiger Ehen zwischen Paaren ähnlicher Körperhöhe geschlossen (**Homogamie**). Der Korrelationskoeffizient zwischen Ehegatten beträgt +0,20 bis +0,30.

Auch die Annahme einer **additiven** oder **intermediären Genwirkung** ist nicht selbstverständlich. Bei den Genen für Körperhöhe könnte es sich auch um Allelpaare handeln, von denen jeweils das eine Gen vollständig dominant, das andere vollständig rezessiv ist. Je nach Anteil der dominanten und rezessiven Gene wäre dann ein Einfluss auf den Korrelationskoeffizienten zu erwarten. Allerdings haben selbst Untersuchungen von Eltern und Kindern bei Angehörigen sehr unterschiedlicher ethnischer Gruppen keine Dominanz der Körperhöhe, sondern intermediäres Verhalten gezeigt.

Geht man bei der Frage der genetischen Bedingtheit der Körperhöhe von den obigen Familiendaten weg und zieht zusätzlich Erhebungen an ein- und zweieiigen Zwillingen hinzu, so erhält man bei gemeinsam aufgewachsenen eineiigen Zwillingen Korrelationskoeffizienten von über +0,9. Dies spricht dafür, dass bei einigermaßen vergleichbaren Lebensbedingungen die Variabilität der Körperhöhe weitgehend erbbedingt ist und einem multifaktoriellen Modell mit additiver polygener Wirkung folgt.

Die Körperhöhenentwicklung gerade im letzten Jahrhundert zeigt jedoch in exemplarischer Weise, dass innerhalb multifaktorieller Vererbung eine Veränderung der **exogenen Parameter** zu messbaren Einflüssen führt. Die Zunahme der durchschnittlichen Körperhöhe im vorletzten und auch noch teilweise im letzten Jahrhundert nennt man **säkulare Akzeleration** (Abb. 5.2). Bereits die Geburtsmaße lie-

Tabelle 5.1. Korrelationskoeffizienten bezüglich der Körperhöhe zwischen nahen Verwandten

Verwandtschaftsgrad	Korrelationskoeffizient	
Mutter – Sohn	+ 0,49	
Vater – Sohn	+ 0,51	
Mutter – Tochter	+ 0,51	
Vater – Tochter	+ 0,51	
Brüder	+ 0,47	
	+ 0,51	verschiedene
	+ 0,57	Studien

5.1 · Erbgrundlage normaler Merkmale

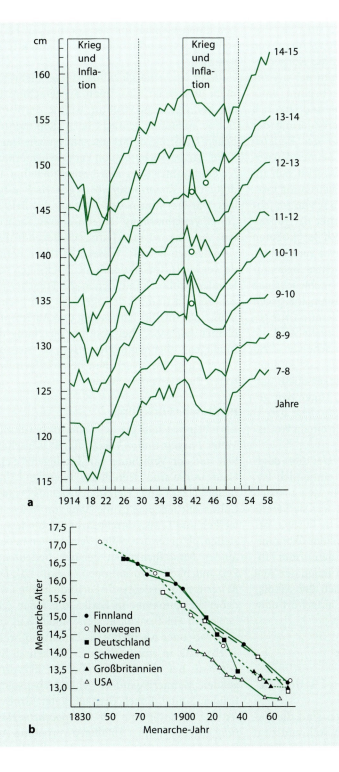

Abb. 5.2 a, b. Säkulare Akzeleration. **a** Säkulare Veränderung der durchschnittlichen Körperhöhe bei Stuttgarter Schülern der verschiedenen Altersklassen; die gestrichelten Linien geben das Ende der Kompensationszeiten nach Hungerzeiten an, also das Ende des Aufholwachstums (Nach Hagen et al. 1983). **b** Säkulare Vorverlegung der Menarche in verschiedenen Ländern (Nach Tanner 1962 u. Behrenberg 1975)

gen höher. Das Geburtsgewicht stieg seit Beginn des 20. Jahrhunderts in Deutschland von 3150 g auf maximal 3450 g und die Körperhöhe bei Geburt von 50 cm auf maximal 51,5 cm. Die Wachstumsbeschleunigung beginnt dann im Säuglings- und Kleinkindalter und setzt sich fort im Schulkindalter. Die Veränderung der Wachstumsgeschwindigkeit und der Endkörperhöhe gehen mit einer zunehmenden *Vorverlegung der Pubertät* einher. Diese lässt sich am besten durch den Eintritt der Menstruation messen. Sie liegt in der Größenordnung von 3-4 Jahren. Dabei hat sich die Körpergröße der ganzen Population verschoben. Der Anteil der größeren Menschen hat sich um den Anteil verschoben, um den der des kleineren Menschen abgenommen hat. Der Prozentsatz von Hochwüchsigen hat also nicht einseitig zugenommen, was gegen eine Selektionstheorie der Akzeleration aus genetischen Gründen spricht. Vielmehr wird die Hypothese gestützt, dass die Ursache vor allem in besseren Hygienebedingungen und in einer besseren Ernährung in Schwangerschaft und Kleinkindalter zu suchen sind. Unter den genannten Bedingungen werden vor allem Brechdurchfälle im 1. Lebensjahr, die zu einem Wachstumsstopp führen, vermieden.

Das Ende der säkularen Akzeleration dürfte, wie auch der Beginn nicht einheitlich lag, regional unterschiedlich sein. In den meisten Bevölkerungsgruppen der USA war sie bereits in den 1950er Jahren beendet. In Europa, besonders in den Gebieten mit hohem ökonomischem Standard, scheint sie seit den 1970er Jahren beendet zu sein. In anderen Teilen der Welt hält sie sicherlich noch an. Auch der säkulare Trend im *Menarchealter* hat aufgehört oder sich sogar ein wenig umgekehrt.

5.1.2 Genetik der Intelligenz

Ein kontrovers diskutiertes Thema ist die genetische Grundlage der Intelligenz.

In statistischen Ermittlungen sind die Befunde teilweise widersprüchlich, während zum Beispiel *Jencks* (1972) Anteile von 45% Erbe, 35% Umwelt und 20% Interaktion Erbe-Umwelt annimmt, kommt *Eysenck* (1976) zu 80% Erbe und 20% Umwelt. Diese Widersprüchlichkeit hängt vielfach mit der alternativen Fragestellung „angeboren oder umweltbedingt?" zusammen.

Man ist heute glücklicherweise mehr und mehr überzeugt, dass man ausgerechnet bei der komplexesten Struktur, welche die Evolution je zu Stande gebracht hat – dem menschlichen Gehirn – derart alternativ nicht fragen kann. An der Variation von Verhaltensmerkmalen sind immer *Gene und Umwelt* beteiligt. Lediglich die *Variationsbreite* ist *genetisch* festgelegt. Darüber hinaus deckt gerade das Beispiel „*Intelligenzforschung*" einen weiteren Sachverhalt auf, der wissenschaftsgrundlegende Fragestellungen betrifft: wissenschaftliche Befunde werden (oftmals) durch die Disziplinen bzw. Schulen mitbestimmt, denen die Forscher angehören. So sind Psychologen, die sich berufsmäßig mit Intelligenzmessung und Ausleseproblemen befassen, eher von der Vererbung der Intelligenz überzeugt. Diejenigen, die sich mit Lernen und Sozialverhalten beschäftigen, vertreten diese Ansicht seltener.

Historische Forschung

Als erster beschäftigte sich Darwins berühmter Vetter *Francis Galton* (1822-1911) wissenschaftlich mit der Vererbung von Intelligenz. Seine Hauptwerke sind „Hereditary Talent and Character" (1865) und „Hereditary Genius" (1869). Galton hat u.a. eine große Zahl von Referenzwerken und Lexika durchgearbeitet, um festzustellen, ob unter den nahen Verwandten bedeutender Persönlichkeiten gehäuft bedeutende Persönlichkeiten vorkommen (s. Kap. 1.2). Das Kriterium für bedeutende Persönlichkeiten war dabei die Aufnahme in Lexika, d.h. wenn eine Person in ein Lexikon aufgenommen war, galt sein Vor- oder Nachfahre als bedeutend, wenn er ebenfalls in entsprechenden Werken zu finden war. Bei einer Stichprobe von hervorragenden Männern fand er gehäuft ebensolche Brüder, Söhne, Enkel, Urenkel, Väter, Großväter usw. Dies war eine *100- bis 1000fache Häufung* gegenüber einer zufälligen Verteilung. Außerdem konnte Galton zeigen, dass die Häufigkeit nach allen Seiten mit der Entfernung des Verwandtschaftsgrades abnimmt. Er zog daraus den Schluss, dass genetische Faktoren eine bedeutende Rolle bei der Ausprägung von Intelligenz spielen. Nach modernen wissenschaftlichen Gesichtspunkten ist ein solcher Schluss nicht mehr haltbar, da gerade diese Befunde eine nicht entzerrbare Kombination von Erbe und Umwelt widerspiegeln.

Ähnlich sind umfangreiche Stammbäume von Menschen mit besonderen Fähigkeiten zu beurteilen. Sie beziehen sich in der Regel auf das 17. und 18. Jahrhundert, also auf eine Zeit, in der das Zunftsystem herrschte und somit das *soziale System* häufig den Sohn zwang, den gleichen Beruf wie der Vater auszuüben. Dennoch wäre es kurzsichtig zu behaupten, dass Begabungen, wie sie Friedemann, Emanuel oder Christian Bach gezeigt haben, genetisch nichts mit der Begabung des Vaters zu tun haben.

IQ-Forschung

Zur Beantwortung der Frage nach der Vererbung kognitiver Fähigkeiten wurden in der Regel IQ-Tests herangezogen. An dieser Stelle ist nicht der Platz für eine ausgedehnte Diskussion über die Natur des IQ oder seine Anwendbarkeit. Über den Intelligenzquotienten gibt es jedoch mehr Familienuntersuchungen als über irgendein anderes Verhalten. Die Abb. 5.3 fasst die IQ-Forschung vor 1980 zusammen. Man sollte die Daten daraus nicht zu sehr im Detail betrachten, da kritische Untersuchungen der letzten Jahre belegt haben, dass Fehler in den Untersuchungen vorhanden sind und eine gewisse Voreingenommenheit in der Regel in Richtung einer **hohen genetischen Komponente** bei den beschriebenen Korrelationen vorhanden ist.

Die geringsten Korrelationen wurden bei nicht-verwandten Individuen beschrieben, die höchsten bei eineiigen Zwillingen. Die Rangfolge von der niedrigsten zur höchsten Korrelation ist die folgende:

- nicht-verwandte Personen,
- Eltern-Adoptivkinder,
- Eltern-Kinder,

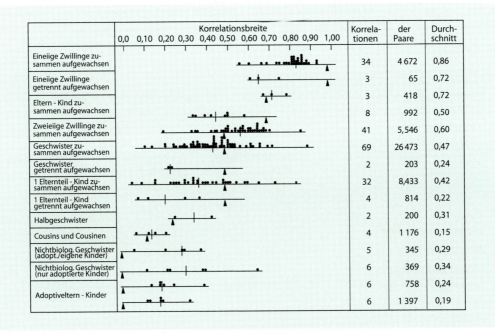

Abb. 5.3. Eine Zusammenfassung von IQ-Korrelationskoeffizienten für Familien-, Zwillings- und Adoptionsstudien. Die Punkte stehen für die in den Untersuchungen gefundenen mittleren Korrelationskoeffizienten, die senkrechten Striche für die Mittelwerte pro Rubrik aus allen Untersuchungen. Die Dreiecke bezeichnen den rechnerischen Erwartungswert für ein polygenes Modell ohne selektive Partnerwahl. (Nach Bouchard u. McGue 1981)

- Geschwister,
- zweieiige Zwillinge,
- eineiige Zwillinge

Die Ergebnisse vertreten eine starke genetische Komponente für die Variabilität, die durch den IQ gemessen wird.

Demgegenüber stehen neuere Daten, die durch einen kritischeren experimentellen Ansatz zu weit geringeren Korrelationskoeffizienten kommen als die älteren. Nach Jahrzehnten Forschung, die im Wesentlichen auf dem statistischen Ansatz beruht, der von Galton in die Literatur eingeführt wurde, kann aus den Daten sowohl eine *überwiegend genetische Bedingtheit* als auch eine *überwiegende Umweltbedingtheit* interpretiert werden. Es kommt ganz darauf an, wie stark man Voreingenommenheiten, Fehler in den Untersuchungen und Interpretationen, die statistische Bearbeitung, die Plausibilität von Schlüssen, Umwelteinfluss von biologischen und Adoptiveltern und den Einfluss eineiiger Zwillinge aufeinander bewertet. Der zentrale Fehler all dieser Untersuchungen ist der, dass *pauschale Fragestellungen* nicht zu präzisen Antworten führen können.

Moderne Forschung

Einem pauschalierten Gesamtergebnis von Intelligenztests stellt die moderne Forschung in Psychologie und Verhaltensgenetik differenzierte Einzeltests entgegen, die teilweise unabhängige Fähigkeiten messen. Querschnittsstudien bei Familien-, Zwillings- und Adoptionsuntersuchungen untersuchen häufig recht junge Probanden und dies entsprechend der Konzeption einer *Querschnittsstudie* nur einmal. *Längsschnittsstudien* dagegen erfassen die Konsequenzen einer sich verändernden Umwelt auf einem stabilen genetischen Hintergrund. Allerdings gibt es bisher nicht allzu viele Daten. Sie zeigen jedoch, dass die Umwelt, über eine längere Lebensspanne betrachtet, für manche Faktoren ein zunehmendes Unähnlichwerden auch bei eineiigen Zwillingen beinhaltet. Andere Faktoren dagegen bleiben relativ stabil (Tabelle 5.2)

Zusammenfassung

Bezüglich der Genetik der Intelligenz sollten zukünftig einzelne *präzise formulierte Parameter* untersucht werden, von denen *präzise Ergebnisse* erwartet werden können. Deshalb sollte mehr Gewicht auf kausale Zusammenhän-

Tabelle 5.2. Ergebnisse einer Longitudinalstudie an 20 eineiigen Zwillingen.
++ starke Übereinstimmung, + schwache Übereinstimmung, (+) zweifelhafte Übereinstimmung,
– keine Übereinstimmung (Nach Gottschaldt 1968)

	1. Untersuchung (1937) 11,7 Jahre	2. Untersuchung (1950/51) 23,3 Jahre	3. Untersuchung (1968) 41,5 Jahre
Kapazität für Informationsaufnahme	++	++	++
Abstraktes Denken	++	++	++
Geistige Einstellungen (Interessenbereich, Bewertung der eigenen Situation)	++	(+)	–
Vitalität	++	+	–
Aktivität	++	+	–
Geistige Verantwortung	++	++	–
Kontrolle des Verhaltens	++	+	–

ge zwischen Hirnfunktion und phänotypischer Expression gelegt werden. Bei tierexperimentellen Untersuchungen einzelner Faktoren aus dem Bereich des Lernverhaltens hat der Mendelsche Ansatz einer Untersuchung von Einzelwirkungen bereits erste Erfolge gezeigt.

Die eingangs gestellte Frage nach der genetischen Grundlage der Intelligenz wird man in dieser Form vielleicht nie beantworten können. Vielleicht wäre aber auch eine solche Antwort – selbst wenn sie existierte – irrelevant, da sich gesellschaftliche Konsequenzen – wollte man sie im positiven Sinne ziehen – immer nur durch gezielte Veränderungen einzelner Parameter ergeben.

5.2 Genetische Grundlagen pathologischer Merkmale

Der größte Teil der Krankheiten, die *familiär gehäuft* auftreten, folgt nicht den Mendelschen Regeln wie die monogenen Erkrankungen. Dabei entspricht die familiäre Häufung nicht der Erwartung wie bei der monogenen Vererbung, sondern ist meist geringer. Etwa 4-5% der Bevölkerung werden im Laufe des Lebens an *Diabetes mellitus*, 15-20% an *Hypertension* und etwa 1% an *Schizophrenie* erkranken. Aufgrund der höheren Konkordanz bei eineiigen Zwillingen sowie der familiären Häufung weiß man, dass eine Reihe von Krankheiten sowie kongenitalen Fehlbildungen auf der Basis einer *genetischen Disposition* entsteht. Dabei gelingt es nicht, einen einheitlichen molekularen Basisdefekt zu finden. Die meisten multifaktoriellen Erkrankungen sind die Krankheiten, die im Laufe des Lebens durch Einfluss von *exogenen Faktoren* manifest werden.

Dennoch sind es natürlich neben Umweltfaktoren Gene, die zum Krankheitsbild führen. Es besteht eine *genetische Determinierung*. Die Frage ist, wie man solchen Genen, die anfällig für eine weit verbreitete Krankheit machen, auf die Spur kommen kann. Möglicherweise können ja Hauptgeneffekte eine Rolle spielen. Ja es gibt eigentlich überhaupt keinen Grund, nur wegen der Tatsache der Polygenie, von vornherein solche Hauptgeneffekte auszuschließen. Nun ist allerdings die Identifizierung von *Anfälligkeitsgenen* für weit verbreitete Krankheiten eine ungleich schwierigere Aufgabe als der Nachweis von verantwortlichen Genen für monogene Erkrankungen. Anderseits ist die Aufgabe viel bedeutender, da an häufigen Erkrankungen eben viele Menschen erkranken, denen bei Aufklärung des Krankheitsmechanismus wirksame Behandlungsmethoden angeboten werden könnten. So könnten z.B. Umweltfaktoren, die krankheitsauslösend wirken, im Sinne präventiv medizinischer Maßnahmen vermieden werden, klinische Überwachungen könnten regelmäßig gezielt durchgeführt werden usw. Das heißt, man könnte über Präventivmedizin in vielen Fällen den Ausbruch einer bestimmten Erkrankung wahrscheinlich verhindern.

Wie kann man aber solchen Anfälligkeitsgenen auf die Spur kommen? Hier muss man zuerst über Familiendaten, Zwillings- und Adoptivstudien beweisen, dass die Krankheit familiär auftritt. Gesammelte Familiendaten müssen dann mit Hilfe des statistischen Verfahrens der *Segregationsanalyse* auf Hinweise wichtiger Loki untersucht werden. Über *Koppelungsanalysen* (s. auch Kap. 7.2.1) sind dann Kandidatengene oder polymorphe DNA-Marker einsetzbar. Eine positionelle Klonierung kann anschließend zur Identifizierung des Anfälligkeitsgens führen. Allerdings klingt dieser Ansatz einfacher als er ist. Denn sowohl die Segregationsanalyse als auch die Koppelungsanalyse bereiten bei multifaktoriellen Erkrankungen Probleme. Allerdings gelang es in den letzten Jahren, die statistischen Verfahren sozusagen für diese Fragen zu schärfen. Jedenfalls gelangen mit diesen Methoden beeindruckende Erfolge, wie die *Entschlüsselung der Brustkrebsgene* BRCA1 und BRCA2, nachdem man bereits wusste, dass es für Brustkrebs leichte familiäre Häufungen gibt. Andere begonnene Studien, die in den nächsten Jahren noch benötigt werden, laufen mit praktisch den meisten wichtigen multifaktoriellen Krankheiten. Dabei hat man als Kandidatengene natürlich auch besonders solche im Auge, für die es eine physiologische Beziehung zum Krankheitsgeschehen gibt. Ein Beispiel für solche *Kandidatengene* ist das *Reningen* bei arterieller Hypertonie.

Eine Alternative zur Koppelung stellt die *Assoziation* dar. Dabei sind Genkoppelung und Assoziation verschieden definiert. Koppelung ist eine *Beziehung zwischen Loki*, die Assoziation ist aber die *Beziehung zwischen Allelen*. Koppelung beschreibt also die Nachbarschaft von Loki und die daraus resultierende *gemeinsame Segregation*. Assoziation bedeutet, dass Personen in einer Population, die an einem Lokus ein bestimmtes Allel haben, mit höherer Wahrscheinlichkeit als zufällig ein bestimmtes anderes Allel an einem weiteren Lokus besitzen. Durch allele Assoziationen kann man bei Koppelungsuntersuchungen die Auflösung über die von Familienuntersuchungen hinaus steigern.

Assoziation zwischen Krankheit und Markern kann über *Fall-Kontroll-Studien* auf Populationsbasis betrieben werden. Man vergleicht dabei die Häufigkeit eines bestimmten Markerallels in einer Anzahl von Patienten und einer von nicht betroffenen Kontrollpersonen. Dabei ist die Auswahl der Kontrollpersonen allerdings kritisch, da sie typisch für die Population sein müssen, aus der die Patienten stammen. Kontroll- und Patientengruppen müssen aus *genetisch identischen Subpopulationen* stammen. Hierfür sind in den letzten Jahren neue Methoden entwickelt worden, die das Kontrollproblem lösen. Man sucht dann nach *Koppelungsungleichgewichten*. Das Koppelungsungleichgewicht beschreibt die Verknüpfung eines bestimmten Markerallels mit einer Krankheit in der Population. Dabei lässt sich ein Koppelungsungleichgewicht nur dann finden, wenn viele Patienten, auch wenn anscheinend nicht verwandt, die chromosomale Region von einem gemeinsamen Vorfahren geerbt haben. Die allele Assoziation ist also nur dann über Koppelungsungleichgewicht auffindbar, wenn die Allele von einem gemeinsamen Urchromosomensegment stammen. Dabei ist es statistisch unmöglich, das ganze Genom nach Koppelungsungleichgewichten abzusuchen. In der Praxis muss sich die Untersuchung auf Assoziation auf Kandidatenloki beschränken. Die Vorgehensweise ist dann die, dass über genomweite Koppelungsversuche eine Kandidatenregion eingegrenzt wird. Diese Region, die für eine positionelle Klonierung noch zu groß ist, kann dann auf Assoziationen untersucht werden. Dadurch wird die Position eines *Anfälligkeitsgens auf der DNA* räumlich soweit eingeengt, dass es möglich ist, direkt nach dem Gen zu suchen.

In der Tabelle 5.3 sind einige multifaktoriell bedingte Erkrankungen und Fehlbildungen zusammengestellt. Für viele dieser Krankhei-

Tabelle 5.3. Einige Beispiele für multifaktorielle Erkrankungen und Fehlbildungen

Kongenitale Fehlbildungen oder Deformationen	*Häufigere Erkrankungen*
Lippen-Kiefer-Gaumen-Spalte	Diabetes mellitus
angeborene Herzfehler	Schizophrenie, Affektive Psychose
spastische Pylorushypertrophie	Hypertonie
kongenitale Hüftluxation	Epilepsie
Klumpfuß	Morbus Bechterew
Neuralrohrdefekt	rheumatoide Arthritis
Anenzephalus	Morbus Crohn
Omphalozele	Colitis ulcerosa
Intestinale Atresien	

ten existieren Schwellenwerteffekte, wie in Kap. 5.3 beschrieben. Im Kapitel 8.4.1 werden wenige im einzelnen besprochen.

5.2.1 Die Probleme bei Familien-, Zwillings- und Adoptionsstudien

Familienstudien

Will man Anfälligkeitsgenen auf die Spur kommen, so muss man sich darüber im Klaren sein, dass viele Parameter in Familien vorkommen, weil Eltern nicht nur ihre Gene an ihre Kinder weitergeben, sondern auch die gemeinsame *familiäre Umwelt*. Man muss sich bei der Erhebung von Familiendaten immer fragen, ob die gemeinsame Umwelt eine Erklärung sein könnte. Dies ist bei normalen Merkmalen wie IQ-Daten oder seelischen Erkrankungen noch wichtiger als bei pathologischen Merkmalen, kann aber auch dort nicht ignoriert werden. Ernährungsgewohnheiten oder chemische Einflüsse im weiteren Sinne können Entwicklungsunterschiede oder Defekte auslösen. Es bedarf also mehr als nur einer familiären Tendenz um bei nicht-Mendelschen Parametern zu untersuchen, ob eine genetische Kontrolle vorhanden ist.

Zwillingsstudien

Zwillingsstudien beruhen auf dem Vergleich eineiiger (EZ) und zweieiiger Zwillinge (ZZ), wobei EZ *genetisch identisch* sind, ZZ im Durchschnitt die *Hälfte der Gene* gemeinsam haben. Genetische Bedingtheit sollte also eine höhere Konkordanz in EZ als in ZZ zeigen, die sich wie normale Geschwister verhalten sollten. Sowohl EZ als auch ZZ wachsen aber in einer gemeinsamen Umwelt in der Kindheit auf. Das macht ZZ ähnlicher als normale Geschwister, bei EZ wird der Effekt der genetischen Gleichheit durch elterliche Traditionen (wie z.B. gleiche Kleidung) noch verstärkt. Auch muss beachtet werden, dass die Zwillingsschwangerschaft an sich besondere Bedingungen schafft. Durch die intrauterine Enge werden Zwillinge in der Regel 4 Wochen früher geboren als Einlingsschwangerschaften. Die Intelligenzentwicklung ist zumindest in den ersten Lebensjahren dadurch etwas verzögert.

Ein anderer Ansatz ist der Vergleich *getrennt aufgewachsener* eineiiger Zwillinge. Solche Studien leiden in der Regel unter dem Problem der kleinen Zahl. Auch ist die Trennung oft nicht total – oft werden Zwillinge erst einige Zeit nach der Geburt getrennt. Sie wachsen, getrennt durch die Behörden, oft in sozial ähnlichen Familien auf und sie haben auf jeden Fall eine gemeinsame intrauterine Umwelt. Darüber hinaus besteht bei diesem Ansatz das Risiko, dass er der Interessantheitsauslese unterliegt, da jeder über Ähnlichkeiten bei solchen Zwillingen erfahren möchte, separierte Zwillinge, die sehr unterschiedliche sind, sind nicht interessant.

Adoptionsstudien

Adoptionsstudien sind nach den folgenden 2 Ansätzen designt.
- Vergleich adoptierter Personen mit einer bestimmten Erbanlage, deren familiäre Häufigkeit bekannt ist, mit ihren biologischen und mit ihren Adoptiveltern.
- Vergleich biologisch betroffener Eltern mit Kindern, die bei Adoptiveltern leben mit der Frage, ob die Adoption die Erkrankung verhindert hat.

Das Hauptproblem von Adoptionsstudien ist die mangelnde Information über die biologischen Eltern. Außerdem existieren brauchbare Adoptionsregister nur in wenigen Ländern. Ein Sekundärproblem ist, dass Adoptionsbehörden im Interesse der Kinder diese in Familien vermitteln, die eine *ähnliche Sozialstruktur* besitzen, wie die der biologischen Eltern. Da aus diesen Gründen Adoptionsstudien sehr schwierig sind, liegen die meisten Befunde nur im Bereich der psychiatrischen Genetik vor.

5.2.2 Statistische Ansätze zur Bearbeitung des genetischen Anteils komplexer Erkrankungen

Da die Zielrichtung dieses Buches sich mehr an den Genen selbst orientiert, kann der biometrisch-genetische Ansatz nicht in allen Einzelheiten abgehandelt werden. Es wird hier auf die entsprechende Spezialliteratur verwiesen.

Dennoch sollen einige wesentliche Methoden erwähnt werden, die für die Auffindung von Auffälligkeitsallelen bedeutungsvoll sind.

Mendelsche- und polygene Vererbung sind sozusagen die entgegengesetzten Pole eines Kontinuums. Zwischen diesen Polen ist die *multifaktorielle Vererbung* mit *Schwellenwerteffekt* angesiedelt, weil hier wenige Hauptgene existieren, die auf einem variablen genetischen Hintergrund agieren, der von Umwelteinflüssen überlagert ist.

Die *Segregationsanalyse* ist das hauptsächliche statistische Werkzeug, um Vererbung jeden Charakters zu untersuchen. Sie liefert Beweise für oder gegen einen Haupt-Anfälligkeitslokus und ist der Einstieg für Koppelungs- und Assoziationsstudien.

Die *Koppelungsanalyse* ist eine sehr aussagekräftige Methode, das Genom in 20-Mb Segmenten zu scannen und ein Auffälligkeitsallel zu lokalisieren. Sie benötigt allerdings ein präzises genetisches Modell mit Details zum Vererbungsmodus, Genfrequenzen und Penetranz für jeden Genotyp. Die Bewertung von Koppelungsanalysen erfolgt *statistisch*. Man berechnet sog. LOD-Scores, indem man das Wahrscheinlichkeitsverhältnis zweier Loki für Koppelung zu Nichtkoppelung berechnet. Assoziation beschreibt eine statistische Aussage über das gemeinsame Vorkommen von Allelen oder Phänotypen. Das Allel A ist assoziiert mit der Krankheit B, wenn Personen mit der Krankheit B das Allel A signifikant häufiger besitzen als es die individuellen Frequenzen von A und B in der Population erwarten lassen.

5.3 Multifaktorielle Vererbung mit geschlechtsspezifischem Schwellenwerteffekt

Bei der multifaktoriellen Vererbung ist es nicht selten, dass ein Merkmal erst nach Überschreiten einer bestimmten *Grenze der genetischen Prädisposition*, dann aber voll zur Ausprägung kommt. Das heißt, es gibt eine Anzahl der zur Erkrankung gehörenden Gene, die noch nicht zur Ausprägung führt, wird diese jedoch überschritten, so kommt es zur Erkrankung. Besonders für das Auftreten von Fehlbildungen ist eine solche *Toleranzgrenze* häufig beschrieben. Man spricht dann von einem *Schwellenwert*.

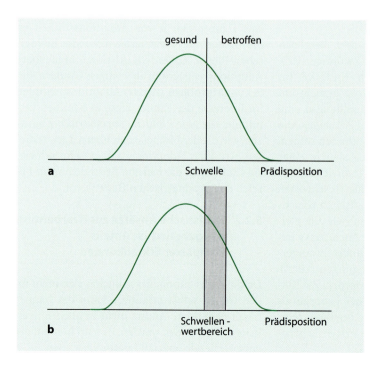

Abb. 5.4. a Prinzip der multifaktoriellen Vererbung mit Schwellenwerteffekt. Die kontinuierlich verteilte Disposition führt zum Auftreten des krankhaften Phänotyps, sobald sie eine Schwelle überschreitet. **b** Schwellenbereich; die linke und rechte Grenze markiert jeweils die Schwelle für ein Geschlecht

- Bei multifaktorieller Vererbung mit Schwellenwert ist der Phänotyp alternativ „gesund – abnorm" verteilt.

Die zugrunde liegende genetische Disposition zeigt dagegen eine quantitative, kontinuierliche Abstufung (Abb. 5.4). Dabei muss die Schwelle keinen scharfen Trennstrich darstellen, sondern es kann auch ein *Schwellenbereich* vorhanden sein. Dies trifft vor allem bei solchen Merkmalen zu, deren Manifestation geschlechtsabhängig ist (Tabelle 5.4). Bei einem Geschlecht kann eine stärkere Disposition notwendig sein als beim anderen.

Die multifaktorielle Vererbung mit Schwellenwerteffekt gehört vermutlich zu den häufigsten Formen in der klinischen Genetik. In Kap. 8.4.2 werden einzelne Krankheiten besprochen.

Tabelle 5.4. Multifaktorielle Krankheiten mit unterschiedlichen Geschlechtsverhältnissen

Krankheit	*männlich/weiblich*
Pylorusstenose	5:1
Morbus Hirschsprung	3:1
Angeborene Hüftgelenksluxation	1:6
Klumpfuß	2:1
Rheumatoide Arthritis	1:3

Das Methodeninventar der molekularen Humangenetik

6.1 Vermehrung von DNA durch Klonierung 168
6.1.1 Die Standard-PCR-Methode zur *In-vitro*-Klonierung 169
6.1.2 Anwendungsbeispiele der PCR und ihre Anpassung an spezielle Fragestellungen 172
6.1.3 Die zellbasierte *In-vivo*-Klonierung 176
6.1.3.1 Wirkungsweise von Restriktionsendonukleasen 178
6.1.3.2 Isolierung rekombinierter DNA 180
6.1.3.3 Markergene erkennen Zellen mit rekombinierter DNA 180
6.1.4 Die Klonierung verschieden großer DNA-Sequenzen erfordert unterschiedliche Vektoren 181
6.1.4.1 Plasmidvektoren 181
6.1.4.2 Lambda- und Cosmidvektoren 181
6.1.4.3 Vektoren aus P1-Bakteriophagen, PACs, BACs und YACs 182
6.1.5 Einige Anwendungsbeispiele der *In-vivo*-Klonierungstechniken 184

6.2 Nukleinsäurehybridisierung 187
6.2.1 Sonden 187
6.2.2 Methoden der Nukleinsäurehybridisierung und praktische Anwendungsbeispiele 190

6.3 Analyse von DNA, die Suche nach Genen und ihre Expression 195
6.3.1 Die Didesoxymethode zur DNA-Sequenzierung und ihre Automatisation 196
6.3.2 Suche nach Genen 198
6.3.3 Genexpressionsuntersuchungen 201
6.3.3.1 Genexpressionsanalysen, die auf Hybridisierung beruhen 201
6.3.3.2 Genexpressionsanalysen, die auf PCR beruhen 202
6.3.3.3 Genexpressionsanalysen auf Proteinebene 202

In Kapitel 1 wurde festgestellt, dass der Beginn des DNA-technologischen Zeitalters mit 1970 festgelegt werden kann, als mit der Entdeckung der „molekularen Scheren", der *Restriktionsendonukleasen*, erstmals ein Werkzeug vorhanden war, DNA spezifisch zu schneiden. Dies ist aber nur sinnvoll, wenn man ein Fragment von Interesse in einer komplexen Mischung vieler unterschiedlicher Sequenzen auch erkennen kann. Nur dann lässt sich vom Grundsätzlichen her eine spezifische DNA-Sequenz aus einer DNA-Population studieren. Da aber eine einzelne DNA-Sequenz einen sehr kurzen Ausschnitt aus einem sehr großen Molekül darstellt, ist die eigentliche Untersuchung dieses Fragments erst dann möglich, wenn es gelingt, dieses in einer *großen Anzahl identischer Kopien* zu vermehren. Hiermit sind auch bereits die fundamentalen Säulen der gegenwärtigen DNA-Technologie angesprochen, nämlich

- DNA-Klonierung,
- Molekulare Hybridisierung.

Erinnern wir uns an die Zeit vor dieser Epoche. Unser Wissen über DNA war außerordentlich limitiert. Man konnte DNA aus Zellen isolieren. Die DNA zerfiel bei diesem Vorgang durch Scherkräfte in sehr große Fragmente und man besaß eine Mischung dieser Fragmente, die alle zusammen hunderte von Millionen Nukleotide enthielten. Eine frühe Methode, diese Fragmente sozusagen zu sortieren, war die Ultrazentrifugation in einem Dichtegradienten, wobei häufig der *CsCl-Dichtegradient* benutzt wurde. Man erhält mit diesem Vorgehen eine Hauptbande, in der sich der größte Teil der DNA befindet und verschiedene kleinere Banden. Diese *Satelliten-DNA*, die, wie wir heute wissen, aus *Tandemwiederholungen repetitiver Sequenzen* besteht, wurde spezifischen Struktur- und Funktionseinheiten der Chromosomen zugeordnet.

6.1 Vermehrung von DNA durch Klonierung

Die DNA-Klonierung, also die spezifische Vermehrung von DNA, kann grundsätzlich *in vivo*, also Zell-basiert, oder, nach Entwicklung der *Polymerease-Ketten-Reaktion- (PCR-) Methode* 1983, auch *in vitro* durchgeführt werden (Abb. 6.1).

Beide methodische Ansätze erfordern grundsätzlich immer gleichartige Eingangsvoraussetzungen und besitzen auch methodisch bedingte Einschränkungen.

In-vivo-Klonierung

Die *In-vivo*-Klonierung benötigt vermehrungsfähige Zellen als Wirtsorganismen und eine *Replikationseinheit (Replikon)*, die sich unabhängig vermehren kann. Der Hybrid aus Replikationseinheit mit dem zu vermehrenden DNA-Abschnitt (Ziel-DNA) wird in den Wirtsorganismus verbracht und vermehrt sich in diesem (Abb. 6.2).

Die eigentliche Klonierung einer Ziel-DNA wird dadurch gewährleistet, dass jede Wirtszelle nur eine Replikationseinheit mit einem spezifischen Fremd-DNA-Abschnitt aufnimmt. Alle Abkömmlinge dieser Wirtszelle enthalten in ihrem Replikon die gleiche Ziel-DNA (DNA-Klon), so dass *reine Populationen der Ziel-DNA* entstehen. Auf diese Weise können DNA-Abschnitte, je nach Wirtsorganismus bis zu einer Größe von 2Mb praktisch beliebig vermehrt werden.

In-vitro-Klonierung

Bei der *In-vitro*-Klonierung über PCR wird die Ziel-DNA durch *Oligonukleotid-Primer* selektioniert, die spezifisch an diese Sequenz binden, womit auch bereits eine entscheidende

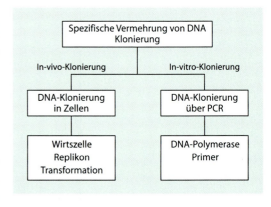

Abb. 6.1 Die grundsätzlichen Methoden zur DNA-Klonierung

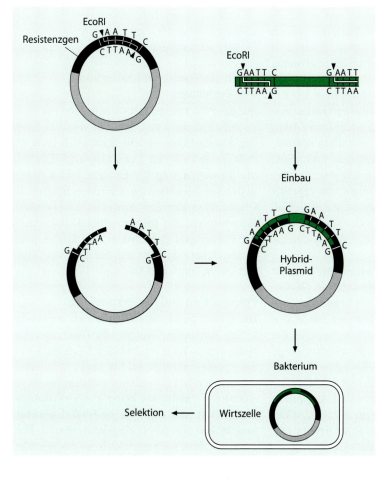

Abb. 6.2. In-vivo-Klonierung eines DNA-Segments

Voraussetzung angesprochen ist. Man muss zum Starten der Reaktion nämlich zumindest die Sequenzen der angrenzenden Bereiche der Ziel-DNA kennen. Dies beschränkt die Anwendung auf DNA-Abschnitte, die bereits teilweise beispielsweise über *In-vivo*-Klonierungsmethoden charakterisiert sind. Der große Vorteil der PCR-Methode liegt in der **geringen Menge** des benötigten Ausgangsmaterials (im Zweifelsfall nur eine einzige Kopie der Ziel-DNA). Nachdem die sequenzspezifischen Primer an die Ziel-DNA gebunden sind, kann eine **hitzestabile DNA-Polymerase** Kopien generieren, die wiederum als Vorlage für neue Kopien in einer Kettenreaktion dienen, was der Methode den Namen Polymerase-Kettenreaktion (engl. *Polymerase chain reaction, PCR*) gegeben hat. Ein Nachteil der Klonierung über PCR ist, dass nur DNA-Abschnitte in der Größenordnung von 0-5 kb Länge vermehrt werden können. Auch ist die Vermehrungsrate in einer einzigen PCR limitiert, zeitaufwändig und teuer.

6.1.1 Die Standard-PCR-Methode zur *In-vitro*-Klonierung

Mit der PCR möchte man normalerweise eine oder auch mehrere Ziel-DNA-Sequenzen aus einem heterogenen Pool von DNA-Sequenzen *selektiv vermehren*. Häufig besteht der Pool aus der gesamten genomischen DNA, oder auch aus c-DNA, welche aus isolierter RNA und Konversion in DNA mit Hilfe des Enzyms *Reverse Transkriptase (RT)* gewonnen wurde (RT-PCR). In der Regel ist die gesuchte Sequenz in einer verschwindend geringen Menge im Gesamtpool vorhanden. Ausnahmen hiervon gibt es bei der RT-PCR, wenn die gesuchte Sequenz stark exprimiert wurde. Häufig hat die Ziel-Sequenz verglichen zum Gesamtpool jedoch einen Anteil von deutlich unter 1:1.000.000 in der Start-Population menschlicher genomischer DNA

Wie bereits erwähnt, benötigt man zur Erkennung der Ziel-DNA *Sequenzinformation* über sie, um zwei *Oligonukleotidprimer (Amplimere)* zu konstruieren. Diese sollten optimalerweise 18-25 Nukleotide lang sein und spezifisch für die Sequenzflankierung der Ziel-Sequenz. Dabei sollte es sich nicht um repetitive Sequenzeinheiten handeln, da ja das Ziel ist, spezifisch eine bestimmte DNA zu vermehren, d.h. die Primer müssen selektiv für ausschließlich die Ziel-Sequenz sein.

Für ein ideales Primerdesign sollten noch weitere Faktoren beachtet werden: Der *GC-Gehalt* sollte zwischen 40 und 60% liegen mit einer *gleichmäßigen Verteilung* aller vier Basen. Die Schmelztemperatur (Temperatur, welche die Hydrogenbindung der Komplementärstränge bricht und diese separiert) für die beiden Primer sollte nicht mehr als 5 °C und die Schmelztemperatur zwischen Primern und Amplifikationsprodukt sollte nicht mehr als 10 °C differieren. Der Grund für solche Schmelztemperaturunterschiede liegt darin, dass GC-Basenpaare mehr Hydrogenbindung als AT-Basenpaare besitzen und daher Stränge mit hohem CG-Gehalt schwieriger zu separieren sind. Die 3´-Sequenz eines Primers sollte eine genaue Paarung erlauben, weiterhin nicht komplementär zur Sequenz irgendeiner Region des anderen Primers sein, und schließlich sollten selbstkomplementäre Sequenzen nicht größer als drei bp sein.

Wenn nun eine entsprechende hitzebeständige Polymerase sowie als DNA-Vorstufen die vier *Desoxynukleotidtriphosphate* dATP, dCTP, dGTP und dTTP vorhanden sind, kann die Reaktion gestartet werden. Anschließend werden die drei folgenden Prozessschritte in einer Kettenreaktion durchlaufen.

- Denaturierung: Für menschliche DNA bei 93-95 °C
- DNA-Synthese: In der Regel bei 70-75 °C
- Renaturierung: Abhängig von der Schmelztemperatur des zu erwartenden Doppelstranges zwischen 50 und 70 °C, in der Regel etwa 5 °C unter der berechenbaren Schmelztemperatur.

Geschwindigkeit der Klonierung und Zykluszahl

Mit der PCR können DNA-Sequenzen mit nicht zu aufwändiger Ausstattung in wenigen Stunden kloniert werden. Im Normalfall läuft die PCR 30 Zyklen mit Denaturierung, Synthese und Renaturierung. Ein einziger Zyklus dauert in der Regel *3-5 Minuten*. Allerdings müssen die Oligonukleotidprimer entworfen und synthetisiert werden. Zur theoretischen Konstruktion der Primer gibt es Software-Programme. Auch bieten Firmen die Synthese der üblichen Oligonukleotidprimer an (Abb. 6.3).

Polymerasen und Fehlerkorrektur

Die früher praktisch ausschließlich verwendete *Taq-Polymerase*, welche von *Thermus aquaticus*, einem hitzebeständigen Bakterium heißer Quellen stammt, ist bis zu 94 °C hitzebeständig und hat ihr Arbeitsoptimum bei 80 °C. Allerdings besitzt sie keine 3´→5´-Exonukleaseaktivität und damit *keine Fehlerkorrekturmöglichkeit* für falsch eingebaute Basen. Dies bedeutet, dass bei einer mittleren Sequenzlänge und 20 Vermehrungszyklen bereits sehr viele neue DNA-Stränge aufgrund eines Kopierfehlers ein falsches Nukleotid eingebaut haben, so dass das Endprodukt einer Mischung höchst ähnlicher aber nicht identischer DNA-Sequenzen entspricht. Durch Sequenzierung aller PCR-Produkte und deren Vergleich, da ja die falschen Basen rein zufällig eingebaut werden, lässt sich dann die richtige Sequenz finden. Dies bedeutet aber weitere zusätzliche und aufwändige Untersuchungen, in der Regel mit In-vivo-Klonierungen und Sequenzierungen. Erst dann kann der weitere Experimentalschritt mit der dann richtigen (Consensus)-Sequenz folgen. Die Ungenauigkeit der DNA-Replikation kann jedoch seit einiger Zeit weitgehend vermieden werden. Es existieren nämlich heute alternative Enzyme, wie z.B. die *Pfu-Polymerase* aus *Pyrococcus furiosus*, die Exonukleaseaktivität besitzen und eine Fehlerkorrektur durchführen. Hiermit kann die Fehlerrate auf

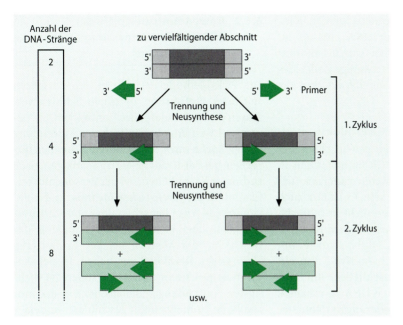

Abb 6.3. Die Standard PCR-Methode

Tabelle 6.1. Die Funktion von 3´→5´-Exonukleasen

In-vivo-Replikations-Fehlerrate im Säugergenom	1 Base pro $3 \cdot 10^9$ kopierter Basen
Korrekturmechanismus (*proofreading*) von Polymerasen mit 3´→5´-Exonukleaseaktivität	1. Die DNA-Polymerasen benötigen das 3´-Hydroxylende eines basengepaarten Primerstranges, um eine Kette verlängern zu können. 2. Moleküle, die am 3´-Ende des Primerstranges eine falsche Base haben, sind eine schlechte Matrize. 3. Wird eine falsche Base eingebaut, stoppt die DNA-Synthese. 4. Die 3´→5´-Exonuklease der Polymerase entfernt so lange jeweils ein Nukleotid am 3´-Hydroxylende, bis dieses Ende ein korrekt gepaartes Basenpaar besitzt. 5. Die DNA-Synthese geht weiter; die DNA-Polymerase hat ihren eigenen Fehler korrigiert.

etwa 1/10 der ursprünglichen reduziert werden. Eine weitere Modifikation ist die Verwendung von zwei Typen **hitzestabiler Polymerasen**, um ein Optimum zwischen Polymerase- und Exonukleaseaktivität zu erzielen. Letztere Variante wird vor allem in der Long-range PCR, einem speziellen Protokoll für lange DNA-Sequenzen verwendet (Tabelle 6.1).

Empfindlichkeit der PCR-Methode

Wie bereits erwähnt kann man mit der PCR winzige Mengen einer Ziel-DNA vermehren. Insgesamt hängt die Spezifität der Vermehrung der gewünschten Ziel-DNA davon ab, inwieweit die konstruierten Primer nicht auch noch andere Sequenzen als ausschließlich die gewünschte Ziel-DNA erkennen. Aus diesen Gründen muss auch sehr sauber gearbeitet werden. *Kontaminationen* mit externer DNA müssen auf jeden Fall verhindert werden. Durch Laborluft oder durch Zufall verbrachte wenige Zellen des Experimentators reichen bereits aus, um die Probe zu verunreinigen.

Weiterverarbeitung der PCR Produkte

Die Menge an DNA einer gewünschten Sequenz, die man aus der PCR enthält, kann in vielen Fällen für den weiteren experimentellen Weg nicht ausreichend sein. Es ist nun auch aus ökonomischen Gründen nicht angebracht, zur weiteren Mengenvermehrung ständig dieselbe PCR zu wiederholen. Oft ist es daher bequemer und sinnvoller, ein *In-vivo-*, also ein zellbasiertes, System anzuschließen, um große Mengen der gewünschten DNA zu erhalten. Verschiedene *Plasmid-Klonierungssysteme* stehen hier zur Verfügung, um die DNA in Bakterien zu vermehren. Nach einer solchen Klonierung kann das Insert mit Hilfe von Restriktionsendonukleasen wieder ausgeschnitten werden und z.B. in ein anderes Plasmid umkloniert werden, sei es, um über seine Exprimierung eine RNA zu erhalten, sei es, um große Mengen von Protein herzustellen (Tabelle 6.2).

Tabelle 6.2. Restriktionsendonukleasen und Inserts

Restriktionsendonukleasen (Restriktionsenzyme)
Enzyme, die an einer für das jeweilige Enzym spezifischen kurzen Nukleotidsequenz der DNA schneiden können. Ihr natürliches Vorkommen sind Bakterien, welche sie als Abwehrsystem zur Zerstörung der DNA von eingedrungenen Bakteriophagen benutzen.

Inserts
In Fremd-DNA einklonierte DNA-Fragmente.

6.1.2 Anwendungsbeispiele der PCR und ihre Anpassung an spezielle Fragestellungen

Die PCR-Methode hat sich in den 20 Jahren seit ihrer Einführung zu einem Schlüsselverfahren der Molekulargenetik entwickelt. Sie besitzt weltweit eine breitgefächerte Anwendung in der *Suche nach molekularen Krankheitsursachen*, bei der Krankheitsdiagnostik genetisch bedingter Krankheiten, bei der Personenidentifikation in der *forensischen Medizin*, in der Paläontologie (man hat schon über 4000 Jahre alte Proben über PCR kloniert), ja sogar in der Geschichte der Medizin bei der Erforschung historischer Krankheitsgeschehen, in der Anthropologie usw. Im Folgenden sollen die wichtigsten Anwendungsmöglichkeiten in der molekularen Humangenetik geschildert werden.

Genotypendiagnostik

Restriktionsschnittstellen-Polymorphismen (RsPs) werden in der Humangenetik häufig zur Genotypendiagnostik bei genetischen Erkrankungen monogenen Ursprungs herangezogen. Der klassische Weg, solche Krankheiten zu diagnostizieren, ist die direkte und die indirekte Genotypendiagnostik über *Restriktionsfragmentlängen-Polymorphismen* (s. Kap. 6.2.2.) Die Erkennung von RsPs erfolgt über *Southern-Blot-Hybridisierung*. Man hybridisiert eine DNA-Sonde dieses Lokus mit genomischer DNA, die mit dem entsprechenden Restriktionsenzym geschnitten und in einer Agarosegelelektrophorese nach Größe aufgetrennt wurde. Die Analyse erfolgt über Restriktionsfragmentlängen-Polymorphismen, die aus zwei Allelen bestehen, in denen eine bestimmte Restriktionsschnittstelle vorhanden ist oder fehlt. Durch die Verwendung von Primern mit Sequenzen, welche die Restriktionsschnittstellen einrahmen, kann man über PCR RsPs viel einfacher bestimmen. Man vermehrt den entsprechenden DNA-Bereich, schneidet das PCR-Produkt mit dem spezifischen Restriktionsenzym und analysiert die Fragmente über Trennung in der Agarosegelelektrophorese (Abb. 6.4).

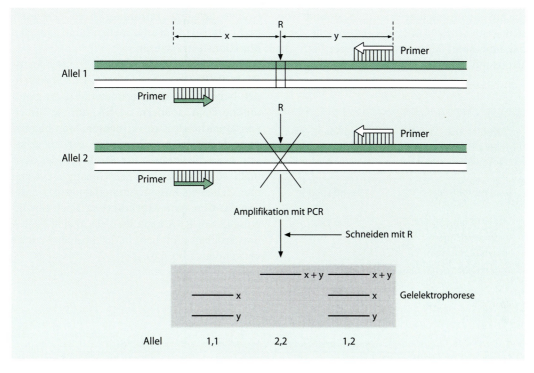

Abb. 6.4. Charakterisierung eines Restriktionsschnittstellen-Polymorphismus mit der PCR

Bestimmung von Längenpolymorphismen bei Wiederholungssequenzen

Im menschlichen Genom existieren zahllose Polymorphismen von tandemförmigen Wiederholungen kurzer Sequenzen mit ein bis vier Nukleotiden. Man bezeichnet diese auch als *VNTRs (= Variable Number of Tandem Repeats)* oder *Minisatellitensequenzen*. Solche, die zur Amplifikation in der PCR geeignet sind, bezeichnet man als *AmpFLP (amplifizierbare Fragmentlängen-Polymorphismen)*. Sie haben eine Länge von 100bp bis 20kb und eine genau definierte Allelverteilung. Allelunterschiede von einem oder wenigen Basenpaaren und damit die genaue Genotypenbestimmung machen von der Auftrennung her kein Problem. Neben diesen existieren im Genom die *Short-Tandem-Repeats (STRs)* oder *Mikrosatelliten*. Sie bestehen aus Sequenzen von annähernd 100bp. Die tandemartig hintereinanderliegenden Wiederholungsmotive von ebenfalls wenigen Nukleotiden zeigen unterschiedliche Allelsituationen bei verschiedenen Personen, die auf einer unterschiedlichen Anzahl von Repeats beruhen. Auch diese eignen sich zur Bestimmung in der PCR bestens und werden als polymorphe Marker im menschlichen Genom eingesetzt. Ein Anwendungsbeispiel ist die Personenidentifikation, da wohl keine zwei Personen auf der Erde existieren, die bei Verwendung mehrerer Marker eine identische Allelkonstellation hätten. Mit Hilfe von Primern, welche diese Repeats flankieren, kann man die Allele amplifizieren, deren Größe sich durch die charakteristische Anzahl von Wiederholungssequenzen unterscheidet. Die Größenauftrennung erfolgt dann in der *Polyacrylamid-Gelelektrophorese* (Abb. 6.5, Tabelle 6.3)

Schnelle Mutations-Screening-Verfahren

Sind Teile eines Gens bekannt, das mit einer genetischen Erkrankung assoziiert ist, so kann man *genspezifische PCRs* erstellen, womit man ein Screening-Verfahren in der Hand hat, mit dem vermehrten Gensegment größere Populationsgruppen auf Mutationen hin zu untersuchen.

Ein anderes Verfahren kann angewandt werden, wenn die Exon-Intron-Grenzen eines Gens bekannt sind. Man vermehrt spezifisch die Exons mit Primern, die nahe der Exon-Intron-Grenze gelegene Intronsequenzen erkennen, und untersucht sie anschließend mit schnellen Mutationstestverfahren.

Eine weitere Variante der PCR, die man als **RT-PCR (Reverse Transkriptase-PCR)** bezeichnet, benutzt als Ausgangsmaterial nicht genomische DNA, sondern c-DNA, um sie für einen Mutationstest zu vermehren. Man benutzt diese Methode, um Genmutationen zu erfassen, wenn die Exon-Intron-Struktur eines Gens noch völlig unbekannt ist. Günstig ist, wenn man Zellen als Ausgangsmaterial besitzt, in denen das Gen stark exprimiert ist. Nach Gewinnung der m-RNA kann man sie in eine c-DNA umschreiben und diese in der PCR als Matrize verwenden (Abb. 6.6).

Tabelle 6.3. Längenpolymorphismen im menschlichen Genom als Möglichkeit der Personenidentifikation

Polymorphismus	Sequenzlänge
AmpFLP (amplifizierbare Fragmentlängen-polymorphismen)	100bp–2kb
STR (Short-Tandem-Repeats)	100bp–500 bp

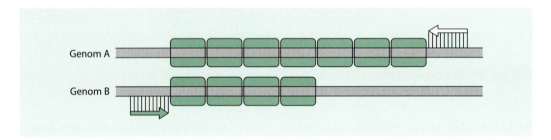

Abb. 6.5. Polymorphe Marker im menschlichen Genom (AmpFLPs, STRs)

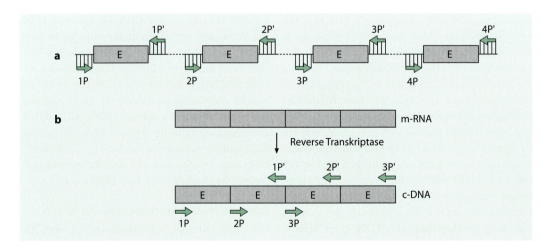

Abb. 6.6 a,b. Anwendung der PCR, um Mutationen in Exons zu erkennen. **a** Vermehrung der Exons mit intronspezifischen Primern 1P+1P', 2P+2P' usw. (Ausgangssequenz genomische DNA). **b** RT-PCR. Vermehrung der Exons mit exonspezifischen Primern 1P+1P', 2P+2P' usw. Die synthetisierten DNA-Fragmente sind überlappend (Ausgangssequenz c-DNA)

Allelspezifische PCR

Die Allelspezifische PCR basiert auf der Notwendigkeit einer *präzisen Basenpaarkopplung* am 3'-Ende zwischen Primer und DNA-Matrize. Die Oligonukleotid-Primer (allelspezifische Oligonukleotid-Primer) werden so konstruiert, dass sie sich in einem Nukleotid am äußeren 3'-Ende unterscheiden. Damit können sie zwischen Ziel-DNA Sequenzen (Allelen) unterscheiden, die in einem Nukleotid differieren, da in der PCR die DNA-Synthese entscheidend von der Basenpaarung am 3'-Ende abhängt. Bei falscher Paarung erfolgt keine Amplifikation. Die Methode ist auch zum Nachweis *spezifischer pathogener Mutationen* geeignet und wird dann als System der *amplifizierungsresistenten Mutation (ARMS)* bezeichnet. Dabei sind die einen Primer so designt, dass sie am 3'-Ende mit den variablen Nukleotiden paaren, welche die beiden Allele definieren. Der andere Primer ist komplementär zu der Sequenz, die an die variablen Nukleotide angrenzt. Eine Amplifikation findet dann nicht statt, wenn die Nukleotide am 3'-Ende nicht perfekt paaren. Hierdurch ist es möglich, zwei Allele zu unterscheiden (Abb. 6.7).

Amplifikation uncharakterisierter Sequenzen und wahlloser DNA

Zur Untersuchung neuer unbekannter DNA-Sequenzen, die zu einer DNA-Familie gehören (z.B. speziesübergreifend) oder zur Klonierung eines Gens, dessen Proteinsequenz nur unzureichend bekannt ist, kann man *degenerierte Oligonukleotidprimer (DOP-PCR)* benutzen. Bei diesen Primern besteht Übereinstimmung

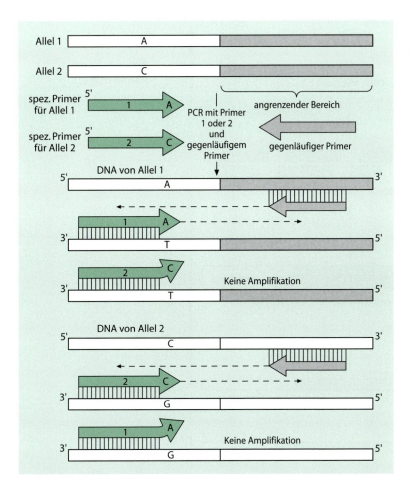

Abb. 6.7. System der amplifizierungsresistenten Mutation (ARMS)

nur an bestimmten Positionen, andere sind variabel designt. Man kann damit eng verwandte und auch neue Gene oder repetitive DNA-Familien gleichzeitig amplifizieren und sie dann über *In-vivo*-Klonierung isolieren.

Will man alle DNA-Sequenzen einer DNA-Mischung auf einmal vermehren, ligiert man eine bekannte Sequenz an alle Fragmente. Hierzu schneidet man die Ziel-DNA mit einer Restriktionsendonuklease und ligiert sie mit doppelsträngigen Oligonukleotidlinkern mit überhängenden Enden an die Enden der Ziel-DNA-Fragmente. Man amplifiziert dann mit für die Linkersequenzen spezifischen Primern (Ligation-Adapter-PCR). Man kann so auch eine *Gesamtgenom-Amplifikation* erhalten (Abb. 6.8).

Man kann mit Hilfe der PCR auch von einer bekannten Start-DNA ausgehen und in unbekannte Nachbar-Sequenzen amplifizieren. Als Beispiel sei die Inverse PCR angeführt (Abb. 6.9; Tabelle 6.4).

6.1.3 Die zellbasierte In-vivo-Klonierung

Bei der zellbasierten *In-vivo*-Klonierung hat man es mit drei Faktoren zu tun, nämlich
— Fremd DNA-Abschnitt (Ziel-DNA), der vermehrt werden soll,
— unabhängige sich vermehrende Replikationseinheit (Replikon),
— Wirtszelle, in welcher der Hybrid aus Fremd-DNA und Replikon vermehrt werden soll.

Der Prozess einer solchen Klonierung mit diesen drei Faktoren kann wiederum in vier Schritten beschrieben werden:
1. Der Verbindung (Ligation) von Ziel-DNA und Replikon,
2. Einschleusung des Hybrids in die Wirtszelle (Transformation),
3. Vermehrung von Wirtszelle und Hybrid,
4. Ernte von Zellkulturen und Isolierung der Ziel-DNA.

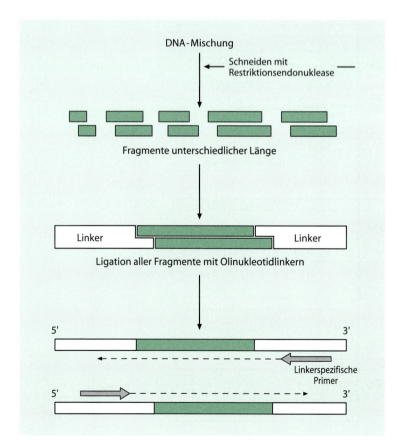

Abb. 6.8. Ligation-Adapter-PCR

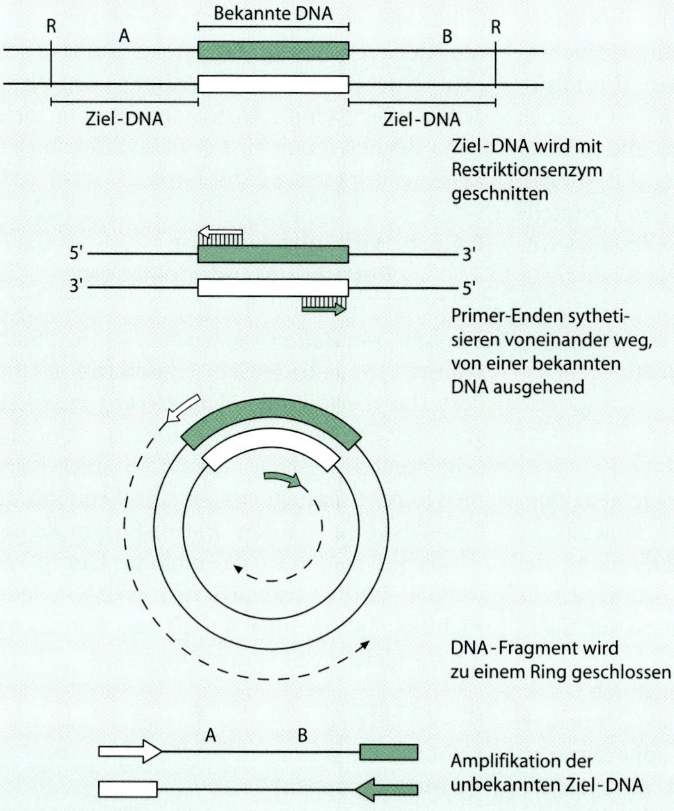

Abb. 6.9. Inverse PCR

Ziel-DNA wird mit Restriktionsenzym geschnitten

Primer-Enden synthetisieren voneinander weg, von einer bekannten DNA ausgehend

DNA-Fragment wird zu einem Ring geschlossen

Amplifikation der unbekannten Ziel-DNA

Tabelle 6.4. Amplifikation uncharakterisierter Sequenzen und wahlloser DNA

Methode	Fragestellung
DOP-PCR (degenerierte Oligonukleotidprimer-PCR)	Klonierung von DNA-Familien verwandter Sequenz Klonierung von Genen mit nur teilweise bekannter Aminosäuresequenz Klonierung repetitiver DNA-Familien
Ligations-Adapter PCR	Klonierung von unbekannten DNA-Sequenzen einer Mischung
Inverse PCR	Klonierung unbekannter Nachbarsequenzen einer bekannten Ausgangssequenz

Ligation und Replikone

Bei der Ligation werden rekombinante DNA-Moleküle dadurch gebildet, dass man *Ziel-DNA und Replikon* mit spezifischen Restriktionsendonukleasen schneidet und diese Fragmente mittels DNA-Ligase miteinander verknüpft. Da die Ziel-DNA in der Regel jedoch keinen Replikationsursprung besitzt, wird ihre Replikation vom Replikationsursprung des Replikons kontrolliert. Das Replikon schleppt also die Ziel-DNA in sich integriert mit. Man bezeichnet daher für die Klonierung verwendete Replikone als **Vektoren**. Solche Vektoren können sich unabhängig von der Wirtszelle vermehren. Sie sind in der Mehrzahl der Fälle extrachromosomale, in einigen Fällen auch chromosomale Replikone. Viele dieser Replikone machen während des Zellzyklus der Wirtszelle mehrfache Vermehrungsschritte, so dass die Kopienzahl über die Vermehrungsrate der Wirtszelle hinaus vermehrt wird, wobei die Fremd-DNA-Fragmente pro Replikation nur an einer einzigen Stelle eingebaut sind.

Man unterzeichnet zwei grundsätzlich unterschiedliche Arten von Replikonen:
- Plasmide,
- Bakteriophagen.

Plasmide bestehen aus einem kleinen, doppelsträngigen, ringförmigen DNA-Molekül. Sie werden in der Regel bei der Zellteilung der Wirtszelle an die Tochterzellen weiterverteilt, können aber auch über Konjugation auf Nachbarzellen übertragen werden.

Als **Bakteriophagen** bezeichnet man bakterieninfizierende Viren. DNA-Bakteriophagen haben in der Regel Genome mit doppelsträngiger zirkulärer oder linearer DNA, die beim reifen Viruspartikel, dem Virion von einer Proteinhülle umgeben sind, die das Anheften und Eindringen in die Wirtszelle erleichtert. Bakteriophagen sind im Gegensatz zu Plasmiden auch *außerhalb der Wirtszelle* fähig zu existieren.

Wirtszellen

Die Wirtszellen sind in der Regel Bakterien oder Pilze, es gibt aber auch für spezielle Fragestellungen Klonierungs-Systeme mit Insektenzellen und menschlichen oder anderen Säugerzellen. Sie sind so ausgewählt, dass sie für eine *Klonierung* besonders *geeignet* sind.

Vermehrung und Ernte der Ziel-DNA

Zur Vermehrung der Wirtszellen werden die transformierten Zellen auf Agarplatten, also auf Testagar, plattiert und wachsen zu Zellkolonien heran, wobei jede Zellkolonie als Ausgangssituation aus nur einer Wirtszelle besteht. Man bezeichnet dann eine solche Kolonie identischer Wirtszellen als **Klon**. In einem zweiten Schritt werden einzelne Kolonien von der Bakterienplatte abgenommen und in Flüssigkeitskultur weitervermehrt. Extra eingebaute Systeme oder auch andere Testsysteme lassen erkennen, ob der entscheidende Vektor in den Wirtszellen einer Kolonie vorhanden ist oder nicht, und erlauben damit eine *gezielte Selektion* der Zellen von Interesse (Abb. 6.10).

6.1.3.1 Wirkungsweise von Restriktionsendonukleasen

Die **DNA von Bakterienstämmen** ist im Durchschnitt etwa alle tausend Basenpaare methyliert. Dabei erfolgt die **Methylierung** innerhalb ganz bestimmter Nukleotidsequenzen (vier bis acht Basenpaare lang), die durch Spiegelsymmetrie gekennzeichnet sind. Die Sequenz, die beispielsweise von dem *E.-coli*-Enzym Eco R1 – welches in der Gentechnologie häufig verwendet wird – erkannt wird, weist in jeder Richtung (5'→3' oder 3'→5') zur Mittelachse hin die gleiche Nukleotidsequenz auf.

5'-GAA*TTC-3'
3'-CTTA*AG-5'
(+=Methylgruppen)

Fehlt diese Methylierung, so wird die DNA als fremd angesehen und geschnitten, in unserem Beispiel wie folgt:

5'-GAATTC-3'   -G   AATTG-
3' CTTAAG-5' →   -CTTAA   G-

Die Enzyme, die solche spezifischen Schnitte durchführen können, werden als **Restriktionsenzyme** bezeichnet. Es gelang, viele solcher Restriktionsenzyme mit sehr verschiedener Sequenzspezifität zu isolieren. Dies liegt daran, dass fast jeder Bakterienstamm sein eigenes sequenzspezifisches Restriktionssystem besitzt. Bei manchen Restriktionsenzymen liegen die Schnittstellen in beiden Strängen an derselben Stelle, die von ihnen gebildeten Fragmente enden stumpf oder sie sind, wie in unserem Beispiel, kohäsive Einzelstränge, d. h. ein bis fünf Nukleotide gegeneinander versetzt. Man bezeichnet diese einsträngigen komplementären Enden auch als „*sticky ends*". Man kann nun

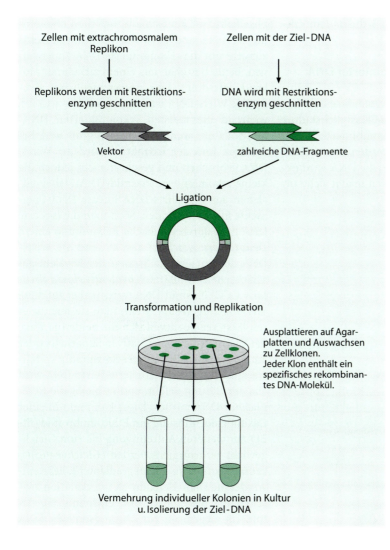

Abb. 6.10. Ligation, Transformation, Replikation, Ernte und Isolierung der Ziel-DNA bei der Zell-basierten In-vivo-Klonierung

DNA verschiedener Herkunft, z. B. solche von Plasmiden, welche die gleichen Erkennungsstellen für das Restriktionsenzym tragen, in gleicher Weise schneiden. Nach den Regeln der Basenpaarung lagern sich die sticky ends dann aneinander, wenn sie nur die charakteristische Basensequenz aufweisen. Ligasen legen nun noch die Verbindung zwischen den jeweils endständigen Nukleotiden.

Zum Einbau von DNA-Segmenten in einen **Klonierungsvektor**, also zur Herstellung rekombinanter DNA-Moleküle, stehen prinzipiell drei verschiedene Methoden zur Verfügung. Die erste Methode haben wir im Prinzip am Beispiel von Eco R1 bereits besprochen. Man benutzt die *sticky ends*, die durch bestimmte Restriktionsenzyme erzeugt werden, zur *Paarung gleichartiger Enden* unterschiedlicher DNA-Fragmente, die dann durch DNA-Ligase miteinander verknüpft werden. Einige DNA-Ligasen können aber auch Fragmente mit stumpfen Enden miteinander verbinden. Man kann nun die Fremd-DNA, die man in einen Vektor einbauen möchte, mit synthetischen Oligonukleotiden einer vorgegebenen Sequenz koppeln. Besitzen diese Oligonukleotide, die man dann als *„Linker-Moleküle"* bezeichnet, Erkennungsstellen für ein bestimmtes Restriktionsenzym, so kann die Fremd-DNA in den Vektor eingebaut werden, obwohl sie ursprünglich keine

Enzymerkennungsstelle besaß, die in dem Vektor vorkommt (Abb. 6.11).

6.1.3.2 Isolierung rekombinierter DNA

Jeder durch die Klonierung vermehrte Zellklon bzw. die daraus resultierende Flüssigkeitskultur enthält nur einen Typus rekombinierter DNA, der anschließend isoliert werden muss. Hierfür werden die Zellen lysiert, die DNA wird *extrahiert* und *aufgereinigt*. Man macht sich nun physikalische Unterschiede zwischen rekombinierter DNA und DNA des Wirtschromosoms zunutze um die rekombinierte DNA zu gewinnen. Beide bestehen aus einem zirkulären Molekül, allerdings sehr unterschiedlicher Größe. Die Wirts-DNA ist relativ groß (ca. 4,3 Mb), während die meisten rekombinierten DNA-Moleküle nur wenige Kilobasen groß sind. Bei der Lyse und der Extraktion wird die Wirts-DNA gebrochen und geschert, nicht jedoch die kleine rekombinierte Plasmid-DNA. Dabei entstehen aus der Wirts-DNA lineare DNA-Fragmente mit freien Enden. Setzt man die isolierte DNA z. B. durch alkalische Behandlung einem *Denaturierungsschritt* aus, so wird die Wirts-DNA denaturiert, die Stränge der kovalent geschlossenen zirkulären (*covalently closed circular* = CCC) Plasmid-DNA werden aber auf diese Weise nicht getrennt. Wenn man sie renaturieren lässt, reassoziieren sich die beiden Stränge der CCC-DNA zu einer nativen Superhelix oder zur *Supercoiled-DNA*, einer hochgradig spiralisierten DNA. Die denaturierte Wirts-DNA wird aus der Lösung gefällt, und es bleibt die CCC-Plasmid-DNA zurück. Diese kann nun in einer Cäsiumchloridlösung mit Ethidiumbromid (EtBr) zur weiteren Aufreinigung bis zum Gleichgewicht zentrifugiert werden (*Gleichgewichtszentrifugation* im Dichtegradienten). EtBr entwindet die DNA-Helix durch Interkalation zwischen die Basenpaare und entspannt sie damit. Im Gegensatz zur chromosomalen DNA hat die CCC-Plasmid-DNA keine freien Enden und kann sich nur limitiert entspannen, was wiederum die Menge an gebundenem Ethidiumbromid limitiert. EtBr-DNA-Komplexe sind dichter, wenn sie weniger EtBr enthalten, und folglich wird die CCC-Plasmid-DNA im Cäsiumchloridgradienten eine tiefere Bande bilden als die chromosomale DNA des Wirts und offene Plasmid-DNA. Auf diese Weise können die rekombinanten DNA-Moleküle von der Wirtszell-DNA getrennt werden.

6.1.3.3 Markergene erkennen Zellen mit rekombinierter DNA

Ein entscheidender Faktor bei der Klonierung von DNA ist, dass man die Zellen erkennt,

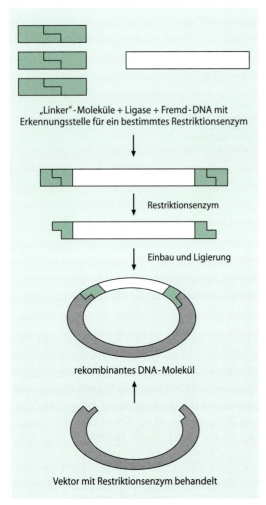

Abb. 6.11. Ligation stumpfer Enden zur Anheftung von Linker-Molekülen und Erzeugung von *„sticky ends"* nach Schneiden mit Restriktionsenzymen. Nachfolgender Einbau in einen Vektor

die letztendlich die Ziel-DNA auch vermehren. Hierzu ist es notwendig
- Zellen zu erkennen, die den Vektor enthalten,
- Zellen zu erkennen, die den Vektor mit der Ziel-DNA enthalten.

Um Zellen zu erkennen, die den Vektor enthalten, wird dieser mit einem *Markergen* versehen. Häufig ist es ein Gen, das den Vektor gegen ein Antibiotikum resistent macht, und man verwendet dann Wirtszellen, die gegen dieses Antibiotikum sensibel sind. Oder man integriert ein Gen, das über eine Farbreaktion nachgewiesen werden kann. Hier eignet sich das β-*Galactosidase-Gen*. Man integriert einen Teil der Sequenz in den Vektor, den komplementären Teil in die Wirtszelle. Ist der Vektor in der Zelle vorhanden, wird eine funktionelle β-Galactosidase entstehen. Der Nachweis erfolgt über eine Farbreaktion (im beschriebenen Beispiel Farbumschlag des farblosen Xgal [5-Bromo-4-chloro-3-indolyl-β-D-galactopyranosid] ins Blaue).

Wie kann man jedoch Zellen erkennen, die den Vektor mit der Ziel-DNA enthalten? Hierzu kann man z. B. Vektoren benutzen, die innerhalb des Markergens eine multiple Klonierungsstelle haben, welche die Insertion von Fremd-DNA zulässt. Wenn dieser *Polylinker* klein ist und die Anzahl von Nukleotiden in der multiplen Klonierungsstelle durch drei teilbar ist, so dass das Leseraster für das Markergen nicht verschoben ist, wird weiterhin das Markergen auch exprimiert. Wird nun rekombinierte DNA eingebaut, wird das Markergen inaktiviert und der *Phänotyp verändert (Insertionsinaktivierung)*. Im vorliegenden Beispiel des β-Galactosidase-Gens zeigt sich bei der Integration der Ziel-DNA keine Farbreaktion, während Zellen ohne Insert sich weiterhin blau verfärben.

Das angeführte Beispiel soll zeigen, dass es gezielt möglich ist, Zellen zu erkennen, welche die Ziel-DNA vermehren. Natürlich gibt es auch noch *andere Testverfahren* hierfür.

Man kann auch ganze DNA-Bibliotheken auf eine bestimmte DNA-Sequenz hin überprüfen. Hierzu benutzt man auf Hybridisierung basierende Screening-Tests oder die PCR-Methode.

6.1.4 Die Klonierung verschieden großer DNA-Sequenzen erfordert unterschiedliche Vektoren

Am Anfang war es in der In-vivo-Klonierung nur möglich, kleine DNA-Fragmente zu klonieren. Heute existieren Vektoren, die für Fragmente unterschiedlichster Länge geeignet sind, so dass es möglich ist, auch sehr große DNA-Fragmente in diese Vektoren einzubauen.

6.1.4.1 Plasmidvektoren

Plasmidvektoren eignen sich zur *Klonierung kleiner DNA-Fragmente* und wurden weiter oben beschrieben. Deshalb soll hier nur nochmals ihr grundsätzlicher Aufbau beispielhaft beschrieben werden. Sie bestehen grundsätzlich aus
- einem Origin,
- einem Antibiotikaresistenzgen, das nur Zellen überleben lässt, die den Vektor enthalten,
- einem Markergen mit Polylinker und multipler Klonierungsstelle für viele Restriktionsendonukleasen (Abb. 6.12).

In Plasmidvektoren kann man DNA-Fragmente bis zu einer Größe von 5-10 kb einbauen.

6.1.4.2 Lambda- und Cosmidvektoren

In den Bakteriophagen Lambda (λ) kann man Fremd-DNA bis zu einer maximalen Größe von über 20 kb einbauen. Da für das Verständnis der Vorteile dieses Klonierungssystems nicht die detaillierte Beschreibung der Konstruktion des Vektors notwendig ist, wird hier nur das allgemeine Prinzip beschrieben.

Grundsätzlich kann λ bei seiner Vermehrung im Bakterium zwei Wege einschlagen, nämlich den lytischen und den lysogenen. Bei der *lytischen Vermehrung* findet die DNA-Replikation und die weitere Fertigstellung des Phagen bis zur Lyse frei in der Zelle statt, bei der *lysogenen Vermehrung* wird die Phagen-DNA ins Wirtsgenom eingebaut. Will man Lambda als Vektor benutzen, so ist man nur an der lytischen Vermehrung interessiert. Gene, die für den lysogenen Vorgang benutzt werden, sind

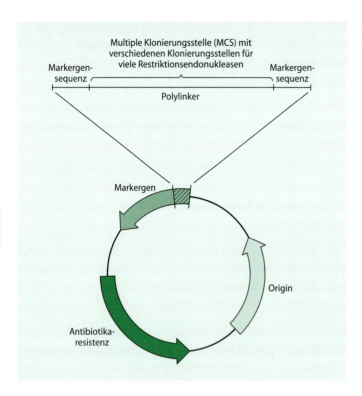

Abb. 6.12. Allgemeines Schema eines Plasmidvektors

also überflüssig. Man kann sie daher herausschneiden und durch andere DNA ersetzen. Dabei spricht man je nach Methode von λ-*Replacementvektoren* oder von λ-*Insertionsvektoren*. Bei den *Replacementvektoren* entfernt man die nicht-essentielle DNA-Region (die für den Einbau in die Wirts-DNA verantwortlich ist) zwischen Genen für Hüllproteine und solchen für regulatorische Aufgaben, DNA-Synthese und Lyse der Wirtszelle. Anschließend ligiert man zwischen die beiden Arme eine Fremd-DNA. Man kann auf diese Weise bis zu 23 kb Fremd-DNA klonieren (Abb. 6.13). Häufig wird die Methode benutzt, um genomische DNA-Banden herzustellen.

Bei den *Insertionsvektoren* benutzt man das cL-Gen. Es handelt sich um ein regulatorisches Gen, das dafür verantwortlich ist, dass der Phage in die lysogene Phase eintritt. Man verändert das Genom so, dass man Fremd-DNA in das cL-Gen klonieren kann. Man benutzt diese Vektoren, um c-DNA-Banken herzustellen, die keine großen Inserts benötigen, da c-DNAs meist nicht länger als 5 kb sind.

Cosmide sind Hybride zwischen Plasmiden und Sequenzen des Phagen λ. Sie vereinen die Vorteile der beiden Systeme: von den Plasmiden die **autonome Replikationsfähigkeit** und Gene zur selektiven Prüfung des Einbaus in die Wirtszelle und von den Phagen die **Möglichkeit der Verpackung** der Fremd-DNA in Phagenhüllen. In Cosmiden kann man Fremd-DNA-Fragmente von etwa 30-44 kb Länge klonieren, da sie selbst häufig nur etwa 8 kb lang sind.

6.1.4.3 Vektoren aus P1-Bakteriophagen, PACs, BACs und YACs

Allen bisher behandelten Vektorsystemen ist gemeinsam, dass man nur DNA-Fragmente von maximal etwas unter 50 kb klonieren kann. Manche menschlichen Gene sind allerdings sehr groß, und so besteht ein Bedarf, auch Klonierungssysteme zu konstruieren, die größere DNA-Fragmente vervielfältigen können. Hierfür bieten sich **Phagen** an, die selbst große Genome besitzen und daher auch große Fragmente von Fremd-DNA aufnehmen können,

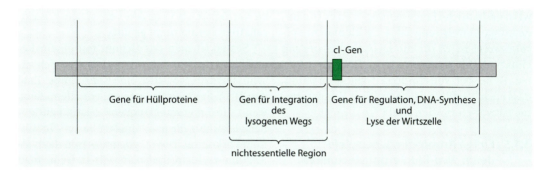

Abb. 6.13. Vereinfachte Karte des λ-Genoms

z.B. der *Phage P1*. Man kann nun Vektoren konstruieren, die in einem zirkulären Plasmid Elemente von P1 enthalten, und man kann in diese nach Schneiden des P1-Vektors maximal 100 kb Fremd-DNA hineinpacken. Anschließend wird das Plasmid *in vitro* in eine Proteinhülle verpackt. Nach Anheften des Phagen an eine Wirtszelle wird die rekombinierte DNA in die Zelle injiziert, schließt sich dort zu einem Ring und wird amplifiziert. In Erweiterung dieses Systems durch das *In-vitro*-Verpackungssystem des *Bakteriophagen T4* gelang es nochmals die Aufnahmekapazität auf maximal 122 kb zu erhöhen.

Ein anderer Ansatz ist das *F-Faktor- (= Fertilitätsfaktor-) System* von *E. coli*. Im Gegensatz zu vielen Vektoren, die zur Klonierung benutzt werden und von denen sich mehrere bis zahlreiche Kopien in jeder Wirtszelle befinden, gibt es von F-Faktoren nur 1-2 Kopien in der Wirtszelle. Dies führt zu einer *höheren Stabilität* der Fremd-DNA-Segmente in der Kopierqualität, wenn man Vektoren benutzt, die auf dem F-Faktor-System beruhen. Man kann hier außerdem DNA-Fragmente von über 300 kb klonieren und bezeichnet dann diese Replikone als *künstliche Bakterienchromosomen (BACs)*. BACs führen natürlich wegen ihrer geringen Kopienzahl auch bei der Klonierung zu geringeren Ausbeuten rekombinierter DNA.

Durch Kombination des P1- und des F-Faktor-Systems hat man ein weiteres Klonierungssystem geschaffen, das man als *P1-abgeleitetes künstliches Chromosom (PAC)* bezeichnet. In PACs kann man DNA-Fragmente von 130-150kb-Länge klonieren.

All diese Systeme zur Klonierung von Fremd-DNA werden für die physikalische Kartierung von Genomen und zur Charakterisierung großer Gene benutzt. Sie haben aber den Nachteil, dass sich eukaryotische Sequenzen, vor allem dann, wenn sie repetitive Elemente beinhalten, nur sehr schwer in der anders organisierten Bakterien-DNA vermehren lassen. Auf der Suche nach anderen Klonierungssystemen, die eukaryotische DNA besser tolerieren und die vor allem auch zur Klonierung sehr großer DNA-Fragmente geeignet sind, kam man zu der Erkenntnis, dass bei der Hefe der allergrößte Teil des Chromosoms eigentlich nicht für die normale Chromosomenfunktion benötigt wird. Funktionell wichtige Elemente sind nur *Zentromere, Telomere* und *Autonom replizierende Sequenzen*, ARS-Elemente, die exogene DNA replizieren können, indem sie wahrscheinlich als Replikationsursprünge dienen. Dies ist die Grundlage für die Konstruktion von *YACs (Yeast Artificial Chromosoms)*. Diese künstlichen Hefechromosomen, in denen die DNA in linearer Form vorliegt, werden in Hefezellen transferiert, denen man die Zellwand entfernt hat. Man kann dann unter bestimmten Kulturbedingungen in diesen YACs DNA-Fragmente von bis zu 2Mb Größe klonieren. Damit wurden YACs zu einem bedeutenden Hilfsmittel für die physikalische Kartierung von Chromosomen.

Die Aufzählung der Klonierungssysteme ist damit keinesfalls vollständig. Für bestimmte wissenschaftliche Fragestellungen ist es von Bedeutung, Einzelstrang-DNA zu klonieren. Beispielsweise ist es für die DNA-Sequenzierung einfacher, mit einzelsträngiger DNA zu arbeiten. Es sei der Vollständigkeit halber erwähnt, dass auch hierfür zwischenzeitlich Vektorsysteme entworfen worden sind (Tabelle 6.5).

6.1.5 Einige Anwendungsbeispiele der *In-vivo*-Klonierungstechniken

Es wäre vermessen, auch nur andeutungsweise die Bandbreite wissenschaftlicher Fragestellungen aufzuzeigen, die mit Klonierungstechniken bearbeitet werden. Die Auswahl sei daher an dieser Stelle beschränkt auf zwei Beispiele, nämlich die Erstellung *spezifischer DNA-Bibliotheken* und die *Expressionsklonierung*.

DNA-Bibliotheken

Man unterscheidet bei DNA-Bibliotheken *genomische- und c-DNA-Bibliotheken*. Beide sind unerschöpfliche Quellen für die Forschung. Viele solcher Bibliotheken sind kommerziell verfügbar und werden von vielen Wissenschaftlern gemeinsam genutzt.

Schneidet man das Genom mit einem Restriktionsenzym sozusagen nach dem Schrotschussprinzip, so wird eine sehr große Zahl von DNA-Fragmenten erzeugt, vor allem dann, wenn die Erkennungssequenz relativ häufig – beispielsweise alle paar hundert Basen – im Genom vorkommt. Die Fragmente wären dann allerdings zu klein und man würde, wenn man beispielsweise das menschliche Genom zugrunde legt, Millionen von Fragmenten erzeugen. Deshalb wählt man in der Praxis eine *niedrigere Enzymkonzentration* und macht nur einen *partiellen Restriktionsverdau*, so dass die DNA nur an einem Teil der wirklich vorhandenen Restriktionsschnittstellen auch tatsächlich geschnitten wird. Man kann auch BACs anstelle der herkömmlichen Plasmide verwenden, in die dann größere Fragmente eingebaut werden, womit man mit einer geringeren Anzahl zur Abdeckung des gesamten Genoms auskommt. Jedenfalls ist es wichtig, dass die DNA zufällig geschnitten wird, so dass eine bestimmte Sequenz in verschiedene DNA-Fragmente jeweils unterschiedlich aufgeteilt wird. Bei der Klonierung entstehen dann Klone mit überlappenden Fragmenten; jedes Plasmid enthält einen genomischen DNA-Klon, die Summe aller Klone ist die DNA-Bibliothek. Solche Bibliotheken kann man vom Gesamtgenom des Menschen oder einer anderen Spezies anlegen oder auch nur von Teilbereichen, wie z.B. chromosomenspezifische Bibliotheken. Durch die *Überlappung* der Insertionsfragmente kann man mit geeigneten Methoden ein System sich ergänzender Klone schaffen, die eine gewünschte größere Sequenz völlig abdecken. Man spricht dann von einem *Klon-Contig* (Abb. 6.14).

Für eine genomische DNA-Bank des Menschen kann man errechnen, dass man theoretisch zur Abdeckung aller Bereiche und bei einer durchschnittlichen Fragmentlänge von 40kb 3.000Mb/40kb = 75.000 unabhängige Klone benötigen würde. Man spricht dann von einem *Genomäquivalent*. Tatsächlich braucht man allerdings wegen der Stichprobenvarianz deutlich mehr als ein Genomäquivalent, will man wirklich sicher sein, dass jede Se-

Tabelle 6.5. Geeignete Vektorsysteme für verschiedene Insertgrößen

Größe der klonierten DNA (kb)	geeigneter Vektor
0-10	Plasmide
0-10	Insertionsvektoren des Bakteriophagen λ
9-23	Replacementvektoren des Bakteriophagen λ
30-44	Cosmide
70-100	Bakteriophage P1
130-150	PAC (*P1 Artificial Chromosome*)
bis 300	BAC (*Bacterial Artificial Chromosome*)
200-2000	YAC (*Yeast Artificial Chromosome*)

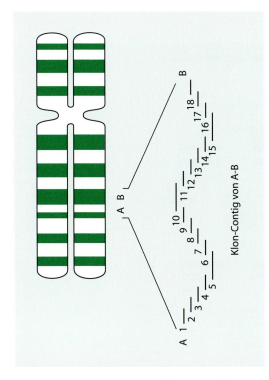

Abb. 6.14. Schematische Darstellung eines Klon-Contigs aus sich überlappenden DNA-Fragmenten

quenz auch tatsächlich in der Bibliothek vorhanden ist.

Tatsächlich enthalten viele Klone einer solchen Bibliothek nur nichtkodierende DNA und wenige Gene bzw. Genfragmente, da repetitive DNA den weitaus größten Teil des Genoms darstellt.

Dies kann man umgehen, indem man ein anderes Klonierungsvorgehen wählt. Man kann nur DNA-Sequenzen auswählen, die auch in m-RNA transkribiert werden und damit wahrscheinlich kodierenden Genen entsprechen. Hierzu stellt man eine c-DNA der m-RNA von Zellen her. Das Enzym Reverse Transkriptase aus Retroviren bewerkstelligt diese *Umschreibung von m-RNA in c-DNA*, und DNA-Polymerase macht aus den entstandenen einzelsträngigen DNA-Molekülen doppelsträngige. Die gesamte Sammlung von c-DNA-Klonen aus einer m-RNA-Präparation bezeichnet man als c-DNA-Bibliothek.

Genomische und c-DNA-Bibliotheken unterscheiden sich aber nicht nur in Bezug auf kodierende und nichtkodierende Fragmente. Genomische Klone eines Organismus stimmen, gleich aus welchem Zelltyp sie gewonnen wurden, von seltenen Ausnahmen abgesehen, immer überein. Zellen verschiedener Gewebe und Entwicklungszustände enthalten aber verschiedene m-RNA-Muster, und folglich sind c-DNA-Bibliotheken auch gewebe- und entwicklungsspezifisch (Abb. 6.15).

Expressionsklonierung

Viele Klonierungsexperimente *in vivo* dienen den verschiedensten wissenschaftlichen Untersuchungen über Sequenzstruktur, Expression und Funktion von Genen, Promotoren, Regulationselementen, repetitiven Sequenzen usw. Andere Klonierungssysteme dienen der Untersuchung von Struktur und Funktion von Proteinen oder der Massenproduktion eines Proteins, was auf normalem Wege nur sehr schwer, in kleinen Mengen und daher auch teuer zu gewinnen ist und manchmal Risiken birgt. Denken wir als Beispiel nur an Faktor VIII bei Hämophilie A, welcher früher teuer aus Serum gewonnen und Personen verabreicht wurde, ohne vorher auf HIV getestet zu sein, oder an Wachstumshormon, welches natürlich gewonnen bei einigen Patienten zur Creutzfeld-Jakob-Krankheit führte. Man bezeichnet diese Klonierungssysteme als Expressionsklonierung. Da der Focus bei der Expressionsklonierung eindeutig auf eukaryotische Gene gerichtet ist, kommt den Wirtszellen besondere Bedeutung zu.

Bei der Expression eukaryotischer Gene fehlt prokaryotischen Wirtsorganismen die Voraussetzung für den *Spleißvorgang* und auch die *Translation* und *posttranslationelle Weiterverarbeitung* kann problematisch sein, so dass inaktive, instabile oder begrenzt aktive Proteine entstehen. Auch können große Proteine nicht einfach synthetisiert werden. Um den fehlenden Spleißvorgang zu überbrücken, muss man auf c-DNA ausweichen, die alle kodierenden Sequenzanteile enthält. Wegen der schnellen Vermehrungsrate von Bakterien besitzt aber gerade dieser prokaryotische Wirtsorganismus

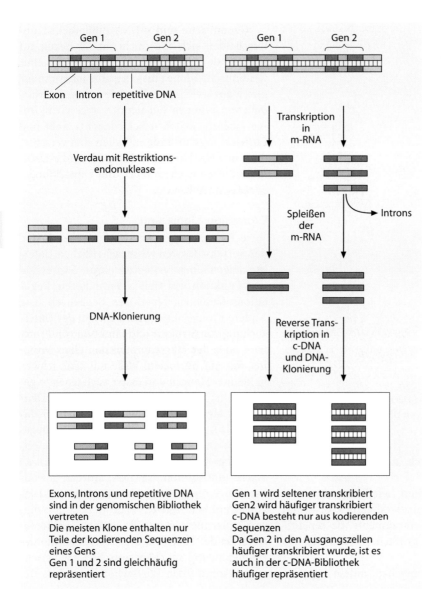

Abb. 6.15. Unterschiede einer genomischen- und einer c-DNA-Bibliothek des gleichen DNA-Abschnitts

eine hohe wirtschaftliche Bedeutung. Es ist in den meisten Fällen aber wichtig, die bakteriellen Expressionssysteme mit *induzierbaren Promotoren* auszustatten, da die ständige Produktion eines speziesfremden Proteins schädigend für die Wirtszelle sein kann. Ist die Produktion aber induzierbar, kann man große Mengen eines fremden Gens heranzüchten, ohne dass das Fremdprotein gebildet wird. Sind die Volumina ausreichend, kann man durch einen *exogenen Induktor*, mit dem man die Zellen füttert, die Expression starten, die Zellen ernten und das Protein aufreinigen.

Eukaryotische Expressionssysteme werden deswegen gerne für die **industrielle Produktion** von Proteinen benutzt, weil der Spleißapparat vorhanden ist, auch die posttranslationelle Weiterverarbeitung, wie z.B. Faltung und spezifische Glycosylierung, ist häufig ähnlich oder gleich. Sie haben aber auch rein wissenschaftli-

Tabelle 6.6. Expressionsklonierung

Wirtsorganismus	Vorteile	Nachteile
Bakterium	schnelle Vermehrungsrate und große Mengenproduktion, einfache Handhabung	kein Spleißapparat, Translation und posttranslationelle Weiterverarbeitung und Faltung problematisch. Große Proteine können nicht synthetisiert werden
Eukaryoten	Spleißapparat vorhanden, vor allem posttranslationelle Weiterverarbeitung und Faltung gleich oder ähnlich	Vermehrungsrate gering, Handhabung aufwendiger

che Bedeutung. So helfen sie über Expressionsuntersuchungen zwischen Genen und Pseudogenen zu unterscheiden oder die Funktion von multigenen Familien aufzuklären. Als Wirtszellen werden häufig Insekten- oder Säugerzellen benutzt (Tabelle 6.6).

6.2 Nukleinsäurehybridisierung

Hybridisierungsexperimente beruhen auf der Beobachtung der Möglichkeit von *Denaturierung* und *Renaturierung* von Nukleinsäuren.
- *Denaturierung:* Erhitzung von Nukleinsäuren in wässriger Lösung auf 100 °C oder pH-Werterhöhung (pH>13) bricht die komplementäre Basenpaarung und die Doppelhelix dissoziiert in zwei Einzelstränge.
- *Renaturierung:* Einzelstränge bilden die Doppelhelix zurück, sie hybridisieren bei einer Temperatur von 65 °C.

Diesen Prozess nutzt man aus, wenn man als Zielgruppe eine unvollständig verstandene und in der Regel komplexe Population von Nukleinsäuren besitzt, über die man mehr Information erhalten möchte. Man benutzt dann als *Sonde* eine bekannte Nukleinsäurepopulation, um nahe verwandte Nukleinsäuren innerhalb der Zielgruppe zu identifizieren.

Dabei findet Hybridisierung auf der Grundlage komplementärer Basen zwischen zwei beliebigen Nukleinsäureketten (DNA/DNA, RNA/RNA, DNA/RNA) statt, vorausgesetzt sie sind einzelsträngig.

6.2.1 Sonden

Hybridisierungssonden sind die Schlüssel für spezifische Hybridisierungsreaktionen, um sowohl in DNA- als auch in RNA-Molekülen bestimmte Nukleinsäuresequenzen aufzuspüren und zu charakterisieren. Sie sind häufig homogene Nukleinsäurepopulationen, wie spezifisch klonierte DNA, klonierte RNA-Transkripte einer DNA oder chemisch synthetisierte Oligonukleotide. Um sie nachweisen zu können, sind diese Moleküle *radioaktiv* oder *chemisch markiert*. Die Ziel-Nukleinsäure-Populationen sind in der Regel unmarkierte komplexe Populationen gebunden in ein Trägermedium. Es gibt allerdings auch Hybridisierungsassays, bei denen die Situation genau umgekehrt ist. Hybridisierungsreaktionen können sehr empfindlich und selektiv sein. Sonden können komplementäre Sequenzen entdecken, die in einer Konzentration von nur einem Molekül pro Zelle vorhanden sind. Die Länge dieser Sonden kann je nach Herkunft sehr unterschiedlich sein. Sonden, die aus einer *In-vivo*-Klonierung generiert wurden, haben Längen von 0,1 kb bis zu mehreren hundert Kilobasen. Sonden, die einer PCR entstammen, sind oft kürzer als 10 kb; Oligonukleotidsonden sind dagegen kurz und haben meist ein Länge von 15-50 Nukleotiden.

Nukleinsäure-Sonden ermöglichen ganz allgemein die Untersuchung von *Genstruktur* und *Genexpression*. So ermöglichen DNA-Sonden zu bestimmen, wie hoch die Kopiezahl einer DNA-Sequenz in einer bestimmten DNA-Probe ist. Man kann mit ihnen nach verwandten Genen in einer Genfamilie suchen oder nach verwandten Genen in anderen Organismen, deren Vorhandensein bis dahin unbekannt ist. Da DNA-Sonden mit RNA hybridisieren, kann man in RNA-Populationen untersuchen, ob ein bestimmtes Gen in einem Gewebe oder Entwicklungszustand exprimiert ist und wie hoch. Weiterhin kann an zellulären RNAs untersucht werden, ob ein Gen an- oder abgeschaltet wird und wie sich das auf die Expression anderer Gene auswirkt. Sehr moderne Techniken sind die *DNA-Makro- und Mikroarrays*. Invers zu den bisher beschriebenen Beispielen ist hier die Sonde unmarkiert und gebunden, die Ziel-DNA markiert und in Lösung. Sie bieten zunehmend die Möglichkeit der gleichzeitigen Analyse vieler ja letztlich aller Gene eines Organismus. Man kann Expressionsprofile in einer großen Zahl von Nukleinsäurehybridisierungsexperimenten gleichzeitig bewältigen. Dabei werden viele Gensequenzen in Form von kurzen DNA-Oligonukleotiden oder als längere c-DNA-Proben, welche auf einer soliden Unterlage immobilisiert wurden, mit individuellen oder gepoolten c-DNA-Proben hybridisiert. Die Miniaturisierung dieses Verfahrens wird als *DNA-Chip-Technologie* bezeichnet. Auf diese Weise ist es beispielsweise möglich, Genome auf Exprimierungsmuster, auf multiple Mutationen in vielen Genen oder auf Polymorphismen in krankheisassoziierten Genen zu untersuchen. Auch in der Tumortypisierung besitzt diese Methode große Bedeutung, um ein Beispiel für moderne Anwendung von Hybridisierungsexperimenten und Nukleinsäuresonden zu nennen. So wird es über Sonden wohl in Zukunft möglich werden, das gesamte Genom des Menschen sozusagen in einer Untersuchung auf Defektzustände zu prüfen.

Einige Beispiele zur Sondenmarkierung

Man unterscheidet grundsätzlich zwischen *radioaktiver* und *nichtradioaktiver Markierung*, wobei letztere immer häufiger eingesetzt wird. Bei der radioaktiven Markierung trägt zumindest eines der vier Ribo- oder Desoxyribonukleotidtriphosphate (NTPs bzw. dNTPs) ein *Isotop*, häufig ^{32}P, ^{35}S oder ^{3}H. Bei ^{32}P markierten Nukleotiden muss sich das Radioisotop im α-Phosphat befinden. Man benutzt sie für DNA-Strangsynthesen (s. unten). ^{35}S markierte Nukleotide werden bei der Synthese von DNA- oder RNA- Strängen eingebaut. Bei ihnen ist das O⁻ in der α-Phosphatgruppe von NTP oder dNTP durch das ^{35}S-Isotop ersetzt. Bei ^{3}H markierten Nukleotiden kann das Radioisotop an verschiedenen Stellen eingebaut sein. Bei nicht radioaktiver Markierung unterscheidet man zwischen *direkt* und *indirekt angehängten Gruppen*. Bei ersteren wird ein Nukleotid mit einer angehängten Gruppe, häufig ein Fluorophor, eingebaut. Bei indirekt angehängten Gruppen ist ein verändertes Reportermolekül chemisch mit einer Nukleotidvorstufe gekoppelt. Nach Einbau in die DNA kann die Reportergruppe durch ein Affinitätsmolekül, ein Protein oder einen anderen Liganden gebunden werden. An das Affinitätsmolekül ist ein Markermolekül oder eine Markergruppe gebunden, welche mit entsprechenden Assays detektiert werden können (Abb. 6.16 und 6.17).

Verwendet man DNA als Sonden, so wird vorwiegend die *Strangmarkierung* eingesetzt. Ein weiteres Verfahren ist die *Endmarkierung*, die vorwiegend bei einzelsträngigen Oligonukleotiden und der Restriktionskartierung benutzt wird.

Bei der Strangmarkierung wird mittels DNA-Polymerase ein *DNA-Strang* syntheti-

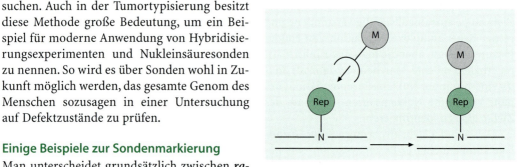

Abb. 6.16. Schema der nicht-radioaktiven Markierung

siert, in den zahlreiche markierte Nukleotide eingebaut werden. Hierzu muss mindestens eines der vier Desoxyribonukleotidtriphosphate (dNTPs) radioaktiv sein.

Ein anderes Verfahren ist die **Nicktranslation**. Hier erfolgt die DNA-Markierung durch Setzen von DNA-Brüchen (**Nicks**) mittels einer geeigneten Endonuklease. Es entstehen freie 3'-Hydroxyl- und 5'-Phosphatenden. Die DNA-Polymerase I von E.coli setzt hier ein und fügt am 3'-Hydroxylende des Bruchs neue Nukleotide ein. Gleichzeitig baut ihre 5→3'-Exonukleaseaktivität an der anderen Seite des Bruchs die alten Nukleotide ab, womit die Bruchstelle in 5'→ 3'-Richtung auf der DNA verschoben wird. Die Reaktion schreitet bei geeigneter Temperatur so weit fort, bis alle alten Nukleotidsequenzen durch markierte Nukleotide ersetzt sind.

Bei der *zufällig gestarteten DNA-Markierung* (Abb. 6.18) wird die Ausgangs-DNA denaturiert und mit einer Mischung von allen möglichen Hexanukleotiden verschmolzen. Nach

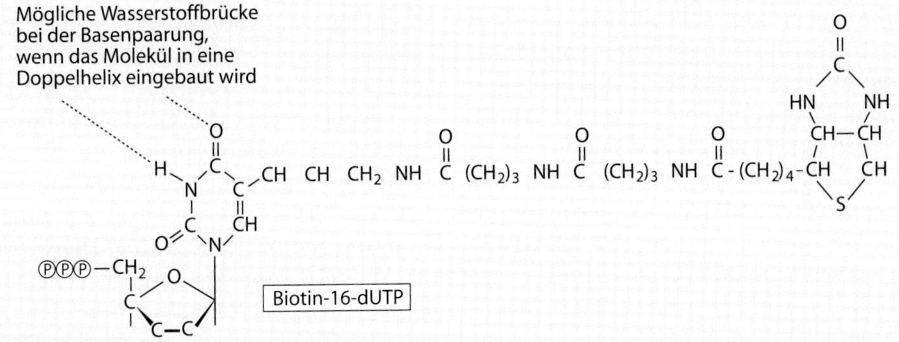

Abb. 6.17. Beispiel eines markierten Nukleotids, bei dem die Reportergruppe über ein Zwischenstück an ein Nukleotid gebunden ist

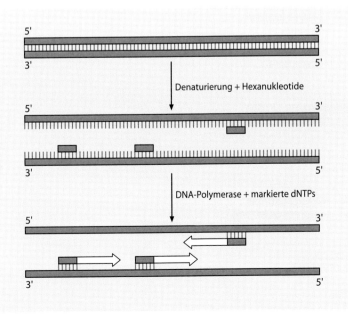

Abb. 6.18. Zufällig gestartete DNA-Markierung

Zugabe von DNA-Polymerase und allen 4 dNTPs, von denen mindestens eines eine markierte Gruppe trägt, setzt die **Synthese** neuer komplementärer Stränge ein. Auf diese Weise erhält man eine einheitliche, **hoch radioaktiv markierte Sonde**.

Bei der Endmarkierung katalysiert das Enzym Polynukleotidkinase den Austausch einer γ-Phosphatgruppe eines ATPs gegen die 5'-terminalen Phosphate einer einzel- oder doppelsträngigen DNA. Nach der Markierung kann man mit Restriktionsendonuklease spalten und man erhält ein Molekül mit nur einem markierten 5'-Ende (Abb. 6.19).

RNA-Sonden, sog. Ribosonden, markiert man durch In-vitro-Transkription von Insert-DNA, die an einen geeigneten Plasmidvektor mit einem Phagenpromotor kloniert wurde. Beispielsweise liegt im Plasmidvektor pSP 64 die Promotorsequenz des Bakteriophagen SP6 direkt neben einer multiplen Klonierungsstelle. Die Transkription wird mit der SP6-RNA-Polymerase am SP6-Promotor gestartet, und es wird die gesamte DNA in RNA transkribiert, die innerhalb der multiplen Klonierungsstelle liegt.

Durch Einbau markierter NTPs erhält man Transkripte mit hoher spezifischer Aktivität.

Das Methodenspektrum der Sondenmarkierung ist hier nur exemplarisch gewählt und soll einen Eindruck über die Markierungsvariabilität schaffen, die hier besteht.

6.2.2 Methoden der Nukleinsäurehybridisierung und praktische Anwendungsbeispiele

Eine klassische Hybridisierung setzt eine **Gelelektrophorese** voraus, die dazu dient, die verschiedenen RNA- oder DNA-Moleküle einer Mischung nach ihrer Größe im elektrischen Feld zu trennen. Innerhalb dieser Mischung befindet sich die Ziel-Sequenz, nach der es zu suchen gilt, wobei die Gelelektrophorese sozusagen das Ordnungsprinzip schafft, was die Suche erleichtert. Bevor jedoch eine Hybridisierung erfolgen kann, muss bei einer doppelsträngigen Ziel-DNA eine **Denaturierung** (Trennung der beiden Stränge voneinander), die man auch als **Schmelzen** bezeichnet, erfolgen. Das Gleiche gilt für die Sonden-DNA und

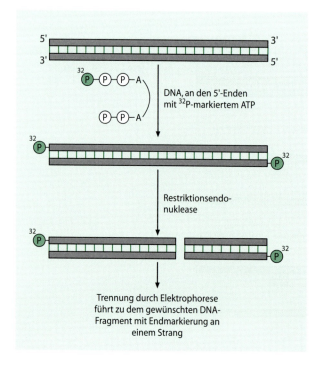

Abb. 6.19. Endmarkierung von DNA

geschieht durch Erhitzen oder Behandlung mit alkalischer Lösung. Danach können die DNA-Fragmente der Sonden-DNA und der Ziel-DNA zu Heteroduplices entsprechend der komplementären Basenfolge zusammenfinden. Dabei ist der Sinn der Hybridisierung, dass die spezifische kurze Sequenz der Sonden-DNA alle DNA-Fragmente aus einer komplexen Mischung findet, deren Basenfolge mit der Sequenz der Sonden-DNA übereinstimmt oder mit ihr verwandt ist. Das gleiche gilt im Prinzip für alle Arten von Hybridisierungen.

Es wird an dieser Stelle darauf verzichtet, methodische Details zu schildern (wie z.B. den Einfluss der Schmelztemperatur), die auf die Stringenz der Hybridisierung entscheidenden Einfluss haben.

Wichtige Verfahren für die medizinische Genetik
Dot-Blot, Slot-Blot, ASO Dot-Blot, Reverse Dot-Blot

Das wohl einfachste Hybridisierungsverfahren ist die *punktförmige Auftragung* von denaturierter unmarkierter Ziel-DNA und denaturierter markierter Probe auf eine Nitrozellulose- oder Nylonmembran. Nach einer bestimmten Inkubationszeit und Waschen weist man mögliche gebildete Heteroduplices über Autoradiographie nach *(Dot-Blot=punktformiger Kleks)*. Es existieren verschiedene Abwandlungen dieser Methode. Als *Slot-Blot (Schlitz-Klecks)* bezeichnet man die Auftragung der Ziel-DNA durch einen Schlitz in eine entsprechende Maske mit identischer Weiterverarbeitung wie beim Dot-Blot. Möchte man Allele unterscheiden, die nur in einem einzigen Nukleotid differieren, verwendet man allelspezifische Oligonukleotidsonden (*ASO*) von Sequenzen, die den kritischen Bereich einer Ziel-DNA überspannen. Dabei sind die Sonden typischerweise 15–20 Nukleotide lang und das abweichende Nukleotid beider Allele sollte idealerweise in der Mitte der Oligonukleotidsequenzen liegen. Eine einzige falsch gepaarte Base reicht dann aus, um unstabile Heteroduplices zu bilden und damit eine Allelspezifität nachzuweisen.

Die Umdrehung von *ASO Dot-Blot (reverse Dot-Blot)*, bei der die unmarkierte Sonde auf einen Filter oder einer Membran fixiert ist und positive Bindung mit einer markierten Ziel-DNA geprüft wird, führt zu Anwendungen, wie bereits in Kap. 6.2.1 als *Mikroarrays* beschrieben.

Southern-Blot-Hybridisierung

Bei der Southern-Blot-Hybridisierung erkennt man die gesuchten DNA-Sequenzen in einer Mischung von Fragmenten (nach Gewinnung durch Restriktionsverdau), die über eine *Elektrophorese* der Länge nach aufgetrennt wurden. Nach Denaturierung der DNA im Gel zur Einzelsträngigkeit wird diese durch eine Kapillarmethode auf eine Trägermembran übertragen. Anschließend erfolgt die Hybridisierung mit einer Sonden-DNA und die Identifizierung der komplementären Bande(n) mittels Autoradiogramm oder durch Fluoreszenz (Abb. 6.20).

Anwendung der Southern-Blot-Hybridisierung in der medizinischen Genetik – Genotypendiagnostik

Durch die Genotypendiagnostik können *monogene Erkrankungen* sowohl prä- als auch postnatal auf DNA-Ebene nachgewiesen oder ausgeschlossen werden.

Durch Restriktionsenzyme wird die DNA in Fragmente zerlegt. Nach Auftrennung über die Agarosegelelektrophorese und der Denaturierung zu Einzelsträngen lassen sich mit Hilfe von DNA-Sonden diskrete Fragmente sichtbar machen. Dabei kann man die Länge eines DNA-Fragmentes mittels DNA-Fragmenten bekannter Länge ermitteln.

Für die Genotypendiagnostik werden DNA-Sonden benutzt, die mit *Restriktionsfragmenten hybridisieren*, deren Länge individuell variieren kann. Für die Längenvariabilität hat man den Begriff *Restriktionsfragmentlängen-Polymorphismus (RFLP)* geprägt. RFLP entstehen durch die Nukleotidsequenzvariabilität in der DNA des Menschen. Durch Veränderungen auf DNA-Ebene, z.B. einzelne Basenpaarsubstitutionen, kleinere Deletionen oder Insertionen, kann eine primär vorhandene Schnittstelle für ein Restriktionsenzym verändert werden (Abb. 6.21). Zur Zeit sind mehrere Hundert RFLP der humanen DNA bekannt.

Direkte Genotypendiagnostik

Man unterscheidet zwischen *direkter* und *indirekter Genotypendiagnostik*. Bei ersterer erfolgt der Nachweis eines defekten Gens direkt durch einen *intragenen RFLP*. Ein RFLP kann immer dann zur Diagnostik benutzt werden, wenn er innerhalb eines Gens liegt, das bei einer genetisch bedingten Erkrankung mutiert ist, wobei der RFLP nicht notwendigerweise in ursächlichem Zusammenhang mit der Erkrankung stehen muss. Durch Untersuchung der Familienmitglieder muss daher die Segregation der RFLP-Allele geprüft werden. (Man kann hier von einer Allelsituation sprechen, weil man die unterschiedlich großen Fragmente entsprechend den verschiedenen Allelen eines Genortes auffassen kann.) Die RFLP-Allele markieren direkt das normale bzw. das mutierte Gen (Abb. 6.22a).

Man kann Genmutationen dann direkt nachweisen, wenn die Mutation eine Schnittstelle für das Restriktionsenzym zerstört oder neu schafft. So entstehen Fragmente, die für das Normalgen bzw. das mutierte Gen charak-

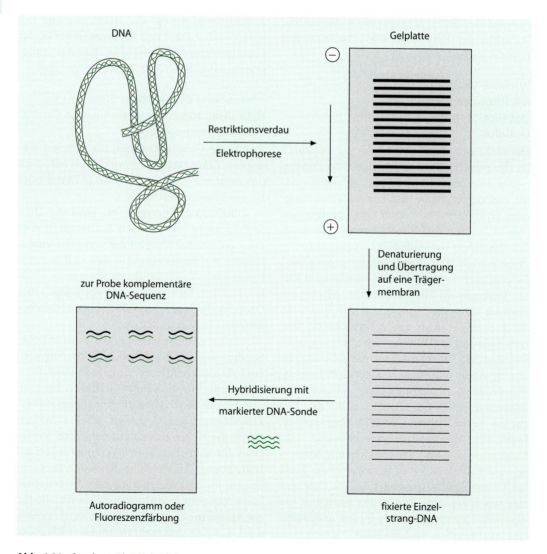

Abb. 6.20. Southern-Blot-Hybridisierung

teristisch sind. Eine zweifelsfreie Diagnostik ist dann möglich, wenn die Genmutation bei allen Trägern immer an exakt der gleichen Position des Gens vorhanden ist (Abb. 6.22b).

Synthetische Oligonukleotidsonden sind eine weitere Möglichkeit, Genmutationen direkt nachzuweisen, wobei man üblicherweise mit zwei verschiedenen Oligonukleotiden arbeitet. Das eine hybridisiert mit dem entsprechenden Bereich des Normalgens, das andere mit dem des mutierten Gens. Dabei reicht unter stringenten Bedingungen die Basenveränderung zwischen beiden Genen aus, um eine Hybridisierung mit der jeweils anderen Sonde zu verhindern. Voraussetzung ist allerdings, dass im kritischen Bereich kein genetischer Polymorphismus vorhanden ist (Abb. 6.22c). Deletionen können dann nachgewiesen werden, wenn sie zu einem Verlust des Restriktionsfragments führen (Abb. 6.22d).

Indirekte Genotypendiagnostik

Die indirekte Genotypendiagnostik muss man dann anwenden, wenn das Gen für eine Erbkrankheit *nicht direkt untersucht* werden kann, die *chromosomale Lokalisation* aber bekannt ist. Man sucht Sonden, die einen RFLP erkennen, der mit dem interessierenden Gen gekoppelt ist. Allerdings muss die Möglichkeit eines Crossing-over berücksichtigt werden, das in seltenen Fällen auch bei enger Koppelung vorkommen kann, so dass die indirekte Genotypendiagnostik immer eine Wahrscheinlichkeitsrechnung ist (Abb. 6.22 e).

Northern-Blot-Hybridisierung

Ist die Ziel-Nukleinsäure *RNA* anstelle von DNA, so kann man die Northern-Blot-Hybridisierung, eine Abwandlung des Southern-Blots anwenden. Die Sonden-DNA ist hier eine klonierte Sequenz eines bekannten Gens, und man hybridisiert mit einem Northern-Blot, auf den die Ziel-RNA aufgetragen ist (Beispielsweise RNA-Proben aus verschiedenen Geweben). Das Ergebnis ist ein Expressionsmuster von Genen, z.B. aus verschiedenen Geweben, Entwicklungszuständen usw.

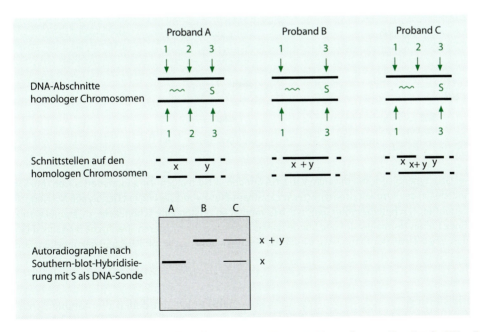

Abb. 6.21. Die Entstehung eines Restriktionsfragmentlängen-Polymorphismus (S = Sonde, X,Y = Fragmente). Bei Proband A sind bei einem gegebenen Restriktionsenzym 3 Schnittstellen vorhanden, gleichzeitig ist er für die Schnittstellen homozygot; Proband B hat nur 2 Schnittstellen und ist ebenfalls homozygot, Proband C ist heterozygot

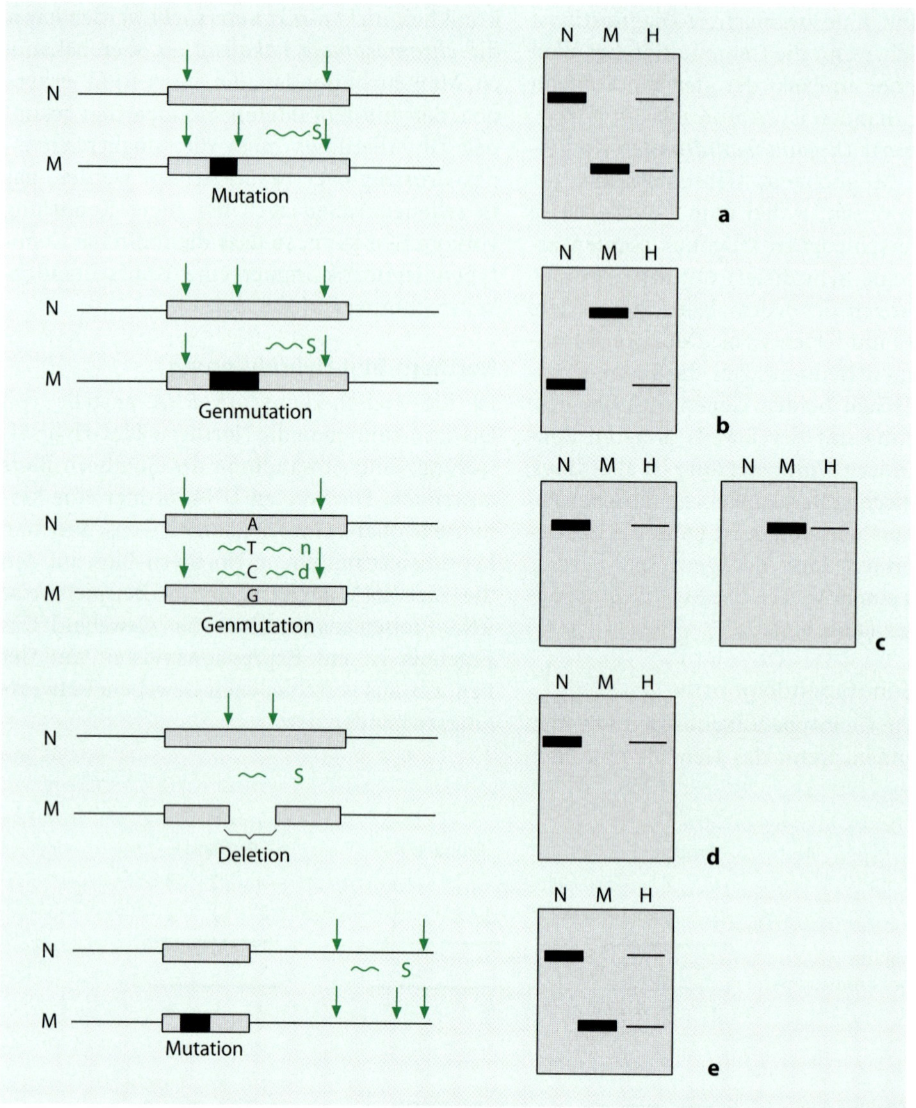

Abb. 6.22 a–e. Genotypendiagnostik mit Hilfe von DNA-Sonden. **a** Normalgen (N) und mutiertes Gen (M), S = Sonde, ↓=Schnittstellen des Restriktionsenzyms; *rechts*: Southern-Blot-Hybridisierung mit Genotypen N = Normalgen, M = mutiertes Gen, H = heterozygoter Genotyp; **b** Genmutation zerstört eine Schnittstelle; **c** Oligonukleotidsonden mit Sonde für das Normalgen (n) und Sonde für das Defektgen (d) und deren spezifische Bindung; **d** Deletion mit Verlust eines Restriktionsfragments; **e** indirekte Genotypendiagnostik mit RFLP und gekoppeltem Gen

In-situ-Hybridisierung

Eine Methode zur **Lokalisation menschlicher Gene** ist die ***In-situ***-DNA-Hybridisierung. Bei dieser Technik wird radioaktive DNA unter bestimmten Bedingungen Metaphasechromosomen beigegeben. Die DNA bindet an Chromosomenabschnitte, an denen die komplementären Sequenzen vorkommen. Zum Nachweis der am Chromosom gebunden radioaktiven DNA verwendet man **autoradiographische Methoden** und wertet die Signale statistisch aus. In jüngerer Zeit ist es gelungen, die Auflösung der

In-situ-Hybridisierung mit Fluoreszenzfarbstoffen *(FISH, Fluoreszenz-in-situ-Hybridisierung)* erheblich zu steigern. Man verwendet DNA-Sonden, die durch modifizierte Nukleotide mit Reportermolekülen charakterisiert sind. An diese Reportermoleküle lassen sich fluoreszenzmarkierte Affinitätsmoleküle binden. Über Reportermoleküle mit verschiedenen Fluorophoren und mit technisch hoch entwickelten Bildverarbeitungssystemen ist es möglich geworden, mehrere DNA-Klone gleichzeitig zuzuordnen. Die maximale Auflösung des Systems liegt bei Klonen von ungefähr 2 kb.

Die FISH-Technik hat in einer besonderen Form der Anwendung zum *„Chromosome Painting"* geführt. Hier besteht die Sonden-DNA aus vielen verschiedenen DNA-Fragmenten, die von einem einzigen Chromosomentyp stammen. Man erhält solche Sonden durch eine Kombination aller DNA-Insertionsfragmente einer chromosomenspezifischen DNA-Bank. Nach Hybridisierung wird das Signal von vielen einzelnen Loki über das ganze Chromosom gebildet, und es fluoresziert das ganze Chromosom. Durch verschiedene Fluoreszenzmarker kann man alle Chromosomen und sogar Teilbereiche von ihnen in unterschiedlichen Farben markieren.

Chromosome Painting findet einen weiten Anwendungsbereich bei komplizierten chromosomalen Umlagerungen, die teilweise bei neu entstandenen Strukturveränderungen oder sehr häufig bei Tumoren vorzufinden sind.

Auch bei der *FISH-Kartierung* lässt sich die Auflösung durch Hybridisierung von DNA-Sonden an ausgestreckte Chromosomen, künstlich entspiralisierte DNA-Fasern oder an Interphasechromosomen, die entspiralisiert vorliegen, noch steigern.

Neben der chromosomalen *In-situ*-Hybridisierung gibt es die *in Geweben*, wobei man die RNA von Gewebsschnitten mit einer markierten Sonde hybridisiert. In Abwandlung aller bisher beschriebenen Methoden verwendet man als Sonde einzelsträngige zur m-RNA komplementäre RNA (c-RNA). Hierzu wird ein Gen „verkehrt" herum in einen dafür geeigneten Vektor kloniert. Abgelesen wird der Gegenstrang zum normalerweise *in vivo* abgelesenen Strang.

Makro- und Mikroarray-Technologie

Vom Grundsätzlichen her wurde diese Methode bereits in Kap. 6.2.1 besprochen. Es handelt sich hier um einen inversen Nukleinsäurehybridisierungs-Assay. Die Makroarray-Technologie benutzt **Membranfilter** zur Immobilisierung von unmarkierten Sonden–Nukleinsäuren, bei der Miniaturisierung im Mikroarray verwendet man mikroskopische Objektträger, um mittels **Spottingroboter** die Sonden-Nukleinsäuren aufzutragen. In Analogie zur Produktion von Silikonchips hat man hierfür den Ausdruck ***DNA-Chip*** geprägt. Als Sonden-DNA kommen individuelle DNA-Klone oder Oligonukleotide zur Verwendung, von denen gegenwärtig bis zu 40.000 auf einem Objektträger untergebracht werden können (Abb. 6.23).

6.3 Analyse von DNA, die Suche nach Genen und ihre Expression

In den 1970er Jahren wurden Methoden entwickelt, welche die Bestimmung der Nukleinsäuresequenz gereinigter DNA-Sequenzen zuließen. Grundsätzlich existieren hier zwei Methoden. Die ***Endgruppen-Technik*** (***Maxam-Gilbert-Technik***), ein chemisches Verfahren, das auf einer basenspezifischen Modifikation und der anschließenden Spaltung der DNA beruht, war die häufig angewandte Methode der Wahl in früheren Jahren. Sie wurde weitgehend abgelöst durch die ***Didesoxymethode*** (***Sanger-Methode***), eine enzymatische Methode, die immer mehr verbessert wurde, so dass die DNA-Sequenzierung heute völlig automatisiert ist. Automaten mischen die Reagenzien, die Gele werden automatisch beladen und die Nukleotidabfolge wird automatisch gelesen. Durch diesen ***Automatisierungsprozess*** sind heute die Genome vieler Organismen vollständig aufgeklärt, und es kommen ständig neue hinzu. Längst sind für die Speicherung und Analyse der enormen Datenmengen Computersysteme eingeführt. So kennen wir inzwischen die Genome von Mitochondrien und Chloroplasten, von vielen Viren und Bakterienstämmen, einschließlich einer Vielzahl pathogener Mikroorganismen, aber auch von Organismen, die seit jeher in der Forschung eine große Rolle spielten, wie *Hefe*, der Fadenwurm *Caenorhabditis*, die Fruchtfliege *Drosophila*, die Pflanze *Arabidopsis* und die Labormaus *Mus musculus*. Schließlich wurde das Genom des Menschen in Endqualität entschlüsselt.

Dabei entwickelte sich bei der Aufklärung ganzer Genomsequenzen das *Schrotschuss-Verfahren* zur Methode der Wahl. Danach werden lange Sequenzabschnitte in kürzere nach dem Zufallsprinzip zerlegt, diese werden dann sequenziert und computergestützt zu vollständigen Chromosomen und Genomen zusammengesetzt. Dabei macht man sich *Sequenzüberlappungen* zunutze, was bei großen Genomen mit vielen repetitiven Genomabschnitten allerdings schwieriger ist als bei kleinen.

Die Fortschritte in der Genomforschung machten Vergleiche über alle Gattungs- und Artgrenzen hinaus möglich und lassen uns zunehmend *Evolutionszusammenhänge* besser verstehen. Auch Genfunktionen lassen sich hierdurch besser aufklären, wenn uns auch gerade Forschungen auf diesem Gebiet zeigen, dass mindestens einem Viertel aller neu sequenzierten Proteine bisher keine bekannte Funktion zugeordnet werden kann.

6.3.1 Die Didesoxymethode zur DNA-Sequenzierung und ihrer Automatisation

Bei der Didesoxymethode geht man von *Einzelstrang-DNA* aus. Es handelt sich um eine *In-vitro*-DNA-Synthese in Gegenwart von Didesoxyribonukleosidtriphosphaten (Abb. 6.24). Die modifizierten Nukleotide bewirken beim zufälligen Einbau in die wachsende DNA Kettenabbruch. Die Didesoxyribonukleosidtriphosphate sind Abkömmlinge der normalen Desoxyribonukleosidtriphosphate, denen die 3'-Hydroxylgruppe fehlt. Das Reagenzgemisch für die *In-vitro*-Synthese enthält als Matrize einzelsträngige DNA-Moleküle, die sequenziert werden sollen, das Enzym DNA-Polymerase, ein Oligonukleosidprimer für den Synthese-Start und die Desoxyribonukleosidtriphosphate dATP, dCTP, dGTP und dTTP. Den Desoxyribonukleosidtriphosphaten wird, und das ist der Clou der Methode, eine kleine Menge eines Didesoxyribonukleosid-Analogs beigemischt, das in die wachsende Kette eingebaut werden kann. Da dem Kettenende nun die 3'OH-Gruppe fehlt, wird der Einbau des nächsten Nukleotids blockiert, womit das DNA-Wachstum abgebrochen wird. Der Einbau von Didesoxyribonukleotid erfolgt wegen der geringen Menge nur gelegentlich und nach dem *Zufallsprinzip*, so dass aus dem Reaktionsgemisch eine Reihe von DNA-Molekülen unterschiedlicher Länge hervorgeht, komplementär zum DNA-Matrizenstrang. Die exakten Längen der DNA-Syntheseprodukte werden nun dazu verwendet, die Positionen des spezifischen Didesoxyribonukleotids in der wachsenden Kette zu bestimmen. In parallelen Ansätzen wird der gleiche Ansatz mit jeweils DidesoxyATP, DidesoxyCTP, DidesoxyGTP und DidesoxyTTP durchgeführt. Um die vollständige Sequenz eines DNA-Fragments zu bestimmen, wird die doppelsträngige DNA zunächst in Einzelstränge aufgetrennt, und einer der Stränge dient als Vorlage für die Sequenzierung. Jeder Ansatz ergibt eine Serie von DNA-Kopien, welche an unterschiedlichen Punkten abbrechen. Die Produkte dieser Reaktionen werden über Elektrophorese in vier parallelen Spuren auf einem *Polyacrylamid-Gel* getrennt. Aus dem Gel lässt sich nun die Sequenz direkt ablesen, weil die neusynthetisierten Fragmente radioaktiv oder fluoreszierend

Abb. 6.23. DNA-Chip-Technologie. Analyse der Kopienzahländerung in einem Glioblastom durch Matrix-CGH („*comparative genomic hybridization*"). Die genomische Tumor- und die Referenz-DNA sind unterschiedlich markiert und auf einem Array von genomischen DNA-Fragmenten rehybridisiert, die bekanntermaßen krebsrelevante Gene enthalten. Die roten und grünen Spots bedeuten Verlust und Gewinn von Chromosomenmaterial in der Glioblastom-DNA. (Mit freundlicher Genehmigung von M. Nessling, B. Radelwimmer und P. Lichter, Deutsches Krebsforschungszentrum Heidelberg)

6.3 · Analyse von DNA, die Suche nach Genen und ihre Expression

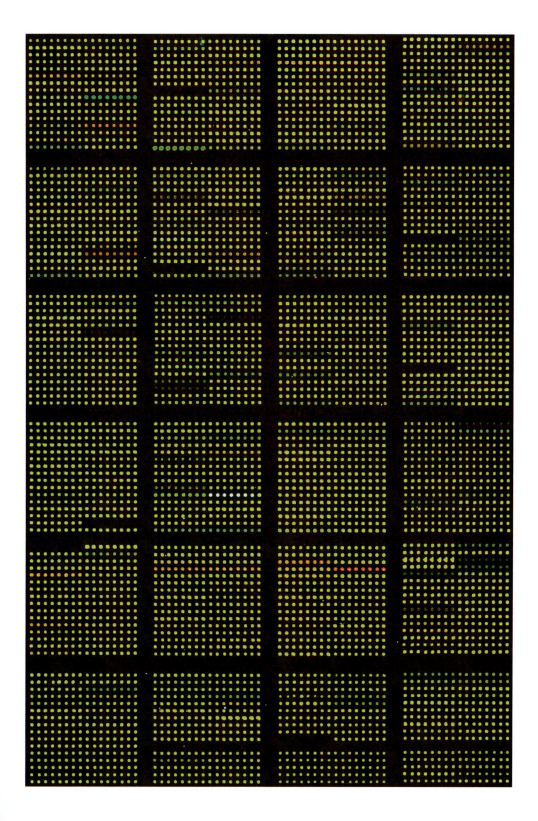

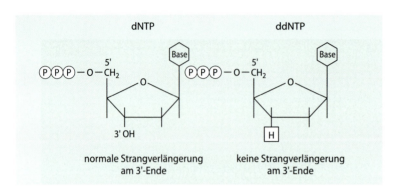

Abb. 6.24. Die Struktur von Desoxyribonukleosidtriphosphat und Didesoxyribonukleosidtriphosphat

markiert sind. In jeder der vier Spuren des Gels entsprechen die Banden DNA-Fragmenten, die an einem bestimmten Nukleotid (A, C, G oder T), jedoch an unterschiedlichen Positionen der DNA abbrechen. Durch das Ablesen der Banden ist dann die DNA-Sequenz des neu synthetisierten Stranges analysiert (Abb. 6.25).

Vom Prinzip her basieren automatisierte Verfahren auch heute noch auf der *Didesoxymethode*. Die eingangs erwähnte Automatisation wurde jedoch folgendermaßen erreicht: Das Ursprungsverfahren beruht auf radioaktiver Markierung. Sie wurde durch eine Markierung von jedem der verwendeten kettenabbrechenden Nukleotide mit einem andersfarbigen Fluorophor abgelöst, womit alle vier Synthesereaktionen in einem Reagenzglas durchgeführt werden können und auf eine einzige Gelspur aufgetragen werden. Die Befunde werden in Form von *Intensitätsprofilen* der vier Fluorophore von den Sequenzern ausgegeben, wobei jeder farbige Kurvenpeak ein Nukleotid in der DNA-Sequenz bedeutet (Abb. 6.26).

6.3.2 Suche nach Genen

Die Grundfrage bei der Suche und Identifikation von Genen in klonierter DNA besteht darin, *kodierende von nichtkodierender DNA* zu unterscheiden. Zwei entscheidende Charakteristika führen hier zu methodischen Ansätzen:
- die evolutionäre Konservierung von kodierender DNA,
- die Expression kodierender DNA in RNA-Transkripte.

Konservierte Gene von Vertebraten sind häufig mit *CpG-Inseln* assoziiert und RNA-Transkripte müssen gespleißt werden und werden in Polypeptide übersetzt, d.h. sie haben ein langes offenes Leseraster, im Gegensatz zu nichtkodierenden Sequenzen, die oft relativ kurze Leseraster haben, da Stoppkodons nicht ausselektioniert werden. Dies führt zu einem Spektrum von Untersuchungsmöglichkeiten. Zu erwähnen sind hier:
- Screenen in m-RNA- und c-DNA-Bibliotheken mit Hybridisierungsmethoden,
- Identifizierung von CpG-Inseln,
- Prüfung auf evolutionäre Konservierung durch Zoo-Blots,
- In-situ-Hybridisierung gegen RNA in Gewebeschnitten,
- Analyse von DNA-Sequenzen über Datenbanken,
- Identifizierung exprimierter DNA-Sequenzen über künstliche RNA-Spleißsysteme,
- Identifizierung exprimierter DNA-Sequenzen über c-DNA-Selektion.

Screenen in m-RNA- und c-DNA-Bibliotheken

Bei dieser Methode screent man einen bekannten genomischen DNA-Klon mit vielfältigen m-RNAs oder Gesamt-RNA aus verschiedenen Organen über *Northern-Blot-Hybridisierung*. Hybridisierungssignale weisen Genexpression nach und machen ein Gen innerhalb des klonierten DNA-Segmentes wahrscheinlich. Weitere Untersuchungen können dann in spezifischen c-DNA-Bibliotheken erfolgen.

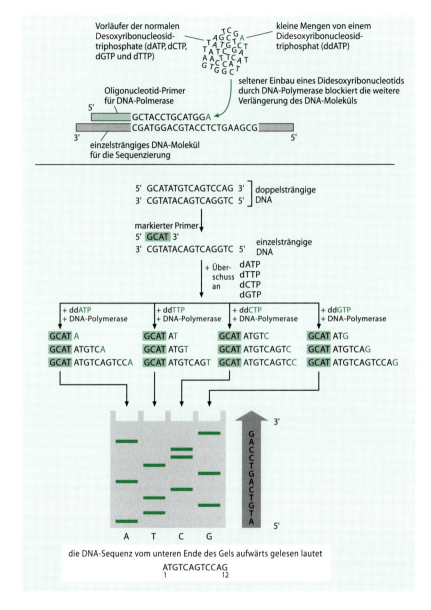

Abb. 6.25. Die Didesoxymethode (Verändert nach Alberts et. al. 1998)

Identifizierung von CpG-Inseln

Gene von Vertebraten sind häufig mit CpG-Inseln am 5'-Ende assoziiert. Es handelt sich hierbei um **GC-reiche Sequenzen** (GC-Gehalt über 60%), die man bei über 50% von Genen im menschlichen Genom annimmt. Dabei ist die Dichte von CpG-Dinukleotiden in solchen Inseln 10- bis 20-mal höher als im Gesamtgenom. Man benutzt selten schneidende Restriktionsendonukleasen mit GC-reichen Erkennungssequenzen. Liegen in einem näher zu charakterisierenden DNA-Segment mehrere solche Schnittstellen eng nebeneinander vor, so deutet dies auf eine CpG-Insel hin, zumal diese Endonukleasen außerhalb solcher Inseln selten schneiden. Die Identifizierung erfolgt über **Southern-Blots** von mit Restriktionsenzymen geschnittenen genomischen DNA-Proben und Hybridisierung mit genomischen DNA-Klonen.

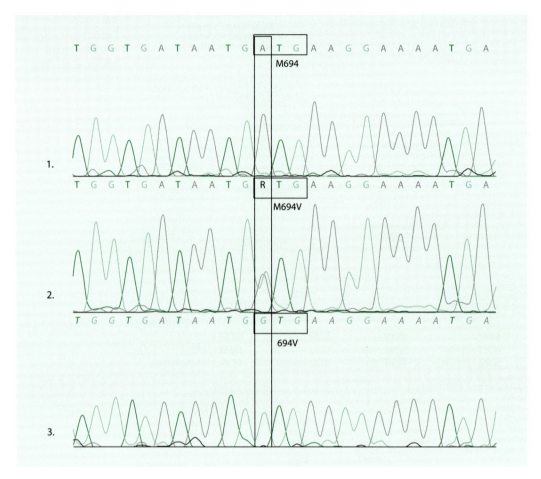

Abb. 6.26. Beispiel für die Ausgabe der Sequenzen bei der automatisierten DNA-Sequenzierung. Sequenzierung eines DNA-Bereiches aus Exon 10 des Marenostrin Pyrin Gens (Familiäres Mittelmeerfieber, FMF) nach der Didesoxy-Methode. In Position 694 wird eine Transition von ATG → GTG (Austausch der Aminosäure Methionin durch Valin) belegt. *1. Zeile*: homozygoter Genotyp mit dem Kodon ATG (gesund), *2. Zeile*: heterozygoter Genotyp mit den Kodonen ATG und GTG (gesund), *3. Zeile*: homozygoter Genotyp mit dem Kodon GTG (krank). (Mit freundlicher Genehmigung von H. Skladny, Zentrum für Humangenetik Mannheim, Dr. Dr. J. Greiner)

Prüfung auf evolutionäre Konservierung durch Zoo-Blots

Unter Zoo-Blot versteht man einen ***Southern-Blot genomischer DNA-Proben*** von verschiedenen Spezies. Der Ansatz geht von der Grundlage aus, dass in kodierenden DNA-Sequenzen ein Selektionsdruck gegen Mutationen herrscht, während sich in nichtkodierenden Bereichen solche relativ schnell ansammeln. In kodierenden Bereichen führen dagegen solche Mutationen in vielen Fällen zum Funktionsverlust und damit zum Selektionsnachteil oder Absterben des Individuums. Positive Hybridisierungssignale eines genomischen DNA-Klons deuten darauf hin, dass er kodierende Sequenzen enthält.

In-situ-Hybridisierung gegen RNA in Gewebeschnitten

Die Methode, vom Prinzip her im Kapitel 6.2.2 bereits beschrieben, wird in der Regel als Erweiterung zu den üblichen Expressionsuntersuchungen eingesetzt.

Analyse von DNA-Sequenzen über Datenbanken

Ist ein DNA-Klon sequenziert (s.Kap. 6.3.1) kann man nach Sequenzhomologien mit bekannten *DNA-Sequenzen* und aus den abgeleiteten Aminosäuresequenzmöglichkeiten nach Sequenzhomologien mit bekannten *Aminosäuresequenzen* suchen. Solche Sequenzen sind in Datenbanken elektronisch gespeichert. Sequenzhomologien sind dann weiterführend. Für die exakte Vorgehensweise sei hier auf das Internet verwiesen. Verschiedene Zentren, wie das Europäische Bioinformatik Institut (http://www.ebi.ac.uk/) oder das US National Center for Biotechnology Information (http://www.ncbi.nik.gov/) bieten entsprechende Programme an.

Identifizierung exprimierter DNA-Sequenzen über künstliche RNA-Spleißsysteme

Die bisher beschriebenen Methoden setzen voraus, dass der zu untersuchende genomische DNA-Klon entweder *GC-reiche Erkennungssequenzen* besitzt, die auf CpG-Inseln deuten, was jedoch bei vielen Genen nicht der Fall ist, oder dass man ein *starkes Hybridisierungssignal* erhält. Letzteres ist jedoch nicht der Fall, wenn sehr wenige Exons vorhanden sind. Es wurde daher ein Verfahren entwickelt, das die gezielte Identifizierung von Exons erlaubt *(exon trapping)*. Exons lassen sich über eine künstliche Spleißreaktion erkennen. Bekanntermaßen existieren an den Intron-Exongrenzen Spleißdonator- und Spleißakzeptorsequenzen, die durch Spleißosomen erkannt werden. Geeignete DNA-Klone, die ein Exon zwischen Introns enthalten, besitzen solche Erkennungssequenzen. Man kann solche Exons erkennen, indem man die DNA in einem Expressionsvektor subkloniert und eine eukaryotische Zelle transfiziert, welche die DNA transkribiert und spleißt. Über eine PCR-Analyse kann man dann den Spleißvorgang nachweisen und damit erkennen, ob das zu untersuchende klonierte Fremd-DNA-Segment ein Gen oder Teile davon darstellt.

Identifizierung exprimierter DNA-Sequenzen über c-DNA-Selektion

Die c-DNA-Selektionsmethode wird für Kartierung in großem Umfang eingesetzt. Will man z.B. die gesamte c-DNA einer Cosmidbank oder einer chromosomenspezifischen Cosmidbank nach Genen durchsuchen, so hybridisiert man mit ihr eine komplexe DNA-Sequenz, die sich auf einem YAC-Fragment befindet. Es bilden sich Heteroduplex-Strukturen zwischen genomischer und c-DNA aus, wenn sich in den Cosmidklonen verwandte Gene zu den Loki auf dem YAC-Fragment befinden. Auf diese Weise sollte es – oft nach Anreicherung der gesuchten c-DNA in Hybridisierungsrunden – gelingen, die entsprechenden Gene zu identifizieren.

6.3.3 Genexpressionsuntersuchungen

Hat man mit den oben besprochenen Methoden schließlich Genklone isoliert, so ist der nächste logische Schritt die Untersuchung von *Genexpression und -funktion.* Dies kann natürlich auf den verschiedensten Ebenen und mit verschiedenen Technologien stattfinden und gehört zu den komplexesten Fragestellungen überhaupt. Entsprechend der Zielstellung dieses Kapitels sollen hier nur Methodenbeispiele angesprochen werden, die direkt an genomischen DNA-Klonen oder an c-DNA-Klonen ansetzen. Komplexe Modellorganismen, wie *transgene oder Knock-out-Tiermodelle*, werden dagegen in Kapitel 9 behandelt.

Das Ziel solcher Untersuchungen sind immer entweder RNA-Transkripte oder Proteine.

6.3.3.1 Genexpressionsanalysen, die auf Hybridisierung beruhen

Hybridisationsbasierte Expressionsanalysen können die Untersuchung von Expressionsmustern eines Gens betreffen oder von ganzen Genomen.

Northern-Blot-Hybridisierung

Mit dem Northern-Blot kann man die *Expression* eines Gens oder einer Genfamilie in verschiedenen *Zelltypen oder Geweben* untersuchen. Man isoliert hierzu die Gesamt-RNA oder die Poly(A)⁺-m-RNA und fraktioniert sie in einem denaturierenden Gel der Größe nach. Die so aufgetretenen Fraktionen hybridisiert man mit einer markierten Sonde des Gens.

Gewebe-in-situ-Hybridisierung

Im *gewebespezifischen Expressionsnachweis* arbeitet man mit entsprechenden Schnitten auf Objektträgern, auf die man eine Lösung mit der markierten Gen-Sonde gibt. Die Sonde ist in der Regel ein Oligonukleotid, eine markierte Antisense-RNA oder eine Gegensinn-Ribosonde. Der Nachweis erfolgt über *Autoradiographie oder Fluorographie*. Man kann die *In-situ*-Hybridisation auch auf die Untersuchung von ganzen Embryonen ausweiten und so entwicklungsabhängige Genexpressionsuntersuchungen am Gesamtorganismus vornehmen. Als *Modellorganismus* wird hier meist die *Maus* bevorzugt. Umgekehrt können Untersuchungen auch auf Einzelzellbasis vorgenommen werden, um beispielsweise RNA-Prozessierung, Transport und zytoplasmatische Lokalisation zu analysieren.

Gesamtgenom-Expressionsscreening

Die *Mikroarray-Technologie* (s. Kap. 6.2.2) mit Oligonukleotiden oder c-DNA eröffnet die Möglichkeit, Expressionsuntersuchungen von vielen Genen gleichzeitig vorzunehmen. Bei Organismen, deren Genom sequenziert ist, kann man grundsätzlich die Expression jedes einzelnen Gens eines Organismus innerhalb eines bestimmten Zeitfensters untersuchen.

6.3.3.2 Genexpressionsanalysen, die auf PCR beruhen

Mit der RT-PCR (s. Kap. 6.1.1) lassen sich *c-DNA-Sequenzen vervielfältigen*. Man kann sie dazu benutzen, eine grobe quantitative Abschätzung der Expression eines Gens vorzunehmen. Wegen der extremen Sensitivität der Methode kann sie auch dazu benutzt werden, Expressionen in Einzelzellen zu untersuchen. Ein anderes Anwendungsbeispiel ist die Identifizierung und Untersuchung verschiedener Isoformen eines Transkripts.

Expressionsuntersuchungen über PCR sind im Gegensatz zu den vorher besprochenen *In-situ*-Hybridisierungen allerdings nicht für räumliche Expressionsmuster geeignet.

6.3.3.3 Genexpressionsanalysen auf Proteinebene

Bei Genexpressionsuntersuchungen auf Proteinebene, d.h. zum Nachweis eines Genprodukts spielen **Antikörper** wegen ihrer außerordentlichen Bindungsaffinität und Spezifität eine hervorragende Rolle. Da es den Rahmen dieses Textes sprengen würde, ausführlich auf die methodischen Hintergründe einzugehen, seien hier nur einige Methoden exemplarisch erwähnt.

Bei der **Immunblot-Methode**, auch **Western-Blot** genannt, trägt man Proteine, die durch Gelelektrophorese getrennt wurden, elektrophoretisch auf eine Nitrozellulose-Membran auf. Nach weiteren technischen Schritten wird die Membran anschließend schrittweise mit primären Antikörpern, sekundären enzymgekoppelten Antikörpern und Substrat behandelt. Ein gefärbter Niederschlag bildet sich nur an der Bande, die das gesuchte Protein enthält. Mit der Immunblot-Methode ist es möglich, eine niedrigkonzentrierte Komponente innerhalb einer Probe nachzuweisen, und sie ermöglicht eine Abschätzung des Molekulargewichts.

Mit Methoden der **Immunzytochemie** kann man das gesamte Expressionsmuster eines Gens innerhalb eines Gewebes untersuchen. Sie ist damit auf Proteinebene ein Äquivalent zur *In-situ*-Hybridisierung auf Transkriptebene. Die Antikörper sind hier das Pendant zur Nukleinsäure als Sonde.

Koppelt man Fluoreszenzfarbstoffe an Antikörper, so kann man mit der Methode der **Immunfluoreszenzmikroskopie** ein Protein lichtmikroskopisch innerhalb einer Zelle lokalisieren.

Markiert man Antikörper mit elektronendichten Partikeln (z.B. kolloidalem Gold), so kann man mittels **Elektronenmikroskopie** Ultrastrukturuntersuchungen durchführen, welche die Lokalisation eines Gen-Produktes intrazellulär mit hoher Auflösung ermöglichen.

Das Human Genom Projekt und der Aufbau des menschlichen Genoms

7.1   Das erste biologische Großprojekt: Die Sequenzierung des Humangenoms und seine Begleitprojekte   205

7.2   Die verschiedenen methodischen Ansätze   206
7.2.1   Genetische Kartierung über Restriktionsfragmentlängen-Polymorphismen   206
7.2.2   Genetische Kartierung über Mikrosatelliten-Marker   207
7.2.3   Genetische Kartierung über Einzelnukleotid-Polymorphismen (SNPs)   207
7.2.4   Physikalische Kartierungsstrategien nach klassischem Ansatz   208
7.2.5   Hochauflösende physikalische Kartierungsmethoden   209

7.3   Nomenklatur menschlicher Gene und DNA-Segmente   211

7.4   Genomprojekte anderer Organismen   211

7.5   Der allgemeine Aufbau des menschlichen Genoms   213
7.5.1   Das Kerngenom   214
7.5.2   Die Verteilung des Chromatins und der Gene im Genom   215
7.5.3   Menschliche RNA-Gene   215
7.5.4   Mitochondriale Gene   216
7.5.5   Der mitochondriale Genetische Code   218

7.6   Kodierende DNA   219
7.6.1   Anteile an repetitiver DNA   219
7.6.2   Die Lage von Genen mit verwandter Funktion   219
7.6.3   Einige Besonderheiten bei Lagebeziehungen von Genen   221

7.7   Nichtkodierende DNA   221
7.7.1   Tandemwiederholte nichtkodierte DNA   221
7.7.2   Verstreute repetitive DNA   222

Es ist kaum 35 Jahre her, dass in Deutschland die genetische Beratung innerhalb der medizinischen Genetik von mehreren humangenetischen Instituten eingerichtet wurde, womit sich die Humangenetik von der reinen Grundlagenwissenschaft zu einem Fach der *angewandten Medizin* erweiterte. Damals war man bei der Erbprognose genetischer Erkrankung ausschließlich auf Wahrscheinlichkeiten nach den Mendel'schen Regeln und auf empirische Belastungsziffern angewiesen. Den ersten Durchbruch erreichte zu dieser Zeit die Zytogenetik. Durch verbesserte Chromosomenanalysen und die Verfeinerung der Ultraschalldiagnostik war es möglich geworden, *pränataldiagnostische Methoden* einzuführen und die vorgeburtliche Diagnose nahm Familien das Schicksalhafte der Geburt eines Kindes mit von der Norm abweichendem Chromosomensatz.

Die Anzahl menschlicher Gene konnte aus der Größe des Genoms und der Annahme der durchschnittlichen Größe von Genen nur grob – und, wie wir heute wissen, falsch – abgeschätzt werden. Man dachte damals, der Mensch besäße etwa 6,7 Mio. Gene und nahm für den Aufbau und die Steuerung des Gehirns etwa 2/3 davon an. Erst ab 1977 war man soweit, auch Eukaryotengene zu untersuchen. Das β-Globin-Gen war das erste ausführlich untersuchte Gen, und man entdeckte die unterbrochenen Gene der Eukaryoten. Auch von *repetitiven DNA-Sequenzen* war noch wenig bekannt. Die Wissenszunahme gewann jedoch an Fahrt. Im gleichen Jahr publizierten *Sanger* und Kollegen die Didesoxy-DNA-Sequenzierungsmethode. 1980 waren es *Botstein* und Kollegen, die vorhersagten, dass eine Genkarte des Menschen durch ein Set zufällig verteilter RFLPs möglich sein wird. Immer noch war über die Lokalisation von Genen für menschliche Krankheiten wenig bekannt. Dies sollte sich jedoch ändern, denn bereits 1981 publizierten *Sanger* und Kollegen die komplette Sequenz der menschlichen mitochondrialen DNA, und 1983 publizierte *Gusella* mit seiner Gruppe in Nature eine Arbeit mit dem Titel „A polymorphic DNA marker genetically linked to Huntington's disease". Sowohl die New York Times als auch das Wall Street Journal und die Washington Post verkündeten auf der ersten Seite, dass das Gen für **Chorea Huntington auf Chromosom 4** lokalisiert wurde. Ein DNA-Marker war gefunden, der über die indirekte Methode der Genotypendiagnostik eine Pränataldiagnostik für Chorea Huntington möglich machte. Die Skepsis, diese Diagnose auch anzuwenden, war allerdings sofort bei Humangenetikern groß, da die obligatorische Mitdiagnostik eines (noch nicht erkrankten) Elternteils zwingend war. Selbsthilfeorganisationen, die in dieser Zeit für viele genetische Erkrankungen gegründet wurden, halfen hier den richtigen Weg zu finden. Es sollte dann allerdings noch 10 Jahre bis 1993 dauern, bis der exakte Genort im Telomerbereich von Chromosom 4 feststand.

Über die *Anzahl der Gene* im menschlichen Genom herrschte immer noch erhebliche Unsicherheit. Auch die Autoren dieses Buches gaben ihre Anzahl in der ersten Auflage ihres Lehrbuches Humangenetik 1991 mit 20.000-100.000 an und korrigierten dies in der zweiten Auflage auf 65.000-80.000, eine Zahl, die bis zum Jahr 2001 Gültigkeit hatte.

Ähnlich entwickelte sich unser Wissenszuwachs bei mendelnden Merkmalen. In der ersten Auflage des oben zitierten Buches katalogisierten wir eine Gesamtzahl von 4000. In der dritten Auflage (2003) ist ihre Zahl auf über 14.000 und in diesem Buch auf über 15.000 angewachsen, wenn man alle bekannten erblichen Merkmale mit einbezieht. Ähnlich war die Entwicklung bei den pränatal diagnostizierbaren Erkrankungen über direkte und indirekte Genotypendiagnostik.

Doch wie kam es nun zur Initiierung des Human Genom Projektes? 1984 war es ein Workshop in USA, gesponsert vom U.S. Department of Energy, der als erster zu dem prinzipiellen Schluss kam, dass ein enorm großes, komplexes und teueres Sequenzierungs-Programm notwendig sei, um mit hoher Effizienz Mutationsentdeckungen zu erlauben. 1988 gründete das National Institut of Health (NIH) ein Büro für Menschliche Genomforschung und etablierte im selben Jahr die Human Genom Organisation (HUGO) als zentrale Koordinierungsstelle. Am 1. Oktober 1990 war dann schließlich der Start des Human Genom Projekts (HGP), für dessen Laufzeit man 15 Jahre annahm. Bereits nach 10 Jahren am 16. Juni 2000 konnte **Craig Venter**, Gründer der U.S. Firma Celera Genomics, die Sequenzierung von über 90% der 3 Mrd. Bausteine des menschlichen Genoms bekannt geben. Der Fortschritt des Projekts übertraf damit alle bisherigen Erwartungen. Im Februar 2001 traten weltweit die Genomforscher und Wissenschaftspolitiker an die Öffentlichkeit und präsentierten in Nature und Science die Arbeitsversion der *Genkarte des Menschen*. Zugegebenermaßen hatte diese Sequenzierung noch größere Ungenauigkeiten und Lücken. In Abständen folgte die genauere, nahezu vollständige Sequenzierung einzelner Chromosomen mit Abschlussqualität. Die genaue Sequenzierung von 99,99% des gesamten menschlichen Genoms mit 3,2 Mrd. Basen wurde zum 50. Jahrestag der Entdeckung der Doppelhelixstruktur der DNA am 14. April 2003 bekannt gegeben. Zu diesem Zeitpunkt schätzte man, dass das Genom des Menschen ca. 30.000 bis 35.000 Gene umfasst. Eine überraschende Korrektur erfolgte während der Erstellung des Manuskripts zu diesem Buch. Am 21. Oktober 2004 wurde die Zahl der proteinkodierenden Gene des Menschen auf 20.000-25.000 herunterkorrigiert, die Zahl der Basen auf 3,08 Mrd.

7.1 Das erste biologische Großprojekt: Die Sequenzierung des Humangenoms und seine Begleitprojekte

Das Hauptziel des Human Genom Projekts war und ist das bessere Verständnis der *Funktion unserer Gene* in Gesundheit und Krankheit. Von Anfang an war die Zielrichtung dorthin zu kommen, die komplette Sequenzierung des Kerngenoms. Dieser Ansatz war zu Beginn nicht ganz unumstritten. Es gab namhafte Kollegen, die in der sozusagen linearen Sequenzierung von Anfang bis zum Ende nicht unbedingt den einzig erfolgreichen Ansatz sahen, sondern der Überzeugung waren, dass eine Konzentration auf die Gene mit bekanntem Krankheitswert und die krankheitsauslösenden Stoffwechselwege schneller und besser zum Ziel führt. Betrachtet man aus heutiger Sicht, 15 Jahre danach, die damaligen Diskussionen der Scientific Community, so sind sie wohl obsolet geworden, und man hat wohl auch das eine getan, ohne das andere zu lassen. Jedenfalls hat die Sequenzierung des Humangenoms einen bisher nie da gewesenen Erkenntniszuwachs beschert, auch wenn man nach wie vor erkennen muss, dass jede monogene genetische Erkrankung für sich gesehen eher selten ist, der genetische Hintergrund vieler Volkskrankheiten und sonstiger physiologischer Parameter aber komplex und eben nicht monogen vererbt wird. Wir müssen uns am Anfang der postgenomischen Ära darauf einstellen, zwar den Schriftsatz des Lebens zu kennen, die komplette Botschaft auch lesen zu können wird die Aufgabe des 21. Jahrhunderts sein.

Doch kommen wir zum Human Genom Projekt zurück. Der erste Schritt zur Sequenzierung des Humangenoms war die Notwendigkeit einer möglichst **hochauflösenden genetischen Karte**, welche dann als Gerüst dienen konnte, um eine hochauflösende physikalische Karte zu erstellen, mit dem Ziel der ultimativen physikalischen Karte, der kompletten Sequenz des Humangenoms.

Um dieses Ziel zu erreichen, wurden von Anfang an flankierende Projekte geplant. Dies war zum einen die Entwicklung geeigneter Technologien und Werkzeuge zur Weiterentwicklung der genetischen und physikalischen Kartierung, der DNA-Sequenzierung, der computerbasierten Erfassung und der informationstechnologischen Weiterverarbeitung. Von entscheidender Bedeutung war andererseits, sich nicht nur und ausschließlich auf das menschliche Genom zu konzentrieren, sondern von vorneherein die Genome von fünf *Modellorganismen* der klassischen Genetik mit einzubeziehen. Es sind dies das Bakterium *Escherichia coli*, die Hefe *Saccharomyces cerevisiae*, der Nematode *Caenorhabditis elegans*, die Fruchtfliege *Drosophila melanogaster* und die Maus *Mus musculus*. Schließlich ließ man nicht außer acht, die Bearbeitung ethischer, gesetzlicher und gesellschaftlicher Auswirkungen mit in die Förderung einzubeziehen.

Zwischenzeitlich kennen wir seit 2003 nicht nur die Sequenz des Humangenoms, sondern auch die der fünf Modellorganismen. Sie sind alle über das Internet verfügbar, und es sind darüber hinaus inzwischen die Genomsequenzen von Hunderten von Modellorganismen, Infektionserregern und Nutztieren analysiert. Gegenwärtig ist die Untersuchung individueller menschlicher Sequenzvarianten das Ziel der Forschung.

7.2 Die verschiedenen methodischen Ansätze

7.2.1 Genetische Kartierung über Restriktionsfragmentlängen-Polymorphismen

Die Wirkungsweise von *Restriktionsendonukleasen* und ihre Verwendung zur Genotypendiagnostik wurde in den Kap. 6.1.2, 6.1.3.1 und 6.2.2 ausführlich besprochen. Restriktionsendonukleasen können auch zur *Restriktionskartierung* benutzt werden, und eine erste Karte wurde bereits 1987 erstellt. Auf einer solchen Karte sind die Reihenfolgen und Abstände der Erkennungsstellen für mehrere Restriktionsendonukleasen eingetragen. Ihre Abstände umfassen durchschnittlich etwa 0,1 kb bis über 1 Mb, so dass es sich um eine etwas gröbere Einteilung des Genoms handelt. Anfangs war die Methode über Hybridisierungs-Assays materialaufwändig und teuer. Sie wurde jedoch durch die RFLP-Typisierung über PCR wesentlich vereinfacht. Die Methode beschreibt die erste Generation von DNA-Markern und hängt für klinisch-genetische Untersuchungen von einer informativen Meiose ab.

Bei Menschen ist durchschnittlich etwa *eine von 210 Basen mutiert*. Die meisten dieser Mutationen sind neutral und bleiben unbemerkt. Gelegentlich befindet sich jedoch eine solche Mutation an einer Schnittstelle für ein Restriktionsenzym, und das eingesetzte Restriktionsenzym kann nicht schneiden. Das resultierende DNA-Fragment ist folglich länger als eines ohne diese Mutation. Da jedoch beide Fragmente viele Basensequenzen gemeinsam haben, werden sie von der gleichen DNA-Sonde erkannt. Jede Fragmentlänge definiert einen Haplotyp.

RFLP-Haplotypen werden wie alle anderen Allele vererbt. Jede Person erhält einen vom Vater und einen von der Mutter. Ist nun eine Person heterozygot für einen RFLP, so zeigen die DNA-Fragmente, an welche die Sonde hybridisiert, bei homologen Chromosomen Längenunterschiede. Aber nicht jeder Heterozygote ist informativ. Um ein Gen zu markieren, muss der RFLP auf demselben Chromosom liegen wie das interessierende Gen, da er sonst in der Meiose von diesem Gen wegsegregiert. Bei einem *dominanten Erbleiden*, wie beispielsweise der Chorea Huntington, bei der die Vererbung eines einzigen Allels ausreicht, um die Symptomatik auszulösen, ist ein RFLP ein klarer *Marker*, wenn er sich bei allen erkrankten Verwandten nachweisen lässt, nicht aber bei den Gesunden.

Da sich dominante Erkrankungen manchmal erst spät manifestieren, klärt eine Anwesenheit des Markers bei fraglichen Anlageträgern oder bei Feten die genotypische Situation und damit das Übertragungs- bzw. Erkrankungsrisiko.

Bei *autosomal-rezessiven Erkrankungen* lässt sich in dem betroffenen Kind ein *Marker von jedem Elternteil* nachweisen. X-chromosomale Erbgänge werden durch einen RFLP auf dem X-Chromosom des Mannes und durch zwei RFLPs bei der Frau markiert.

In der Praxis bedeutet dies, dass Koppelungsanalysen mit RFLPs nur innerhalb von Familienuntersuchungen durchgeführt werden können, in die neben dem Patienten auch seine Eltern und häufig noch andere Angehörige einbezogen sind. Bei X-chromosomal-rezessivem Erbgang sind insbesondere die männlichen Familienmitglieder (z.B. Vater und Großvater einer ratsuchenden Frau) informativ.

Bei autosomal-dominanten Erkrankungen sollte ein möglichst großer *Stammbaum* mit *gesicherten Merkmalsträgern* und Nicht-Merkmalsträgern vorhanden sein, wobei die Merkmalsträger *heterozygot* für die RFLPs sein sollten. Bei autosomal-rezessiven Erkrankungen genügen neben dem Patienten die Eltern und möglicherweise Geschwister, wobei in der günstigsten Situation die Eltern heterozygot und der Erkrankte homozygot für die RFLP-Allele ist. Andere Konstellationen lassen nur in begrenztem Umfang Aussagen zu.

Die Möglichkeit der Anwendung in der Pränataldiagnostik hängt in jedem Einzelfall immer vom Ergebnis einer individuellen Familienuntersuchung ab (Tabelle 7.1).

Insgesamt betrachtet ist diese Methode mit einem grundsätzlichen Nachteil behaftet. Sie ist nämlich *zur Kartierung wenig informativ*. RFLPs haben nur zwei Allele. Eine Restriktionsschnittstelle ist anwesend oder abwesend. Die maximale Heterozygotie ist 0,5. Die Kartierung einer erblichen Krankheit über RFLPs ist häufig frustrierend, da sich zu oft herausstellt, dass eine Schlüsselmeiose uninformativ ist.

7.2.2 Genetische Kartierung über Mikrosatelliten-Marker

In Kapitel 6.1.2 wurden die Mikrosatelliten als *polymorphe Marker* im menschlichen Genom bereits angesprochen. Sie erlauben eine Koppelungskarte des menschlichen Genoms hoher Dichte von ungefähr einem Marker pro Centi-Morgan (cM – die Einheit Morgan wurde ursprünglich bei den Riesenchromosomen der Fruchtfliege *Drosophila melanogaster* eingeführt; eine Rekombinationshäufigkeit von 1% entspricht etwa einem Abstand von 1 cM oder etwa 1000 kb). Hiermit war ab 1994 ein Gerüst geschaffen zur Entwicklung einer detaillierten *physikalischen Karte aller Chromosomen*. Die weitere Verfeinerung führte zur bisher detailliertesten Mikrosatellitenkarte, welche 5136 Mikrosatelliten-Marker umfasst in 146 Familien mit einer Gesamtzahl von 1257 meiotischen Ereignissen.

7.2.3 Genetische Kartierung über Einzelnukleotid-Polymorphismen (SNPs)

Einzelnukleotid-Polymorphismen (SNPs) sollten nochmals eine Verfeinerung der genetischen Kartierung ermöglichen, womit die bisher höchste Auflösungsmöglichkeit über polymorphe Marker angesprochen ist. Mikrosatelliten-Marker sind *hoch polymorph*, aber sie haben Grenzen in der Feinauflösung genetischer Karten, da sie nur etwa alle 30kb vorkommen und auch nicht besonders für automatisierte Typisierung geeignet sind. SNPs bestehen meist nur aus 2 Allelen, sind also wenig polymorph und haben eine hohe Frequenz im Genom von durchschnittlich einem SNP pro Kilobasenpaar. Sie eignen sich auch gut zur automatisierten Typisierung. Damit sind sie ideale Marker für die Zuordnung chromosomaler Regionen zu *Krankheiten verursachenden Genen*. Ein internationales SNP-Konsortium hat in der jüngsten Vergangenheit eine menschliche SNP-Karte mit einer Gesamtzahl von 1,42 Mio. SNPs entwickelt, was einen SNP pro 2 kb bedeutet.

Alle bisher beschriebenen genetischen Kartierungen beruhen auf einem Grundprinzip, nämlich Familiendaten. Die Grundlagen sind

Tabelle 7.1. Koppelungsanalysen bei fraglichen Anlageträgern von monogenen Erkrankungen mit Hilfe von Restriktionsfragmentlängen-Polymorphismen

Erbgang	Diagnostische Ausgangssituation in der Familie
Autosomal-dominant	Möglichst großer Stammbaum mit gesicherten und für die RFLPs heterozygoten Merkmalsträgern
Autosomal-rezessiv	Patient, Eltern und möglicherweise Geschwister Die günstigste Situation ist bei Heterozygotie der Eltern für die RFLP-Allele und Homozygotie der Patienten gegeben
X-chromosomal-rezessiv	Männliche Verwandte (wie Vater oder Großvater)
Generelle Voraussetzung:	Indexpatienten sind zur Diagnostik fraglicher Anlageträger obligat

in der Regel Marker-Typisierung von Mitgliedern einer Vielfalt von Multigenerationsfamilien. Das Ergebnis sind immer Sätze von gekoppelten Markern (Koppelungsgruppen), die aus 24 Einheiten bestehen, welche den verschiedenen menschlichen Chromosomen entsprechen.

7.2.4 Physikalische Kartierungsstrategien nach klassischem Ansatz

Eine physikalische Karte des Menschen besteht natürlich, genauso wie die genetische Karte, aus den 24 Einheiten, die sich aus 22 Autosomen und den Geschlechtschromosomen X und Y ergeben. Allerdings existieren völlig verschiedene Grundprinzipien der Kartierung, die auf den sehr unterschiedlichen Zugangswegen beruhen, wobei das Ziel immer die Lokalisierung von DNA-Sequenzen auf bestimmte „physikalische" Bereiche von Chromosomen ist.

Die ältesten Methoden der physikalischen Lokalisation von Genen entstammen der klassischen medizinischen Zytogenetik. An erster Stelle wären hier Chromosomenzuordnungen von Genen zu nennen, die auf mikroskopisch erkennbaren Chromosomenstrukturveränderungen beruhen. Durch Untersuchung von Gen-Dosis-Effekten kann man Rückschlüsse auf die *Lage eines Gens* ziehen, wenn ein Verlust oder eine Vermehrung eines bestimmten Chromosoms oder Chromosomsegments vorliegt.

Auch X-chromosomale Gene lassen sich nach einem ähnlichen Muster auffinden. Tritt ein Gendefekt oder eine Genvariante nur im männlichen Geschlecht auf, so ist eine Lage des dazugehörigen Genortes auf dem X-Chromosom wahrscheinlich, da im weiblichen Geschlecht der Effekt durch das intakte zweite X-Chromosom überlagert wird. Männlichen Individuen fehlt aber ein entsprechender Genort, da statt des homologen X-Chromosoms ein Y-Chromosom vorhanden ist.

Es ist seit langem bekannt, dass Zellen in der Zellkultur miteinander *fusionieren* können. Die Zellen verschmelzen miteinander über die Zellmembran, und es entstehen zunächst Zellen mit zwei Kernen. Bei der nächsten Mitose kommt es zur Mischung der Chromosomen beider Ursprungszellen. Es entsteht ein tetraploider Zellkern, der allerdings bei der nächsten Mitose nach und nach überschüssige Chromosomen abgibt.

Vor ca. 30 Jahren konnte man diese Beobachtung experimentell systematisieren. Man stellte fest, dass bestimmte Viren die Rate der Zellfusion erheblich steigern können. Am häufigsten benutzte man dazu das Sendaivirus aus der Gruppe der Paramyxoviren, dessen Virusnukleinsäure vorher zerstört wird, um eine tödliche Infektion der Zelle zu verhindern. Die Fusionsaktivität wird hierdurch nicht wesentlich beeinflusst. Zur Lokalisation von menschlichen Genen benutzt man *Fusionsprodukte menschlicher Fibroblasten* oder *Lymphozyten* mit *bestimmten Mauszelllinien*. Wir haben bereits erwähnt, dass bei fusionierten Zellen Chromosomen verloren gehen. Bei den Maus-Mensch-Zellhybriden bleibt der Mauschromosomensatz mit 2n = 40 Chromosomen immer vollständig erhalten. Die menschlichen Chromosomen gehen nach und nach verloren, so dass man in Hybridzellen nie 86 (40 + 46) Chromosomen findet, sondern meist 41-55 Chromosomen. Die übrig bleibenden menschlichen Chromosomen sind eine statistische Auswahl aus dem Chromosomensatz.

Dabei gibt es Methoden, den Verlust der menschlichen Chromosomen auch spezifisch zu selektionieren. Isoliert man Hybridzellen mit verschiedenen menschlichen Chromosomensätzen, ist es möglich, ein Set von Hybridzellen zu erzeugen, mit dem man DNA-Sequenzen spezifisch zuordnen kann. Es gibt mehrere Abwandlungen dieser Methode, mit denen man entweder *chromosomenspezifische Hybridzellen* herstellen kann oder nicht ganze Chromosomen in den Hybridzellen vorfindet, sondern eine *subchromosomale Kartierung* mit Hilfe von Hybridzellen vornehmen kann, die nur *Fragmente* von menschlichen Chromosomen enthalten. Aber auch mit den subtilen Methoden aus diesem Bereich braucht man 100-200 Hybridzellen, um eine Karte für ein menschliches Chromosom zu erstellen, was in der Praxis für die Kartierung eines ganzen Genoms mit riesigen Mengen von Hybridzellen nicht durchführbar ist. Die neueste Entwicklung auf diesem Gebiet sind *bestrahlungsinduzierte Hybride*, die man auch als Bestrahlungshybride bezeichnet. Bei diesem Verfahren werden bei letaler Bestrahlung der Donatorzelle chromosomale Fragmente erzeugt, die anschließend auf Empfängerzellen übertragen werden. Eine Variante verwendet menschliche Fibroblasten als Ausgangsmaterial. Hiermit gelingt es mit 100-200 Hybridzellen vom ganzen Genom eine Karte mit ausreichender Auflösung zu erstellen.

Eine andere Methode zur Lokalisation menschlicher Gene ist die *In-situ-DNA-Hybridisierung*. Diese Methode ist bereits in Kap. 6.2.2 ausführlich beschrieben.

Die bis jetzt beschriebenen Methoden zur physikalischen Kartierung haben Grenzen im *Auflösungsvermögen* im Bereich einiger Megabasen. Auch die besten Ansätze über Bestrahlungshybriden-Kartierung erreichen keine Auflösung höher als 0,5 Mb. Deshalb wurden sie im Human Genom Projekt durch molekulare Kartierungsmethoden ergänzt. Um die Kartierung menschlicher DNA-Klone zu verbessern, wurden zusätzliche Technologien entwickelt. Anstatt das ganze Genom zu benutzen, hat man Chromosomensortierungsmethoden entwickelt. Über *Durchflusszytometrie* auf der Basis der Zellfraktionierung in FACS-Zellsortern wurden die einzelnen Chromosomen des Menschen sortiert, so dass man chromosomenspezifische DNA-Bibliotheken aufbauen konnte. Eine andere Methode, die *Chromosomenmikrodissektion*, mechanisch oder über Laserschnitt, ermöglichte die Gewinnung einzelner chromosomaler Teilbereiche.

7.2.5 Hochauflösende physikalische Kartierungsmethoden

Zur Erstellung der endgültigen physikalischen Karte, also zur Beschreibung der vollständigen Nukleotidsequenz, ist es bei der Moleküllänge beispielsweise eines ganzen Chromosoms notwendig, dieses in ein System sich ergänzender Klone mit DNA-Fragmenten, welche die gewünschte Sequenz völlig abdecken, aufzulösen. Dabei müssen sich die Klone **überlappen**, damit keine Lücken auftreten. Man bezeichnet dies als ein *Klon-Contig* (s. Abb. 6.14). Durch die Klonierung werden die DNA-Fragmente natürlich auf verschiedene Zellen verteilt, so dass die ursprüngliche Anordnung der Fragmente im Chromosom verloren geht. Mit geeigneten Methoden muss man dann diese Information über die Überlappung der Insertionsfragmente wiedergewinnen. Hier stieß man auf das Problem, dass man zu Beginn der 1990er Jahre nur genomische DNA-Bibliotheken mit Cosmid-Klonen besaß, die eine Insertlänge von bis zu 40kb hatten, meist anonym waren und überwiegend unkartiert. Hieraus, also aus Hunderttausenden von unterschiedlichen Klonen einer menschlichen kompletten DNA-Bibliothek, eine Erstellung von Klon-Contigs zu versuchen, ist ein frustrierendes Unterfangen. Die Lösung, die Reduzierung der Klon-Zahl durch Erhöhung der Insertgröße, erforderte die Entwicklung eines neuen Klonierungssystems in künstlichen Eukaryoten-Chromosomen. Gelöst wurde die Aufgabe über *künstliche Hefechromosomen (YACs)*, da Hefechromosomen nur kleine originäre Sequenzen benötigen, um die Chromosomenfunktion zu erhalten. Eine Isolierung dieser Sequenzen und ihre Verbindung mit langen menschlichen DNA-Inserts im Megabasenbereich reduzierte die Klonanzahl einer kompletten menschlichen DNA-Bibliothek auf 12.000-15.000 Klone. Eine YAC-Karte von ca. 75% des menschlichen Genoms wurde 1995 mit 225 Contigs einer durchschnittlichen Länge von 10 Mb erreicht.

Allerdings sind *YACs strukturell sehr instabil*. Bei 50% von ihnen fanden sich Veränderungen, so dass sie oft keine verlässliche Repräsentation der genomischen DNA darstellten. Es waren entweder Teile deletiert oder es kam zu Rearrangements, also zu einer Umorientierung innerhalb der Sequenz. Ein weiteres Problem war der *Chimärismus*. Einzelne transformierte Zellen enthielten zwei oder mehr Stücke menschlicher DNA, oft von unterschiedlichen Chromosomen. Man löste dieses Problem durch die Erstellung von Karten mit Markern aus kurzen sequenzierten Bereichen *(sequence tagged sites, STSs)*. STSs sind einige Dutzend Basenpaare lang und müssen in der gesamten DNA einmalig sein. Außerdem sollen ihre Abstände voneinander gering sein. Dann ist es möglich, jedes physikalisch erfasste Gebiet einer jeglichen Problemregion zu korrigieren, durch STS-Typisierung anderer Arten von Klonen und damit 40-100 kb lange Bruchstücke in die richtige Position zu bringen. Als **Vektoren** dienen hierbei Cosmide. Bereits 1995 konnte eine menschliche STS-Karte mit mehr als 15.000 STSs und einem durchschnittlichen Abstand von weniger als 200 kb publiziert werden. Neben STSs von genomischer DNA wurden solche von c-DNA entwickelt, die man als **ETSs (expressed sequence tags)** bezeichnet.

Damit war ein detaillierter physikalischer Rahmen für das menschliche Genom geschaffen.

Nun wurde es notwendig, eine weitere Generation von Klon-Contigs zu schaffen, um DNA-Stücke zu erhalten, die klein genug für eine direkte Sequenzierung waren. Als Klonierungssystem wurden hierfür BACs und in einem kleineren Ausmaß PACs verwendet, welche Insertgrößen zwischen 100 und 250 kb aufnehmen können. Die dafür eingesetzte **Schrotschussklonierung** schaffte DNA-Sequenzen mit statistisch gestreuten Spaltstellen und allen denkbaren Überlappungen. Dabei basierte die Human Genom Projekt-Sequenzierungsstrategie auf einer hierarchischen Schrotschussklonierung. Dies bedeutet, dass die für die Sequenzierung ausgewählte DNA aus Inserts von individuellen BAC-Klonen bestand, die akkurat auf der physikalischen Karte platziert waren. Craig Venter benutzte die ganze Genom-Schrotschuss-Sequenzierungsstrategie (Abb.7.1), also die Sequenzierung direkt von isolierter genomischer DNA. Die Sequenzierung erfolgte schließlich über die automatisierte Didesoxymethode (s. Kap. 6.3.1).

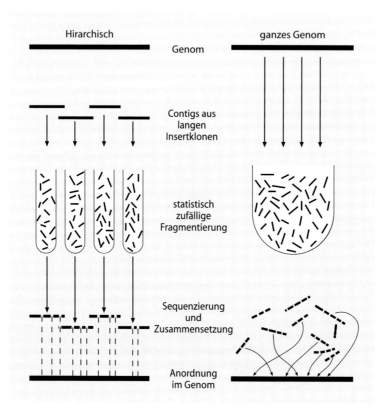

Abb. 7.1. Strategien der hierarchischen und der ganzen Genom Schrotschuss Sequenzierung

7.3 Die Nomenklatur menschlicher Gene und DNA-Segmente

Die Nomenklatur wurde durch das *HUGO-Nomenklaturkomitee* festgelegt. *Gene* und *Pseudogene* werden üblicherweise durch 2-6 Großbuchstaben und Ziffern bezeichnet. Bei Pseudogenen wird dem Gensymbol ein P angehängt. Anonyme DNA-Sequenzen werden mit D (= DNA) bezeichnet, gefolgt von der Chromosomennummer oder X oder Y, um die Lokalisation auf das entsprechende Chromosom zu bezeichnen. Diesen Kürzeln folgt ein S, wenn es sich um eine *einmalige Sequenz* handelt, ein Z für eine *chromosomenspezifische repetitive DNA-Familie* oder ein F für eine *Multilokus-DNA-Familie* und schließlich eine Seriennummer. Der Buchstabe E hinter der Nummer einer anonymen DNA-Sequenz weist darauf hin, dass die Sequenz exprimiert wird (Tabelle 7.2)

7.4 Genomprojekte anderer Organismen

Von Anfang an war es erklärtes Ziel des Human Genom Projekts, die Genome von fünf Modellorganismen der klassischen experimentellen Genetik mit einzubeziehen. Wie bereits erwähnt, sind dies *Escherichia coli, Saccharomyces cerevisiae, Caenorhabditis elegans, Drosophila melanogaster* und *Mus musculus*. Zwischenzeitlich sind die Genome mehrerer Hundert Organismen sequenziert.

Der Sequenzvergleich über alle *taxonomischen Gruppen* hinweg ergibt bereits jetzt einen überraschenden Erkenntniszuwachs. Dabei ist die vielleicht revolutionärste Erkenntnis, dass *evolutionäre Höherentwicklung*, entgegen allen früheren Annahmen, nicht in direktem Zusammenhang steht mit der Vermehrung von Genen– eine Hypothese, die über Jahrzehnte Gül-

Tabelle 7.2. Beispiele für die Nomenklatur menschlicher Gene und DNA-Segmente

Symbol	Gen bzw. DNA-Segment
BBS1	Bardet-Biedl-Syndrom 1
BRCA1	Breast cancer susceptibility gene 1
CFTR	Cycstic fibrosis-transmembran-conductance regulator
DMD	Dystrophin (Muskeldystrophie, Duchenne- und Becker-Typ)
FMR1	Fragile X linked mental retardation gene 1
FGFR3	Fibroblast groth factor receptor 3
HPRT1	Hypoxanthine phosphoribosyltransferase 1 (Lesch Nyhan-Syndrom)
IGF2	Insulin-like-groth-factor 2
CDY4P	Chromodomain protein Y-linked 4 pseudogene
ILRP1	Interleukin 9 Rezeptor Pseudogen 1
KRT18P10	Keratin 18 pseudogene 10
DXYS155E	Anonyme DNA-Sequenz, exprimiert und einmalig
D11Z3	Chromosom 11 spezifische repetitive DNA-Familie 3
DXF3S2	DNA-Segment des X-Chromosoms, 2. Mitglied der Multilocus-Familie 3

(www.gene.ucl.ac.uk/nomenclature/guidelines.html)

tigkeit hatte. Auch erkannten wir, dass sich die Menschen untereinander zu 99,9% gleichen. Man kann unter den Angehörigen einer Volksgruppe größere genetische Differenzen finden, als zu Menschen, die einer ganz anderen Volksgruppe angehören und einen völlig anderen Lebensraum besitzen. Damit verschwinden sämtliche **Rasseideen** in den Orkus der Geschichte. Das Genom des **Schimpansen** unterscheidet sich nur in 2% von dem des Menschen, das der Maus in weniger als 5%.

Doch beschreiben wir die bisherigen Daten der Reihe nach anhand ausgewählter Organismen. Der erste *freilebende Organismus* wurde 1995 sequenziert. Es handelt sich um *Haemophilus influenzae*, einen Prokaryoten mit einer Genomgröße von 1,83 Mb. Prokaryotengenome sind nur ein bis wenige Megabasen groß und daher relativ schnell zu sequenzieren. Der erste *sich autonom selbst replizierende Organismus* war *Mycoplasma genitalium*, das kleinste bekannte Genom überhaupt mit 470 Genen. Unter den Prokaryoten besitzt *Escherichia coli* die wissenschaftlich größte Bedeutung, da wir an diesem Bakterium fundamentalste Mechanismen des Lebens molekularbiologisch verstehen gelernt haben, wie DNA-Replikation, Transkription und Proteinsynthese. Hier wurden ursprünglich 4288 Gene identifiziert, bei einer Genomgröße von 4,6 Mb. Inzwischen sind die Genome von ca. 500 Bakterienstämmen sequenziert oder zumindest in einem fortgeschrittenen Stadium der Sequenzierung. Die Genomgrößen liegen hier zwischen 1 und ca. 4,5 Mb. Das komplette Hefegenom *Saccharomyces cerevisiae* wurde 1996 unter dem Titel „Life with 6000 Gens" publiziert. Es war das erste Genom eines Eukaryoten. Die Sequenzierung der 16 Chromosomen ergab die Zahl von 6340 Genen bei diesem Modellorganismus der Zellbiologie für Untersuchungen der Zellzyklus-Kontrolle, der transkriptionellen Kontrolle und anderer wichtiger biologischer Funktionen. Gerade die Sequenzierung von *E.coli* und *S. cerevisiae* zeigten aber auch, dass nach der Erstpublikation der Sequenzergebnisse bei 40-60% der Gene keine funktionelle Bedeutung bekannt war. Durch Sequenzhomologien zu Säugergenen konnte dieser Prozentsatz zwischenzeitlich verringert werden. Auch konnten durch die Sequenzierung verschiedener Hefespezies beachtliche Unterschiede in der Zahl der Gene, der Zahl der Introns und in Transposons nachgewiesen werden.

Bei *Protozoen* fand man Genomgrößen in der Größenordnung von 30-90 Mb. Im Gegensatz dazu besitzt das Experimentalmodell der Entwicklungsbiologie *Caenorhabditis elegans*, ein ca. 1 mm langer Wurm ein großes Genom von annähernd 100 Mb. *C. elegans* war der erste sequenzierte Metazoe, und man konnte das Vorhandensein von 19.099 proteinkodierenden und über 1000 RNA-Genen nachweisen. Bei vielen *Invertebraten* findet man Genome mit zwischen 14.000 und 20.000 Genen. Bei der Durchführung des *Drosophila melanogaster*-Genomprojektes wies man in dem 165 Mb-Genom 13.601 polypeptidkodierende Gene nach, eine vergleichsweise zu *C.elegans* geringere Genzahl bei umgekehrter Proportion der Größe und Zellzahl (*C.elegans* besitzt nur 959 somatische Zellen).

Bei der Sequenzierung verschiedener Labormäusestämme kam es zu einem Wettlauf zwischen den Laboratorien, die im Mouse Genome Sequencing Consortium (MGSC) zusammengeschlossen waren, und der Firma Celera von Craig Venter. Während Celera im April 2001 die Sequenzierung von 3 Mäusestämmen verkündete, deren Sequenz allerdings nicht frei zur Verfügung stand, sondern nur gegen Bezahlung, meldete das MGSC im Mai 2002 die 96%ige Komplettierung des Genoms des C57BL/6J-Laborstammes und veröffentlichte die Daten unmittelbar im Internet. Das Genom hat eine Größe von 2500 Mb mit 30.000 oder etwas weniger Genen. Die **Genzahl der Maus** entspricht also in der Größenordnung der des Menschen. Dabei sei nochmals erwähnt, dass nach neuesten Daten die Zahl der menschlichen Gene nach unten korrigiert wurde. Auf noch exaktere Ergebnisse der Maus muss man noch warten, bevor ein genauer Vergleich möglich wird. Gerade die Sequenzierung des Mausgenoms ist von außerordentlicher Bedeutung für die vergleichende Genomforschung und die Erforschung der Genomevolution. Vergleiche zwischen Maus und Mensch erlauben z.B. das

Erkennen hochkonservierter Sequenzen in der Säugerevolution.

Die hier erwähnten Sequenzierungen anderer Spezies können nur ein Ausschnitt aller Sequenzierungsprogramme – sozusagen Modellorganismen als Eckpfeiler – darstellen. Es gibt zwischenzeitlich publizierte Sequenzierungen aus allen Stämmen des Tierreiches, von Insekten über Fische, Reptilien, Vögel bis zu den Säugetieren. So wurde im Dezember 2004 beispielsweise die Sequenzierung des **Huhnes (Gallus gallus)** publiziert. Die Genomgröße beträgt ca. 1/3 der Säugetiergenome, die Genzahl wurde auf 20.000 bis 23.000 geschätzt. Ausschlaggebend für die Auswahl der Spezies sind in der Regel wissenschaftliche, medizinische oder auch wirtschaftliche Aspekte, z.B. bei Nutztieren. Gerade die funktionelle Genomanalyse bei wirtschaftlich bedeutenden Nutztieren, aber auch über das Tierreich hinausgehend bei Nutzpflanzen gewinnt ständig an Bedeutung. So beobachtet man auch in der **Pflanzengenomforschung** jährlich weltweit steigende staatliche und private Investitionen. Im Vordergrund steht dabei die stetige Weiterentwicklung von Schlüsseltechnologien zur Analyse der Genome und ihrer Funktionsweise und zur gezielten Veränderung der Gene von Nutzpflanzen, sowie verstärkte Anstrengungen zur umfassenden Patentierung pflanzlicher Gene und der von ihnen terminierten Funktionen (Tabelle 7.3).

7.5 Der allgemeine Aufbau des menschlichen Genoms

Durch das Human Genom Projekt besitzt man nun über das **Kerngenom** einen wesentlich vertieften Kenntnisstand. Gleichzeitig ist das Organisationsschema zwischen Kerngenom und mitochondrialem Genom klarer geworden. Während das Kerngenom aus 24 linearen doppelsträngigen DNA-Molekülen besteht (22 Autosomen, X und Y), ist die **mitochodriale DNA** ein doppelsträngiges zirkuläres Molekül.

- Das Kerngenom hat einen DNA-Gehalt von ca. 3080 Mb, das mitochondriale Genom von 16,6 kb. Ca. 20.000-25.000 proteinkodierende Gene und ca. 3000 RNA-Gene koordinieren ihre Funktion mit 37 Mitochondriengenen zur Organisationsstruktur der humanen Zelle.

Tabelle 7.3. Genomgröße und Anzahl der Gene bei Modellorganismen

Spezies	Genomgröße	Anzahl der Gene (Stand 2004)
Haemophilus influenzae	1,83 Mb	1740
Mycoplasma genitalium	580 kb	470
Escherichia coli	4,6 Mb	4288
Saccharomyces cerevisiae	12 Mb	6340
Caenorhabditis elegans	100 Mb	19099
Drosophila melanogaster	165 Mb	13601
Gallus gallus	1000 Mb	20000-23000
Mus musculus*	2500 Mb	ca. 30000
Zum Vergleich Homo sapiens*	3080 Mb	20000-25000

*Ein erneuter exakter Vergleich von Maus und Mensch steht noch aus.

7.5.1 Das Kerngenom

Im Kerngenom sind knapp 5% der Sequenzen **hoch konserviert**, wie vor allem der Vergleich mit dem Mausgenom zeigt. Diese 5% gliedern sich in 1,5% kodierende DNA und konservierte Sequenzen innerhalb nicht translatierter Bereiche. Der größte Teil (90-95%) der kodierenden DNA wird in Proteine übersetzt, der Rest sind Gene für untranslatierte RNA. Dabei muss man sich zum gegenwärtigen Zeitpunkt noch über gewisse Unsicherheitsfaktoren im Klaren sein. Das Internationale Human-Genom-Sequenzierungskonsortium hat 2001 die Genzahl auf 30.000-40.000 hochgerechnet, Craig Venter auf 26.000-38.000 mit eher einer Tendenz nach unten. Das liegt daran, dass man zu diesem Zeitpunkt ein Drittel bis die Hälfte aller Gene klar identifiziert hatte, der Rest war eine Angabe von Computervorhersagen, die bei translatierten Genen eher genau sind als bei RNA-Genen. Dieser Wert wurde 2004 durch das Internationale Human-Genom-Sequenzierungskonsortium für proteinkodierende Gene auf 20.000-25.000 korrigiert. Davon sind 19.599 Gene bekannt und 2188 zusätzliche Gene vorhergesagt, von denen man annimmt, dass sich weniger als 2000 bestätigen lassen. Der Rest könnten Fragmentationen und falsch eingeordnete Pseudogene sein. Selbst wenn man annimmt, dass Gene mit kurzem offenen Leseraster der Entdeckung bisher entgangen sind und diese mit einem oberen Wert von 10% annimmt, bleibt die Zahl **unter 25.000** (dem oberen Wert der Abschätzung). Transkripte wurden bisher etwas über 34.000 beschrieben, was 1,54 Transkripten pro Lokus entspricht. Bisher enthält die Sequenzierung noch 341 Gaps, die meisten davon (308) im euchromatischen Bereich, 33 im heterochromatischen. Bei dieser Abschätzung der Genzahl muss natürlich beachtet werden, dass sie **nur proteinkodierende Gene** und keine Gene für t-RNA, r-RNA, sn-RNA, sno-RNA und Mikro-RNA beinhaltet. Man nimmt hier gegenwärtig weitere bis zu 3000 Gene an.

Ca. 95% des nukleären Genoms sind nichtkodierende DNA. Hiervon sind wieder ca. 45% repetitive Sequenzelemente, die ursprünglich RNA-Transkripte einer Retrotransposition darstellen, also durch *reverse Transkriptase* umgeschriebene RNA in natürliche c-DNA, die ins Genom integriert wurde. Weitere ca. 44% sind tandemförmige Sequenzwiederholungen. Der Rest besteht aus Heterochromatin.

Die kodierenden Sequenzen beinhalten häufig Familien verwandter Sequenzen, die teilweise in Clustern auf einem oder mehreren Chromosomen vorliegen. Sie sind durch **Genduplikationen in der Evolution** entstanden. Unter ihnen ist ein signifikanter Teil *Primaten-spezifisch*. Der Mechanismus der Genduplikation ist auch verantwortlich für viele nicht-translatierte Defektsequenzen, die zu Genfragmenten und Pseudogenen geführt haben und im Genom verstreut liegen, genauso wie defekte Kopien von RNA. Man schätzt die Zahl der *Pseudogene* im Genom auf *etwa 20.000*. Der Anteil von konstitutivem Heterochromatin umfasst ca. 200 Mb, der Rest des Humangenoms ist Euchromatin (Abb. 7.2).

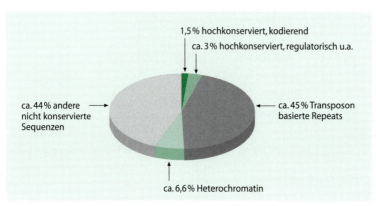

Abb. 7.2. Das Kerngenom

- 1,5 % hochkonserviert, kodierend
- ca. 3 % hochkonserviert, regulatorisch u.a.
- ca. 44 % andere nicht konservierte Sequenzen
- ca. 45 % Transposon basierte Repeats
- ca. 6,6 % Heterochromatin

7.5.2 Die Verteilung des Chromatins und der Gene im Genom

Die durchschnittliche Größe eines menschlichen Chromosoms beträgt ungefähr 140 Mb mit einer erheblichen Varianzbreite innerhalb der Chromosomen und einer unterschiedlichen Menge von **konstitutivem Heterochromatin**. Das Heterochromatin verteilt sich auf ungefähr 3 Mb-Segmente um jedes Zentromer plus einem großen Anteil auf verschiedenen Chromosomen. Hier sind vor allem die kurzen Arme der akrozentrischen Chromosomen 13, 14, 15, 21 und 22 zu nennen und der lange Arm des Y-Chromosoms. Weiterhin findet sich Heterochromatin im Bereich der Sekundärkonstriktionen der langen Arme der Chromosomen 1, 9 und 16. Im *Euchromatin* beträgt der durchschnittliche CG-Gehalt 41%. Auch hier gibt es chromosomale Variabilität zwischen 38% CG und 49%. Auch die innerchromosomalen Unterschiede sind erheblich. In den Giemsa-Banden der Chromosomen gibt es hierzu eine klare Korrelation derart, dass helle Banden eher CG-reich und dunkle eher CG-arm sind. Dies wiederum reflektiert die **unterschiedliche Gen-Dichte**, da CG-reiche Regionen ebenfalls relativ reich an Genen sind. Dabei variiert die Gendichte substanziell zwischen verschiedenen Chromosomenregionen und zwischen verschiedenen Chromosomen.

7.5.3 Menschliche RNA-Gene

RNA-Gene produzieren zum größten Teil Moleküle, die bei dem allgemeinen Prozess der Genexpression assistieren. Andere RNA-Familien sind an der RNA-Reifung, einschließlich Spaltung und basenspezifischer Modifikation von anderen RNAs (m-RNA, r-RNA, t-RNA) beteiligt. Wieder andere, die erst kürzlich identifiziert wurden, haben offenbar regulatorische Funktionen.

Die Zelle benötigt eine große Menge r-RNA für die **Ribosomen als Orte der Proteinbiosynthese**. Folglich kodiert die nukleäre DNA wahrscheinlich 700-800 r-RNA-Gene, in **tandemförmig wiederholten Clustern**, sowie viele Pseudogene. Von den vier Typen von r-RNA sind die 28-S, die 5,8-S und die 18-S-r-RNA in einer einzigen Transkriptionseinheit kodiert. Es gibt 5 Cluster mit 30-40 Tandemrepeats, welche in den kurzen Armen der Chromosomen 13, 14, 15, 21 und 22 angesiedelt sind. Die 200-300 5-S-r-RNA-Gene liegen ebenfalls in Tandemanordnung vor, wobei die größte Ansammlung nahe dem Telomerbereich auf Chromosom 1q41-42 lokalisiert ist. Es existieren ebenfalls viele verstreute Pseudogene.

Für die t-RNA wurden 497 Gene und 324 Pseudogene beschrieben. Die 497 Gene gehören entsprechend ihrer Antikodon-Spezifität zu 49 Familien. Sie liegen verstreut in Clustern auf allen Chromosomen mit Ausnahme von Chromosom 22 und Y. 280 der 497 Gene liegen auf den Chromosomen 6 (140) und 1, ein weiteres Cluster findet sich auf Chromosom 7.

Die **sn-RNA (small nuclear RNA)** ist eine heterogene Gruppe von RNAs die u.a. am Funktionsmechanismus der Spliceosomen beteiligt ist. Es sind annähernd 100 beschrieben, die teilweise in Clustern vorliegen. Zwei Cluster auf Chromosom 17q21-q22 und Chromosom 1p36.1 sind näher analysiert. Da viele sn-RNAs uridinreich sind, werden sie mit U und einer Klassifikationsnummer abgekürzt, z.B. U1-U6.

Eine andere große RNA-Familie sind die **sno-RNAs (small nucleolar RNAs)** mit über 100 Genen. Sie sind überwiegend im **Nukleolus** vorzufinden und verantwortlich für Basenmodifikationen in r-RNA beim Prozessieren. Sie bewerkstelligen aber auch Basenmodifikationen an anderen RNAs. Es sind zwei Superfamilien beschrieben, die C/D-Box-sno-RNAs und die H/ACA-sno-RNAs. Erstere ist in die 2'-O-Ribosemethylierung und letztere in die Pseudouridylierung zu Pseudouridin, eine häufig modifizierte Base, involviert. Man findet sno-RNA-Gene häufig in Introns anderer Gene sowie meist als Einzelkopie und verstreut, obwohl auch einige große Cluster bekannt sind.

Neben den bisher beschriebenen RNA-Typen gibt es noch eine ganze Anzahl weiterer **regulatorischer RNAs**. Sie haben teilweise katalytische Funktion als Ribozyme, sind am Export von Proteinen durch die Zellmembran beteiligt, sind involviert in die X-Inaktivierung, assoziiert im Imprinting oder Antisense-RNA und möglicherweise vieles mehr. Für einige dieser teilweise langen, teilweise kleinen RNA-Sequenzen gibt es Hinweise auf eine Clusterung, andere sind auf viele Chromsomen verstreut. Sie sollen hier nur pauschal erwähnt, aber nicht weiter beschrieben werden, zumal über ihre Lokalisation noch relativ wenig bekannt ist (Tabelle 7.4).

7.5.4 Mitochondriale Gene

Mitochondrien sind *intrazelluläre Organellen* mit eigenen genetischen Systemen. Menschliche **mitochondriale DNA (mt-DNA)** ist doppelsträngig, zirkulär und 16.569 Basenpaare lang und besitzt zu 44% (G+C). Ein kleiner Bereich ist dreifachsträngig (D-Loop) zur repetitiven Synthese eines kurzen Segments. Die insgesamt 37 eng angeordneten Gene besitzen keine Introns und nur 3 Promotoren. Sie verteilen sich auf einen schweren, guaninreichen Strang mit 28 Genen und einen leichten, welcher reich an Cytosin ist, mit 9 Genen (Abb. 7.3). Die **Mutationsrate** der mitochondrialen DNA ist etwa 5- bis 10-mal so hoch wie die der nukleären DNA. In menschlichen Zellen befinden sich mehrere tausend Kopien dieses mitochondrialen DNA-Moleküls, was insgesamt bis zu 0,5% des DNA-Gehalts einer somatischen Zelle ausmacht. Bei der Zellteilung werden zwar die DNA-Ringe und damit die Mitochondrien verdoppelt, damit die Tochterzellen die gleiche Ausgangsmenge erhalten, es gibt jedoch keinen Sortiermechanismus, der feststellt, welche Mitochondrien in welche Tochterzelle gelangen. Sie verteilen sich also rein zufällig. Man bezeichnet dieses Phänomen als Heteroplasmie (Abb. 7.4).

Die Mitochondrien werden **ausschließlich** durch die Eizelle der **Mutter** vererbt, denn das ohnehin sehr geringe Zytoplasma der Samenzelle hat bei der mitochondrialen Vererbung keinen Einfluss. Trägt in einer Zygote ein

Tabelle 7.4. Menschliche RNA kodiert im Zellkern

RNA Klasse	RNA-Typen	Funktion
r-RNA	28S, 5,8S, 5S, 18S	Bestandteil der großen ribosomalen Untereinheit Bestandteil der kleinen ribosomalen Untereinheit
t-RNA	49 verschiedene Typen	bindet an die Kodons der m-RNA
sn-RNA	annähernd 100, viele mit U bezeichnet und Klassifikations-Nr.	hauptsächlich Komponenten der Spliceosomen
sno-RNA	über 100 verschiedene Typen	Methylierung der 2′-OH-Gruppe von r-RNA r-RNA-Modifikation bei der Bildung von Pseudouridin r-RNA-Prozessierung
Weitere regulatorische RNAs		
Mikro-RNA XIST-RNA TSIX-RNA	ca. 200 Klassen	kleine regulatorische Moleküle assoziiert in die Inaktivierung des X-Chromosoms
Antisense-RNA weitere RNAs	ca. 1500 Typen	Regulation des Imprintings z.B. Komponenten der Telomerase, Komponenten des Proteinexports, Transkriptionsregulatoren der RNA-Polymerase II, Aktivatoren von Steroid-Rezeptoren, spezifische Organkomponenten.

7.5 · Der allgemeine Aufbau des menschlichen Genoms

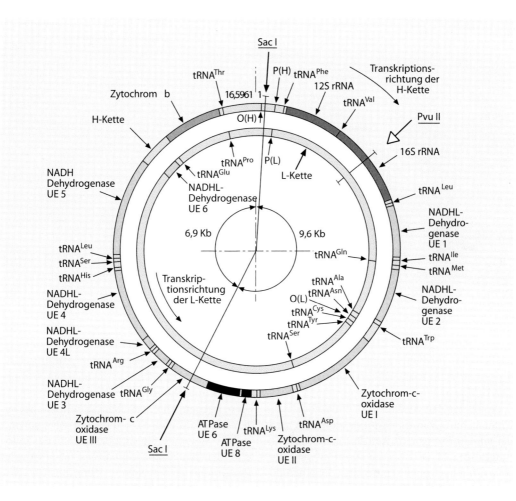

Abb. 7.3. Struktur der mitochondrialen DNA und ihrer Gene mit den Schnittstellen für die Restriktionsendonukleasen Pvu II und Sac I. (D-Loop nicht eingezeichnet) (Nach Wilichowiski 1990)

Teil der Mitochondrien eine bestimmte Mutation, dann kann, entsprechend dem zufälligen Verteilungsmechanismus, die eine Tochterzelle mehr von den mutierten Mitochondrien enthalten, die andere Tochterzelle dafür mehr von den normalen *(Heteroplasmie)*. Mit weiteren Teilungen wäre dann zu erwarten, dass sich die Verschiebung zugunsten der einen wie auch der anderen Sorte unter den Tochterzellen fortsetzt. In Geweben, die vorwiegend die mutierte mitochondriale DNA enthalten, kann es dann zu entsprechenden Auswirkungen kommen (s. Kap. 8.3).

Generell kann man feststellen, dass jede somatische Zelle aufgrund von verschiedenen Mutationen mehrere **unterschiedliche mt-DNA** enthält. Die phänotypische Ausprägung ist abhängig von der Proportion der mutanten mt-DNA innerhalb einer Zelle. Ein pathologisches Merkmal wird ausgeprägt, wenn der Anteil der mutanten DNA einen bestimmten **kritischen Schwellenwert** erreicht hat.

Die mitochondriale DNA eignet sich wegen ihrer **hohen Mutationsrate** besser als die Kern-DNA für evolutionsbiologische Untersuchungen. Außerdem können hier viele Faktoren wie z.B. eine Rekombination zwischen väterlichen und mütterlichen Allelen aufgrund der mütterlichen Vererbung ausgeschlossen werden. Dies kann für spezielle Fragen der Abstammungs-

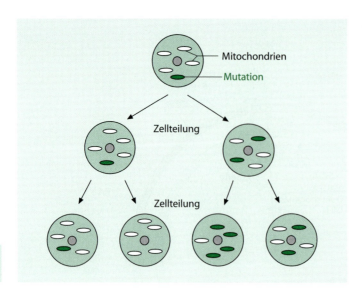

Abb. 7.4. Heteroplasmie bei mitochondrialer Vererbung

untersuchung genutzt werden. Hinweise bezüglich der Nützlichkeit gerade der mitochondrialen DNA für solche Untersuchungen finden sich in Kap. 11.4.

In letzter Zeit wird die molekulargenetische Untersuchung von mitochondrialer DNA auch bei *populationsgenetischen Betrachtungen* herangezogen. So ist z.B. eine Deletion von 9 Basenpaaren nachgewiesen worden, die einen polymorphen Marker für Menschen, die aus Ostasien stammen, darstellt. Die Deletion befindet sich in einer der wenigen nicht kodierenden Regionen. Auch über 90% der Polynesier, deren Abstammung aus Ostasien oder Südamerika lange Zeit kontrovers diskutiert wurde, weisen diese Deletion auf. Weitere Details zu dieser methodischen Anwendung finden sich in Kap. 12.3 u. 12.4.

Man weiß heute, dass in mt-DNA kodierte Proteine essenzielle Komponenten der Atmungskette sind. Bei der oxidativen Phosphorylierung der Atmungskette sind fünf verschiedene Enzymkomplexe involviert. Komplex I-IV sind an der NADH- und Sukzinatoxidation und Komplex V an der ATP-Synthese beteiligt. Weiterhin ist bekannt, dass die Synthese dieser Komplexe unter der *gemeinsamen Kontrolle* der nukleären und mitochondrialen DNA steht.

Von über 90 Komponenten, die an der *oxidativen Phosphorylierung* der Atmungskette beteiligt sind, sind nur 13 in mt-DNA kodiert, die auf mitochondriellen Ribosomen synthetisiert werden. Die restlichen 24 mitochondriellen Gene kodieren 22 Arten von t-RNA sowie 2 r-RNA Moleküle. Sie sind Bestandteil des mitochondriellen Syntheseapparates. mt-DNA zeigt entsprechend der *hohen Mutationsrate* eine große interindividuelle Variabilität, die durch Restriktionsfragmentlängen-Polymorphismus-Untersuchungen bestätigt werden konnte.

7.5.5 Der mitochondriale Genetische Code

Der mitochondriale Genetische Code unterscheidet sich leicht vom nukleären (Tabelle 2.1, Tabelle 7.5).

93% der DNA des mitochondrialen Genoms sind kodierend. Die kodierenden Sequenzen einiger Gene zeigen etwas *Überlappung*. In den meisten Fällen sind die kodierenden Sequenzen benachbarter Gene aufeinanderfolgend oder getrennt durch ein oder zwei nichtkodierende Basen. Bei manchen Genen fehlt das Terminationskodon. UAA-Kodons werden dann *posttranskriptional* eingefügt.

Tabelle 7.5. Kern- und Mitochondriengenom des Menschen im Vergleich

	Kerngenom	Mitochondriengenom
Größe	3080 Mb	16,6 kb
DNA-Moleküle Gesamt/Zelle	46	mehrere tausend
Gen-Anzahl (proteinkodierend)	ca. 20.000-25.000	37
Gendichte	1 Gen pro 100 kb	1 Gen pro 0,45 kb
Repetitive DNA	über 50% des Genoms	sehr wenig
Introns	in den meisten Genen	nicht vorhanden
Rekombination	ja	nein
Vererbung	mendelnd	maternal

7.6 Kodierende DNA

Menschliche Gene können sehr unterschiedlich groß sein, eine Beobachtung, die man bei allen komplexen Organismen macht (Abb. 7.5). Im Gegensatz dazu sind, entsprechend der geringen Genomgröße von Mikroorganismen, deren Gene sehr kurz und, da sie keine Introns besitzen, hängt die Länge des Proteins direkt von der Länge des Gens ab. Der Mittelwert der Gengröße eines menschlichen Gens errechnet sich zu 27 kb mit einer *enormen Varianzbreite*. So sind manche menschliche Gene deutlich unter 10 kb groß, andere liegen zwischen 10 kb und 100 kb und wieder andere sind enorm groß. Als Beispiel sei hier das bisher größte bekannte menschliche Gen, das *Dystrophingen* mit über 2,4 Mb genannt. Entsprechend sind auch die *Zeitunterschiede* bei der Transkription. Beim Dystrophingen dauert sie 16 Stunden. Beachtlich sind auch die Unterschiede beim Intron-Exon-Verhältnis und damit bezüglich des kodierenden Anteils eines Gens. Generell kann man feststellen, dass eine inverse Korrelation zwischen Gengröße und kodierendem Anteil besteht. Die erheblichen Größenunterschiede von Genen beruhen also vorwiegend auf der erheblichen Längenvariabilität der Introns. So sind die kleinsten menschlichen Introns im Bereich von zweistelligen Basenpaaren, die größten dagegen sind Hunderte von kb. groß.

Exons sind dagegen im Durchschnitt weniger als 200 bp groß, obwohl es auch hiervon Ausnahmen gibt (das größte bisher sequenzierte Exon hat 7,6 kb). Es besteht die strenge Tendenz, dass große Gene sehr große Introns besitzen. Allerdings scheint die natürliche Selektion, wegen der langen Transkriptionszeiten bei großen Introns, für hoch exprimierte Gene kurze Introns zu bevorzugen (Tabelle 7.6).

7.6.1 Anteile an repetitiver DNA

Repetitive DNA-Anteile finden sich sowohl in *Introns* als auch in *Exons*, wobei sie in Introns und flankierenden Sequenzen sehr häufig sind, in kodierender DNA ist ihr Umfang unterschiedlich. *Tandem-Sequenzen* in Bereichen, die für Proteindomänen kodieren, sind ebenfalls recht häufig, wobei die Sequenzhomologie zwischen den Repeats unterschiedlich sein kann.

7.6.2 Die Lage von Genen mit verwandter Funktion

Gene, die für Polypeptide mit identischer oder verwandter Funktion kodieren und häufig evolutionär durch nicht allzu lange zurückliegende Duplikationen entstanden sind, finden sich oft geclustert, wobei mehrere Cluster oder auch einzelne Gene auf unterschiedlichen Chromosomen liegen können. Ein Beispiel für enge Lagebeziehung sind die duplizierten α-Globin-Gene. Die 86 verschiedenen Histongene liegen dagegen auf 10 unterschiedlichen Chromosomen. Ähnlich ist dies bei den Ubiquitingenen. Tandemduplizierte Gene, wie die α-Globin- und β-Globingene, kodieren klar für verwandte Produkte und liegen beide für sich in Clustern auf den Chromosomen 16 und 11. Dies zeigt, dass *näher verwandte Gene* eher in *einem Cluster* liegen, *entferntere Verwand-*

Tabelle 7.6. Das menschliche Genom im Überblick

Größe des Genoms	ca. 3080 Mb
Größe des Mitochondriengenoms	16,6 kb
Hochkonservierter Anteil	ca. 150 Mb (4,5%)
kodierend	ca. 50 Mb (1,5%)
Regulatorische u. andere Anteile	ca. 100 Mb (3%)
Zahl der proteinkodierenden Gene	ca. 20.000-25.000
Zahl der Mitochondrien-Gene	37
RNA-Gene	ca. 3000 (mit gewissen Unsicherheiten)
Pseudogene	ca. 20.000
Gengröße	durchschnittlich 27 kb mit enormer Varianz
Exonzahl	variierend von 1 bis 363
Exongröße	variierend von <10bp bis viele kb, durchschnittlich 122 bp
Introngröße	variierend von einigen 10bp bis hunderte kb

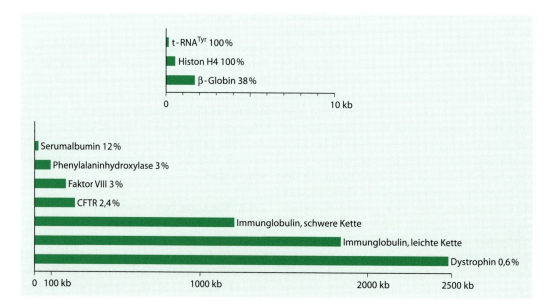

Abb. 7.5. Vergleich von Gen-Größe und Exon-Anteile (in %) bei ausgewählten menschlichen Genen

te eher auf *unterschiedlichen Chromosomen*. Allerdings gibt es auch hierzu Gegenbeispiele, wie die HOX-Homeobox-Gen-Familie. Hier liegen ca. 10 Gene auf 4 verschiedenen Chromosomen, wobei Gene in verschiedenen Clustern mehr verwandt sind als solche im gleichen. Gene für funktionell verwandte Produkte ohne Sequenzhomologien sind oft über das Genom verstreut. Auch Genfamilien mit hochkonservierten Anteilen finden sich oft über das Genom verteilt.

7.6.3 Einige Besonderheiten bei Lagebeziehungen von Genen

Manche Gene zeigen eine *ungewöhnliche Positionierung*. So kennen wir partielle Überlagerungen von Genen bei einfachen Genomen. In komplexen Genomen ist dies eine seltene Ausnahme, da Gene in der Regel weit voneinander entfernt liegen (1 Gen pro 100 kb). Ein Beispiel ist jedoch die Klasse III-Region des HLA-Komplexes auf Chromosom 6p21.3. Hier finden sich verschiedene Beispiele überlappender Gene.

Auch haben wir bereits ein Beispiel von der Lokalisation von Genen in Genen kennen gelernt, nämlich die *Gene für sno-RNAs*. Dies ist ungewöhnlich, da die meisten der sno-RNA-Gene in anderen Genen lokalisieren. Oft sind es solche, die für ribosomenassoziierte Proteine oder Nukleolusproteine kodieren. Möglicherweise besitzt diese Anordnung Vorteile für die *koordinierte Produktion* der Genprodukte. Aber auch andere Beispiele sind bekannt. So besitzt das Neurofibromatose-Typ-I-Gen 3 kleine interne Gene, die vom Gegenstrang transkribiert werden (Abb. 7.6).

Auch das Gen für den Blutgerinnungsfaktor VIII besitzt 2 interne Gene. Sie werden in umgekehrter Richtung transkribiert. Ein drittes Beispiel ist das Retinoblastom-Anfälligkeitsgen RB1 mit einem internen Gen, welches vom Gegenstrang transkribiert wird.

7.7 Nichtkodierende DNA

Bei der nichtkodierenden DNA im Genom sollte man zwischen hoch repetitiver oft in Tandemwiederholungen vorliegender DNA und DNA, die von Transposons abstammt, unterscheiden. Beide Anteile sind fast gleich groß und machen zusammen fast 90% der menschlichen DNA aus.

7.7.1 Tandemwiederholte nichtkodierende DNA

Tandemwiederholte hoch repetitive DNA unterteilt man je nach Größe der Blöcke von Tandemwiederholungen und nach Größe der Wiederholungseinheit in *Satelliten-DNA, Minisatelliten-DNA und Mikrosatelliten-DNA* ein. Satelliten-DNA und der größte Teil der Minisatelliten-DNA werden nicht transkribiert. Von den Mikrosatelliten befindet sich ein kleiner Anteil innerhalb kodierender DNA.

Satelliten-DNA

Die Satelliten-DNA stellt den größten Anteil der *heterochromatischen Regionen* dar und bildet auch das *perizentrische Heterochromatin*. Sie kommt in großen Blöcken von 100 kb bis mehrere Mb vor und besitzt Wiederholungs-

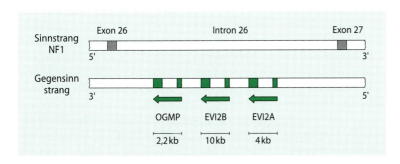

Abb. 7.6. Lage von 3 kleinen Genen (mit je 2 Exons) im Intron 26 des Gens für Neurofibromatose Typ I

einheiten zwischen 5 bp und 171 bp. Ein Teil dieser Satelliten-DNA konnte durch Zentrifugation im Dichtegradienten schon vor Jahrzehnten von der Haupt-DNA sozusagen als Satelliten abgetrennt werden. Daher kommt auch ihr Name. Man kann sie in Satelliten-DNA I, II und III unterscheiden. Die Satelliten-DNA I ist AT-reich und besitzt Wiederholungseinheiten von 25-48 bp. Sie findet sich im zentromernahen Heterochromatin der meisten Chromosomen und in anderen heterochromatischen Regionen. Satelliten-DNA II und III dagegen haben in der Regel Wiederholungseinheiten von 5 bp und finden sich wahrscheinlich in allen Chromosomen.

Ein anderer Teil der Satelliten-DNA wurde erst über die Restriktionsendonukleasen gefunden. Es ist die α-Satelliten- oder *Alphoid-DNA*. Es handelt sich hier um eine interessante repetitive Familie mit Wiederholungseinheiten von 171 bp, die in mehrere Subfamilien aufgeteilt werden kann mit hoher Divergenz in der Sequenz. Sie bildet den Hauptbestandteil des zentromerischen Heterochromatins jedes Chromosoms, und man findet spezifische Subfamilien für jedes Chromosom. Die Repeateinheiten der α-Satelliten-DNA enthalten häufig eine Bindungsstelle für das Zentromerprotein CENP-B. Man nimmt an, dass diese DNA eine bedeutende Rolle bei der Zentromerfunktion spielt, da man an klonierter α-Satelliten-DNA zeigen konnte, dass sie *de novo* Zentromere in der Zelle bildet.

Minisatelliten-DNA

Minisatelliten-DNA bildet mittelgroße Blöcke von 0,1-20 kb mit kürzeren Tandemrepeats. Man kann zwei Familien unterscheiden, die *hypervariable Familie* und die *Telomerfamilie*. Die hypervariable Familie ist hoch **polymorph** und in über 1000 Blöcken von Tandemwiederholungen zwischen 9 bp und 64 bp zu finden. Häufig findet man trotz der Hypervariabilität eine Konsensussequenz GGGCAGGAXG, wobei X irgendein Nukleotid sein kann. Da diese Sequenz Ähnlichkeiten mit einer Signalfrequenz für Rekombination bei *E. coli* besitzt, hat man darüber spekuliert, ob die Familie ein Hotspot für homologe Rekombination darstellt.

Viele der Wiederholungsblöcke liegen im telomernahen Bereich, kommen aber auch in anderen Chromosomenregionen vor. Die Bedeutung dieser DNA in der forensischen Medizin wurde bereits angesprochen (s. auch Kap. 11.2).

Die *Telomere* bestehen aus 3-20 kb von Tandem-Hexanukleotiden vorwiegend der Sequenz TTAGGG. Die Telomerfamilie ist daher verantwortlich für die Telomerfunktion. Sie schützt die Enden der Chromosomen vor Degradation und stellt den Mechanismus zur Replikation der Chromosomenenden dar.

Mikrosatelliten-DNA

Mikrosatelliten haben Wiederholungseinheiten von maximal 12 bp, meist von weniger als 10 bp. Sie sind sehr weit verbreitet (Blöcke haben weniger als 100 bp) und machen ca. 2% des Genoms aus. Es handelt sich sehr häufig um *Dinukleotide* (0,5% des Genoms), wobei CA/TG- und AC/CT-Repeats in absteigender Reihenfolge sehr häufig sind. Unter den mononukleotiden Repeats sind A und T sehr häufig, G und C sind wesentlich seltener. *Tri- und Tetranukleotide* beobachtet man ebenfalls seltener, sie werden aber, da sie häufig hoch polymorph sind, als *polymorphe Marker* eingesetzt. Mikrosatelliten findet man auch häufig in Introns von Genen, wenige Beispiele wurden auch innerhalb kodierender Bereiche berichtet. Sie gelten als Hotspots für Mutationen, weil sie zu Replikations-Slippage neigen (Tabelle 7.7).

7.7.2 Verstreute repetitive DNA

Nahezu 45% des menschlichen Genoms bestehen aus verstreuten *nichtkodierenden* beweglichen Elementen (*Transposons*), die man auch als *springende Gene* bezeichnet hat. Man hat sie in der Vergangenheit oft als evolutionären Schrott oder zumindest als Sequenzen bezeichnet, deren Existenz reiner Selbstzweck zu sein scheint, deren potenzielle Schädlichkeit jedoch hoch sei. Erst in jüngster Zeit gibt es vermehrte Hinweise dafür, dass auch sie einen wichtigen Beitrag im Gesamtkonzept der Funktion und Integrität unseres Genoms darstellen könnten.

Der Sinn „mobiler DNA" in unserem Genom ist im Gegensatz zur stabilen Lage von

Tabelle 7.7. Tandemwiederholungen in menschlicher DNA

DNA-Klasse	Größe der Wiederholungseinheit (bp)	Chromosomales Vorkommen
Satelliten-DNA	5-171	Zentromere
α-Satelliten	171	Zentromeres Heterochromatin
Satelliten I	25-48	Zentromeres Heterochromatin und andere heterochromatische Regionen
Satelliten II und III	5	in allen Chromosomen
Minisatelliten-DNA	9-64	telomernaher Bereich aller Chromosomen und andere Chromosomenregionen
Mikrosatelliten-DNA	12	verstreut auch innerhalb kodierender Bereiche

Genen in ihrer Exon-Intron-Struktur nicht so ohne weiteres verständlich. Die Existenz solcher Sequenzen, die nicht immer auf einem bestimmten Platz im Chromosom bleiben, sondern von einem zum anderen Ort springen können, wurde bereits in den 1940er Jahren von **Barbara McClintok** gezeigt, also längst vor der Aufklärung der DNA-Struktur durch Watson und Crick. Sie erhielt dafür 1983 den Nobelpreis für Physiologie und Medizin. Es fiel nämlich bereits Anfang des letzten Jahrhundert einigen Forschern auf, dass der indianische Mais ein so verschieden geflecktes und gestreiftes Muster zeigt, dass von einem einheitlichen Phänotyp kaum gesprochen werden konnte. Damals vermutete man, dass häufige Mutationen in den betreffenden Loki die Ursache sein könnten. McClintok untersuchte **Chromosomenbrüche** bei diesem Mais und fand zytologisch chaotische Strukturen; sie fand auch, dass solche Pflanzen überdurchschnittlich gescheckte Nachkommen hatten. Auch traten Chromosomenbrüche immer an bestimmten Stellen im Genom auf, an den Dissoziations(DS)-Loki, jedoch nur dann, wenn ein zweiter Aktivatorlokus (AC) vorhanden war. Für beide Elemente konnte gezeigt werden, dass sie ihren angestammten Platz im Genom verlassen können. DS allerdings nur mit Hilfe von AC, der DS ausschneidet. Es konnte schließlich nachgewiesen werden, dass die Mutation im Pigmentlokus auf der Insertion eines DS-Elements beruht. Ohne AC ist die Mutation stabil, das Maiskorn ist farblos, mit einem aktiven AC-Element kann DS springen und ein Pigmentgen wird zusammengeführt, welches die gescheckte Farbe bewirkt.

Transposons kommen in allen bisher untersuchten Organismen von Bakterien bis zum Menschen vor, wobei es eine relativ starke **Korrelation** zwischen Gendichte eines Genoms und Anzahl der tolerierten Transposon-Kopien zu geben scheint. Dies mag daran liegen, dass sie ungerichtet im Genom einer Zelle integrieren. Die Wahrscheinlichkeit, eine Zelle durch eine Transposition in ein Gen zu schädigen, ist also in kompakten Genomen viel höher als in größeren Genomen, was einem **Selektionsdruck** gegen Transposons in kompakten Genomen gleichkommt. Aber auch beim Menschen erhöhen springende Transposons die Gefahr der Zerstörung wichtiger Gene in der Keimbahn. Insgesamt sind über 30 genetische Erkrankungen dokumentiert, deren Ursache auf der Mobilität des Retrotransposons Line1 oder des SINEs Alu (s. unten) zurückzuführen ist. So wurde durch L1-Integration in das Faktor-VIII-Gen eine Hämophilie A hervorgerufen; ähnliche Integrationen betrafen das Dystrophin-Gen und waren für Muskeldystrophie verantwortlich oder das β-Globin-Gen, wodurch β-Thalassämie ausgelöst wurde.

Dennoch sind beim Menschen nur eine verschwindend geringe Anzahl von Transposons aktiv transponierend. Man kann die Transposons der menschlichen DNA in vier Klassen ordnen, welche wiederum entsprechend ihres Transpositionsmechanismus zwei höheren Gruppierungen zugeordnet werden können, nämlich die **Retrotransposons** und die **DNA-Transposons**.

Retrotransposons

Die Gruppe hat ihren Namen in Anlehnung an ähnliche Verhältnisse bei den Retroviren erhalten. Bei beiden beruht nämlich der **Kopiermechanismus auf reverser Transkriptase**. Daher steht auch die Verwandtschaft dieser genetischen Systeme außer Frage. In den Sequenzen von retro-transponierbaren Elementen kommen sogar den Retroviren entsprechende Gene vor. Nur das Gen env (env steht für *envelope*) – das Produkt dieses Gens bildet die Virushülle – ist das einzige retrovirale Gen, das in keinem Retrotransposon vorkommt. Es ist also durchaus wahrscheinlich, dass Retrotransposons **verstümmelte Retroviren-DNAs** sind, die nach Infektion einer Zielzelle ihre env-Gene verloren haben und damit sozusagen in die Zelle eingesperrt sind.

Retrotransposons machen also eine m-RNA-Übersetzung einer existierenden Sequenz des Transposons, welche dann durch reverse Transkriptase in eine c-DNA zurückgeschrieben wird. Diese integriert sich dann an anderer Stelle ins Genom. Drei der vier Transposon-Klassen der menschlichen DNA können den Retrotransposons zugeordnet werden: Es sind dies die **LINEs** (*Long Interspersed Nuclear Elements*), die **SINEs** (*Short Interspersed Nuclear Elements*) und eine Gruppe retrovirusähnlicher Elemente, die wegen ihrer langen terminalen Wiederholungssequenzen als **LTR-Transposons** bezeichnet werden (LTR = *long terminal repeats*).

DNA-Transposons

DNA-Transposons bilden die vierte Klasse. Sie werden nicht in c-DNA für die Transposition umgeschrieben, sondern ihre Sequenz wird ausgeschnitten und an anderer Stelle ins Genom wieder integriert. Bewerkstelligt wird dies über eine Transponase, die sequenzspezifisch die Enden eines Transposons erkennt, schneidet und an anderer Stelle wieder integriert.

Long Interspersed Nuklear Elements (LINEs)

LINEs sind autonome Transposons, die im Gegensatz zu den nachfolgend behandelnden SINEs **unabhängig transponieren** können. Man findet sie vorwiegend im Euchromatin in dunkel färbenden Giemsa-Banden von Metaphase-Chromosomen, welche AT-reich und Gen-arm sind. Sie können also in einen DNA-Bereich integrieren, der für das Genom weniger problematisch ist, da die Wahrscheinlichkeit, funktionell wichtige konservierte Gene zu zerstören, geringer ist. Insgesamt machen LINEs ungefähr 20% des Genoms aus. Man kann sie in drei Familien LINE1 - LINE3 aufteilen, wovon *LINE1* mengenmäßig mit einem Anteil von 17% des Genoms dominierend ist. Gleichzeitig ist LINE1 die einzige Familie, die noch aktiv transponiert. Man schätzt im Genom ca. 6000 LINE1-Sequenzen mit voller Länge, wovon 60-100 transponierfähig sind. Gelegentlich können – wie bereits beschrieben – LINE1-Sequenzen Genfunktionen unterbrechen und damit genetische Erkrankungen verursachen.

Das LINE1-Element ist 6,1 kb lang und hat 2 offene Leseraster ORF1 (1 kb) und ORF2 (4 kb). ORF1 kodiert ein RNA-Bindungsprotein p40 und ORF2 ein Protein mit Endonuklease- und Transkriptase-Aktivität. Ein interner Promotor liegt innerhalb einer untranslatierten Region (UTR) und wird als 5'-UTR bezeichnet. Das andere Ende beschließt ein 3'-Poly(A)-Schwanz. Nach der Übersetzung assembliert die LINE1-RNA mit ihren eigenen Proteinen. Am Integrationsort schneidet die Endonuklease einen Strang der DNA-Doppelhelix bevorzugt innerhalb der Sequenz TTTT↓A, und die reverse Transkriptase initiiert die **c-DNA-Synthese**. Dabei dient die freie 3'OH-Gruppe als Primer für die reverse Transkriptase vom 3'-

Ende der LINE-RNA. Oft ist die reverse Transkriptase unvollständig mit dem Ergebnis einer unvollständigen, nicht funktionalen Insertion. Nur eine von hundert Kopien besitzt die volle Länge (Abb. 7.7).

Short Interspersed Nuclear Elements (SINEs)

SINEs kodieren keine Proteine und sind folglich **nicht autonom**. Sie sind molekulare „Trittbrett-Fahrer", welche die Proteine der LINEs parasitierend nutzen, um von einem Ort zum anderen zu springen. Ihre Länge beträgt 100-400 bp und ihr wichtigster Vertreter, die *Alu-Familie*, so genannt nach dem *Restriktionsenzym Alu I*, mit dem man die Sequenz zum ersten Mal geschnitten hat, findet sich nur bei *Altweltaffen einschließlich Mensch*. Andere Familien sind nicht auf Primaten begrenzt. Allen SINE-Elementen der Säugetiere ist gemeinsam, dass sie auffallend Sequenzen für t-RNA oder, wie im Falle der Alu-Familie, für SRP(7SL)-RNA ähneln. Die 7SL-RNA ist ein Bestandteil des Sequenzerkennungspartikels, das den Transport durch die Membran des Endoplasmatischen Retikulums erleichtert. Gene, die für t-RNA und 7SL-RNA kodieren, sind transkribiert durch die RNA-Polymerase III und haben einen internen Promotor. Jedoch kann dieser Promotor in Alu-Wiederholungen keine aktive Transkription durchführen. Folglich kann eine neu transponierte Alu-Kopie nur exprimiert werden, wenn sie direkt neben einem funktionsfähigen Promotor in die DNA eingebaut wird.

Die Alu-Familie macht 10,7% des Genoms aus und liegt in ungefähr 1.200.000 Kopien vor. Sie ist die *häufigste Sequenz* im Humangenom und kommt durchschnittlich häufiger als alle 3 kb vor. Es wird allgemein angenommen, dass die Alu-Sequenz durch Retrotransposition der 7-SL-RNA vermehrt wurde und somit ein weiter verarbeitetes Pseudogen der 7-SL-RNA ist. Sie ist in voller Länge 280 bp lang und besteht aus 2 Tandemrepeats von ca. 120 bp, gefolgt von einer Sequenz, die auf einem Strang reich an A, auf dem komplementären reich an T ist. Der eine Repeat enthält eine interne 32 bp-Sequenz, die dem anderen fehlt. Viele Alu-Sequenzen sind nicht vollständig. Verschiedene *Subfamilien der Alu-Familie* sind zu evolutionär unterschiedlichen Zeiten entstanden.

Im Gegensatz zu den LINEs haben Alu-Wiederholungen einen relativ **hohen GC-Anteil**, und sie sind bevorzugt in den GC- und Genreichen hellen R-Banden der Giemsa gefärbten Metaphasechromosomen vertreten. Innerhalb von Genen findet man sie wie die LINE1 vorwiegend in Introns. Man nimmt an, dass Alu-Sequenzen, die teilweise auch aktiv transkribiert werden, keine parasitären Sequenzen darstellen, sondern einen sinnvollen Beitrag in der Architektur des Genoms liefern, wenn auch über ihre eigentliche Funktion nur Ansätze von Erklärungen vorliegen. So werden sie verstärkt unter Stress transkribiert, und die resultierende RNA bindet eine spezifische Proteinkinase und blockt deren Fähigkeit zur Inhibierung der Proteintranslation. So könnte SINE-RNA die Proteinproduktion unter Stress ankurbeln. Eine generelle Funktion könnte also die Regulation der Proteintranslation sein. Dieses Beispiel verdeutlicht, dass repetitive Sequenzen nicht nur wie bisher als evolutionärer Müll zu betrachten sind, sondern möglicherweise bisher weitgehend unbekannte regulatorische Aufgaben haben (Abb. 7.8).

LTR-Retrotransposons

Manche Retrotransposons sind von *identischen Wiederholungssequenzen (long terminal repeats, LTRs)* umschlossen, was ihnen den Namen *LTR-Retrotransposons* gegeben hat. Man

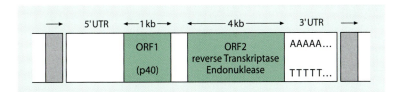

Abb. 7.7. Organisation des LINE1-Elements

findet sowohl autonome, als auch nicht-autonome Formen. Die autonomen bezeichnet man als **endogene retrovirale Sequenzen (ERV)**. Sie kodieren das Gen für reverse Transkriptase pol und ein weiteres Protein, z.B. ein Kapsid-Protein (gag), welches das RNA-Genom des Retrotransposons in eine virusähnliche Hülle verpackt. Zudem ist eine Integrase kodiert, die Teil des pol-Gens ist und zunächst als Fusionsprotein mit der reversen Transkriptase hergestellt wird. Deshalb kodieren diese Retrotransposons eine spezifische Protease (pro), die das Fusionsprotein in funktionelle Teile spaltet. Es gibt 3 Klassen menschlicher ERVs (HERVs), die insgesamt 4,6% des menschlichen Genoms darstellen. Viele von ihnen sind defekt und Transposition hat in den vergangenen Millionen Jahren kaum stattgefunden. Bei der sehr kleinen HERV-K-Klasse sind allerdings die intakten retroviralen Gene konserviert und auch bei einigen Mitgliedern der HERV-K10-Subfamilie konnte Transposition in der **jüngeren Evolutionsgeschichte** nachgewiesen werden.

Retroviren wie das **HI-Virus**, das AIDS verursacht, sind vom Prinzip her auch nichts anderes als infektiöse LTR-Retrotransposons. Sie besitzen nur die zusätzliche Eigenschaft, die Zelle zu verlassen und eine **benachbarte Zelle zu infizieren**. Diese Fähigkeit ist von dem Besitz eines einzigen weiteren Gens abhängig, das als Envelope-Gen (env) bezeichnet wird. Solche env-Gene kodieren Proteinliganden für Oberflächenrezeptoren auf der Zielzelle des infektiösen Viruspartikels.

Nicht-autonome retrovirale Sequenzen haben durch homologe Rekombination zwischen den flankierenden LTRs das pol-Gen und auch oft das gag-Gen verloren. Zu ihnen gehören die MaLR-Familie die ca. 4% des Genoms ausmacht (Abb. 7.9).

Fossile DNA-Transposons

Diese vierte Klasse von menschlichen Transposons, die **DNA-Transposons**, stellen historische Überbleibsel dar, die nicht mehr aktiv transponieren. Allerdings scheinen einige wenige Gene von ihnen abzustammen, wie z.B. das Haupt-Zentromer-Bindungsprotein. Sie haben invertierte Repeats und kodieren Transponase; sie gliedern sich in **viele Unterklassen** und Familien. Die Haupt-Familien des Menschen sind **MER-1** und **MER-2**, die 2,4% des menschlichen Genoms mit ca. 281.000 Kopien ausmachen. Der Rest von ca. 60.000 Kopien ist mit 0,4% im menschlichen Genom vertreten (Abb. 7.10, Tabelle 7.8).

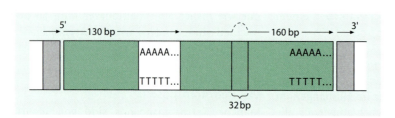

Abb. 7.8. Die Organisation des Alu-Repeats

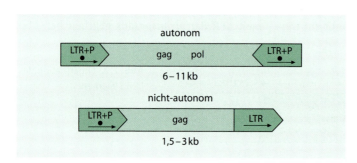

Abb. 7.9. Die Organisation des LTR-Transposons (•P = Promotor)

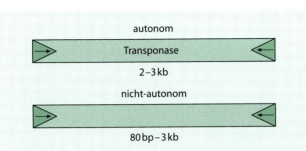

Abb. 7.10. Die Organisation der DNA-Transposons

Tabelle 7.8. Hauptklassen verstreuter repetitiver DNA

Gruppe	Klasse	Familie	Fähigkeit
Retrotransposons	SINE	Alu	nicht autonom
(43% Genomanteil)		kleine Familie	nicht autonom
	LINE	LINE1	autonom
		LINE2	nicht autonom
		LINE3	nicht autonom
	LTR	ERV	autonom
		MaIR	nicht autonom
DNA-Transposons	viele	MER1	nicht autonom
(2,8% Genomanteil)	Klassen	MER2	nicht autonom
		kleinere Familie	nicht autonom

Klinische Genetik

8.1	Chromosomenstörungen 230
8.1.1	Autosomale Aneuploidien 231
8.1.2	Gonosomale Aneuploidien 233
8.1.3	Strukturelle Chromosomenaberrationen 237
8.1.4	Mikrodeletions-Syndrome 240
8.1.5	Chromosomeninstabilität bei bestimmten genetisch bedingten Krankheiten (Chromosomenbruchsyndrome) 241

8.2	Monogene Erkrankungen 245
8.2.1	Autosomal-dominante Erkrankungen 245
8.2.2	Autosomal-rezessive Erkrankungen 249
8.2.3	X-chromosomal-rezessive Erkrankungen 253
8.2.4	X-chromosomal-dominante Erkrankungen 255
8.2.5	Monogene Krankheiten mit atypischen Mechanismen 258
8.2.5.1	Krankheiten mit instabilen, dynamischen Trinukleotidrepeats 258
8.2.5.2	Krankheiten mit Imprintingstörung 262
8.2.5.3	Variable Expressivität und verminderte Penetranz 264
8.2.5.4	Heterogenität 264

8.3 Mitochondropathien 265

8.4	Multifaktorielle Erkrankungen 268
8.4.1	Multifaktorielle Krankheiten ohne geschlechtsspezifische Schwelleneffekte 269
8.4.2	Multifaktorielle Krankheiten mit geschlechtsspezifischen Schwelleneffekten 277

8.5 Angeborene Fehlbildungen 278

8.6	Genetische Diagnostik und Beratung 284
8.6.1	Klinisch genetische Untersuchungen 284
8.6.2	Genetische Labordiagnostik 285
8.6.3	Genetische Beratung 285

In den vorhergehenden Kapiteln wurden die molekularen Grundlagen des menschlichen Genoms sowie die Entstehung von Mutationen diskutiert. In diesem Kapitel werden die Ätiologie, Pathogenese sowie die molekulargenetische Basis einiger Krankheitsbilder besprochen

Generell lassen sich die genetisch bedingten Krankheiten in folgende Kategorien einordnen:
- Erkrankungen mit *Chromosomenaberrationen*, die als Folge von Chromosomenfehlverteilung oder Strukturveränderungen in einer elterlichen Keimzelle auftreten oder auch familiär bedingt sein können.
- *Monogene Erkrankungen*, die nach Mendel'schen Regeln vererbt werden.
- *Mitochondropathien*, die als Folge der Mutationen von mitochondrialer DNA auftreten.
- *Multifaktoriell bedingte Krankheiten*, die auf Zusammenwirkung mehrerer genetischer Defekte und exogener Faktoren beruhen.
- Krankheiten, die aufgrund eines *genetischen Defekts in somatischen Zellen* auftreten.

8.1 Chromosomenstörungen

Chromosomenstörungen führen zu schwerwiegenden Erkrankungen, weil dadurch die Expression von einer Anzahl von Genen gestört wird. Das Spektrum der daraus resultierenden Störungen kann Spontanaborte bis zu organischen Fehlbildungen und mentale Retardierung sowie Infertilität und/oder Krebsentstehung einschließen. Etwa 60% der Spontanaborte im ersten Trimenon, ca. 5% der späteren Aborte und 0,5% der lebend Geborenen zeigen eine Chromosomenanomalie (Tabelle 3.18). Unterschiedliche Mechanismen können zu Chromosomenstörungen führen (s. Kap. 3). Der häufigste und wichtigste Mechanismus ist die *Non-Disjunction* (s. Abb. 3.47). Die somatischen Zellen sind diploid und beinhalten 22 Paare Autosomen und ein Paar Geschlechtschromosomen. In der Meiose trennen sich die homologen Chromosomen; dadurch enthalten die Gameten einen haploiden Chromosomensatz mit 23 Chromosomen. Trennen sich die homologen Chromosomen nicht und bleiben in einer Keimzelle zusammen (Non-Disjunction), so entstehen aneuploide Keimzellen mit 24 bzw. nur 22 Chromosomen. Nach der Befruchtung mit einer normalen Keimzelle entsteht entweder eine Zygote mit einer *Trisomie* oder einer *Monosomie*. Non-Disjunction kann sowohl in der Meiose als auch in der Mitose stattfinden (s. Kap. 3).

Die Abweichung von der normalen Zahl der Chromosomen bezeichnet man als *Aneuploidie*.

Wenn durch *Polyploidien* nicht einzelne Chromosomen, sondern der ganze Chromosomensatz vervielfacht wird, entsteht eine Triploidie bzw. Tetraploidie.
- *Diploidie:* Besitz von zweifachem Chromosomensatz in einer somatischen Zelle mit 22 autosomalen Paaren und den Geschlechtschromosomen XX bzw. XY.
- *Haploidie:* Besitz von einfachem Chromosomensatz in einer Zelle (Gamet), in dem jedes Chromosom einmal vorhanden ist.
- *Euploidie:* Eine Zelle mit normalem Chromosomensatz
- *Aneuploidie:* Eine Zelle mit Abweichung vom euploiden Chromosomensatz.
- *Trisomie:* Wenn ein Chromosom im diploiden Chromosomensatz 3-fach statt 2-fach vorhanden ist.
- *Monosomie:* Wenn eines der beiden homologen Chromosomen in einer diploiden Zelle verlorengegangen ist.
- *Polyploidie:* Besitz von mehrfachen kompletten Chromosomensätzen in einer Zell anstelle eines zweifachen Chromosomensatzes wie bei der Diploidie.
- *Triploidie:* Besitz von dreifachem kompletten Chromosomensatz in einer Zelle.
- *Mosaik:* Bei einem Mosaik findet man zwei oder mehr Zelllinien mit unterschiedlichem Karyotyp, beispielsweise neben Zellen mit einem normalen Chromosomensatz aneuploide Zelllinien. Die unterschiedlichen Zelllinien stammen von einer Zygote.
- *Chimäre:* Bei einer Chimäre stammen die verschiedenen Zelllinien von unterschiedlichen Zygoten ab, beispielsweise durch Befruchtung von miteinander verbundenen Eizellen.

8.1 · Chromosomenstörungen

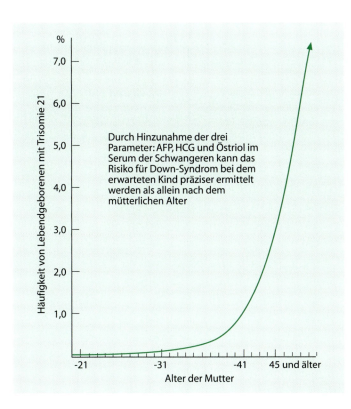

Abb. 8.1. Altersrisiko für Down-Syndrom in Abhängigkeit vom mütterlichen Alter

Durch Hinzunahme der drei Parameter: AFP, HCG und Östriol im Serum der Schwangeren kann das Risiko für Down-Syndrom bei dem erwarteten Kind präziser ermittelt werden als allein nach dem mütterlichen Alter

Die häufigsten Chromosomenstörungen sind in Tabelle 3.19 zusammengestellt.

8.1.1 Autosomale Aneuploidien

Trisomie 21; Down-Syndrom (47,XX,+21 oder 47,XY,+21)

Das Down-Syndrom ist die häufigste Ursache geistiger Retardierung. Die Inzidenz beträgt 1 zu 700 lebend Geborene. Die Häufigkeit zur Zeit der Konzeption ist wesentlich höher. Etwa 60% der Feten mit Down-Syndrom sterben im ersten Trimenon ab, mindestens 20% werden tot geboren. Die Häufigkeit steigt mit zunehmendem Alter der Mutter (Abb. 8.1. und Tabelle 8.1).

Patienten mit Trisomie 21 zeigen neben einer geistigen Retardierung ein breites Spektrum von phänotypischen Merkmalen (Abb. 8.2). Charakteristisch sind: rundes Gesicht mit flachem Profil, schräg nach oben und außen gerichtete Lidachsen, Hypertelorismus, Epikanthus, Brushfield-Flecken auf der Iris, flache Nasenwurzel, relativ große Zunge, kleine, dysplas-

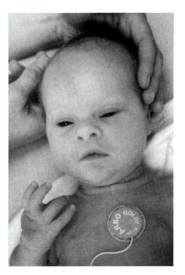

Abb. 8.2. Trisomie 21, Down-Syndrom, tiefe Nasenwurzel, Hypertelorismus

tische und tiefsitzende Ohren, generalisierte Muskelhypotonie, Hände und Füße sind klein und plump mit kurzen Fingern und Zehen,

Tabelle 8.1. Altersbedingtes Risiko für Trisomie oder eine Chromosomenstörung (aus verschiedenen Quellen)

Müterl. Alter	Risiko für die Geburt eines Kindes mit DS (%)	Risiko für die Geburt eines Kindes mit Chromosomenstörungen (%)	Häufigkeit von Chromosomenstörungen zum Zeitpunkt der Amniocentese (%)
15-19	1:1667 (0,06)	0,2	(<1)
20-24	1:1250 (0,08)	0,2	(<1)
25-29	1:909 (0,11)	0,2	(<1)
30	1:833 (0,12)	0,3	(<1)
31	1:714 (0,14)	0,3	(<1)
32	1:625 (0,16)	0,3	(<1)
33	1;525 (0,19)	0,4	(<1)
34	1:435 (0,23)	0,4	(<1)
35	1:345 (0,29)	0,6	(<1)
36	1:278 (0,36)	0,7	1
37	1:217 (0,46)	0,8	1,2
38	1:167 (0,6)	1,0	1,4
39	1:125 (0,8)	1,2	1,9
40	1:90 (1,1)	1,6	2,1
41	1:71 (1,4)	2,1	2,6
42	1:53 (1,9)	2,6	3,8
43	1:40 (2,5)	3,3	5,0
44	1:30 (3,3)	4,2	6,0
45	1:24 (4,2)	5,4	7,3
46	1:19 (5,2)	7,0	

Klinodaktylie, Vierfingerfurche, Sandalenlücke. Im Vordergrund der *Organfehlbildungen* stehen angeborene Herzfehler mit 40%. Die häufigsten Fehlbildungen im Magen-Darm-Trakt sind Duodenalstenosen bzw. -atresien. Relativ häufig wird auch ein Megakolon (Morbus Hirschsprung) beobachtet.

Zytogenetik
Etwa 95% der Patienten mit Down-Syndrom zeigen eine durchgehende *freie Trisomie 21*, die durch *Non-Disjunction* in der ersten oder auch in der zweiten meiotischen Teilung entsteht. Etwa 71% entstehen in der ersten und 22% in der zweiten meiotischen Teilung der Eizelle und 5% in der ersten bzw. zweiten meiotischen Teilung der Spermatogenese (Tabelle 8.2). Bei ca. 2% liegt eine mitotische Disjunction der Zygote vor. Bei etwa 4% der Down-Syndrom-Patienten liegt eine Translokationstrisomie vor, bei etwa 1-2% der Patienten wird ein Mosaikbefund von Zellen mit Trisomie 21 und Zellen mit normalem Karyotyp nachgewiesen. Selten kann auch bei einem Down-Syndrom eine partielle Trisomie vorliegen (Abb. 8.3).

Tabelle 8.2. Herkunft der Fehlverteilung in der Meiose bei einigen numerischen Chromosomenstörungen

Chromosomen-störung	Mütterlich (%)	Väterlich (%)
Trisomie 13	85	15
Trisomie 18	95	5
Trisomie 21	95	5
45,X	20	80
47,XXX	95	5
47,XXY	45	55
47,XYY	0	100

Trisomie 13; Pätau-Syndrom (46,XX,+13 oder 46,XY,+13)

Die Trisomie 13 wurde 1960 von *Pätau* und Mitarbeitern beschrieben. Die Häufigkeit beträgt etwa 1 zu 5000 Neugeborene. Die meisten Patienten sterben im ersten Lebensjahr, nur ca. 10% werden älter.

Charakteristische Merkmale der Trisomie 13 sind: Mikro- bzw. Anophthalmie, Hypotelorismus, ein- bzw. beidseitige Lippen-Kiefer-Gaumen-Spalte, Holoprosenzephalie, Kopfhautdefekte, tiefsitzende und deformierte Ohren, postaxiale Polydaktylie, angeborene Herzfehler und Fehlbildung des Urogenitalsystems sowie ZNS-Fehlbildungen.

Zytogenetik

Etwa 8% der Fälle zeigen eine freie Trisomie 13 (Abb. 8.5). Das überzählige Chromosom 13 ist in 85% der freien Trisomie-Fälle *mütterlicher Herkunft*. Bei 20% liegt eine Translokationstrisomie vor. Etwa 5% der Fälle zeigen einen Mosaikbefund.

In der Tabelle 8.3 sind wesentliche Merkmale der Trisomien 13, 18 und 21 zusammengestellt.

8.1.2 Gonosomale Aneuploidien

Ullrich-Turner-Syndrom (45,X)

Das Krankheitsbild Ullrich-Turner-Syndrom mit charakteristischen Merkmalen war bereits vor der zytogenetischen Ära bekannt. 1959 konnten *Ford* und Mitarbeiter nachweisen, dass diese Erkrankung durch eine **Monosomie X** verursacht wird. 99% der Feten mit 45,X sterben intrauterin ab. Jeder 10. Spontanabort im ersten Trimenon beruht auf dieser Chromosomenstörung. Bei den lebend geborenen Mädchen ist die Häufigkeit etwa 1 zu 3000.

Klinische Merkmale sind Lymphödeme an Händen und Füßen, Pterygium colli, Nackenfalte und tiefe Haaransatzlinie, Verkürzung des 4. Mittelhandknochens, dysplastische Nägel, multiple Pigmentnävi, Ausbleiben der Pubertät mit Gonadendysgenesie, primärer Amenorrhö und erhöhter Gonodotropinausscheidung im Urin und Kleinwuchs (Endgröße unbehandelt ca. 147 cm). Als Fehlbildungen sind

Trisomie 18; Edwards-Syndrom (46,XX,+18 oder 46,XY,+18)

Das Edwards-Syndrom wurde 1960 von *Edwards* und Mitarbeitern beschrieben. Die Häufigkeit beträgt ca. 1 zu 3000 Neugeborene. Etwa 95% der betroffenen Feten werden spontan abortiert. Kinder mit Trisomie 18 zeigen eine intrauterine Wachstumsretardierung. Charakteristische Merkmale sind: Dolichozephalie mit prominentem Hinterkopf, dysmorphes Gesicht mit schmaler Nasenwurzel und kleiner Mundöffnung (gelegentlich auch Lippen-Kiefer-Gaumen-Spalte), tiefsitzende und dysplastische Ohren, Gelenkkontraktur, Verlagerung der Zeigefinger über die dritten und vierten Finger, Muskelhypertonie, Abduktionshemmung der Hüftgelenke, Pes equinovarus, prominenter Kalkaneus. Die häufigsten **Fehlbildungen** sind Herzfehler, Zwerchfelldefekte, Nierenfehlbildungen, Omphalocele und Meningomyelocele.

Zytogenetik

In etwa 80% der Fälle findet man eine freie Trisomie 18 (Abb. 8.4), bei 20% liegt eine Translokationstrisomie bzw. ein Mosaik vor. Freie Trisomien entstehen bei ca. 95% der Fälle durch Non-Disjunction in der ersten oder zweiten meiotischen Teilung der Eizelle.

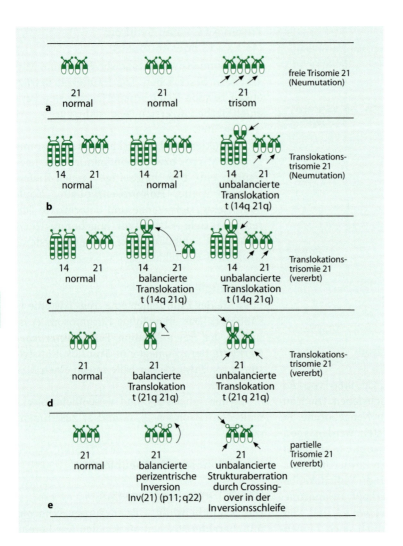

Abb. 8,3 a-e. Die verschiedenen zytogenetischen Befunde bei Patienten mit Down-Syndrom und deren Eltern. **a** Freie Trisomie, **b** nicht familiäre Translokationstrisomie 14/21, **c** familiäre Translokationstrisomie 14/21 (ein Elternteil hat eine balancierte 14/21-Translokation), **d** familiäre 21/21 Translokation (ein Elternteil hat eine balancierte 21/21-Translokation), **e** unbalancierte Strukturaberration des Chromosoms 21 (ein Elternteil hat eine balancierte perizentrische Inversion – INV(21)(p11;q22) – an Chromosom 21) (Modifiziert nach Boue u. Galano 1984)

Aortenisthmusstenose und andere Gefäßanomalien bekannt. Die *geistige Entwicklung* der Patientinnen mit Ullrich-Turner-Syndrom ist in der Regel *normal* und entspricht im Wesentlichen der Verteilung der Durchschnittsbevölkerung. Die Beeinträchtigung im Bereich der Raumorientierung und Wahrnehmung trifft nicht bei allen Patientinnen mit Ullrich-Turner-Syndrom zu. Im Erwachsenenalter besteht ein erhöhtes Risiko für Hypertension, frühzeitige Osteoporose, Hashimoto-Thyreoiditis sowie gastrointestinale Blutungen.

Inzwischen sind mit Hilfe von molekulargenetischen Analysen einige Gene auf dem X-Chromosom identifiziert worden, die u.a. bei der Manifestation von phänotypischen Merkmalen des Turner-Syndroms involviert sind. So verursachen zum Beispiel die Mutationen des

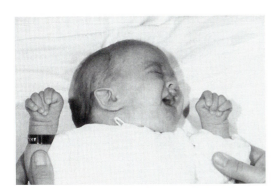

Abb. 8.4. Trisomie 18, Edwards-Syndrom: prominenter Hinterkopf, Lippenspalte, Fingerbeugekontrakturen mit Überlagerung der Finger

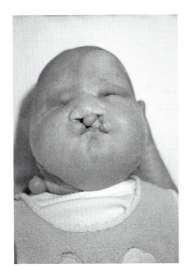

Abb. 8.5. Trisomie 13: Mikrozephalie, An-/Mikroophthalmie, beidseitige Lippen-Kiefer-Gaumenspalte, Progenie

SHOX-Gens, welches einen Transkriptionsfaktor kodiert, die *Kleinwüchsigkeit*. Dieses Gen ist in der pseudoautosomalen Region der X- und Y-Chromosomen lokalisiert, und beide Kopien sind aktiv. Bei Mädchen mit Turner-Syndrom ist nur eine aktive Kopie vorhanden, und die Kleinwüchsigkeit wird durch diesen haploinsuffizienten Zustand verursacht. Vor kurzem wurde berichtet, dass Mädchen mit Turner-Syndrom, die das väterliche X-Chromosom erhalten haben, eine besserer soziale Kognition zeigen als diejenigen, die ein mütterliches X-Chromosom erhalten haben. Diese Beobachtung ist ein Hinweis auf einen genomischen Imprintingeffekt in bestimmten Regionen des X-Chromosoms. Die imprimierten Regionen entkommen der X-Inaktivierung.

Zytogenetik

Neben der klassischen Form mit einem durchgehenden 45,X-Karyotyp kennt man bei einem Teil der Patientinnen mit Ullrich-Turner-Syndrom eine große Variabilität von numerischen und strukturellen Anomalien des X-Chromosoms (Tabelle 8.4). Entsprechend dem zytogenetischen Befund können die klinischen Symptome ein breites Spektrum zeigen.

Klinefelter-Syndrom (47,XXY)

1942 wurde von *Klinefelter* und Mitarbeitern das klinische Bild dieses Syndroms beschrieben. Die Häufigkeit beträgt 1 zu 1000 männliche Neugeborene. Unter Jungen mit leichter mentaler Retardierung findet man bei 1 zu 100 und bei infertilen Männern etwa 1 zu 10 ein Klinefelter-Syndrom.

Klinische Merkmale sind *unproportionierter Hochwuchs* im Jugendalter mit einer größeren Beinlänge. Im Pubertätsalter fehlt die Ausbildung der sekundären Geschlechtsmerkmale mit weiblichem Typ der Schambehaarung. Es besteht Hypogonadismus, Azoospermie und verminderter Testosteronspiegel. Im Erwachsenenalter wird oft eine frühzeitige Osteoporose und Skoliose sowie Diabetes mellitus beobachtet. Die geistige Entwicklung zeigt eine breite Variabilität, die Intelligenzquote kann um 10 bis 15 Punkte niedriger als bei gesunden Geschwistern liegen. Kontaktarmut und Integrationsschwierigkeiten können unter sozial schwierigen Umweltbedingungen auftreten.

Zytogenetik

In 80% der Fälle findet man einen 47,XXY-Karyotyp. Gelegentlich liegt bei manchen Patienten auch ein 48,XXXY-Karyotyp oder ein Mosaik von 46,XY/47,XXY vor (Tabelle 8.5). Patienten, die mehr als zwei X-Chromosomen besitzen, sind schwerer betroffen. In zwei Dritteln der Fälle stammt das *überzählige X-Chromo-*

Tabelle 8.3. Die häufigsten numerischen autosomalen Chromosomenstörungen

	Trisomie 13 (Pätau-Syndrom)	Trisomie 18 (Edwards-Syndrom)	Trisomie 21 (Down-Syndrom)
Häufigkeit	1 : 5000	1 : 3000	1 : 700
50% verstorben	Bis Ende des 1. Monats	Bis Ende des 2. Monats	Bis zum 20. Lebensjahr
Durchschnittliches Geburtsgewicht	2600 g	2200 g	2900 g
Äußere morphologische Symptome	Mikro-, Anophthalmie, Kolobom, Hypo- oder Hypertelorismus, Lidachsenstellungsanomalie, dysplastische Ohren, Kopfhautdefekt, Lippen-Kiefer-Gaumen-Spalte, postaxiale Polydaktylie, hypoplastische Nägel, Omphalozele (selten), Kryptorchismus	Schmaler, langer Schädel, mit prominentem Occiput, dysplastische Ohren, kleiner Mund, Mikrogenie, flektierte, übereinandergeschlagene Finger, kurzer Großzeh, prominenter Kalkaneus, Schaukelfüße, Omphalozele	Kurzer Schädel, kleine dysplastische Ohren, schmale Lidspalten, Epikanthus, Brushfield-Flecken, Lidachsenstellungsanomalie, Hypertelorismus, Makroglossie, flache Nasenwurzel, überstreckbare Gelenke, Cutis laxa, kurzer Hals, kurze Finger, plumpe Hände
Fehlbildungen	Arrhinenzephalie, Holoprosenzephalie, Hypoplasie des Kleinhirnwurms, Herzfehler, meist Ventrikelseptumdefekt, polyzystische Nieren, urogenitale Fehlbildungen	Herzfehler, meist Ventrikelseptumdefekt, ZNS-Fehlbildungen, Fehlbildungen des Urogenitalsystems	Herzfehler bei etwa 50%, Duodenalatresie bzw. -stenose, hypoplastisches Becken, Megakolon
Funktionelle Symptome	Taubheit, Krämpfe, Hypotonie der Muskeln, schwere psychomotorische Entwicklungsstörung	schwere psychomotorische Entwicklungsverzögerung	Geistige Retardierung, Intelligenzquotient meist zwischen 20 und 50. Schlaffe Muskulatur, häufige Infekte

Abb. 8.6. Turner-Syndrom, typischer Gesichtsausdruck, Pterygium colli

Tabelle 8.5. Beobachtete Karyotypen beim Klinefelter-Syndrom

Karyotyp	Häufigkeit in %
47,XXY	80%
48,XXXY	
48,XXYY	
49,XXXXY	
Mosaike:	20%
47,XXY/46,XY	
47,XXY/46,XX	
47,XXY/46,XY/45,X	
47,XXY/46,XY/46,XX	

Tabelle 8.4. Beobachtete Karyotypen beim Ullrich-Turner-Syndrom[a]

Karyotyp	Häufigkeit in %
Monosomie 45,X	50
Mosaik z.B. 45,X/46,XX	24
Isochromosom X = 46,Xi(Xq)	17
Deletion X = 46,X,del(Xp)	2
Ring X = 46,X,r(X)	7

[a] Diese Daten beruhen auf Chromosomenanalysen von peripheren Lymphozyten. Neuere Daten aus Fibroblasten zeigen, dass die Mosaike den größten Teil der Fälle ausmachen.

som von der Mutter. In diesen Fällen ist meist das Alter der Mutter erhöht.

Weitere gonosomale Chromosomenaberrationen sind in Tabelle 8.6 zusammengestellt.

8.1.3 Strukturelle Chromosomenaberrationen

Der Entstehungsmechanismus der verschiedenen strukturellen Chromosomenaberrationen ist in Kap. 3.7.5 ausführlich besprochen. Hier werden die häufigsten strukturellen Auffälligkeiten erwähnt und klinische Beispiele dargestellt (Tabelle 8.7). Eine der häufigsten strukturellen Auffälligkeiten ist die *Translokation*.

Eine Translokation ist ein Austausch von chromosomalem Material zwischen Chromosomen. Dieser Prozess setzt mindestens *zwei Bruchereignisse* voraus. Gehen diese ohne Verlust von Genmaterial vonstatten, spricht man von einer **balancierten Translokation**, die in der Regel klinisch nicht relevant ist. Selten können klinische Auffälligkeiten auftreten, wenn ein Bruchereignis die Funktion eines Gens oder mehrere Gene zerstört. Eine balancierte Translokation ist aber für die nachkommende Generation von Bedeutung, weil es in der Meiose zu einer unbalancierten Chromosomenkonstellation kommen kann, die dann im Falle einer Befruchtung schwerwiegende Folgen für das Kind hat.

Man unterscheidet drei Haupttypen von Translokationen:
- Reziproke Translokation,
- Robertson'sche Translokation,
- insertionale Translokation.

Weitere strukturelle Anomalien sind Deletionen, Duplikationen, Ringchromosom, Inversionen usw. (Kap. 3.7.5.2).

Tabelle 8.6. Gonosomale Chromosomenstörungen

Syndrom	Symptome
Turner-Syndrom 45,X	Häufigkeit: 1-2/5000 – Intelligenz normal bis leichte Abweichungen – Primäre Amenorrhö – Kleinwuchs (ca. 148 cm) – Rudimentäre Gonaden mit Infertilität – Schwach ausgebildeter Orientierungssinn – Sphinx-Gesicht, Pterygium colli – Fuß– und Handrückenödeme bei Neugeborenen – Aortenisthmusstenose – Proportionierter Hochwuchs – Frühzeitige Osteoporose
Triple-X-Syndrom XXX	Häufigkeit: 1/1000 – Körperlich in der Regel unauffällig – 3/4 der Frauen fertil, jedoch teilweise Zyklusstörungen, sekundäre Amenorrhö und frühe Menopause – Teilweise geistige Abweichungen unterschiedlichen Schweregrades
Klinefelter-Syndrom XXY	Häufigkeit: 1/1000 – Unproportionierter Hochwuchs – Aspermie, Hypogonadismus – Verminderte Gesichts– und Körperbehaarung – Leicht verminderte Intelligenz, etwa 10-15 Punkte im IQ, jedoch nicht obligat – Frühzeitige Osteoporose
XYY-Syndrom	Häufigkeit: 1/1000 – Überdurchschnittliche Körpergröße (über 180 cm), sonst körperlich unauffällig – Psychisch disharmonische Persönlichkeitsentwicklung möglich – Intelligenz normal bis subnormal

Wolf-Hirschhorn-Syndrom (46,XX,4p- oder 46,XY,4p-)

Das Wolf-Hirschhorn-Syndrom wurde 1965 von *Wolf* und *Hirschhorn* unabhängig voneinander beschrieben. Die Häufigkeit beträgt ca. 1 zu 50.000. Mädchen sind etwa doppelt so häufig betroffen wie Knaben.

Charakteristische Merkmale sind prä- und postnatale Wachstumsretardierung, Mikrozephalie mit hoher Stirn, Hypertelorismus, Lidachsensstellungsanomalie, Iriskolobome mit oder ohne Rieger-Anomalie, gelegentlich Lippen-Kiefer-Gaumen-Spalte, breite Nasenwurzel, gebogene Nasenspitze, kurzes Philtrum, Mikrogenie, angeborener Herzfehler sowie ZNS-Fehlbildungen. Sehr oft treten bei den Kindern mit Wolf-Hirschhorn-Syndrom *epileptische Anfälle* auf (Abb. 8.7).

Zytogenetik

Die Deletion befindet sich auf dem kurzen Arm von **Chromosom 4p16**. Bei etwa 20% der Fälle ist die Deletion durch eine familiäre Translokation entstanden. Gelegentlich beobachtet man ein Ringchromosom 4.

Klinische Merkmale variieren entsprechend der Größe der deletierten Region. Die Deletion kann in einigen Fällen nur molekulargenetisch nachgewiesen werden (Mikrodeletion). Die verantwortliche Region für die klinischen Merkmale wird als Wolf-Hirschhorn *critical region* (WHSCR) bezeichnet.

Tabelle 8.7. Einige Krankheiten mit strukturellen Chromosomenanomalien

Chromosomensymbol	4p-	5p-	18p-	18q-
Katzenschrei ähnliches Weinen	-	+	-	-
Geistige Retardierung	+	+	+	+
ZNS-Fehlbildungen	+	+	+	(+)
Mikrozephalus	+	(+)	-	+
Iriskolobom oder andere Augenfehlbildung	+	-	-	-
Hypertelorismus	+	+	(+)	+
Epikanthus	(+)	(+)	+	(+)
Ptosis	+	-	+	(+)
Strabismus	(+)	(+)	+	(+)
Hypoplastisches Mittelgesicht	-	-	+	(+)
Dysplastische Ohren	+	+	+	+
Gehörgangatresie	-	-	-	+
Mikrogenie	+	+	+	-
Gaumenspalte	+	-	-	-
Herzfehler	(+)	-	(+)	(+)
Fehlbildungen des Urogenitalsystems	+	+	(+)	(+)
Niedriges Geburtsgewicht	+	+	+	+

Abb. 8.7. Charakteristische Gesichtsmerkmale bei einem Säugling mit Wolf-Hirschhorn-Syndrom, 4p-

Cri-du-chat-Syndrom (46,XX,5p- oder 46,XY,5p-)

Das Cri-du-chat-Syndrom wurde 1953 von *Lejeune* und Mitarbeitern beschrieben. Die Häufigkeit wird etwa auf 1 zu 50.000 geschätzt. (Abb. 8.8)

Klinische Merkmale sind ein eigentümliches Wimmern und schrilles Schreien des Kindes. Wegen der Ähnlichkeit mit dem Miauen junger Katzen haben die Autoren das Krankheitsbild als Cri-du-chat- (Katzenschrei)-Syndrom bezeichnet. Weitere Merkmale sind: kraniofaziale Dysmorphiezeichen, Mikrozephalie, rundes Gesicht, Hypertelorismus, angedeutete Lidachsenstellungsanomalie, Epikanthus, breite und flache Nasenwurzel, Mikrogenie, Zahnstellungsanomalien, angeborene Herzfehler sowie ZNS- und Nierenfehlbildungen.

Zytogenetik

Bei etwa 88% der Fälle liegt eine *de-novo-Deletion* des kurzen Arms des **Chromosoms**

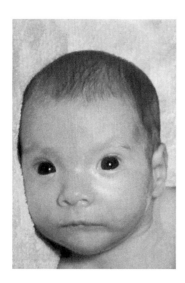

Abb. 8.8. Charakteristische Gesichtsmerkmale bei einem Säugling mit Katzenschrei-Syndrom

5p15-pter vor. In etwa 80% der *de-novo*-Fälle liegt die Deletion im väterlichen Chromosom 5. Die kritische Region ist die 5p15. In etwa 12% der Fälle liegt eine elterliche Translokation oder eine perizentrische Inversion vor. In seltenen Fällen werden auch komplizierte Rearrangements beobachtet. In der Tabelle 8.7 sind die wesentlichen Merkmale der häufigen strukturellen Chromosomenanomalien zusammengestellt.

8.1.4 Mikrodeletions-Syndrome

Eine strukturelle Chromosomenaberration kann manchmal so klein sein, dass sie mikroskopisch **nicht oder nur schwer erkennbar** ist. Dabei können ein Gen bzw. mehrere Gene involviert werden. Durch FISH (Fluoreszenz-*in-situ*-Hybridisierung) bzw. mit Hilfe von CGH (*Comparative Genomic Hybridization*) ist es möglich, eine Reihe von **submikroskopischen Chromosomenanomalien** nachzuweisen. Klinisch unterscheidet man drei Klassen von submikroskopischen strukturellen Anomalien:

- *Single Gen-Syndrome*; hierbei handelt es sich um Krankheitsbilder, die durch Deletion bzw. Duplikation von Einzelgenen hervorgerufen werden. Beispielsweise das *Alagille-Syndrom* mit einer Mikrodeletion am Chromosom 20p11. Allerdings zeigen über 90% der Patienten mit einem Alagille-Syndrom keine molekularzytogenetisch nachweisbare Deletion, sondern eine Punktmutation im *JAG1*-Gen an Chromosom 20p11. Die klinischen Merkmale sind Gesichtsdysmorphien, Pulmonalarterienstenose, Cholestase durch eine intrahepatische Gallenganghypoplasie, okuläres Embryotoxin, gelegentlich multiple Nierendegeneration und Wirbelanomalien. Die phänotypischen Merkmale werden durch Haploinsuffizienz des *JAG1*-Gens verursacht.
- *Contiguous-gene-Syndrom*; durch eine Mikrodeletion kann eine Anzahl von mehreren monogenen Erkrankungen gleichzeitig verursacht werden. Ein klassisches Beispiel dafür ist erstmals bei einem Jungen mit einer Deletion an Chromosom Xp21 beobachtet worden. Der Junge litt an einer Muskeldystrophie Typ Duchenne, chronischer Granulomatose, Retinitis pigmentosa und psychomotorischer Retardierung. Mit Hilfe von molekularbiologischen Methoden wurden seinerzeit das Gen für DMD und für chronische Granulomatose kloniert. Inzwischen sind eine Reihe Contiguous-gene-Syndrome als Folge einer Mikrodeletion an Xp22.2 und Xq21 beschrieben. (Abb. 8.9).
- *Segmentales Aneuploidie-Syndrom*; wenn die *Reduzierung der Aktivität* eines Gens *um 50%* eine phänotypische Auswirkung zeigt, besteht eine Gendosisempfindlichkeit. Eine autosomale Mikrodeletion kann durch die Reduzierung der Gendosis zur funktionellen Monosomie führen, die in manchen Fällen eine dominante Wirkung hat und zu spezifischen Krankheitsbildern führen kann, wie z.B. beim *Miller-Dieker-Syndrom* durch Deletion am kurzen Arm des Chromosoms 17p13.3. Beim *Williams-Beuren-Syndrom* (Abb. 8.10) mit charakteristischen Gesichtsmerkmalen, supravalvulärer Aortenstenose sowie Wachstums- und psychomotorische Retardierung liegt eine Deletion von ca. 1,6 Mb Größe am langen Arm des Chromosoms 7q11 vor. Etwa 20 Gene sind in dieser deletierten Region identifiziert. Das

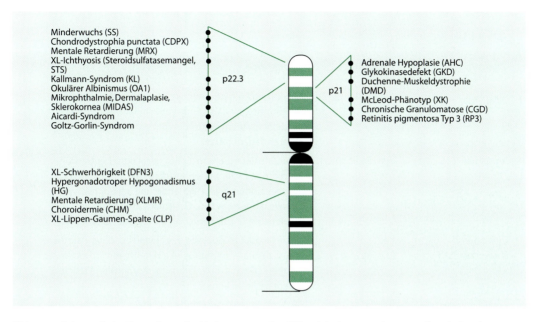

Abb. 8.9. Schematische Darstellung der X-chromosomalen Mikrodeletionen und entsprechende Syndrome

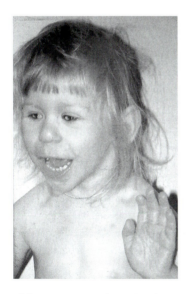

Abb. 8.10. Typisches Gesicht eines Kindes mit Williams-Beuren-Syndrom

relevante Gen innerhalb der kritischen Region für das Williams-Beuren-Syndrom ist das *Elastingen*. Durch eine Mikrodeletion geht eine Kopie des Elastingens verloren, die zur Ausprägung der o.g. klinischen Merkmale führt. Einige Mikrodeletionssyndrome sind in Tabelle 8.8 zusammengestellt.

8.1.5 Chromosomeninstabilität bei bestimmten genetisch bedingten Krankheiten (Chromosomenbruchsyndrome)

Chromosomeninstabilitäts- bzw. Chromosomenbruchsyndrome sind Krankheiten, denen ein *defekter DNA-Repair-Mechanismus* zugrunde liegt. Sie werden auch Mutagen-hypersensitive Syndrome genannt. Klassische Chromosomeninstabilitätssyndrome sind *Fanconi-Anämie* und *Ataxia Telangiectasia*. Sie werden *autosomal-rezessiv* vererbt. Zwei weitere seltene Mutagen-hypersensitive-Syndrome sind Nijmegen-Breakage und *ICF-Syndrom* (Immundefekt, zentromere Instabilität, faziale Auffälligkeit).

Erhöhte Bruchraten sind auch bei einigen weiteren Krankheitsbildern wie *Werner-Syndrom*, *Rothmund-Thomson-Syndrom* sowie bei *Xeroderma pigmentosum*, *Sklerodermie* und *Incontinentia pigmenti* beobachtet worden. Beim *Roberts-Syndrom* liegt kein DNA-Repair-Defekt vor, sondern eine vorzeitige Trennung der Zentromere.

Tabelle 8.8. Autosomale Mikrodeletionssyndrome

Syndrom	Lokalisation	Symptome
Alagille	del(20p11-1p12)	Periphere Pulmonalstenose, Herzfehler, chronische Cholestase, okuläres Embryotoxin, Wirbelanomalie, Gesichtsdysmorphie und multizystische Nierendegeneration
Angelman	del(15q11-q13)	Mentale Retardierung, Epilepsie, ataktischer Gang, ruckartige Extremitätenbewegungen, unmotivierte Lachepisoden, Hypopigmentierung, Mikrobrachyzephalie, abnormes EEG, Gesichtsdysmorphie mit Makrostomie, Progenie und Mittelgesichtshypoplasie
DiGeorge/ Shprintzen (VCF)	del (22q11.21-q11.23)	Aplasie oder Hypoplasie des Thymus und der Parathyroidea, zellulärer Immundefekt, Hypothyreose, Herzfehler, Lippen-, Gaumen-Uvula-Spalte, dysmorphes Gesicht, mentale Retardierung
Zephalosyndaktylie Typ Greig	del(7p13)	Polysyndaktylie der Hände und Füße, Makrobrachyzephalie, Gesichtsdysmorphie
Langer-Giedion (trichophalangeales Syndrom Typ II)	del (8q24.11-q24.13)	Minderwuchs, multiple Exostosen, spärliches Kopfhaar, zapfenartige Epiphyse der Hände, Gesichtsdysmorphie, typische Nase, mentale Retardierung
Miller-Dieker	del(17p13.3)	Mikrozephalie mit bitemporalen Schädeleindellungen, Lissenzephalie, mentale Retardierung, dysmorphes Gesicht mit vertikalen Stirnfurchen, hoher Stirn, Hypertelorismus, schräger Lidachse und langem Philtrum
Prader-Willi	del(15q11-q13)	Muskelhypotonie, Adipositas, Hypogonadismus, Hypopigmentierung, mentale Retardierung, Gesichtsdysmorphie mit umgekehrter V-Stellung der Oberlippe
Retinoblastom	del(13q14)	Maligne Tumoren der Netzhaut
Rubinstein-Taybi	del(16q13.3)	Breite Endphalangen, vor allem der Daumen und der großen Zehen, Herzfehler, dysmorphes Gesicht, schnabelförmige Nase, mentale Retardierung, Mikrozephalie und Minderwuchs
Smith-Magenis	del(17p11.2)	Hyperaktivität, Autoaggressivität, verminderte Schmerz- und Temperaturempfindung, reduzierter Schlaf, mentale Retardierung, Gesichtsdysmorphie und gelegentlich Organfehlbildungen sowie Innenohrschwerhörigkeit
WAGR	del(11p13)	Wilms-Tumor, Aniridie, Genitalanomalien, mentale Retardierung
Williams-Beuren	del(7q11.2)	Supravalvuläre Aortenstenose, periphere Pulmonalstenose, Herzfehler, mentale Retardierung, Kleinwuchs, dysmorphes Gesicht mit breiter Stirn, kurzer Lidspalte, antevertierten Nasenlöchern, evertierten, vollen Lippen und hypoplastischen Zähnen

Fanconi-Anämie

Bei der Fanconi-Anämie (Abb. 8.11) liegen eine Panzytopenie und eine vollständige Knochenmarkdepression vor. Häufig entwickelt sich eine Leukämie, die zum Tode führt. Patienten zeigen eine Prä- und/oder postnatale Wachstumsretardierung, eine Mikrozephalie, multiple Café-au-lait-Flecken und eine breite Variabilität von Fehlbildungen, wie Skelettanomalien, insbesondere fehlende Daumen bzw. Verdopplung oder Triphalangie, Radiusaplasie, angeborene Herzfehler oder Fehlbildungen des Urogenitaltrakts und des gastrointestinalen Systems. Die Häufigkeit wird auf 1:40.000 geschätzt.

Zytogenetisch findet man eine **erhöhte Chromosomenbrüchigkeit** und Chromatidenumbau wie Triradial-, Quadriradialfiguren und dizentrische Chromosomen (Abb. 8.12). Die Chromosomenbrüchigkeit ist bei Exposition der Zellen mit Dipoxibutan besonders erhöht. Die Fanconi-Anämie wird **autosomal-rezessiv** vererbt und ist sowohl klinisch als auch genetisch eine heterogene Erkrankung. Mutationen in einigen Genen, die für die Aufrechterhaltung der DNA-Stabilität verantwortlich sind, führen zur Manifestation der Fanconi-Anämie. Bis jetzt sind mindestens sieben komplementäre Gruppen der Fanconi-Anämie bekannt: Die Genlokalisationen sind: A:16q24.3; C:9q22.3; D1:13q12; D2:3p25.3; E:6q21.3; F:11p15; G:9p13. Etwa 70% aller Fanconi-Anämie-Fälle gehören zu der Gruppe A. Unterschiedliche Mutationen verursachen die heterogenen phänotypischen Merkmale. Die Proteine dieser Gene spielen möglicherweise bei der Beseitigung von Doppelstrangbrüchen und Quervernetzungen auf dem Wege der Rekombinationsreparatur eine wichtige Rolle.

Bloom-Syndrom

Charakteristisch für das Bloom-Syndrom sind prä- und postnataler **Minderwuchs**, teleangiectatische Erytheme u.a. schmetterlingsförmig im Gesicht und auf der Dorsalseite der Unterarme, Photosensibilität, schmales Gesicht mit prominentem Jochbein, Café-au-lait-Flecken, Hypertrichose und Immundefekte. Zusätzlich besteht eine Disposition zur Entstehung maligner Krankheiten. Die Häufigkeit beträgt 1:90.000.

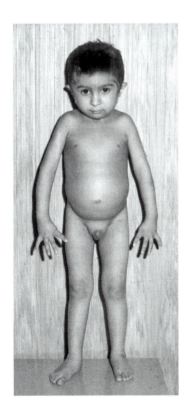

Abb. 8.11. Kind mit Fanconi-Anämie: Wachstumsretardierung und fehlenden Daumen beidseits

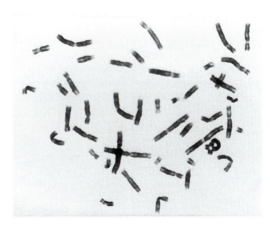

Abb. 8.12. Metaphase bei Patient mit Fanconi-Anämie. Gut zu erkennen sind multiple komplexe Reunionsfiguren. (Mit freundlicher Genehmigung von Frau Professor Dr. Schroeder-Kurth.)

Zytogenetisch findet man beim Bloom-Syndrom im Gegensatz zur Fanconi-Anämie überwiegend symmetrische Quadriradiale, die anscheinend durch Chromatidenaustausch zwischen homologen Chromosomen nach Brüchen an entsprechenden Stellen entstanden sind. Normalerweise beträgt ein spontaner *Schwesterchromatidaustausch* 6-10%, beim Bloom-Syndrom ist dieser *bis auf 50%* erhöht. Das Gen ist auf Chromosom 15q26.1 lokalisiert. Das Bloom-Syndrom wird *autosomal-rezessiv* vererbt.

Ataxia-Teleangiectasia

Ataxia-Teleangiectasia bzw. Louis-Bar-Syndrom ist ein seltenes *autosomal-rezessiv* vererbtes Krankheitsbild mit okulokutanen Teleangiectasien, vor allem im Bereich des Gesichts, der Ohrmuscheln und auf den Konjunktiven (Abb. 8.13) mit Immundefekt und einer progredienten zerebellären Ataxie. Die Ataxien treten meist ab dem 2. Lebensjahr, die Teleangiectasien zwischen dem 3. und 5. Lebensjahr auf. Gelegentlich zeigen Patienten eine geistige Beeinträchtigung, die meist in fortgeschritteneren Krankheitsstadien manifest wird. Die Häufigkeit beträgt 1:60.000.

Zytogenetisch findet man eine *erhöhte Bruchrate* und häufige Rearrangements von Chromosom 7, 11 und 14. Die Fibroblasten zeigen eine erhöhte Sensibilität auf Belomycin und ionisierende Strahlen. Patienten mit Ataxia-Teleangiectasia haben eine starke Prädisposition für maligne Erkrankungen. Heterozygote haben 5-mal häufiger maligne Erkrankungen. Das verantwortliche Gen ist auf dem *Chromosom 11q22-q23* lokalisiert (ATM-Gen).

Roberts-Syndrom

Bei dem Roberts-Syndrom handelt es sich um eine seltene *autosomal-rezessive* Erkrankung mit schweren *Extremitätenfehlbildungen* im Sinne einer Tetraphokomelie, Strahlenanomalien mit variabler Expressivität und kraniofazialen Auffälligkeiten mit Lippen-Kiefer-Gaumen-Spalte. Das Krankheitsbild erinnert an eine Thalidomidembryopathie, weshalb es als Pseudothalidomid-Syndrom bezeichnet wird.

Zytogenetisch findet man hier keine erhöhte Bruchrate, sondern eine vorzeitige Trennung der Zentromere in Fibroblasten und Lymphozyten.

Bei den Patienten mit klinisch ähnlichen Merkmalen, die zytogenetisch keine Zentromertrennung zeigen, handelt es sich um eine andere Komplementärgruppe.

Nijmegen-Breakage-Syndrom

Hierbei handelt es sich um eine *autosomal-rezessive* Erkrankung mit prä- und postnataler Wachstumsretardierung, Mikrozephalie, kraniofazialer Dysmorphie, mentaler Retardierung und Immundefekten. Gelegentlich zeigen die Patienten angeborene Fehlbildungen. Zytogenetisch besteht ein geringer Mitoseindex der T-Lymphozyten sowie Strukturanomalien. Das Gen ist auf das *Chromosom 3q21* lokalisiert (NBS_1). Das Protein (Nibrin) ist Teil des Prote-

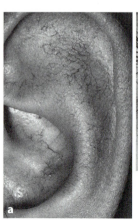
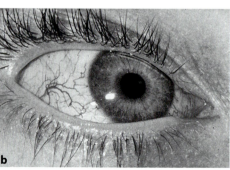

Abb. 8.13 a,b. Teleangiectasien **a** an der Ohrmuschel, **b** im Auge. (Mit freundlicher Genehmigung von Herrn Professor Dr. F. Vogel)

inkomplexes, der an der Reparatur von Doppelstrangbrüchen beteiligt ist.

8.2 Monogene Erkrankungen

Anfang 1900 wurde das Konzept der Mendel'schen Regeln für diese Erkrankungen des Menschen erkannt. Bei etwa 2-5% der Neugeborenen liegt eine genetisch bedingte oder mitbedingte Erkrankung bzw. Fehlbildung vor. Bei etwa 50% der Patienten mit einer chronischen Erkrankung hat die Krankheitsursache eine genetische Komponente. 5% dieser Krankheiten sind monogene Erbleiden. Von den über 15.000 im Katalog *„Online Mendelian Inheritance in Man" (= OMIM)* zusammengefassten Entitäten sind bis jetzt ca. 3500 klinisch manifeste Erkrankungen. Es werden generell zwei Erbgänge (*dominant* und *rezessiv*) unterschieden, die je nach chromosomaler Lokalisation autosomal bzw. X-chromosomal vererbt werden. Die klassischen Mutationen und ihre Folgen sind in Tabelle 8.9 zusammengestellt.

8.2.1 Autosomal-dominante Erkrankungen

Bei den autosomal-dominant vererbten Krankheiten führt die Mutation eines Allels in heterozygotem Zustand zu einer klinischen Manifestation. Dabei ist zu beachten, dass die phänotypische Auswirkung sehr variabel sein kann (variable Expressivität). Die klinische Manifestation einer autosomal-dominanten Erkrankung wird durch verschiedene Mechanismen verursacht. Im Gegensatz zu den rezessiven Erkran-

Tabelle 8.9. Mutationen auf DNA-Ebene und ihre Folgen

Punktmutationen		
Silence-Mutation		Mutation, die nicht zur Veränderung einer Aminosäure führt, damit keine Auswirkung auf das Genprodukt hat; betrifft häufig das dritte Nukleotid eines Kodons; wird auch als stumme Mutation bezeichnet
Missense-Mutation		Mutation, die zur Veränderung einer Aminosäure führt; sie betrifft die erste oder zweite und selten auch die dritte Position eines Kodons. Sie kann eine klinische Auswirkung haben, z.B. Glycin (GGT) statt Valin (GTT) bei Sichelzellanämie
Nonsense-Mutation		Mutation, die ein Kodon in ein Stoppkodon umwandelt. Dadurch kommt es zu früherem oder späterem Kettenabbruch, dies kann eine klinische Auswirkung haben
Deletion		
Frame-shift-Mutation		Rasterverschiebung durch Hinzufügen oder Entfernen einer beliebigen Anzahl von Basenpaaren, die nicht ein Vielfaches von 3 ist, z.B. bei Muskeldystrophie Typ Duchenne
In-frame-Mutation		Mehrere Nukleotide betreffende Deletion (immer ein vielfaches von 3 Basenpaaren) mit eventuellem Ausfall der entsprechenden Aminosäuren, z.B. bei Muskeldystrophie Typ Becker
Splice-Mutation		Das Splicing eines Introns verändernde Mutation; Folge ist eine aberrante mRNA mit entsprechenden Folgen, z.B. bei β–Thalassämie
Instabile Trinukleotide		Expansion von instabilen repetitiven Trinukleotiden, die zu klinischen Auswirkungen führen kann, z.B. beim Fra(X)-Syndrom
Promotormutation		Aufhebung der Genfunktionen oder Störung der Expression durch Veränderung der Transkription

kungen kann bei dominant vererbten Krankheiten die Aktivität des normalen Allels den pathologischen Einfluss des veränderten Allels nicht kompensieren. Dies zeigt auf zellulärer Ebene unterschiedliche Auswirkungen. Die Mutation eines Allels kann beispielsweise zur Manifestation eines pathologischen Phänotyps führen, wenn die Aktivität eines normalen Allels in heterozygotem Zustand für eine Gesamtfunktion des Genprodukts nicht ausreicht. Die klinische Manifestation ist dann durch eine *Haploinsuffizienz* bedingt (Tabelle 8.10).

— Haploinsuffizienz: Wenn die Aktivität eines normalen Allels beim heterozygoten Zustand für eine Gesamtfunktion des Gens nicht ausreicht, weil für einen normalen Phänotyp mehr Genprodukte benötigt werden als eine einzige Genkopie liefert.

Es kann aber auch sein, dass eine Mutation nicht nur zum Funktionsverlust, sondern zu einem Funktionszugewinn mit pathologischer Wirkung führt und damit die Funktion des normalen Genprodukts beeinträchtigt. Hier spricht man von einem *dominant negativen Effekt* (Tabelle 8.11).

— Dominant negativer Effekt: Wenn das Produkt des mutierten Allels die Funktion des normalen Allels stört.

Ein Funktionsgewinn kann durch verschiedene Mechanismen zu einem dominanten Merkmal führen. Bei monogenen Krankheiten kann beispielsweise ein *Funktionszugewinn* zustande kommen, wenn während einer falschen Entwicklungsphase in einem falschen Gewebe ein falsches biochemisches Signal exprimiert wird. Eine starke Genamplifizierung ist ein häufiger Mechanismus in Krebszellen, wodurch die Protoonkogene aktiviert werden. Genetische Krankheiten, die durch eine starke Zunahme der Gendosis bzw. durch eine neue Funktion des Gens auftreten, sind sehr selten. Es sind jedoch Mutationen bekannt, welche die Expressionsrate bzw. den zeitlichen Rahmen der Expression verändern und damit zu einem dominanten *Überfunktionsphänotypus* führen. Charcot-Marie-Tooth, Typ A1, eine hereditäre, motorisch-sensible Neuropathie,

ist eine autosomal-dominante Erkrankung, die auf einer erhöhten Gendosis beruht. Bei diesen Patienten findet man das Gen PMP22 in dreifacher statt zweifacher Kopie vor. Durch Verlust des gleichen Gens, beispielsweise im Falle einer Deletion, wird interessanterweise ein anderer

Tabelle 8.10. Einige autosomal-dominante Erkrankungen als Folge der Haploinsuffizienz

Krankheit	Gen / Chromosom
Alagille Syndrom	JAG1 / 20p12
Multiple Exostose	EXT1 / 8q24.11-q24.13
Hereditäre rekurrierende Neuropathie	PMP22 / 17p11.1
Supravalvuläre Aortenstenose	ELN / 7q11.13
Tricho-rhino-phalangeal-Syndrom	TRPS1 / 8q24.12
Waardenburg-Syndrom	PAX3 / 2q25

Tabelle 8.11. Krankheiten, die durch Mutationen mit Funktionszugewinn verursacht werden

Krankheit	Gen / Lokalisation
Charcot-Marie-Tooth-Syndrom	PMP22 / 17p11.2
McCune-Albright-Syndrom	GNAS1 / 20q13.2
α1-Antitrypsinmangel	PI / 14q32.1
Paramyotonia congenita	SCN4A / 17q13.1
Osteogenesis imperfecta	COL2A1 / 7q22.1
Chorea Huntington	HD / 4p16.3

Phänotyp, nämlich eine hereditäre rekurrierende Neuropathie (*Tomaculous Neuropathy*), hervorgerufen. Wahrscheinlich entstehen diese unterschiedlichen klinischen Manifestationen durch ein Ungleichgewicht zwischen den biochemischen Bestandteilen der Myelinscheide der peripheren Nerven. In Tabelle 8.12 sind einige autosomal-dominante Erkrankungen zusammengestellt.

Familiäre Hypercholesterinämie als Beispiel für Haploinsuffizienz

Die Hypercholesterinämie ist die häufigste autosomal-dominante Erkrankung mit einer Häufigkeit von 1 zu 500. Sie kommt in allen ethnischen Bevölkerungsgruppen vor. Dabei ist **LDL-Cholesterin (*LDL = low density lipoprotein*)** auf das Zwei- bis Dreifache der Norm erhöht. Die Betroffenen erleiden den ersten Herzanfall bereits im 3. Lebensjahrzehnt. Es kommt zur Ausbildung von **tuberösen Xanthomen** sowie einem porzellanweißen **Arcuslipoid** am Außenrand der Iris. Die Homozygoten haben extrem hohe Blutcholesterinwerte. Sie zeigen bereits im Kindesalter perlenartige Cholesterineinlagerungen in der Haut, die Herzanfälle können bereits im frühen Kindesalter auftreten. LDL-Cholesterin wird durch Rezeptoren in die Zelle aufgenommen, in den Lysosomen internalisiert und intrazellulär freigesetzt. Eine zuvor erfolgte Zunahme des intrazellulären, freien Cholesterins führt erstens zur Hemmung der Hydroxymethyl-Glutaryl-CoA-Reduktase, zweitens zur Verminderung der LDL-Rezeptorproteine an der Zelloberfläche und weiterhin zur verstärkten Bildung von Cholesterinfettsäure (Abb. 8.14).

Die familiäre Hypercholesterinämie basiert auf einer **Mutation im LDL-Rezeptor-Gen**. Durch diese Mutation werden entweder keine oder nicht funktionsfähige Rezeptoren gebildet. Homozygote vermögen keine normalen Rezeptoren zu synthetisieren, während Heterozygote, die ein normales und ein mutiertes Gen besitzen, verminderte Rezeptoren haben. Das LDL-Rezeptor-Gen ist auf dem kurzen Arm des Chromosoms 19p13.1 lokalisiert und hat eine Länge von 45 kb. Es besteht aus 18 Exons und 17 Introns. Verschiedene Mutationen wie Punktmutationen, Deletionen, Insertionen, Frameshift-, Nonsense-, Missense- und Splicing-Mutationen können entlang des gesamten Gens zur Hypercholesterinämie führen. Die phänotypische Manifestation der Erkrankung ist dadurch bedingt, dass das Produkt des normalen

Tabelle 8.12. Einige autosomal-dominante Erkrankungen

Krankheiten	Häufigkeit
Chorea Huntington	1/10.000
Neurofibromatose Typ I	1/3000
Neurofibromatose Typ II	1/35.000
Tuberöse Hirnsklerose	1/15.000
Familiäre Polyposis coli	1/10.000
Polyzystische Nieren (adulter Typ)	1/1000
Retinoblastom	1/20.000
Familiäre Hypercholesterinämie	1/500
Kartilaginäre Exostose	1/50.000
Marfan-Syndrom	1/25.000
Achondroplasie	1/10.000-30.000
Myotone Dystrophie	1/10.000 (in manchen Populationen höher)
v.-Hippel-Lindau	1/36.000
Crouzon-Syndrom	1/2500
Charcot-Marie-Tooth Typ IA, B	1/28.000
Apert-Syndrom	1/10.000
Kongenitale Sphärozytose	1/5000
Romano-Ward-Syndrom	1/10.000
Spalthand	1/90.000
Waardenburg-Syndrom	1/45.000

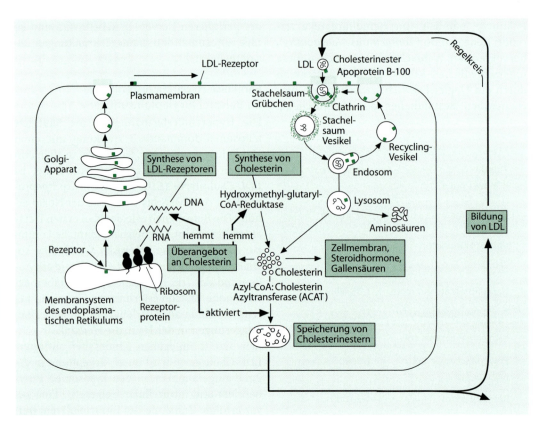

Abb. 8.14. Cholesterinstoffwechsel in der Zelle und seine Störungsmöglichkeiten

Allels beim heterozygotem Zustand für die Erhaltung der Gesamtfunktion des Genproduktes nicht ausreicht (Haploinsuffizienz). Die unterschiedliche klinische Manifestation ist durch die allelische Heterogenität bedingt. Die Mutationen des LDL-Rezeptors in 5 verschiedene Klassen sind in Tabelle 8.13 zusammengestellt. Bei den Mutationen der Klasse 1 werden überhaupt keine Rezeptoren hergestellt, oder es liegt, wie bei den Mutationen der Klasse 2, ein Transportdefekt vor. Bei anderen Mutationen sind Produktion und Transport normal, es liegt aber ein Bindungs- bzw. Internalisations- oder Recycling-Defekt vor.

Tabelle 8.13 Klassifizierung der LDL-Rezeptormutationen

1. Rezeptorbildungsdefekt
2. Intrazellulärer Transportdefekt
3. LDL-Bindungsdefekt
4. Internalisationsdefekt
5. Recyclingdefekt

Kollagenbildungsstörung als Beispiel für dominant negative Wirkung

Die *Osteogenesis imperfecta* ist eine schwerwiegende Erkrankung mit multiplen Frakturen, Skelettdeformierungen, auffälliger Schädelform, Schwerhörigkeit und blauen Skleren. Die schweren Formen zeigen bereits intrauterin zahlreiche Frakturen mit Verkürzung der langen Knochen, und die Patienten sterben meist intrauterin bzw. kurz nach der Geburt. Klinisch ist das Krankheitsbild heterogen und äußert sich in 9 verschiedenen Formen mit unterschiedlichem klinischen Schweregrad, die in 4 Haupttypen klassifiziert wurden. Es handelt es sich um eine *Strukturstörung des Kollagens I*. Kollagen I ist eine der mehr als 15 verschiedenen Kollagenformen beim Menschen und besteht aus zwei langen Polypeptidketten α-1 und α-2 mit einer regelmäßigen Gly-X-Y-Struktur, die zu Prokollagen zusammengelagert und vernetzt werden. Die kodierenden Gene der α-1 und α-2 Ketten des Typ I-Prokollagens sind mit 41 und 42 Exons identisch und kodieren für Proteine mit 18 repetitiven Glyzin-X-Y-Aminosäureeinheiten (54 bp). Mutationen in diesen Genen können, abhängig u.a. von der Art der Aminosäureveränderung und deren Position innerhalb der Proteinkette und deren Effekt auf die Proteinfunktion, unterschiedliche Auswirkungen haben. Alle Mutationen im Kollagen I-α1- oder Kollagen I-α2-Gen, welche die Zusammenlagerung der Prokollagenketten zur Dreifachhelix und schließlich zu Kollagenfibrillen stören, führen zur klinischen Auswirkung einer Osteogenesis imperfecta (Abb. 8.15).

Man weiß, dass die Zusammenlagerung zur Dreifachhelix am Karboxylende des Prokollagens beginnt. Mutationen, die diesen Bereich betreffen, führen im Allgemeinen zu schweren Störungen. Wie bereits erwähnt, setzen sich die Gene der Kollagene aus zahlreichen kleinen Exons zusammen, die alle die Aminosäure Gly-X-Y kodieren, wobei X und Y für variable Aminosäurereste stehen. Mutationen, die in den Gly-X-Y-Elementen die Glycinreste durch andere Aminosäuren mit einer sperrigen Seitenkette ersetzen, haben eine *dominant negative Wirkung*, stören die Bildung der Dreifachhelix und führen zu schweren Formen der Osteogenesis Imperfekta Typ II, III oder IV. Framshifts- oder Nonsense-Mutationen haben häufig verhältnismäßig geringere Auswirkungen, da in einem solchen Fall das Leseraster nicht verändert wird und die Polypeptidkette lediglich weniger Einheiten der Wiederholungssequenzen enthält. Hier liegt dann eine verringerte Menge des Genprodukts mit normaler Struktur vor (Tabelle 8.14).

Bei der Deletion eines aminoterminalen Exons des Kollagen I-α1- oder des Kollagen I-α2-Gens können zwar normale Knochen ausgebildet werden, dies führt jedoch zu hyperelastischen Bindegeweben (Ehlers-Danlos-Syndrom Typ II).

8.2.2 Autosomal-rezessive Erkrankungen

Bei einer rezessiven Mutation mit Funktionsverlust reicht die Aktivität des normalen Allels aus, den Effekt des Genproduktes auszuführen. Bis auf wenige Ausnahmen sind die meisten Stoffwechselstörungen autosomal-rezessiv. Die heterozygoten Anlageträger zeigen keine klinische Manifestation, weil das Genprodukt des normalen Allels für die Aufrechterhaltung des entsprechenden Stoffwechsels ausreicht und die fehlende Funktion des mutierten Allels kompensiert. Nur durch eine gezielte biochemische Analyse können die Heterozygoten identifiziert werden.

Tabelle 8.14. Phänotyp/Genotyp-Korrelation bei Osteogenesis imperfecta

Gen / Lokalisation	Mutationen	Phänotyp
COL1A1 / 17q22	Null Allele	OI Typ I
	Partielle Deletion; C-terminale Substitution	OI Typ II
	N-terminale Substitution	OI Typ I, III oder IV
	Deletion von Exon 6	EDS Typ VII
COL1A2 / 7q22.1	Splice-Mutationen, Exon-Deletionen	OI Typ I
	C-terminale Mutationen	OI Typ II, IV
	N-terminale Substitutionen	OI Typ III

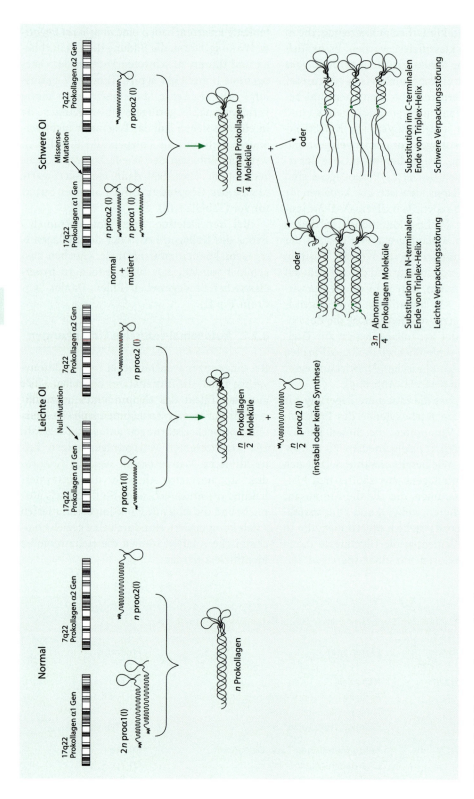

Abb. 8.15. Kollagensynthese und Synthesestörung am Beispiel der Pathogenese von Osteogenesis imperfecta (OI)

Die Erkrankung wird dann klinisch manifest, wenn *beide Allele* des entsprechenden Lokus mutiert sind. In Tabelle 8.15 sind einige autosomal-rezessive Erkrankungen zusammengestellt.

Tabelle 8.15. Einige autosomal-rezessive Erkrankungen

Erkrankung	Häufigkeit
α-1-Antitrypsindefekt	1:4000
21-Hydroxylasedefekt (klassisches AGS)	1:5000
Adrenogenitales Syndrom (nicht klassisches AGS)	1:1000
Albinismus (oc)	1:30.000
Ataxia Teleangiectasia	1:40.000
Friedreich-Ataxie	1:27.000
Galaktosämie	1:50.000
Homozystinurie	1:45.000-1:200.000
Morbus Gaucher	1:25.000 (bei Aschkenasim-Juden)
Morbus Krabbe (Schweden)	1:50.000
Morbus Wilson	1:35.000
Meckel-Gruber-Syndrom	1:90.000 (Finnland)
Phenylketonurie	1:5000-10.000
Spinale Muskelatrophien	1:20.000
Tay-Sachs	1:3.000 (bei Aschkenasim-Juden)
Zystische Fibrose	1:2000

Zystische Fibrose

Die Zystische Fibrose (CF) ist eine der häufigsten autosomal-rezessiven Erkrankungen in der weißen Bevölkerung. Die Häufigkeit beträgt 1 zu 2000 in Mitteleuropa und die Heterozygotenhäufigkeit 1 zu 20. Es handelt sich hierbei um eine *Polyexokrinopathie*. Von besonderer Bedeutung sind dabei die Defekte an den apikalen Membranen von Epithelien der Luftwege, Schweißdrüsen, des Pankreas und anderen Organen. Pathogenetisch kommt es durch Produktion eines *hochviskösen Sekrets* in allen mukosen Drüsen zu einer Obstruktion der Drüsenausfuhrgänge und sekundär zur Zystenbildung und Fibrosierung des entsprechenden Gewebes. In der Regel ist die CF durch pulmonale und intestinale Symptome gekennzeichnet. Die Erkrankung kann bereits im frühen Säuglingsalter, aber auch im jungen Erwachsenenalter auftreten. Betroffen sind hauptsächlich Pankreas und Epitheldrüsen der Bronchien. Bei längerem Verlauf tritt oft eine biliäre Leberzirrhose auf. Die männlichen Patienten sind trotz normaler Spermiogenese in Folge der Obstruktion der Ausführgänge des männlichen Genitalsystems (congenitale Atrophie des Vas deferens = CAVD) steril.

1989 wurde das verantwortliche Gen kloniert. Das Genprodukt wird als *cystic fibrosis transmembran conductance regulator* (CFTR) bezeichnet. Das gesamte CFTR-Gen hat eine Länge von etwa 230.000 Basenpaaren und enthält 27 Exons, die kodierende Sequenz ist etwa 6500 Basenpaare lang und kodiert für ein Protein von 1480 Aminosäuren.

Die Transkription des CFTR-Gens ist hauptsächlich auf Epithelzellen beschränkt und kann durch cAMP stimuliert werden. Hohe Mengen von CFR-mRNA findet man in Pankreas, Darm, Leber, Schweißdrüsen, Nieren und Reproduktionsorganen. In der Lunge wird CFTR nur in hochspezialisierten Zellverbänden gebildet.

Das Genprodukt ist Mitglied einer Familie von Membranproteinen, deren gemeinsame Merkmale Strukturmotive in Form von Transmembranhelix und Nukleotidbindungsfalten sind. Das CF-Protein hat zwei Transmembrandomänen mit jeweils sechs hydrophoben Abschnitten, zwei Nukleotidbindungsfalten, die

ATP binden, und zusätzlich eine mittlere Domäne, die durch zahlreiche, geladene Seitenketten charakterisiert ist (Abb. 8.16). Das unveränderte Protein ist am Transport von Chloridionen durch die Membran beteiligt und wird als CFTR bezeichnet. Inzwischen sind über 1000 verschiedene CF-Mutationen bekannt, deren relative Häufigkeit in den jeweiligen untersuchten Bevölkerungsgruppen variieren. Die häufigste Mutation bei euro-kaukasischen Völkern ist eine Deletion von drei Basenpaaren im Exon 10 des CFTR-Gens, was zum Verlust der Aminosäure Phenylalanin an Position 508 der Proteinsequenz führt und deshalb als **DeltaF508** bezeichnet wird. Bei etwa 70% aller untersuchten CF-Chromosomen ist DeltaF508 festgestellt worden, jedoch ist ihre Prävalenz in Nord- und Zentraleuropa deutlich höher als im Mittelmeerraum. In einigen alten euro-kaukasischen Völkern wie z.B. den Basken oder den Pakistani aus Belutschistan wird die DeltaF508 in höherer Frequenz festgestellt.

Es wird vermutet, dass die DeltaF508-Mutation als älteste, bekannte CFTR-Mutation noch

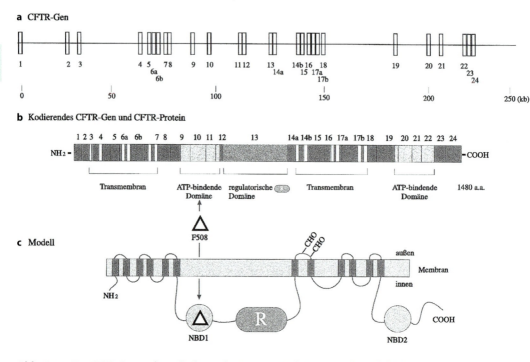

Abb. 8.16. Das CFTR-Gen und sein kodierendes Protein (Nach Tsui u. Buchwald 1991)

	Sequenz des Übergangs Intron 8 – Exon 9	Häufigkeit unterschiedlicher TG-Wiederholungen bei Vorliegen der 5T-Variante		
		Allgemeinbevölkerung	Männer mit CBAVD	Milde Mukoviszidose
TG11-5T	...tgatgtgtgtgtgtgtgtgtgtgtgttttttaacagGGA...	77%	10%	-
TG12-5T	...tgatgtgtgtgtgtgtgtgtgtgtgttttttaacagGGA...	21%	76%	56%
TG13-5T	...tgatgtgtgtgtgtgtgtgtgtgtgttttttaacagGGA...	2%	12%	44%

Abb. 8.17. Die 5 T-Intronvariante im CFTR-Gen und ihre klinische Bedeutung

zu Lebzeiten der Neandertaler in einer *europäischen Urbevölkerung* entstanden ist. Der Heterozygotenvorteil wird im Zusammenhang mit einem geringeren Flüssigkeitsverlust bei früheren Diarrhöe-Epidemien oder mit einer reduzierten Anfälligkeit gegen Typhuserreger diskutiert.

In der nordischen Bevölkerung wird die Deletion 394delTT, die Insertion 390insT in der Schweiz und W1282X bei Aschkenasim-Juden besonders häufig beobachtet. Das Spektrum der klinischen Manifestation bei der CF ist variabel und reicht von schwer Betroffenen im Kindesalter bis zu nahezu Minimalsymptomen im Erwachsenenalter. Mild Betroffene zeigen nur eine erhöhte Infektionsanfälligkeit, einen überdurchschnittlichen Salzgehalt im Schweiß und eine reduzierte Fertilität. Es wird versucht, diese klinische Heterogenität durch Genotyp-Phänotyp-Korrelation zu erklären.

Mutation DeltaF508 sowie fast alle Stopp- und Leserastermutationen sind mit einer *Pankreasinsuffizienz* assoziiert. Dagegen sind Aminosäuresubstitutionen in der Transmembranregion sowie Splice-Mutationen außerhalb der obligatorischen Dinukleotid-Splice-Signale meist mit *Pankreassuffizienz* verbunden. Zahlreiche Beobachtungen haben gezeigt, dass der variable Sequenzbereich am Übergang von Intron 8 Exon 9 eine funktionelle Rolle spielt. Einem Bereich von 11-13 TG-Wiederholungen folgen 5-9 T-Wiederholungen; nach weiteren 5 Nukleotiden beginnt Exon 9. Bei infertilen Männer mit kongenitaler Aplasie des Vas deferens (CAVD) ohne pulmonale und intestinale Manifestation findet man sehr oft ein bestimmtes Mutationsspektrum, einschließlich des „5T-Allels". Das 5T-Allel spielt für CAVD eine besondere Rolle als prädisponierte CFTR-Mutation mit reduzierter Penetranz.

Bei Vorliegen der 5 T-Variante am Übergang von Intron 8 zu Exon 9 ist das korrekte Spleißen von Exon 9 gestört, wenn die TG-Sequenz auf 12 bzw. 13 Wiederholungen verlängert ist. Personen mit Compound-Heterozygotie für TG 13-5T kombiniert mit einer schweren Mutation im CFTR-Gen haben ein erhöhtes Risiko für das Auftreten einer *milden Mukoviszidose,* oder beim Mann kann das Vorliegen einer CAVD-5-T-Variante auch eine milde Mutation auf dem gleichen Chromosom (in cis) funktionell in eine schwere Mutation umwandeln (Abb. 8.17).

8.2.3 X-chromosomal-rezessive Erkrankungen

Die Besonderheit der X-chromosomalen Erkrankungen ist, dass die Manifestation der Erkrankung in der Regel nur bei männlichen Genträgern vorkommt, weil hier das mutierte Gen in hemizygotem Zustand vorliegt. Heterozygote Frauen sind in der Regel gesund. In Folge der zufälligen X-Inaktivierung besteht im Hinblick auf die Aktivität der meisten X-chromosomalen Gene ein *Mosaikzustand*. Bei einem geringen Prozentsatz von heterozygoten Frauen kann entsprechend der X-Inaktivierung des nicht betroffenen X-Chromosoms eine klinische Manifestation auftreten. In Tabelle 8.16 sind einige autosomal-rezessive Erkrankungen zusammengestellt.

Duchenne'sche Muskeldystrophie

Die Muskeldystrophie Typ Duchenne (DMD) ist die häufigste Form der Dystrophinopathien. Die Häufigkeit beträgt ca. 1 zu 3000 männliche Neugeborene. Die gesund geborenen Jungen entwickeln sich in der Regel unauffällig, obwohl durch Bestimmung von Creatinkinase (CK) die Krankheit nachweisbar ist. Im frühen Kindesalter fallen sie durch Schwierigkeiten beim Laufen und Treppensteigen auf. Mit zunehmendem Alter treten Schwäche der Beckenmuskulatur mit Watschelgang und Gower-Zeichen (Zuhilfenahme der Arme beim Aufrichten) auf (Abb. 8.18). Im weiteren Verlauf greift die Muskelschwäche auf Rumpf, Schultergürtel und Atemmuskulatur mit entsprechenden Komplikationen über. Die endgültige Diagnose kann durch molekulargenetische Untersuchung des Dystrophingens bzw. durch Nachweis des Dystrophinmangels in den Muskelzellen bestätigt werden (Abb. 8.19). Ein seltener Typ Becker (BMD) ist gutartig, zeigt ein milderes Erscheinungsbild und einen langsam fortschreitenden Verlauf, so dass es hier zu einer fast normalen Lebenserwartung kommen kann, falls sich keine kardialen Probleme entwickeln.

Das Dystrophingen wurde mit molekulargenetischen Methoden wie reverser Genetik oder der des Positional Clonings isoliert. Die Lokalisierung auf dem kurzen Arm des *X-Chromosoms (Xp21)* gelang durch Koppelungsanalyse. Zwei Arten von zytogenetisch nachweisbaren Veränderungen ermöglichten den Zugriff zu den Genabschnitten: eine X-autosome (Xp21/21)-Translokation bei einer Frau, die an DMD erkrankt war und eine große Deletion im Bereich Xp21 bei einem Jungen mit DMD. Dieser Patient litt neben der Muskeldystrophie Typ Duchenne an weiteren X-gekoppelten Krankheiten. Mit Hilfe der Subtraktionsklonierung gelang die Isolierung von Klonen, die Sequenzen aus dem deletierten Bereich enthielten. Unter Anwendung von weiteren molekularbiologischen Methoden gelang es schließlich, das Gen für die Muskeldystrophie Typ Duchenne zu isolieren.

Die heterozygoten Frauen sind in der Regel klinisch unauffällig, der pathologische Laborbefund konnte an einer CK-Erhöhung im Serum nachgewiesen werden. Durch Abweichung der normalen X-Inaktivierung (*skewed inactivation*) kann es auch bei Carriern zur klinischen Manifestation kommen.

Das Dystrophingen hat eine Größe von über 2400 kb und enthält 79 Exons mit 214 Mbp, von denen 14 kb-mRNA transkribiert werden. Bisher sind 7 verschiedene Promotoren bekannt, die die Expression verschiedener Genprodukte regulieren. Diese Genprodukte werden nach dem Hauptexpressionsort benannt. Das M-Dystrophin besteht aus 3685 Aminosäuren und hat ein Molekulargewicht von 427.000. C- und P-Dystrophin unterscheiden sich nur im ersten Exon. Das Protein ist durch vier Domänen gekennzeichnet, den aminoterminalen, den mitt-

Tabelle 8.16. Einige X-chromosomal-rezessive Erkrankungen

Krankheiten	Häufigkeit
Albinismus (okuläre Form)	1:55.000
Charcot-Marie-Tooth, Typ IV	1:32.000
Chorioideremie	selten
Chronische Granulomatose	selten
Diabetes insipidus (nephrogene Form)	selten
Ehlers-Danlos-Syndrom Typ V, IX	selten
Farbblindheit	1:500-2000
Glykogenspeicherkrankheit Typ VIIb	selten
Hämophilie A	1:10.000
Hämophilie B	1:25.000
Lesch-Nyhan-Syndrom	1:3000.000
Lowe-Syndrom	selten
Martin-Bell- bzw. Fragiles-X-Syndrom	1:4000
Menkes-Syndrom	1:40.000
Mucopolysaccharidose Typ II (Hunter)	1:10.000-100.000
Muskeldystrophie Typ Duchenne/Becker	1:3.000
Norrie-Syndrom	selten
Retinoschisis	selten
Testikuläre Feminisierung	1:2000-20.000
Wiskott-Aldrich-Syndrom	selten

Abb. 8.18. Patient mit Muskeldystrophie Typ Duchenne

Duchenne'sche-Muskeldystrophie
Out of frame Deletion im Dystrophingen (75% der Fälle)
Normale mRNA-Sequenz
CUCGAGCACGAAUCGGGAAUAGCA
CUCGAGCACGAAGAAUAGCA
Out of frame Deletion
Aminosäure-Sequenz
Leu-Glu-His-Glu-Ser-Gly-Ile-Ala
Leu-Glu-His-Glu-Glu-STOP

leren, den cysteinreichen und den karboxyterminalen Bereich. Die Entstehung der Muskeldystrophie Typ Duchenne und Becker-Kiener wird durch Mutationen im Dystrophingen verursacht. Alle Arten von Mutationen sind bisher beobachtet worden. Etwa zwei Drittel der Fälle von DMD und BMD zeigen eine Deletion an mehreren Exons (Abb. 8.20a), zwei Bereiche des Dystrophingens sind besonders betroffen. Ein Bereich umfasst Exon 44 bis 52. Der andere Bereich erstreckt sich von Exon 3 bis 19. Deletionen, welche die ersten bzw. letzten Exons des Gens betreffen, führen zum Intermediärtyp. Deletionen des mittleren Genbereichs können sowohl DMD als auch BMD verursachen (Abb. 8.20). Eine molekulare Erklärung für dieses Phänomen wurde mit der Hypothese von offenen Leserahmen gegeben. Deletionen, die in einem für ein Aminosäure kodierendem Triplett entstehen, verschieben den Leserahmen für die Proteinsynthese (Stoppkodon).

Beim Auftreten von Deletionen, die den offenen Leserahmen zerstören, muss mit dem Auftreten eines schweren Krankheitsverlaufs gerechnet werden. Deletionen im mittleren Genbereich sind in der Regel nicht so schwerwiegend, dass mit einer DMD gerechnet werden muss. Im übrigen Drittel der Fälle von DMD und BMD liegen sog. Punktmutationen vor. Sie umfassen Deletionen und Insertionen von wenigen Nukleotiden sowie den Austausch von Basen und sind über das gesamt Gen verteilt. Die Carrier von Deletionen können nach Hybridisierung mit Dystrophin-spezifischen Kosmidklonen auf Metaphasepräparaten erkannt werden (Abb. 8.21).

8.2.4 X-chromosomal-dominante Erkrankungen

X-chromosomal-dominante Erkrankungen treten beim Menschen *relativ selten* auf. Im Unterschied zur X-chromosomal-rezessiven Vererbung erkranken dabei nicht nur die hemizygoten Männer, sondern auch die heterozygoten Frauen. Das Erscheinungsbild dieser Er-

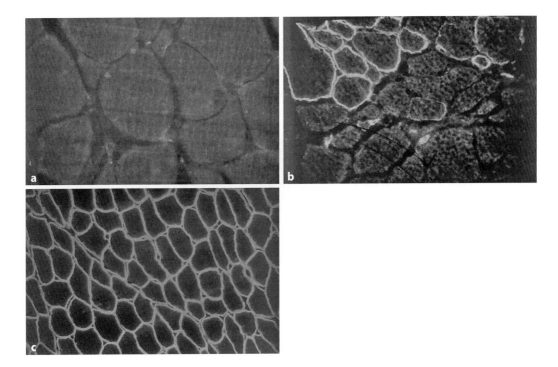

Abb. 8.19. Dystrophinnachweis im Muskelgewebe, **a** Patient mit DMD (negativ), **b** Konduktorin (vermindert), **c** Kontrolle (normal). (Mit freundlicher Genehmigung von Dr. M. Cremer)

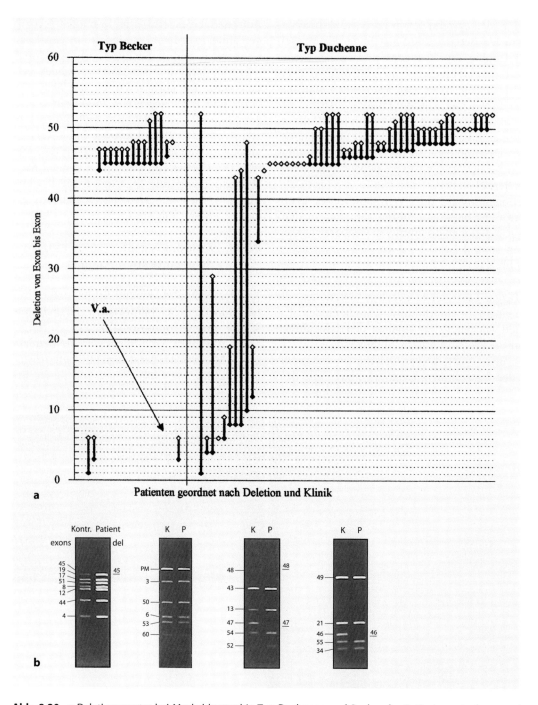

Abb. 8.20. a Deletionsmuster bei Muskeldystrophie Typ Duchenne und Becker des Patientenguts der genetischen Beratungsstelle Heidelberg. **b** PCR von 24 Exons und der Promotorregion des Dystrophingens. Patienten zeigen eine Deletion des Exons 45-49. (Mit freundlicher Genehmigung von Dr. M. Cremer)

8.2 · Monogene Erkrankungen

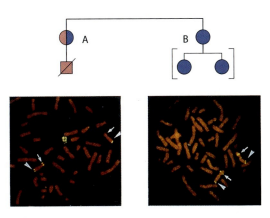

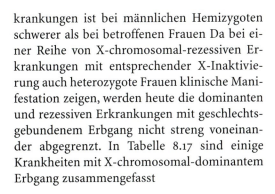

Abb. 8.21. Carrierdiagnostik bei Muskeldystrophie Typ Duchenne mit Hilfe der In-situ-Hybridisierung. (Mit freundlicher Genehmigung von Dr. M. Cremer)

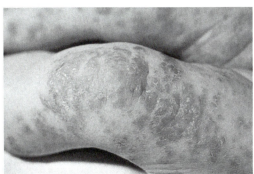

Abb. 8.22. Incontinentia pigmenti

Tabelle 8.17. X-chromosomal-dominante Erkrankungen

Krankheiten	Häufigkeit
Aicardi-Syndrom	selten
Fokale dermale Hypoplasie (Goltz-Gorlin-Syndrom)	selten
Incontinentia pigmenti	1/75.000
Ornithin-Transkarbamylase-Defekt (OTC)	selten
Orofaziodigitales Syndrom Typ I	1/80.000 (Mädchen)
Vitamin-D-resistente Rachitis	selten

krankungen ist bei männlichen Hemizygoten schwerer als bei betroffenen Frauen Da bei einer Reihe von X-chromosomal-rezessiven Erkrankungen mit entsprechender X-Inaktivierung auch heterozygote Frauen klinische Manifestation zeigen, werden heute die dominanten und rezessiven Erkrankungen mit geschlechtsgebundenem Erbgang nicht streng voneinander abgegrenzt. In Tabelle 8.17 sind einige Krankheiten mit X-chromosomal-dominantem Erbgang zusammengefasst

Incontinentia pigmenti

Incontinentia pigmenti bzw. **Bloch-Sulzberger-Syndrom** ist ein X-chromosomal-dominantes Multisystem. Betroffen sind dabei die Organe, die ektodermale Herkunft haben. Meist sind Mädchen betroffen, weil die Erkrankung für männliche Hemizygote letale Wirkung hat. Einzelne beobachtete Männer mit Incontinentia pigmenti sind Mosaike. Charakteristische Merkmale sind zunächst herpetiforme Bläschen bzw. Knötchen, die häufig linear angeordnet entlang der Blaschkolinien auftreten. Nach der Heilung der Bläschen tritt eine flächenhafte bzw. warzenförmige pigmentierte Hyperkeratose auf, die später in spritzartig braunschwarze Pigmentflecken übergeht (Abb. 8.22).

Prädisponiert sind besonders die Achselhöhlen, der Rumpf und die Beine; das Gesicht bleibt meist ausgespart. Weitere Merkmale sind fehlende Zahnanlagen, verschiedene Augenanomalien, vor allem Katarakte, Keratitis, retinale Schäden oder Optikusatrophie, ZNS-Anomalien, spastische Tetraplegien, epileptische Anfälle und mentale Entwicklungsverzögerung. Genetisch werden zwei verschiedene Typen unterschieden. Das Gen für Tay Ip2(NEMO), ist an Xp28 lokalisiert.

8.2.5 Monogene Krankheiten mit atypischen Mechanismen

8.2.5.1 Krankheiten mit instabilen, dynamischen Trinukleotidrepeats

Die Grundlagenforschung in der Molekularmedizin hat in den letzten Jahren gezeigt, dass eine starke Verlängerung instabiler repetitiver Trinukleotidsequenzen beim Menschen zu Krankheiten führt. Innerhalb des gesamten Genoms gibt es eine Reihe von repetitiven Sequenzen, die nicht selten sind. Diese Stellen sind für die Entstehung von Mutationen prädisponiert, weil es u.a. bei der Zellteilung zu einer Fehlpaarung solcher DNA-Regionen der homologen Chromosomen kommen kann. Dies führt zur Vergrößerung oder Verkleinerung der repetitiven Sequenzen. Als besondere Form können sich *Trinukleotidrepeats* expandierend amplifizieren. Im Gegensatz zu den meisten krankheitsauslösenden Genen, die sich nach ihrer Entstehung nicht mehr ändern und über mehrere Generationen unverändert weitergegeben werden, kann die Anzahl der repetitiven Nukleotide von Generation zu Generation ansteigen. Dies führt zur Verstärkung der klinischen Merkmale und zu einem früheren Manifestationsalter der entsprechenden Erkrankung. Dieses Phänomen wird als *Antizipation* bezeichnet.

– Antizipation ist das Phänomen, dass sich eine Krankheit bei aufeinander folgenden Generationen mit immer gravierenderen Symptomen zeigt bzw. früher manifest wird.

Charakteristisch für diese Krankheiten mit dynamischen Mutationen ist, dass es sich bei den meisten um *neurodegenerative Erkrankungen* handelt und meist – Ausnahme Friedreich'sche Ataxie (autosomal-rezessiv) und Kennedy-Disease (X-chromosomal-rezessiv) – eine autosomal-dominante Vererbung vorliegt. Generell lassen sich die repetitiven Trinukleotidsequenzen, die eine instabile Ausdehnung zeigen, in zwei Kategorien (Abb. 8.23) einteilen: Die meisten Gene enthalten (CAG)n-Wiederholungen innerhalb der kodierenden Sequenz, die als Polyglutaminbereiche translatiert werden.

Die stabilen Allele bestehen aus 10-30 repetitiven Einheiten, während die instabilen, krankheitsverursachenden Allele ca. 40-100 Einheiten enthalten.

Einige (CGG)n-Wiederholungen im nicht kodierenden Bereich enthalten 6-50 Kopien und können sich auf Hunderte oder sogar Tausende Elemente ausdehnen. Aus bisher nicht bekannten Gründen können solche Expansionen die DNA-Methylierung und Chromatinstruktur ändern.

Im Einzelfall finden sich die (CTG)n-Repeats im nicht translatierten Bereich am 3' Ende des Gens. Beispielsweise das DMK-Gen, das in Chromosom 19q13 liegt und etwa 5-35 Repeats enthält. Bei erkrankten Personen können diese bis auf 200 Kopien expandieren.

Bei allen Krankheiten mit intragenen CAG-Repeats handelt es sich um *neurodegenerative Störungen*, bei denen wahrscheinlich die Proteine mit langen Polyglutaminabschnitten neurotoxisch sind. Die unterschiedlichen Symptome dieser Krankheiten wären dann eine Folge der verschiedenen zellulären Verteilungen dieser Proteine. Bei der spinobulbären Muskelatrophie (SBMA) hat die Expansion des CAG-Repeats im androgenen Rezeptorgen wahrscheinlich auch eine Funktionseinschränkung des Androgenrezeptors zur Folge, was die relative Androgenresistenz von Patienten mit SBMA erklärt.

Die Stabilität der repetitiven Sequenzen nimmt mit der Repeatlänge ab. Dies gilt nicht nur für die Trinukleotide, sondern auch für tri- und tetranukleotide Repeats. Einige Krankheiten mit instabilen Trinukleotidsequenzen sind in Tabelle 8.18 aufgeführt.

Fra(X)-Syndrom

Bereits seit dem 19. Jahrhundert ist bekannt, dass *geistige Retardierung* beim männlichen Geschlecht häufiger auftritt als beim weiblichen. Heute weiß man, dass dieser Überschuss von ca. 25% durch X-chromosomale Vererbung bedingt ist. Inzwischen sind über 200 Formen der syndromalen und nicht-syndromalen geschlechtsgebundenen mentalen Retardierung identifiziert worden. Eines der häufigsten Krankheitsbilder dieser Gruppe ist das *Martin-Bell*- bzw. das *Fragile-(X)-Syndrom*. Die Häu-

8.2 · Monogene Erkrankungen

Tabelle 8.18. Erkrankungen mit instabilen repetitiven Trinukleotidsequenzen

Krankheit	Manifestationsalter	Lokalisation	Position im Gen	Repeat	Repeatanzahl kontr.	Prä-M.	Volle M.	Transmission	Erbgang
Chorea Huntington	> 35	4p16.3	Kodierender Bereich	(CAG)n	9-35	—	37-100	Paternal, a, e	AD
Myoton. Dystrophie (DM$_1$)	Variabel	19q13	3'UTR	(CTG)n	5-37	37-50	50-4000	Maternal a, c, e	AD
DM$_2$	30-40	3q21	Intron 1	(CCTG)n	12	—	75-11000	—	AD
Spinozerebel. Ataxie 1 (SCA1)	> 25	6p23	Kodierender Bereich	(CAG)n	19-36	—	43-81	Paternal, a, e	AD
Spinozerebel. Ataxie 2 (SCA2)	> 30	12q24	Kodierender Bereich	(CAG)n	17-29	—	36-62	Maternal, a, c	AD
Spinozerebel. Ataxie 3 (SCA3)	> 45	14q32	Kodierender Bereich	(CAG)n	12-36	—	67-84	Paternal, a, c, e	AD
Dentatorubropallidolysiane Atrophie (DRPLA)	Variabel	12p23	Kodierender Bereich	(CAG)n	7-23	—	49->75	Paternal, a, e	AD
Friedreich-Ataxie	Kindesalter	9q13-21	Intron 1	(GAA)	10-21	—	200-900	—	AR
FRAXA	Kongenital	Xq27.3	5'UTR	(CGG)n	6-52	50-200	200->1000	Maternal, a,e	XR
FRAXE	Kongenital	Xq28	UTR	(CGG)n	6-25	20-200	> 200	Maternal, e, c	XR
FRAXF	Kongenital	Xq28	?	(GCC)n	6-29	—	> 500	?	XR
Spinobulbäre Muskelatrophie (Kennedy-Syn.)	> 30	Xq21	Kodierender Bereich	(CAG)n	17-24	—	40-55	Maternal a, c, e	XR

a: Antizipation, c: Kontraktion, e: Expansion

figkeit dieser Erkrankung beträgt ca. 1 zu 4500 bei männlichen und ca. 1 zu 9000 bei weiblichen Neugeborenen.

Neben einer **geistigen Retardierung** mittleren Schweregrades zeigen die Betroffenen einige charakteristische Merkmale. *Im Kindesalter* fallen sie durch ein hyperkinetisches Verhalten mit autistischen Zügen, Konzentrationsschwäche und Sprachentwicklungsverzögerung auf. Phänotypisch zeigen sie relativ große und dysplastische Ohren, Bindegewebsschwäche mit überstreckbaren Gelenken, fleischige und pastöse Hände und Füße mit tiefen Fußsohlenfurchen sowie eine feine, samtartige Haut. Die Körperlänge, der Kopfumfang und das Körpergewicht liegen im Kindesalter im oberen Normbereich. *Postpubertär* sind ein langes und schmales Gesicht, hohe Stirn, supraorbitale Wülste, ein ausgeprägter prominenter Unterkiefer und Megalotestes die typischen Merkmale (Abb. 8.24a). Die Bezeichnung „Fragiles X-Syndrom" beruht darauf, dass das X-Chromosom des betroffenen Individuums in einem Medium mit Folsäuremangel am terminalen Ende eine fragile Stelle bzw. ein Gap zeigt (Abb. 8.24b).

Molekulargenetik

Seit 1991 weiß man, dass das Fra(X)-Syndrom eine Erkrankung mit *instabilen Triplett-Repeats* ist. Dies resultiert aus einer Expansion der CGG-Trinukleotid-Wiederholungen am 5'-Ende des FMR1-Gens (*fragile X mental retardation*). Darüber hinaus zeigen die Patienten eine abnorme DNA-Methylierung einer benachbarten CPG-Insel am 5'-Ende des Gens. Diese polymorphen Trinukleotid-Wiederholungen bestehen normalerweise aus 5 bis 50 CGG-Einheiten, bei Patienten sind diese auf mehrere Hundert bzw. Tausend Einheiten expandiert (Abb. 8.25). Wenn die Anzahl der Trinukleotid-Repeats über 200 Wiederholungen ansteigt, ist das *FMR1*-Gen am 5'-Ende methyliert und inaktiv. Dieses Methylierungsmuster kann mit Hilfe von Southern-Blot nachgewiesen werden. Inzwischen weiß man, dass die Mutation des FMR1-Gens in zwei Schritten geschieht. Vermehrt sich das CGG-Repeat bis auf 200, so zeigt diese Prämutation keine klinische Auswirkung. Sowohl Knaben als auch Mädchen mit einer *Prämutation* sind klinisch unauffällig. Durch Weitergabe der Prämutation an die folgende Generation kann in einem zweiten Schritt durch Expansion des Gens bis auf mehrere Hundert oder Tausend CGG-Repeats die sog. *Vollmutation* entstehen. Gleichzeitig kommt es zur Hypermethylierung der benachbarten regulatorischen Sequenz. Während alle Knaben mit Vollmutation den klinischen und zellulären Phänotyp zeigen, sind nur etwa 60% der heterozygoten Mädchen mit Vollmutation klinisch auffällig. Dies beruht auf dem X-Inaktivierungseffekt in weiblichen Zellen. Die vollständige Mutation tritt nur auf, wenn eine Prämutation vorausgegangen ist und maternal vererbt wird. Bei männlichen Überträgern wird eine Prämutation in der Regel unverändert bzw. mit einer geringgradigen Verlängerung vererbt. Aus diesem Grund sind Töchter von männlichen Prämutationsträgern klinisch unauffällig. Ein für die Triplett-Krankheiten typisches Phänomen ist die Antizipation, d.h. die Vergrößerung und die zunehmende Schwere des klinischen Verlaufs in den folgenden Generationen.

Myotone Dystrophie

Die Myotone Dystrophie (MD) ist eine in der Regel spät manifest werdende, autosomale Multisystemerkrankung mit einer intra- und interfamiliär variabler Expressivität. Charakteristisch sind eine progrediente Muskelschwäche mit einer ausgeprägten Atrophie der distalen

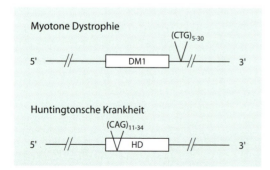

Abb. 8.23. Schematische Darstellung eines Trinukleotid-Repeats, *oben*: Expansion im nicht kodierenden Bereich, *unten*: Expansion im kodierenden Bereich

8.2 · Monogene Erkrankungen

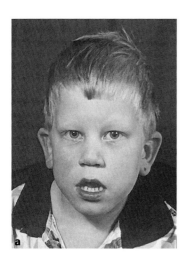

Abb. 8.24. a Charakteristisches Gesicht eines Kindes mit Fra(X)-Syndrom, b. fragiles X-Chromosom

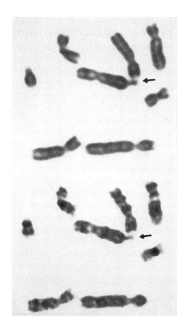

Abb. 8.24. b Fragiles X-Chromosom

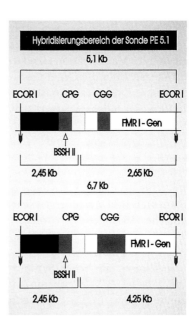

Abb. 8.25. Schematische Darstellung des CGG-Repeats, **a** normal (6-49 Repeats)

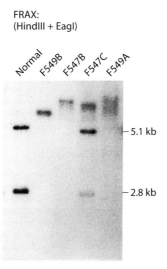

Abb. 8.25. b Sothern-blot von Patienten mit Fra(X)-Syndrom und Kontrollperson

und später auch proximalen Arm- und Beinmuskeln, ein myopathisches Gesicht mit einer Ptosis, undeutliche Sprache, Atrophie der Schläfen- und vorderen Halsmuskulatur. Sie können nach festem Augen- oder Faustschluss diese nur mit Verzögerung wieder öffnen. Als Mikrosymptome sind Kau- und Schluckstörungen, Herzrhythmusstörungen, Katarakte, Diabetes mellitus und Hypogonadismus bekannt. Die klassische Form wird in der Regel im späteren Jugend- bzw. frühen Erwachsenenalter manifest. Die schwere Ausprägung manifestiert sich im Neugeborenen-, Säuglings- bzw. Kindesalter, eine kongenitale Form bereits intrauterin (Abb. 8.26). Bis auf wenige Ausnahmen haben die Kinder mit kongenitaler Manifestation eine *klinisch betroffene Mutter*. Über die Generationsfolge nimmt die Schwere des Krankheitsbildes zu, und das *Manifestationsalter* verringert sich. Im Bereich des nicht translatierten 3'-Ende des DMPK(DM-Proteinkinase)-Gens befindet sich bei der klassischen DM_1 ein instabiler Trinukleotidrepeat CTG (Abb.8.23). Während die Normalbevölkerung 5 bis 35 dieser CTG-Repeats hat, kann bei Patienten mit Myotoner Dystrophie eine 2000fache Verlängerung vorliegen. Die Schwere der Erkrankung korreliert mit der *Anzahl der CTG-Repeats* (Tabelle 8.19).

Bei DM2 mit klinisch ähnlicher Symptomatik findet man keine CTG-Expansion im DMPK-Gen, sondern eine CCTG-Expansion (75-11000) im Intron 1 des ZNF9-Gens am Chromosom 3q21.

8.2.5.2 Krankheiten mit Imprintingstörung

Man weiß heute, dass die Genexpression in unterschiedlichen Organen auch zu verschiedenen Zeitpunkten u.a. durch *epigenetische Mechanismen* gesteuert wird. Unter epigenetischem Mechanismus versteht man die molekulare Modifikation der DNA bei unveränderter Nukelotidsequenz. Beispielsweise kann durch Cytosinmethylierung von mehreren hintereinander liegenden CpG-Nukleotiden im Promotorbereich eines Gens die Expression des entsprechenden Gens blockiert werden. Die epigenetischen Mechanismen werden jeweils in der

Tabelle 8.19. Klassifizierung der myotonen Dystrophie nach Manifestationsalter

Phänotyp	Alter	Klinische Symptome	Repeatlänge
Mild	> 40 Jahre	Katarakt	50-150
Klassische Form	Ca. 10-40 Jahre	Myotonie, Muskelschwund, frühzeitige Stirnglatze, Hypogonadismus, Herzrhythmusstörungen	100-1000
Kongenital	Bis 12 Monate	Hypotonie („floppy baby"), psychomotorische Retardierung, respiratorische Insuffizienz, faziale Diplegie	> 1000

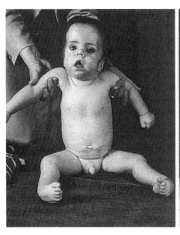
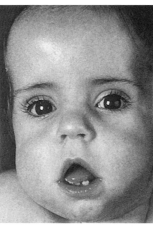

Abb. 8.26. Kind mit kongenitaler myotoner Dystrophie

Keimbahn bzw. der *frühen Keimzellentwicklung* gelöscht und neu geschrieben, dabei ändert sich die DNA-Sequenz nicht und die Modifikation ist auch nicht erblich. Man kennt einige Gene, deren Expression von den geschlechtsübertragenden Eltern abhängt. Es kommt darauf an, ob die Genkopie über die mütterliche oder die väterliche Keimbahn weitergegeben wird. Nur eine der beiden Genkopien ist funktionell aktiv, die andere ist blockiert. Dieses Phänomen wird **genomic imprinting** bzw. **elterliche Prägung** genannt. Eine normale Genfunktion ist nur dann gewährleistet, wenn das imprimierte Gen in der jeweils exprimierten paternalen oder maternalen Kopie vorliegt. Eine fehlende korrekte Genkopie oder das Überwiegen von paternal oder maternal imprimierten Genen führt beim Menschen zu Krankheiten, wie beispielsweise zum *Prader-Willi-Syndrom, Angelman-Syndrom* oder *Beckwith-Wiedemann-Syndrom*. Eine genomische Prägung kann gestört werden, wenn eine Mikrodeletion der verantwortlichen Region vorliegt. Dadurch entsteht eine Monosomie bzw. Hemizygotie, und diese ist krankheitsauslösend durch solche Gene, die dann nur noch blockiert vorliegen. Eine Störung der genomischen Prägung kann auch durch eine **uniparentale Disomie** auftreten, wenn zwei homologe Chromosomen nur von einem Elternteil stammen (Abb. 8.27). Es kann aber auch eine Mutation an dem Gen stattfinden, welches das Imprinting steuert (Imprinting-Mutation), oder die Expression des verantwortlichen Gens kann durch eine Punktmutation gestört sein. In Tabelle 8.20 sind einige Krankheiten mit Störung der genomischen Prägung zusammengestellt.

Prader-Willi-Syndrom

Das Prader-Willi-Syndrom ist ein Krankheitsbild mit einer ausgeprägten, angeborenen bzw. frühkindlichen generalisierten **Muskelhypotonie**, psychomotorischen Retardierung, Adipositas bei Hypophagie, Minderwuchs, Hypogonadismus und Hypopigmentierung. Bei etwa 75% der Fälle liegt eine **Deletion des paternalen Chromosoms 5q11-13** vor, die zum Teil durch hochauflösende Bandentechnik oder **In-situ-Hybridisierung** nachgewiesen werden kann. Die Deletion umfasst einen Bereich, in dem eine Reihe von genomisch geprägten Genen lokalisiert sind. Diese Region enthält zwei aneinander grenzende Abschnitte, die einer entgegengesetzten Prägung unterliegen. Sind die Sequenzen mütterlicher Prägung, unterscheiden sie sich von den väterlichen aufgrund eines anderen Methylierungsmusters. Bei etwa 20% der Fälle findet man eine maternale uniparenta-

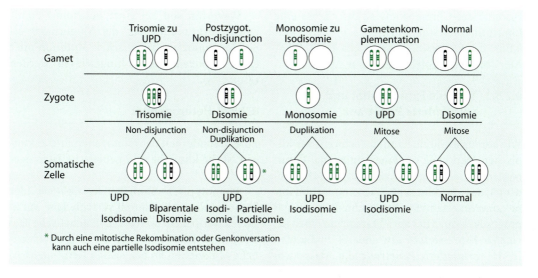

Abb. 8.27. Mögliche Entstehungsmechanismen einer uniparentalen Disomie (UPD)

Tabelle 8.20. Krankheiten mit einer Störung der genomischen Prägung bzw. uniparentale Disomie

Krankheit	Geprägtes Allel	Gen / Lokalität
Angelman-Syndrom	maternal	UBE3A / 15q11-q13
Wiedemann-Beckwith-Syndrom (WBS/Wilms))	maternal	IGF2 / 11p15
Wilms-Tumor	paternal	H19 / 11p15
WBS	maternal	P57KIPZ / 11p15
		KVLQT / 11p15
Prader-Willi-Syndrom	paternal	ZNF 127 / 15q11-q13
		IPW, NDN / 15q11-q13
		PAR1, PAR5 / 15q11-q13
Wachstumsretardierung (Silver-Russel-Syndrom)	maternal	PEG 1/MEST/7

le Disomie, bei etwa 3% ist die Methylierung durch eine Mutation gestört (Abb. 8.28).

Angelman-Syndrom

Das Angelman-Syndrom ist eine Krankheit mit ataktischer Gangstörung, unmotivierten Lachanfällen, Krampfleiden mit typischen EEG-Veränderungen, Kleinwuchs und einer schweren geistigen Retardierung. 65% der Patienten mit Angelman-Syndrom zeigen eine **Deletion des mütterlichen Chromosoms 15q11-13**, in 3% der Fälle findet man eine paternale uniparentale Disomie des Chromosoms 15, bei ca. 6% eine Imprinting-Mutation und bei ca. 10% eine Mutation des verantwortlichen Gens UPD3A/E6-AP (Ubiquitin-Proteinligase-Gen; Abb. 8.28).

8.2.5.3 Variable Expressivität und verminderte Penetranz

Wie bereits erwähnt, kann die Schwere der klinischen Merkmale bei einer autosomal-dominanten Erkrankung sehr variabel sein. Dies bedeutet, dass das klinische Erscheinungsbild intra- und interfamiliär unterschiedlich ausgeprägt sein kann. Hier spricht man von einer *variablen Expressivität*. Ein anderes Phänomen ist die *verminderte Penetranz*, d.h., dass nicht alle Anlageträger die Symptome der Erkrankung zeigen (Kap. 4.5.3.). Bei einer dominant

erblichen Erkrankung mit verminderter Penetranz und variabler Expressivität ist die Untersuchung auf Mikrosymptome von großer Bedeutung. Beispielsweise bei Neurofibromatose und/oder Tuberöser Sklerose können Anlageträger mit unterschiedlichen Krankheitsmerkmalen oder ohne Symptome vorkommen (*Generationssprung*). Deshalb ist eine spezielle dermatologische, neurologische, neuroradiologische und ophthalmologische Untersuchung zum Ausschluss von Mikrosymptomen erforderlich.

Weiterhin soll bei einer autosomal-dominanten Erkrankung auf die Möglichkeit einer *Neumutation, somatischen Mutation* oder eines *Keimzellmosaiks* hingewiesen werden (Kap.4.5.5).

8.2.5.4 Heterogenität

Eine Besonderheit der monogenen Erkrankungen ist die klinische und genetische Heterogenität.

Phänotypisch ähnliche Krankheitsbilder können gelegentlich durch verschiedene Mutationen verursacht werden. Die genetische Heterogenität kann entweder durch unterschiedliche Mutationen an demselben Gen (*allelisch*) oder durch Mutationen an unterschiedlichen Genen verursacht werden. Hier spricht man

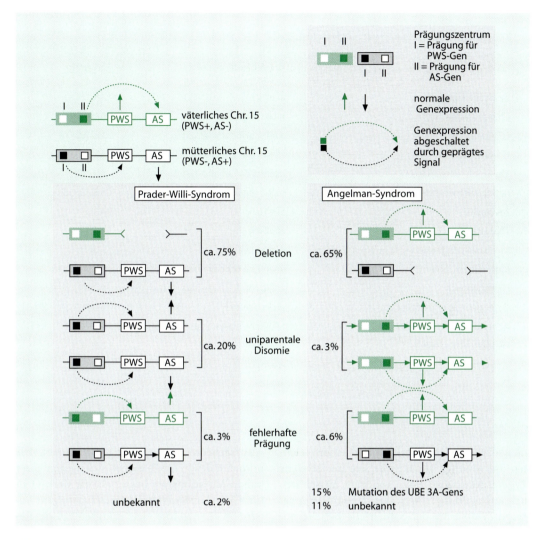

Abb. 8.28. Verschiedene Mechanismen bei Prader-Willi- und Angelman-Syndrom (Aus Strachan u. Read 1996)

von einer **Lokus-Heterogenität**. Durch Koppelungsanalysen wie bei Krankheiten mit unterschiedlichen Erbgängen oder durch die Tatsache, dass zwei homozygote Kranke derselben autosomal-rezessiven Erkrankung nur gesunde Nachkommen bekommen, kann die Heterogenität erkannt werden. Beispiele dafür sind die verschiedenen Typen der Taubstummheit oder des Albinismus, wenn die Eltern homozygot für die Mutation in verschiedenen Genen sind. Die Nachkommen werden heterozygot für zwei verschiedene Mutationen, die nur in homozygotem Zustand zur klinischen Manifestation führen. In Tabelle 8.21 sind einige Beispiele für allelische und lokusabhängige Heterogenität zusammengestellt.

8.3 Mitochondropathien

Das mitochondriale Genom (**mt-DNA**) ist doppelsträngig, zirkulär und 16.569 bp lang. Es liegt in mehrfachen Kopien in jedem Mitochondrium vor, besitzt 37 eng angeordnete Gene ohne Introns und kodiert für 13 Proteine der Atmungskette sowie für 22 tRNA- und 2 rRNA-Moleküle (Abb. 7.3). Sie verteilen sich auf ei-

Tabelle 8.21. Einige heterogene Krankheitsbilder

Krankheit	Art der Heterogenität	Erbgang
Zystische Fibrose	allelisch	AR
Charcot-Marie-Tooth	nicht allelisch	AD, XR
Ehlers-Danlos	allelisch/nicht allelisch	AR, AD, XR
Homozystinurie	allelisch/nicht allelisch	AR
Mukopolysaccharidose	allelisch/nicht allelisch	AR, XR
Retinis pigmentosa	nicht allelisch	AR, AD XR
Tay Sachs	allelisch	AR
Thalassämien	allelisch	AR
Myotonia congenita	nicht allelisch	AD
Muskeldystrophien	allelisch/nicht allelisch	XR, AR, AD
Glykogenosen	allelisch/nicht allelisch	AR/XR
Osteogenesis imperfecta	nicht allelisch	AD/AR
Achondroplasie	allelisch	AD
Hypochondroplasie	allelisch	AD
Thanatophorer Zwergwuchs	allelisch	AD
Syndrome mit Kraniostenosen	allelisch	AD

nen schweren Strang mit 28 und einem leichten mit 9 Genen (Kap. 7.5.4). Die menschliche Zygote erhält ihre Mitochondrien ausschließlich aus der Eizelle, weil das ohnehin sehr geringe Zytoplasma der Samenzelle bei der mitochondrialen Vererbung keinen Einfluss hat. Bei der Zellteilung werden die m-DNA-Ringe und damit die Mitochondrien verdoppelt, damit die Tochterzellen die gleiche Ausgangsmenge erhalten. Dabei gibt es keinen Sortiermechanismus, der festlegt, welche Mitochondrien in welche Tochterzelle gelangen. Sie verteilen sich also rein zufällig. Man bezeichnet dieses Phänomen als *Heteroplasmie*. Liegt in einer Zygote bei einem Teil der Mitochondrien eine bestimmte Mutation vor, dann kann entsprechend des zufälligen Verteilungsmechanismus eine Tochterzelle mehr von den mutierten Mitochondrien enthalten, die anderen dafür mehr von den normalen. In Geweben, die vorwiegend die mutierte Mitochondrien-DNA enthalten, kann es dann zu entsprechenden krankheitsverursachenden Auswirkungen kommen. Die mitochondriale DNA eignet sich wegen ihrer hohen Mutationsrate besser als die Kern-DNA für *evolutionsbiologische Untersuchungen*. Außerdem können hier viele Faktoren, z.B. die Rekombination zwischen väterlichen und mütterlichen Allelen, ausgeschlossen werden. Dies kann für spezielle Fragen der *Abstammungsuntersuchung* genutzt werden (Kap. 11). Wie bereits erwähnt, sind die in der mitochondrialen DNA kodierten Proteine essentielle Komponenten der Atmungskette. Bei der oxidativen Phosphorylierung der Atmungskette sind 5 verschiedene Enzymkomplexe involviert. Komplexe I bis IV sind an NADH- und Sukzinatoxidation und Komplex V an ATP-Synthese beteiligt. Von über 90 Proteinen, die an der Phosphorylierung der Atmungskette beteiligt sind, sind nur 13 in der mitochondrialen DNA kodiert. Die restlichen der mitochondrial lokalisierten Proteine werden nukleär kodiert und vererbt. Aus diesem Grund sind die meisten mitochondrialen

Erkrankungen, speziell die, die im frühen Kindesalter auftreten, meist nukleär mit einer autosomal-rezessiven Vererbung.

Die *klinischen Symptome* der mitochondrialen Erkrankungen werden in Abhängigkeit vom Energiebedarf der jeweiligen Organe unterschiedlich manifest. Hauptsächlich werden das zentrale Nervensystem, die Leber sowie Skelett- und Herzmuskulatur betroffen. Im Vordergrund steht eine psychomotorische Retardierung und Muskelschwäche. Einige mitochondriale Erkrankungen sind in Tabelle 8.22 zusammengestellt.

Tabelle 8.22. Einige mitochondriale Erkrankungen

Mitochondriale Myopathie	Muskelschwund, Muskelschwäche, „ragged red fibers" (rot färbbare Fasern), dies sind pathologisch veränderte Mitochondrien, die sich mit einem bestimmten Farbstoff rot färben lassen	Punktmutation der t-RNA für Lysin
MERRF (myoklonische Epilepsie mit „ragged red fibers")	Epileptische, von Zuckungen begleitete Anfälle und mitochondriale Myopathie; unter Umständen Schwerhörigkeit und mentale Retardierung	Punktmutation in der Position 8344
MELAS (mitochondriale Enzephalomyopathie mit Laktatazidose und schlaganfallähnlichen Episoden)	Enzephalopathie (epilepsieartige Anfälle, vorübergehende Lähmungen und geistiger Verfall), mitochondriale Myopathie und Laktatazidose	Mutation in der Position 3243
CPEO (chronische progressive externe Ophthalmoplegie)	Lähmung der Augenmuskulatur sowie mitochondriale Myopathie	Punktmutation der t-RNA
KSS (Kearns-Sayre-Syndrom)	Wie CPEO mit zusätzlichen Symptomen wie Netzhautdegeneration, Herzerkrankung, Schwerhörigkeit, Diabetes und Niereninsuffizienz	Deletion von 4-8 kb und Punktmutation
Dystonie	Bewegungsstörungen mit Muskelstarre, häufig verbunden mit einer Degeneration der Basalganglien	Mutation in der Position 14459
Leigh-Syndrom	Progredienter Verlust motorischer und sprachlicher Fähigkeiten, Degeneration der Basalganglien, Netzhautdegeneration, kann schon im Kindesalter tödlich sein	Mutation in der Position 8993
Lebersches Syndrom (Leber Optikusneuropathie)	Dauernde oder vorübergehende Erblindung durch Atrophie des Sehnerven	Missensemutation in der Position 11778 und 3460
Pearson-Syndrom	Panzytopenie, Laktatazidose, Pankreasinsuffizienz, bei Überleben im weiteren Verlauf häufig wie KSS bzw. CPEO	Deletion und Duplikation

8.4 Multifaktorielle Erkrankungen

Als multifaktoriell bezeichnet man die Erkrankungen bzw. Merkmale, die keinem klassischen Erbgang nach Mendel'schen Regeln folgen und bei denen angenommen wird, dass die *genetische Disposition* durch krankheitsverursachende Veränderungen in mehreren Genen und *exogene Faktoren* für die Manifestation zusammenwirken (Kap. 5). Der größte Teil der Krankheiten, die familiär gehäuft auftreten, folgt nicht den Mendel'schen Regeln wie die monogenen Erkrankungen, sondern ist multifaktoriell. Die Häufigkeit entspricht der Gauß'schen Kurve (Abb. 8.29). So werden z.B. etwa 4-5% der Bevölkerung im Laufe des Lebens an Diabetes mellitus und 15-20% an Hypertension erkranken. Dabei ist nur ein geringer Teil dieser Erkrankungen *monogen* bedingt. Die multifaktoriellen Erkrankungen werden durch *variable Kombination* von unterschiedlichen genetischen und nicht genetischen Faktoren bestimmt. Allerdings können dabei einzelne Gene, die vielfach noch gar nicht bekannt sind, pathogenetisch im Vordergrund stehen. Bei genauerer Betrachtung verschwimmen allerdings die Grenzen zwischen diesen Kategorien. Es gibt eine Reihe von monogenen Erkrankungen, deren Manifestation durch modifizierte Varianten in anderen Genen oder auch durch exogene Faktoren beeinflusst werden. Die *Hämochromatose* ist eine monogene Erkrankung mit autosomal-rezessiv erblicher Störung des Eisenstoffwechsels. Sie wird nur bei einem Teil der Patienten klinisch manifest, vor allem, wenn exogene Faktoren dazu beitragen.

Für multifaktorielle Erkrankungen besteht eine *genetische Disposition*. Die Frage ist, wie man solchen Genen, die anfällig für eine weit verbreitete Krankheit machen, auf die Spur kommen kann. Möglicherweise können Haupt-geneffekte eine Rolle spielen. Wir stehen noch am Beginn eines genaueren Verständnisses. Es ist aber möglich, in naher Zukunft durch den Fortschritt der molekularen Medizin, hier Erklärungen näherzukommen. Über die Koppelungsanalyse werden die Kandidatengene bzw. polymorphe DNA-Marker identifiziert, und anschließend kann durch positionelle Klonierung die Identifizierung von Auffälligkeits-Genen

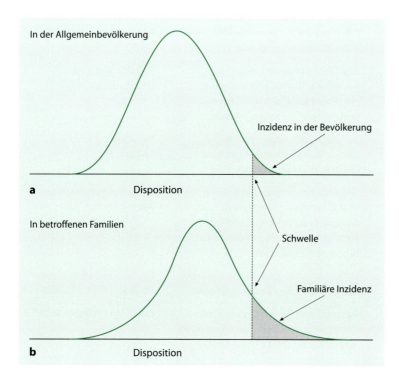

Abb. 8.29 a,b. Hypothetische Wahrscheinlichkeitskurve. **a** für die Normalbevölkerung, **b** für die Verwandten eines Patienten mit multifaktorieller Erkrankung

erfolgen. In den letzten Jahren gelang es z.B., nachdem man wusste, dass zumindest ein Teil der Brustkrebsfälle familiär gehäuft vorkommen, das statistische Verfahren zu präzisieren und anschließend die Brustkrebsgene BRCA1 und BRCA2 zu identifizieren (Kap. 5).

Bei der multifaktoriellen Vererbung ist es nicht selten, dass ein Merkmal erst nach Überschreiten einer bestimmten Grenze der genetischen Prädisposition zur Ausprägung kommt. Das heißt, es gibt eine Reihe von Mutationen, die noch nicht zur Ausprägung führen. Wird jedoch eine bestimmte Anzahl dieser Mutationen überschritten, so kommt es zur Manifestation der Erkrankung. Eine Toleranzgrenze ist für das Auftreten von multifaktoriellen Fehlbildungen bzw. Krankheiten häufig beschrieben. Hier spricht man von einem **Schwellenwert** (Abb. 5.4). Dabei muss die Schwelle keinen scharfen Trennstrich darstellen, sondern es kann auch ein Schwellenbereich vorhanden sein. Dies trifft vor allem bei solchen Krankheiten zu, deren Manifestation geschlechtsabhängig ist. Generell gibt es zwei Gruppen von multifaktoriellen Erkrankungen:

— Krankheiten ohne geschlechtsspezifischen Schwelleneffekt (Abb. 5.4a),
— Krankheiten mit geschlechtsspezifischem Schwellenwert (Abb. 5.4b).

8.4.1 Multifaktorielle Krankheiten ohne geschlechtspezifische Schwelleneffekte

Genetische Überlegungen zur Adipositas

Ein typisches Beispiel für eine extreme Abweichung innerhalb einer normalen Verteilungskurve ist die Adipositas. Gleichzeitig ist Adipositas ein erhebliches öffentliches Gesundheitsproblem in entwickelten Ländern und von großem Interesse für biotechnologische Firmen in dem Bemühen, ein effektives Schlankheitsmedikament zu entwickeln. Die Grenze zwischen Normalgewicht und Fettleibigkeit ist nicht einfach zu ziehen. Verschiedene *Messgrößen* wurden hierfür entwickelt. Eine ist ein Übergewicht von 20% über dem Normalgewicht, wobei die Körpergröße minus 100 = Normalgewicht in kg gesetzt wird. Eine andere ist der *body mass index (BMI)* = Gewicht in kg/Größe in m². Menschen mit Normalgewicht haben ein BMI zwischen 20 und 25. Starkes Übergewicht wird durch einen Index von mehr als 30 angezeigt. Andere Untersuchungen orientieren sich an mehr physiologischen Werten wie Serum-Leptin-Konzentration. Gerade die Fettleibigkeit zeigt aber auch, dass rein genetische Bedingtheit und ausschließlich exogene Bedingtheit nur schwer oder gar nicht voneinander zu trennen sind.

Unter allen an Fettleibigkeit leidenden Personen gibt es sicherlich viele, bei denen die Fettleibigkeit durch *soziale und kulturelle Gewohnheiten* bedingt ist. Andererseits beschreiben Zwillings- und Adoptionsstudien, dass ca. 70% der Varianz des BMI genetischen Faktoren zugeordnet werden kann. Segregationsstudien haben nahegelegt, dass für alles zwischen 20% und 65% der Populationsvarianz im BMI ein oder zwei *rezessive Hauptgene* verantwortlich gemacht werden können. Andere Autoren konnten diese Befunde nicht bestätigen, wobei wie in vielen Studien über komplexe Erkrankungen die Frage offen bleibt, ob der Primärreport falsch war oder die *follow-up*-Studie nicht kraftvoll genug.

Es existieren auch verschiedene Tiermodelle, bei denen einzelne Genorte für Adipositas verantwortlich sind. Allerdings sollte man bei der Bewertung der Tiermodelle beachten, dass das Ziel der *Obese-Forschung* die Entdeckung von Mechanismen ist, die Menschen empfänglicher oder resistenter für Essensverwertung-induzierte Fettsucht machen, mehr als solche, die z.B. ausschließlich mit dem Sattheitsmechanismus zu tun haben. Das bekannteste Tiermodell sind die *Obese-Mäuse*, bei denen ein einziges Gen dafür verantwortlich ist, dass offenbar ein Sattheitsmechanismus fehlt. Homozygote Tiere fressen, unter normalen Bedingungen gehalten, zügellos, sind relativ inaktiv und haben einen geringeren Energieumsatz. Nach vorzeitiger Verfettung sterben die Tiere früh. In Analogie zu Ratten, bei denen Läsionen im Hypothalamus gesetzt wurden, wurde spekuliert, dass der primäre Defekt, der zu diesem Verhalten führt, möglicherweise im Hypothalamus lokalisiert ist.

Beim Menschen könnte das Fehlen eines Sattheitsmechanismus in einem Teil der Fälle ebenfalls eine Erklärung sein. Auch das *menschliche Obesegen* ist zwischenzeitlich lokalisiert, und es werden Untersuchungen durchgeführt, inwieweit Mutationen in diesem für das Hormon Leptin kodierenden Gen zu Adipositas führen können. Auch wird untersucht, inwieweit Mutationen im Leptinrezeptorgen zu Essstörungen führen. Weiterhin sind der Melanocortin-4-Rezeptor und Pro-Opiomelanocortin im Zyklus, der Essensaufnahme reguliert, interessant. In einzelnen Fällen wurde Koppelung der extremen Adipositas zu funktionell relevanten Mutationen im Leptingen gefunden.

Eine Anzahl von Einzelgenmutationen mit verschiedenen Mechanismen oder eine Kombination von ihnen könnte für einen Teil der menschlichen Fettleibigkeit verantwortlich sein. Genetische Heterogenität ist dabei wahrscheinlich. Möglicherweise gibt es verschiedene monogene Varianten ebenso wie einen multifaktoriellen Hintergrund.

Diese Komplexität zusammen mit rein umweltbedingten Fällen macht die Aufklärung genetischer Hintergründe schwierig. Andererseits zeigt uns hier das Tiermodell, wie für einen Teil des Problems Hypothesen zur Bearbeitung beim Menschen gebildet und bearbeitet werden.

Morbus Alzheimer

Morbus Alzheimer ist gekennzeichnet durch einen zunehmenden Verlust an Gedächtnis, Zerstörung von emotionalem Verhalten und generellem Verlust kognitiver Fähigkeiten. Es sind ungefähr 5% der über 65jährigen und ungefähr 20% der über 80jährigen betroffen. Anatomisch wird ein *Verlust von Neuronen* mit vielen *Amyloid-haltigen Plaques* beobachtet. Degenerierende Neuronen enthalten charakteristische neurofibrilläre Strukturen.

Selten beginnt die Erkrankung in wesentlich jüngerem Alter, und diese Form mit frühem Beginn *(early-onset)* kann von der mit spätem Beginn *(late-onset)* klar abgegrenzt werden, wenn auch die klinischen und pathologischen Merkmale gleich sind. Die *early-onset*-Form zeigt manchmal einen Mendel'schen Erbgang und wird autosomal-dominant vererbt, die late-onset-Form ist nicht mendelnd und zeigt nur schwache familiäre Häufung. Beim early-onset-Alzheimer erbrachte die lod-score-Analyse die Identifizierung und Klonierung von 3 Genen, nämlich APP auf Chromosom 21q21, Präsenilin-1 auf Chromosom 14q24 und Präsenilin-2 auf Chromosom 1q42. Mutationen in diesen 3 Loki werden in den seltenen Familien beobachtet, welche die autosomal-dominante Form mit hoher Penetranz exprimieren. Dies sind etwa 10% der Fälle mit einem Krankheitsbeginn vor dem 65. Lebensjahr.

Familien mit der *late-onset*-Form zeigen keine Koppelung mit den beschriebenen Loki, sie zeigen jedoch Koppelung mit einem Lokus auf Chromosom 19. Der Verdachtslokus wurde als APOE (Apolipoprotein E) auf 19q13.2 identifiziert. Es existieren 3 Allele. Assoziation in familiären und sporadischen Fällen der late-onset-Form besteht mit dem Allel E4, während E2 mit Resistenz gegenüber Alzheimer assoziiert ist. Personen mit der Allelkombination E3/E4 haben ein 3-fach höheres und Personen mit E4/E4 ein 14fach höheres Krankheitsrisiko als E3-Homozygote. APOE scheint für ca. 50% der Fälle der späten Alzheimer-Form verantwortlich zu sein. Damit ist wohl eine klare genetische Bedingtheit erwiesen. E4 steuert dabei offenbar mehr das Erkrankungsalter als das Erkrankungsrisiko selbst. Wenn Morbus Alzheimer erst einmal begonnen hat, findet sich im Verlauf kein Unterschied zwischen Personen mit E4 und solchen ohne.

Da bei der Alzheimerschen Erkrankung ein klares Auffälligkeitsallel identifiziert wurde, sind diese Befunde auch von außerordentlicher Relevanz für die Betrachtung der ethischen und sozialen Folgen bei der Erkennung von Prädispositionen für eine genetisch mitbedingte Erkrankung.

Diabetes mellitus

Der Diabetes mellitus wurde von dem bekannten amerikanischen Genetiker *Neel* 1976 als *„geneticists nightmare"* bezeichnet. Dieser Begriff verdeutlicht die Problematik bei der Beurteilung der genetischen Hintergründe, die bei dieser Krankheit lange existierten. Tatsächlich stellt der Diabetes ätiologisch eine außerordentlich heterogene Krankheitsgruppe dar. Die klinisch unterschiedlichen Typen sowie die ethnische Variabilität in der Häufigkeit und dem Erscheinungsbild sprechen dafür. Wir wissen heute, dass viele unterschiedliche genetische Defekte zu Glukoseintoleranz führen können. Die Koppelungsanalysen und die Suche nach Mutationen an verschiedenen Kandidatengenen (Insulingen, Insulinrezeptorgen, Glykose-Synthetase-Gen, Glukokinasegen) haben gezeigt, dass nur bei einem Teil der Patienten Mutationen an diesen Genen oder positive Koppelungsbefunde gefunden werden.

Klinisch unterscheidet man drei verschiedene Typen. Eine Form, die etwa 5-10% des Diabetes umfasst, meist im Adoleszenzalter auftritt und insulinabhängig ist, wird als *Typ I* bzw. *„insulindependent Diabetes" (IDDM)* bezeichnet. *Typ II ist der nicht-insulinabhängige Diabetes (NIDDM)*, der meist im späteren Alter auftritt und eine leichtere Verlaufsform hat. Der Typ II ist die häufigste Form des Diabetes mellitus. Weltweit sind 135 Millionen Menschen betroffen. Die Erkrankung resultiert aus einer Kombination von beeinträchtigter Insulin Sekretion und gesenkter Endorgan-Antwort. Risikofaktoren sind Lebensalter, Fettleibigkeit und mangelnde Bewegung. In vielen entwickelten Ländern sind 10-20% der über 45-jährigen betroffen.

Untersuchungen haben Assoziation zwischen NIDDM und mindestens 16 verschiedenen Genvarianten ergeben. Große Nachuntersuchungen haben nur eine bestätigt. Ein häufiges Allel (p = 0,15) des PPARG-Gens konnte mit vermindertem Risiko von NIDDM in verschiedenen Kohorten assoziiert werden. Das Allel für erhöhtes Risiko ist weit verbreitet (p = 0,85). Eine andere Studie fand signifikante Koppelung zu 25 Loki auf 15 verschiedenen Chromosomen. Ein Lokus, *NIDDM1 auf 2q37* wurde in mexikanischen Amerikanern identifiziert, welcher mit einem Lokus auf Chromosom 15 interagiert und die Krankheitswahrscheinlichkeit in dieser Gruppe erhöht. Eine bestimmte Kombination von Einzelnukleotid-Polymorphismen im Calpain 10 (CAPN 19) Gen in Position 2q37 wurde als die entscheidende Determinante beschrieben. Dennoch haben Follow-up-Untersuchungen gezeigt, dass sicherlich keine universelle weltweite Assoziation zwischen NIDDM und dem entsprechenden Genotyp besteht.

Etwa 1-2% der Fälle von Diabetes mellitus werden autosomal-dominant vererbt und treten meist Anfang des 20. Lebensjahres auf. Diese Form wird als *„maturity-onset diabetes of youth" (MODY-Diabetes)* bezeichnet. Etwa 1-3% der Frauen zeigen während der Schwangerschaft eine Glukoseintoleranz. Bei etwa 90% dieser Frauen entwickelt sich später ein Diabetes mellitus.

Die hohe Konkordanz für Diabetes mellitus *bei Zwillingen* sowie *Familienstudien* bestätigen die Rolle der genetischen Faktoren für das Auftreten des Diabetes mellitus. Neuere Studien zeigen eine sehr hohe Konkordanzrate bei eineiigen und etwa 55% bei zweieiigen Zwillingen. Die hohe Konkordanz von 90% bei eineiigen Zwillingen für nicht-insulinabhängigen Diabetes mellitus (NIDDM) und die signifikant höhere Diskordanz bei insulinabhängigem Diabetes mellitus (IDDM) weist darauf hin, dass beim *Typ-II-Diabetes* der *genetische Einfluss* größer als beim Typ I ist.

Beim Diabetes Typ I wird eine Assoziation mit HLA-Antigenen festgestellt. Bei 95% der Patienten mit insulinabhängigem Diabetes findet man ein HLA-DR3- und/oder HLA-DR4-Antigen. Geschwister von Typ-I-Diabetikern mit dem gleichen HLA-Haplotyp haben ein höheres Risiko. Diese Information ist für die genetische Beratung von Bedeutung. Geschwister von Patienten mit IDDM haben ein Risiko von 10-15%, wenn sie einen identischen Haplotyp haben (DR3/DR4); ist nur ein Haplotyp (DR3/- oder -/DR4) identisch, so beträgt das Risiko etwa 1%. Eine HLA-Assoziation wurde bei Diabetes Typ II nicht beobachtet (Tabelle 8.23).

Die molekulargenetische Untersuchung der mitochondrialen DNA belegt, dass bei der Entstehung eines Teils von Diabetes mellitus Typ I, isoliert oder in Kombination mit anderen komplexen Krankheiten, die mitochondriale DNA beteiligt ist. Heute kann man durch gezielte Untersuchungen den *mitochondrialen Diabetes mellitus* von anderen Typen gut unterscheiden. Er wird wie der Diabetes mellitus Typ I früh manifestiert und ist insulinabhängig. Eine HLA-Assoziation oder ein Antikörper gegen Inselzellen wurde bis jetzt nicht beobachtet. Im Gegensatz zu Diabetes mellitus Typ I zeigen sich meist keine Ketoazidosen. Wie bei allen Mitochondropathien liegt bei dem mitochondrialen Diabetes mellitus eine maternale Übertragung vor.

Der Diabetes kann auch als Sekundärmerkmal bei einer Reihe von anderen Erkrankungen auftreten.

Hypertonie

Bezogen auf die Altergruppe von 20- bis 75-Jährigen liegt die Prävalenz der Hypertonie in Europa bei 15-20% und bei 75- bis 85-Jährigen bei etwa 40%.

Hypertonie ist ein **Risikofaktor** für Schlaganfall, koronare Herzerkrankungen und Nierenversagen. *Familiäre Häufung* sowie die hohe Konkordanz der eineiigen Zwillinge weisen auf die Rolle der genetischen Faktoren in der Ätiologie der Hypertonie hin. Große Studien zeigen, dass die Blutdruckwerte in der Bevölkerung unimodal verteilt sind. Dies ist ein Hinweis auf *polygene Vererbung*. In etwa 5% der Fälle ist die Hypertonie ein sekundäres Merkmal bei einer spezifischen Erkrankung. In 95% liegt eine essenzielle Hypertonie vor. **Exogene Faktoren** wie Übergewicht, Alkohol, Stress und Ernährungsfaktoren wie hohe Natrium-, niedrige Kalium- und Kalziumaufnahme spielen bei der Entstehung von Hypertonie eine große Rolle. Wahrscheinlich sind verschiedene pathophysiologische Mechanismen an der Entstehung der Hypertonie beteiligt. In letzter Zeit werden Gene, die an dem Renin-Angiotensin-System beteiligt sind, als Kandidatengene für Hypertonie angesehen. Verschiedene Tiermodelle (z.B. transgene Ratten) haben wichtige Beiträge für diese Annahme erbracht, jedoch stehen die molekulargenetischen Untersuchungen noch am Anfang.

Genetik der Oligophrenie

Zu den Krankheitsbeispielen multifaktorieller Natur zählt auch die geistige *Retardierung*, die exogene und endogene Ursachen haben kann. Als Kriterien für geistige Behinderung, für Oligophrenie sind

Tabelle 8.23. Diabetes mellitus Typ I und II

	Typ I	Typ II
Verbreitung	0,2%-0,3%	2%-5%
Anteil unter allen Diabetesformen	5%-10%	90%-95% (1-2% MODY)
Erkrankungsalter	< 30 Jahre	> 35 Jahre
Ketoazidose	ja	sehr selten
Insulinabhängigkeit	abhängig	unabhängig
Therapie	Insulin	Diät u./o. orale Antidiabetika
Komplikationen	Vaskulopathie Neuropathie Nephropathie	selten und spät
Konkordanz eineiiger Zwillinge	40%-50%	80%-100%
Verwandte ersten Grades betroffen	5%-10%	10%-15%
HLA DR3/DR4 Assoziation	ja	nein

- Intelligenzminderung und
- unzulängliches adaptives Sozialverhalten

geeignet, wobei sich zur Klassifikation der IQ durchgesetzt hat. Die Grenze zur geistigen Behinderung wird bei einem IQ von 70 angesetzt. Ein IQ-Bereich zwischen 70 und 85 bedeutet Lernschwäche, was in der Regel den Besuch einer Lernbehindertenschule erforderlich macht. Der IQ-Bereich unterhalb von 70 macht meist ein selbstständiges Leben unmöglich. Die Betroffenen bleiben von fremder Hilfe abhängig.

Die früheren Begriffe wie „Debilität", „Imbezillität" und „Idiotie" werden nicht mehr verwendet. Geht man von einem *Intelligenzquotienten (IQ)* von 100 für die Allgemeinbevölkerung aus, so werden laut Definition der WHO die folgenden Gruppen der mentalen Retardierung unterschieden:

Der Gesamtbereich wird als Schwachsinn, Oligophrenie oder Geistesschwäche bezeichnet. In diesem Bereich werden unterschieden
- IQ 20-34: schwere Form,
- IQ 35-49: mittelschwere Form,
- IQ 50-70: leichte Form.

Oft wird die geistige Retardierung in zwei Gruppen eingeteilt (Tabelle 8.24): in eine leichte Form (IQ 50-70) und eine schwerere Form (IQ 20-49).

Die **leichtere geistige Behinderung** kann als extremer Teil der normalen IQ-Verteilungskurve angesehen werden. Für sie gibt es häufig keine benennbaren Ursachen. Sie hat eine Häufigkeit in der Bevölkerung von etwa 2%. Eltern und Geschwister sind bei der leichteren geistigen Behinderung häufig ebenfalls betroffen, scharfe Grenzen zum Normalen sind nicht zu ziehen. Die Ursachen sind vielfach endogen und erblich, wobei eine multifaktorielle Vererbung zu Grunde liegt. Als exogene Einflüsse kommen Hirntrauma oder -krankheit und schlechte soziale Verhältnisse während der Kindheit in Frage (Abb. 8.30)

Bei der **schwereren geistigen Behinderung** liegt oft eine benennbare exogene oder genetische Ursache vor. Beispiele sind perinatale Hirnschäden, Chromosomenmutationen oder monogene Erkrankungen. Die schwere geistige Behinderung ist durchschnittlich weniger häufig (ca. 1/8) als die leichtere Behinderung. Es liegt eine deutliche Geschlechtsverschiebung vor. Während bei den leichteren Behinderungen die Geschlechtsverteilung gleichmäßig ist, sind bei der schwereren Behinderung mehr Männer betroffen. So sind eini-

Tabelle 8.24. Geistige Behinderung leichteren und schwereren Grades

Leichte Form (IQ 50-70):	Häufigkeit:	2% (Geschlechtsverteilung gleichmäßig) Eltern und Geschwister häufig ebenfalls betroffen
	Ursachen:	Häufig genetische Grundlage multifaktorieller Natur Hirntrauma oder -krankheit Schlechte soziale Verhältnisse während der Kindheit
Schwerere Form (IQ 20-49):	Häufigkeit	0,25% (mehr Männer betroffen) Eltern selten, Geschwister gelegentlich betroffen, dann deutlich von der Norm abweichend
	Ursachen:	Chromosomenmutationen, monogene, X-chromosomale Erkrankungen oder rezessiv erbliche Stoffwechselstörungen
		Intrauterine Einflüsse
		Perinatale Hirnschäden
		Hirntrauma oder -krankheit

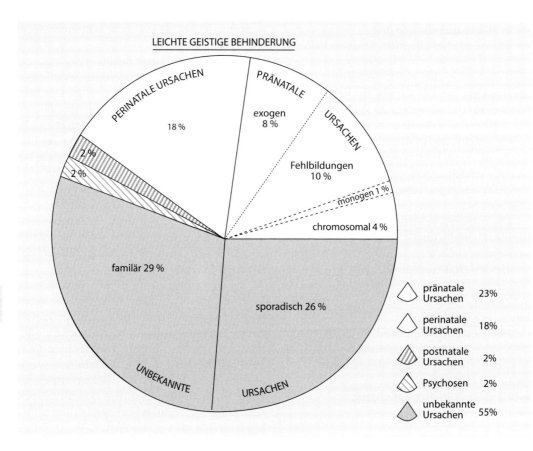

Abb. 8.30. Prozentuale Verteilung der Ursachen bei leichteren geistigen Behinderungen (Verändert nach Hagberg u. Kyllerman 1983)

ge geschlechtsgebundene geistige Behinderungen bekannt. Häufige zusätzliche Befunde sind körperliche Schäden, Fehlbildungen und massivere neurologische Befunde. Eltern sind seltener geistig behindert, Geschwister gelegentlich, dann aber deutlich von der Norm abweichend. Etwa 1/3 aller schweren geistigen Behinderungen hat eine genetische Ursache. Die Vererbung ist typischerweise rezessiv. Als exogene Einflüsse kommen intrauterine Einflüsse, Geburtstraumen, Hirntraumen und Hirnkrankheiten im frühen Lebensalter in Frage. Die sozialen familiären Verhältnisse sind in der Regel unauffällig (Abb. 8.31).

Propping nennt in seinem 1989 erschienen Buch „Psychiatrische Genetik" (das dieses Gebiet erstmals zusammenhängend darstellt) für die Zweiteilung in leichtere und schwerere Behinderungen im Wesentlichen folgende Gründe: Bei der IQ-Verteilung der Geschwister von leicht Behinderten einerseits und schwer Behinderten andererseits zeigte sich, dass die Geschwister der leichter Behinderten weitgehend den Indexfällen ähnelten, während die große Mehrzahl der Geschwister der schwer Behinderten die IQ-Verteilung der Allgemeinbevölkerung aufwiesen. Lediglich im untersten IQ-Bereich fand sich eine kleine Gruppe von Geschwistern, bei denen sich aus offenbar genetischer Ursache die schwere geistige Behinderung wiederholte. Weiterhin ließ sich nur bei den Geschwistern der leicht Behinderten eine deutliche *Regression zur Mitte* nachweisen.

In der Gruppe der schwer Retardierten war diese Regression nur schwach ausgeprägt. Dies spricht dafür, dass ein wesentlicher Anteil der

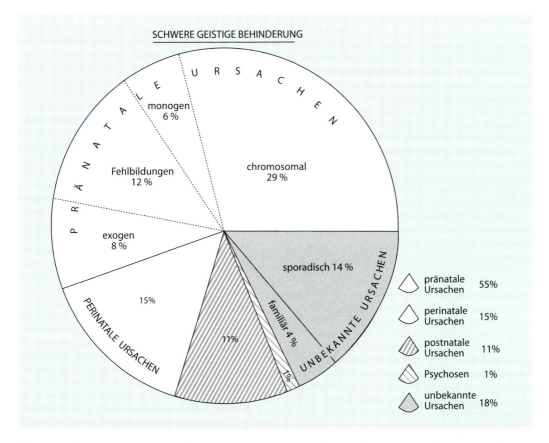

Abb. 8.31. Prozentuale Verteilung der Ursachen bei schwereren geistigen Behinderungen (Verändert nach Hagberg u. Kyllerman 1983)

leicht geistig Behinderten durch multifaktorielle Vererbung zustande kommt. Die schweren Fälle entstehen dagegen überwiegend auf andere Weise.

Schizophrenie

Die Schizophrenie ist in zahlreichen Studien mit den Methoden der biometrischen Genetik analysiert worden. Obwohl sie nach wie vor eine rätselhafte Erkrankung darstellt, gehört sie zu den wenigen Erkrankungen mit **gesicherter Beteiligung genetischer Faktoren**. Über die Natur dieser Faktoren ist allerdings wenig Verlässliches bekannt.

Es würde an dieser Stelle zu weit führen, auf die Familienstudien, Zwillingsstudien und Adoptionsstudien detailliert einzugehen. Die Ergebnisse der bis jetzt durchgeführten Kopplungsanalysen zeigen zwar einen deutlichen Hinweis auf ein bestimmtes Allel, was allerdings noch nicht endgültig bestätigt ist.

Eine Zusammenfassung aller Befunde ergibt folgende genetische Grundlage (verändert nach Propping 1989):

- Bei eineiigen Zwillingen besteht eine Konkordanzrate um 50%, bei zweieiigen um 10-15%.
- Geschwister und Kinder von Schizophrenen haben ein Wiederholungsrisiko von etwa 10%.
- Das Wiederholungsrisiko steigt mit der Anzahl weiterer Fälle in der Familie.
- Unter nicht-schizophrenen Verwandten finden sich gehäuft schizoide bzw. schizotypische Persönlichkeiten.

- Kinder von für Schizophrenie diskordanten eineiigen Zwillingen haben unabhängig vom Gesundheitszustand der Eltern ein gleich hohes empirisches Wiederholungsrisiko.
- Das klinische Bild kann auch durch exogene Faktoren verursacht sein.

Für die Schizophrenie werden die verschiedensten genetischen Modelle diskutiert. Das gegenwärtig wahrscheinlichste ist die **multifaktorielle Vererbung** mit *Schwellenwerteffekt* (s. Kap. 5.3).

Viele genetische Studien haben bisher individuelle Kandidatengene oder Regionen beschrieben. Typische Kandidatengene sind solche, die für Proteine kodieren, die in die Neurotransmission involviert sind, oder durch Pharmaka beeinflusst werden, die in der Schizophreniebehandlung eingesetzt werden. Gegenwärtig gibt es Untersuchungen die Kopplung für ca. ein Dutzend chromosomale Regionen belegen, ohne dass ein Kandidaten-Allel klar identifiziert worden wäre. Ein vielversprechender Kandidat ist das Valin-Allel eines Met 158 Val-Polymorphismus im COMT- (Catechol-O-Methyltransferase) Gen. Es handelt sich hier um einen biologisch plausiblen Kandidaten, und eine Anzahl von Arbeiten beschreibt positive Assoziationen. Dennoch, selbst wenn dieser Faktor bestätigt würde, würde er nur 4% der Risikovarianz erklären.

Affektive Psychose

Bei affektiven Psychosen kann man **unterschiedliche Verlaufsformen** unterscheiden:
- unipolare Verläufe mit ausschließlich depressiven Phasen (ca. 66%),
- bipolare Verläufe mit depressiven und manischen Phasen (ca. 28%),
- unipolare Verläufe mit ausschließlich manischen Phasen (bis 6%).

Bestätigt wurde eine solche Abgrenzung hauptsächlich in Familienuntersuchungen. Zwillingsuntersuchungen und Adoptionsstudien liegen nicht in der Vielzahl wie bei der Schizophrenie vor. Die bis jetzt festgestellten Koppelungen sind noch nicht bestätigt worden.

Eine Zusammenfassung aller Befunde ergibt folgende genetische Grundlagen (verändert nach Propping 1989):
- Bei bipolaren Verläufen besteht bei eineiigen Zwillingen eine Konkordanzrate von annähernd 80%, bei zweieiigen Zwillingen um 15-20% (unter Anwendung enger diagnostischer Kriterien).
- Bei unipolaren Verläufen liegt die Konkordanzrate bei eineiigen Zwillingen um 50%, bei zweieiigen Zwillingen um 15-20%.
- Die meisten konkordanten Zwillinge sind auch für den Verlaufstyp konkordant.
- Bei nicht-psychotischen Depressionen liegt die Konkordanzrate bei eineiigen Zwillingen um 40%, bei zweieiigen um 20%.
- Verwandte 1. Grades von bipolaren Fällen haben ein Morbiditätsrisiko um 15-20% für eine affektive Psychose, wobei etwa 8% der Verwandten wieder bipolare Verläufe zeigen.
- Verwandte 1. Grades von unipolaren Fällen haben ein Morbiditätsrisiko um 10-15% für eine affektive Psychose, wobei etwa 1-2% bipolare Verläufe sind.
- in einzelnen Fällen ist der Familienbefund annähernd mit einem autosomal-dominanten Erbgang, in anderen mit einem X-chromosomalen Erbgang vereinbar.
- Das Wiederholungsrisiko für Kinder zweier affektiv-psychotischer Eltern liegt um 55%.
- Unter nicht-affektiv kranken Verwandten 1. Grades finden sich gehäuft andere psychiatrische Störungen.
- Die Kinder von für affektive Psychosen diskordanten eineiigen Zwillingspaaren haben, unabhängig vom Gesundheitszustand der Eltern, ein annähernd gleich hohes empirisches Wiederholungsrisiko.
- Bipolare Psychosen kommen in beiden Geschlechtern etwa gleich häufig vor. Unipolare Depressionen sind bei Frauen etwa doppelt so häufig wie bei Männern (Ursache vermutlich hormonell).

Ein deutlicher Hinweis auf **multifaktorielle Vererbung** ist ein 4fach höherer Wert für die Konkordanzrate bei eineiigen Zwillingen als bei zweieiigen. Allerdings scheint ätiologische

Heterogenität zu herrschen. Die affektiven Psychosen der verschiedenen Verlaufstypen stellen anscheinend eine gemeinsame Endstrecke unterschiedlicher ätiologischer Mechanismen dar. Dabei kann man davon ausgehen, dass in den meisten Fällen ein multifaktorielles Modell zu Grunde liegt. Bei einem kleinen Teil der Verlaufsformen passt auch ein monogenes Modell, wobei auch hier Heterogenität zu herrschen scheint.

Oligophrenie, Schizophrenie und affektive Psychosen wurden als Beispiele genetischer Befunde bei psychiatrischem Phänotyp gewählt, um die Bedeutung multifaktorieller Erkrankungen in der Praxis zu unterstreichen. Aus dem Bereich der *psychiatrischen Genetik* ließe sich die Reihe phänomenologisch-biometrischer Untersuchungen noch beliebig fortsetzen. In diesem Bereich gibt es einerseits eine Fülle klar definierter genetischer Erkrankungen auf monogener Basis und andererseits – entsprechend den gewählten Beispielen – multifaktorielle Modelle.

8.4.2 Multifaktorielle Krankheiten mit geschlechtsspezifischen Schwelleneffekten

Angeborene hypertrophische Pylorusstenose

Das historisch erste Beispiel für einen solchen Erbgang war die angeborene hypertrophische Pylorusstenose. Es handelt sich um eine *Hypertrophie des Magenpförtnermuskels*, an der früher viele Säuglinge starben. Offenbar gibt es in der Bevölkerung quantitative Unterschiede in der Ausprägung dieses Muskels. Nach Überschreitung einer gewissen Schwelle kann der Muskel sich nicht mehr ausreichend öffnen. Deshalb kann der Mageninhalt nicht ins Duodenum übertreten und wird erbrochen.

Die Verteilung ist je nach Geschlecht unterschiedlich. Die Pylorusstenose findet sich bei *Jungen etwa 5-mal häufiger* als bei Mädchen. Bei den Angehörigen befallener Mädchen kommt die Pylorusstenose weit häufiger vor, als bei den Angehörigen befallener Jungen. Dies ist weder mit exogenen Faktoren noch mit monogenem Erbgang zu erklären, lässt sich aber gut mit einer quantitativen Verteilung der erblichen Disposition, also mit einer Vielzahl beteiligter Gene in Einklang bringen (Tabelle 5.4).

Hemmen nämlich unspezifische, geschlechtsabhängige Faktoren die Manifestation der Anlage bei Mädchen, dann müssen erkrankte Mädchen offenbar eine besonders starke genetische Disposition aufweisen, also viele an der Ausprägung beteiligte Gene besitzen. Verwandte ersten Grades haben die Hälfte ihrer Gene gemeinsam, folglich besitzen dann auch Verwandte befallender Mädchen mehr derartige Gene als Verwandte männlicher Merkmalsträger.

Kongenitale Hüftluxation

Die Bevorzugung eines Geschlechts wird bei multifaktoriellen Leiden häufiger beobachtet. So wird – umgekehrt wie bei der Pylorusstenose – die kongenitale Hüftluxation bei *Mädchen etwa 6-mal häufiger* als bei Jungen beobachtet. Hier liegen die genetischen Faktoren in der etwas flacheren Ausbildung der Gelenkpfanne und in einer Schlaffheit der Gelenkkapsel. Die Berechnung *empirischer Belastungsziffern* hängt hier von der Abgrenzung schwererer und leichterer Formen und von der Beurteilung der flachen Pfanne ab. In der europäischen Bevölkerung besteht eine Häufigkeit von 1:200. Differenzialdiagnostisch muss auch an andere Krankheiten mit Bindegewebsschwäche, die oft schwach ausgeprägt sein können, gedacht werden.

Unterschiede in der Beurteilung und Erfassung sowie begrenzte Fallzahlen spielen für die *empirische Erbprognose*, auf die man in der genetischen Beratung multifaktorieller Leiden angewiesen ist, sicherlich eine gewisse Rolle. Andererseits gibt es für viele dieser Leiden ausreichend große, auslesefrei gewonnene Beobachtungsreihen von Angehörigen von Patienten.

Natürlich können solche Serien nicht-genetische familiäre Faktoren häufig nicht exakt ausschließen, so dass in die genetische Beratung das gesamte *Wiederholungsrisiko* und nicht nur der genetische Anteil mit eingeht. Dies ist allerdings auch der Sinn einer vernünftigen Beratung von Ratsuchenden. Zudem kann das Risiko von Familie zu Familie wechseln. So ist es möglich, dass in solchen Serien Familien mit hohem Risiko und solche mit relativ geringem Risiko sozusagen gemittelt werden. Dieses Argument, dass die Grundlage der Berechnung von einer gleichen Chance in allen Familien ausgeht, lässt sich nicht bestreiten. Beseitigt werden kann es nur im Laufe der Zeit, wenn durch die Untersuchung großer Serien für all diese Leiden entsprechende Untergruppen geschaffen sind und wir mehr Kenntnisse über die zugrunde liegenden molekularen Mechanismen gewonnen haben, die in unterschiedlichen Familien gerade bei polygen bedingten Leiden verschieden sein werden.

Klumpfuß

Der Klumpfuß ist eine *multifaktoriell bedingte Fehlbildung* und hat eine Häufigkeit von etwa 1:1000. Jungen sind etwa doppelt so häufig betroffen wie Mädchen. Er kann auch durch nicht-genetische *intrauterine Raumbedingungen* (z.B. Oligo- oder Polyhydramnion) verursacht werden, als Folge der Spina bifida oder bei einer neuromuskulären Erkrankung vorkommen. Auch mütterliche Erkrankungen wie Diabetes mellitus, Epilepsie, Präklampsie sowie Infektionskrankheiten können einen Klumpfuß verursachen.

8.5 Angeborene Fehlbildungen

Genetische Grundlagen der embryonalen Entwicklung

Die meisten grundlegenden Erkenntnisse und Fortschritte im Bereich der embryonalen Entwicklung gehen auf die *Entdeckung der Keimblätter*, vor allem von *Pander* und *van Baer*, zurück, die zur Formulierung der Organisationstheorie von *Spemann* führten. Spemann konnte die *Ortsmäßigkeit* während des Blastulastadiums und die *Herkunftsmäßigkeit* während der Gastrulation sowie die *Induktion* durch einen Organisator nachweisen. Spemann, *Boveri* und *Harrison* entwickelten später die Hypothese des *embryonalen Entwicklungsfeldes*. *Heckel* formulierte das *ontogenetische* oder *phylogenetische Grundgesetz*. Dieses besagt, dass die Individualentwicklung (Ontogenie) eine abgekürzte Form der Stammesgeschichte (Phylogenie) darstellt. Carl Ernst von Baer beobachtete, dass alle Wirbeltiere vorübergehend ein sehr ähnliches Embryonalstadium durchlaufen und erst danach die Entwicklung divergent wird. Die Wissenschaft heute bemüht sich, die Gesamtentwicklung in einem kausalen Zusammenhang zu verstehen, um zu wissen, wie die genetische *Information* des DNA-Kodes in einen *Entwicklungsplan* umgesetzt wird. Wir wissen heute, dass der Bauplan der Lebewesen in den Genen festgeschrieben steht. Die Frage ist, wie aus der linearen Information, die in der Reihenfolge der Basen der DNA gespeichert ist, ein dreidimensionaler Organismus entsteht. Dazu kommt als vierte Dimension noch die Zeit, die ebenfalls in das Entwicklungsprogramm eingeplant ist. Für die Zellteilung und Gewebsdifferenzierung ist das Zu-

Tabelle 8.25. Fehlbildungssyndrome, die durch Mutationen der Entwicklungsgene verursacht werden

Krankheit	*Verantwortliche Gene*
Syndrome mit Kraniosynostosen	FGF Rezeptor-2
Achondroplasie Hypochondroplasie Thanatophore Dysplasie	FGF-Rezeptor 3
Holoprosenzephalie	Sonic Hedgehog Gene
Lissenzephalie	LIS-1
Greig-Syndrom	GL13 Transkriptionsfaktor
Waardenburg-Syndrom	PAX3 Transkriptionsfaktor
Aniridie	PAX2 Transkriptionsfaktor
Sympolydactylie	HOXD13 Transkriptionsfaktor

sammenwirken von genetischen Faktoren sowie von inter- und intrazellulärer Kommunikation erforderlich. Dabei spielen Hormone, Wachstumsfaktoren, deren Rezeptoren usw. eine große Rolle. Aus Zellteilung und Differenzierung geht schrittweise ein Embryo mit allen seinen Strukturen hervor. Vor der Spezialisierung wird ein Grundriss festgelegt, der die zukünftigen Hauptabschnitte des Körpers wie etwa Kopf, Rumpf und Extremitäten vorsieht. Für eine fehlerlose Entwicklung des Embryos müssen sowohl die Zeitpunkte der einzelnen Entwicklungsschritte als auch die räumliche Anordnung der Gewebe präzise reguliert werden. Da das Genom eines Menschen ca. 27.000 Gene enthält, die zeitlich und örtlich unterschiedlich ein- und ausgeschaltet werden, ist es unwahrscheinlich, dass jedes Gen einzeln gesteuert wird. Die Steuerung geschieht gruppenweise, wobei ein Kontrollgen jeweils bestimmt, ob eine Gengruppe aktiv ist oder nicht. Viele entwicklungssteuernde Gene liefern Proteine, die ihrerseits genregulatorische Funktion haben (Tabelle 8.25). Diese genregulatorischen Proteine werden in die Kategorie der Transkriptionsfaktoren eingeordnet.

Homöotische Gene

Inzwischen weiß man, dass nicht nur in der Entwicklung des Grundbauplans von Drosophila, sondern auch in der Entwicklung aller vielzelligen Tiere und auch beim Menschen homöotische Gene eine wichtige Rolle spielen. Diese Gene, aber auch manche anderen Gene wie das Koordinatengen, enthalten eine *Homöobox*, eine *HOX* genannte Teilsequenz aus 180 Basenpaaren. Die HOX-Sequenz verleiht dem Protein eine charakteristische DNA-bindende Helix-turn-helix-Domäne (HTH), die *Homöodomäne* genannt wird. Mit dem HTH-Motiv werden die Steuersequenzen vor den zu kontrollierenden Genen gesucht und mit der Homöobox-Domäne verbunden. Geringe Verschiedenheiten in den Homöodomänen der Proteine und Steuersequenzen auf der DNA-Ebene entscheiden, wo auf der DNA eine Bindung möglich ist und welcher Transkriptionsfaktor welche subalternen Gene kontrollieren kann. Ein weitere Domäne wird *basic-Helix-Loop-Helix (bHLH)* genannt.

Sie sieht in ihrer räumlichen Struktur ähnlich wie die Homöodomäne aus, hat aber eine andere Aminosäurenzusammensetzung. *bHLH-Domänen* besitzen u.a. die Zelltyp-spezifischen Transkriptionsfaktoren. Einzelne genregulatorische Steuerproteine sind mit Zinkfinger-Domänen ausgestattet.

PAX-Gene

Neben einer Homöodomäne gibt es auch eine PAX-Domäne. Die *paired box sequence* der DNA kodiert für die PAX-Domäne. Das Eyeless-Gen von **Drosophila** (bei der Fruchtfliege wurde die grundsätzliche Entdeckung gemacht) entspricht dem PAX-6-Gen der Vertebraten. Die PAX-Gene sind genauso verbreitet wie die HOX-Gene und spielen in der *embryonalen Entwicklung* eine wichtige Rolle. Bis jetzt sind acht PAX-Gene identifiziert worden. Durch die Mutation in PAX 3 wird das Waardenburg-Syndrom und Aniridie beim Menschen hervorgerufen.

FGFR-Gene
(Fibroblast-Growth-Faktor-Rezeptor)

Ein weiterer, entwicklungssteuernder Faktor ist die FGFR-Familie. Sie ist Mitglied der Familie der Tyrosinkinaserezeptoren und spielt beim Transkriptionssignal in der Zelle eine entscheidende Rolle. Bisher sind eine Reihe von FGFR-Genen bekannt. Die Strukturen dieser Proteine sind ähnlich und bestehen aus einer extrazellulären Region mit zwei oder drei immunglobulinähnlichen Domänen, einer Transmembrandomäne und einer intrazellulären Tyrosinkinasedomäne (Abb. 8.32). Sie unterscheiden sich durch gewebsspezifische Ligandbindung und alternatives Spleißen. Der extrazelluläre Anteil bindet unter Mitwirkung von Heparansulfat den Liganden, ein Familienmitglied der Fibroblast-Growth-Faktor-Peptide. Für jedes Gewebe existiert ein spezifisches komplexes Signalnetzwerk. Signaltransduktion fördert die Dimerisierung der Rezeptoren. Durch Mutationen der FGFR-Gene können Spleiß-Formen verändert werden, was wiederum zur Störung der Balance bei der Dimerisierung führt. Bestimmte Mutationen der FGFR-Gene haben einen dominant-negativen Effekt und verursa-

Tabelle 8.26. Einige Krankheiten mit Mutationen in den FGFR-Genen

Krankheit	Symptom	Lokalisation	Gen
Achondroplasie/ Hypochondroplasie	Disproportionierter Zwergwuchs, Makrozephalie unterschiedlicher Ausprägung	4p16	FGFR3
Apert-Syndrom	Turmschädel, flacher Okziput, Mittelgesichts-hypoplasie, komplette Syndaktylie (Löffelhand), kurze Extremitäten	10q26	FGFR2
Crouzon-Syndrom	Turmschädel, flacher Okziput, Protrusio bulbi, Maxillarhypoplasie, Schnabelnase	10q26	FGFR2
Beare-Dodge-Nevin-Komplex	Hyperpigmentation, Kraniosynostosen, Minderwuchs, Furchungen der Kopfhaut, Handflächen und Fußsohlen	10q26	FGFR2
Crouzon-Syndrom mit Acanthosis nigricans	Crouzon-Syndrom plus Hyperpigmentation am Hals und in der Axilla	4p16	FGFR2
Kraniosynostose Typ Muenke	Isolierte Kraniosynostose	4p16	FGFR3
Jackson-Weiß-Syndrom	Kraniosynostosen, breite Zehen mit Medianabweichung	10q26	FGFR2
Pfeiffer-Syndrom Typ I–III	Akrobrachycephalie, breite Daumen und große Zehen, Syndaktylien	8p11.2 10q26	FGFR1 FHFR2
Tanatophore Dysplasie	Schwerer disproportionierter Zwergwuchs mit sehr kurzen Extremitäten, letal	4p16.3	FGFR3

chen die verschiedenen Formen der Skelettdysplasien (Tabelle 8.26).

Genetische und/oder exogene Faktoren können in allen Stadien die **embryonale Entwicklung** stören und zur Entstehung von **Fehlbildungen** führen. Bei etwa 3% der Neugeborenen liegt eine klinisch relevante Einzelfehlbildung und bei 0,7% liegen multiple Fehlbildungen vor, 14% der Neugeborenen zeigen einzelne kleinere Fehlbildungen (Tabelle 8.27). Die Einteilung der Fehlbildungen nach pathogenetischen Kriterien gewinnt angesichts der heute möglichen differenzierten molekulargenetischen Analysen eine wachsende wissenschaftliche Bedeutung. Die klinisch relevanten morphologischen Anomalien werden nach kausalen Gesichtspunkten definiert.

Krankheiten mit Mutationen der FGFR-Gene

Achondroplasie. Achondroplasie ist eine *Skelettdysplasie* mit disproportioniertem *Kleinwuchs*. Charakteristisch sind rhizomal verkürzte Extremitäten, relativ langer Rumpf, lumbale Hyperlordose, großer Kopf mit vorgewölbter Stirn und hypoplastischem Mittelgesicht. Als Ursache der Erkrankung liegen bei fast allen Patienten Mutationen in der Transmembrandomäne des Fibroblastenwachstumsfaktorenrezeptor-3 (FGFR3)-Gens auf *Chromosom 4p16* zugrunde. Das klinische Spektrum der Erkrankung ist, entsprechend der jeweiligen Mutation, sehr variabel. Es reicht von der letalen thanatophoren Dysplasie über die Achondroplasie bis hin zur Hypochondroplasie. Es wird angenommen, dass FGFR3 normalerweise für einen Gleichgewichtszustand der in verschiedenen Bereichen der Wachstumsfuge lokalisierten poliferierenden und dann sich differenzie-

8.5 · Angeborene Fehlbildungen

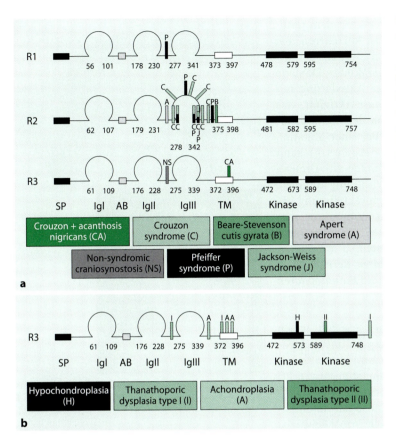

Abb. 8.32. FGFR-Gen und verschiedene Mutationen: **a** Kraniosynostose-Syndrome, Lokalisation der Punktmutationen in FGFR$_1$, FGFR$_2$ und FGFR$_3$, **b** Hypochondroplasie, Achondroplasie und thanatophore Dysplasien, Lokalisation der Punktmutationen in FGFR$_3$

Tabelle 8.27. Ätiologie der angeborenen Fehlbildungen in %

Multifaktoriell	~ 20
Monogen	7,5
Chromosomal	6,0
Mütterliche Erkrankungen	3,0
Kongenitale Infektionen	2,0
Alkohol, Drogen, Medikamente, ionisierende Strahlen	1,5
Unbekannt	~ 60

verschiedene Fibroblasten-Wachstumsfaktor-Rezeptoren (FGFR1-4) bekannt, die für die rezeptorenähnliche Struktur kodieren. Sie bestehen aus drei extrazellulären immunglobulinähnlichen Domänen, einem transmembranösen Anteil und einer intrazellulär lokalisierten zweigeteilten Tyrosinkinasedomäne (Abb. 8.32). Normalerweise bindet der extrazelluläre Anteil unter Mitwirkung von Heparansulfat den Liganden. Die Folge ist eine Homo- bzw. Heterodimerisierung des Rezeptors, die wiederum eine Autophosphorylisierung der intrazellulären Tyrosinkinasedomäne induziert. Dadurch wird die FGFR-Signaltransduktionskaskade aktiviert, die wiederum die *Aktivität von Transkriptionsfaktoren* beeinflusst.

Durch verschiedene Mutationen kann die normale Regulation von FGFR3 gestört bzw. aufgehoben werden, und dadurch kommt es zu einer konstitutiven, d.h. Liganden unabhängigen FGFR-Aktivierung. Dies scheint gradu-

renden Chondrozyten sorgt. Man weiß heute, dass die FGFRs zu der Gruppe der *Tyrosinkinaserezeptoren* gehören, die eine zentrale Rolle bei der Signaltransduktion für *Zellwachstum* und *Differenzierung* spielen. Es sind bisher vier

ell unterschiedlich zu sein und mit dem resultierenden klinischen Bild zu korrelieren. Bei bestimmten Mutationen im Bereich der intrazellulär gelegenen Tyrosinkinase-Domäne (K650E) kommt es zu einer Aktivierung mit **überschießender Tyrosinkinase-Aktivität**, was zur klinischen Manifestation der **thanatophoren Dysplasie Typ 2** führt. Bei einer Mutation im Transmembranbereich (GLy380Arg) kann es in Abwesenheit von Liganden zur Dimerisierung und Autophosphorylisierung kommen, was eine konstitutive Rezeptoraktivierung bedeutet und klinisch eine Achondroplasie charakterisiert. Durch die R248C-Mutation kann es zu einem Aminosäureaustausch mit **Einbau des Cysteins im extrazellulären Bereich** kommen, was zur Manifestation der **thanatophoren Dysplasie Typ 1** führt.

Kraniosynostosen. Wie bereits erwähnt, haben die verschiedenen Mutationen der unterschiedlichen Fibroblasten-Wachstumsfaktor-Rezeptoren (FGFR1-4) einen dominant negativen Effekt und verursachen u.a. auch die unterschiedlichen Phänotypen der autosomal-dominanten Kraniosynostosen (Tabelle 8.26). Beispielsweise findet man im FGFR2-Gen an **Chromosom 10q26** Mutationen beim **Crouzon-, Pfeiffer-, Apert- und Jackson-Weiss-Syndrom** (Abb. 8.33). Bestimmte Mutationen im FGFR3 an Chromosom 4p16 sind die Ursache für Crouzon-Syndrom mit Acanthosis sowie Craniosynostosis Typ Muencke. Bei einigen Patienten mit Pfeiffer-Syndrom findet man eine Mutation im FGFR1-Gen. Die Spezifität dieser Mutationen beruht auf der Grundlage des Funktionszugewinns.

Beim **Seatre-Chotzen-Syndrom** handelt es sich ebenso um ein Kraniosynostose-Syndrom, das meist durch eine Mutation im TWIST-Transkriptionsfaktor an **Chromosom 7p11** verursacht wird; man findet gelegentlich auch eine Mutation im FGFR2 und 3.

Krankheiten mit Mutationen der Hedgehog-Gene

Holoprosenzephalie. Mit Hilfe molekularbiologischer Methoden in der Entwicklungsbiologie wurden eine Reihe interessanter Entwicklungs-

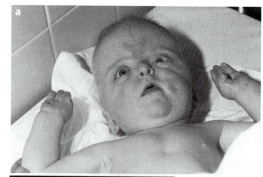

Abb. 8.33. Kraniosynostosen, **a** Apert-Syndrom, **b** Crouzon-Syndrom

gene gefunden. Zunächst wurde unter anderem bei Drosophila und später auch bei den Säugetieren ein sog. **Sonic-Hedgehog-Gen** nachgewiesen. Bei dem Säugetier-Embryo wird Sonic Hedgehog in den oberen Urmundlippen und ihrem Abkömmling, der Chorda dorsalis exprimiert. Das Genprodukt kontrolliert die Entwicklung des Notochords und die Regulation des Segmentierungsprozesses. Weiterhin ist das Sonic-Hedgehog-Gen bei der Einstellung von Links-Rechts-Asymmetrien im inneren Körper beteiligt. Hedgehog selbst ist kein Transkriptionsfaktor, sondern ein membrangebundenes Protein, das der Nachbarzelle gezeigt wird. Die Nachbarzelle antwortet auf das ortsfeste Hedgehog-Signal mit dem Aussenden eines löslichen Signalmoleküls. Dieses Signalmolekül wird **Wingless** genannt und erreicht per Diffusion benachbarte Zellen, die es mittels Rezeptoren auffangen. Hedgehog und Wingless stimulieren sich wechselseitig. Mäuse mit

Sonic-Hedgehog-Defekt sterben wegen *schwerer Fehlbildungen* im Frontalbereich des Gehirns und zeigen schwere Fehlbildungen im Bereich des Mittelgesichts, wie *Zyklopie* bzw. *Proboscis*. Beim Menschen ist das Sonic-Hedgehog-Gen auf dem langen Arm des Chromosoms 7 (7q36) lokalisiert. Dieses Gen ist eines der Gene, die bei der Entwicklung des Zentralnervensystems und des Mittelgesichts eine wichtige Rolle spielen. Eine Kopie dieses Gens verursacht beim Menschen Holoprosenzephalie. Es handelt sich hierbei um ein *präkordiales Entwicklungsfeld* mit Zyklopie, Arrhinenzephalie und fehlender Zweiteilung des Gehirns. (Abb. 8.34) Die phänotypischen Merkmale sind sehr variabel und reichen von Zyklopie, fehlender Nase, einem leichteren Mittelgesichtsdefekt mit oder ohne Lippen-Kiefer-Gaumen-Spalte bis zum Fehlen des Schneidezahns. Fehlbildungen des zentralen Nervensystems findet man u.a. in der alobären, semilobären oder lobären Holoprosenzephalie mit monoventrikulärem Vorderhirn und rudimentärer Hirnlappung. Das Genprodukt ist ein Signalmolekül und wird durch Aktivierung eines Patched-Rezeptors gespalten und bindet sich an Cholesterin. Aus diesem Grund werden die Holoprosenzephalie und ähnliche ZNS-Fehlbildungen mit dem **Smith-Lemli-Opitz-Syndrom** in Zusammenhang gebracht. Der Cholesterinsynthesedefekt scheint durch Einschaltung in der Sonic-Hedgehog-Aktion im Präkordialen Mesoderm bei der Entstehung von Holoprosenzephalie und Smith-Lemli-Opitz-Syndrom eine zentrale Rolle zu spielen.

Eine Krankheit mit Mutationen in den PAX-Genen

Waardenburg-Syndrom. Das Waardenburg-Syndrom ist eine *Entwicklungsstörung der Mittellinie* und ist charakterisiert durch einen ausgeprägten Hypertelorismus, Heterochromie (unterschiedliche Irisfarbe), weiße Haarsträhne mit tiefem Stirnhaaransatz und sensorische Schwerhörigkeit. Wahrscheinlich besteht ein Zusammenhang mit abnormer Migration der Neuralleiste. Gelegentlich kommt das Syndrom in Kombination mit Morbus Hirschsprung vor oder anderen gastrointestinalen Anomalien sowie bei Spina bifida. Die Erkrankung wird durch eine Mutation im *PAX3-Gen* verursacht. Durch Mutation anderer PAX-Gene werden Iris- oder andere Vorderkammeranomalien *(Aniridie, Peters-Anomalie)* hervorgerufen. (Abb. 8.35)

Klinisch unterscheidet man zwei Typen (Typ I und II). Die Vererbung ist bei beiden Typen autosomal-dominant mit variabler Expressivität und Penetranz.

Das verantwortliche Gen (PAX_3) für *Typ I* liegt auf *Chromosom 2q35*, für *Typ II (MITF-Gen)* auf *Chromosom 3p14.1* (mikrophthalmie-assoziierter Transkriptionsfaktor).

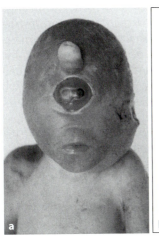

Abb. 8.34. Zyklopie, **a** eine schwere Form der Holoprosenzephalie-Sequenz, **b** Pathogenese der Entwicklung der Sequenz

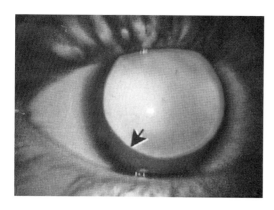

Abb. 8.35. Aniridie

8.6 Genetische Diagnostik und Beratung

8.6.1 Klinisch genetische Untersuchung

Die klinisch genetische Untersuchung bei Verdacht auf eine genetisch bedingte Erkrankung bzw. Fehlbildung unterscheidet sich insofern von einer Routineuntersuchung, als hier die einzelnen Mikrosymptome und Dysmorphiezeichen für die Diagnostik richtungsweisend von Bedeutung sind. Eine Reihe von genetisch bedingten Erkrankungen und Fehlbildungssyndromen geht mit morphologischen Dysmorphiezeichen bzw. kleinen Fehlbildungen einher. Dysmorphiezeichen sind minimale Abweichungen von der Norm, die durch eine Wachstumsstörung in der Embryonal- bzw. Fetalperiode verursacht werden können. Nicht ein einzelnes, sondern die **Kombination bestimmter Dysmorphiezeichen** gibt wichtige diagnostische Hinweise auf eine bestimmte Erkrankung. Diese Merkmale liegen oft bei Chromosomenstörungen und/oder Dysmorphiesyndromen vor, können aber auch einzeln in der Normalbevölkerung ohne klinische Relevanz vorliegen. Von diagnostischer Bedeutung sind sie, wenn sie zusammen mit Fehlbildungen oder psychomotorischer Retardierung auftreten. Bei der Betrachtung dieser Dysmorphiezeichen müssen unbedingt das Alter der Patienten sowie die ethnische Herkunft berücksichtigt werden.

Einige Dysmorphiezeichen können sich auch mit zunehmendem Alter der Patienten abschwächen oder sich stärker ausprägen. Aus diesem Grund kann eine gut dokumentierte *Verlaufsbeobachtung* mit *Fotodokumentation* für die Diagnostik hilfreich sein.

Bei der klinisch genetischen Untersuchung von Dysmorphiesyndromen werden die einzelnen Regionen im Kopf- und Gesichtsbereich gemessen und beurteilt. Hals, Thoraxform, Mamillenabstand, Stamm, Genital, Extremitätenlänge, Gelenkstellung, Finger und Zehen sowie Form und Struktur der Knochen und der Haut werden beurteilt sowie Körperlänge und Kopfumfang gemessen. Bestimmte Kombinationen von Organfehlbildungen können für manche Fehlbildungssyndrome bzw. Chromosomenstörungen charakteristisch sein. Auch Verhaltensauffälligkeiten wie beispielsweise ängstlich-aggressives Verhalten, autistisches Verhalten, Wutanfälle, Hyperaktivität, paroxysmale Lachanfälle, Hyperphagie und stereotype Handbewegungen können auf bestimmte Krankheiten hinweisen.

Eine genaue Erhebung der Eigen- und Familienanamnese und *Stammbaumaufzeichnung* sind elementare Bestandteile einer genetischen Diagnostik und Beratung. Die Aufzeichnung des Stammbaums umfasst alle Kinder eines Paares, Geschwister und deren Kinder sowie Onkel, Tanten, Vettern, Cousinen und die Großeltern beiderseits. Im Stammbaum sollen Geburtenreihe, Fehl- und Totgeburten sowie verstorbene Kinder mit Todesursache und Sterbealter (dies auch bei Erwachsenen) erkennbar sein. Generationen werden, ausgehend von der ältesten Generation, mit römischen Ziffern bezeichnet. Innerhalb der Generationen wird von links nach rechts durchgehend arabisch nummeriert. Die Möglichkeit der Verwandtschaft zwischen den Partnern bzw. Eltern eines Probanden ist gezielt zu erfragen. Dazu gehört auch die Frage nach den Familiennamen der Großeltern beiderseits, die Abstammung aus dem gleichen oder benachbarten Orten sowie die ethnische Herkunft.

8.6.2 Genetische Labordiagnostik

Nach einer vollständigen klinisch genetischen Untersuchung kann erst entschieden werden, welche genetische Diagnostik indiziert ist. Bei einer Kombination bestimmter Dysmorphiezeichen und Fehlbildungen mit psychomotorischer Retardierung wird beispielsweise meist eine Chromosomenanalyse durchgeführt oder, bei Verdacht auf eine metabolische Störung, eine biochemische Analyse veranlasst. Ist bei einer Erkrankung das verantwortliche Gen bzw. die Mutation erkannt, kann die molekulargenetische Analyse veranlasst werden.

Genetische Laboruntersuchungen sind:
- zytogenetische Untersuchung,
- biochemische Analyse,
- molekulargenetische Untersuchungen.

Die konventionelle Chromosomenanalyse mit **hochauflösender Bandentechnik** zählt nach wie vor zu den wichtigsten Laboruntersuchungen. Eine weitere zytogenetische Analyse ist die Möglichkeit der **molekularen Zytogenetik**. Hierbei können mit Hilfe der Fluoreszenz-in-situ-Hybridisierung (FISH) mit markierten DNA-Sonden kleine, in der konventionellen Chromosomenanalyse nicht sichtbare, Mikrodeletionen bzw. eine kryptische Translokation nachgewiesen werden.

Bei einer molekulargenetisch diagnostischen Methode werden die genetischen Informationen auf DNA- oder RNA-Ebene untersucht. Hierfür steht eine Reihe von Methoden zur Verfügung (s. Kap. 6). Die Auswahl der Methode ist von der Art der Mutation unter Abwägung des Aufwands bzw. den Kosten und dem Nutzen abhängig. Die molekulargenetischen Analysen haben in der Regel eine **begrenzte Sensitivität**. Dies bedeutet, dass nicht immer alle krankheitsverursachenden Mutationen erfasst werden. Ein negativer Befund schließt eine sichere genetische Diagnose nicht aus. Für eine korrekte Beurteilung der molekulargenetischen Befunde sollte der Humangenetiker das Mutationsspektrum des untersuchten Gens sowie die klinischen Hintergründe kennen. Darüber hinaus sind eine präzise klinische Angabe und eine spezifische Fragestellung für die *Befundinterpretation* notwendig.

Die Auswahl der Methode für eine genetische Labordiagnostik ist generell von der Art der genetischen Veränderung und/oder der klinischen Diagnose abhängig. Deshalb ist es wichtig, dass der genetische Laborbefund immer im klinischen Kontext interpretiert werden muss. Die Ergebnisse einer genetischen Untersuchung sollten dem Betroffenen bzw. der Familie im Rahmen einer genetischen Beratung erläutert werden.

Genetische Untersuchungen können durchgeführt werden:
- bei einer bereits klinisch manifesten genetisch bedingten Diagnosesicherung *(postnatale Diagnostik)*;
- vorgeburtlich *(pränatale Diagnostik)*;
- vor der Implantation des frühen Embryos in die Gebärmutter bei einer assistierten Befruchtung *(Präimplantationsdiagnostik)*;
- bei einer Auslese der weiblichen Keimzellen vor der Befruchtung *(präkonzeptionelle Diagnostik)*;
- bei der Feststellung einer Anlageträgerschaft für eine spät manifest werdende Krankheit vor Ausbruch der Erkrankung *(prädiktive Diagnostik)*.

8.6.3 Genetische Beratung

Im Mittelpunkt der genetischen Beratung stehen die **individuellen Probleme**, die durch die Geburt eines Kindes mit einer genetischen Erkrankung oder durch ein erhöhtes Risiko eines Erbleidens für den Ratsuchenden und/oder seine Nachkommen entstanden sind. Genetische Beratung verfolgt aber keine eugenischen Ziele, obwohl präventiv-medizinische Maßnahmen in der genetischen Beratung und Eugenik sehr nahe beieinander liegen. Historisch gesehen hat sich die genetische Beratung aus dem eugenischen Gedanken entwickelt. Zunächst waren viele Wissenschaftler von dem Gedanken der *Eugenik* fasziniert. Später distanzierten sich die seriösen Wissenschaftler aufgrund der eugenischen Maßnahmen im nationalsozialistischen Deutschland. Die Idee, die Häufigkeit der krankmachenden Anlagen in einer Bevölkerung allein durch die genetische Beratung zu reduzieren und dadurch den *Genpool einer Gesellschaft zu verbessern*, ist aus verschiedenen Gründen *nicht realisierbar* und auch *nicht das erklärte Ziel* der Beratung. Ziel der genetischen Beratung ist eine *individuelle Entscheidungshilfe* und eine eventuelle Leidensminderung, jedoch nicht die Verbesserung des Genpools. Bei einer autosomal-rezessiven Erkrankung wird ohnehin durch Präventivmaßnahmen die Heterozygotenfrequenz nicht berührt. In einer freiheitlich-demokratischen Gesellschaft werden nicht alle Risikopersonen die Möglichkeit der genetischen Beratung in Anspruch nehmen. Darüber hinaus beeinflusst nicht in erster Linie die vermittelte Information, sondern die von den Ratsuchenden wahrgenommene Information die Entscheidung.

Bei einer genetischen Beratung wird auch über die Sicherheit und Zuverlässigkeit der Diagnostik und über die verschiedenen Optionen, wie pränatale Diagnostik, heterologe Insemination, Adoption usw. gesprochen. Oft haben die Ratsuchenden keine Vorstellung vom Inhalt eines genetischen Beratungsgesprächs. Deshalb sollte das erste Gespräch mit besonderer Sorgfalt geführt werden. Die Entscheidung der Ratsuchenden wird in jedem Fall akzeptiert, auch wenn sie im Gegensatz zu der Einstellung des beratenden Arztes steht, sofern nicht gegen die ärztliche Standesethik verstoßen wird.

Eine Reihe von Krankheiten kann heute pränatal diagnostiziert werden. Im Fall eines pathologischen Befundes, nach einer pränatalen Diagnostik, kann ein Schwangerschaftsabbruch in Erwägung gezogen werden. Dadurch entstehen erhebliche Probleme. Natürlich liegt die Entscheidung für eine *pränatale Diagnostik* und einen eventuell damit verbundenen Schwangerschaftsabbruch bei den Eltern, jedoch sollte der beratende Arzt sich nicht seiner Verantwortung entziehen. Die persönliche Situation der Ratsuchenden, deren Weltanschauung sowie religiösen und ethischen Vorstellungen müssen hier berücksichtigt werden.

Ein weiteres Problem kann dadurch entstehen, dass eine Reihe von spät manifest werdenden Krankheiten in einer präsymptomatischen Phase, d.h. bevor das Krankheitsbild zum Ausbruch kommt, prädiktiv mit Hilfe einer DNA-Analyse diagnostiziert werden kann. Das Problem liegt darin, dass *nicht für alle diese Krankheiten eine therapeutische Möglichkeit* zur Verfügung steht, und diese Tatsache bei den Ratsuchenden zu Konflikten führt.

Das „Ad hoc committee on genetic counselling" der American Society of Human Genetics hat die genetische Beratung folgendermaßen definiert:

„Genetische Beratung ist ein Kommunikationsprozess, der sich mit menschlichen Problemen befasst, die mit dem Auftreten oder dem Risiko des Auftretens einer genetischen Erkrankung in einer Familie verknüpft sind. Dieser Prozess umfasst den Versuch einer oder mehrerer entsprechend ausgebildeter Personen, dem Individuum oder der Familie zu helfen:
- die medizinischen Fakten einschließlich der Diagnose, des mutmaßlichen Verlaufs und der zur Verfügung stehenden Behandlung zu erfassen;
- den erblichen Anteil der Erkrankung und das Wiederholungsrisiko für bestimmte Verwandte zu begreifen;
- die verschiedenen Möglichkeiten, mit dem Wiederholungsrisiko umzugehen, zu erkennen;
- eine Entscheidung zu treffen, die ihrem Risiko, ihren familiären Zielen, ihren ethischen und religiösen Wertvorstellungen entspricht, und in Übereinstimmung mit dieser Entscheidung zu handeln;
- sich so gut wie möglich auf die Behinderung des betroffenen Familienmitglieds oder auf ein Wiederholungsrisiko einzustellen."

Obwohl diese Definition von allen akzeptiert wird und die entsprechende Leitlinie zur genetischen Beratung des Berufsverbandes Medizinische Genetik sich daran ausrichtet, wird die praktische Durchführung der genetischen Beratung sehr unterschiedlich gehandhabt. Sie wird inhaltlich noch immer unterschiedlich verstanden. Eine Gruppe sieht mehr den psychosozialen, die andere mehr den medizinisch-genetischen Aspekt im Vordergrund. Wir wissen, dass die Probleme in den genetischen Beratungsgesprächen sehr vielschichtig sind; deshalb sollten im Interesse der Ratsuchenden alle Aspekte berücksichtigt werden.

Experimentelle Modelle zur genetischen Manipulation

9.1 **Transgenetik** 291
9.1.1 Die Produktion transgener Tiere 292
9.1.2 Die Steuerung der Genfunktion 294

9.2 **Gene targeting** 296

9.3 **Zell- und Tiermodelle für genetisch bedingte Erkrankung des Menschen** 297

9.4 **Animal- und Plant-Pharming** 299

9.5 **Die Klonierung von Tieren** 302

9.6 **Somatische Gentherapie beim Menschen** 305
9.6.1 Theoretische Ansätze der somatischen Gentherapie 306
9.6.2 Ex- und In-vivo-Therapie und ihre Vektoren 306
9.6.3 Beispiele bisheriger gentherapeutischer Behandlungen 308

Es wird versucht, in diesem Kapitel einen Überblick über Methoden des Gen- und Genomtransfers zu geben. Betrachtet man die historische Entwicklung der experimentellen *genetischen Veränderung von Zellen und Tieren*, so beginnt diese nicht mit der Entwicklung der verschiedenen Gentransfermethoden, sondern viel früher bei Methoden der systematischen Zucht von Laboratoriumstieren und bei der Mutagenese. Man erkannte Anfang 1900, dass es für eine vernünftige Interpretation von experimentellen Daten, die man bei Mäusen erhoben hatte, notwendig war, die verwendeten Tierpopulationen zu standardisieren. Daraufhin begann das Jackson Laboratory in USA in den 1920er Jahren vorhandene Mäuselinien einzusammeln und unter standardisierten Laboratoriumskriterien zu züchten. Es stellte sich heraus, dass die verschiedenen Stämme, von denen man übrigens lange nicht wusste, ob sie alle der Art Mus musculus angehörten, auf Substanzeinwirkungen unterschiedlich reagierten. Gründe hierfür konnten natürlich nur in der unterschiedlichen genetischen Ausstattung der Tiere zu suchen sein. Folgerichtig erkannte man, dass man aus den unterschiedlichen Reaktionen Rückschlüsse auf die beteiligten Gene ziehen konnte.

Diese Daten und natürlich direkte Untersuchungen am Menschen führten später zu einer ganzen Fachrichtung der Genetik, die man als *Pharmakogenetik* bezeichnet. Man fand aber auch, und dies ist für die Entwicklung experimenteller Modelle zur genetischen Manipulation noch ausschlaggebender, in diesen Mäusezuchten ab und zu *Spontanmutanten*, die man in der Natur so nie gefunden hätte. Einzelne Mutanten, die man dann selektiv herauszüchtete, glichen auffällig genetischen Syndromen, die man vom Menschen her kannte. Damit waren die ersten Tiermodelle zur experimentellen Untersuchung genetischer Erkrankungen des Menschen geschaffen. Natürlich war damals eine echte genetische Homologie häufig nur ungenau, manchmal gar nicht vorhanden. Da auf spontane Mutationen zu warten bei Säugetieren und auch bei Zellsystemen mühselig ist, und da man parallel Erfahrungen mit chemischer- und Strahlungsmutagenese gewonnen hatte, begann man diese Eigenschaften von chemischen Mutagenen und Strahlen für Zellen und Tiere systematisch einzusetzen, um gezielt, wenn auch zufällige, *Mutationen im Genom* zu setzen und diese systematisch nach geeigneten Fragestellungen aus Biochemie, Physiologie und Genetik auszusuchen und zu selektionieren.

Die Methodik, die ja auf zufälligen Ereignissen beruhte, änderte sich schlagartig, als es gelang *in vitro* präparierte DNA-Sequenzen in das Genom einzufügen. Der erste echte Gentransfer in kultivierte Säugetierzellen kann auf die frühen 1960er Jahre datiert werden, als man herausfand, dass Zellen aus ihrem Kulturmedium fragmentierte DNA aufnehmen und inkorporieren können. Zehn Jahre später war dieser Prozess eine Routineprozedur.

Parallel hierzu ging die Entwicklung *transgener Mäuse*. Natürlich sind in einer breiten Definition alle Mäuse und überhaupt alle Organismen transgen in dem Sinne, dass fremde DNA, besonders virale, im Prozess der Evolution stabil in die Keimzelllinien integriert wurde – wir erinnern uns an Kap. 7. Nach der wissenschaftlichen Definition von transgen, nämlich der gezielten experimentellen Integration von Fremd-DNA, wurden die ersten transgenen Mäuse 1974 durch Mikroinjektion von Sequenzen von SV40 in die Blastozystenhöhle präimplantativer Mäuseembryonen erzeugt. In der Folgezeit wurden die Modelle zur genetischen Modifikation von Mäusen und anderen Spezies einschließlich Invertebraten weiterentwickelt und verfeinert (s.Kap. 9.1-9.4). Der nächste Meilenstein der Genetik wurde im September 1990 eingeleitet. Es wurde das Gen für das Enzym Adenosindesaminase (ADA) in weiße Blutkörperchen eines vierjährigen Mädchens geschleust, das an lebensbedrohlichem ADA-Mangel litt. Hiermit begann die somatische Gentherapie beim Menschen, ein Gebiet, das große Hoffnungen in der Humangenetik erweckte, zumindest bei einigen genetischen Erkrankungen einen Weg von der Diagnose zur lange erhofften Therapie bislang unheilbarer Krankheiten gefunden zu haben. Der Stand dieser Forschung und ihre Anwendungsproblematik wird in Kapitel 9.6 behandelt.

1997 wurde dann die erste erfolgreiche *Klonierung eines Säugetieres* berichtet, was man bis dahin für unmöglich hielt. Durch den Transfer eines somatischen Zellkerns in eine enukleierte Oozyte war es gelungen, das Klonschaf Dolly zu erzeugen. Zwischenzeitlich wurden erfolgreiche Klonierungen bei verschiedenen Säugetieren durchgeführt (s. Kap. 9.5).

9.1 Transgenetik

Eine zusätzliche DNA-Sequenz in einer Zelle wird als Transgen bezeichnet. Man kann diese sowohl in tierische oder menschliche Zellen übertragen, als auch transgene Tiere experimentell erstellen, die dasselbe Transgen in allen Zellen besitzen. Beide Methoden sind von außerordentlicher Bedeutung für die Untersuchung der Genfunktion.

Gentransfer in Zellen

Bei der Anwendung der Methode auf der Ebene von kultivierten Zellen existieren grundsätzlich vier verschiedene methodische Ansätze, die vom Prinzip her auch für die somatische Gentherapie gelten, nämlich Transduktion, Transfektion, direkter Transfer und bakterieller Transfer.

Unter *Transduktion* versteht man den virusvermittelten Gentransfer. Dabei kann man verschiedene Virusvektoren unterscheiden, die entweder zeitlich begrenzt ihre Fracht in die Zelle abladen oder sich ins Genom integrieren und zu einer stabilen Verbindung führen, die man dann als Transformation bezeichnet. Für die vorübergehende Verbringung einer exogenen DNA eignen sich z.B. Adenoviren oder Viren, die in einem latenten episomalen Status bleiben, wie das Epstein-Barr-Virus oder Herpes simplex. Retroviren dagegen integrieren ihre Genfracht stabil ins Genom.

Bei der *Transfektion* kennt man die chemische und die Liposomen-vermittelte, die Lipofektion, die Elektroporation und die Rezeptor-vermittelte Endozytose. Zur chemischen Transfektion nutzt man z.B. eine Mixtur von DNA und Kalziumchlorid in Anwesenheit von Phosphatpuffer. Es bildet sich dann ein feines DNA-Kalziumphosphat-Präzipitat, welches sich auf der Plasmamembran absetzt und durch Endozytose aufgenommen wird. Bei der Liposomen-vermittelten Transfektion wird die DNA in künstliche Liposomenvesikel verpackt, welche mit der Plasmamembran fusionieren und ihre Fracht ins Zytosol entlassen.

Unter *Lipofektion* versteht man die Formation von DNA-Lipidkomplexen, welche durch Endozytose aufgenommen werden.

Bei der *Elektroporation* nutzt man den Elektroimpuls, der zeitlich begrenzt Poren in Nanometergröße in die Plasmamembran setzt und sie so für DNA durchgängig macht. Zelloberflächenrezeptoren können DNA, die an einen Liganden geheftet ist, binden und die DNA wird endozytotisch aufgenommen. Man spricht dann von Rezeptor-vermittelter Endozytose.

Zu den Begriffen Transfektion und Transduktion sei noch angemerkt, dass hier Definitionsunterschiede zwischen Bakterien und tierischen Zellen bestehen. Unter bakterieller Transfektion versteht man die Aufnahme von nackter Phagen-DNA. Transformation ist die Aufnahme nackter Plasmid-DNA oder genomischer DNA. In tierischen Zellen spricht man von Transfektion bei der Aufnahme einer jeglichen nackten DNA, während Transformation immer eine stabile und permanente Änderung im Genotyp darstellt.

Ein *direkter Transfer* der DNA erfolgt auf physikalischem Weg. Die Methode der Wahl ist dabei meist die Mikroinjektion einer linearisierten DNA mittels einer sehr fein ausgezogenen Pipette. Ein anderer Weg ist die Partikelbombardierung. Mit hoher Geschwindigkeit wird hier DNA, die an Mikroprojektile fixiert ist, sozusagen in die Zelle geschossen.

Bleibt schließlich der *bakterielle Gentransfer* zu erwähnen, bei dem man Bakterien verwendet, welche ihre Genfracht als Plasmid-DNA durch Lyse in die Zelle entlassen. Plasmide können allerdings in tierischen Zellen nicht replizieren. Die bakterielle Transfektion führt also immer nur zu einem begrenzten Verbleib des Transgens in der Zelle für Stunden bis wenige Tage. Bei einem sehr kleinen Anteil der transfizierten Zellen integriert jedoch die Plasmid-DNA ins Genom und führt zur stabilen Transformation. Um stabil transformierte Zellen zu identifizieren, bedarf es daher der zusätzlichen Einfügung selektierender Markergene, häufig solcher für Antibiotika-Resistenz, die nicht-transformierte Zellen abtöten. Auf diese Weise ist es möglich, stabil transformierte Zelllinien zu erhalten.

9.1.1 Die Produktion transgener Tiere

Es gibt verschiedene Möglichkeiten, transgene Tiere zu produzieren. Am meisten wird hierbei die **Maus** verwendet. Man hat z.B. transgene Mäuse hergestellt, indem man präimplantative Mäuseembryonen infektiösen Retroviren ausgesetzt hat. Oder man hat Retroviren in Mäuseembryonen postimplantativ injiziert. Ein anderer Ansatz involviert Transfektion von DNA in totipotente Teratokarzinomzellen, gefolgt von der Injektion dieser selektionierten Zellen in Mäuseblastozysten. Alternativ können Kerne solcher Zellen in fertilisierte Eizellen eingeführt werden, von denen die Pronuklei entfernt wurden. Die gängigsten und etabliertesten Methoden sind aber die Mikroinjektion rekombinierter DNA direkt in Pronuklei von befruchteten Mäuseeizellen und die Injektion genetisch manipulierter embryonaler Stammzellen (ES) in Mäuseblastozysten. In beiden Fällen erfolgt danach die Reimplantation in pseudoträchtige Mäuseweibchen.

Die Mikroinjektionsmethode

Bei der Mikroinjektionsmethode verwendet man superovulierte Mäuseweibchen, die man über Nacht mit fertilen Männchen verpaart. Nach stattgehabter Kopulation gewinnt man die Oozyten durch Punktion der Ampulle des Eileiters und inkubiert sie bis zur Ausbildung des Pronukleusstatus in Kulturmedium. Mit Hilfe einer Injektionspipette wird dann die DNA direkt in den männlichen Pronukleus injiziert (Abb. 9.1 und 9.2).

Das mikroinjizierte und mit einem Promotor versehene Transgen integriert zufällig an irgendeiner Stelle der chromosomalen DNA der Zygote, üblicherweise an einer einzigen und in multiplen Kopien von Kopf-zu-Schwanz-Concatameren. Danach werden die Embryonen in pseudoträchtige Empfängerweibchen transferiert. Der Transfer von 1- bis 4-Zellstadien erfolgt direkt über das Infundibulum in die Ampulle des Eileiters. Blastozystenstadien transferiert man in ein Uterushorn des zweigeteilten Mäuseuterus. Nach dem Wurf der potentiellen Founder-Tiere, die dann heterozygot das Transgen tragen, wird die **Transgenität** über PCR, Southern-Blot oder Test auf **Transgenexpression** überprüft. Die genaue Lokalisationsstelle im Genom kann durch **In-situ**-Hybridisierung nachgewiesen werden. Die Nachkommen der obligat heterozygoten Founder-Tie-

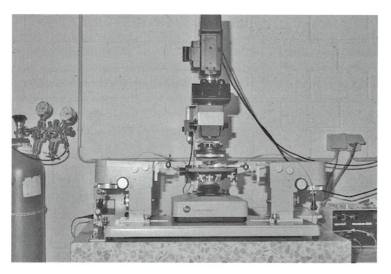

Abb. 9.1. Mikroinjektionsanlage mit Inversmikroskop (schafft den nötigen Platz am Objekt zur DNA-Mikroinjektion) und zwei Mikromanipulatoren (ein Mikromanipulator führt die Haltepipette, mit der man das Pronukleusstadium fixiert, der zweite die Injektionspipette)

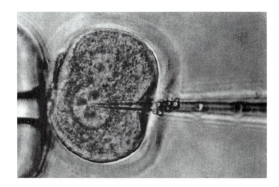

re sind zu ca. 50% transgen. Durch Rückkreuzung mit dem transgenen Elter kann eine homozygote Linie herausgezüchtet werden, falls homozygote Tiere keine Letalität zeigen (Abb. 9.3 und Abb. 9.4).

Die durchschnittliche Effizienz bei der Erzeugung transgener Mäuse beträgt bis zu 40%. Bei anderen Säugetieren ist die Übertragungsrate weit niedriger, meist unter 1%.

Abb. 9.2. Mikroinjektion in den männlichen Pronukleus

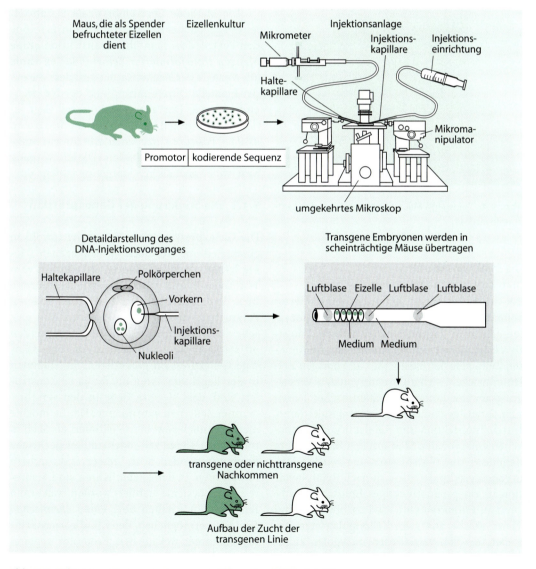

Abb. 9.3. Schema zur Erzeugung transgener Mäuse durch Mikroinjektion

Abb. 9.4. Transgene Maus mit einem Gen, das Lymphome auslöst

Die Injektion genetisch manipulierter Stammzellen

Bei der Übertragung genetisch manipulierter embryonaler Stammzellen in Mäuseblastozysten geht man folgendermaßen vor. Bei Säugetieren entwickelt sich der Embryo aus der inneren Zellmasse der Blastozyste, alle übrigen Zellen entwickeln sich zum embryonalen Versorgungsgewebe. Embryonale Stammzellen lassen sich daraus gewinnen und *in vitro* kultivieren. Durch Transfektion und Reinjektion der transgenen embryonalen Stammzellen in die innere Zellmasse von Wirtsblastozysten werden Embryonen produziert, die sich nach Reimplantation in ein pseudoträchtiges Empfängerweibchen zu *Chimären* entwickeln. Chimären sind Tiere, welche aus zwei Zellpopulationen bestehen, die von verschiedenen Zygoten stammen, nämlich denen der Blastozyste und denen der implantierten embryonalen Stammzellen.

Da embryonale Stammzellen pluripotent sind, können sie sich zu allen Geweben, einschließlich der Keimzelllinie, entwickeln. Chimären aus Blastozysten und embryonalen Stammzellen, die von verschiedenen Mäusestämmen mit unterschiedlicher Fellfarbe herrühren, zeigen eine gefleckte Fellfarbe. Die Keimzellübertragung des Transgens kann einfach über die Fellfärbung nachgewiesen werden, indem man die Nachkommen von Paarungen zwischen Chimären und Tieren, deren Fellfarbe rezessiv zu dem Stamm ist, von dem die embryonalen Stammzellen herkommen, screent (Abb. 9.5).

Die Methode über embryonale Stammzellen hat gegenüber der Mikroinjektionsmethode den Vorteil, dass man über Transfektion *große Mengen transformierter Zellen* erstellen kann, alle Vorteile der Zellkultur hat und dass die experimentelle Durchführung und der Nachweis einfacher ist. Der allergrößte Vorteil liegt jedoch darin, gezielt veränderte Gene *in vivo* an *exakter Position* einzubauen, z.B. um ein funktionelles Gen auszuschalten. Diesen Vorgang bezeichnet man als gene targeting (s. Kap. 9.2).

9.1.2 Die Steuerung der Genexpression

Die Genexpression eines Transgens sowohl in einer Zelllinie als auch in transgenen Tieren hängt von zwei Faktoren ab, nämlich vom Wirtsgenom und vom Expressionskonstrukt. Beim Expressionskonstrukt ist neben anderen Parametern vor allem der Promotor von entscheidender Bedeutung. In Zelllinien werden oft starke Promotoren benutzt, die eine ständige Genexpression garantieren. Sie stammen in der Regel von Viren ab, die ja so konstruiert sind, dass sie ihre Gene in den verschiedensten Zelltypen exprimieren. Häufig möchte man aber auch sowohl in Zelllinien, als auch in transgenen Tieren zell- oder stadienspezifische Promotoren oder noch besser induzierbare Promotoren. In den letzten Jahren sind mehrere solcher Systeme etabliert worden, welche ein Ein- und Ausschalten über einen *chemischen Liganden* ermöglichen, der z.B. die Transkriptionsfaktoren, welche den Promotor regulieren, modifiziert. Der induzierende Ligand kann dann der Zellkultur zugefügt werden oder über

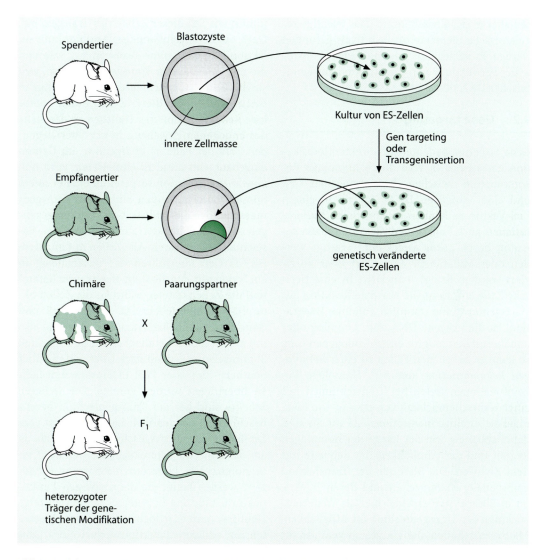

Abb. 9.5. Schema zur Erzeugung transgener Mäuse durch embryonale Stammzellen

das Trinkwasser Tieren verabreicht werden. Allerdings besitzen diese Systeme verschiedene Nachteile, wie z.B. relativ geringe Induktion, Koaktivierung anderer endogener Gene, die ebenfalls auf den Liganden reagieren, oder nicht kontrollierbare Aufnahme, verschiedene Reaktionen in verschiedenen Organen usw. Für schnelle Induktion und Abschaltung sind zwischenzeitlich auch induzierbare Systeme entwickelt, die nicht auf Transkriptions- sondern auf *Proteinebene* arbeiten.

Nicht-kontrollierbare Parameter werden durch die Positionierung im Wirtsgenom induziert, die ja zufällig ist. So kann das Transgen z.B. in einer heterochromatischen Region lokalisiert sein, oder endogene regulatorische Elemente beeinflussen die Expressionsregulation. Nicht selten ist bei transgenen Tieren zwar das Transgen integriert, zeigt aber keine Expression. Verursachend dafür kann auch sein, dass wegen der geringeren Größe oft cDNA-Sequenzen übertragen wurden. Wir wissen aber in der Zwischenzeit, dass wichtige regulatorische Elemente oft in Introns gefunden werden. Es ist bekannt, dass die Expressionsrate bei Verwendung von Konstrukten aus genomischer DNA höher ist.

9.2 Gene targeting

Gene targeting bedeutet die direkte Modifikation eines Gens in vivo durch homologe Rekombination zwischen dem endogenen Gen und einer exogenen DNA-Sequenz in einem Ziel-Vektor. Es können so künstliche **Nullmutationen**, auch Funktionsverlustmutationen genannt, durch „*gene knock-out*" erzeugt werden oder Mutationen eingeführt oder korrigiert werden. Bringt man DNA in eine tierische Zelle ein, so ist die normale Reaktion des Wirtsgenoms eine räumlich zufällige Integration. Ist die exogene DNA aber homolog oder annähernd homolog zu einem endogenen Gen, so kann es in seltenen Fällen zu einer **homologen Rekombination** kommen. Homologe Rekombinationen treten bei Transfektionen mit einer Wahrscheinlichkeit von etwa 10^{-4}-10^{-5} weniger als zufällige Integrationsfälle auf. Sie sind dabei abhängig von der Länge der homologen Region und der Ähnlichkeit der Sequenz mit dem Ziel-Gen. Die Methode der Transfektion embryonaler Stammzellen und deren Injektion in Blastozysten eröffnet hier als Weiterentwicklung der Transgentechnik die Möglichkeit, Mäuse zu schaffen, die ein gezielt verändertes Gen enthalten. Experimentell sei hier ein gängiger Weg beschrieben, ein Nullallel zu erzeugen, wobei es verschiedene Abwandlungen bei den Insertionsvektoren gibt, die angewendet werden, wenn es notwendig ist, mehr subtile Mutationen zu erzeugen.

Zur Erstellung von **Knock-out-Mäusen** benötigt man einen Abschnitt des zu untersuchenden Gens in klonierter Form. Nun wird das Gen durch den Einbau eines Neomycin-Resistenzgens (Neo) und eines Thymidinkinase-Gens (HSV-tk) aus dem Herpes-simplex-Virus verändert. Beide sind Selektionsmarker, die zur Kontrolle des Rekombinationsprozesses in embryonalen Stammzellen notwendig sind. Nach der Transfektion embryonaler Stammzellen nimmt ein Teil dieser Zellen das Transgen auf. G418, ein neomycinähnliches Antibiotikum selektioniert Zellen ohne Transgen aus, während die mit eingebautem Transgen überleben, weil sie das Gen Neo exprimieren. Jedoch ist nur in einem kleinen Teil dieser Zellen durch homologe Rekombination das Transgen an der Stelle des endogenen eingebaut. In der überwiegenden Zahl der Fälle ist es irgendwo im Genom eingebaut. Um diese zu eliminieren, wird nun eine zweite Selektion vorgenommen. Bei einem homologen ortsgenauen Einbau des Transgens muss nämlich das HSV-tk-Gen verloren gegangen sein. Man benutzt zur Selektion das Basenanalog Ganciclovir. Alle Zellen mit intaktem HSV-tk-Gen überführen das Basenanalog in ein Nukleotid, das die DNA-Replikation hemmt und die Zellen abtötet, während die Zellen ohne HSV-tk überleben. Die gegen G418 und Ganciclovir doppeltresistenten Zellen sind also mit hoher Wahrscheinlichkeit die gewünschten Stammzellen, die dann nach Überprüfung über Southern-Blot oder PCR in Blastozystenstadien übertragen werden können. Die weiteren Schritte sind bei der Transgentechnik bereits beschrieben. Letztendlich hängt es dann vom Letalitätsgrad des ausgeschalteten Gens ab, ob aus der Linie, die heterozygot das Gen trägt, eine homozygote Linie durch Kreuzung produziert werden kann, die dann völligen Funktionsverlust für das zu untersuchende Gen zeigt. Häufig kommt es jedoch auch vor, dass Mutanten mit völligem Funktionsverlust eines Gens dennoch keine phänotypischen Auswirkungen zeigen. Die Mutation wird dann offenbar genetisch durch ein ähnliches Gen kompensiert, das nicht ausgeschaltet ist. Hier können dann in manchen Fällen doppelte Knock-out-Mutanten zum Ziel führen (Abb. 9.6).

Gene targeting ist zweifellos der direkteste Weg, Gene zu manipulieren. Allerdings ist die Methode bisher nur bei Mäusen und in Abwandlung bei **Drosophila** anwendbar. Es wurden daher noch andere Methoden zur Inhibierung von Genen entwickelt. Man kann diese alle unter dem Begriff **funktionelle Knock-out-Verfahren** zusammenfassen, da sie entweder auf der Transkriptionsebene oder auf der Genfunktionsebene angreifen, ohne die DNA selbst zu verändern. Häufig wird die m-RNA eines Gens inaktiviert oder zerstört über die Einführung einer Antisense-RNA, oder es wird ein Antikörper zur Neutralisierung eines Proteins verwendet. Auf eine Beschreibung dieses Methodenspektrums soll hier verzichtet werden.

9.3 Zell- und Tiermodelle für genetisch bedingte Erkrankungen des Menschen

Während Zellkulturen in verschiedenartiger Weise zur Untersuchung der Pathogenese einer genetischen Erkrankung geeignet sind, erlauben Versuchstiere die Untersuchung der physiologischen Basis solcher Erkrankungen, stel-

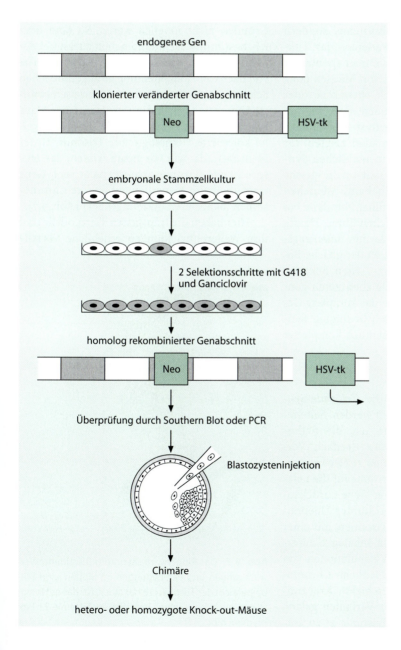

Abb. 9.6. Die Knock-out-Technik zur gezielten Ausschaltung eines Gens bei Mäusen

len also in vielerlei Hinsicht ein weitergehendes System dar. Zellkulturen waren dafür verantwortlich, dass man z.B. die **Pathologie der Chromosomenbrüchigkeit** bei Fanconi-Anämie und Bloom-Syndrom (s. Kap. 8.1.5) entdeckte. Der Repairdefekt bei Xeroderma pigmentosum wurde ebenso in Zellkulturen aufgeklärt, wie viele biochemische Defektzustände, für die Ex-vivo-Systeme die klassische Untersuchungsbasis bilden. Außerdem können Zellen direkt Patienten entnommen und kultiviert werden, sie sind insofern keine Modellsysteme, sondern stellen den Istzustand des Patienten dar. Tiermodelle, vor allem solche, die man spontan in gezüchteten Kolonien, meist von Mäusen fand, aber auch solche, die durch chemische oder Strahlenmutagenese entstanden sind, wurden meist nur dann entdeckt, wenn sie augenfällig äußerlich erkennbare Anomalien zeigten, für die man eine Parallele bei menschlichen Syndromen fand. Dabei kann es sich um die gleiche Mutation handeln, die auch beim Menschen zur Krankheitserscheinung führt. Nur dann hat man ein Modell im eigentlichen Sinne. Häufig simulieren aber *Tiermodelle* nur *näherungsweise* genetische Syndrome, ob der gleiche Basisdefekt zugrunde liegt, war selten bekannt. Dennoch stellen Tiermodelle eben einen ganzen Organismus dar, an dem das komplexe Geschehen, das vielen genetisch bedingten Syndromen zugrunde liegt, wesentlich kompletter untersucht werden kann.

Beispiel

Als Beispiel können hier die *Trisomie-Syndrome des Menschen* genannt werden. Seit vielen Jahren untersucht man u.a. die pathologischen Auswirkungen des dreifach Vorhandenseins des Chromosoms 21 (Down-Syndrom) und versucht, diese sowohl auf die 1,5fache Überexpression einzelner Gene zurückzuführen, als auch, wegen bestimmter Übereinstimmungen mit anderen Trisomien, mit einer allgemeinen chromosomalen Inbalance zu erklären. Auch in natürlichen Populationen von Mäusen fand man unterschiedliche Chromosomenumbauten. Durch geschickte Kreuzungen solcher chromosomaler Varianten gelang es, ein Tiermodell für die Trisomie 21 zu entwickeln, die Trisomie 16 der Maus. Der distale Teil von Chromosom 21 des Menschen zeigt enge Homologien zu Teilen des Chromosoms 16 der Maus, was sich phylogenetisch durch Chromosomenumbauten in der Säugetierreihe erklären lässt. Mehrere Symptome der Trisomie 21 des Menschen waren erst durch das Mausmodell aufzuklären, weil man hier Untersuchungen von der frühen Embryogenese über die Fetogenese bis zur Geburt durchführen konnte, die beim Menschen aus ethischen Gründen nicht möglich waren. So fand man z.B. bestimmte Skelettanomalien zuerst bei der Maus, die man dann später im Abortmaterial von nach Chorionzottenbiopsie abgebrochenen Schwangerschaften ebenfalls nachweisen konnte. Andererseits stellt die Trisomie 16 der Maus zwar ein valides Tiermodell dar, sie ist aber keine komplette Homologie zur Trisomie 21 des Menschen, da, wie wir heute wissen, das entsprechende Chromosomensegment auch Gene trägt, die beim Menschen auf andere Chromosomen lokalisieren und umgekehrt (Abb. 9.7).

Hier haben die transgenen Tiermodelle und ihre Weiterentwicklungen erhebliche Vorteile

Abb. 9.7. Das Rippenwirbelsyndrom (bestimmte Verwachsungen und Fehlbildungen im Rippen- und Wirbelbereich) der Trisomie 16 der Maus, für das es Homologien auch bei schwer betroffenen Trisomie-21-Embryonen gibt

gebracht, da sie *spezifische Krankheitsmodelle* schaffen. Während transgene Linien erlauben, die Auswirkungen eines Gens in Überexpression zu untersuchen (Funktionsgewinn), ermöglichen Knock-out-Modelle die Untersuchung der Genwirkung über den Funktionsverlust. Funktionsgewinn kann natürlich nur erzielt werden, wenn das entsprechende Gen, das häufig über Mikroinjektion in das Pronukleus-Stadium verbracht wird, in der Lage ist, pathologisch Effekte zu erzielen. Hierfür eignen sich Gene, die eine dominante Genwirkung zeigen, während Funktionsverlustmutanten sowohl für Gene geeignet sind, die einem rezessiven Erbgang folgen, als auch für solche, die dominant vererbt werden. So hat man Funktionsverlustmutanten für so wichtige genetische Erkrankungen wie Zystische Fibrose, β-Thalassämie, Gaucherkrankheit, fragiles X-Chromosom oder Hypercholesterinämie und Arteriosklerose erzeugt. Durch Integration eines mutierten menschlichen Ataxia-Gens mit expandierenden Trinukleotiden des Typs CAG hat man ein Tiermodell für die Spinocerebelläre Ataxia Typ1 erstellt. Durch die Integration einer mutierten APP-c-DNA konnte ein Tiermodell für die Alzheimersche Krankheit dargestellt werden. Die Liste der Beispiele ließe sich noch lange fortsetzen, zumal wir uns hier auf menschliche Gendefekte beschränkt haben und Tiermodelle, die in der Krebsforschung erzeugt werden, außer Betracht gelassen haben. Dennoch gibt es auch noch viele genetische Erkrankungen des Menschen, für die *keine validen Tiermodelle* existieren. Dies gilt sowohl für monogen vererbte Erkrankungen, als auch vor allem für komplexe genetische Erkrankungen. Diabetes, Hypertonie und viele andere haben eine komplexe Ätiologie mit multiplem genetischen Hintergrund und sind durch Umweltfaktoren beeinflusst. Es gibt zwar auch hier einzelne Tiermodelle, aber die Entwicklung von geeigneten Tiermodellen hängt hier stark vom Vorhandensein entsprechender Kandidatengene ab. Abschließend muss man sich natürlich im Klaren sein, dass es auch bei den besten Tiermodellen noch erhebliche Unterschiede zwischen Mensch und beispielsweise Maus trotz der beeindruckenden genetischen Homologie gibt. So gibt es Unterschiede in der Lebensspanne. Menschliche Erkrankungen mit später Manifestation werden daher im Tiermodell schwierig zu untersuchen sein. Es gibt Unterschiede in biochemischen Stoffwechselketten, obwohl viele davon in der Säugetierentwicklung hochkonserviert sind. Es gibt Unterschiede in der Stoffwechselgeschwindigkeit, die bei der Maus etwa um den Faktor 7 schneller ist als beim Menschen, und es gibt deutliche Unterschiede im genetischen Hintergrund, die über die vorhandenen Genhomologien hinausgehen. Schließlich besitzen menschliche Populationen eine viel *größere genetische Varianz* in ihrem Allelbestand. Alle Labormäusestämme sind mehr oder weniger ingezüchtet, haben also eine deutliche Einschränkung in ihrer genetischen Varianz. Dies kann zu Modifikationen durch den genetischen Hintergrund führen, die einen betrachteten Lokus beeinflussen.

9.4 Animal- und Plant-Pharming

Humaninsulin, das Wachstumshormon Somatotropin, Faktor VIII und andere therapeutische Proteine gewann man bis in die 1980er Jahre aus tierischem und menschlichem Material. So wurde Humaninsulin aus Schweinen und Rindern gewonnen, Somatotropin wurde aus den Hypophysen frisch Verstorbener extrahiert und Faktor VIII äußerst teuer aus dem menschlichen Blut isoliert. Das Humaninsulin war das erste Medikament, das man durch *Expressionsklonierung in Bakterien* 1982 gewann. Innerhalb der nächsten 10 Jahre folgten weitere in verschiedenen Expressionssystemen (Tabelle 9.1), und die in Entwicklung befindlichen Genprodukte der Zukunft zielen, neben den bisher bearbeiteten Anwendungsgebieten, auf Krankheiten, die konventionell medikamentös nur schwer behandelbar waren oder sich einer Behandlung entzogen. Als Beispiele sind hier Morbus Alzheimer und andere neurologische Erkrankungen, Autoimmunerkrankungen und septischer Schock zu nennen. Allein letzterer führt heute noch zum Tod von mehr Intensivpatienten als die Erkrankungen, wegen derer sie in die Klinik eingeliefert wurden.

Tabelle 9.1. Beispiele gentechnisch hergestellter Pharmaka

Medikament	Anwendungsgebiet
Humaninsulin	Diabetes
Somatotropin	Wachstumshormon bei Minderwuchs
α-Interferon 2c	Augeninfektionen von Herpes
α-Interferon 2a	bestimmte Leukämieformen
α-Interferon 2b	bestimmte Leukämieformen
Hepatitis-B-Impfstoff	Hepatitis-B-Impfung
TPA	Akuter Herzinfarkt
γ-Interferon	chronische Polyarthritis
Erythropoetin	Anämie bei chronischem Nierenversagen
α-Interferon n3	Genitalwarzen
G-CSF	Unterstützung der Chemotherapie
GM-CSF	Knochenmarktransplantationen
Interleukin 2	metastasierendes Nierenkarzinom
Blutgerinnungsfaktor VIII	Bluterkrankheit
Glukagon-Hydrochlorid	Diabetes bei Unterzuckerungsschock
Hämophilius-B-Impfstoff	Hämophilius B

Rekombinante Proteine helfen auch Sicherheitsrisiken zu verhindern, die vorher bewusst oder unbewusst in Kauf genommen wurden. So infizierten sich viele Hämophile mit AIDS durch HIV-kontaminiertes Blut, und einige Kinder erkrankten an der Creutzfeld-Jakob-Erkrankung nach Injektion des aus Hypophysen gewonnenen Somatotropins. Man kann also nach über 20 Jahren sagen, dass die angelaufene gentechnische Entwicklung von Medikamenten eine äußerst positive war. Der wirkliche Erfolg ist allerdings sicherlich noch im Aufbau begriffen, wenn man bedenkt, dass die Entwicklungs- und Erprobungszeit für ein Medikament in der Regel etwa 10 Jahre erfordert. Dabei kann man längerfristig auch mit einer Kostendämpfung im Gesundheitssektor rechnen, wenn auch die hohen Entwicklungskosten der ersten Medikamentengeneration hier nicht immer die primären Erwartungen erfüllt haben.

Jedoch sind Proteine, die in Bakterien produziert werden, häufig **nicht identisch mit natürlichen menschlichen Proteinen**, da das humane Glykosylierungsmuster in Bakterien nicht simuliert werden kann (z.B. Erythropoetin oder Faktor VIII). Daher besteht ein zunehmender Bedarf an *Säugetierexpressionssystemen*. Neben Zellkulturen sind hier lebende Säugetiere in den Fokus gerückt. So entwickelte man die Idee, Testmodelle für Bioreaktoren durch den Einsatz von Säugerdrüsen spezifischen Regulationssequenzen zu generieren. Ein Fusionsgen mit Milch-Proteingen-Regulatorsequenzen steuert dann die Genexpression exklusiv in den Brustdrüsen quer über die Speziesgrenzen hinweg. So wurden viele Proteine von pharmazeutischem Interesse in Mäuse-Brustdrüsen produziert und anschließend in die Milch sekretiert. Beispiele hierfür sind humaner Plasminogenaktivator, Urokinase, Wachstumshormon oder α1-Antitrypsin, um nur einige zu nennen. Dennoch war die Maus hier nur ein brauchbares Testmodell für größere transgene Bioreaktoren, aber kaum ein brauchbares Tier für die Produktion. So erhielt man 1992 1g Rohprotein des menschlichen Wachstumshormons von 200 laktierenden Mäusen. Es wurden daher keine weiteren Versuche unternommen, Mäuse oder Ratten als Bioreaktoren zu entwickeln.

Zwischenzeitlich wurde 1990 der Begriff „Pharming" geprägt als Zusammenziehung von „Farming" und „Pharmaceuticals" als Sinnbild der Kombination von bäuerlicher Tätigkeit und hochentwickelter Biotechnologie.

Die Erstellung größerer transgener Tiere wirft eine Anzahl von Problemen auf. An erster Stelle ist hier vielleicht das ethische zu nennen.

Es muss sichergestellt sein, dass Tiere, die zur Produktion von Fremdprotein herangezogen werden, dadurch nicht in irgendeiner Weise geschädigt werden. Hier ist der grundsätzlich bei Mäusen entwickelte Gedanke, das rekombinante Protein ausschließlich im Milchdrüsengewebe zu produzieren, der verfolgte Ansatz, da Milchdrüsen nicht Teil des lebenserhaltenden Systems sind, und folglich die Produktion von Fremdprotein dort und seine Gewinnung über die Milch wohl kaum zu einer Schädigung der Tiere führen kann. Tatsächlich wurden auch in den bisherigen Forschungsansätzen die meisten Proteine über dieses System gewonnen (Tabelle 9.2). Eine Ausnahme ist das *menschliche Hämoglobin*, das man im Blutsystem von Schweinen hergestellt hat, als Substitutionsprodukt für menschliche Transfusionen.

Tabelle 9.2. Auswahl durch Animal Pharming versuchsweise hergestellter Proteine

Protein	Tier	Medizinische Behandlung
α1-Antitrypsin	Schaf	Lungenemphysem
Plasminogen-Aktivator	Schaf, Schwein	Thrombose
CFTR	Schaf	zystische Fibrose
Faktor VIII, IX	Schaf Schwein Kuh	Hämophilie
Humanprotein C	Ziege	Thrombose
Antithrombin 3	Ziege	Thrombose
Glutaminsäuredecarboxylase	Ziege	Typ I Diabetes
Pro 542	Ziege	HIV
γ-Interferon	Schaf	Krebs
α-Lactalbumin	Kuh	Anti-Infektion
Fibrinogen	Kuh Schaf	Wundheilung
Kollagen I,II	Kuh	Rheumatoide Arthritis, Gewebereparatur
Laktoferrin	Kuh	Gastrointestinaltraktinfektion infektiöse Arthritis
Human Serum Albumin	Kuh Schaf	Blutvolumenerhaltung
Monoklonale Antikörper	Huhn Kuh Ziege	Vaccine-Produktion
Gallensalz-stimulierte Lipase	Schaf	Pankreasinsuffizienz
Malaria Antigen msp-1	Maus	Malaria
α-Glucosidase	Kaninchen	Pompe Krankheit
Designer-Peptide	Schaf	antimikrobiell usw.
Hämoglobin	Schwein	Transfusion
Interleukin 2	Kaninchen	Krebs

Groß und äußerst kostenintensiv ist dagegen der technische Aufwand. Beträgt die durchschnittliche Effizienz bei der Erzeugung transgener Mäuse bis zu 40%, so reduziert sich die Erfolgsrate bei Ziegen, Schafen oder Kühen auf ein bis höchsten fünf Prozent.

Außerdem ist die Tragzeit bei domestizierten Tieren lange und die Würfe sind meist klein. Auch die Verfügbarkeit fertilisierter Oozyten ist gering. Zusätzlich ist die Standard-Mikroinjektionsmethode komplizierter in der Anwendung durch teilweise schlechtere Sichtbarkeit der Pronuklei oder der notwendigen besonderen Behandlung der Oozyten (z.B. Verpackung in Zonae pellucidae).

Als Produktionsmethode ist Animal Pharming bisher völliges Neuland. Menschliche Pharmaka, die aus Tiermilch oder Blut aufgereinigt werden, verlangen einen außergewöhnlich **hohen Standard an Sicherheitstestung.** Entsprechende Richtlinien wurden von der amerikanischen Food and Drug Administration herausgegeben. Sie beinhalten Forderungen an Gesundheit und Herkunft der Tiere, Validisierung der Genkonstrukte, Charakterisierung der produzierten Proteine und Testung der Tiere über mehrere Generationen unter einer Anzahl verschiedener Bedingungen. All dies bedingt enormen Kostenaufwand, was die Idee der tierischen Bioreaktoren gegenwärtig kommerziell etwas in Misskredit gebracht hat.

Ebenso wie transgene Nutztiere rücken **transgene Pflanzen** in den Fokus der Interessen. Pflanzen sind zwar nicht geeignet, humanspezifische Glycosylierungsmuster zu replizieren, sie haben jedoch Vorteile vor allem in der Kostenreduzierung für die Expressionsklonierung. Auch wurde zwischenzeitlich eine beeindruckende Zahl von Proteinen, wie Insulin, Laktoferrin und verschiedene Vaccinen in Pflanzen produziert. Allerdings bestehen auch hier große **Sicherheitsbedenken.** Sie wurden 2004 im Editorial von Nature Biotechnology in einer ausdrücklichen Warnung zusammengefasst. Bedenken bestehen bezüglich Samenvermischung, Querkontamination, Pollendrift, lateralem Gentransfer u.a., wenn transgene Feldfrüchte potente und/oder toxische Produkte enthalten. Es wird vorgeschlagen, stringente Sicherheitsrichtlinien zu erlassen. Sie betreffen geographische Parameter, wie z.B., dass solche Kulturen nur in Regionen angepflanzt werden sollen, in denen normalerweise keine Nahrungsmittel erzeugt werden, bis zu extremen Standorten wie isolierte Inseln als einzig erlaubte Standorte für solche Kulturen. Eine andere Überlegung ist, dass solche Transgene nur in Pflanzen verbracht werden sollten, die nicht als Nahrungspflanzen dienen (z.B. *Arabidopsis* oder *Flachs*).

9.5 Die Klonierung von Tieren

Die Klonierung von Tieren ist die Erstellung genetisch identischer Tiere. Klonierung in Form asexueller Reproduktion ist in der Natur weit verbreitet. Sie ist bei Einzellern und Pflanzen in Form von Zellteilung und vegetativer Reproduktion ein völlig normaler Prozess. Bei höheren Vertebraten können **genetisch identische Tiere** durch spontane Teilung in frühen Embryonalstadien entstehen. Das Ergebnis sind dann Zwillinge oder Mehrlinge.

Unter künstlicher Klonierung von Säugetieren versteht man im Prinzip 2 Methoden, nämlich das *„Embryo-Splitting"*, also die Teilung eines frühen Embryos in Einzelblastomeren und deren getrennte Entwicklung zu genetisch identischen Individuen. Dieser Vorgang kann z.B. bei der Maus bis vor der Kompaktierung im frühen 8-Zellstadium durchgeführt werden, solange die Blastomeren noch totipotent sind. Praktisch funktioniert dies gut bis zum 4-Zellstadium, da dann in jeder Blastomere noch genügend Zytoplasma vorhanden ist und die Zeit zur Blastozystenbildung noch ausreicht, so dass sich aus jeder Blastomere **ein normales voll ausgereiftes Individuum** entwickelt; späteres Splitting führt in der Regel zu Miniblastozysten, die sich nicht mehr zu einem Organismus entwickeln. Auch mehrfaches Splitting funktioniert nicht, da im frühen Embryo bis zum 8-Zellstadium keine Plasmavermehrung vorkommt (Abb. 9.8).

Die zweite Methode ist der *Kerntransfer*, welcher den Ersatz des Nukleus der unbefruchteten Oozyte durch den Nukleus einer somatischen Zelle beinhaltet. Letzterer wird dann

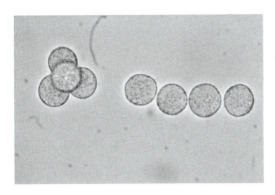

Abb. 9.8. Embryo-Splitting bei der Maus im 4-Zellstadium

durch die Oozyte reprogrammiert und erhält offenbar die Fähigkeit, die gesamte Entwicklung eines Organismus zu induzieren, unabhängig vom differenzierten Status der Spenderzelle.

Beide Methoden unterscheiden sich grundsätzlich. Beim Embryo-Splitting sind die resultierenden Embryonen im *gleichen Stadium der Entwicklung* und im gleichen Alter, wie der ungeteilte Embryo gewesen wäre und genetisch völlig identisch. Beim Kerntransfer wird ein *anderes genetisches Programm* übertragen. Dieser eröffnet grundsätzlich die Möglichkeit der Replikation eines adulten Individuums und dessen genetisches Programm. Zwar wurde seit 50 Jahren gezeigt, dass dies bei Amphibien möglich ist, 1997 wurde jedoch zum ersten mal bewiesen, dass dies auch beim Säuger möglich ist. **Wilmut** und Kollegen produzierten mit dieser Technik das Klonschaf Dolly (Abb. 9.9).

In den Folgejahren wurde die Methode an anderen Nutztieren reproduziert. Zweifellos wird die entwicklungsbiologische Grundlagenforschung hiervon in Zukunft erheblich profitieren. Prozesse der Genexpression während der Entwicklung, der somatischen Differenzierung, des Imprintings, der Reparatur- und Zellalterungsprozesse werden mit neuer Methodik besser studiert werden können.

Nutztiere als Produzenten therapeutischer Proteine

Gegenwärtig eröffnen sich hauptsächlich vier Anwendungsgebiete der oben beschriebenen Technik, wovon zwei die Medizin und eines die Landwirtschaft betreffen. Das gegenwärtig vielleicht wichtigste ist ein neuer Ansatz für Animal Pharming (s.Kap. 9.4). Es wurde bereits erörtert, dass mit konventionellen Methoden es zwar gut gelingt, transgene Mäuse zu erstellen, bei Nutztieren ist die *Erfolgsrate* aber weit *geringer*. Die Methode des Kerntransfers könnte diesen Ansatz wesentlich effizienter gestalten. Ein Spenderkern kann nämlich über Transfektion ein zusätzliches Gen erhalten und in eine enukleierte Eizelle übertragen werden. Das resultierende Tier ist dann transgen und produziert beispielsweise ein wesentliches therapeutisches Protein. Diese Möglichkeit wurde 1997 durch **Schnieke** und Mitarbeiter erstmals gezeigt. Die Autoren transferierten Kerne von transfizierten fetalen Fibroblasten mit dem Gen für Faktor IX und produzierten ein Faktor-IX-transgenes Schaf. Ähnliche Beispiele folgten.

Nutztiere als Modelle für genetische Erkrankungen

Als Modellorganismen für genetische Erkrankungen dienen gegenwärtig vorwiegend genetisch manipulierte Mäuse. Für spezielle Fragestellungen könnte es in Zukunft wichtig sein, auch Modellorganismen zu besitzen, die in bestimmten Fragestellungen anatomisch und physiologisch dem Menschen ähnlicher sind. Der Kerntransfer macht es in Zukunft vielleicht einfacher möglich, spezifische genetische Veränderungen in unterschiedlichen Spezies herbeizuführen. Allerdings ist noch ein weiter Weg in Richtung Optimierung der Methoden zu beschreiten. Jedenfalls ermöglicht diese neue Methode die Perspektive, auch große Tiere, die dann vielleicht ein vertieftes Verständnis der klinischen Besonderheiten bei genetischen Erkrankungen erlauben, mit einzubeziehen.

Die Zucht endogener Gewebe

Die Klonierung könnte dazu beitragen, in der *Transplantationsmedizin* autologe Gewebe zu produzieren. Menschliche embryonale Stammzellen könnten durch Kerntransfer veranlasst werden, solche Gewebe zu bilden. Man bezeichnet dies als *therapeutisches Klonen*. Dies alles

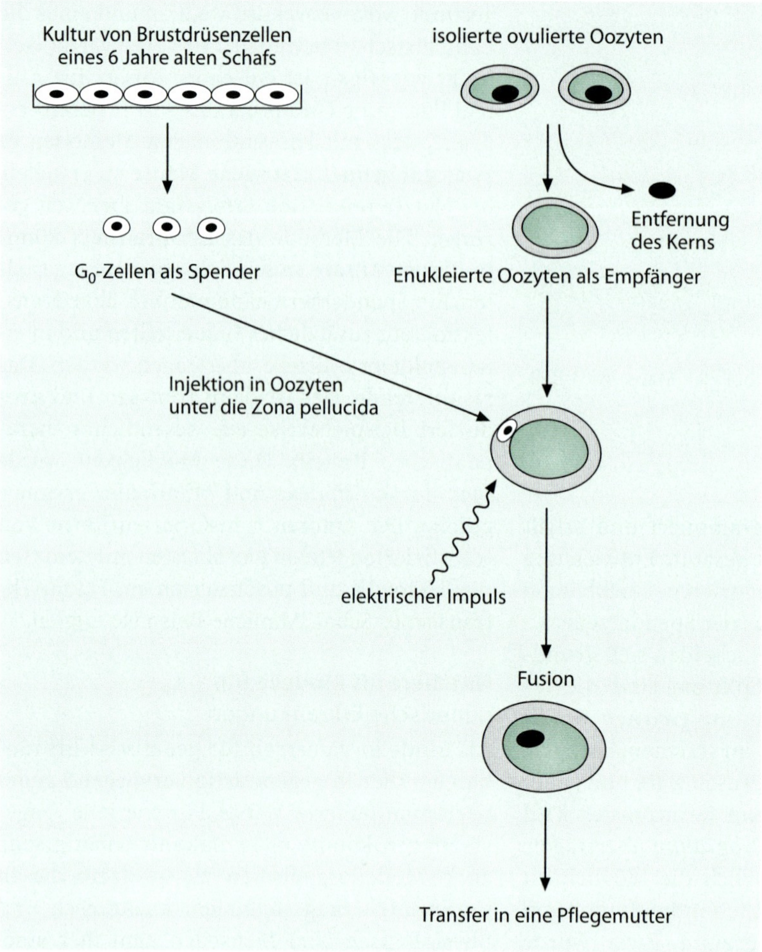

Abb. 9.9. Methode, die Wilmut et al. zur Herstellung des Klonschafes Dolly verwendeten. 29 von 434 Oozyten entwickelten sich zu einem transferierbaren Stadium, und von diesen entwickelte sich nur eine zu dem berühmten Klonschaf Dolly. Die wissenschaftliche Gemeinschaft musste zur Kenntnis nehmen, dass Genomprogrammierungen im Rahmen der Zelldifferenzierungen nicht irreversibel sind, und dass das Genom einer adulten Zelle durch Faktoren der Oozyte wieder totipotent gemacht werden kann

wirft natürlich unmittelbar eine Fülle **ethischer Fragen** auf, die gegenwärtig in der Gesellschaft relativ kontrovers diskutiert wird.

Die Erzeugung von Nutztieren in der Landwirtschaft

Künstliche Inseminationen und Embryotransfer haben bereits seit längerer Zeit Einzug in die Landwirtschaft gehalten. Klonierung macht es nun möglich, genetisch identische Tiere zu erhalten. Falls es gelingt, die Klonierung adulter Tiere zu einer Routinemethode zu entwickeln, hätte dies immense Auswirkungen auf die Erzeugung von Nutztieren. Man könnte qualitätsgeprüfte Tiere praktisch beliebig reproduzieren und so erhebliche Leistungssteigerungen erhalten, z.B. in der Milchproduktion, der Milchqualität, der Fleischqualität usw.

9.6 Somatische Gentherapie beim Menschen

Die klinische Humangenetik unterscheidet sich insofern von anderen Gebieten der angewandten Medizin, als sie durch Erbprognose, genetische Diagnostik und Beratung zwar viele genetisch bedingte Krankheiten auf ihren *Primärdefekt* ursächlich zurückführen kann und durch prä- und postnatale Diagnostik diesen auch bei einem Patienten verifiziert. An die Diagnostik schließt sich dann aber in der Mehrzahl der Fälle keine Kausaltherapie an, die zur möglichen Ausheilung der Erkrankung führt. Die Konsequenzen sind daher Akzeptanz, manchmal Verbesserung der Krankheitsauswirkungen, psychosoziale Maßnahmen oder in einer Minderzahl der Krankheiten nach Pränataldiagnostik auch Schwangerschaftsabbruch. In sehr wenigen Fällen, wie z.B. der PKU, gelingt es auch, die Krankheitsfolgen eines Gendefekts weitgehend oder ganz zu neutralisieren.

Das Wunschstreben, genetische Defekte durch den Einbau gesunder Gene heilen zu können, blieb bis vor 15 Jahren auch ansatzweise Utopie. Im September 1990 schien sich hier ein Durchbruch abzuzeichnen. Am National Institute of Health in Bethesda (Maryland) wurde das Gen für das Enzym Adenosindesaminase (ADA) in die weißen Blutkörperchen eines 4-jährigen Mädchens eingeschleust. Durch eine Mutation können die Zellen der Betroffenen kein korrektes oder gar kein ADA-Enzym bilden. Die Aufgabe des Enzyms ist es, das Stoffwechselzwischenprodukt Desoxiadenosin und seine Abkömmlinge abzubauen. Ein Enzymmangel und damit eine hohe Desoxiadenosin-Konzentration ist für die T-Zellen tödlich. Eine Vernichtung dieser für die Immunabwehr wichtigen Zellen führt dazu, dass sich Infektionen aller Art ungehindert ausbreiten können. Der langsame *Zusammenbruch des Immunsystems* macht jeden Schnupfen zum lebensbedrohlichen Risiko.

Die Kinder sind, unter einem Isolierzelt ans Bett gebunden, unter ständiger Behandlung mit schweren Antibiotika. Auch die Behandlung mit ADA-Enzym bringt in der Regel – wenn überhaupt – nur vorübergehende Erfolge. Knochenmarktransplantationen, die noch die besten Heilungschancen bieten, benötigen einen immunologisch verträglichen Spender.

In den Folgejahren wurden verschiedene andere Patienten in ähnlicher Weise behandelt, und es wurde von dramatischen klinischen Erfolgen berichtet. Allerdings erhielten alle Patienten parallel die Enzymbehandlung, so dass nicht genau festgestellt werden konnte, welchen Anteil an der Verbesserung die Gentherapie hatte.

Es folgten Gentherapieversuche für andere Erkrankungen, wie die *Zystische Fibrose*. Aufgrund der eingesetzten Vektoren, nämlich rekombinanter Adenoviren (s. unten), hatte man bei Patienten bereits mehrfach wegen der notwendigen Behandlungswiederholung Reaktionen des Immunsystems beobachtet. Doch plötzlich verstarb ein Patient im September 1999 zwei Tage nach Injektion rekombinanter Adenoviren in die Leber, der diese Behandlung wegen eines Ornithintranscarbamylase-Defekts erhielt. 2002 kam es zu zwei weiteren Todesfällen nach einer ursprünglich sehr erfolgreichen Behandlung von 14 Patienten mit *„Severe Combined Immunodeficiency Type X1"*-angeborene Immunschwäche des Typs X1. Die offenbare Ursache war eine Leukämie durch Integration eines retroviralen Vektors in das Genom einer der modifizierten Zellen mit der Folge der Aktivierung eines Protoonkogens (Insertionsmutagenese mit der Folge der Onkogenese). Parallel zu den Todesfällen wurde über eine experimentell bei Mäusen aufgetretene Leukämie berichtet.

Die ursprüngliche Euphorie, die sich zu Beginn der somatischen Gentherapie ausgebreitet hatte, wurde nachdrücklich gedämpft. Nach bis heute über 300 durchgeführten Gentherapie-Prüfungen an mehr als 3000 behandelten Patienten befindet sich die somatische Gentherapie noch in einem *experimentellen Stadium*. Die theoretischen Risiken, wie Immunreaktion, Tumorbildung durch Einbau der Vektoren in bestimmten Stellen des Genoms, Auftreten vermehrungsfähiger Vektoren, Etablierung neuer Virusstämme sowie Ausscheiden der Vektoren in die Umwelt müssen intensiv abgeklärt werden. Auch und gerade die Verwendung viraler

Vektoren bedarf in Bezug auf die Gefahr einer Rekombination und der damit verbundenen Entstehung von *neuen pathogenen Viren* besonderer Beachtung und Sicherheitsabwägung.

9.6.1 Theoretische Ansätze der somatischen Gentherapie

Funktionsverlustmutationen

Für die klinische Humangenetik steht die Behandlung monogen vererbter Erkrankungen im Vordergrund, die auf den Mangel oder Ausfall der Funktion eines Gens bzw. dessen Produktes zurückzuführen sind. Es handelt sich also um Erkrankungen, die dem rezessiv-vererbten Typus zuzuzählen sind, vor allem um *Enzymdefekte*. Dabei eignen sich natürlich nur solche Erkrankungen, bei denen keine irreversiblen Schäden bereits früh aufgetreten sind, d.h. durch Schädigungen in der embryonalen oder fetalen Entwicklung. Der Funktionsverlust soll durch die *Substitution* defekter Gene *durch funktionell intakte Kopien* ausgeglichen werden (Genaddition). In der Krebstherapie bedeutet Genaddition die Immunantwort zu verstärken oder ein defektes Tumorsuppressorgen zu substituieren.

Fehlfunktionsmutationen

Falls ein vorhandenes Gen eine pathologische Funktion induziert, wäre eine Korrektur nur über den Genersatz durch eine funktionell korrekte Kopie *in situ* möglich. Ein Ansatz, der bisher nur theoretisch funktioniert.

Genstilllegung und Einleitung der Apoptose

Ein aktiviertes Onkogen könnte durch *gene targeting* korrigiert werden. Die pathogene Funktion würde dann quasi stillgelegt. Dieser Ansatz ist auch bei *Autoimmunerkrankungen* von Bedeutung. In weitergehender Betrachtung könnte auch die Induktion von Apoptosebefehlen durch gene targeting hier zugeordnet werden.

Im Nachfolgenden soll im Wesentlichen die somatische Gentherapie bei Funktionsverlustmutationen besprochen werden, da sie für die Humangenetik die größte Bedeutung besitzt. Es soll jedoch erwähnt werden, dass man sich von ihr auch Fortschritte bei der Behandlung anderer schwerer Erkrankungen erhofft, wie z.B. in der Onkologie, der Virologie, bei Erkrankungen der Atemwege, des Zentralnervensystems, bei Herz-Kreislauf- und entzündlichen Erkrankungen sowie bei der Immunabwehr. Tatsächlich betreffen über 60% der Gentherapieversuche gegenwärtig Probleme der Krebsforschung und nur ca. 12% widmen sich monogenen Erkrankungen.

9.6.2 *Ex-* und *In-vivo*-Therapie und ihre Vektoren

Für die eigentliche Therapie gibt es zwei Strategien. Entweder es werden dem Patienten Zellen entnommen, in Kultur genommen, dort mit dem Zielgen substituiert und dann wieder reimplantiert (*Ex-vivo*-Strategie). Oder die Ziel-DNA wird über Vektoren direkt dem Patienten verabreicht in der Hoffnung, dass sie in die Zielzelle oder auch andere Zellen eingebaut wird, die über die Produktion des Genproduktes den Defekt kompensieren können (*In-vivo*-Strategie). Die Ex-vivo-Transformation ist dann die Methode der Wahl, wenn die Zielzellen leicht entnommen werden können, wie z.B. Zellen des hämatopoetischen Systems oder Hautzellen, und nach ihrer Zurückverbringung in den Körper für lange Zeit überleben. Der In-vivo-Gentransfer muss dann durchgeführt werden, wenn die Empfängerzellen nicht kultiviert werden können oder kultivierte Zellen nicht reimplantiert werden können. Natürlich können solche Zellen nicht wie die in Kultur transformierten selektioniert werden (Abb. 9.10).

Vektoren

Die Wahl der Vektoren ist ein weiteres Problem. Verschiedene Strategien sind hier vorhanden. Der Vektor soll quasi als „Gentaxi" das erwünschte Gen an seinen Zielort verbringen. Grundsätzlich eignen sich hierzu Viren, wobei es zwei verschiedene Klassen gibt, die von ihren grundsätzlichen Eigenschaften her verschieden arbeiten. Die erste Klasse von Viren befördert ihre Genfracht nur bis in den *Zellkern*, während die zweite Klasse die Erbinformation *direkt in die Chromosomen* einbringt. Ein Verbringen nur in den Zellkern bedeutet ein „Par-

9.6 · Somatische Gentherapie beim Menschen

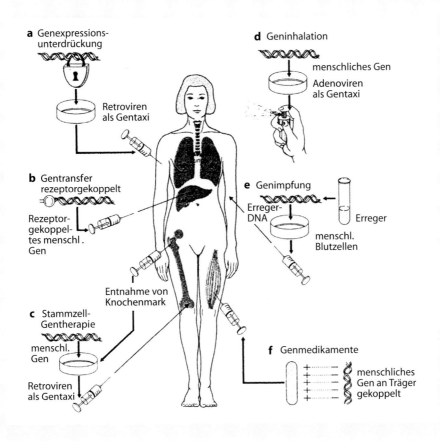

Abb. 9.10. Die Wege zum somatischen Gentransfer beim Menschen

ken" der Gene gleichsam im Foyer der genetischen Bibliothek. Auch hier wird die Information gelesen und das Genprodukt synthetisiert. Teilt sich allerdings die substituierte Zelle, so wird beim Kopieren das zusätzliche Gen nicht mit berücksichtigt. Die eingeschleuste Information geht mit der Zeit verloren. Der Therapieerfolg ist also ein zeitlich begrenzter und die Therapie muss in der Regel nach einigen Wochen wiederholt werden. Für diese Art des Gentransfers hat man bisher z.B. Adenoviren benutzt, denen man die Virulenz genommen hat, indem viruseigene Gene entfernt und dafür das Zielgen eingebaut wurde. Weitere Optionen sind Adeno-assoziierte Viren, welche allerdings nur sehr kleine Inserts aufnehmen können, oder Herpes simplex Viren, welche Gene spezifisch in Neurone verfrachten könnten.

Bei der zweiten viralen Klasse handelt es sich um Retroviren, welche von ihrem Genom bekanntlich eine DNA-Kopie erstellen und diese in das Wirtsgenom einbauen. Um sie gentherapeutisch einsetzen zu können, werden auch diese Viren verkrüppelt. Sie können dann immer noch in die Zellen eindringen und sich ins Genom integrieren. Allerdings ist ihnen die Fähigkeit genommen, sich weiter zu vermehren und dadurch ein Krankheitsrisiko im Normalfall ausgeschlossen.

Dennoch ist theoretisch denkbar, dass die eingeschleusten viralen Gene mit endogenen Retroviren rekombinieren und so *genetisch veränderte Folgeviren* entstehen, die zu einer Infektion fähig sind. Realistisch viel größer ist aber ein anderes Risiko. Die Retroviren transportieren das zu verbringende Gen nämlich nicht an eine gezielte Stelle im Genom, sondern integrieren es irgendwo. So kann das Gen natürlich auch an einer Stelle landen, wo es nicht exponiert wird, z.B. in einer stark kondensierten heterochromatischen Region. Die Integration kann auch zum Tod der Wirtszelle führen, wenn das Gen in ein anderes essenzielles Gen integriert wird. Dies alles ist jedoch vernachlässigbar, da diese Konsequenzen jeweils eine von vielen Zellen trifft. Viel bedenklicher ist die Möglichkeit einer *Krebsentstehung*. So kann das Expressionsmuster von Genen durcheinandergeraten, die für die Kontrolle der Zellteilung zuständig sind. Es kann ein Protoonkogen aktiviert oder ein Tumorsuppressorgen oder ein Gen für Apoptose inaktiviert werden. Hier reicht tatsächlich ein einziges solches Ereignis in einer Zelle, um einen Tumor entstehen zu lassen. Dies genau scheint offenbar in den beiden Kindern passiert zu sein, die nach Behandlung wegen angeborener Immunschwäche verstorben sind. Eine retrovirale Insertion hat das LMO2 Onkogen aktiviert. Nach diesen Vorfällen ist es wahrscheinlich, dass statistisch zufällige Integrationsvektoren allgemein nicht mehr in der Gen-Therapie verwendet werden können. Kultivierte Zellen dagegen sind auf neoplastische Transformation untersuchbar.

Neben Viren als Gentaxis – und wegen der Bedenken gegen sie – gibt es in der Zwischenzeit noch eine Reihe weiterer Ansätze, wie beispielsweise die DNA in Liposomen zu verpacken, die dann mit der Plasmamembran fusionieren. Andere Möglichkeiten arbeiten über die direkte Injektion der DNA, über Partikelbeschuss mit Metallkügelchen, die mit DNA beschichtet sind, über rezeptorvermittelte Endozytose usw., um die Risiken bei der *In-vivo*-Therapie zu reduzieren.

Neben der zufälligen Integration des Zielgens gibt es zwischenzeitlich eine Reihe von Überlegungen und experimentelle Ansätze über eine zielgerechte Verbringung, auf die jedoch hier nicht weiter eingegangen werden soll, da sie noch nicht in die praktische Anwendung umgesetzt werden konnten und auch wohl noch recht weit davon entfernt sind.

9.6.3 Beispiele bisheriger gentherapeutischer Behandlungen

Die Geburtsstunde der Gentherapie wurde bereits erwähnt. 1990 wurde die vier Jahre alte Ashanti De Silva, die an dem rezessiv erblichen *Mangel an Adenosindesaminase* litt, therapiert. Es wurde auch erwähnt, dass trotz aller Erfolge bei der Therapie der ADA, die konventionelle Therapie auch bei allen Folgepatienten stets parallel beibehalten wurde, weswegen die Beurteilung schwierig ist.

Die Vorgehensweise war die folgende; Das recht kleine ADA-Gen wurde in einen Retrovirus-Vektor kloniert und in ADA-T-Lymphozyten der Patienten ex vivo übertragen. ADA-Zellen wurden selektioniert, kultiviert und reimplantiert. Natürlich muss diese Prozedur, die zu einer stabilen Genexpression über längere Zeit führt, immer wiederholt werden. Manche Patienten wurden 10- bis 15-mal behandelt.

Besser beurteilbar war die Behandlung der *angeborenen Immunschwäche* des Typ X1. Auch hier war die Behandlung ex vivo. Verwendet wurden Retroviren, welche die γc-Kette des Zytokinrezeptorgens IL2R kodieren. Sie wurden für drei Tage mit Knochenmarkzellen inkubiert, die CD34 exprimieren, ein Marker für hämatopoetische Stammzellen. Danach wurden die Zellen reimplantiert. Der Behandlungserfolg war bemerkenswert, wäre es nicht später zu den beiden erwähnten Todesfällen durch Leukämie gekommen.

Die *Zystische Fibrose* bietet alle Voraussetzungen, die für eine Gentherapie geeignet erscheinen. Mutationen im CFTR-Gen, das einen c-AMP-kontrollierten Chloridkanal kodiert, führen vor allem zu pulmonalen und intestinalen Symptomen. Trotz konventioneller Fortschritte stirbt etwa die Hälfte der Patienten vor dem 25. Lebensjahr an den Folgen der pulmonalen Komplikationen. Im Gegensatz zum ADA-Mangel handelt es sich hier um keine seltene, sondern um die häufigste autosomal-rezessive Erkrankung der hellhäutigen Bevölkerung überhaupt mit einer Heterozygotenhäufigkeit von 5% und einer Homozygotierate von 1:2000 (40.000 betroffene Patienten in Deutschland). Studien an Patienten mit teilweise aktiven CFTR-Allelen haben gezeigt, dass 5-10% des normalen Levels bereits zu guten klinischen Reaktionen führen. 1993 wurden die ersten gentherapeutischen Versuche auf der Basis von Adenoviren durchgeführt. Mit dem CFTR-Gen substituierte Viren wurden Patienten auf Bereiche des Nasenepithels und in das Lungenepithel eingebracht. Der Chlorid-Transport ließ sich für eine gewisse Zeit wieder herstellen. Mindestens 18 klinische Therapieversuche wurden bisher durchgeführt. Das Gen wurde auch tatsächlich von den Zellen aufgenommen. Allerdings war die Effizienz des Gentransports durch die Viren gering. Da Epithelzellen nur eine Lebensspanne von 120 Tagen haben, müsste eine solche Therapie mehrmals jährlich durchgeführt werden. Der Versuch lässt sich allerdings nicht beliebig wiederholen, da der Organismus gegen Adenoviren eine Immunreaktion aufbaut. Ein idealer Ansatz wäre daher der über Stammzellen. Auch würde man andere Vektoren für den Transport benötigen, vor allem nach dem erwähnten Tod des Patienten Jesse Gelsinger.

Bei der *Muskeldystrophie* Typ Duchenne und bei der leichteren Form vom Typ Becker konnte ebenfalls über weibliche Carrier, die die Krankheit an ihre Söhne weitervererben, gezeigt werden, dass etwa 20% der normalen Dystrophin-Genexpression ausreichen, um eine erhebliche Verbesserung der klinischen Symptome zu bewirken. Allerdings ist das Dystrophin-Gen sehr groß und wird sowohl in der Skelettmuskulatur als auch in der Herzmuskulatur exprimiert. Auch eine c-DNA, die im Vergleich zur genomischen mit 2,4 Mb nur 14 kb groß ist, ist zu groß, um sie in geeigneten Vektoren unterzubringen. Man hat daher ein weniger als die Hälfte großes Minigen konstruiert, das sowohl für adenovirale als auch für retrovirale Vektoren geeignet erscheint. Ein muskelspezifischer Promotor könnte die Risiken mit adenoassoziierten Vektoren minimieren. Jedoch konnten bisher die Probleme der gleichzeitigen Verbringung in Skelett- und Herzmuskulatur noch nicht gelöst werden.

Weitere somatische Gentherapieansätze wurden bei der *familiären Hypercholesterinämie* und bei der *Gaucher-Krankheit* unternommen. Zur Gesamtbeurteilung dieser Gentherapieversuche muss man allerdings feststellen, dass die Ergebnisse bisher nicht beeindruckend waren und dass offensichtlich erhebliche Risiken anfangs unterschätzt wurden.

Die somatische Gentherapie bedarf eben noch vielfältiger Grundlagenuntersuchungen und die gegenwärtigen therapeutischen Ansätze befinden sich noch im Forschungs- und Entwicklungsstadium. Dabei stellen gegenwärtig

Tabelle 9.3. Somatische Gentherapien beim Menschen – bisher durchgeführte Ansätze

Gendefekt	Zielzellen	Strategie
ADA	T-Zellen	Retroviren ex vivo
Zystische Fibrose	Epithelzellen	Adenoviren in vivo, Liposomen
Familiäre Hypercholesterinämie	Leberzellen	Retroviren ex vivo
Gaucher-Krankheit	hämatopoetische Stammzellen	Retroviren ex vivo
Angeb. Immunschwäche des Typs X_1	hämatopoetische Stammzellen	Retroviren ex vivo

Tabelle 9.4. Menschliche rezessiv-erbliche Erkrankungen, die als Kandidaten für eine somatische Gentherapie in Frage kommen

Krankheit	Frequenz	Gewebe
Adenosindesaminase und Nukleosidphosphorylase-Mangel	sehr selten	Knochenmark
Gaucher-Krankheit	1 in 3000 (Aschkenasim-Juden)	Leber
Zystische Fibrose	1 in 2500 (Weiße)	Lunge
Familiäre Hypercholesterinämie	1 in 500 (heterozygot) 1 in 1.000.000 (homozygot)	Leber
Hämophilie A und B	1 in 10.000 (Männer)	? jedes Organ
Hämoglobinopathien	1 in 600 (ethnische Gruppen)	Knochenmark
Leukozytenadhäsionsmangel	sehr selten	Knochenmark
Harnstoffzyklus-Erkrankungen	1 in 30.000 (alle Typen)	Leber
PKU	1 in 12.000	Leber
α1-Antitrypsin-Mangel	1 in 3500	Leber
Glykogenspeicherkrankheiten	1 in 100.000	Leber
Duchenne-Muskeldystrophie	1 in 3000 (Männer)	Muskel
Lysosomale Speicherkrankheiten	1 in 1500 (alle Typen)	Gehirn (für viele)
Lesch-Nyhan-Syndrom	selten	Gehirn

die größte Hürde die noch nicht ausgereiften Übertragungssysteme, die Vektoren dar. Dennoch wäre die Gentherapie eine echte Kausaltherapie genetischer Erkrankungen (Tabelle 9.3 und 9.4).

Gene und Krebs

10.1 Onkogene 314

10.2 Tumorsuppressorgene 315

10.3 Mutatorgene 315

10.4 Retinoblastom 315

10.5 Mammakarzinom 316

10.6 Kolorektale Karzinome 317

Die Erkenntnisse der Grundlagenforschung in den letzten Jahren haben gezeigt, dass die Entstehung eines Tumors auf genetischen Defekten basiert. Der menschliche Körper enthält ca. 10^{14} Zellen, und jede Zelle etwa 20.000 bis 30.000 Gene. Die mittlere Mutationsrate pro Gen und Generation liegt bei 10^{-6}. Daraus ergibt sich, dass jeder Mensch ein Mosaik für viele genetische Erkrankungen darstellt. Da nur einzelne Zellen betroffen werden, hat dies normalerweise keine Folgen. Wenn aber eine *somatische Mutation* zur pathologischen Proliferation und damit zur Entstehung eines Klons von mutierten Zellen führt, kann ein Risiko für den gesamten Organismus vorliegen. Dies geschieht, wenn die höheren Kontrollmechanismen im Gesamtorganismus den Selektionsvorteil von dem entstehenden Zellklon nicht bremsen können. Die entarteten Zellen werden bei hoch entwickelten Organismen wie dem Menschen normalerweise durch programmierten Zelltod (Apoptose) im Interesse des Gesamtorganismus eliminiert. Es müssen also gleich mehrere Mechanismen, welche die Unterordnung einer Zelle in das Ganze steuern, gestört werden – dies geschieht genetisch über Mutationen –, um eine bösartige Proliferation zu ermöglichen. Mit anderen Worten: Die Entstehung von Krebs muss also durch Interaktion mehrerer Mechanismen erfolgen.

Beispiele: Bei einer Reihe von Krebserkrankungen beim Menschen findet man im Tumorgewebe *zytogenetische Veränderungen* (Tabelle 10.1). Bei **chronischer myeloischer Leukämie** findet man in den malignen Zellen des Knochenmarks sowie in den Leukosezellen der Pe-

Tabelle 10.1. Häufige Chromosomenbefunde bei einigen malignen Erkrankungen

Art der Erkrankung	Chromosomenanomalie
Akute Lymphozytenleukämie, malignes Lymphom, multiples Myelom	14q+, t(9;22)
Akute Monozytenleukämie	11q-, -5, 5q-, (q13-q31)
Akute Myeloblastenleukämie	t(8;21)
Akute Promyelozytenleukämie	t(15;17)
Blasenkarzinom	del(11p), +7, -9, i(5p)
Burkitt-Lymphom	t(8;14)
Chronische Myelozytenleukämie	t(9;22)
Kolonkarzinom	del(5q21-22)
Ewing-Sarkom	t(11;22) (q24;q12)
Hepatoblastom	del(11p13)
Kleinzelliges Lungenkarzinom	del(3) (p14p23)
Meningeom	-22, 22q-
Nierenkarzinom	del(3) (p11-21)
Neuroblastom	del(1) (q13-14;p11)
Ovarialkarzinom	6p- t(6;14)
Retinoblastom	del(13) (q14)
Rhabdomyosarkom	t(2;13) (q37;q14)
Speicheldrüsentumor	t(3;8)
Wilms-Tumor	del(11) (p13)

ripherie ein Markerchromosom. Dieses Markerchromosom wurde 1963 in Philadelphia entdeckt und **Philadelphia-Chromosom** genannt. Durch Feinstrukturanalyse konnte gezeigt werden, dass es sich hierbei um eine reziproke Translokation zwischen Chromosom 9 und 22 handelt: t(9;22)(q34;q11). Diese Translokation verbindet große Teile des c-abl-Onkogens von Chromosom 9 mit einer Breakpoint-cluster-Region (bcr) auf Chromosom 22. So entsteht ein Hybridgen, welches Tyrosinkinase mit transformierenden Eigenschaften produziert.

Beim **Burkitt-Lymphom**, einem äußerst schnell wachsenden, hauptsächlich in Gesichtsknochen auftretenden Tumor, findet man eine Translokation des langen Arms des Chromosoms 8 auf Chromosom 14.2 oder 22 t(8;14)(q24;q32), t(2;8)(p12;q24) oder t(8;22)(q24;q11) (Abb. 10.1) Hierdurch wird das MYC-Onkogen in die Nähe des Ig-Lokus transloziert und damit in eine Umgebung, die antikörperproduzierende B-Zellen transkribiert. Das Exon 1 des MYC-Onkogens wird dabei mit transloziert. Damit wird das MYC-Gen ohne seine eigentlichen Kontrollelemente in eine aktiv transkribierte Domäne versetzt und beginnt in hohem Maße zu exprimieren.

Zwei Wege nimmt man heute für die Entstehung von Krebs an:
- Bei einigen Mutationen steigt die Zellproliferation, um eine vergrößerte Fehlpopulation von Zellen für die nächste Mutation zu schaffen.
- Bestimmte Mutationen stören die Stabilität des gesamten Genoms und erhöhen damit die Gesamtmutationsrate.

Allerdings werden auch *exogene Noxen* diskutiert, die zu einer Tumorentwicklung führen. Dies sind Chemikalien, Strahlen oder Viren. Welche Tumorgene davon betroffen sind und welche Defekte durch derartige Kanzerogene im Einzelfall ausgelöst werden, ist nur in wenigen Fällen bekannt. Man weiß beispielsweise, dass beim Reaktorunfall in Tschernobyl freigesetzte radioaktive Jodisotope zur Entwicklung von papillären Schilddrüsenkarzinomen führten, ausgelöst durch strukturelle Defekte im RET-Gen, oder man findet bei der Entstehung von Leberkarzinomen durch Alpha-Toxin spezifische Mutationen im P53-Gen. Die Papilloma-Viren (HP5 Typ 16 und 18) verursachen Cervixkarzinome, die auf eine Inaktivierung und Degradierung des zellulären Tumorsuppressorgens P53 zurückzuführen sind.

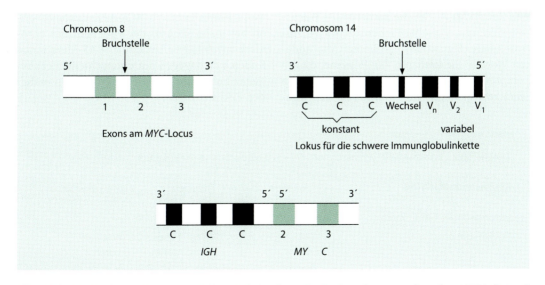

Abb. 10.1. Die häufigste chromosomale Translokation beim Burkitt-Lymphom zwischen dem MYC-Lokus auf Chromosom 8 und dem Lokus für die schwere Immunglobulinkette auf Chromosom 14

Man kennt drei Gruppen von Genen, die bei Krebsentstehung mutiert sind:
- *Onkogene:* Das sind Gene, welche die Zellproliferation aktiv fördern. Die nicht mutierte Version des Onkogens bezeichnet man als Protoonkogen. Protoonkogene liefern eine normale Funktion der Zelle. Die mutierten Versionen sind übermäßig aktiv.
- *Tumorsuppressorgene:* Die Produkte dieser Gene hemmen die Zellproliferation. Normalerweise müssen beide Allele eines Tumorsuppressorgens aktiv sein. Fallen jedoch beide Allele durch eine inaktivierende Mutation aus, so geht die Suppressionsfunktion verloren.
- *Mutatorgene:* Sie haben eine übergeordnete Funktion für die Erhaltung der Integrität bzw. für ein geordnetes Zusammenspiel des Genoms. Beispielsweise sorgen sie für die Zuverlässigkeit des Informationstransfers. Der Ausfall beider Allele eines Mutatorgens macht eine Zelle anfällig, was u.a. auch zu Mutationen in einem Onkogen und Turmorsuppressorgen führen kann.

10.1 Onkogene

Wie bereits erwähnt, werden die nicht mutierten Onkogene als **Protoonkogene** bezeichnet. Normalerweise haben sie mit Zellwachstum und Zellzyklus zu tun. Sie kodieren für Wachstumsfaktoren, Zelloberflächenrezeptoren, intrazelluläre Signaltransfersysteme. Mit anderen Worten: Sie kodieren für Proteine, die im komplexen Netzwerk der Signaltransduktion von extrazellulären Faktoren bis zu den Kontrollstellen von Transkription und Zellzyklusregulation eine Rolle spielen. Ursprünglich hat man solche Gene bei Viren, die neoplastische Transformation bewirken können, charakterisiert. Inzwischen weiß man, dass auch beim Menschen *zelleigene Gene* als Protoonkogen das Zellwachstum regulieren. Die Umwandlung eines Protoonkogens in ein Tumorgen geschieht über verschiedene Mechanismen. Neben Punktmutationen in der kodierenden Sequenz können Insertionen, Genrekombinationen bzw. Genamplifikationen im Rahmen einer Chromosomen-Translokation zu strukturellen Veränderungen führen (Tabelle 10.2). In all diesen Situationen entsteht ein verändertes Genprodukt mit einer eigenständigen biologischen Eigenschaft, oder eine Genamplifikation führt zu einer quantitativen Veränderung des Onkogenprodukts. Auch die Fehlsteuerung eines epigenetischen Prozesses, bzw. die Reduktion des Methylierungsgrades eines Onkogenpromotors kann zur Expression eines normalerweise inaktiven Tumorgens führen. Die Entstehung eines Tumors vollzieht sich in mehreren Schritten. Insofern kann die pathologische Veränderung eines Onkogens ein Faktor bei diesem komplexen Prozess ein. Inzwischen sind eine Reihe von Onkogenen beim Menschen bekannt, deren Wertigkeit bei der Entstehung eines Tumors sehr unterschiedlich ist. Beispielsweise findet man die *BCR-ABL*-Rekombination bei mehr als 95% der Patienten mit chronisch-myeloischer Leukämie. *RAS*-Mutationen finden sich dagegen mit unterschiedlicher Frequenz bei einem breiten Spektrum von malignen Erkrankungen.

Tabelle 10.2. Verschiedene Mechanismen, die ein (Proto-) Onkogen aktivieren

Aktivierende Mutation	Onkogen	Tumoren
Chromosomale Translokation	MYC	Burkitt-Lymphom
Punktmutation	HRS	Kolon-, Lungen-CA, Melanom
	KIT	Gastrointestinale Tumoren
Amplifikation	ERBB2	Mamma-, Eierstock-, Kolon-Karzinom
	NMYE	Neuroblastom

10.2 Tumorsuppressorgene

Die meisten erblichen Krebserkrankungen beruhen auf Funktionsverlust von Tumorsuppressorgenen. (Erstmals wurde diese Annahme bei den klassischen Untersuchungen des seltenen Augentumors *Retinoblastom* entwickelt.) Experimente mit einer Fusion von malignen und normalen Zellen zeigen, dass sich der transformierte Phänotyp oft durch Fusion der transformierten Zelle mit einer normalen Zelle korrigieren lässt. Beispielsweise ist es in vitro gelungen, die Wilms-Tumor-Zelle durch Einführung eines normalen Chromosoms 11 zu korrigieren. Dies war der Nachweis, dass der Wilms-Tumor durch das Fehlen eines normalerweise auf Chromosom 11 lokalisierten Tumorsuppressorgens verursacht wird. Zur Entstehung von Krebs müssen hier beide Allele des Tumorsuppressorgens inaktiviert werden. Wenn nur ein Allel inaktiviert ist, so reicht die Basis des anderen aus, um den normalen Phänotyp zu erhalten. Für die Entstehung eines Tumors sind also zwei aufeinander folgende Mutationen (Treffer) nötig. Durch wiederholte Experimente konnte diese *Zwei-Hit-Theorie* von Knudson mehrfach bestätigt werden (Abb. 10.2).

Eine *Mutation des P53-Gens* ist eine der häufigsten Ursachen von Tumorerkrankungen. Das Genprodukt ist ein Transkriptionsfaktor und hat eine Tumorsuppressionswirkung. Das P53-Gen hat noch weitere Funktionen. Es ist im Interphasezyklus an der Kontrolle zwischen G1- und S-Phase beteiligt. Zellen mit einem DNA-Schaden werden normalerweise in der G1-Phase aufgehalten, bis der Schaden repariert ist. Ist P53 mutiert oder fehlt, so gehen die Zellen in die S-Phase und ihre DNA wird repliziert. Die nicht reparierten DNA-Schäden können dann zu onkogenen Veränderungen führen. Eine weitere wichtige Funktion scheint P53 bei der Apoptose, also dem programmierten Zelltod, zu spielen. Zellen ohne P53 machen keine Apoptose, ein wohl häufiger Weg zur Karzinogenese. Sowohl Onkogene als auch mutierte Suppressorgene vergrößern Zellpopulationen, an die Folgemutationen ansetzen, die mehr oder weniger direkt auf den Zellzyklus einwirken.

Die Existenz von Tumorsuppressorgenen ist durch den *Verlust von Heterozygotie (loss of heterozygoty*, LOH) in verschiedenen Tumorgeweben nachgewiesen. Wie bereits erwähnt, greifen die Tumorsuppressorgene als Gegenregulation auf verschiedenen Ebenen in die komplexen Signalübertragungswege einer Zelle ein. Beispielsweise als Inhibitoren von Kinasen, die den Zellzyklus vorantreiben, wie P16 oder wie die *Rb*- oder *APC*-Gene, welche die Bereitstellung von Transkriptionsfaktoren blockieren. Bei der Neurofibromatose Typ 1 wird die RAS durch GTPA stimulierende Proteine inaktiviert und beim Hippel-Lindau-Syndrom unterbinden die Gegenregulatoren der RNA-Synthese die Transkriptelongation einer Reihe von Zielgenen.

10.3 Mutatorgene

Mutatorgene sind solche Gene, die zu Veränderungen in der Replikation oder der Reparatur der DNA führen. So konnten beispielsweise Mutationen in einem Fehlerkorrektursystem, die zu einer Steigerung um das 100-1000fache der spontanen Mutationsrate führen, für eine Form des erblichen Dickdarmkrebses ohne Polyposis, bei dem ein Gen auf 2p15-p22 mutiert ist, nachgewiesen werden. *Mutatorgenmutationen* sind, wie die der Tumorsuppressorgene, *rezessiv erblich*, und es besteht deshalb ein Zwei-Treffer-Mechanismus, wobei im Tumor die zweite Kopie des Allels verloren geht.

Ein weiteres Beispiel ist das verantwortliche Gen für Ataxia Teleangiectasia, das auf Chromosom 11q22-q23 lokalisiert ist. Es zeigt Sequenzhomologien zu einem Signalübertragungsenzym, das bei der Kontrolle von Zellzyklus und meiotischer Regulation beteiligt ist.

10.4 Retinoblastom

Das Retinoblastom ist ein seltener maligner Retinatumor im Kindesalter mit einer Häufigkeit von 1 zu 20.000 Neugeborenen. Es ist ein klassisches Beispiel für das Zwei-Treffer-Modell (Abb. 10.2). 60% der Fälle sind *sporadisch*, wobei nur ein Auge betroffen ist. Die restlichen 40% werden *autosomal-dominant* mit verminderter Penetranz vererbt. Beim familiären Retinoblastom sind beidseitige bzw. multifokale Tumoren häufig. Das verantwortliche Gen ist in der Region **13q14** lokalisiert. Untersuchungen von chirurgisch entferntem Tumormaterial von Patienten mit sporadischem Retinoblastom sind mit Untersuchungen der Blutproben derselben Patienten verglichen worden. Es wurde festgestellt, dass die Blutprobe für einen DNA-Marker auf Chromosom 13 heterozygot, die Tumorzellen jedoch homozygot waren. Damit ist die Knudson'sche Zwei-Treffer-Hypothese bestätigt. Bei der erblichen Form ist der 1. Treffer – häufig eine kleine Mutation – über die Keimbahn in allen Körperzellen, also auch in allen Retinoblasten eines Patienten, vorhanden; ein Augentumor entwickelt sich in dieser prädisponierten Retina dann, wenn durch ein zweites Ereignis – häufig eine große Mutation (z.B. Deletion) – auch das zweite Allel in einem Retinoblastom seine Funktion verliert. Bei der sporadischen Form des Retinoblastoms sind dagegen zwei unabhängige somatische Ereignisse mit Verlust beider Rb-Allele für die Tumorentwicklung verantwortlich. (Abb. 10.3)

10.5 Mammakarzinom

Das Mammakarzinom ist die häufigste Krebserkrankung bei Frauen. Für jede Frau besteht ein Risiko von ca. 10%, im Laufe ihres Lebens an Brustkrebs zu erkranken. 5% aller Mammakarzinome haben eine genetische Ursache. Mutationen einer Reihe von Genen können mit unterschiedlicher Penetranz zur Entwicklung von Mamma- bzw. Ovarialkarzinom führen. BRCA1 auf *Chromosom 17q21* und BRCA2 auf *Chromosom 13q21* sind die Hauptursachen für das genetisch bedingte Mamma- und Ovarialkarzinom. Sie kodieren für Transkriptionsfaktoren, die an der Zellzykluskontrolle beteiligt sind. Bei etwa 2,5% aller Mammakarzinome findet man Mutationen an diesen beiden Genen. Beide Gene sind relativ groß und die Mutationen verteilen sich über die gesamte Länge. Eine Angabe zu der klinisch-prognostischen Relevanz einer spezifischen Keimbahnmutation, d.h. Genotyp-/Phänotypkorrelation, ist derzeit nur eingeschränkt möglich. In einigen Populationen treten bestimmte Keimbahnmutationen besonders häufig auf. Für Trägerinnen der BRCA1-Mutation besteht ein Risiko von ca. 85%, bis zum 70. Lebensjahr an einem Mammakarzinom, und von 60%, an einem Ovarialkarzinom zu erkranken. Die Mutation im BRCA2-Gen hat ein etwa ähnliches Risiko für Mammakarzinom; das Risiko für Ovarialkarzinom liegt bei etwa 10-20%. Auch männliche Träger der BRCA2-Genmutation zeigen ein höheres Risiko für Brustkrebs, etwa 5% bis zum 60. Lebensjahr. Bei den europäischen Brustkrebs-Patienten findet man häufig die Mutation c.5385_5386insC des $BRCA_1$-Gens (Abb. 10.4). Darüber hinaus besteht bei den Mutationsträgern ein erhöhtes Risiko für weitere maligne Erkrankungen, wie Prostata-, Kolon-, Pankreas- und Endometriumkarzinom.

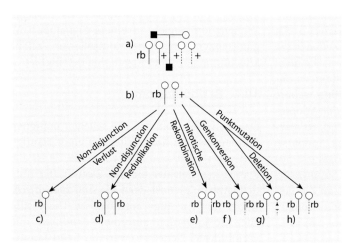

Abb. 10.2. Schema des Zwei-Treffer-Modells am Beispiel des Retinoblastoms

10.6 Kolorektale Karzinome

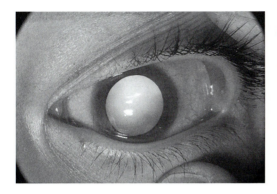

Abb. 10.3. Retinoblastom

Familiäre Dickdarmkarzinome lassen sich in zwei Formen einteilen:
1. *Familiäre adenomatöse Polyposis* (FAP oder APC) mit *autosomal-dominanter* Vererbung. Die Häufigkeit beträgt etwa 1 zu 10.000; etwa 1% aller kolorektaler Karzinome sind FAP. Diese Erkrankung ist durch das Auftreten tausender Polypen im gesamten Dickdarmbereich gekennzeichnet, die bereits im Kindesalter oder auch später im Erwachsenenalter auftreten und ohne chirurgische Intervention in nahezu 100% der Fälle meist im vierten Lebensjahrzehnt zu einem Kolonkarzinom führen (Abb. 10.5).

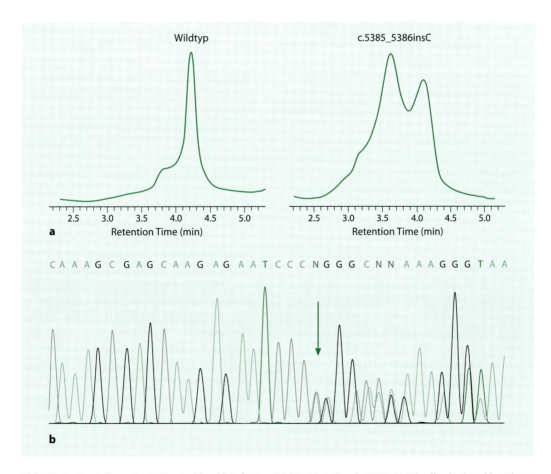

Abb. 10.4. Darstellung der in Deutschland häufigsten BRCA1-Mutation (c.5385_5386insC) mit einer Mutations-Screeningmethode (DHPLC) **(a)** und mittels direkter Sequenzierung **(b)** (Mit freundlicher Genehmigung von Dr. R. Kläs, Institut für Humangenetik der Universität Heidelberg)

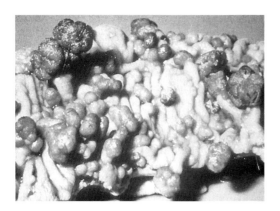

Abb. 10.5. Eine entartete Polyposis coli

Bei einem Teil der Patienten können auch andere Tumoren vorkommen, wie Adenome oder Karzinome im Magen-Darm-Bereich, Epidermoidzysten, Osteome, Desmoidtumoren sowie Netzhautveränderungen, die als CHRPE (kongenitale Hypertrophie des retinalen Pigmentepithels) bezeichnet werden. Die Sehfähigkeit ist dadurch nicht beeinträchtigt.

Die FAP beruht auf einem Defekt des APC-Gens auf *Chromosom 5q21*. Es wird autosomal-dominant mit einer Penetranz von 95% vererbt. Das APC-Gen besteht aus 15 Exons und die kodierende Sequenz enthält 8535 Nukleotide. Exon 15 mit 6575 Nukleotiden macht etwa 77% der gesamten kodierenden Sequenz aus, während die anderen 14 Exons relativ klein sind. Das APC-Gen sorgt in Kooperation mit der Proteinkinase Glykogensyntasekinase 3β in verschiedenen Geweben für den Abbau von β-Katenin. Etwa 35% der FAP-Patienten zeigen Keimbahnmutationen in Kodon 1161 oder Kodon 1309.

2. *Nicht-polypöser Dickdarmkrebs (hereditary non-polyposis colon cancer*, HNPCC). Er wird ebenfalls autosomal-dominant vererbt; im Gegensatz zu FAP gibt es jedoch keine vorausgehende Phase von Polyposis. Das HNPCC-Gen wurde in zwei Bereiche *2p15-p22* und *3p41.3* kartiert. Etwa 4% aller Kolonkarzinome werden durch Mutationen in HNPCC assoziierten Genen verursacht. Die verschiedenen Komponenten des DNA-Reparatursystems, das während der DNA-Replikation entstehende fehlerhafte Basenpaarungen, Deletionen oder Insertionen erkennt und korrigiert, werden von verschiedenen DNA-Mismatch-Repair-Genen kontrolliert. Bis jetzt sind 6 an diesem Prozess beteiligte Gene bekannt, *MSH2, MSH3, MSH6, MLH1, PMS1 und PMS2*. Der wichtigste Faktor bei der Fehlererkennung ist das Protein MSH2, welches je nach der Art des Defektes mit MSH6 oder MSH3 interagiert. Fehlpaarungen einzelner Nukleotide werden durch den MSH2-/MSH6-Komplex identifiziert, und die ungepaarten Basen führen zur Bindung des MSH2/MSH3-Komplexes. Nach Auftreten eines zweiten Heterodimers aus MLH1 und PMS2 beginnt der Reparaturkomplex mit der Fehlerbeseitigung, die durch eine DNA-Synthese und Legierung zu Ende geführt wird.

Patienten mit HNPCC sind durch Keimbahnmutationen in einem dieser DNA-Mismatch-Reparaturgene gekennzeichnet. Keimbahnmutationen im MLH1- und MSH2-Gen sind für 80% der HNPCC-Patienten verantwortlich. Mutationen im MSH6-/PMS1 und PMS2 sind bis jetzt nur bei einem kleinen Teil der Patienten beobachtet worden. Vorwiegend handelt es sich um Deletionen oder Punktmutationen, aber auch um epigenetische Pathomechanismen, wie die Hypermethylisierung des MLH1-Promotors. In Tabelle 10.3 sind einige monogene Krankheiten zusammengefasst, die eine hohe Inzidenz für maligne Erkrankungen zeigen, und in Tabelle 10.4 sind einige genetisch bedingte, maligne Krankheiten aufgelistet.

Tabelle 10.3. Monogene Krankheiten, die eine hohe Inzidenz für maligne Erkrankungen haben

Krankheiten	Erbgang	Häufigere Tumorarten
Ataxia Teleangiectasia	AR	Leukämie, Mamma-/Ovarialkarzinome, Hirntumor
Bloom-Syndrom	AR	Leukämie, Ösophagus-/Kolon- und Zungenkarzinome
Chédiak-Higashi-Syndrom	AR	Lymphome
Fanconi-Anämie	AR	Leukämie, Ösophaguskarzinom, Hepatom, Hautkrebs
Dyskeratosis congenita	XR	Pharynx-/ Ösophaguskarzinome
Xeroderma pigmentosum	AR	Hautkrebs, Melanome, Leukämien
Tuberöse Sklerose	AD	ZNS-Tumoren, Rhabdomyosarkome
Werner-Syndrom	AR	Hepatom, Thyreoid-/Mammakarzinome, Leukämie
Neurofibromatose	AD	Verschiedene ZNS-Tumoren, Rhabdomyom, Nephroblastom
Familiäre Polyposis coli	AD	Kolorektale, duodenale und Schilddrüsenkarzinome
v.-Hippel-Lindau-Syndrom	AD	ZNS-/Nieren-/Pankreas- und Lebertumoren
Peutz-Jeghers-Syndrom	AD	Gastrointestinale-, Mamma-/Ovarialkarzinome, Hodentumor
Gardner-Syndrom	AD	Gastrointestinale und ZNS-Tumoren
Wiskott-Aldrich	XR	Leukämie, Lymphome

Tabelle 10.4. Einige Beispiele von malignen Krankheiten, die nach den Mendel'schen Regeln vererbt werden

Krankheiten	Gen/Lokalisation	Erbgang
Retinoblastom	RB1/13q14	AD
Wilms-Tumor	WT1/11q13	AD
Basalzellnävus-Syndrom	PTCH/9q22	AD
Maligne Melanome	CDKN2A/9q21	AD
LiFraumeni	TP53/17p13	AD
MEN 1	MEN1/11q13	AD
MEN 2	RET/10q11	AD
Mamma- und/oder Ovarialkarzinom	BRCA1/17q21	AD
Mammakarzinom	BRCA2/13q12	AD
Familiäre adenomatöse Polyposis (FAP)	APC/5q21	AD
Heriditary Non-Polyposis Colorectal Cancer (HNPCC)	MLH1/3p21-23	

DNA-Profile
zur Individualidentifikation

11.1 Der Ausgangspunkt 322

11.2 Die Entwicklung von DNA-Untersuchungen
zur individualisierenden Analyse 323

11.3 DNA-analytische Untersuchungen in der Praxis 326

11.4 Die Verwendung von gonosomalen
und mitochondrialen DNA-Polymorphismen bei zwei
Fällen von geschichtlicher Bedeutung 327

11.5 DNA-Profile zur Bestimmung der Eiigkeit von Zwillingen 329

11.1 Der Ausgangspunkt

Die Identifikation von Personen durch Spurenanalyse und der *Nachweis* ihrer biologischen Herkunft wird traditionell in drei Fachbereichen der Medizin bearbeitet. Während erstere eine tragende Säule der Rechtsmedizin ist, werden Abstammungsgutachten traditionell in der Humangenetik, der Serologie und Immunologie und der Rechtsmedizin durchgeführt. Ihr Unterschied besteht darin, dass bei der reinen Identifikation von Personen Spuren z.B. an einem Tatort gesichert und analysiert werden, die eine *gesuchte Person* eindeutig zu identifizieren in der Lage sind. Der genetische *Abstammungsnachweis* wird dagegen in Fällen *ungeklärter Paternität* herangezogen, und er wird für *Ehelichkeitsanfechtung* benötigt, d.h. für Fälle, bei denen der gesetzliche Vater die biologische Vaterschaft an einem Kinde bestreitet und durch Klage eine Klärung herbeizuführen sucht. Dabei gilt in der Bundesrepublik Deutschland jedes Kind primär als ehelich, das während einer Ehe geboren wurde, unabhängig vom Zeitpunkt einer Eheschließung und Zeugung. Vereinzelt sind entsprechende Gutachten auch zur Klärung von Kindsvertauschungen oder zur Familienzusammenführung notwendig.

Zur Identifizierung von einer oder auch von mehreren Personen im Sinne einer Täterschaft ist deren biologische Abstammung nicht von Bedeutung. Bei Abstammungsgutachten dagegen handelt es sich immer um die *Festlegung einer Familienzugehörigkeit*, es sind also neben der Person selbst deren Mutter und der präsumptive Vater zu untersuchen und zu vergleichen.

Der historisch durchgeführte *polysymptomatische morphologische Merkmalsvergleich* der anthropologisch-erbbiologischen Abstammungsgutachten, also der Vergleich einer Vielzahl von Merkmalskomplexen, wie Farbe und Form des Kopfhaares, Augenfarbe und Struktureinzelheiten der Iris, Formmerkmale von Kopf und Gesicht, von Händen und Füßen sowie des Hautleistensystems, hat wegen der extremen Variabilität dieser hoch polygenen Merkmale für die Analyse heute keine Bedeutung mehr. In der Rechtsmedizin hatte er noch nie Relevanz, mit Ausnahme der Untersuchung der Hautleisten (Daktyloskopie) im klassischen Fingerabdruck, die bereits im 19. Jahrhundert erstmals in England etabliert wurde.

Die nächste Stufe in der wissenschaftlichen Entwicklung der Individualidentifizierung waren Untersuchungen von genetischen *Unterschieden in Proteinpolymorphismen* des Blutes. Die Kenntnis der Blutgruppen geht auf die grundlegende Arbeit von *Landsteiner* (1901) mit dem Titel „Über Agglutinationserscheinungen normaler menschlicher Blute" zurück. Und tatsächlich waren die klassischen Systeme der Blutgruppenserologie die Erythrozyten-Membranantigene, wie AB0-System, Rh-System, MN-System und andere, noch vor ca. 40 Jahren die einzigen, die der forensischen Serologie zur Verfügung standen. Ein Abstammungsnachweis war hiermit nur in sehr begrenztem Umfang möglich. Im Laufe der Zeit wurden aber immer mehr Merkmalsgruppen gefunden, die für diese Untersuchungen genutzt werden konnten. Es handelt sich um Serum-Proteinsysteme, Erythrozyten-Enzymsysteme und um Antigene der Leukozyten bzw. Thrombozyten mit Schwerpunkt auf dem HLA-System.

Dass die Anfänge der *laboratoriumsgestützten Individualidentifizierung* auf die Proteindifferenzierung des Blutes zurückgehen, ist auf die einfache Zugänglichkeit des Blutes zurückzuführen, auf seine hohe Proteinkonzentration und die gute Abgrenzung der Proteine in Form von Rezeptoren auf der Zellmembran, als Enzyme innerhalb der Zelle oder als Eiweißkörper im Serum. Die stoffliche Grundlage der phänotypischen Heterogenität ist natürlich in der individualspezifischen DNA-Komposition zu sehen.

Die Fortschritte der letzten 25 Jahre in der Analyse des menschlichen Genoms führten in der Forensik zu einem Quantensprung in der individualisierenden Analyse von Personen. Moderne Personenidentifikationen orientieren sich fast ausschließlich an *DNA-Untersuchungen*.

11.2 Die Entwicklung von DNA-Untersuchungen zur individualisierenden Analyse

Mit Beginn der 1980er Jahre entdeckte man, dass sich mit Hilfe von Restriktionsendonukleasen *kleine DNA-Variationen* nachweisen ließen, die über das gesamte menschliche Genom verstreut vorliegen, die sog. Restriktionsfragmentlängen-Polymorphismen oder RFLPs. Dies war der Beginn einer enormen Entwicklung in der individualisierenden Analyse, denn die Variationsmöglichkeiten von DNA-Polymorphismen sind weitaus weniger begrenzt, als die der Proteinpolymorphismen. Dies liegt darin begründet, dass der überwiegende Teil des Genoms aus nichtkodierenden Regionen besteht und Polymorphismen in diesen Regionen ohne selektiven Druck entstehen. Mutationen in Proteinen dagegen können sich nur stabilisieren, wenn sie die Proteinstruktur nicht nachteilig verändern.

Die Darstellung von RFLPs erfolgt bekanntermaßen über das Southern-Blot-Verfahren, eine Methode, die bereits ausführlich beschrieben wurde. RFLPs besitzen einen hohen Individualisierungsgrad, was sie für Individualisierungsgutachten geeignet macht. Kaum zwei Menschen weisen das gleiche Fragmentmuster auf. Auch werden RFLPs nach den Mendelschen Regeln vererbt und sind somit Allelen vergleichbar.

Man kann Restriktionsfragmentlängen-Polymorphismen in zwei verschiedene Typen unterteilen, die *Multi-Lokus-Systeme (MLS)* und die *Single-Lokus-Systeme (SLS)*.

Bei den MLS erfolgt die Darstellung durch Multi-Lokus-Sonden, die mit DNA-Sequenzen hybridisieren, welche über das gesamte Genom verstreut sind. Somit weist man zahlreiche Fragmente gleichzeitig nach, wodurch ein individuelles, für jeden Menschen einzigartiges Bandenmuster entsteht, der *genetische Fingerabdruck*. Die Wahrscheinlichkeit, nach der zwei zufällig aus einer Population ausgewählte Personen verschiedene Genotypen besitzen, liegt bei den MLS bei 1:10^{11}. Allerdings lassen sich die so erhaltenen DNA-Sequenzen nicht bestimmten Genorten zuordnen, womit formalgenetische Berechnungen wie Mutationsratenbestimmung, Bestimmung der Bandenfrequenz usw. versagen. Eine statistische Absicherung ist nicht möglich. Dies lässt die Anwendung der Methode für Abstammungsgutachten als nicht sinnvoll erscheinen, zumal die Banden in einem Muster unterschiedlicher Intensität auftreten, was zu Interpretationsfehlern führen kann. Da zudem Abstammungsnachweise heute häufig in Laboratorien durchgeführt werden, die sich auch mit forensischen Spurengutachten zu beschäftigen haben, gibt es für diesen Bereich hier noch größere Einschränkungen, wie zu große benötigte DNA-Mengen, Fehler bei Banden längerer Fragmente durch teilweise degradierte DNA, Unmöglichkeit der Analyse von Mischspuren, da eine Zuordnung des Bandenmusters zu einer Person nicht möglich ist, usw. Durch all diese Einschränkungen findet der genetische Fingerabdruck heute kaum noch Anwendung für die hier behandelten Fragestellungen.

Viel besser geeignet sind dagegen die Single-Lokus-Systeme, die man nach den MLS entwickelt hat. Den SLS liegen *Längenpolymorphismen mit einem definierten Lokus* zugrunde. Jede Person besitzt hier nur zwei Fragmente, die mit markierten DNA-Sonden über Southern-Blot nachgewiesen werden. Bei Heterozygoten lassen sich zwei, bei Homozygoten eine Bande darstellen. Somit sind die SLS weniger polymorph als die MLS. Eine Erstellung eines genetischen Fingerabdrucks ist hiermit nicht möglich, was sich aber durch die Kombination mehrer Systeme ausgleichen lässt. Hierdurch werden Genotypenhäufigkeiten erzielt, die denen der MLS entsprechen. Die Wahrscheinlichkeit, dass zwei zufällig aus einer Population gewählte Personen verschiedene Genotypen besitzen, ist also genau so groß wie bei MLS, der Informationswert des Systems enorm. Formalgenetische Einschränkungen existieren nicht, das System ist für Abstammungsnachweise genauso geeignet wie zur Personenidentifikation bei Kriminalfällen, mindestens dann, wenn für letztere Fälle hochmolekulare DNA zur Verfügung steht.

Dennoch sollte das Verfahren noch einmal revolutioniert werden, nämlich durch die Einführung der **PCR-Methode**. Vor allem die Sensitivität dieser Methode schuf völlig neue Perspektiven, was der RFLP-Analyse rasch Konkurrenz machte. Gerade die Schwachstellen der RFLP-Analyse, nämlich die mögliche Degradation der DNA, die benötigten relativ großen DNA-Mengen und damit ihre Sensitivität sind die Stärken der PCR-Methode, die mit DNA-Mengen von wenigen Nanogramm auskommt, was vor allem eben auch für die Spurenanalyse von Bedeutung ist.

Nun basieren einige spezielle SLS auf einem Längenpolymorphismus, welcher durch ein bestimmtes Basenmotiv entsteht, das in einer **unterschiedlichen Anzahl von Wiederholungen** vorkommt. Man bezeichnet dieses Motiv als **Repeat** und direkt hintereinander liegende Repeats als **Tandem Repeat** (s. Kap. 6.1.2 und 7.7.1). Der Polymorphismus wird mit **VNTR** (= *variable number of tandem repeat*) oder als Minisatellitensequenz bezeichnet. Mit den VNTRs waren 1985 die bisher informativsten Polymorphismen gefunden, da sie viel variabler als andere sind.

Es waren **Jeffreys** und Mitarbeiter, die im Myoglobin-Gen eine hypervariable repetitive Sequenz GGGCAGGAXG entdeckten, die in vielen Minisatelliten verstreut im ganzen Genom vorkommt, wobei die Anzahl der Tandem Repeats zwischen Individuen variiert. Die PCR-Methode verhalf diesen VNTRs in der forensischen Medizin zum Durchbruch, wobei man solche, die zu Amplifikation in der PCR geeignet sind, als AmpFLP (=Amplifizierbare Fragmentlängen-Polymorphismen) bezeichnet. AmpFLP besitzen eine genau definierte Allelverteilung, Allelunterschiede von einem oder wenigen Basenpaaren und damit die **genaue Genotypenbestimmung** macht von der Auftrennung her kein Problem. Die Methode ist zudem schnell, hochsensitiv und unempfindlich gegenüber Degradation.

Schließlich entdeckte man eine zweite Generation von VNTRs; es sind die **Short-Tan-**

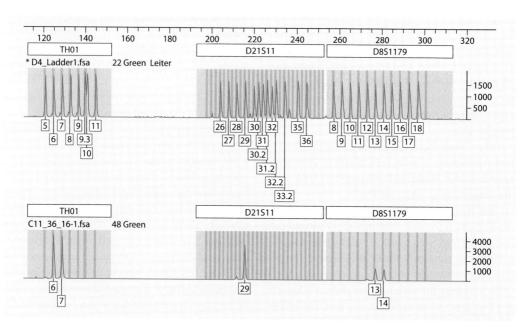

Abb. 11.1. Teil eines Elektropherogramms dargestellt mit dem Kit „genRES-MPX" (Firma Serac). Die Abbildung zeigt den grünen Bereich eines vier-Farben Fluoreszenz-Systems mit der Darstellung des DNA-Profils in 3 autosomalen STR-Systemen: TH01, D21S11 und D8S1179. Die meisten STRs sind heterozygot und zeigen eine gleichgroße Peakhöhe beider Allele. Die Zahlen unter den STR Peaks geben die Allele an, die nach der Zahl ihrer repetitiven Einheiten bezeichnet werden. Der obere Teil der Abbildung zeigt die entsprechenden Allel-Leitern

dem-Repeats (STRs) oder *Mikrosatellitensequenzen*. Sie bestehen, verglichen mit dem AmpFLP (100 bp bis 20 kb) aus noch kürzeren Sequenzen von <100-200 bp, die tandemartig hintereinander liegenden Wiederholungsmotive werden von maximal 12 bp meist weniger als 10 bp gebildet.

Der Polymorphismus besteht in der unterschiedlichen Allelsituation bei verschiedenen Personen, die auf einer unterschiedlichen Anzahl von Repeats beruht. Je höher die Anzahl der Repeats ist, desto höher ist der Grad an Polymorphie. Die Loki der STRs sind über das ganze Genom verstreut, hauptsächlich in nicht kodierenden Sequenzen, in Introns, in Flankenregionen von Genen, aber auch innerhalb von Genen (dort jedoch dem Code entsprechend als trimere Repeats). Ihre Häufigkeit wird auf 1 STR/10kb geschätzt, sie sind also viel häufiger als andere VNTRs. Es wurde auch gezeigt, dass die Allele nach Mendel vererbt werden. Diese beschriebenen Eigenschaften machen die STRs zu idealen Markern für Abstammungsuntersuchungen und Personenidentifikationen, wobei natürlich eine Kombination mehrer STR-Systeme notwendig ist, um ein komplexes DNA-Profil und damit einen hohen Identifikationsgrad (entsprechend einem genetischen Fingerabdruck) zu erreichen (Tabelle 11.1 und Abb. 11.1).

Tabelle 11.1. DNA-Polymorphismen als Möglichkeit des genetischen Abstammungsnachweises
Restriktionsfragmentlängen-Polymorphismus (RFLP)

Multi-Lokus-Systeme (MLS)	Single-Lokus-Systeme (SLS)
⇓	⇓
Methode: Southern Blot	Methode: Southern-Blot
⇓	⇓
genetischer Fingerabdruck	kein genetischer Fingerabdruck da Zwei-Allel-System
⇓	⇓
statistische Absicherung nicht möglich, keine Zuordnung zu bestimmten Allelen hoher Personenidentifikationsgrad **Dennoch für Abstammungsnachweis ungeeignet**	statistische Absicherung möglich, hoher Personenidentifikationsgrad durch Kombination mehrerer Systeme (gilt für alle Folgesysteme) **Weiterentwicklung** **Spezielle SLS = Variable Number of Tandem Repeats** **VNTR (Minisatelliten)** **Methode: Southern-Blot**
	⇓
	spezielle VNTR Amplifizierbarer Fragmentlängen-Polymorphismus Zuordnung zu allen Allelen gegeben **AmpFLP**
	⇓
	Methode: PCR
	⇓
	spezielle AmpFLP Short-Tandem-Repeats **STR (Mikrosatelliten)**
	⇓
	Methode: PCR **Für Abstammungsnachweis bestens geeignet**

Neben den autosomalen STRs kann es für bestimmte Fragestellungen in der Personenidentifikation, aber vor allem für die Untersuchung von Verwandtschaftsbeziehungen toter Personen von Bedeutung sein, *Y-chromosomale* oder *mitochondriale DNA-Polymorphismen* zu untersuchen, da in beiden Fällen ein Individuum hier den kompletten Genotyp einer definierten Linie von Vorfahren ererbt (das Y-Chromosom von der väterlichen Linie, die Mitochondrien von der mütterlichen Linie).

11.3 DNA-analytische Untersuchungen in der Praxis

Hier sollen die STRs der so genannten *Datenbanksysteme* vorgestellt werden. Hierunter versteht man einen Komplex von 8 STRs, die als Konsensusspektrum national einheitlich bei der Aufklärung von Straftaten untersucht und deren Individualitätsmerkmale von einer Person oder auch von einer Spur seit dem 17.04.1998 beim Bundeskriminalamt geführten Datenbanken gespeichert werden (Tabelle 11.2). Im Frühjahr 2004 enthielten diese Datenbanken 341.408 Datensätze. Allein 2003 haben diese Datenbanken geholfen, dass 57 Fälle von Mord und Totschlag, 118 Sexualverbrechen, 410 Raubüberfälle, Erpressungen und 4750 Eigentumsdelikte aufgeklärt wurden.

Bei Mischspuren mit im Geschlecht unterschiedlichen Spurenlegern kann es notwendig sein, Spurenanteile selektiv zu bewerten. Beispielsweise kann nach Vergewaltigungsfällen im Scheidenabstrich ein DNA-Übergewicht der Betroffenen vorliegen. Hier haben sich Y-chromosomale STRs bewährt. Sie liegen außerhalb der pseudoautosomalen Region und rekombinieren folglich nicht. Man besitzt ein Spektrum von 13 solcher polymorpher STRs, die ein validiertes und informatives System darstellen, auf das im Bedarfsfall zurückgegriffen werden kann. Nationale Datenbanken für Y-chromosomale STRs und auch für mitochondriale Sequenzen befinden sich im Aufbau.

Tabelle 11.2. Die STRs der Datenbanken des Bundeskriminalamtes

STR[a]	chromosomale Lokalisation	Genbereich	Repetitive Sequenz
TH01	11p15-15,5	Teil einer Intronsequenz des Thyrosinhydroxylase-Gens	$(AATG)_n$
VWA	12p12-pter	Teil einer Intronsequenz des Blutgerinnungsfaktors v. Willebrand	TCTA/TCTG/TCTA
FGA	4p28	Teil einer Intronsequenz des Fibrinogen-Gens	TTTC/TTTTTT/CTTT/CTCC/TTCC
D21S11	21q11.2-q21	-	Komplizierte Struktur
SE33	5	Pseudogen H-β-Ac-ψ-2	AAAG
D3S1358	3p21	-	TCTG und TCTA
D8S1179	8	-	TCTA
D18S51	18q21.3	-	GAAA

[a] Die Bezeichnung kennzeichnet jeweils eine Sonde

Beim Vaterschaftsausschluss muss nach den Richtlinien für die Erstattung von Abstammungsgutachten, die im Deutschen Ärzteblatt 1999 veröffentlicht sind, eine Ausschlusswahrscheinlichkeit von 99,99 der zu Unrecht als Väter bezeichneten Männer gewährleistet sein. Umgekehrt kann man in etwa 99% der Fälle statistisch eine so hohe Wahrscheinlichkeit für die biologische Vaterschaft errechnen, dass man diese als bewiesen ansehen kann. Hierzu wird in solchen Gutachten die Analyse von mindestens 12 STRs unabhängiger Loki auf 10 verschiedenen Chromosomen vorgeschrieben. Die 8 bereits beschriebenen STRs sind hierin enthalten. Die unabhängige chromosomale Lage der STRs ist aus Gründen der Wahrscheinlichkeitsberechnung geboten, da der Vaterschaftsausschluss durch *Ausschlusskonstellationen* in mehreren voneinander unabhängigen Systemen geführt wird. Hiermit kann eine solche Ausschlusskonstellation als eine sichere Aussage angesehen werden.

Umgekehrt bleibt die Feststellung einer Vaterschaft immer ein Befund, der durch statistische Wahrscheinlichkeit berechnet wird. Primär prüfen die Verfahren die Ausschlusskonstellation, wobei die Ausschlusswahrscheinlichkeit von der Genotypen-Konstellation bei Mutter, Kind und Präsumptivvater abhängt. Positive Hinweise für eine biologische Vaterschaft ergeben sich daraus, dass ein Beklagter als Vater nicht ausgeschlossen werden kann. Es wird dann aus der *Merkmalskonstellation* bei Mutter, Kind und Präsumptivvater statistisch die Wahrscheinlichkeit ermittelt, mit welcher er der Vater des Kindes ist. Ziel jeder wissenschaftlichen Begutachtung muss es sein, sowohl bei Ausschließung als auch bei positivem Vaterschaftshinweis eine möglichst hohe Sicherheit zu erzielen. Der Sachverständige wird beim genetischen Abstammungsnachweis im Auftrag tätig. Dieser kann entweder auf einem Gerichtsbeschluss oder auf freiwilliger Übereinkunft der Beteiligten beruhen.

Für DNA-analytische Untersuchungen, die auf STRs beruhen, ist eine Menge von 100 pg Ausgangs-DNA hinreichend. Dies bedeutet, dass die DNA weniger Zellen ausreicht, um die Analyse durchzuführen. Weniger bedeutend ist dies natürlich in der Regel bei Abstammungsgutachten, da hier genügend biologisches Material zur Verfügung steht. Von großer Bedeutung ist dies allerdings für die Identifizierung von Personen. Da ein Mensch überall, wo er sich befindet, Spuren hinterlässt, seien es Zellabschuppungen am Steuerrad eines Autos, in Kleidung, an Zigarettenkippen usw. wird es mit der STR-Methode praktisch immer möglich z.B. die Anwesenheit eines Täters auch nachzuweisen. Man ist nicht mehr, wie bei älteren Methoden, auf das Auffinden von größeren Spurenmengen, wie Körperflüssigkeiten, angewiesen.

11.4 Die Verwendung von gonosomalen und mitochondrialen DNA-Polymorphismen bei zwei Fällen von geschichtlicher Bedeutung

Es wurde bereits erwähnt, dass vor allem bei der Untersuchung von Verwandtschaftsbeziehungen toter Personen Y-chromosomale oder mitochondriale DNA-Polymorphismen von Bedeutung sind (s. Kap. 11.1).

So gelang es an neun bei Jekatarinburg, Russland, 1994 aufgefundenen Skeletten, die letzte *russische Zarenfamilie* zu identifizieren, welche kurz nach der Nacht des 16. Juli 1918 durch Bolschewiken hingerichtet wurde. Herangezogen wurden mitochondriale- und Y-spezifische DNA-Proben zur Geschlechtsdeterminierung. STRs bewiesen, dass tatsächlich eine Familie in dem Grab vorhanden war (fünf der neun aufgefundenen Skelette; es wurden der Leibarzt und drei Diener mit erschossen). Der Vergleich mitochondrialer Sequenzen, die bekanntlich entgegen den Mendelschen Regeln in rein mütterlicher Linie vererbt werden, mit mütterlichen Nachkommen (Prinz Philipp, Herzog von Edinburgh, einem Großneffen der Zarin, einem Groß-Groß-Enkel von Luise von Hessen-Kassel und einer Groß-Groß-Groß-Enkelin von Luise von Hessen-Kassel als Verwandte des Zaren) identifizierte Zar Nikolai II, Zarin Alexandra und drei Töchter ihrer insgesamt fünf Kinder. In einer Folgeuntersuchung wurde Anastasia alias Anna Anderson, die zeitlebens behauptet hatte, die jüngste, dem Massaker entgangene, Zarentochter zu sein, als Schwindlerin entlarvt und dies, obwohl ein vor Jahrzehnten durchgeführtes anthropologisch-erbbiologisches Gutachten ihre Abstammung von der Zarenfamilie wahrscheinlich gemacht hatte.

Mindestens ebenso spektakulär ist eine Abstammungsuntersuchung, die 1996 an Blutspuren des vor 170 Jahren ermordeten Findelkindes *Kaspar Hauser* durchgeführt wurde. Wiederum war es der Vergleich mitochondrialer DNA-Sequenzen mit lebenden Nachfahren der präsumptiv mütterlichen Linie des Fürstenhauses Baden. Auch diesmal schien sich eine Ausschlusskonstellation zu ergeben: Es wurde postuliert, dass Kaspar Hauser nicht der Erbprinz von Baden war. Das Haus Baden war rehabilitiert. Über 2000 Bücher und 15.000 Broschüren, Artikel, Gedichte und Lieder der Kaspar Hauser-Literatur schienen durch die DNA-Untersuchung korrigiert. Die wissenschaftlichen Methoden der DNA-Untersuchung entwickelten sich allerdings weiter. Auch Haare und Zellantragungen konnten nun analysiert werden. Die ursprünglich auf der Unterhose untersuchten Blutflecken wurden durch Parallelproben ergänzt. Es wurden 6 Proben aus Hut und Hose Kaspar Hausers untersucht. Die DNA-Sequenz in allen 6 Proben war identisch, das Findelkind hatte eine genetische Identität, die sich allerdings von der der Blutflecken unterschied, welche folglich nicht von Kaspar Hauser herrühren konnten. War also plötzlich Kaspar Hauser doch der Sohn von Stephanie de Beauharnaise und Erbprinz von Baden? Man untersuchte eine Vergleichsprobe der in direkter Erbfolge mit Stephanie de Beauharnaise verwandten Astrid von Medinger. Es ergab sich in allen wesentlichen Positionen bis auf eine einzige Position

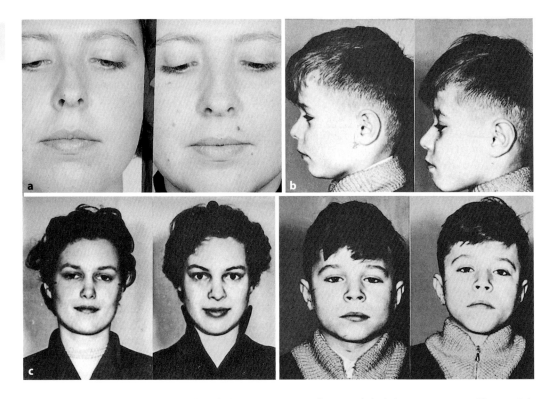

Abb. 11.2 a-c. Portraits ähnlicher und unähnlicher eineiiger Zwillinge und ähnlicher zweieiiger Zwillinge. **a** Beispiel ähnlicher EZ, **b** Beispiel unähnlicher EZ, **c** Beispiel ähnlicher ZZ

Übereinstimmung. Ein Ausschluss konnte nicht mehr aufrecht erhalten werden. Es besteht also weiterhin die Möglichkeit, dass Kaspar Hauser der Erbprinz von Baden war.

11.5 DNA-Profile zur Bestimmung der Eiigkeit von Zwillingen

Im Zusammenhang mit multifaktoriell vererbten Merkmalen ist die Methode des Vergleichs *eineiiger* und *zweieiiger Zwillinge*, um eine genetische Beteiligung innerhalb der phänotypischen Varianz abzuschätzen, ein häufig angewandtes Verfahren. Auch in der genetischen Beratung kann das Wissen über die Eiigkeit von Zwillingen von Bedeutung sein. Eine traditionelle Methode zur Eiigkeitsdiagnose waren Eihautbefunde, sofern vorhanden. Nur eine *monochoriotische monoamniotische Plazenta* ist hier allerdings beweisend für die Eiigkeit, alle andere Formen lassen keine eindeutige Aussage zu. Man war daher in der Regel auf den polysymptomatischen Ähnlichkeitsvergleich angewiesen, mit all seinen Fehlermöglichkeiten. So wurden teilweise ähnliche dizygote Zwillinge als monozygote eingeschätzt und unähnliche monozygote als dizygote (Abb. 11.2). Auch hier ist heute die Untersuchung von STRs die Methode der Wahl. Hiermit ist eine eindeutige Bestimmung der Eiigkeit möglich. Im Gegensatz zu den früheren Methoden werden hier nicht Ähnlichkeiten geprüft, sondern, von seltenen Mutationen einmal abgesehen, hundertprozentige Übereinstimmungen.

Genetische Mechanismen der Evolution des Menschen und menschlicher Populationen

12.1 Methodische Rekonstruktion
der menschlichen Stammesgeschichte 332

12.2 Evolution von Genen, Genomen und Chromosomen 333

12.3 Das Methodeninventar
zur molekularbiologischen Untersuchung
der menschlichen Stammesgeschichte 337

12.4 Out-of-Africa-Hypothese oder Multiregionale Hypothese 338

12.5 Die Evolution menschlicher Populationen 343

12.1 Methodische Rekonstruktion der menschlichen Stammesgeschichte

Das Forschungsgebiet der menschlichen Stammesgeschichte und der menschlichen Populationen umfasst viele Teildisziplinen der Natur- und Kulturwissenschaften. Hierzu gehören aus dem Bereich Naturwissenschaften die *Paläoanthropologie*, die Fossilfunde deskriptiv und funktionsmorphologisch untersucht, die *Molekularbiologie*, die *Evolutionsökologie* und die *Ethologie*. Nur durch ihre Kombination und unter Einbeziehung von kulturwissenschaftlichen Aspekten, wie Werkzeug-, Kunst- oder Sprachentwicklung, ist es möglich, die Evolution und das komplexe Bild der Differenzierung menschlicher Populationen einigermaßen nachzuvollziehen. Gegenstand dieses Kapitels kann es nicht sein, alle Teildisziplinen hier zusammenzufassen. Der Schwerpunkt soll vielmehr auf den *paläogenetisch-molekularbiologischen Bereich* gelegt werden, da hierdurch ein erheblicher Beitrag zum Verständnis vom Ablauf der menschlichen Stammesgeschichte geleistet wurde und wird. Da aber Biomoleküle wie Proteine und DNA nach dem Tod eines Organismus der Degradation unterliegen und nur in Ausnahmefällen aus prähistorischem organischem Material isoliert und analysiert werden können, werden beim molekularbiologischen Ansatz die *genetischen Unterschiede verschiedener Primatenspezies* miteinander verglichen oder *unterschiedlicher Populationen des rezenten Menschen*, um Rückschlüsse auf den Ursprung des modernen *Homo sapiens* zu ziehen. Gleichzeitig soll versucht werden, die Prozesse zu beleuchten, die ganz generell zu einer evolutionären Höherentwicklung der Arten geführt haben.

Bevor man DNA-Untersuchungen zur Untersuchung der menschlichen Evolution heranziehen konnte, war man auf paläoanthropologische Untersuchungen angewiesen. Die ältesten homininen Fossilfunde beginnen vor ungefähr 6-7 Mio. Jahren im späten Miozän (23,3 Mio. – 5,2 Mio.). Die im Jahre 2002 beschriebene neue Art *Sahelanthropus tschadensis*, ein Fossil, das man in Tschad gefunden hat, scheint dem letzten gemeinsamen Vorfahren von Schimpanse und Mensch sehr nahe zu stehen. Es folgt im frühen Pliozän (5,2 Mio.-1,64 Mio.) vor ungefähr 4 Mio. Jahren die Gattung *Australopithecus* mit Fundorten in Äthiopien und Tansania und vor 2-1,5 Mio. Jahren lebte *Paranthropus* mit Fundorten in Süd- und Ostafrika. Danach ist im späten Pliozän *Homo habilis* (2,3 Mio.-1,64 Mio.) beschrieben, gefolgt von *Homo erectus*, der im Pleistozän (1,64 Mio.-10.000) vor mehr als 1 Mio. Jahren entstand. Im Mittelpleistozän ist der europäische Fund des *Homo heidelbergensis* (ca. 500.000 Jahre) anzusiedeln, der nach neueren Ansichten nicht als Unterart des Homo erectus aufzufassen ist, sondern eine eigene Art bildet.

Vor etwa 200.000 – 30.000 Jahren lebte in ganz Europa der *Homo neanderthalensis*, der vermutlich vom *Homo heidelbergensis* abstammt. Ebenfalls ausgehend vom *Homo erectus* entwickelte sich *Homo sapiens*, der mit *Homo neanderthalensis* zumindest eine Zeit lang koexistierte. Man ist sich heute einig, dass der Neandertaler kein direkter Vorfahre des modernen Menschen ist, wobei die verwandtschaftlichen Beziehungen zwischen den beiden hominoiden Spezies bis heute sehr kontrovers diskutiert werden. Wahrscheinlich ist jedoch der Neandertaler ausgestorben, ohne zum Genpool des modernen Menschen beigetragen zu haben. Die ältesten unzweifelhaft modernen Vertreter des *Homo sapiens* wurden in *Ostafrika* gefunden und werden auf ein Alter von 130.000 – 160.000 Jahren datiert. Die ältesten *Homo sapiens*-Funde außerhalb Afrikas wurden in *Israel* gemacht und werden auf 90.000 – 100.000 Jahre datiert. In *Europa* ist der anatomisch moderne Mensch erstmals vor ca. 40.000 Jahren nachweisbar.

In diesem Zusammenhang ist interessant zu erwähnen, wie groß maximal das Zeitfenster für DNA-Untersuchungen ist. Wegen der erwähnten Degradation sind hier relativ enge Grenzen gesetzt. Dennoch ist es gelungen, vom Humerus eines Neandertaler-Fundes mit einem Alter von 50.000 Jahren oder mehr mitochondriale DNA zu isolieren und mit der des modernen Menschen zu vergleichen. Dabei stellten sich klare Unterschiede heraus, die dreifach höher waren als innerhalb der rezenten menschlichen Bevölkerung. Dies stützt die Hypothese, dass der Neandertaler ausstarb und nicht zum Genpool des modernen Menschen beitrug. Dabei hat man die Aufspaltung zwischen der Linie, die zum Neandertaler führte, und der zum modernen Menschen auf ca. 500.000 Jahre datiert (Abb. 12.1).

12.2 Evolution von Genen, Genomen und Chromosomen

Nach dem kurzen Exkurs in menschliche Leitfossilien zum besseren Verständnis der Datierung der humanen Evolution ist es sinnvoll, einige Befunde zur genetischen Evolution allgemein voranzustellen, bevor die *molekularbiologischen Befunde zur Stammesgeschichte* des Menschen behandelt werden.

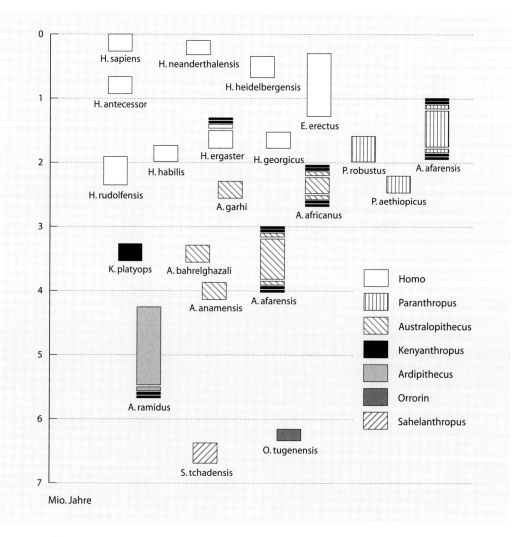

Abb. 12.1. Übersicht über die bisher bekannten Homonini-Arten und ihre zeitliche Einordnung. Unsichere Datierungen sind durch Querbalken gekennzeichnet (Aus Grupe, Christiansen, Schröder, Wittwer-Backofen (2004))

Gene und biologische Komplexität

Je mehr Gene, desto komplexer und evolutionär höher entwickelt ist der Organismus. Diese lange angenommene Theorie bewahrheitete sich nach der Sequenzierung vieler Genome in nur sehr bescheidener Weise. Dennoch haben Vertebraten-Genome etwa doppelt so viele Gene wie Invertebraten-Genome und diese wiederum wesentlich mehr Gene als Einzeller. Dennoch zeigt sich klar, dass Komplexität keineswegs nur mit der Erhöhung der Genzahl zu tun hat. Insgesamt hat sich in der Evolution von Prokaryoten zum Menschen die Genzahl nur etwa verzehnfacht. Umgehrt nimmt die *Gendichte* mit zunehmender Komplexität ab. Die Gene sind bei Eukaryoten durch Introns unterbrochen, und es wird zunehmend *repetitive DNA* akkumuliert. Dabei ist auffallend, dass mit abnehmender Komplexität eine Zunahme der Transposon-basierten repetitiven DNA stattfindet. So sind 45% der humanen DNA auf Transposons zurückzuführen, die Maus besitzt 8% weniger und Invertebraten haben noch weniger. Sequenzvergleiche über ganze Genome – hier ist ein ganzes Fachgebiet *„Comparative Genomics"* entstanden – zeigen, dass Eukaryoten-Gene größer und komplexer sind, als solche von Pokaryoten. Dies ist einerseits auf die *Introns* zurückzuführen, die mit evolutionärer Höherentwicklung länger werden, andererseits nimmt auch die Exon-Größe zu. Dabei erlauben offenbar die Introns die Expandierung der Exons durch intragenische Duplikationen und intergenische Rekombinationen. So findet man bei menschlichen Genen häufig Hinweise auf *intragenische DNA-Duplikationen*. Man findet bei vielen Polypeptiden häufig lange Repeats, und die Sequenzhomologie zwischen den Repeats ist in einigen Fällen sehr hoch. Die zugrunde liegenden Exonduplikationen erlauben also die Wiederholung von Domänen und damit die Herstellung längerer Polypeptide, was evolutionäre Vorteile schafft. Häufig folgen Duplikationsprozessen Veränderungen in der Nukleotidsequenz zwischen den Wiederholungseinheiten. Hierdurch können unterschiedliche verwandte Funktionen erweitert werden.

Ein ganz wesentlicher Prozess, der die Zunahme an Komplexität erlaubt, ist *alternatives Spleißen* im Zusammenhang mit Exonduplikationen. Es können so unterschiedliche Exons aus einer Gruppe duplizierter und modifizierter Exons in ein Spleißprodukt eingebaut werden, so dass Isoformen von m-RNA entstehen. Man findet dies bei vielen Menschengenen, wobei der Vorgang der Duplikation auf verschiedenen Mechanismen basieren kann, wie z.B. ungleiches Crossing-over oder Schwesterchromatidaustausch.

Viele Proteine enthalten auch Domänen, die man in anderen Proteinen wiederfindet. Offenbar wurden Exons oder Exongruppen, die für Domänen kodieren, kopiert und in andere Gene insertiert. Man hat hierfür den Begriff *„Exon shuffling"* geprägt. Der Prozess ist wahrscheinlich durch LINE-Elemente unterstützte Retrotransposition unterstützt.

Aber nicht nur Exons wurden dupliziert, sondern auch ganze Gene. Das wohl bekannteste Beispiel hierfür ist die *Evolution der Globin-Gene*. Die Sequenzhomologien der verschiedenen Polypeptide weist eindeutig auf ein einziges ursprüngliches Gen bei den Vorfahren der heutigen Wirbeltiere hin. Aus ihm ist einerseits ein Gen für Myoglobin, andererseits ein solches für ein einfaches Hämoglobin entstanden.

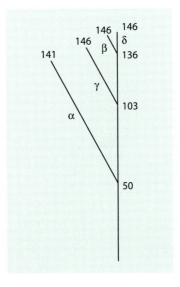

Abb. 12.2. Stammesgeschichtliche Entwicklung der Polypeptidketten des Hämoglobins

12.2 · Evolution von Genen, Genomen und Chromosomen

Aus diesem Gen sind durch Duplikationen Gene für die α-, β-, γ- und δ-Ketten des menschlichen Hämoglobins hervorgegangen. Wie Abb. 12.2 zeigt, stimmen α-, β-, γ- und δ-Kette in 50 Aminosäuren überein, γ-, β- und δ-Kette in 103 und β- und δ-Kette in 136. Nach Schätzungen haben sich die verschiedenen Ketten historisch zu ganz unterschiedlichen Zeiten voneinander dupliziert. (Abb. 12.3)

Die **Genvermehrung durch Duplikation** ist wohl der einzige Weg, wichtige und daher hoch konservierte Gene zu verändern. Intragenische Mutationen würden in fast allen Fällen zum Tod des mutierten Organismus führen und damit keine evolutionäre Weiterentwicklung zulassen (Tabelle 12.1).

Genomveränderungen während der Evolution

Der einleitende Schritt zur Entstehung eukaryoter Zellen war nach einer gut belegten Hypothese die Symbiose einer Eukaryoten-Vorläuferzelle mit einer anderen prokaryoten Zelle. Dieser als *Endosymbionten-Hypothese* beschriebene Vorgang führte zur Entstehung der eukaryoten Zelle mit Zellkern und Mitochondrien. Da allerdings rezente Prokaryoten viel mehr Gene enthalten als Mitochondrien mit ihren nur 37 Genen und da die überwiegende Mehrzahl der mitochondrialen Proteine im Kern kodiert wird, muss es zu einem horizontalen oder lateralen Gentransfer zwischen der prokaryoten Zelle gekommen sein, die zum

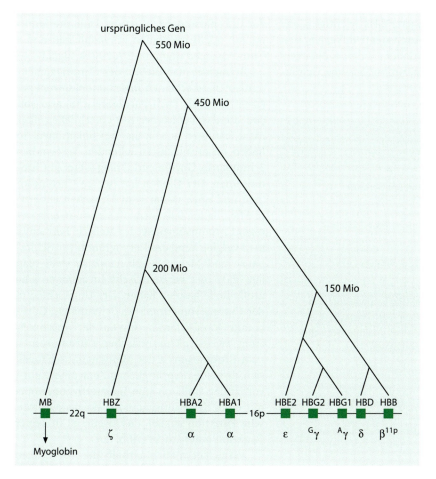

Abb. 12.3. Vereinfachtes Schema der Evolution der Globin-Gene (Neuroglobin und Cytoglobin sowie Pseudogene nicht eingezeichnet)

Mitochondrium wurde, und dem späteren Eukaryotenkern. Hiermit war der Ausgangspunkt geschaffen für jede evolutionäre Weiterentwicklung.

Betrachtet man nun Vertebraten-Genome und vergleicht man ihre Gen-Charakteristika mit Invertebraten, so muss es zu Duplikationen ganzer Genome gekommen sein, um die Genomgrößen zu erweitern. Genomduplikationen führten zu tetraploiden Stadien und der diploide Status wurde wahrscheinlich durch nachfolgende größere Chromosomenumbauten wieder hergestellt. Eine weitere Folge war wahrscheinlich durch **Selektionsrelaxation** bei vielen Genen ein Genverlust oder Deletierung oder eine Umwandlung in Pseudogene. Wichtige Gene wurden dagegen beibehalten. Diese Annahme wird durch die **2R-Hypothese** gestützt, die auf der Beobachtung basiert, dass wichtige Gene in Invertebraten 3-4 Äquivalente in Vertebraten besitzen. Man nimmt daher an, dass möglicherweise alle Vertebraten zumindest eine Genduplikation durchlaufen haben, Beispiele hierfür sind die 4 Hox-Gencluster und die MHC-Cluster, für die man in Invertebraten nur ein einziges Gen-Cluster findet.

Chromosomenumbauten während der Evolution

Während der Evolution ist es zu ausgedehnten Chromosomenumbauten gekommen. Betrachtet man die Vertebraten bis hin zum Menschen, so kann man die **Tendenz zur Reduktion** bei gleichzeitigem Größerwerden der Chromosomen beobachten. Ein weiterer Trend ist die Entwicklung von akrozentrischen zu mehr metazentrischen Chromosomen durch Fusion. Dabei nimmt der Mensch in dieser Tendenz mit seinen 46 Chromosomen eine gewisse mittlere Stellung ein. Ein Extrembeispiel für Reduktion der Chromosomenzahl ist der Indische Muntjac mit 6 Chromosomen im weiblichen und 7 Chromosomen im männlichen Geschlecht.

Betrachtet man die Art der Chromosomenumbauten, so scheinen **Inversionen**, sowohl perizentrische als auch parazentrische, also solche, die das Zentromer mit einschließen oder nicht, häufiger zu sein als Translokationen. So haben unsere nächsten lebenden Verwandten Schimpanse, Gorilla und Orang-Utan 48 Chromosomen. Der Gibbon hat nur 44 Chromosomen und noch weiter vom Menschen entfernte Affen haben teils mehr (bis 2n=80), teils weniger Chromosomen als der Mensch. Betrachtet man vergleichend das Karyogramm von Schimpanse und Mensch (Abb. 12.4), so stellt man fest, dass hier perizentrische Inversionen eine große Rolle gespielt haben. Der Unterschied in der Chromosomenzahl (zu Schimpanse, Gorilla und Orang-Utan) beruht auf der Verschmelzung zweier akrozentrischer Chromosomen zum Chromosom 2 des Menschen. Es handelt sich, da beide ursprünglichen Zentromere noch vorhanden sind, um eine Telomerfusion, wobei nur eines der Zentromere die normale mitotische Funktion ausübt, das zweite ist in seiner Funktion unterdrückt (Abb. 12.5).

Vergleicht man innerhalb der Vertebraten die Konservierung der linearen Genreihenfolge, so stellt man fest, dass nur kleine Chromosomsegmente konserviert sind. Es ist eine er-

---

Tabelle 12.1. Faktoren, die zur Evolution von Genen geführt haben

Vermehrung der Genzahl
↓
Evolution der Intron-Exon-Struktur
↓
Akkumulation repetitiver DNA
↓
Entstehung größerer und komplexerer Gene durch Intron- und Exon-Verlängerung über intragenische Duplikation und intergenische Rekombination
↓
Aufbau von Stoffwechselketten durch Veränderungen der Nukleotidsequenz duplizierter Sequenzen nach ungleichem Crossing-over oder Schwesterchromatidaustausch
↓
Einführung von Exon shuffling und alternativem Spleißen

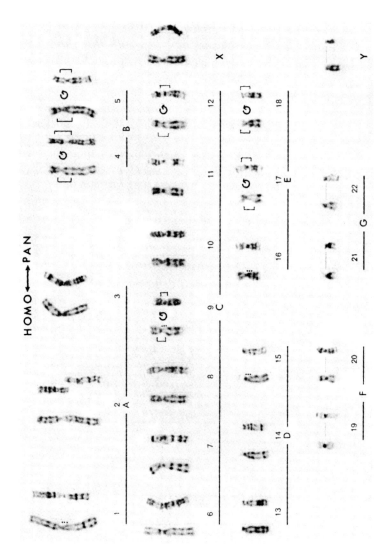

Abb. 12.4. Chromosomensatz von Schimpanse und Mensch im Vergleich (↻ bezeichnet Inversion) (Nach: Turleau C, Grouchy J de (1973))

hebliche Umorientierung von Sequenzen innerhalb verschiedener Spezies zu beobachten. Hier bildet das X-Chromosom eine gewisse Ausnahme, wie ein Vergleich von Mensch und Maus zeigt. Die überwiegende Anzahl von Sequenzen des menschlichen X-Chromosoms findet sich auch bei der Maus auf dem X-Chromosom. Allerdings ist auch hier die Genreihenfolge durch zahlreiche Inversionen stark verändert.

12.3 Das Methodeninventar zur molekularbiologischen Untersuchung der menschlichen Stammesgeschichte

Die Paläoanthropologie benötigt für einen Stammbaum, den sie zu beschreiben wünscht, aus jedem Abschnitt *genau datierte Fossilien*. Dabei besteht keine Gewähr, dass die Linien, von denen fossile Zeugnisse vorhanden sind, nicht evolutionäre Sackgassen sind. Das Genmaterial dagegen für molekularbiologische Untersuchungen ist zwangsläufig in Entwicklungslini-

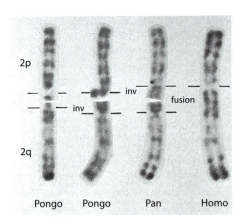

Abb. 12.5. Phylogenetische Entwicklung des menschlichen Chromosoms 2 mit einigen Inversionen und einer Telomerfusion. Orang-Utan und Gorilla unterscheiden sich durch eine Inversion (inv) in 2q; Gorilla und Schimpanse unterscheiden sich durch eine Inversion in 2p. Der Mensch unterscheidet sich von allen drei anderen Spezies durch eine Telomerfusion zweier Chromosomen

en weiter vererbt worden, die bis in die Gegenwart reichen. Dabei geht man von neutralen Polymorphismen außerhalb kodierender DNA aus. Ein zweiter Ausgangspunkt ist die *molekulare Uhr*. Dabei stützt man sich auf den Befund, dass Punktmutationen, also Veränderungen an einzelnen DNA-Basen, auch in langen Zeiträumen so gleichmäßig sind, dass man damit den Zeitpunkt bestimmen kann, zu dem zwei heute getrennte Linien sich gespalten haben. Verschiedene DNA-Marker sind für solche Untersuchungen geeignet. Mitochondriale DNA ist dabei besonders beliebt, weil sie nur über die mütterliche Linie vererbt wird und Rekombination nicht stattfindet. Außerdem ist die Akkumulationsgeschwindigkeit von Mutationen wesentlich höher als in Kern-DNA. Sie beträgt etwa das Zehnfache. Dies hat verschiedene Gründe, angefangen von der höheren Replikationsrate als bei der Kern-DNA über nicht so effiziente Reparaturmechanismen bis zu oxidativen Schädigungen der mt-DNA über Prozesse der Atmungskette. Mutationen akkumulieren sich mit einer Rate von 2–4% pro eine Million Jahre. Neben Restriktionsschnittstellen werden bei der mt-DNA vor allem Sequenzen der mitochondrialen Kontrollregion, die im *Displacement (D)-Loop* lokalisiert sind, analysiert. Dabei liegt die größte Variation in der „hypervariablen Region I und II".

Ein anderer DNA-Marker sind nicht-rekombinierende Y-chromosomale Sequenzen. Sie werden ausschließlich über die väterliche Linie weitervererbt.

Am Rande seien hier noch die STRs erwähnt (s.Kap. 11.3), die dann zur Anwendung kommen, wenn archäologische Befunde auf eine bestehende Verwandtschaft zwischen Individuen hinweisen, welche verifiziert werden soll (Tabelle12.2).

12.4 Out-of-Africa-Hypothese oder Multiregionale Hypothese

Die Out-of-Africa-Hypothese, die einen *monogenetischen Ursprung* des Menschen postuliert, wurde ursprünglich anhand anatomisch-morphologischer Merkmale formuliert. Man bezeichnet sie auch als *Arche-Noah-Modell oder Replacement-Hypothese*. Sie wird durch molekularbiologische Daten gestützt. Man spricht dann von der *Eva-Hypothese* oder *Lucky-Mother-Hypothese*. Sie soll hier vorgestellt werden.

Die Eva-Hypothese

Diese wohl bekannteste Hypothese wurde von *Wilson* und Mitarbeitern in einer Serie von Arbeiten Ende der 1980er und Anfang der 1990er Jahre publiziert. Es wurden die mt-DNA-Sequenzen von Menschen verschiedener Populationen verglichen. Insgesamt wurden 370 Restriktionsschnittstellen untersucht, welche Variationen in 1550 Basenpaaren abdeckten, was etwa 10% des mitochondrialen Genoms entspricht. In 241 Individuen verschiedener ethnischer Gruppen wurden 182 Typen mitochondrialer DNA beschrieben. Hieraus erstellte man einen *phylogenetischen Stammbaum*. Später wurden diese Untersuchungen noch ergänzt durch DNA-Sequenzanalysen der Kontrollregion und mit entsprechenden Sequenzen beim Schimpansen verglichen (Abb. 12.6).

Dabei ging Wilson von folgender Überlegung aus: *Matrilinien* haben bei Geschwistern den geringsten Abstand, weil bei ihnen

12.4 · Out-of-Africa-Hypothese oder Multiregionale Hypothese

für Neumutationen nur eine Generation lang Zeit war. Mit der Ferne im Verwandtschaftsgrad nimmt die genetische Ähnlichkeit ab. Und je weiter man in der Genealogie zurückkehrt, desto größer wird der Kreis, der über Matrilinien verwandten Menschen, bis er irgendwann

Tabelle 12.2. Molekularbiologischer Ansatz zur Evolution des Menschen

Ausgangsmaterial	Hypothese	Ergebnis
mt-DNA y-Sequenzen STRs	Neutrale Mutationen erlauben die Datierung einer molekularen Uhr	Datierung der menschlichen Stammesgeschichte

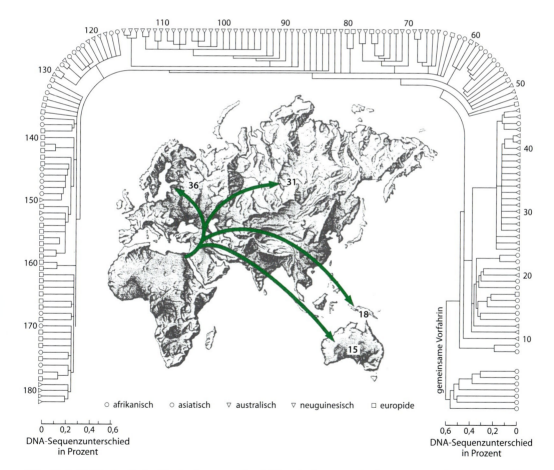

Abb. 12.6. Phylogenetischer Stammbaum zur Geschichte der humanen Evolution, der zur Eva-Theorie geführt hat. Die hier dargestellte Genealogie, erstellt von 182 Typen mt-DNA heutiger Menschen, weist zurück auf einen allen gemeinsamen Vorfahren. Die Zahlen auf den Pfeilen auf der Landkarte geben die Mindestzahl nicht-verwandter Frauen an, welche im jeweiligen geographischen Bereich angesiedelt sein müssen, damit sich der hier gezeigte Stammbaum ergeben kann (Aus Wilson u. Cann (1992))

jeden Lebenden einschließt. Wilsons Folgerung ist, dass sämtliche menschliche Mitochondrien-DNA auf eine allen Menschen **gemeinsame Stammmutter** zurückgeht, wobei diese eine Frau nicht notwendigerweise in einer kleinen Population lebte oder gar die einzige Frau ihrer Generation war. Hierzu kann man sich zur Veranschaulichung eine über viele Generationen immer gleichgroße statistische Population vorstellen, mit zu jeder Zeit 15 Müttern (Abb. 12.7). In jeder neuen Generation muss es dann 15 Töchter geben, jedoch haben einige der Mütter gar keine, andere dafür zwei oder mehr. Weil also Matrilinien gelegentlich aussterben, ist es nur eine Folge der Zeit, wann alle ursprünglichen Linien bis auf eine einzige verschwunden sind. Für eine stabile Population rechnet sich dieser Zeitpunkt durch Multiplikation der Dauer einer Generation mit der doppelten Populationsgröße.

Die Befunde Wilsons ergaben, dass die Variation der mt-DNA Typen unter Afrikanern wesentlich größer ist als beim Rest der Menschheit. Es fanden sich zwei Gruppen von mt-DNA unter Afrikanern, wovon nur eine mit dem Rest der menschlichen Weltpopulation gemeinsam ist. Alle mt-DNA Varianten, die in den verschiedenen heutigen Populationsgruppen gefunden werden, können zurückgeführt werden auf eine Frau, die vor ca. 200.000 Jahren in Afrika gelebt hat – die **mitochondriale Eva**, wie Wilson sie nannte. Alle heutigen menschlichen Populationen können auf diese Eva zurückgeführt werden und sind aus Afrika ausgewandert. Ihre Migrationsgeschichte kann rekonstruiert werden über den Vergleich der nicht-afrikanischen Populationsgruppen.

Man schätzt die Populationsgruppe, in der Eva gelebt hat, auf vielleicht 10.000 Individuen, aber im Gegensatz zu Eva wurde deren mt-

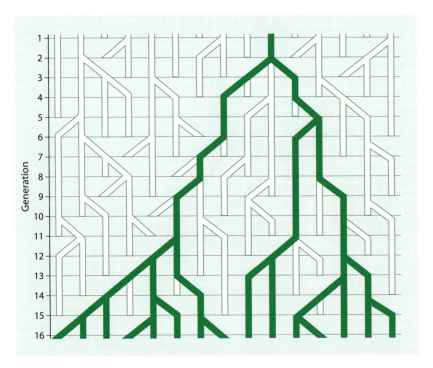

Abb. 12.7. Für alle Mitglieder einer Population findet sich eine gemeinsame Vorfahrin in mütterlicher Linie. Die hier gezeigte Population bleibt gleich groß und enthält in jeder Generation 15 Frauen. Je nachdem, ob eine Frau eine Tochter hat oder nicht, pflanzt sich die Matrilinie fort oder endet. Bei mehreren Töchtern verzweigt sie sich. Es bleibt durch diese Umstände nur eine Linie übrig (Aus Wilson u. Cann (1992))

DNA eben nicht an die heutigen menschlichen Populationen übermittelt.

Wilsons Eva-Theorie wurde vielfach kritisiert, teilweise aus statistischen Gründen, teilweise, weil die Zurückführung auf einen einzigen Ursprung in der Tat auch eine Voraussetzung für die Erstellung eines solchen Stammbaumes ist und daher nicht als Ergebnis präsentiert werden kann. Dennoch wird das Modell auch durch neuere Daten gestützt. Eines der Hauptargumente für die Hypothese ist aber, dass die **Variabilität der mt-DNA** größer unter Afrikanern und ihren Nachfahren ist als in anderen ethnischen Gruppen.

Ein weiteres Argument für die Eva-Theorie aus einem ganz anderen Bereich ist die Telomerfusion, die zum menschlichen Chromosom 2 geführt hat (s. Kap. 12.2). Es ist sehr wahrscheinlich, dass dieses äußerst seltene Mutationsereignis nur ein einziges Mal stattgefunden hat und dann über Inzucht stabilisiert wurde. Allerdings lässt sich dieses Mutationsereignis nicht datieren.

Die kontinuierliche Entwicklung des modernen Menschen

Der Eva-Hypothese, wie sie Wilson formuliert hat, wird von einigen Paläoanthropologen vehement widersprochen. Sie sind der Ansicht, dass sich der moderne Menschentypus kontinuierlich und simultan aus ***Homo erectus***-Populationen auf verschiedenen Kontinenten entwickelt hat, vertreten also eine ***multiregionale Hypothese***, auch als ***Kandelaber-Hypothese*** bezeichnet, der menschlichen Evolution. Ihr Hauptargument ist, dass die fossilen und archäologischen Belege unzweifelhaft für eine *regionale Kontinuität* in der Evolution etlicher Skelettmerkmale von den frühen menschlichen Populationen zu den heutigen Bevölkerungen sprechen. Die evolutionären Muster von drei verschiedenen Regionen – Australasien, China und Europa – zeigen, dass deren früheste anatomisch moderne Bewohner nicht den für Afrikaner typischen Merkmalskomplex aufweisen, so dass es keine Beweise dafür gibt, dass Afrikaner die lokalen Menschengruppen vollständig verdrängt hätten. Auch wird aufgeführt, dass nichts an den afrikanischen fossilen Fundstücken darauf hindeutet, dass dort für moderne Menschen allgemein oder zumindest für moderne Afrikaner typische Skelettmerkmale früher als anderswo aufgetreten wären. Dagegen wäre die vorhandene Kontinuität der Fossilbefunde nach der Eva-Hypothese nur zu erklären, wenn eine wiederholte Evolution nicht zusammenhängender Merkmale ein zweites Mal aufgetreten wäre, was völlig unwahrscheinlich ist und in der sonstigen Evolutionsgeschichte auch nicht beobachtet wurde. Dagegen ist an den Fossilien zu erkennen, dass ein möglicher Einfluss einer neuen Gruppe – und dies trifft auch für den archaischen Neandertaler zu – nicht total gewesen ist und nicht ohne Vermischung vonstatten gegangen sein kann. Die Evolution moderner Merkmale wäre danach ein kontinuierlicher Prozess über einen langen Zeitraum, angefangen vor mindestens einer Million Jahren, als Menschen erstmals Afrika verließen. Auch wird unter Voraussetzung einer multiregionalen Hypothese natürlich nach einer Erklärung gesucht, warum die Analyse von mitochondrialer DNA ein Modell nahe legt, das zu den Fossilfunden nicht passt. Als Begründung wird angeführt, dass dadurch, dass Mitochondrien nur in mütterlicher Linie weitergegeben werden, die Wahrscheinlichkeit für Gendrift und der zufällige Verlust einiger Linien erhöht wird. Wenn aber Linien in der Vergangenheit durch Gendrift zufällig abhanden gekommen sind, wird die Rekonstruktion über den Mitochondrien-Stammbaum fraglich, da nicht alle früheren Abspaltungen berücksichtigt sind. Jeder nicht mitgezählte Zweig bedeutet eine Mutation, die in die Berechnung, wann Eva gelebt hat, nicht eingeht. Es wird argumentiert, dass die Eva-Theorie daran krankt, dass sie von einer genau gehenden molekularen Uhr abhängt. Da Mitochondriengene nicht rekombinieren, wie die Gene des Zellkerns, seien sie praktisch einem Genort äquivalent. Darum könne man von der molekularen Uhr der Mitochondrien keine Zeit ablesen.

Folglich sei unter Verlassen der Idee der molekularen Uhr der genetische Befund viel überzeugender zu deuten. Danach habe Eva, von der letztlich alle Mitochondrien heutiger Menschen abstammen, vor mindestens einer

Million Jahren gelebt, bevor Menschen erstmals Afrika verließen.

Nach dieser Hypothese ist die **enge genetische Verwandtschaft** der heutigen Menschengruppen das Ergebnis einer weit zurückreichenden Geschichte der Paarung von Menschen aus verschiedenen Populationen. Evolution ereignete sich überall, denn jede Region war immer ein Teil des Ganzen.

Auch neuere statistische Analysen von Haplotypenstammbäumen argumentieren gegen die einfache Eva-Hypothese. Unter Berücksichtigung der dominanten Rolle, die Afrika bei der Bildung des modernen menschlichen Genpools spielt, hat man daraus eine dritte Hypothese gebildet, die besagt, dass Menschen sich von Afrika ausgehend mehr als einmal ausgebreitet und sich dann auf regionaler Ebene vermischt haben (Tabelle 12.3).

Welche der Hypothesen ist richtig?

Um es vorweg zu nehmen, die Diskussion kann auch heute noch nicht als abgeschlossen gelten. Dennoch haben DNA-Nachfolgeuntersuchungen, welche andere Regionen der mt-DNA mit einbezogen, vom Prinzip her zu ähnlichen Ergebnissen geführt und eine Ur-Eva zwischen 100.000 und 400.000 Jahre vor heute datiert. Die Kritik an den mitochondrialen Daten führte in den letzten 10 Jahren zu Folgeuntersuchungen an nukleären und Y-chromosomalen Genorten. Die Ergebnisse bestätigen im Wesentlichen die Datierungen aufgrund der mt-DNA. Das Konzept der molekularen Uhr besitzt zweifellos seine Schwächen bezüglich der Festlegung der **Substitutionsrate von Mutationen**. Auch wissen wir, dass die Mutationsraten verschiedener Proteine und damit ihre **Evolutionsrate stark unterschiedlich** sind. Dennoch scheint die durchschnittliche Mutationsrate über lange Zeiträume recht konstant zu sein, wenn man einzelne Loki betrachtet. Vom Prinzip her ist also die molekulare Uhr zur Datierung von Evolutionsereignissen, unter der angenommen Voraussetzung einer gleichmäßigen Substitutionsrate über die Zeit, geeignet. Eine befriedigende Eingrenzung des relevanten Zeitraums der Entstehungsgeschichte des modernen Menschen wurde bislang vielleicht noch nicht erreicht. Der methodische Ansatz ist aber sicher präziser, als jener, welchen die Paläoanthropologie aufgrund der Datierung von Fossilfunden zu liefern in der Lage ist.

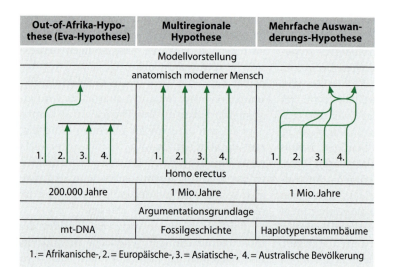

Tabelle 12.3. Die verschiedenen Hypothesen zur Entstehung des modernen Menschen

12.5 Die Evolution menschlicher Populationen

Vergleicht man die *genetischen Unterschiede* von Menschen mit anderen Spezies, so sind sie dort wesentlich größer als innerhalb der heute lebenden Menschheit. Im menschlichen Stammbaum spricht alles dafür, dass wir in unserer Evolution sozusagen einen „Flaschenhals" (*population bottleneck*) durchwandert haben. Das vielfältige äußere Erscheinungsbild des Menschen ist im wesentlichen durch Merkmale geprägt, die äußerlich sichtbar sind, wie etwa die Hautfarbe. Dies hat zur Entwicklung des *Rassekonzepts* geführt, welches nach molekularbiologischen Daten bedeutungslos ist, da es nicht möglich ist, solche Kategorien biologisch zu definieren. Alle genetischen Untersuchungen haben übereinstimmend gezeigt, dass der überwiegende Anteil der genetischen Variabilität des Menschen auf *Unterschieden innerhalb von Populationen* beruht und nicht auf Unterschieden zwischen ihnen. Innere Populationsunterschiede zwischen Individuen einer Population sind für 93-95% der gesamten menschlichen genetischen Variabilität verantwortlich, und nur 3-5% beruhen auf der Variabilität zwischen verschiedenen Hauptpopulationsgruppen (s. Kap. 13).

DNA-Untersuchungen erlauben auch, die genetische Nähe der vielen menschlichen Populationen der Erdbevölkerung zu untersuchen. Dabei lässt die geographische Verteilung von Polymorphismen Rückschlüsse auf die Besiedlungsgeschichte der verschiedenen Kontinente durch Homo sapiens zu. Detaillierte Untersuchungen der Variabilität von mitochondrialen Haplotypen liegen beispielsweise für Europa und Amerika vor. So hat man die *genetischen Abstände* für 26 europäische Bevölkerungen untersucht und mit verschiedenen Bevölkerungsexpansionen in Zusammenhang gebracht. Die Daten stimmen außerordentlich gut mit der sprachlichen Gliederung Europas überein. Bezüglich der genauen Besiedlungsgeschichte der Erde sei hier auf die weiterführende Spezialliteratur verwiesen.

Populationsgenetik

13.1 Definition des Populationsbegriffs 346

13.2 Genhäufigkeiten 346
13.2.1 Hardy-Weinberg-Gleichgewicht 346
13.2.2 Voraussetzungen und Abweichungen des Hardy-Weinberg-Gleichgewichts 349

13.3 Unterschiede von Allelhäufigkeiten in verschiedenen Bevölkerungen 352
13.3.1 Adaption an verschiedene Umweltbedingungen 352

13.4 Zusammenwirken von Mutation und Selektion 354

13.5 Balancierter genetischer Polymorphismus 357

Individuen bewegen sich in Populationen. Folglich wird sich die Entwicklung von Genen in Populationen, die aus Individuen bestehen, entscheiden. Dabei ist die Zukunft eines bestimmten Gens von der Kombination vieler Gene in einem Organismus abhängig. Das Gen ist aber genau so abhängig vom Genotyp anderer Individuen, von seiner Häufigkeit und Konkurrenzlage in der Population, von der Größe der Population in ihrer Umwelt und von ihrer Beziehung zu anderen Populationen.

Für den *Erhalt der Art* ist der einzelne Organismus von geringerer Bedeutung; darüber entscheidet die *Summe des Verhaltens aller Organismen* einer Population. Populationen sind also Träger für die Verbreitung von Organismen. Sie entscheiden durch den Fluss und die Veränderung aller in ihnen enthaltenen Gene über das Schicksal jedes einzelnen Gens.

- Die Populationsgenetik beschäftigt sich mit den Auswirkungen der Mendel'schen Gesetze auf die Zusammensetzung einer Population. Dabei wird die Struktur einer Population durch die Konsequenzen aus Mutation, Selektion, Migration und die Fluktuationsveränderungen von Genfrequenzen geprägt.

Populationsgenetische Kenntnisse sind in vielerlei Hinsicht bedeutungsvoll. So helfen sie, die *Epidemiologie genetischer Erkrankungen* zu verstehen. Durch das breite Spektrum der Methoden ist es möglich, eine wirkungsvolle Planung für präventive Messungen zu betreiben, um eine genetische Schädigung durch Umweltagenzien zu verhindern. Populationsgenetik trägt zum besseren Verständnis der menschlichen Evolution bei und ermöglicht zukünftige Entwicklungen unter dem Eindruck vielfältiger Veränderungen der Umwelt abzuschätzen. Im Folgenden soll zunächst die Population im genetischen Sinne definiert werden. Anschließend wollen wir uns mit der Beschreibung von Populationen, ihrer genetischen Zusammensetzung und verändernden Einflüssen auf den menschlichen Genpool beschäftigen.

13.1 Definition des Populationsbegriffs

Eine Population im genetischen Sinne ist eine Gruppe von Individuen, die sich miteinander fortpflanzen oder fortpflanzen können.

Man kann eine solche Gruppe auch als Mendel'sche Population bezeichnen, da sich die Mendel'schen Gesetze für die Weitergabe von Genen auf die Individuen dieser Gruppe anwenden lassen. Populationen können in ihrer Größe schwanken. Sie werden aber in der Regel als lokale Gruppe definiert, die durch *gegenseitige Fortpflanzungsfähigkeit* und *gleiche Fortpflanzungschancen (Panmixie)* aller Mitglieder gekennzeichnet ist.

Die Gesamtheit aller Gene einer Population ist der *Genpool*. Der Genpool einer Population kann durch Hinzukommen neuer Gene verändert werden (*Genfluss*), was gerade bei der heutigen Mobilität von Bedeutung ist.

Ein weiteres Kennzeichen von Populationen sind *Genhäufigkeiten*.

13.2 Genhäufigkeiten

13.2.1 Hardy-Weinberg-Gleichgewicht

- Genhäufigkeit bezeichnet die Anteile der verschiedenen Allele eines Gens in einer Population.

Dabei sollte der Begriff „Gen" besser durch den Begriff „Allel" ersetzt werden, da dies den Sachverhalt korrekter beschreibt.

Bei der Beschreibung der Mendel'schen Erbgänge in Kap. 4 wurde verdeutlicht, dass rezessive Allele nur bei einem Viertel der Nachkommen Heterozygoter phänotypisch sichtbar werden. Dominante Allele werden dagegen bei 50% der Nachkommen beobachtet. Daraus könnte man irrigerweise annehmen, dass rezessive Allele mit der Zeit abnehmen und dominante zunehmen müssten.

Hardy und *Weinberg* haben 1908 zur gleichen Zeit mathematisch abgeleitet, dass das nicht der Fall ist, sondern dass bei entsprechend großer Population und unter Berücksichtigung aller möglichen Paarungstypen *dominante und rezessive Merkmale im Gleichge-*

13.2 · Genhäufigkeiten

wicht stehen. Die Genhäufigkeiten und damit die Häufigkeiten der beiden homozygoten Gentypen und des Heterozygoten bleiben von Generation zu Generation konstant, wenn weder Auslese noch Inzucht wirksam sind. Diese Erkenntnis wird als **Hardy-Weinberg-Gesetz** bezeichnet. Die Bedeutung des Gesetzes liegt darin, dass es die Beziehung zwischen den Häufigkeiten der Allele und denen der Heterozygoten und Homozygoten formuliert.

Berechnung von Genotypenhäufigkeit

Gehen wir beispielsweise von den beiden Allelen A und a eines autosomalen Gens aus, denn nur dort sind die Genhäufigkeiten in männlichen und weiblichen Individuen gleich. Das Allel A sei – wie bereits die Schreibweise zeigt – dominant über a. Die Heterozygoten wären dann Aa und entsprächen phänotypisch dem homozygot dominanten Phänotyp. Wenn man nun eine Ausgangspopulation mit einer gegebenen Anzahl von Genotypen betrachtet, dann lässt sich errechnen, wie die **Häufigkeit dieser Allele nach vielen Generationen** aussieht. Nehmen wir für unsere Demonstrationspopulation ein Verhältnis von

0,40 AA : 0,40 Aa : 0,20 aa

an. Die Genhäufigkeiten betragen dann

0,40 + 0,20 = 0,60 A und 0,20 + 0,20 = 0,40 a.

Bei freier Partnerwahl und Paarung aller Mitglieder der Ausgangspopulation, sind 9 verschiedene Arten von Paarungen möglich, von denen drei reziprok zueinander sind, entsprechend dem Beispiel

AA × aa = aa × AA

Die Paarungen sind:

	Paarungen	Häufigkeiten
1.	AA × AA	0,16
2. + 4.	AA × Aa	0,32
3. + 7.	AA × aa	0,16
5.	Aa × Aa	0,16
6. + 8.	Aa × aa	0,16
9.	aa × aa	0,04
		1,00

Es gibt also 6 verschiedene Kombinationsmöglichkeiten, bei denen sich die in Tabelle 13.1 angegebenen und neben den Paarungen vermerkten Häufigkeiten miteinander multiplizieren lassen.

Wie der Tabelle 13.2 zu entnehmen ist, haben sich die **Genotypenhäufigkeiten** verändert, die Genhäufigkeiten sind dagegen unverändert geblieben: nämlich

$$0{,}36 + 1/2 \,(0{,}48) = 0{,}60 \text{ für A,}$$
$$0{,}16 + 1/2 \,(0{,}48) = 0{,}40 \text{ für a.}$$

Unter den angegebenen Bedingungen bleiben, unabhängig von den Anfangshäufigkeiten der drei Genotypen, die Genhäufigkeiten in der nachfolgenden Generation die gleichen wie in der Elterngeneration. Folglich hängt – unbeeinflusst von der Häufigkeit der Genotyopen in der vorherigen Generation – die Genhäufigkeit einer bestimmten Generation von der **Häufigkeit der Allele in der vorherigen Generation** ab. Die Häufigkeit der verschiedenen Genotypen wiederum, die hierbei entstehen, ist mit den Genhäufigkeiten verknüpft.

Die Beziehung zwischen Genhäufigkeit und Genotypenhäufigkeit bleibt über alle weiteren Generationen erhalten, solange **Panmixie**

Tabelle 13.1. Population mit den Gentypen 0,40 AA, 0,40 Aa und 0,20 aa

	AA	Aa	aa
	0,40	0,40	0,20
AA 0,40	0,16 1.	0,16 2.	0,08 3.
Aa 0,40	0,16 4.	0,16 5.	0,08 6.
aa 0,20	0,08 7.	0,08 8.	0,04 9.

Tabelle 13.2. Häufigkeit der Gentypen nach allen Arten von Paarungen mit den beiden Allelen A und a

Vorherige Generation		Folgegeneration			Häufigkeit der Genotypen		
Paarung	Häufigkeit	AA	Aa	aa	AA	Aa	aa
AA x AA	0,16	(0,16)			0,16		
AA x Aa	0,32	1/2(0,32) + 1/2 (0,32)			0,16	0,16	
AA x aa	0,16		(0,16)			0,16	
Aa x Aa	0,16	1/4(0,16) + 1/4(0,16) + 1/4(0,16)			0,04	0,08	0,04
Aa x aa	0,16		1/4(0,16) + 1/4(0,16)			0,08	0,08
aa x aa	0,04			(0,04)			0,04
					0,36	0,48	0,16

herrscht. (Panmixie bedeutet, dass jedes Individuum die gleiche Chance hat, sich mit jedem Individuum des anderen Geschlechts mit gleicher Fruchtbarkeit zu paaren, und dass keine Mutation oder Selektion und kein Genimport oder -export erfolgt.) Dies kann als *Gleichgewichtsverteilung der Genotypen* betrachtet werden. Genetische Unterschiede bleiben, falls keine Veränderungen von außen eingreifen, in einer Population mit Panmixie **konstant**.

Gehen wir wieder von den Allelen A und a aus, so kann man die Häufigkeit des Allels A mit p und die des Allels a mit q bezeichnen. Falls es keine weiteren Allele an diesem Lokus gibt, gilt p + q = 100%, oder wenn man wie bisher Genhäufigkeiten in Bruchteilen von 1 ausgibt

$$p + q = 1$$

Diese Formel bezeichnet dann die *Gesamthäufigkeit der Allele* an diesem Genort.

Man kann die Gleichgewichtshäufigkeiten der Genotypen in folgender Form ausdrücken:

$$p^2(AA), 2pq(Aa), q^2(aa)$$

oder

$$(p + q)^2 = p^2 + 2pq + q^2 = 1$$

Man bezeichnet dies als das *Hardy-Weinberg-Gleichgewicht*.

Dabei ist
p^2 = die Häufigkeit des homozygoten Genotyps für das dominante Allel,
$2pq$ = die Häufigkeit des heterozygoten Genotyps,
q^2 = die Häufigkeit des homozygoten Genotyps für das rezessive Allel.

Für jeden Wert von p und q wird in einer Generation die Gleichgewichtssituation für die Häufigkeit von Genen und Genotypen erreicht. Dieses Gleichgewicht bleibt erhalten, solange sich an der Häufigkeit der Gene nichts ändert. Für einen Genlokus mit 3 Allelen (p, q, r) gilt entsprechend

$$(p + q + r)^2 = 1$$

Das Erreichen eines Gleichgewichts nach einer Generation gilt jedoch nur dann, wenn man einen Genort betrachtet. Betrachtet man mehrere Genorte gleichzeitig – die Berechnung würde hier zu weit führen – so werden entsprechend mehr Generationen zur Erreichung eines Gleichgewichts benötigt. Dies ändert nichts an der grundsätzlichen Aussage, dass in einer entsprechend großen Population und unter Berücksichtigung aller möglichen Paarungssysteme die *Genhäufigkeiten* und damit die Häu-

13.2 · Genhäufigkeiten

figkeiten bei den homozygoten Genotypen und den Heterozygoten von Generation zu Generation *konstant* bleiben.

Berechnung der Heterozygotenhäufigkeit

Nach der Betrachtung eines Genlokus in einer künstlichen Population wollen wir nun zur Anwendung des Hardy-Weinberg-Gesetzes in natürlichen Populationen kommen.

Hier ist primär die Schätzung der Genhäufigkeit und der Heterozygotenhäufigkeit bei rezessiv erblichen Krankheiten von Bedeutung. Dabei wird zur Berechnung der Genhäufigkeit von dem Genotyp ausgegangen, dessen Häufigkeit bekannt ist. Dies sind die rezessiv Homozygoten (aa), da man den heterozygoten Genotyp (Aa) vom dominant homozygoten Genotyp (AA) phänotypisch nicht unterscheiden kann. Wir wissen, dass unter den oben genannten Voraussetzungen die Genotypenhäufigkeiten

$$p^2 AA \quad 2pq Aa \quad q^2 aa$$

betragen. Die interessierende Gruppe, die rezessiv Homozygoten, hat die Häufigkeit q^2 (= Quadrat der Häufigkeit des rezessiven Allels).

Bei der Phenylketonurie ist unter 10.000 Geburten ein Kind homozygot für Phenylketonurie. Dies bedeutet:

$$q^2 = \frac{1}{10.000}$$

Damit errechnet sich die Häufigkeit des rezessiven Allels:

$$q = \sqrt{\frac{1}{10.000}} = \frac{1}{100}$$

Die Häufigkeit des dominanten Allels ist dann:

$$p = 1-q \text{ da } p+q=1$$

$$p = 1 - \frac{1}{100} = \frac{99}{100}$$

Die Häufigkeit der Heterozygoten beträgt 2pq:

$$2pq = 2 \cdot \frac{99}{100} \cdot \frac{1}{100} = 0,0198$$

Bei einer Häufigkeit von homozygot Erkrankten von 1:10.000 errechnet sich eine Heterozygotenhäufigkeit von ca. 2%. Solche Zahlen sind erstaunlicherweise, wenn auch mathematisch selbstverständlich, die Regel. Während die tatsächlich Erkrankten relativ selten sind, sind die *heterozygoten Genträger* in der Bevölkerung *recht häufig*. Lediglich die Wahrscheinlichkeit, dass zwei heterozygote Genträger zusammentreffen und ein Kind mit dem homozygot rezessiven Genotyp hervorbringen, beträgt 1:10.000. Dies gilt in gleicher Weise für andere rezessive Erkrankungen und zeigt gleichzeitig, dass Maßnahmen gegen homozygote Genträger, wie sie in der jüngeren deutschen Geschichte aus ethnischer Pervertierung vorkamen, schon vom theoretischen Standpunkt aus wirkungslos sind. Populationsgenetisch wird sich damit die Frequenz der homozygoten Genträger nicht vermindern.

13.2.2 Voraussetzungen und Abweichungen des Hardy-Weinberg-Gleichgewichts

Die Voraussetzungen für die Annahme eines Hardy-Weinberg-Gleichgewichts wurden im vorhergehenden Abschnitt mehrfach angesprochen und sollen hier nochmals zusammengefasst werden.

- In einer Population wird vorausgesetzt, dass jedes ihrer Individuen die gleiche Chance hat, sich mit jedem Individuum des anderen Geschlechts mit gleicher Fruchtbarkeit zu paaren.
- Es dürfen weiterhin keine Mutationen erfolgen; Selektion ist ausgeschlossen.
- Genimport oder -export darf nicht stattfinden.

Panmixie

- Die Gleichheit der Paarungschancen bezeichnet man als Panmixie oder *„random mating"*.

In natürlichen Populationen gilt diese Voraussetzung jedoch nur eingeschränkt. Hier findet eine **Auslese** zugunsten eines bestimmten Genotyps statt. So kann es zu Verschiebungen des Genotypengleichgewichts durch **ausgewählte Paarungen („assortative mating")** kommen. Partner ähnlichen Phänotyps und damit ähnlichen Genotyps bevorzugen sich also.

Bekannte Beispiele, bei denen keine Panmixie bei der Partnerwahl herrscht, sind Körpergröße und Intelligenz, bei denen genetische Faktoren bei der Ausprägung des Phänotyps bereits erörtert wurden (s. Kap. 5).

Weiterhin gibt es den **Selten-Paarungsvorteil („rare mating")**. Hierbei verbreiten sich seltene Genotypen in der Population dadurch überproportional, dass sie relativ leicht und häufig einen Partner finden. Ein Beispiel ist die bekannte Tatsache, dass Gehörlose häufig untereinander heiraten, weil sie über gemeinsame Ausbildung und über entsprechende Vereinigungen eine größere Wahrscheinlichkeit des gegenseitigen Kennenlernens haben.

Panmixie gilt also nur bezüglich solcher genetischer Faktoren, die keinen Einfluss in irgendeiner Art auf die Partnerwahl haben. Einsichtig ist dies z.B. für die Blutgruppen, denn niemand wird seinen Partner nach der Blutgruppe auswählen.

Als **Sonderfall** einer nicht zufälligen Partnerwahl, der jedoch populationsgenetisch in den meisten Populationen bedeutungslos ist, sind **Verwandtenehen** zu nennen. In einzelnen Populationen kann dies bedeutsam sein, wie z.B. in Indien, wo in einigen Regionen die Onkel-Nichte-Ehe die bevorzugte Eheform ist. Dies weist auf einen anderen Faktor hin, der zu Abweichungen von den erwarteten Werten bei Annahme eines Hardy-Weinberg-Gleichgewichts führen kann.

In den meisten Populationen ist nämlich – auch heute noch, wenngleich in abnehmendem Maße – der Aktionsradius der Mitglieder und damit auch die Verbreitungsmöglichkeit für die Gameten begrenzt. Dies trifft in besonderem Maße für **Isolate** zu. So heiraten Mitglieder solcher Isolate aus verschiedenen sozialen, religiösen oder geographischen Faktoren bevorzugt in der eigenen Gruppe. Man spricht dann von **Paarungssiebung („assortative mating")**. Bei Isolaten sollte man nicht nur an exotische Populationen denken. Auch ein Alpental oder eine Gemeinde im Odenwald oder überhaupt kleinere Gemeinden waren bis vor nicht allzu langer Zeit noch in gewisser Weise Isolate. Die Partnerwahl erfolgte weit häufiger aus der eigenen Gemeinde als von außen. Damit soll der Begriff des Isolats keineswegs „überdehnt" werden; es soll nur gezeigt werden, dass Menschen das Bestreben haben, sich mit solchen zu verbinden, die in ihrer Nähe sind. Dadurch erfolgen die Paarungen in einer Population keineswegs zufällig, und der Genpool einer Population besteht in Wirklichkeit aus einer meist großen Anzahl von **Subpools**, die alle etwas vom Genbestand des Gesamtpools abweichen. So können sich aber neue Genhäufigkeiten in solchen Subpools festigen und auch von der Hauptpopulation abtrennen.

Durch all diese Faktoren kommt es letztlich zu Beschränkungen in der Populationsgröße, bei der Inzucht häufiger werden kann. Zwar ändert **Inzucht**, wie man errechnen kann, auch bei häufigerem Auftreten die Gesamthäufigkeit nur in geringem Ausmaß, es kommt aber zu einer **Häufung von Homozygoten**. Dies hat ein gehäuftes Auftreten autosomal-rezessiver Krankheiten zur Folge. Beispiele hierfür sind das gehäufte Auftreten von okulokutanem Albinismus bei Hopi-Indianern oder das gehäufte Auftreten einer Form des adrenogenitalen Syndroms bei bestimmten Eskimos in Alaska.

Selektion und Mutation

Bei der Annahme eines Hardy-Weinberg-Gleichgewichts dürfen weder Mutation noch Selektion vorhanden sein. Tatsächlich haben jedoch **Spontanmutationen**, die nicht repariert werden und die keine stummen Mutationen sind, verändernde Einflüsse auf den Genpool. Methoden zur Mutationsratenschätzung wurden bereits in Kapitel 3.6 behandelt.

Das Ausmaß des Einflusses von einzelnen Mutationen wird durch die Selektion bestimmt.

− Selektion wirkt immer über Fortpflanzungsunterschiede.

Ein Selektionsvorteil kann zu einer langsamen Veränderung des Genpools führen. Er lässt das mutierte Gen häufiger werden, ein Selektionsnachteil lässt es dagegen seltener werden.

Ein Selektionsvorteil führt immer zur Erzeugung von mehr Individuen mit der entsprechenden Mutation, ein Selektionsnachteil wirkt in umgekehrter Richtung. Dabei spielen verschiedene Faktoren eine Rolle:
- Veränderungen der sexuellen Attraktivität,
- bessere oder schlechtere Adaption an das vorhandene oder ein verändertes Nahrungsangebot,
- Temperatur- und Feuchtigkeitsschwankungen,
- Klima ganz allgemein usw.

Man kann Selektion als einen Vorgang der Prüfung an der Natur betrachten. Er setzt bei der Lebensfähigkeit, der Lebensdauer oder der Fruchtbarkeit der Keimzellen an und führt zu ungleicher Reproduktivität. Deshalb spricht man auch von *reproduktiver Fitness*.

Bei einer Selektion gegen Neumutationen – und dies ist aus humangenetischer Sicht von größerer Bedeutung – kommt es darauf an, ob das mutierte Allel **dominant oder rezessiv ist**. Dominante Allele werden schneller eliminiert, da die Selektion sowohl bei den Homozygoten als auch bei den Heterozygoten ansetzt. Bei rezessiven Allelen besteht nur ein Selektionsdruck gegen die Homozygoten, oder bei X-chromosomal-rezessiven Allelen gegen Hemizygoten.

Bei kleinen Populationen können erhebliche Variationen der Genhäufigkeiten und der Genotypenverteilung durch *zufällige genetische Drift* zustande kommen. Wegen der kleinen Populationsgröße kann nämlich ein Allel durch Zufall vermindert oder überhaupt nicht an die nächste Generation weitergegeben werden. Bei größeren Populationen sind solche Zufallsabweichungen weniger wahrscheinlich. Bei kleinen kann auf diese Weise ein Allel gänzlich aus der Population verschwinden und ein anderes fixiert werden.

Zufällige genetische Drift ist die Ursache für bemerkenswerte Häufungen bestimmter *Blutgruppen* in kleinen Isolaten. Sie ist auch für das häufige Auftreten einzelner genetischer Erkrankungen mit rezessiver Genwirkung in Isolaten mitverantwortlich. Allerdings gibt es dafür noch andere Ursachen, wie etwa den **Gründereffekt**. Der Gründereffekt beschreibt das häufige Vorkommen eines seltenen Allels, das sich von einem Gründer ausgehend in Folgegenerationen ausgebreitet hat. Das bekannteste Beispiel hierfür ist die hohe Frequenz für die Tay-Sachs-Krankheit (Lipidspeicherkrankheit), eine schwere degenerative Nervenkrankheit in der aschkenasisch-jüdischen Bevölkerung der Vereinigten Staaten In dieser Bevölkerung hat man eigens ein Screeningverfahren eingeführt, mit dem man Paare identifizieren kann, bei denen beide Partner heterozygot sind und deren Kinder ein Erkrankungsrisiko von 25% haben. Die pränatale Diagnose hat mittlerweile die Geburt vieler betroffener Kinder verhindert. Dieses Allel wurde durch einige Einwandererfamilien nach Pennsylvania eingeführt. Vermehrung in isolierter Umgebung und Inzucht machten das Gen dann häufig.

Genimport und -export

Neben Gründereffekten kann das Hardy-Weinberg-Äquilibriumsprinzip noch durch **Genfluss** infolge **Migration** gestört werden. Unter Migration versteht man die Vermischung mit Angehörigen einer anderen Bevölkerungsgruppe, die verschiedene Genhäufigkeiten besitzt. Hierdurch wird die Zusammensetzung des genetischen Bestandes einer Population verändert.

Die unterschiedliche Allelfrequenz des ABO-Blutgruppensystems in Europa und Asien kann durch solche Vorgänge sowie geographische und soziale Trennung erklärt werden. So ist die Häufigkeit der Blutgruppe B in Asien über 25%, während sie in Westeuropa weniger als 10% beträgt. Migration hat vor allem in der Zeit der Völkerwanderungen eine Rolle gespielt. Durch das Aufbrechen praktisch aller Isolate in der heutigen Gesellschaft ist sie ebenfalls von Bedeutung. Allerdings wird die Mobilität der heutigen Menschheit zu einer langsamen, aber zunehmenden Nivellierung von noch bestehenden unterschiedlichen Genhäufigkeiten in verschiedenen Bevölkerungen beitragen.

Ursachen für Abweichungen vom Hardy-Weinberg-Gleichgewicht nennt Tabelle 13.3.

13.3 Unterschiede von Allelhäufigkeiten in verschiedenen Bevölkerungen

Biologisch gesehen gehören alle Menschen einer Spezies an. Dennoch besteht innerhalb der Spezies Homo sapiens eine erhebliche, *genetisch bedingte, interindividuelle Variabilität*. So gibt es Unterschiede in äußerlich sichtbaren Merkmalen wie Körpergröße, Gestalt, Physiognomie oder Pigmentierung von Haut und Haaren. Es gibt Unterschiede in Blutgruppenmerkmalen und Transplantationsantigenen, in Serum- und Enzymmerkmalen, aber auch in Mutationen, die zu genetischen Erkrankungen führen. All dies ist zurückzuführen auf Unterschiede in den Allelhäufigkeiten zwischen verschiedenen Bevölkerungen.

13.3.1 Adaption an verschiedene Umweltbedingungen

Hautpigmentierung

Die Populationsgenetik untersucht Mechanismen, die für die Erzeugung und Erhaltung genetischer Unterschiede innerhalb und zwischen Populationen verantwortlich sind. Die *unterschiedlichen Hautpigmentierungen* von Menschen sind ein gutes Beispiel, wie *natürliche Selektion* und Adaption an verschiedene Umweltbedingungen vonstatten geht.

- Durch Selektionen werden Mutationen bezüglich der Qualität zum Erhalt und zur Weiterentwicklung einer Art überprüft.

Für eine effektive Selektion zur Erzeugung genetischer Unterschiede, wie sie in den hauptethnischen Gruppen bestehen, ist eine *reproduktive Isolation* Voraussetzung. Der Himalaja und das Altai-Gebirge zusammen mit ihren glazialen Arealen separierten Eurasien in drei Gebiete. Dies schuf die Voraussetzung für die Entstehung der Europiden im Westen, der Mongoliden im Osten und der Negriden im Süden.

Da die meisten subhumanen Primaten dunkel pigmentiert sind, war wahrscheinlich auch die ursprüngliche menschliche Population dunkel pigmentiert. Warum sind dann aber Europide und Mongolide heller pigmentiert? Nach einer plausiblen Hypothese stellt diese Hellerpigmentierung eine *Adaption an eine geringere ultraviolette Einstrahlung* in den Gebieten dieser beiden hauptethnischen Gruppen

Tabelle 13.3. Ursachen für Abweichungen vom Hardy-Weinberg-Gleichgewicht

Auslese	Verschiebung des Genotypengleichgewichts durch *„assortative mating"* oder *„rare mating"*.
Inzucht	Fördert seltene Gene und ist besonders in kleinen Populationen von Bedeutung.
Spontanmutationen	Nicht stumme Mutationen, die nicht repariert und anschließend der Selektion unterworfen werden.
Selektion	Führt über Fortpflanzungsunterschiede zu langsamen Veränderungen des Genpools.
Fitness	Die möglichst frühzeitige und zahlreiche Produktion von Nachkommen.
Genetische Drift	Verschiebung der Genhäufigkeiten und der Gentypenverteilung durch zufällige Änderung im Allelbestand. Besonders in kleinen Populationen von Bedeutung.
Gründereffekt	Das häufige Vorkommen eines seltenen Allels, das sich von einem Gründer ausgehend in Folgegenerationen ausgebreitet hat.
Migration	Vermischung mit Mitgliedern einer anderen Bevölkerungsgruppe, die verschiedene Genhäufigkeiten besitzen.

dar. UV-Licht ist notwendig, um Provitamin D in der menschlichen Haut zu Vitamin D umzuwandeln. Vitamin D wird zur Kalzifikation der Knochen benötigt. Eine zu geringe Verfügbarkeit führt zu Rachitis. Ein rachitisch verformtes Becken führt unter primitiven Lebensbedingungen häufig zum Tod von Mutter und Kind während der Geburt. Dieser Effekt hat einen starken Selektionsdruck in Richtung hellerer Pigmentierung zufolge, da in hellerer Haut bei gleicher UV-Einstrahlung mehr Provitamin D zu Vitamin D umgesetzt wird und damit entsprechend heller pigmentierte einen Selektionsvorteil besitzen.

Laktasepersistenz

Ein anderes Beispiel für natürliche Auslese beim Leben unter verschiedenen Umweltbedingungen ist die große Häufigkeit der Laktasepersistenz hauptsächlich in der Bevölkerung Nordwesteuropas. Die meisten Menschen können den Milchzucker Laktose nur so lange verdauen, wie sie durch Muttermilch ernährt werden. Danach verlieren sie die Fähigkeit durch die genetisch determinierte Verminderung der Aktivität des Enzyms Laktase, das im Dünndarm die Laktose verdaut. Die überwiegende Mehrheit aller Menschen nordwesteuropäischer Abstammung behält nun die Fähigkeit, Laktose zu verdauen, das ganze Leben lang. Der Regelmechanismus, der Laktase reguliert, existiert hier nicht. Während die meisten Negriden und Mongoliden nach Milchgenuss unter Durchfällen und anderen Beschwerden leiden, können die Nordwesteuropäer *ohne Verdauungsbeschwerden* Milch trinken.

Nur etwa die Hälfte der Südeuropäer und sehr wenige Individuen anderer Bevölkerung tragen diese Mutation. Auch in einigen wenigen, relativ kleinen Bevölkerungsgruppen Afrikas und Asiens ist diese Mutation vorhanden. Diese Mutation könnte man mit der Milchwirtschaft in diesen Gebieten in Verbindung bringen und so einen Selektionsvorteil für die Mutation zur Erhaltung der Laktaseaktivität postulieren. Andererseits gab es in Nordwesteuropa – zumindest soweit wir wissen – niemals eine Zeit, während der ein großer Bevölkerungsteil hauptsächlich auf Milch als Eiweißquelle angewiesen gewesen wäre. Man muss daher nach anderen Selektionsvorteilen zur Erklärung des Phänomens suchen. Auch hier könnte, nach einer anderen Hypothese, Rachitis von Bedeutung sein. Es konnte gezeigt werden, dass die Absorption von Galaktose und Glukose, in welche die Laktose durch Laktase gespalten wird, auch die *Resorption von Kalzium* fördert. Kalzium wiederum wird für die Stabilisierung der Knochen und die Verminderung der Rachitis benötigt.

Wir sehen bereits an diesen beiden Beispielen, dass die Zusammensetzung der Weltbevölkerung stark durch *Selektionsfaktoren der Vergangenheit* beeinflusst wird. Zu solchen Selektionsfaktoren zählt auch unterschiedliche Anfälligkeit oder Resistenz gegenüber Infektionskrankheiten. Es gibt zunehmend Hinweise, dass selbst bei der Verteilung der klassischen ABO-Blutgruppe Selektionsvorgänge auf dieser Ebene eine Rolle gespielt haben.

Phenylketonurie

Ein weiteres Beispiel für Verteilungsunterschiede von Genhäufigkeiten in verschiedenen Populationen – dieses Mal aus dem Bereich der klinischen Genetik – ist die Phenylketonurie (PKU; Tabelle 13.4).

Innerhalb von Europa findet sich eine höhere Häufigkeit für PKU im Osten als im Westen und Süden. Der Unterschied zwischen Ost- und Westösterreich passt in dieses Bild. Die skandinavische Bevölkerung – besonders die Finnen – zeigt eine besonders niedrige Frequenz. Dabei ist interessant, dass sich die finnische Bevölkerung auch in anderen genetischen Aspekten vom Rest der Europäer unterscheidet. Hohe Frequenzen finden sich wiederum in Irland. Unterschiede innerhalb Großbritanniens, wie die hohe Frequenz in Manchester, reflektieren Migration von Irland.

In der USA sind die Werte von Boston und Portland den europäischen vergleichbar. In Montreal, im französischsprachigen Teil von Kanada, besteht wiederum eine weit geringere Frequenz als in den USA und Europa. Auch ist die Rate signifikant geringer als in Frankreich, woher die Bevölkerung ursprünglich stammt. In Japan ist die Frequenz besonders gering, nur vergleichbar mit der in Finnland und mit den Aschkenasim-Juden in Israel.

Woher sich solche Unterschiede in Genhäufigkeiten entwickelt haben, ist bisher unbekannt. Faktoren, wie in Kapitel 13.2 beschrieben, müssen aber dafür verantwortlich sein.

Tabelle 13.4. Frequenz von PKU in verschiedenen Populationen (Nach Talhammer 1975)

Region	PKU
Warschau, Polen	1: 7.782
Prag, Tschechische Republik	1: 6.618
Östliche Bundesländer, Deutschland	1: 9.329
Ostösterreich	1: 8.659
Westösterreich	1: 18.809
Schweiz	1: 16.644
Evian, Frankreich	1: 13.715
Hamburg, Deutschland	1: 9.081
Münster, Deutschland	1: 10.934
Heidelberg, Deutschland	1: 6.178
Dänemark	1: 11.897
Stockholm, Schweden	1: 43.226
Finnland	1: 71.111
London, England	1: 18.292
Liverpool, England	1: 10.215
Manchester, England	1: 7.707
Westirland	1: 7.924
Ostirland	1: 5.343
Boston/MA., USA	1: 13.914
Portland/OR, USA	1: 11.620
Montreal, Kanada	1: 69.442
Auckland, Neuseeland	1: 18.168
Sydney, Australien	1: 9.818
Japan	1: 210.851
Aschkenasim (Israel)	1: 180.000
Non-Aschkenasim (Israel)	1: 8.649

13.4 Zusammenwirken von Mutation und Selektion

Die Häufigkeit von Genen und Erbkrankheiten in Bevölkerungen ist in einer Reihe von gut bewiesenen Fällen abhängig von natürlichen Selektionsmechanismen der Vergangenheit.

Selektionsvorteile

Das am besten untersuchte Beispiel ist hier die Häufigkeit von Mutationen der Hämoglobingene in einigen Bevölkerungen tropischer und subtropischer Länder. Das *Sichelzellgen (HbS)* ist in den meisten schwarzafrikanischen Bevölkerungen häufig. Diese Mutation der Hämoglobin-β-Kette führt im homozygoten Zustand zu einer hämolytischen Anämie und verschiedenen anderen Krankheitszeichen. Durch die schwere Behinderung der Homozygoten haben sich diese fast niemals fortgepflanzt. Man kann sich nun fragen, warum trotz des Selektionsnachteils der Homozygoten das Gen in den beschriebenen Populationen so häufig wurde.

Die Mutationsrate des Genlokus ist nicht erhöht. Daher muss man als einzige Möglichkeit einen *Selektionsvorteil der Heterozygoten in der Vergangenheit* annehmen. Tatsächlich konnte ein solcher Selektionsvorteil auch gefunden und bewiesen werden. Das Risiko der Heterozygoten, an der Malaria tropica, die durch **Plasmodium falciparum** übertragen wird, zu erkranken, ist deutlich vermindert. Dabei wurden wegen der starken Verbreitung der Malaria in diesen Gebieten die meisten Kinder bis vor wenigen Jahren bereits in den ersten Lebensjahren infiziert. Viele erlagen der Infektion.

Wegen der schlechteren Vermehrungsfähigkeit der Plasmodien in den sichelzellförmigen Erythrozyten hat die Heterozygotie die Kinder vor schweren klinischen Formen dieser Erkrankung geschützt. Heute ist Heterozygotie für das Sichelzellgen wegen des Rückgangs der Malaria tropica eher ein Selektionsnachteil. Wegen der deutlichen Verminderung des selektiven Faktors wird sich die Genhäufigkeit in Zukunft vermutlich vermindern.

Neben HbS gibt es noch andere in tropischen und subtropischen Gebieten häufige Hämoglobinkrankheiten. So findet man beispielsweise **Hämoglobin E** oft in den Mon-Khmer sprechenden Gruppen, vor allem in Thailand, Kambodscha und anderen südostasiatischen Ländern.

Auch **Thalassämien** sind in tropischen und subtropischen Gebieten häufig. Auch bei diesen Hämoglobinopathien wird die Häufigkeit der Allele in den entsprechenden Bevölkerungen mit einem Selektionsvorteil der Heterozygoten gegenüber Malaria in Zusammenhang gebracht.

Heterozygote mit **Glukose-6-Phosphat-Dehydrogenase-Mangel** sind ebenfalls resistenter gegen Malaria tropica.

Selektionsrelaxation

Im Gegensatz zu den Hämoglobinopathien, die in der Vergangenheit einen Selektionsvorteil hatten, ist die Situation beim **Retinoblastom**, einem malignen Augentumor von Kindern, umgekehrt. Die überwiegende Anzahl aller Fälle tritt **sporadisch** auf. Allerdings sind auch familiäre Fälle mit einem **autosomal-dominanten** Erbgang häufig. Dabei besteht eine relativ hohe Penetranz von ungefähr 90%.

Patienten mit Retinoblastom starben früher bereits in der Kindheit und hatten daher niemals Nachkommen. Dies änderte sich 1865, als man die Enukleierung des erkrankten Auges einführte und später durch Bestrahlung und Lichtkoagulationsmethoden die Therapiemöglichkeiten verbesserte. Heute können 90% der unilateralen und 80% der bilateralen Fälle geheilt werden und nehmen folglich an der Fortpflanzung teil. Eine Übertragung von Eltern auf Kinder findet also statt, man kennt bereits Stammbäume bis zu 4 Generationen (Abb. 13.1).

Bei sporadischen Fällen muss man in der Erbprognose zwischen doppelseitig befallenen und einseitig befallenen Patienten unterscheiden. Während erstere Neumutationen sind, die in der Keimzelle eines Elternteils entstanden sind, gehen letztere zu annähernd 90% auf somatische Mutationen in Zellen der embryonalen Retina zurück. Bei ersteren besteht also ein Wiederholungsrisiko von 50%.

Die unilateralen Fälle müssen in solche unterteilt werden, bei denen eine Keimzellmutation vorliegt (ca. 10-12%), und solche – das ist die Mehrheit –, bei denen kein erhöhtes erbliches Risiko vorliegt. Da man beim Retinoblastom eine relativ vollständige Erfassung aller Kranken vornehmen kann, ist eine zuverlässige Schätzung der Mutationsrate von $5 \cdot 10^{-6}$ bis $10 \cdot 10^{-6}$ möglich (Tabelle 13.5).

Das Gen, dessen Mutation zum Retinoblastom führt, ist auf Chromosom 13 und zwar in der Bande 13q14 lokalisiert.

Doch kommen wir nun auf das Hauptthema dieses Abschnittes zurück. Während bei der Sichelzellanämie ein Selektionsvorteil der Vergangenheit das Gen häufig werden ließ,

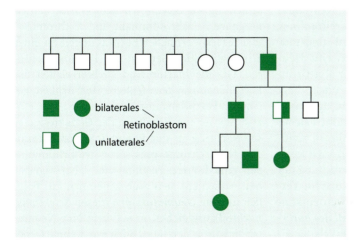

Abb. 13.1. Stammbaum mit dominanter Vererbung des Retinoblastoms über vier Generationen (Nach Vogel 1979)

Tabelle 13.5. Schätzungen der Mutationsrate pro zur Befruchtung kommende Keimzelle für das dominant erbliche Retinoblastom (Nach Vogel 1985)

Bevölkerung	Mutationsrate	Zahl der Mutationen pro 1 Mio Keimzellen
England, Schweiz, Michigan (USA), Deutschland	$6\text{-}7 \cdot 10^{-6}$	6-7
Ungarn	$6 \cdot 10^{-6}$	6
Niederlande	$1{,}23 \cdot 10^{-5}$	12,3
Japan	$8 \cdot 10^{-6}$	8
Frankreich	$5 \cdot 10^{-6}$	5
Neuseeland	$9{,}3 \cdot 10^{6}$ bis $10{,}9 \cdot 10^{-6}$	9,3-10,9

findet sich beim Retinoblastom durch den Einfluss der modernen ärztlichen Behandlung eine *Selektionsrelaxation*. Dadurch wächst der Anteil der dominant erblichen Fälle gegenüber den sporadischen somatischen Mutationen. Populationsgenetische Berechnungen schätzen den Anstieg nach Selektionsrelaxation ab. Je nach Annahme der Höhe des verbleibenden Selektionsdruckes gegen das Allel nach Einführung der medizinischen Therapie wird sich ein neues Äquilibrium auf höherer Ebene einstellen, oder es könnte sogar ein linearer Anstieg der Fälle ohne Äquilibrium eintreten.

Es gibt Untersuchungen von 13 Stichproben zur Häufigkeit der *X-chromosomalen Rot-Grün-Farbenblindheit* bei ursprünglichen Populationen im Vergleich zu zivilisierten Populationen. Eskimos, australische Ureinwohner, Einwohner der Fidschi-Inseln, nord- und südamerikanische Indianer u.a. haben eine Häufigkeit von 2% für alle Typen der Rot-Grün-Blindheit. In zivilisierten Bevölkerungen liegt die Häufigkeit bei ungefähr 5%. Im Jäger- und Sammlerstadium ist Rot-Grün-Blindheit sicher für das Überleben ein Handicap, das in zivilisierten Populationen nicht existiert. Auch wenn diagnostische Fehler bei der Untersuchung der ursprünglichen Populationen bei diesem Vergleich nicht ganz ausgeschlossen werden können, so hat der weitgehende *Wegfall des natürlichen Selektionsdruckes* offensichtlich zu einem Anstieg geführt. Ähnliche Untersuchungen gibt es für Refraktionsanomalien, Hörschärfe und anderes. Sicherlich sind manche dieser Daten kritikwürdig, aber die Gesamtaussage, dass ursprüngliche Völker sich von zivilisierten in solchen Faktoren unterscheiden, ist richtig und auf eine Selektionsrelaxation zurückzuführen. Das Entfallen der natürlichen Selektion bedingt jedoch nicht zwangsläufig den Wegfall jeglicher Selektionsmechanismen.

Mutations-Selektions-Gleichgewicht

Unter dem Mutations-Selektions-Gleichgewicht versteht man das Äquilibrium zwischen neumutierten und infolge von Selektionsnachteilen eliminierten Genen. Ohne äußere Verschiebung wie Selektionsrelaxation würden eine ganze Anzahl dominant und X-chromosomal-rezessiv erblicher Erkrankungen zu einer Elimination des Gens in der Population führen. Gründe hierfür sind Nichterreichen des Fortpflanzungsalters, frühere Sterblichkeit, geringere Fortpflanzungschancen usw. Der einzige Ausweg zur Erhaltung des Gens trotz dieser Nachteile in der Population wäre zumindest für X-chromosomal-rezessive Erkrankungen eine höhere Fertilität der Überträgerinnen, was nicht sehr wahrscheinlich ist. Folglich müssen *Neumutationen* diesen *Selektionsnachteil* ausgleichen, es sei denn eine Neumutation würde sich tatsächlich nur wenige Generationen in einer Population halten, wofür es ebenfalls bei einigen Erkrankungen Anzeichen gibt. Ist die Genfrequenz dagegen stabil, so balanciert die Neumutationsrate den gegenläufigen Effekt der Selektion. Das *Äquilibriumskonzept* wird zur Abschätzung von Mutationsraten herangezogen.

Zusammenfassung

Zusammenfassend ist also festzustellen, dass **Veränderungen in den Selektionsmechanismen** Einfluss auf die Häufigkeit von Genen und Erbkrankheiten in der Bevölkerung haben. Allerdings ändern sich Genhäufigkeiten nur langsam, so dass der Effekt häufig überschätzt wird. Berechnungen, dass nach rechtzeitiger Erfassung, Behandlung und voller Teilnahme an der Fortpflanzung aller Homozygoter für Phenylketonurie, eine Verdoppelung des Gens nach 36 Generationen zu erwarten wäre, lassen das Problem in der richtigen Relation erscheinen.

Die Therapie genetischer Erkrankungen wird zwar langfristig zu Veränderungen im Genpool führen. Wir sollten jedoch nicht vergessen, dass wir seit Christi Geburt und damit seit Beginn der neuen Zeitrechnung erst eine Folge von etwa 60 Generationen haben und dass Verdoppelungsraten von Genen für genetische Erkrankungen auch in den ungünstigsten Fällen immer mehrere Generationen betragen. Verschiebungen des Äquilibriums zwischen neumutierten und infolge Krankheit eliminierten Genen durch ärztliche Behandlung, Umweltfaktoren wie Ernährung und Infektionskrankheiten oder gesellschaftliche und kulturelle Faktoren haben **keinen raschen Einfluss auf die Erkrankungswahrscheinlichkeit** der folgenden Generationen. Es gibt daher auch keine Begründung für eine populationsgenetische Sicht bei der genetischen Beratung. Vielmehr sollte man aus der bisherigen medizinischen Entwicklung, die viele Antworten auf ehemals offene Fragen geben konnte, ableiten, dass solche spekulativen Berechnungen in die Zukunft ebengerade vom Ist-Stand ausgehen und das bis dorthin Mögliche nicht berücksichtigen.

13.5 Balancierter genetischer Polymorphismus

Wenn *heterozygote Genträger* wegen eines *Selektionsvorteils* gegenüber Homozygoten mit den Normalallelen in ihrer Häufigkeit erhalten bleiben und eine Gleichgewichtssituation vorhanden ist, so spricht man von einem balancierten genetischen Polymorphismus. In der Regel handelt es sich dabei um den Heterozygotenvorteil eines an sich nachteiligen Gens, das im homozygoten Zustand zu schweren Krankheitserscheinungen führt. Dass sich ein Gleichgewichtszustand einstellt, liegt ausschließlich an der exogenen Noxe, die der Heterozygotie einen Selektionsvorteil verschafft. Wir haben mehrfach solche Selektionsvorteile beschrieben. Das berühmteste Beispiel ist die Sichelzellanämie, bei der Heterozygote einen Selektionsvorteil bei der durch *Plasmodium falciparum* ausgelösten Malaria tropica besitzen.

- Ein Selektionsvorteil der Heterozygoten gegenüber beiden Homozygoten nennt man Heterosis.

Heterosis verschafft dem heterozygoten Status eine größere Fitness. Ein Heterosiseffekt ist bei Selektionsprozessen insofern ein Sonderfall, als die Selektion normalerweise zu einer Zunahme eines Allels zum Nachteil eines anderen führt. Wird jedoch der heterozygote Zustand durch die Selektion bevorzugt, so stellt sich ein stabiler Zustand ein, ohne dass es zu einer systematischen Veränderung der Genfrequenzen kommt.

Heterosisvorteile hatten und haben bedeutende Konsequenzen vor allem für die *Zucht von Nutzpflanzen*. Hier führt die konsequente Erzeugung von Hybriden zu kräftigeren und resistenteren Pflanzen mit größerem landwirtschaftlichen Nutzen. Die Entdeckung solcher Heterosiseffekte war vor allem in den 1950er Jahren der große erste Durchbruch, den die experimentelle Genetik auf einem Gebiet praktischer Anwendung erzielte. Es ist daher nicht verwunderlich, dass man in der Folgezeit bei Tieren und beim Menschen nach ähnlichen Effekten suchte. Auch bei *Haustieren* mögen

Hybride die Nachteile genetisch unsystematisch betriebener Rassezuchten teilweise ausgleichen. Hierbei handelt es sich jedoch um einen Sonderfall, da häufig Defektgene herausgezüchtet wurden, weil sie in besonderem Maße einem Rasseideal entsprachen. Untersucht man

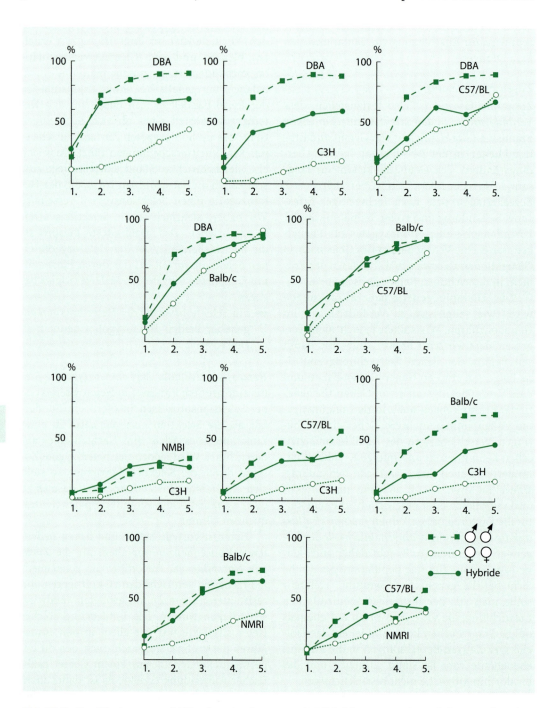

Abb. 13.2. Konditionierung von 5 Mäuseinzuchtstämmen und 10 Hybridkreuzungen bezüglich Vermeidungslernen. Es ist die prozentuale Zunahme der Lernleistung über 5 Tage angezeigt (Nach Buselmaier et al. 1978)

jedoch bei Tieren, z.B. bei Labormäusen, Parameter, die keiner züchterischen Selektion unterlagen, so findet man in der Regel kodominantes Verhalten. Als Beispiel hierfür möge das Lernverhalten von 10 Hybridkreuzungen aus 5 Inzuchtstämmen von Mäusen dienen. Die Tiere sollten eine drohende elektrische Reizung zu vermeiden lernen, die ihnen durch ein Lichtsignal angezeigt wurde. Durch Wechsel in ein anderes Kompartiment der Versuchsanlage konnten die Tiere diesem Reizstrom entgehen. Nach 5-tägiger Konditionierung lernten die Tiere abhängig vom Inzuchtstamm unterschiedlich gut. Die Hybriden der F1-Generation befanden sich in ihrer Lernleistung immer zwischen den beiden Elternstämmen (Abb. 13.2). Also lag kodominante Vererbung vor. Das gewählte Beispiel eignet sich besonders gut, weil durch Kreuzungsanalysen und statistische Verfahren weiterhin gezeigt werden konnte, dass die Verhaltensreaktion durch ein einziges Gen gesteuert wird. Dieses Gen liegt in den verschiedenen Inzuchtstämmen in verschiedenen Allelen reinerbig vor, wobei die unterschiedlichen Allele zu verschieden guten Lernleistungen befähigen.

Auch beim Menschen hat man nach Heterosiseffekten durch die Vermischung verschiedener ethnischer Gruppen gesucht. Für Parameter wie Körperhöhe, Morbidität, Mortalität u.a. hat man bisher solche Effekte jedoch nicht nachweisen können.

Genetik und Umwelt

14.1 Umweltfaktoren 362

14.2 Pharmakogenetik 363
14.2.1 Genmutationen als Grundlage atypischer Arzneimittelwirkungen 366

Die Idee, dass individuelle Mutationen den Stoffwechsel von Medikamenten (Pharmakogenetik) beeinflussen und schädigende Nebenwirkungen verursachen, gilt auch für alle chemischen und physikalischen Umweltfaktoren. Unter **ökogenetischen Krankheiten** versteht man Krankheitsbilder, die aufgrund der Interaktion von Umweltfaktoren und genetischen Dispositionen entstehen, wie z.B. Zigarettenrauch Emphyseme bei Menschen verursacht, die einen Alpha-1-Antitrypsin-Defekt haben. Man unterscheidet drei Kategorien von **Umweltfaktoren**: Nahrungsmittel, chemische Noxen und ionisierende Strahlen. Bestimmte genetische Polymorphismen, die man als Biomarker bezeichnet und die als Indikatoren für einen höheren bzw. niedrigeren Risikofaktor bekannt sind, könnten in der Prävention eine große Rolle übernehmen.

14.1 Umweltfaktoren

Nahrungsmittel

Ein Zusammenhang zwischen tierischen Fetten und bestimmten Mutationen besteht bei **koronaren Arterienerkrankungen**. Ein anderer Risikofaktor für koronare Arterienerkrankungen ist ein erhöhter Blutwert für Homocystein. Zwei metabolische Störungen, nämlich Homocystinurie und Methylentetrahydrofolat-Reduktase-(MTHFR-) Defekt, können zur Erhöhung von Homocystein führen. Eine häufige Ursache ist ein Polymorphismus des MTHFR-Enzyms. Ein polymorphes Allel kodiert für ein thermolabiles Enzym, das in Kombination mit **Folsäuremangel** zu einer Homocysteinerhöhung und dadurch zu koronarer Arterienerkrankung führen kann.

Durch große Studien konnte man nachweisen, dass etwa 17 bis 28% der Patienten mit koronarer Arterienerkrankung homozygot für den häufigsten MTHFR-Polymorphismus sind. Schätzungsweise 50% der Frauen und 9% der Männer, die aufgrund einer koronaren Gefäßerkrankung sterben, könnten prophylaktisch gerettet werden, wenn sie als Prophylaxe Folsäure bekämen. Ein anderer Effekt des MTHFR-Polymorphismus ist die Ursache für Neuralrohrdefekte. In manchen Populationen kann durch Folsäure-Prophylaxe vor der Konzeption das Risiko für Neuralrohrdefekt auf die Hälfte reduziert werden (Tabelle 14.1).

Chemische Noxen

Die Cytochrom-P450-Familie ist ein wichtiges Schutzschild gegen Toxinchemikalien in der Umwelt. Genetische Varianten im Cytochrom-P450-Protein beeinflussen die toxische Wirkung auf die Schadstoffe. Cytochrom-P450-Protein 1A1 wirkt bei der Aktivierung von Aryl-Hydrocarbol-Hydroxylase (AHH) mit. Individuen mit erhöhter AHH-Aktivität und in Kombi-

Tabelle 14.1. Genetische Dispositionen, welche die Empfindlichkeit auf einen Umweltfaktor beeinflussen

Polymorphismen	Phänotyp
Laktasedefekt	Laktoseintoleranz (schwere Diarrhö)
MTHFR Polymorphismus	Homozystinurie und Koronargefäßerkrankung bei Folsäuremangel
C282Y-Mutation am HFB-Gen	Hämochromatose bei exzessiver Eisenzufuhr oder leberschädigende Faktoren
Pigmentmangel der Haut (z.B. Albinismus)	Hautkrebs bei UV-Strahlenbelastung
DNA-Repairdefekt (z.B. Xeroderma pigmentosum)	Hautkrebs bei UV-Strahlenbelastung

nation mit spezifischen Nukleotidveränderungen im AHH-Gen CYP1A1, haben ein *erhöhtes Risiko für Lungen- bzw. Brustkrebs*. Es besteht ein Zusammenhang zwischen dem AHH-Polymorphismus und karzinogenen Umweltfaktoren. Bessere Kenntnisse könnten in der Prävention von umweltbedingten Krebserkrankungen eine Rolle spielen. Derzeit ist eine Bestimmung der CYP1A1-Variante nicht suffizient

Physikalische Noxen
Ultraviolette Strahlen der Sonne führen bei manchen Menschen zu *Hautkrebs*, allerdings nur bei denen, die eine genetische Disposition zeigen. Eine Gruppe genetisch bedingter Krankheiten mit Pigmentstörungen, beispielsweise Albinismus bei starker Resorption ultravioletter Strahlen, ist *für Hautkrebs besonders prädisponiert*. Andere Risikofaktoren sind Störungen der DNA-Repair-Systeme, wie bei Xeroderma pigmentosum.

14.2 Pharmakogenetik

Die Einnahme eines Medikaments an sich ist ein unnatürlicher Vorgang, da der Mensch von seiner evolutionären Herkunft nicht auf eine exogene Zufuhr synthetischer Stoffe vorbereitet ist. Dass die Pharmaka dennoch vertragen werden, liegt daran, dass sie Mechanismen der Resorption, Metabolisierung und Exkretion benutzen, die von der Evolution für *andere Zwecke* entwickelt wurden. Das Hauptziel der Pharmakologie ist es, diese Mechanismen, d.h. die Wechselwirkungen zwischen Organismus und Pharmakon, zu verstehen. Verschiedenheiten unter den Menschen werden dabei zunächst nicht berücksichtigt. Die biochemische Individualität eines jeden Menschen ist aber durch die individuelle Zusammensetzung seiner Gene gegeben; sie macht ihn zu einem einmaligen Individuum, dessen biochemische Reaktionsvorgänge von denen aller anderen Individuen verschieden sind.

Die Humangenetik beschäftigt sich mit dieser genetisch bedingten Individualität und ihrer Weitergabe durch die Generationen. Das Gebiet, das sich mit konstanten, interindividuellen Unterschieden in der Reaktion auf Pharmaka beschäftigt, ist die *Pharmakogenetik*. Historisch war es die biochemische Humangenetik mit ihrer Erkenntnis genetisch bedingter Enzymdefekte, welche die Pharmakogenetik entstehen ließ. *Motulsky* nahm 1957 in seiner Arbeit „Drug reactions, enzymes and biochemical genetics" zuerst an, dass abnormale Reaktionen auf Pharmaka durch genetisch bedingte Enzymdefekte verursacht sein können. *Vogel* führte 1959 den Begriff *„Pharmakogenetik"* in die Literatur ein.

Ungewöhnliche und teilweise unerwartete *Reaktionen auf Arzneimittel* werden immer wieder beobachtet. Faktoren wie Alter, Geschlecht, Gesundheitszustand und Ernährung spielen hier eine große Rolle. In der Regel folgen die Reaktionen vieler Patienten einer unimodalen Gauß-Verteilungskurve, d.h. sie sind kontinuierlich verteilt. Dabei kann diese Variabilität im Bereich des Normalen durchaus eine relativ große Bandbreite besitzen. Manchmal liegt jedoch auch eine diskontinuierliche Verteilung vor. So kann die Verteilungskurve bi- oder gar trimodal verlaufen. Nicht-unimodal verlaufende Kurven zeigen aber immer an, dass eine Population in ihrer Reaktion in zwei oder mehrere Subpopulationen zerfällt. In solchen Fällen kann man vermuten, dass einzelne genetische Faktoren an der Reaktionsnorm beteiligt sind. Eine *individuelle Metabolisierung* kann durch Bestimmung von *biologischen Halbwertszeiten, Plasmaclearance* oder *Eliminationskonstante* festgestellt werden. Unter Bedingungen des Steady-state kann man die Plasmakonzentration eines Pharmakons direkt bestimmen. Zur Untersuchung genetischer Unterschiede ist es häufig sinnvoll, Arzneimittelmetabolite zu bestimmen. Metabolisierungen laufen unter enzymatischer Steuerung ab. So können möglicherweise genetisch bedingte Enzymdefekte gefunden werden, welche die Pharmakodynamik beeinflussen.

Neben solchen biochemischen und pharmakologischen Untersuchungen sind aber auch und vor allem Methoden der klassischen Humangenetik von großer Bedeutung An erster Stelle ist hier die *Zwillingsmethode* zu nennen. Der Vergleich eineiiger und zweieiiger Zwillinge gibt

Hinweise darauf, ob überhaupt genetische Faktoren eine Rolle spielen.

Pharmakogenetische Unterschiede können auch multifaktoriell bedingt sein. So variiert die biologische Verfügbarkeit eines Medikaments in unterschiedlichen Organismen ganz erheblich, auch wenn die äußeren Bedingungen konstant gehalten werden. Der größte Teil dieser Varianten scheint genetisch bedingt zu sein, wie die bei eineiigen Zwillingen deutlich höheren Korrelationskoeffizienten zeigen (Tabelle 14.2). Ein einfaches genetisches Modell wird in der Regel nicht zugrunde liegen. Ein eindrucksvolles Beispiel einer multifaktoriell bedingten pharmakogenetischen Wirkung ist der Effekt von ***Alkohol*** auf das ***Elektroenzephalogramm***. In Zwillingsstudien konnte nachgewiesen werden, dass der Alkoholeffekt, der im Allgemeinen zu einer Frequenzverlangsamung und Amplitudenzunahme führt, genetisch kontrolliert wird. Die Untersuchungsergebnisse bei eineiigen Zwillingen sind identisch, während zweieiige Zwillinge im Durchschnitt unterschiedlich reagieren (Abb. 14.1). Art und Ausmaß der Alkoholreaktion hängen insbesondere vom Typ des Ausgangs-EEG ab, der wiederum genetisch determiniert ist. Genetisch bedingte Unterschiede existieren auch in der Alkoholbevorzugung, wie wir aus tierexperimentellen Daten an verschiedenen Mäuseinzuchtstämmen wissen (Abb. 14.2).

Ein großer Teil der Variabilität der Alkoholelimination ist ebenfalls genetisch bedingt. Ein Unterschied zwischen verschiedenen ethnischen Gruppen besteht interessanterweise bei der Alkoholdehydrogenase, die einen der Schritte des Alkoholabbaus katalysiert. Unter Europäern existiert seltener eine „atypische" Variante des Enzyms mit einer höheren spezifischen Aktivität als das Normalenzym. Bei

Tabelle 14.2. Beispiele für Zwillingsuntersuchungen zum Metabolismus verschiedener Pharmaka, r_{EZ}, r_{ZZ} = Intraclass-Korrelationskoeffizient bei einigen eineiigen (EZ) und zweieiigen (ZZ) Zwillingen; H = Schätzung der Heritabilität

Pharmakon	Gemessene Funktionsgröße	Gefundene Spannweite	r_{EZ}	r_{ZZ}	H
Antipyrin p.o.	Plasmahalbwertzeit (h)	5,1 - 16,7	0,93	-0,03	0,99
Phenylbutazon p.o.	Plasmahalbwertzeit (d)	1,2 - 7,3	0,98	0,45	0,99
Dicumarol p.o.	Plasmahalbwertzeit (h)	7,0 - 74,0	0,99	0,80	0,98
Halothan i.v.	Ausscheidung von Na^+-Trifluorazetat in 24 h in % der Dosis	2,7 - 11,4	0,71	0,54	0,63
Äthanol p.o.	β60 (mg/ml · h)	0,05 - 0,25	0,64-0,96	0,38-0,33	0,46-0,98
Diphenylhydantoin i.v.	Serumhalbwertzeit (h)	7,7 - 25,5	0,92	0,14	0,85
Lithium p.o.	Erythrozytenkonzentration (mEq/l)	0,05 - 0,10	0,98	0,71	0,83
Amobarbital i.v.	Eliminationskonstante (h^{-1})	2,09 - 8,17	0,93	0,03	0,91
Azetylsalizylsäure p.o.	Salizyluratausscheidung (mg/Körpergewicht · h)	0,84 - 1,91	0,94	0,76	0,89

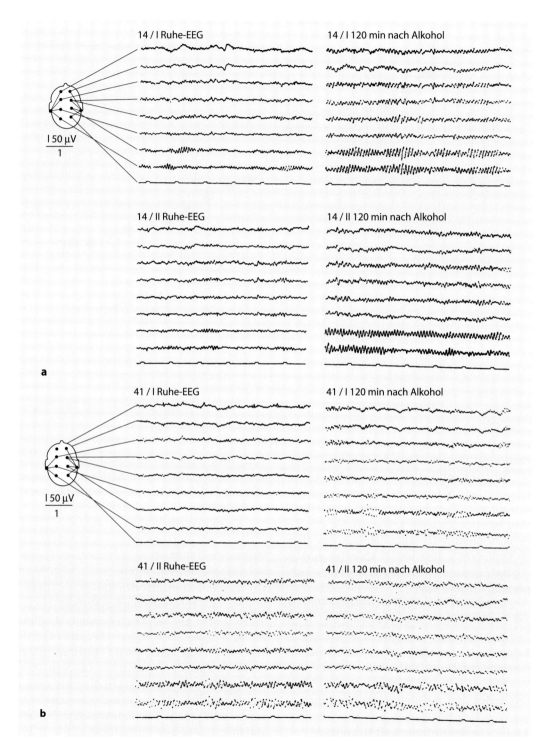

Abb. 14.1 a,b. Wirkung einer einmaligen Verabreichung von 1,2 ml/kg Äthanol auf das EEG von **a** eineiigen und **b** zweieigen Zwillingen (Nach Propping 1978)

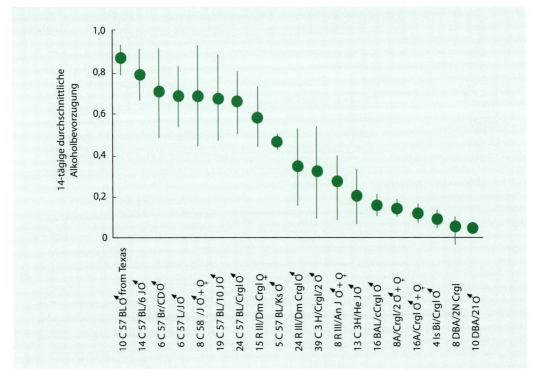

Abb. 14.2. Unterschiede in der Alkoholbevorzugung bei einer Reihe von Mäuseinzuchtstämmen (Nach Rogers et al. 1963)

Asiaten ist diese Variante häufiger, und folglich bauen diese Alkohol im Durchschnitt etwas schneller ab als Europäer. Asiaten entwickeln deshalb vor allem höhere Azetaldehydspiegel. Dies ist vermutlich die Erklärung für eine besonders intensive Hautdurchblutung, vor allem im Kopfbereich, die man bei Südostasiaten beobachtet und die als *Flush-Phänomen* bezeichnet wird (Tabelle 14.3).

Die Beispiele für einen genetischen Einfluss auf die Metabolisierung von Pharmaka, Drogen und sonstigen Verbindungen sind vielfältig. Im Folgenden sollen einige atypische Arzneimittelwirkungen besprochen werden, denen Genmutationen zugrunde liegen und deren Kenntnis für den Arzt von besonderer Bedeutung ist.

14.2.1 Genmutationen als Grundlage atypischer Arzneimittelwirkungen

Inzwischen kennt man beim Menschen einige genetisch bedingte Enzymvarianten, die im Normalfall nicht zu einer bestimmten Krankheit führen. Jedoch lösen bestimmte exogene Faktoren, wie z.B. manche Arzneimittel, beim Merkmalträger eine ungewöhnliche Reaktion bzw. Krankheit aus.

Glukose-6-Phosphat-Dehydrogenase-Varianten

Von diesem Enzym, das den Abbau von Glukose über den Hexosemonophosphatweg einleitet, sind etwa 300 Varianten bekannt. Man findet sie hauptsächlich regional begrenzt in früheren Malariagebieten wie im Mittelmeerraum oder in manchen afrikanischen Ländern, aber auch in Vorder- und Hinterindien bis China und Neuguinea. Sie zeigen teilweise eine normale, meist jedoch eine **herabgesetzte Enzymaktivität**. In wenigen Fällen findet sich auch eine erhöhte Aktivität in den Erythrozyten. Bei einigen Mangelvarianten besteht eine chronische hämolytische Anämie. Bei den meisten jedoch kommt es erst durch die Zufuhr von oxi-

Tabelle 14.3. Gen- und Genotypenhäufigkeit der Allele am ADH2-Lokus bei Europäern und Japanern (nach Propping 1980)

	Europäer	Japaner
Genfrequenz für das „Normalallel"	95%	35%
Genfrequenz für das „atypische Allel"	5%	65%
Häufigkeit der Homozygoten für das „Normalallel"	90,25%	12,25%
Häufigkeit der Heterozygoten	9,50%	45,50%
Häufigkeit der Homozygoten für das „atypische Allel"	0,25%	42,25%

dierenden Substanzen zu **hämolytischen Krisen**. Hierzu zählen Sulfonamide und Medikamente gegen Malaria. Bei anderen löst der Genuss bestimmter Bohnenarten (Saubohne Vicia Faba) eine Hämolyse aus (**Favismus**). Das Gen für dieses multipel allele System befindet sich auf dem langen Arm des X-Chromosoms. Der G6PD-Mangel zeigt in mediterranen und südasiatischen Zonen bei Männern Häufigkeiten bis 30%. In Mitteleuropa dagegen beträgt die Häufigkeit weniger als 1%. Weltweit sind bis zu 400 Mio. Menschen betroffen.

Pseudocholinesterase-Varianten
Normalerweise wird Succinyldicholin (Suxamethonium), das als Muskelrelaxans verabreicht wird, rasch hydrolysiert In seltenen Fällen beobachtet man in der Narkosepraxis nach Verabreichung einen mehrstündigen Atemstillstand. Verantwortlich hierfür sind **abnorme Varianten** der Pseudocholinesterase (Serumcholinesterase). Der Genort E1 ist auf **Chromosom 3q** kartiert und zeigt einen hierfür verantwortlichen Polymorphismus. Außer dem Normalallel gibt es zwei Allele für verminderte Aktivität und ein stummes Allel. Bei Homozygoten und Heterozygoten bewirken die abnormen Allele eine Verlängerung der Abbauzeit für Succinyldicholin, was zu den beschriebenen Konsequenzen führt. Der Vererbungsmodus ist **autosomal-rezessiv**. Die Häufigkeit gefährdeter Genotypen beträgt etwa 1:2000. Ein zweiter Genort E2 für Serumcholinesterase ist auf Chromosom 16q lokalisiert. Die **Cynthiana-Variante** bedingt infolge erhöhter Enzymaktivität Succinyldicholin-Resistenz.

Leberazetylasepolymorphismus
Seit der Einführung des Isonikotinsäurehydrazids (INH) als Tuberkulostatikum weiß man, dass dieses Medikament von der Leberazetyltransferase bei verschiedenen Patienten mit unterschiedlicher Geschwindigkeit abgebaut wird. Verantwortlich ist hierfür ein Genort auf **Chromosom 15q** mit einfacher Allelie. Die Langsam-Azetylierer sind homozygot für die verminderte Enzymaktivität. Sie entwickeln bei Langzeitbehandlung mit INH eine Polyneuritis. Die Schnell-Azetylierer besitzen ein erhöhtes Risiko für Hepatitis. Für die eigentliche therapeutische Wirkung des INH ist dieser Polymorphismus dagegen ohne Relevanz.

Maligne Hyperpyrexie und Hyperrigidität nach Narkose
Bei dieser **autosomal-dominanten** Störung steigt wenige Stunden nach einer Narkose mit Suxamethonium, Halothan u. a. die Körpertemperatur unaufhaltsam bis über 42 °C. Zusätzlich tritt eine Muskelrigidität auf. Die Serumkreatininphosphokinase und andere Muskelenzyme sind stark erhöht. Diese Störung steht nicht mit der Serum-Cholinesterase-Variante in Beziehung. Es handelt sich um eine **subklinische Myopathie**; sie kommt etwa im Verhältnis 1:20.000 vor. Das Gen für diese Erkrankung (Ryanodine-Rezeptor = RYR1) ist auf dem langen Arm des **Chromosoms 19 (19q13.1-q13.3)** lokalisiert.

Glossar

Adenosindesaminase (ADA): Enzym, das Adenosin zu Inosin und Desoxyadenosin zu Desoxyinosin desaminiert; es existiert ein genetischer Polymorphismus mit mindestens drei Enzymgruppen ADA 1, ADA 2 und ADA 3

Adenoviren: Doppelsträngige DNA-Viren, die zu Erkrankungen des Respirationstraktes, fieberhaftem Katarrh, Laryngitis oder Konjunktivitis führen. Sie sind in der Lage, Genmutationen zu induzieren

Adulte polyzystische Niere: Autosomal-dominant erbliche Erkrankung; Manifestation meist 30.-50. Lebensjahr. Histologisch Nephron- Sammelrohrerweiterung

A-Form der DNA: Der Übergang von der B-Form in die A-Form erfolgt bei Abnahme des Wassergehalts. Die Basen stehen nicht senkrecht zur Zentralachse, sondern in einem Winkel von etwas mehr als 70° gekippt und zur großen Rinne hin verschoben. Es kommt zu einem offenen Raum im Innern des Moleküls und zur Ausbildung einer tiefen, aber engen großen Rinne

Akrosom: Kappenartige Struktur, die den vorderen Teil des Spermienkopfes umkleidet und beim Eindringen des Spermiums in die Oozyte eine große Rolle spielt

akrozentrisch: Chromosomen, bei denen das Zentromer sehr nah am einen Ende liegt, so dass der eine Chromosomenarm kurz, der andere sehr viel länger ist

Akrozephalopolysyndaktylie: Oberbegriff für Fehlbildungssyndrome, gekennzeichnet durch Akrozephalie, Polydaktylie und Syndaktylie

Albinismus: Sammelbezeichnung für Störungen in der Biosynthese der Melanine

Alkaloide: Alkalisch reagierende, kompliziert aufgebaute, kristallisierbare stickstoffhaltige Naturstoffe mit ausgeprägter pharmakologischer Wirkung. Es sind mehr als 3000 bekannt

Alkaptonurie: Rezessiv-erbliche Stoffwechselstörung, bedingt durch einen genetischen Block, der den Abbau der Homogentisinsäure verhindert (Braunfärbung des Urins)

Alkylierende Agenzien: Substanzen, die als Zytostatika bei der Chemotherapie von Tumoren Verwendung finden. Die zytostatische Wirkung beruht auf einer Alkylierung der DNA, was zu Genmutationen, Chromosomenbrüchen oder Vernetzungen der DNA führen kann

Allele: Alternative Formen von Genen, die denselben Lokus im Chromosom einnehmen. Die verschiedenen Allele unterscheiden sich voneinander durch eine oder mehrere mutative Veränderungen. Allele sind also Mutanten eines Gens

Allelspezifische PCR: Methode zur Typisierung bestimmter Allele an einem polymorphen Lokus

Alpha(α)1-Antitrypsin: Elektrophoretisch polymorpher Eiweißkörper (Glykoprotein) im humanen Serum, wirksam als Antienzym des Trypsins und Chymotrypsins

Alpha(α)-Glucosidase: Spaltet in der Dünndarmschleimhaut, im Serum, in Milchdrüsen und im Skelettmuskel glykosidische Bindungen in κ-D-Glucopyranosiden. Die Dünndarmwerte sind beim Disaccharid-Malabsorptionssyndrom vermindert

Alpha(α)-Lactalbumin: In der Muttermilch reicher als in Kuhmilch vorhandenes hitzestabiles lösliches Protein

Alphoid-(α-Satelliten-)DNA: Repetitive DNA-Familie mit Wiederholungseinheiten von 171 bp; bildet den Hauptbestandteil des zentromerischen Heterochromatins

Alu-Familie: Gehört zur Gruppe der Short Interspersed Nuclear Elements (SINEs) als deren wichtigster Vertreter, benannt nach dem Restriktionsenzym Alu I, mit dem man diese Sequenzen zum ersten Mal geschnitten hat

Amenorrhö: Nichteintreten (primär) oder Ausbleiben (sekundär) der Monatsblutung bei geschlechtsreifen Frauen

Ames-Test: Mutagenitäts- und Kanzerogenitätstestsystem, welches Genmutationen an Bakterien durch Verstoffwechslung einer Prüfsubstanz durch isolierte Lebermikrosomen nachweist

Amitose: Bildung von Tochterzellen physiologischer oder pathologischer Natur

Amnion: Schafshaut, Haut um die Leibesfrucht. Zellschicht, die im Stadium der zweiblättrigen Keimscheibe zwischen Trophoblast und Ektoderm entsteht. Sie bildet zusammen mit dem Ektoderm des Embryos die Amnionhöhle. Im Verlauf der Embryogenese stülpt sich das Amnion von dorsal nach ventral über den Embryo und bildet so die innerste Eihaut

Amplifikation: Vermehrung der Kopienzahl eines Gens oder DNA-Abschnitts

Amplifizierbare Fragmentlängen-Polymorphismen (AmpFLP): *Variable Number of Tandem Repeats* (VNTRs), die zur Amplifikation in der PCR geeignet sind. Diese besitzen eine genau definierte Allelverteilung

Amplimere: Oligonukleotide, die man in der PCR als Primer für die DNA-Synthese benutzt

Anaphase: Kernteilungsphase; Trennung der Chromatiden und ihr Transport zu den entgegengesetzten Zellpolen

Anenzephalus: Schwerste Fehlbildung mit Fehlen des Schädeldachs und Fehlen bzw. Degeneration wesentlicher Teile des Gehirns infolge Ausbleibens des Neuralrohrverschlusses in der Gehirnregion

Aneuploidie: Das zusätzliche Vorhandensein oder das Fehlen von einem oder mehreren Chromosomen im Chromosomensatz

Anfälligkeitsgene: Gene, die ihre Träger für eine weit verbreitete Krankheit anfällig machen

Animal cloning: s. Klonierung von Tieren

Animal Pharming: Zusammenziehung von Farming und Pharmaceuticals als Sinnbild der Kombination von bäuerlicher Tätigkeit und hochentwickelter Biotechnologie

Aniridie: Das vollständige oder teilweise Fehlen der Iris, sporadisch auftretend oder autosomal-dominant erblich. Zwei Genorte sind bekannt: 11p13(PAX6-Gen) und Chromosom 2

Anophthalmie: Ausbleiben der Augapfelentwicklung

Anticodon: Spezifisches Nukleotidtriplett der t-RNA, komplementär zum Nukleotidtriplett der m-RNA, das als Kodon bezeichnet wird

Antisense-RNA: RNA, die an der Regulation des Imprintings beteiligt ist

Antithrombine: Physiologisch im Plasma vorhandene Substanzen, die Thrombin inaktivieren und dadurch die Blutgerinnung hemmen

Antizipation: Der zunehmende Schweregrad oder der frühere Beginn einer genetisch bedingten Krankheit bei aufeinander folgenden Generationen, meist als Folge der Expansion von dynamischen Trinukleotiden

Aortenisthmusstenose: Angeborene Verengung bzw. Verschluß des Aortenisthmus (enge Stelle der Aorta)

Apert-Syndrom: Distinkte Skelettdysplasie mit Turmschädel. Mittelgesichtshypoplasie, kompletter Syndaktylie von Fingern und Zehen. Die Ursache sind Mutationen in den FGFR-Genen, wobei fast ausschließlich Neumutationen beobachtet werden

Apoptose: Programmierter Zelltod

Arche-Noah-Modell: Hypothese eines monogenetischen Ursprungs des Menschen, synonym zur Out-of-Africa- und Replacement-Hypothese

Arcus-Lipoid: Ringförmige, weißliche Trübung der Hornhautperipherie, durch Lipid- u. Kalkeinlagerung, z.B. bei Hypercholesterinämie

Artificial Chromosomes: Klonierungssysteme mit allen Elementen, die für eine Chromosomenfunktion benötigt werden, wie Zentromer, Telomere und Replikationsursprünge (z.B. künstliche Hefechromosomen)

ASO Dot-Blot: Reverse Dot-Blot, bei der die unmarkierte Sonde auf einen Filter oder eine Membran fixiert ist. Die positive Bindung mit einer Ziel-DNA wird geprüft. Die Anwendung entspricht der von Mikroarrays

Assortative mating: Ausgewählte Paarungen. Es bevorzugen sich Partner ähnlichen Phänotyps und damit ähnlichen Genotyps (z.B. bei Intelligenz)

Assoziation: Nicht zufällige Kombination von Allelen enggekoppelter Loki

Ataxia teleangiectasia: Autosomal-rezessiverbliche Erkrankung, die mit Entwicklungsstörungen im Kleinkindalter, grober Ataxie und Tremor einerseits und Hautveränderungen wie Teleangiectasien und Café-au-lait-Flecken andererseits einhergeht. Weiterhin finden sich in den Zellen gehäuft Chromosomenbrüche

Auslese: Auswahl zugunsten eines bestimmten Genotyps

Autonom replizierende Sequenzen: s. *autonomously repeating sequence elements*

Autonomously repeating sequence elements (ARS): Autonom replizierende Sequenzen, die exogene DNA replizieren können

Autosomen: Alle Chromosomen eines Chromosomensatzes mit Ausnahme der Geschlechtschromosomen

Azoospermie: Fehlen beweglicher, reifer Spermien im Ejakulat

BACs: *Bacterial Artificial Chromosomes*, s. auch *Artificial Chromosomes*

Bakteriophagen: Bakterieninfizierende Viren

Balancierter genetischer Polymorphismus: Eine Gleichgewichtssituation zwischen heterozygoten und homozygoten Genträgern

Barr-Body: Sexchromatin, repräsentiert das inaktivierte X-Chromosom

Bechterew-Erkrankung: Stetig fortschreitende Versteifung und Krümmung der Wirbelsäule nach vorn als Folge einer chronischen Entzündung der Wirbelgelenke und Iliosakralgelenke

Beckwith-Wiedeman-Syndrom: Ein Fehlbildungssyndrom mit charakteristischen Gesichtsdysmorphien mit Makroglossie, Riesenwuchs, Organomegalie, Exomphalos und Einkerbung an der Ohrmuschel. Bei etwa 10% dieser Patienten können im heranwachsenden Alter maligne Tumoren entstehen

Befruchtung: Vereinigung von männlichem und weiblichem Pronukleus zum Zygotenkern

Besamung: Das Eindringen eines Spermiums in die Eizelle als Vorphase der Befruchtung

B-Form der DNA: Übliche Form der DNA-Doppelhelix, Idealform, wie üblicherweise dargestellt

Bivalent: Gepaarte homologe Chromosomen während der ersten meiotischen Teilung

Blasenmole: Komplette oder partielle hydropisch-ödematöse Degeneration der Chorionzotten der Plazenta mit Proliferation des Zyto- und Synzytiotrophoblasten. Wahrscheinlich defekte Embryonalanlage mit persistierendem pathologisch verändertem Embryoblasten, etwa einen Monat nach der Empfängnis beginnend

Blastozyste: Embryonalstadium nach der Morula mit innerer Zellmasse (Embryoblast), äußerer Zellschicht (Trophoblast) und Blastozystenhöhle

Bloom-Syndrom: Autosomal-rezessiv erbliche Erkrankung mit beträchtlicher Wachstumsverzögerung sowie teleangiectatisches Erythem der Gesichtshaut und „Vogelprofil". Gehäufte Chromosomenbrüche in den Zellen.

Branch site: Konservierte Intronsequenz in der Nähe des Endes von Introns, die für das Splicing wichtig ist

Brushfield-Flecken: Weiße Flecken der Regenbogenhaut bei Down-Syndrom

Burkitt-Lymphom: Malignes Lymphom, das wahrscheinlich durch das Epstein-Barr-Virus verursacht wird und fast ausschließlich bei Kindern und Jugendlichen auftritt. Hauptverbreitungsgebiet tropisches Afrika, Lateinamerika und Neu-Guinea

CAAT-Box: Promotorbox, Konsensussequenz, die von Transkriptionsfaktoren erkannt wird

Café-au-lait-Flecken: Angeborene, gelblichbraune Pigmentflecken der Haut (Milchkaffeeflecken) bei einigen Erkrankungen, z.B. Neurofibromatose Typ I, Fanconi Anämie, Bloom-Syndrom

Cap: Nach der Transkription modifiziertes 5'-Ende von eukaryotischen m-RNAs

C-Banden: Markierung des konstitutiven Heterochromatins der Zentromerregionen von Chromosomen und des distalen Endes des langen Arms des Y-Chromosoms

Charcot-Marie-Tooth: Hereditäre, motorische und sensible Neuropathie. Es handelt sich um eine heterogene neurogenetische Erkrankung mit unterschiedlichem Vererbungsmodus

Chiasma: Überkreuzung von Nicht-Schwesterchromatiden bei der Mitose, morphologische Ursache von Crossing-over

Chimäre: Lebewesen oder Gewebe aus Zellen verschiedenen Genotyps

Chloroplasten: Pflanzliches Zellorganell, das Chlorophyll enthält und von einer Doppelmembran umgeben ist. Ort der photosynthetischen Aktivität. Chloroplasten haben wie Mitochondrien eigene DNA und vermehren sich durch Teilung

Cholestase: Störung des Gallenabflusses aus der Leber, die intra- bzw. extrahepatisch verursacht werden kann

Chondrozyten: Knorpelzellen

Chorda dorsalis: Axiales Stützorgan während der Embryonalentwicklung

Chorea Huntington: Autosomal-dominant erbliche neurodegenerative Erkrankung mit choreatischen Bewegungen, langsamem körperlichem Zerfall und zunehmenden psychischen Veränderungen bis zur Demenz schweren Grades. Ausprägung meist zwischen dem 30. und 45. Lebensjahr

Chorionzottenbiopsie: Entnahme von Biopsiematerial der Zottenhaut, einer vom Embryoblasten abstammenden schützenden und nährenden Embryonalhülle

Chromatide: Eine der beiden sichtbar getrennten longitudinalen Untereinheiten aller reduplizierten Chromosomen, die zwischen der frühen Prophase und der Metaphase der Mitose und zwischen dem Diplotän und der Metaphase II der Meiose sichtbar werden. Diese Untereinheiten werden während der Anaphase der Mitose und der Anaphase II der Meiose getrennt

Chromatin: Material, aus dem die Chromosomen aufgebaut sind, bestehend aus DNA, Histonen, Nichthistonproteinen und geringen Mengen RNA. Es wird durch Anfärbung sichtbar gemacht

Chromosom: Bindungsstruktur, bestehend aus einer linearen Anordnung von Genen

Chromosome painting: Besondere Form der FISH-Technik zur Darstellung aller Chromosomen mit Fluoreszenzfarbstoffen

Chromosomenaberration: Numerisch: Veränderung der Chromosomenzahl; strukturell: Veränderung der Chromosomenstruktur

Chromosomenbänderung: Darstellungstechnik von Metaphasechromosomen, die für jedes Chromosom spezifisch und reproduzierbar ist. Anzahl, Größe, Verteilung und Intensität sind dabei die Kriterien

Chromosomenmikrodissektion: Gewinnung chromosomaler Teilbereiche über Laserschnitt oder mechanisch

Chromosomenmutation: Jede mikroskopisch sichtbare und dauerhafte Veränderung der Struktur von Chromosomen. Es resultieren Deletionen, Duplikationen, Insertionen, Inversionen und Translokationen

Chromosomensatelliten: Orte für kodierende mittelrepetitive Sequenzen auf den Chromosomen 13-15, 21 und 22

Chromosomopathie: Erkrankungen, die auf pathologischen Veränderungen der Chromosomen beruhen

CHRPE: Kongenitale Hypertrophie des retinalen Pigmentepithels

Coding-Strang der DNA: Sinnvoller Matrizenstrang der DNA, der in RNA übersetzt wird; wird oft als Gegensinnstrang bezeichnet

Codon: Nukleotidtriplett, das eine Aminosäure kodiert

Comparative genomic hybridization (CGH): Methode der molekularen Zytogenetik. In der CGH werden Test- und Referenz-DNA unterschiedlich mit Fluoreszenzfarbstoffen markiert und an normale Metaphase-Chromosomen kohybridisiert. Anschließend werden die Fluoreszenzsignale entlang der Chromosomen untersucht. CGH wird häufig mit anderen molekularen Techniken kombiniert wie der Mikroarray-Technik, dem Northern-Blot oder der In-situ-Hybridisation

Comparative Genomics: Forschungsgebiet, das sich mit der vergleichenden Genomanalyse von Organismen befasst

Cosmid: Plasmid mit Verpackungssequenzen von Lambda, einem E.-coli-Virus

CpG-Inseln: Dinukleotide, mit einem Cytosin am 5'-Ende über eine Phosphodiesterbindung mit einem Guanin am 3'-Ende verbunden. Im Säugergenom sehr selten

Creutzfeld-Jakob-Krankheit: Seltene Erkrankung des zentralen Nervensystems mit Nervenzelldegeneration des Groß- und Kleinhirns, der Basalganglien und des Rückenmarks

Cri-du-chat-Syndrom: Deletion eines kurzen Arms des Chromosoms 5 beim Menschen (Katzenschrei-Syndrom)

Crossing-over: Vorgang, der zur genetischen Rekombination führt; man versteht darunter den reziproken Austausch von Chromosomensegmenten an sich entsprechenden Positionen von homologen Chromosomenpaaren durch symmetrische Bruchereignisse und kreuzweise Reunion

Crouzon-Syndrom: Autosomal-dominantes Fehlbildungssyndrom mit charakteristischem Turmschädel bedingt durch flachen Orbitus, vorzeitigen Verschluss der Schädelnähte, Vortreten des Augapfels aus der Augenhöhle, Maxillahypoplasie. Die Störung wird durch Mutationen am FGFR-Gen verursacht

Cyclophosphamid: Stickstofflostverbindung, bifunktionelles alkylierendes Agens mit zytostatischer Wirkung; wird unter dem Handelsnamen Endoxan in der Tumortherapie eingesetzt

Daktyloskopie: Untersuchung der Hautleisten

Deletion: Strukturelle Chromosomenaberration: Verlust eines Teils eines Chromosoms

Denaturierung: Trennung komplementärer Stränge in DNA- oder RNA-Einzelstränge

Designer-Peptide: Künstlich hergestellte organische Verbindungen aus Aminosäuren, die durch Peptidbindungen verknüpft sind

Desmoid-Tumoren: Gutartige, aggressiv wachsende Bindegewebstumoren der Muskelfasern

Desoxyribonukleinsäure (DNA): Träger der genetischen Information

Diabetes mellitus: Zuckerkrankheit; unterschieden werden Typ I (insulinabhängiger, juveniler Diabetes) und Typ II (nicht-insulinabhängiger Diabetes, Altersdiabetes)

Diakinese: Prophasestadium der Meiose (R1) vor Eintritt in die Metaphase

Diaster: Sternartige Anordnung; in Anaphase der Mitose gebildet durch die beiden Chromatidensätze

Didesoxymethode (Sanger-Methode): Methode zur DNA-Sequenzierung

Differenzielle Genaktivität: Zustand, bei dem in verschieden differenzierten Zellen verschiedene Gene aktiv sind, je nach Funktion der Zelle

Differenzielle Transkription: Das Transkribieren unterschiedlicher Gene in sich verschieden differenzierende oder in verschieden differenzierten Zellen

Diktyotänstadium: Wartestadium von Oozyten vom Zeitpunkt der Geburt bis zur präovulatorischen Phase innerhalb der 1. meiotischen Teilung und unter Erhaltung von Chiasmata

Diploidie: Das Vorhandensein zweier vollständiger homologer Chromosomensätze

Diplotän: Stadium in der Prophase der Meiose

Displacement (D) -Loop der mtDNA: Kleiner dreifachsträngiger Bereich in der mitochondrialen DNA zur repetitiven Synthese eines kurzen Segments

DNA-Bibliothek: Summe aller DNA-Klone vom Gesamtgenom oder auch von Teilbereichen vom Menschen oder von anderen Spezies in einem Vermehrungs-Vektor. Man unterscheidet genomische und c-DNA-Bibliotheken

DNA-Chip: Mikroarray

DNA-Profil: Individualidentifikation auf DNA-Ebene

Dolichozephalie: Langköpfigkeit

Domestikation: Entwicklung oder Züchtung von Haustieren oder von Kulturpflanzen aus ihren wild lebenden Stammformen

Dominanter Letaltest: Mutagenitätstestsystem, das dominant-letal wirkende Mutationen, die in den Keimzellen eines Versuchstieres ausgelöst wurden, über abgestorbene Feten nachweist. Eines der ältesten Mutagenitätsprüfsysteme überhaupt, welches genetische Schädigungen über die Keimzellen nachweisen kann.

Dominant-negative Genwirkung: Ein mutiertes Genprodukt stört die Funktion des normalen

Dominanz: Im strengen Sprachgebrauch bezeichnet man ein Allel als dominant, wenn beim Heterozygoten neben seiner Wirkung die Wirkung des anderen Allels nicht erkennbar ist. In der Humangenetik ist es üblich, von Dominanz zu sprechen, wenn ein Gen bereits im heterozygoten Zustand eine deutlich erkennbare Wirkung hat, egal ob diese gleich dem des homozygoten Zustandes (der oft unbekannt ist) ist oder auch nicht

DOP-PCR: Degenerierte Oligonukleotidprimer-PCR. Dient zur Klonierung von DNA-Familien verwandter Sequenz, zur Klonierung von Genen mit nur teilweise bekannter Aminosäuresequenz und zur Klonierung repetitiver DNA-Familien. Bei degenerierten Oligonukleotidprimern besteht Übereinstimmung nur an bestimmten Positionen, andere sind variabel designt. Dies führt zur Amplifikation der obigen Gruppen

Dose-dependent-sex-reversal-Gen: Gen in der Region Xp, welches für die testikuläre Differenzierung mit verantwortlich ist

Dot-Blot: Nukleinsäurehybridisierungsverfahren, bei dem man punktförmig denaturierte Ziel-DNA und denaturierte markierte Proben auf eine Nitrozellulose- oder Nylonmembran aufträgt und nach Inkubation und Waschen über Autoradiographie mögliche Heteroduplices nachweist (Dot-Blot = punktförmiger Klecks)

Down-Syndrom: Trisomie 21

Drumstick: Chromatinkörperchen, das dem inaktivierten X-Chromosom entspricht und an den segmentkernigen Leukozyten weiblicher Personen nachweisbar ist

Duplikation: Strukturelle Chromosomenaberration: zweimaliges Auftreten ein und desselben Chromosomensegments im haploiden Chromosomensatz

Dynamische Trinukleotidrepeats: Instabile Trinukleotide, deren Zahl von Generation zu Generation expansiv zunimmt und über eine kritische Grenze hinaus eine Erkrankung hervorruft

Dysmorphie: Morphologische Fehlbildung

Edwards-Syndrom: Trisomie des Chromosoms 18. Träger besitzen eine Reihe äußerer und innerer Missbildungen und sehr geringe Lebenserwartung

Ehelichkeitsanfechtung: Klärung der biologischen Vaterschaft an einem Kind durch den gesetzlichen Vater auf dem Klageweg

Ehlers-Danlos-Syndrom: Eine Erkrankung der Haut und des Bindegewebes aufgrund einer Kollagenbildungsstörung mit überstreckbaren Gelenken, Hyperelastizität der Haut sowie Brüchigkeit der Gefäßwände. Heterogene Erkrankung mit neun verschiedenen Manifestationsformen und Vererbungsmodi

Einzelnukleotid-Polymorphismen (SNPs): SNPs kommen in hoher Frequenz (durchschnittlich ein SNP pro kb) im Genom vor und bestehen meist nur aus zwei Allelen. Sie eignen sich zur genetischen Kartierung und sind Marker zur Zuordnung chromosomaler Regionen zu Krankheiten verursachenden Genen

Eizelle: Weibliche Fortpflanzungszelle, Ovum

Elektrophorese: Die Trennung von Partikeln verschiedener Ladung und Größe nach ihrer Wanderungsgeschwindigkeit im elektrischen Feld in einer gepufferten Lösung zur Analyse

Elektroporation: Methode, einen Gentransfer in Zellen durchzuführen. Ein Elektroimpuls setzt zeitlich begrenzte Poren in die Plasmamembran und macht sie so für DNA durchgängig

Elongation: Kettenverlängerung bei der Translation

Embryonale Stammzellen: Aus Embryonen gewonnene undifferenzierte und unbegrenzt teilungsfähige Zellen

Embryonenschutzgesetz: Gesetz zum Schutz von Embryonen mit den Inhalten: Missbräuchliche Anwendung von Fortpflanzungstechniken und Verwendung menschlicher Embryonen; Verbotene Geschlechterwahl; Eigenmächtige Befruchtung, eigenmächtige Embryonenübertragung und künstliche Befruchtung nach dem Tode; Künstliche Veränderung menschlicher Keimbahnzellen; Klonen; Chimären und Hybridbildungen (In Kraft getreten 13.12.1990)

Embryo-splitting: Teilung eines frühen Embryos in Einzellblastomeren

Endgruppen-Technik (Maxam-Gilbert-Technik): Methode zur DNA-Sequenzierung (historische Methode), die auf einer basenspezifischen Modifikation und der anschließenden Spaltung der DNA beruht

Endomitose: Chromosomenvermehrung bei intakt bleibender Kernmembran ohne Ausbildung einer Spindel

Endproduktrepression: Form der Regulation der Genaktivität. Steuerung der Inaktivierung von Genen, wenn eine genügende Menge eines Endproduktes vorhanden ist

Enhancer: Kurze DNA-Sequenzelemente, welche die Transkription eines Gens verstärken

Enzym: Protein das chemische Reaktionen im lebenden Organismus ermöglicht oder kontrolliert, wobei es unverändert aus der Reaktion hervorgeht (Biokatalysator)

Epidermoidzysten: Von der Epidermis ausgehende Zyste. Häufiges Vorkommen im Gesicht, im Augenhöhlenbereich und am Rumpf

Epigenetische Mechanismen: Durch Gene und Umwelt bedingte Mechanismen

Epikanthus: Lidfalte am äußeren Augenwinkel

Epstein-Barr-Virus: Virus der Herpesviridae, erstmals in B-Zellen des Burkitt-Lymphoms nachgewiesen

ERV: Autonome endogene retrovirale Sequenzen, die zur Gruppe der LTR-Retrotransposons gehören

Erythropoese: Bildung und Entwicklung der Erythrozyten stimuliert durch Erythropoetin im Knochenmark

Erythropoetin: Botenstoff zur humoralen Steuerung der Erythropoese

Euchromatin: Chromatin des Interphasekerns, das in entspiralisierter Form vorliegt und als aktives Genmaterial angesehen wird

Eugenik: Erbhygiene, Erbgesundheitslehre. Von dem britischen Naturforscher Francis Galton 1883 geprägte Bezeichnung für die Wissenschaft von der Verbesserung des Erbguts. Man unterscheidet in positive und negative Eugenik. In der Zeit des Nationalsozialismus wurde mit der Eugenik der Massenmord an geistig und körperlich behinderten Menschen begründet

Eukaryoten: Alle Organismen mit Ausnahme der Bakterien und Blaualgen

Eva-Hypothese: Durch molekulargenetische Daten gestützte Hypothese eines monogenetischen Ursprungs des Menschen (*Lucky-Mother*-Hypothese)

Exon: Kodierender Teil der DNA bzw. m-RNA

Exon-shuffling: Prozess, durch den die Evolution von Proteinen mit multifunktionellen Domänen möglicherweise beschleunigt wurde. Er beschreibt die Kopie von Exons oder Exongruppen und deren Insertion in andere Gene und damit den Aufbau neuer funktioneller Gene mit geringem Risiko einer Beschädigung von Sequenzen, die für funktionelle Bereiche kodieren

Exon-trapping: RNA-Spleißtest, der innerhalb einer klonierten DNA Sequenzen nachweist, die sich in einem speziellen Vektor durch Spleißen mit Exons verbinden können

Expressed sequence tags (ESTs): Ein übersetzter STS (s. *Sequence tagged sites*), den man durch zufällige Selektion eines c-DNA-Klons zur Sequenzierung und Erstellung von Primern erhält, um spezifisch über PCR das korrespondierende Fragment genomischer DNA zu amplifizieren

Expressionsklonierung: Klonierung, die auf die Massenproduktion eines Proteins ausgerichtet ist, das auf normalem Wege nur sehr schwer zu gewinnen ist

Expressivität: Stärke, mit der ein Gen manifestiert wird

FACS-Zellsorter: Fluoreszenzaktivierter Zellsortierer. Durchflusszytometrisches Verfahren zur Zählung und Charakterisierung von Partikeln in einem Flüssigkeitsstrom

Fall-Kontroll-Studien: Retrospektive, einzeitige, nicht bevölkerungsbezogene epidemiologische Studie

Fanconi-Anämie: Autosomal-rezessiv erbliche Erkrankung. Chronisch fortschreitende hyperchrome makrozytäre Anämie infolge Panmyelopathie, die außerdem von chronischer Leukopenie und Thrombopenie begleitet ist. In den Zellen gehäufte Chromosomenbrüche

F-Body: Die langen Arme des Y-Chromosoms, die, mit fluoreszierenden Kernfarbstoffen gefärbt, sich durch intensives Leuchten auszeichnen

Fehlfunktionsmutationen: Im Zusammenhang dieses Textes künstliche Nullmutationen durch *gene knockout* oder Gene mit pathologischer Funktion

Fertilisation: Befruchtung

F-Faktor: Zusatzchromosom bei Bakterien, dessen An- oder Abwesenheit das „Geschlecht" bestimmt und bei der Konjugation die Voraussetzung für die Übertragung genetischen Materials von der Spender- in die Empfängerzelle schafft

FGFR-Gene: Fibroblasten-Wachstums-Faktor-Rezeptor-Gene, eine entwicklungssteuernde Genfamilie

Fibrinogen: Blutgerinnungsfaktor

Fluophoren: Fluoreszenzfarbstoffe

Fluoreszenz-in-situ-Hybridisierung (FISH): In-situ-Hybridisierung mit Fluoreszenzfarbstoffen

Forensische Medizin: Rechtsmedizin, Gerichtsmedizin

Fragiles-X-Syndrom: Geschlechtsgebundene Schwachsinnsform mit fragiler Stelle am X-Chromosom. Molekularbiologisch liegen expandierende Trinukleotide vor

Frame-shift-Mutation: Mutation, die zu einem Leserasterwechsel führt durch Deletion oder Insertion eines oder zweier Nukleotide

Fremdstoffriesenzellen: Vielkernige Riesenzellen, die an meist körperfremde, gelegentlich auch abgewandelte körpereigene Substanzen angelagert sind und diese z.T. in sich aufnehmen

Friedreich'sche Ataxie: Eine autosomal-rezessive Kleinhirn-Rückenmark-Erkrankung mit ataktischer Gangstörung, Muskelhypotonie und Sensibilitätsstörung

Funktionsverlustmutationen: Mutationen, die zu einem Mangel oder Ausfall der Funktion eines Gens führen. Beim Menschen führen sie in der Regel zu autosomal-rezessiv erblichen Erkrankungen

G_0-Phase: Zellzyklusphase, in der die Teilungsaktivität von Zellen eingestellt ist. Dauer- oder Ruhezustand ohne Aufgabe der Regenerationsfähigkeit

G₁-Phase: Phase im Zellzyklus. Wachstumsphase der Zelle nach der Mitose und Vorbereitungsphase auf die nächste Zellteilung

G₂-Phase: Phase im Zellzyklus vor der Mitose und nach der S-Phase

Gaucher-Krankheit: Autosomal-rezessive Lipidspeicherkrankheit, verursacht durch den Defekt einer lysosomalen Hydrolase. Subtypen mit verschiedenem neurodegenerativem Verlauf und verschiedenem Manifestationsalter sind bekannt.

G-Banden: Chromosomenbanden, die mit Giemsa (einer Azur-Eosin-Methylenblau-Lösung) erzeugt werden

GC-Box: Charakteristische Box von Promotoren

Gen: Ein Gen ist ein DNA-Abschnitt, der für ein funktionelles Produkt kodiert

Genaddition: Substitution defekter Gene durch funktionell intakte Kopien

Gene targeting: Direkte Modifikation eines Gens in vivo durch homologe Rekombination zwischen dem endogenen Gen und einer exogenen DNA-Sequenz in einem Ziel-Vektor

Genetische Drift: Verschiebung der Genhäufigkeiten und der Genotypenverteilung durch zufällige Änderungen im Allelbestand. Besonders in kleinen Populationen von Bedeutung

Genetische Karte des Genoms: Genkartierung mit Hilfe von Familienuntersuchungen

Genetischer Fingerabdruck: Mit Multi-Lokus-Sonden erstelltes personenidentifizierendes DNA-Fragmentmuster

Genexpression: Biosynthese eines spezifischen Genprodukts, die einer Kontrolle unterliegt. Ist das Produkt ein Protein, so erfolgt sie in den Teilschritten Transkription und Translation

Genfamilie: Eine Gruppe von Genen, die aus dem gleichen Vorläufergen hervorgegangen sind

Genfluss: Langsamer Austausch von Genen zwischen zwei Populationen

Genhäufigkeit: Anteil der verschiedenen Allele eines Gens in einer Population

Genkonversion: Übertragung von Sequenzinformationen zwischen allelen oder nicht-allelen DNA-Abschnitten

Genkoppelung: Gene auf dem gleichen Chromosom in enger Lagebeziehung, die häufig gemeinsam vererbt werden

Genmutation: Mutation, die im submikroskopischen Bereich liegt. In der engeren Begriffsfassung wird unter Genmutation eine mutative Veränderung innerhalb der Grenzen eines einzigen Gens verstanden, in der engsten Begriffsfassung der Austausch einer einzigen Base. Als Ergebnis von solchen Genmutationen entstehen alternative Formen von Genen, die Allele

Genom: Basischromosomensatz (haploid) eines Organismus, bestehend aus einer speziesspezifischen Anzahl von Bindungsgruppen, welche die komplette Summe der Gene tragen

Genomäquivalent: Maß für die Komplexität einer genomischen DNA-Bank, also für die Anzahl der unabhängig voneinander entstandenen DNA-Klone. 1 Genomäquivalent ist dann gegeben, wenn die Anzahl der unabhängigen DNA-Klone der Genomgröße dividiert durch die durchschnittliche Länge der Fragmente entspricht

Genomisches Imprinting: Unterschiedliche Expression der Gene, je nachdem, ob sie vom Vater oder von der Mutter stammen. Dieser geschlechtsspezifische Einfluss der Gene ist unabhängig davon, ob sie auf den Autosomen oder auf den Geschlechtschromosomen lokalisiert sind, und beeinflusst die embryonale Entwicklung und die Expression der genetischen Krankheiten

Genommutation: Führt zu Hyper-, Hypo-, und Polyploidien

Genotypendiagnostik: Nachweisverfahren zur Erkennung oder zum Ausschluss monogener Erkrankungen auf DNA-Ebene (direkte und indirekte Methoden)

Genotypenhäufigkeit: Häufigkeit von Genotypen in einer Population

Genstilllegung: Ausschaltung eines Gens, z.B. durch gene targeting bei Onkogenen oder bei Autoimmunerkrankungen; auch die Induktion der Apoptose

Gentechnikgesetz: Gesetz, das vor möglichen Gefahren gentechnischer Verfahren und Produkte schützen, dem Entstehen solcher Gefahren vorbeugen und den rechtlichen Rahmen für die Erforschung, Entwicklung, Nutzung und Förderung der wissenschaftlichen, technischen und wirtschaftlichen Möglichkeiten der Gentechnik schaffen soll (1. Gesetz 16.12.1993, geändert durch 2. Gesetz 16.8.2002, ergänzt 2004)

Giemsa-Bänderung: Chromosomenfärbemethode, die bänderförmige Strukturen auf den Chromosomen nach Präparation von Metaphase-Chromosomen erzeugt

Glomustumor: Von einem Glomus (Gefäß-Nervenknäuel) ausgehende Geschwulst

Glutaminsäuredecarboxylase: Enzym, das in den B-Zellen des Pankreas hergestellt wird; Funktion bisher unbekannt

Golgi-Apparat: Zisternenstapel, der hauptsächlich dem Sekrettransport, der Lysosomenproduktion, der Ergänzung des Glykokalix und der Aufrechterhaltung des Membranflusses dient

Gonadenagenesie: Vollständiges Fehlen der Geschlechtsdrüsenanlage

Gonosom: Geschlechtschromosom (im Gegensatz zum Autosom)

Gründereffekt: Das häufige Vorkommen eines seltenen Allels, das sich von einem Gründer ausgehend in Folgegenerationen ausgebreitet hat

Hämochromatose: Eisenspeicherkrankheit mit erhöhter Eisenresorption und Hämosideronablagerung, wird autosomal-rezessiv vererbt

Hämoglobin E: Hämoglobinkrankheit, gehäuft in den Mon-Khmer sprechenden Gruppen, vor allem in Thailand, Kambodscha und anderen südostasiatischen Ländern

Hämoglobinopathie: Erkrankung infolge pathologischer Hämoglobinbildung aufgrund unterschiedlicher genetischer Defekte. Vor allem sind die α- und β-Ketten betroffen

Hämolyse: Auflösung von Erythrozyten infolge Zerstörung ihrer Zellmembran

Hämolytische Anämie: Anämie durch krankhaft gesteigerten Erythrozytenzerfall

Hämophilie: Bluterkrankheit

Haploidie: Das Vorhandensein eines nur einfachen kompletten Chromosomensatzes

Haploinsuffizienz: Nichtausreichende Expression eines Allels zur Aufrechterhaltung der Funktion

Haplotyp: Der von der mütterlichen bzw. väterlichen Seite vererbte Komplex gekoppelter Allele

Haptoglobine: Zuckerhaltige Plasmaproteine, die Hämoglobin binden können. Der Haptoglobinpolymorphismus spielt eine Rolle bei Fällen strittiger Vaterschaft

Hardy-Weinberg-Gleichgewicht: Die Genhäufigkeiten und damit die Häufigkeiten der beiden homozygoten Genotypen und des hetero-

Glossar

zygoten bleiben von Generation zu Generation konstant, wenn weder Auslese noch Inzucht wirksam wird

Hauptgeneffekt: Effekt eines Gens, das innerhalb eines polygenen Erbgangs eine wesentliche Rolle spielt

Heinz-Körper: Symptom des Erythrozytenzerfalls; intrazelluläre Präzipitation des denaturierten Hämoglobins

Helikase: Protein zur Entwindung der Doppelhelix

Hemizygotie: Vererbungsmodus von Genen, die nur einmal im Genotyp vorhanden sind (üblicherweise gebraucht bei Genen, die auf dem einzigen X-Chromosom des Mannes lokalisiert sind)

Heterochromatin: Chromatin des Interphasekerns, das in spiralisierter Form vorliegt und als inaktives Genmaterial betrachtet wird

Heterochromie: Ungleiche Färbung der in der Regel gleichfarbigen Gewebe, beispielsweise bei der Regenbogenhaut

Heteroduplex: Doppelsträngige DNA, in der teilweise Fehlpaarung zwischen den beiden Strängen existiert

Heteromorphismus: Von verschiedener Gestalt

Heteroplasmie: Ungleiche Verteilung mutierter Mitochondrien auf die Tochterzellen

Heterosis: Selektionsvorteil der Heterozygoten gegenüber beiden Homozygoten

Heterozygotentest: Test, der mit biochemischen oder gentechnologischen Methoden erlaubt, heterozygote Träger eines rezessiven Erbleidens festzustellen (Beispiel: Bluterkrankheit)

Heterozygotenvorteil: Größere Fitness der Heterozygoten gegenüber beiden Homozygoten

Heterozygotie: Bei eukaryoten (diploiden) Organismen das Vorhandensein von verschiedenen Allelen an sich entsprechenden genetischen Loki in homologen Chromosomen

High Resolution Banding: Färbemethode für Prometaphasen. Im haploiden Satz können ca. 500-800 Banden aufgelöst werden

Histone: Heterogene Gruppe von Proteinen, reich an basischen Aminosäuren. Sie werden im Komplex mit chromosomaler DNA gefunden

HIV: *Human immunodeficiency virus*

hn-RNA: Heterogene nukleäre RNA, die genau die Sequenz im Genom wiedergibt und durch Spleißen zur m-RNA zurechtgeschnitten wird

Homöobox: Eine konservierte Sequenz von etwa 180 Basenpaaren, die eine Homöodomäne kodiert

Homöodomäne: Eine Domäne in einem DNA-bindenden Protein, das an andere Gene an der Zielsequenz bindet und deren Expression während der Entwicklung kontrollieren kann

Homozygotie: Bei eukaryoten (diploiden) Organismen das Vorhandensein von identischen Allelen an sich entsprechenden Loki in homologen Chromosomensegmenten

Hormon: In einem Körperorgan produzierter chemischer Wirkstoff, der RNA-Synthese oder Stoffwechsel in anderen Organen oder Geweben stimuliert

House keeping genes: Gene, die für die allgemeinen Aufgaben des Stoffwechsels verantwortlich und daher in jeder Zelle aktiv sind

HOX-Gen: Homöoboxgen, das sich bei Säugetieren an verschiedenen Homöoboxclastern befindet und in der Entwicklung des Grundbauplans eine wichtige Rolle spielt

Human Serum Albumin: Eiweißlösung, die aus Menschenblut gewonnen wird und pyrogenfrei, steril und fast nur Albumin enthaltend ist. Anwendung als Infusionslösung

Human Genom Projekt: Internationales Forschungsprojekt zur Entschlüsselung des menschlichen Genoms, das am 1.10.1990 begonnen wurde

Humanprotein C: Endogenes, Vitamin-K-abhängiges, in der Leber synthetisiertes Protein. Es reguliert Thrombose und fördert die Fibrinolyse durch die Begrenzung der Herstellung von Thrombin

Hybridisierungssonden: Nukleinsäure-Sonden für spezifische Hybridisierungsreaktionen, um in DNA- oder RNA-Molekülen bestimmte Nukleinsäuresequenzen aufzuspüren. Sie dienen der Untersuchung von Genstruktur und Genexpression

Hypercholesterinämie: Erhöhter Gehalt des Blutes an Cholesterin. Die familiäre Form ist autosomal-rezessiv erblich

Hyperkeratose: Übermäßig vermehrte Hornhautbildung

Hypertelorismus: Vergrößerter Abstand der Augen

Hypertrichose: Übermäßige – allgemeine oder örtlich begrenzte – Dichte der natürlichen Körperbehaarung, bei Frauen nicht androgenabhängig

Hypogonadismus: Hormonale Unterfunktion der Keimdrüsen und die daraus resultierenden Krankheitszeichen

Hypotelorismus: Verminderter Augenabstand

Hypotone Behandlung: Behandlung mit Lösung mit geringerem osmotischem Druck als eine Vergleichslösung; notwendiger Schritt bei der Chromosomenpräparation

Hypoxie: Verminderung der Sauerstoffversorgung im gesamten Organismus oder in Körperregionen durch Verminderung des Sauerstoffpartialdrucks im arteriellen Blut

Idioplasma: Erbplasma, Erbsubstanz, Keimplasma

Illegitimes Crossing-over: Paarung und Stückaustausch von nicht-homologen DNA-Abschnitten. Das Ergebnis ist eine Verlängerung des einen und eine Verkürzung des anderen DNA-Stranges

Incontinentia pigmenti: Fehlbildungssyndrom mit typischen Veränderungen der Haut und des ZNS. Erbgang X-chromosomal-dominant, Letalität für hemizygote männliche Nachkommen, Neumutationen häufig

Initiationskomplex: Startvorgang bei der Translation. Die ribosomale 40S-Untereinheit erkennt das 5'-Cap unter Beteiligung von Proteinen. Sie sucht die m-RNA nach dem Startkodon AUG ab, das in die richtige Sequenz eingelagert sein muss, um als Star erkannt zu werden

Insertion: Hinzufügung eines chromosomalen Abschnittes

Insertionsinaktivierung: Verhinderung der Exprimierung eines Markergens durch Einbau rekombinierter DNA in die Mitte des Polylinkers eines Vektors

Insertionsmutagenese: Mutagenese durch Integration von Fremd-DNA in das Genom

In-situ-Suppressionshybridisierung: In-situ-Hybridisierung mit Absättigung der repetitiven Sonden. Es wird damit eine Überlagerung des Signals der spezifischen Sequenzen verhindert

Glossar

Interferone: Von menschlichen und tierischen Zellen im Rahmen der Summenantwort auf virale Infektionen sowie unter Einfluss zahlreicher antigener oder mitogener Stimuli gebildete Proteine

Interkinese: Bildung zweier haploider Tochterkerne in der 1. Reifeteilung

Interleukin: Bezeichnung für einzelne Faktoren der Lymphokine, einer Stoffgruppe, die von Zellen vermittelte, spezifische Immunreaktionen auslöst und nicht zu den Immoglobulinen gehört. Die Bildung geht von Lymphozyten aus

Intermitosezyklus: Zyklus zur Zellvermehrung

Intestinale Atresie: Autosomal-rezessiv erbliches Fehlbildungssyndrom mit multiplen Blindverschlüssen und Stenosen im Verdauungstrakt sowie Hydramnion

Intron: Nichtkodierender Teil der DNA bzw. hn-RNA, der durch Splicing beseitigt wird

Inverse PCR: Methode, um die DNA auf beiden Seiten einer vorher charakterisierten Region zu vermehren

Inversion: Strukturelle Chromosomenaberration: Drehung eines Chromosomenstückes innerhalb eines Chromosoms um 180°

Inzucht: Erzeugung von Nachkommen durch miteinander verwandte Lebewesen. In der experimentellen Tierzucht versteht man darunter meist die Verpaarung von Wurfgeschwistern zur Erzeugung von Inzuchtstämmen, z.B. von Labormäusen, um genetisch identische Individuen zu erhalten

Ionenpore: Mechanismus zur Aufnahme von Ionen durch die Zellmembran

Iriskolobome: Regenbogenhautdefekt

Isochromosom: Chromosom, dessen Arme morphologisch gleich sind und die identische Information enthalten, wobei die Reihenfolge der Genorte spiegelbildlich symmetrisch ist

Jackson-Weiss-Syndrom: Ein Fehlbildungssyndrom mit vorzeitiger Schädelnahtsynostose, Gesichtsdysmorphien und Syndaktylien. Das Krankheitsbild wird durch Mutationen am FGFR-Gen verursacht

Kandelaber-Hypothese: Entspricht der multiregionalen Hypothese der Entstehung des modernen Menschen

Kandidatengen: Gen, das aufgrund seiner Eigenschaften als potenzieller Lokus für bestimmte Krankheitsgene betrachtet werden kann

Kapsid: Die aus identischen proteinhaltigen Struktureinheiten (Kapsomeren) zusammengefasste Proteinkomponente des Virions

Karyogramm: Summe aller Chromosomen einer Zelle nach morphologischen Kriterien geordnet

Katalytische RNA: RNA mit Katalysatorfunktion, ursprünglich an Ziliaten entdeckt, deren r-RNA sich selbst ohne irgendwelche Proteine spleißen konnte. Die Entdeckung, dass ein RNA-Molekül seine eigene Entstehung katalysieren kann, führte zu der Hypothese, dass RNA oder ein ähnliches Molekül möglicherweise sowohl das erste Gen als auch der erste Katalysator war

Kennedy-Disease: Eine neurodegenerative Erkrankung mit spinobulbärer Muskelatrophie

Kernlamina: Filamentnetzwerk innerhalb des Zellkerns, das direkt an die Innenseite der inneren Kernmembran angelagert ist

Kern-Plasma-Relation: Relation zwischen Kernvolumen und Zytoplasmamenge einer Zelle

Kerntransfer: Ersatz des Nukleus einer unbefruchteten Oozyte durch den Nukleus einer somatischen Zelle

Kinetochor: Spindelfaseransatzstelle

Klinefelter-Syndrom: Trisomie der Geschlechtschromosomen vom Typ XXY

Klinodaktylie: Seitlich-winklige Abknickung eines Fingerglieds

Klon: Population von Zellen oder Organismen, die von einer einzigen Zelle abstammen

Klon-Contig: Zusammenhängende Region im Genom, die aus einer Reihe überlappender DNA-Klone besteht

Klonierung von Tieren: Erstellung genetisch identischer Tiere, z.B. durch Embryo-splitting oder Kerntransfer

Klonierung: Vermehrung von bestimmten DNA-Segmenten durch Einsetzen in Plasmide oder Viren

Klumpfuß: Multifaktoriell erbliche oder durch Amnionschäden, Fruchtwassermangel oder Raumbeengung bedingte Fußstellungsanomalie

Knockout-Tiere: Tiermodelle, bei denen ein Gen ausgeschaltet ist

Kodominanz: Gene verhalten sich kodominant, wenn bei einem heterogenen Allelpaar beide Genprodukte unabhängig voneinander vorkommen und sich beide phänotypisch manifestieren

Kolchizin: Synthetisches pflanzliches Produkt, mit dem es für Chromosomenanalysen möglich ist, die Zellen in den für die Analyse günstigen Metaphasen zu arretieren

Kollagen: Zu den Gerüstproteinen gehörige Proteine, die hauptsächlich aus Monoaminsäuren bestehen. Vorkommen als kollagene Fasern in Bindegewebe, Sehnen, Faszien und Bändern, ferner in Knorpeln oder Epidermis; auch das Ossein des Knochens und das Dentin gehören zu den Kollagenen

Konduktorin: Heterozygote Überträgerin eines rezessiven Erbleidens. Üblicherweise gebraucht bei X-chromosomal-rezessiver Vererbung

Kongenital: Angeboren

Kongenitale Aplasie des Vas deferens: angeborener Verschluss des Samenstrangs

Kongenitale Hüftluxation: Verrenkung im Hüftgelenk, der Femurkopf tritt aus der Gelenkpfanne. Entwickelt sich meist erst postnatal aus einer Hüftdysplasie durch muskeldynamische Kräfte und Belastung

Konjugation: Parasexuelle Form der Übertragung von genetischer Information durch zellulären Kontakt zwischen einer Spender- und einer Empfängerzelle. In der Empfängerzelle kann dann Rekombination mit dem Chromosomenabschnitt, der homolog zu dem übertragenen Stück ist, stattfinden

Koppelungsanalyse: Studie über Genkoppelung, die zu Risikoberechnungen für Erbkrankheiten benutzt wird

Koppelungsgleichgewicht: Nicht-zufällige Kombination von Allelen an gekoppelten Loki

Koppelungsgruppe: Gene, die in der Regel gemeinsam vererbt werden. Ausnahme: Trennung durch Rekombination

Koppelungsungleichgewicht: Ein Koppelungsungleichgewicht liegt vor, wenn vorzugsweise bestimmte Allele eines Gens oder eines DNA-Bereichs gemeinsam mit bestimmten Allelen eines entfernten DNA-Bereichs auf demselben Chromosom vererbt werden

Kosmid: Vektor, bei dem COS-Sequenzen des Bakteriophagen Lambda in ein Plasmid verbracht werden. In Kosmiden kann Fremd-DNA von 30-45 kb kloniert werden

kraniofazial: Zum Schädel und zum Gesicht gehörend

Kraniosynostose: Vorzeitiger Verschluß der Schädelnähte

Kretinismus: Kindliche Entwicklungsstörung durch Mangel an Schilddrüsenhormon

Laktasepersistenz: Das Beibehalten der Aktivität des Enzyms Laktase, das im Dünndarm die Laktose verdaut, bei hauptsächlich der Bevölkerung Nordwesteuropas. 75% der Menschheit können dagegen den Milchzucker nur so lange verdauen, wie sie durch Muttermilch ernährt werden. Ursache ist eine Verminderung der Enzymaktivität, die genetisch determiniert ist

Laktoferrin: Rotgefärbtes, Eisen bindendes Protein der Milchsäure mit bakterizider Wirkung

Leptotän: Erstes Stadium der Prophase I der 1. Reifeteilung, in dem sich die Chromosomen spiralisieren

Lesch-Nyhan-Syndrom: X-chromosomal-rezessive Erkrankung. Überproduktion von Harnsäure mit Dysfunktion des Zentralnervensystems

Ligase: Enzym, das zwei DNA-Ketten kovalent verknüpft

Ligation: Bildung einer 3'-5'-Phosphodiesterbindung zwischen Nukleotiden an den Enden zweier verschiedener Moleküle oder desselben Moleküls (intermolekulare bzw. intramolekulare Ligation = Bildung eines Rings)

Ligation-Adapter-PCR: Dient zur Klonierung von unbekannten DNA-Sequenzen einer Mischung. Man ligiert die Ziel-DNA mit doppelsträngigen Oligonukleotidlinkern und amplifiziert mit für die Linkersequenzen spezifizierten Primern

Linker-DNA: Synthetische Nukleotide einer vorgegebenen Sequenz zum Einbau von Fremd-DNA in einen Plasmid-Vektor. Auch Verbindung zwischen Nukleosomen im Eukaryotenchromosom

Lipofektion: Formation von DNA-Lipidkomplexen, welche durch Endozytose aufgenommen werden

Liposom: Fetttröpfchen im Zytoplasma bzw. ein von einer ein- oder mehrschichtigen Phospholipid-Doppelmembran umgebenes Partikel, das für Transportvorgänge in die Zelle genutzt werden kann

LOD-Score: Maß für die Wahrscheinlichkeit einer genetischen Koppelung zweier Loki; Wert >3 Koppelung, <-2 keine Koppelung vorhanden

Lokus: Genetisch: Genort

Long Interspersed Nuclear Elements (LINEs): Mittelrepetitive DNA-Sequenzen aus unterschiedlichen Sequenzfamilien mit langer Konsensussequenz

Longitudinalstudie: Mehrmalige Untersuchung einer Stichprobe (z.B. Probanden) über einen längeren Zeitraum

Long-range-PCR: Methode zur Vermehrung längerer DNA-Bereiche

Loss of Heterozygosity (LoH): Ausschaltung des zweiten Allels durch Mutation nach Defekt des ersten Allels

LTR-Retrotransposons: Transposons, die von identischen Wiederholungssequenzen (Long Terminal Repeats, LTR) umschlossen sind

Lucky-Mother-Hypothese: Entspricht der Eva-Hypothese eines monogenetischen Ursprungs des Menschen, gestützt durch molekulargenetische Daten

Lupus erythematodes: Sammelbezeichnung für Autoimmunkrankheiten der Haut und innerer Organe sowie für diaplazentar übertragbare Syndrome

Lyon-Hypothese: Hypothese, nach der in weiblichen Zellen eines der beiden X-Chromosomen inaktiviert ist. Hiermit wird funktionell eine Dosiskompensation bei den Gonosomen beider Geschlechter erreicht

Lyse: Auflösung von Zellen, z.B. bei der Virusinfektion

Lysogenie: Einbau und Vermehrung einer Phagen-DNA in ein Bakteriengenom

Major Histocompatibility Complex (MHC): Haupthistokompatibilitätskomplex auf dem kurzen Arm von Chromosom 6, der die MHC-Antigene kodiert. Der genetische Komplex enthält beim Menschen ungefähr 2000 Gene

Makroarray: Immobilisierung von DNA-Proben auf Membranfiltern zur Nukleinsäurehybridisierung

Malaria tropica: Durch Plasmodium falciparum ausgelöstes Tropenfieber

Malaria-Antigen msp-1: Schlüsselkomponente des Serums eines ursprünglich für Armeezwecke in den USA entwickelten Impfstoffs gegen Malaria; wird als führender Kandidat für die Entwicklung eines Mehrkomponentenimpfstoffs gegen Malaria angesehen

Marfan-Syndrom: Autosomal-dominant erbliche, generalisierte Bindegewebskrankheit. Veränderungen des Habitus, der Augen und des kardiovaskulären Systems. Häufigkeit ca. 1:10.000

Markerchromosom: Chromosom, das man von seinem homologen Partner unterscheiden kann und das in allen oder zumindest in einem signifikanten Teil der Zellen eines Individuums gefunden werden kann

Markergene: Gene, die einem Vermehrungsvektor bestimmte Eigenschaften, z.B. Antibiotikaresistenz, verleihen und dessen Existenz in einer Zelle zur gezielten Selektion kenntlich machen

Martin-Bell-Syndrom: Geschlechtsgebundene Schwachsinnsform mit fragiler Stelle am X-Chromosom. Molekularbiologisch liegen expandierende Trinukleotide vor

Matrilinie: Mütterliche Linie

Megakaryozyten: Knochenmarkriesenzellen

Megakolon: Weitstellung des Dickdarms, meist aganglionär bedingt (Hirschsprung-Krankheit)

Meiose: Gesamtheit der Vorgänge, die den diploiden Chromosomensatz der somatischen Zellen zum haploiden Satz der reifen Keimzelle reduzieren

Menarche: Zeitraum des ersten Eintritts der Monatsblutung

MER: Familien fossiler DNA-Transposons, die nicht mehr aktiv transponieren

Metaphase: Mitosephase die sich besonders gut zur Chromosomenanalyse eignet

Metaphaseplatte: Während der Mitose Äquatorialebene, in der sich die Spindelfaseransatzstellen anordnen

metazentrisch: Zentromerlage bei Chromosomen ungefähr in der Mitte

Methämoglobinämie: Vermehrung von Methämoglobin im Blut entweder durch zu schnelle Oxidation des Hämoglobins oder durch nicht ausreichende Reduktion des normalerweise entstehenden Methämoglobins

Migration: Vermischung von Mitgliedern einer anderen Bevölkerungsgruppe, die verschiedene Genhäufigkeiten besitzen

Mikroarray: Immobilisierung von DNA-Proben zur Nukleinsäurehybridisierung auf miniaturisiertes Trägermaterial (DNA-Chip)

Mikro-RNA: Kleine regulatorische RNA-Moleküle; ca. 200 Klassen sind bekannt

Mikrogenie: Mangelhafte Entwicklung des Unterkiefers

Mikroinjektion: DNA-Injektionsmethode in Zellen

Mikronukleustest: Mutagenitätstestsystem, welches Mikronuklei als die sichtbaren Folgen von Chromosomenfragmenten in Interphasezellkernen nachweist

Mikrophthalmie: Abnorm kleine bzw. rudimentäre Ausbildung des Augapfels

Mikrosatelliten: DNA-Sequenzen von kleinen Tandemwiederholungen einfacher Sequenz von meist 1-4(-6) bp

Mikrotubuli: Röhrenförmige Zellstrukturen, die aus gleichförmigen Proteinuntereinheiten zusammengesetzt sind, die sich in Längsfibrillen in 13er Zahl anordnen

Mikrotubulusorganisationszentrum: Intrazelluläre Region der Aggregation von Tubulin zu Mikrotubuli

Mikrozephalie: Kleinköpfigkeit, kleiner Gehirnschädel

Miller-Dieker-Syndrom: Ein Mikrodeletions-Syndrom mit ZNS-Fehlbildung, Gesichtsdysmorphie, mentaler Retardierung infolge einer Mikrodeletion am Chromosom 17p13.3

Minisatelliten: Kurze, sich wiederholende DNA-Sequenzen (0,1-20 kb). Hypervariable Mikrosatelliten-DNA wird bei Fingerprinting als VNTR-Marker eingesetzt

Mitochondrium: Zellorganell von relativ kompliziertem Aufbau, in dem wichtige Stoffwechselprozesse ablaufen

Mitose: Kernteilung, die zur Produktion von Tochterkernen führt, die identische Chromosomenzahlen enthalten und genetisch unter sich und zum Elternkern, von dem sie abstammen, identisch sind

Mitosespindel: Aus Tubulinuntereinheiten aufgebauter Komplex, der die ordnungsgemäße Verteilung der Chromatiden auf die beiden Tochterzellen gewährleistet

MN-Blutgruppensystem: Blutgruppensystem, das vorwiegend bei Fällen strittiger Paternität eine Rolle spielt, da ein Polymorphismus in der Population vorhanden ist

Molekulare Uhr: Molekularbiologischer Ansatz zur paläogenetischen Datierung von entwicklungsgeschichtlichen Linien bzw. Verwandtschaftsbeziehungen

Monaster: Sternartige Chromosomenfigur in der Metaphase der Mitose

Monoklonale Antikörper: Werden von den autonom in Blutzellen wachsenden Zellen klonierter B-Zellen-Hybridome produziert, also von den Nachkommen von Zellhybriden, die durch künstliche Verschmelzung von gegen ein definiertes Antigen sensibilisierten B-Lymphozyten in geeigneten Tumorzellen entstanden sind. Sie sind gegen nur eine der zahlreichen unterschiedlichen Determinanten eines gegebenen Antigens gerichtet

Morbus Alzheimer: Nach dem deutschen Neurologen Alois Alzheimer (1864-1915) benannte präsenile (um das 50. Lebensjahr entstehende) unaufhaltsam fortschreitende Demenz. Degenerative Erkrankung der Großhirnrinde

Morbus Hirschsprung: Dickdarmerweiterung mit schwerer Passagestörung

Mosaik: Die Anwesenheit von Zellen innerhalb eines Individuums, die sich durch ihre genetische Herkunft, ihre Chromosomenstruktur oder ihre Chromosomenzahl unterscheiden. Als Spezialfall kann ein genetisches Mosaik durch Heterozygotie von Allelen des X-

Chromosoms im weiblichen Chromosomensatz entstehen

Motorproteine: Proteine, deren Hauptaufgabe die Bewegung anderer Proteine ist. Sie unterstützen während der Mitose Chromosomen bei der Wanderung zu den entgegengesetzten Polen, bewegen Organellen oder Enzyme während der Synthese neuer DNA an einem DNA-Strang entlang

M-Phase-Förderfaktor (MPF): Aktive Proteinkinase, die durch Phosphorylierung zahlreiche Zellkomponenten bei der Mitose für die Prophase vorbereitet und so die Teilung einleitet

m-RNA: Messenger-RNA

mt-DNA: Mitochondriale DNA

multifaktorielle Vererbung: Polygene Vererbung und Gen-Umwelt-Interaktion

Multikolorspektralkaryotypisierung: Chromosomendarstellungsmethode mit verschiedenen Fluoreszenzfarbstoffen

Multi-Lokus-System (MLS): Restriktionsfragmentlängen-Polymorphismen; bei den MLS erfolgt die Darstellung durch Multi-Lokus-Sonden, die mit DNA-Sequenzen hybridisieren, welche über das gesamte Genom verstreut liegen. Somit werden zahlreiche Fragmente gleichzeitig nachgewiesen, wodurch ein individuelles, für jeden Menschen einzigartiges Bandenmuster entsteht, der genetische Fingerabdruck

Multiple Allelie: Existieren mehr als zwei Allele eines bestimmten Gens, spricht man von multiplen Allelen bzw. von multipler Allelie

Multiple Exostose: Autosomal-dominant erbliche Erkrankung mit z.T. kongenital vorgebildeten Knorpelwucherungen, die später verknöchern; Genlokus 8q24.11-q24.13

Multiregionale Hypothese: Hypothese, dass sich der moderne Menschentypus kontinuierlich und simultan aus Homo-erectus-Populationen entwickelt hat (Kandelaber-Modell)

Muskeldystrophie: Typ Duchenne: X-chromosomal-rezessiv erbliche Erkrankung. Muskelschwäche vorwiegend der Beine, Pseudohypertrophie, meist Tod vor dem 20. Lebensjahr. Typ Becker: X-chromosomal-rezessiv erbliche Erkrankung. Etwa das gleiche Erscheinungsbild, jedoch gutartigerer und langsam fortschreitender Verlauf. Invalidität im Alter von 40-50 Jahren. Die verantwortlichen Gene sind allelisch

Mutation: Jede erkennbare und erbliche Veränderung im genetischen Material, die auf die Tochterzelle vererbt wird

Mutationsrate: Häufigkeit von Mutationen pro Gen pro Generation

Mutations-Selektions-Gleichgewicht: Äquilibrium zwischen neumutierten und infolge von Selektionsnachteilen eliminierten Genen

Mykoplasmen: Bakterienähnliche Mikroorganismen, die keine Zellwand besitzen und von quallenartiger Plastizität sind

Myoblasten: Langgestreckte, einkernige Zellen des embryonalen Myotoms; sie werden durch amitotische Teilungen zur kernreichen Muskelfaser

Myositis ossificans: Die Entzündung des gefäßführenden interstitiellen Bindegewebes in Skelettmuskeln unter sekundärer Beteiligung der Muskelfasern: Örtlich heterotope Kalkeinlagerung bzw. Knochenbildung. Dies kann spontan oder nach örtlicher Verletzung geschehen

Myotone Dystrophie: Autosomal-dominant erbliche, in der Regel spät manifest werdende Multisystemerkrankung mit aktiver und passiver Myotonie, fortschreitender Muskelschwäche, Schluckstörungen, Herzrhythmusstörungen und weiteren Störungen

Neumutation: Mutation, die bei einem Träger erstmals auftritt und eine Generation vorher noch nicht vorhanden war

Neuralrohrdefekt: Entwicklungsstörung der Neuralanlage mit unvollständigem Verschluss des Neuralrohrs

Neurofibromatose: Dominant erbliche Krankheit mit multiplem Auftreten von knotigen, weichen Neurofibromen des zentralen, peripheren und vegetativen Nervensystems

Nicht-Matrizen-Strang der DNA: Strang der DNA, der nicht in RNA übersetzt wird; wird oft als Sinnstrang bezeichnet

Nicktranslation: Mit Hilfe der 5'→3'-Exonukleaseaktivität der DNA-Polymerase I kann ein Stück DNA (oder RNA), das mit einem Matrizenstrang gepaart ist, durch einen neuen Strang ersetzt werden. Man nenn dieses Verfahren Nicktranslation

Niemann-Pick-Krankheit (Spingomyelin-Lipidase): Autosomal-rezessiv erbliche degenerative Lipidstoffwechselstörung mit Speicherung von Sphingomyelinen in verschiedenen Geweben und Organen

Non-disjunction: Irreguläre Verteilung von Schwesterchromatiden (mitotisch) oder homologen Chromosomen (meiotisch) zu den Zellpolen. Folge: Hyper- oder Hypoploidien

Northern-Blot: Molekulare Hybridisierung mit RNA-Molekülen als Ziel-Nukleinsäure. Man trennt diese in einer Gelelektrophorese der Größe nach und überträgt sie anschließend auf eine Nitrozellulose- oder Nylonmembran

Nuklease: Nukleinsäure spaltendes Enzym

Nukleinsäure: Polymer von Nukleotiden, zusammengesetzt aus Desoxyribonukleotiden (bei DNA) oder Ribonukleotiden (bei RNA)

Nukleinsäurehybridisation: Formation eines doppelsträngigen Hybrids durch Basenpaarung komplementärer Polynukleotide

Nukleolus: Kernkörperchen, das aus entstehenden Ribosomen und r-RNA besteht

Nukleolusorganisatorregion (NOR): Chromosomenregion, die Gene für r-RNA enthält. Beim Menschen findet man auf den Chromosomen 13, 14, 15, 21 und 22 solche Regionen

Nukleosid: Bindung von spezifischer stickstoffhaltiger Base + Pentose

Nukleosom: Ca. 300 Basenpaare langer Abschnitt der DNA bei Eukaryoten. Das Nukleosom besteht aus der Nukleosomencore und einer Zwischenregion. In der Core ist die DNA um einen Histonoktaeder gewunden

Nukleosomencore: Oktaeder aus den Histondimeren H2A, H2B, H3 und H4 mit DNA-Faden in 1,8 Linkswindungen umwickelt

Nukleotid: Bindung von spezifischer stickstoffhaltiger Base + Pentose + Orthophosphatgruppe

Nukleus: Zellkern

oculäres Embryotoxon: Hornhautnaher, heller Trübungsring am Auge

Okazaki-Stücke: Zwischenstufen der Replikation, bei Bakterien aus 1000-2000 Nukleotiden, bei tierischen Zellen aus etwa 200 Nukleotiden bestehend

Omnipotenz: Gebraucht bei Zellen, die über alle Entwicklungsmöglichkeiten des Gesamtorganismus verfügen

Omphalozele: Nabelschnurbruch

Ontogenese: Keimentwicklung

Oogenese: Entwicklung der Oozyten vom Keimepithel bis zum befruchtungsfähigen Ei

Oogonien: Prämeiotische, sich mitotisch teilende Oogenesestadien

Oozyten: Eizellen in der Entwicklung vom 7. Embryonalmonat bis zur Besamung

Open reading frame: Ausreichend lange DNA-Sequenz ohne Terminationskodons

Operon: Regulationseinheit auf der DNA; Gruppe von funktionell zusammengehörigen Strukturgenen

Origin of replication: DNA-Sequenz, an der die Replikation beginnt

Orofaziodigitales Syndrom (OFD): Syndrom mit Mund-, Gesichts- und Fingerfehlbildungen

Osteogenesis imperfecta: Bindegewebserkrankung, sehr variabel und durch vermehrte Knochenbrüchigkeit charakterisiert. Unterschiedliche Defekte des Typ-I-Kollagens und möglicherweise anderer Strukturproteine führen zu einer großen Zahl ähnlicher Krankheitsbilder. Klinisch gibt es verschiedene Typen, wobei autosomal-dominanter und -rezessiver Vererbungsmodus vorkommt

Osteoklasten: Bis etwa 100 Zellkerne aufweisende Knochenzerstörungszellen, die während des Knochenaufbaus gleichzeitig für den Abbau der Knochensubstanz sorgen, also Knochenumbauvorgängen dienen

Osteom: Knochentumor

Osteoporose: Skeletterkrankung mit Abbau der Knochenmasse

Out-of-Africa-Hypothese: Hypothese eines monogenetischen Ursprungs des Menschen, synonym zur Replacement-Hypothese und dem Arche-Noah-Modell

Ovulation: Follikelsprung. Freigabe des befruchtungsreifen Eies, etwa alle 28 Tage bei einer geschlechtsreifen Frau

p53: Zellzykluskontrollprotein am G1-Kontrollpunkt

Pachytän: Prophasestadium der Meiose I, Sichtbarwerden der Bivalente

PACs: P1 *Artificial Chromosomes*

Panmixie: Gleichheit der Paarungschancen für jedes Individuum des einen Geschlechts mit jedem Individuum des anderen Geschlechts bei gleicher Fruchtbarkeit

Papovaviren: Doppelsträngige DNA-Viren, zu denen Polyoma- Papilloma- und SV40-Viren gehören. Sie sind in der Lage Genmutationen zu induzieren

Paradigma: Grundannahme, Erklärungsmodell

Paramyxoviren: RNA-Viren, deren Infektion bei Kleinkindern zu Laryngo-Tracheitis, zum Pseudokrupp und zur Pneumonie führen.; bei Erwachsenen bewirkt die Infektion milde Katarrhe der oberen Luftwege

p-Arm: Kurzer Chromosomenarm

Pätau-Syndrom: Trisomie des Chromosoms 13; Träger besitzen eine Reihe äußerer und innerer Missbildungen und sehr geringe Lebenserwartung

Paternität: Vaterschaft

PAX-Gene: *Paired-box*-Gen, konservierte DNA-Sequenz, die bei der Entwicklung der Neuralwülste eine entscheidende Rolle spielen

PCR: s. Polymerasekettenreaktion

Peptidbindung: Reaktion zwischen Karboxylgruppe und Aminogruppe zweier Aminosäuren unter Wasserabspaltung; entscheidende Bindung beim Aufbau von Polypeptidketten

Peters-Anomalie: autosomal-rezessive Augenfehlbildung mit Anheftung der Iris

Pfeiffer-Syndrom: Ein autosomal dominantes Fehlbildungssyndrom mit Gesichtsdysmorphien, primärem Schädelnahtverschluss, breiten und plumpen Daumen und Großzehen, Syndaktylien. Die Störung wird durch Mutationen am FGFR-Gen verursacht

Pfu-Polymerase: Polymerase, welche in der PCR-Methode Verwendung findet und von Pyrococcus furiosus stammt. Sie besitzt im Gegensatz zur Taq-Polymerase Exonukleaseaktivität und führt eine Fehlerkorrektur durch

Phenylketonurie (PKU): Rezessiv erbliche Stoffwechselstörung, bei der Phenylalanin nicht zu Tyrosin umgesetzt werden kann. Die Folge davon ist der Phenylbrenztraubensäure-Schwachsinn

Philadelphia-Chromosom: Abnormes Chromosom 22, wird häufig bei chronisch-myeloischer Leukämie festgestellt

Philtrum: Rinne in der Mitte der Oberlippe

Phosphodiesterbindung: Kovalente chemische Bindung, die sich ausbildet, wenn zwei Hydroxygruppen in einer Esterbindung an dieselbe Phosphatgruppe gebunden sind. Dies ist der Fall bei benachbarten Nukleotiden in RNA oder DNA

Physikalische Karte des Genoms: Lokalisation von DNA-Sequenzen auf „physikalische" Abschnitte von Chromosomen

Pigmentnaevi: Pigmentierte Zellnaevi (Flecken) der Haut

Plasmid: Extrachromosomale DNA in Bakterien, die sich autonom repliziert

Plasminogenaktivatoren: Bezeichnung für Substanzen, die Plasminogen zu Plasmin aktivieren und somit die Fibrinolyse einleiten

Pleiotropie: Die Erscheinung, dass ein Gen auf unterschiedliche Merkmale einwirken kann

Polkörper: Die kleineren Zellen in der Oogenese, die aus der Meiose hervorgehen und sich nicht zu einer funktionsfähigen Eizelle entwickeln

Polyadenylierung: Anheftung von 100-200 AMP an das 3'-OH-Ende der hn-RNA

Polydaktylie: Anlage zusätzlicher Finger oder Zehen oder von Teilen von ihnen (Vielfingrigkeit)

Polygene Vererbung: Vererbung, die durch das Zusammenspiel vieler Gene zustande kommt

Polyglobulie: Vermehrung der Erythrozyten im Blut

Polylinker: Multiple Klonierungsstelle innerhalb eines Markergens, welche die Insertion von Fremd-DNA zulässt

Polymerasekettenreaktion: Methode zur Herstellung vieler Kopien eines DNA-Abschnitts ohne Klonierung

Polymeraseslippage: Ungenaue DNA-Replikation, die in kurzen Wiederholungssequenzen der DNA vorkommt und zur Heterogenität in Mikrosatelliten führt

Polynukleotidstrang: Molekülkette aus Nukleotiden, die über Phosphodiesterbindungen miteinander verbunden sind

Polypeptidkette: Größere Anzahl von Aminosäuren, durch Peptidbindung zu einer Kette verknüpft

Polyploidie: Der Besitz von drei (triploid), vier (tetraploid), fünf (pentaploid) oder mehr kompletten Chromosomensätzen anstelle von zwei (wie bei Diplonten) in einer Zelle oder in jeder Zelle eines Individuums

Polysom: Multiribosomale Struktur, repräsentiert durch eine lineare Anordnung von Ribosomen, zusammengehalten durch m-RNA

Polysymptomatischer morphologischer Merkmalsvergleich: Historische Methode zur Vaterschaftsbegutachtung mit anthropologischer Methodik

Population: In der ökologischen Definition alle Mitglieder einer Art, die in einer Biozönose wohnhaft sind

Populationsgenetik: Teilgebiet der Humangenetik, das sich mit den Auswirkungen der Mendel'schen Gesetze auf die Zusammensetzung von Populationen beschäftigt

Prädisposition: Zustand, der eine Krankheit begünstigt

Präimplantationsdiagnostik: Diagnostisches Verfahren nach In-vitro-Fertilisation einer Oozyte und vor Implantation des Embryos

Primärstruktur von Proteinen: Proteinstruktur, die durch die genetische Information festgelegt wird

Primasen: Enzym, das Primer für die DNA-Synthese synthetisiert

Primer: Komplementäre Nukleinsäuresequenz, die als Start für die Polymerisation dient

Pro542: Virus-Eintrittsinhibitor CD4-Immunoglobulin G2; Pro542 bindet an das virale Oberflächen-Glykoprotein gp120 und wird in der Therapie von HIV-1 eingesetzt

Processing: Veränderung der hn-RNA durch Capping, Polyadenylierung und Splicing zur translationsfähigen m-RNA

Prokaryoten: Bakterien und Blaualgen werden ihrem einfachen Zellaufbau entsprechend als Prokaryoten zusammengefasst und allen anderen Organismen, den Eukaryoten, gegenüber gestellt

Prometaphase: Mitosephase mit Auflösung der Kernhülle, Ausbildung der Kinetochorspindelfasern, Anordnung der Spindelfaseransatzstellen in der Äquatorialebene und noch gestreckteren Chromosomen als in der Metaphase

Promotor: RNA-Polymerase-Erkennungsort; Sequenz auf der DNA, an der die Transkription startet

Pronukleusstadium: Stadium nach dem Eindringen des Spermiums in die Oozyte und vor dem Verschmelzen der weiblichen und männlichen Kerne zur Zygote. Die haploiden Chromosomensätze der Oozyte und des Spermiums sind beide noch von einer Kernmembran umgeben

Proofreading: Die 3'→5'-Exonukleaseaktivität, die einige DNA-Polymerasen innehaben und die zum Ersatz falsch eingebauter Nukleotide führt

Prophase: Einleitende Phase von Mitose und Meiose

Proteinkinase: Phosphorylierende Transferase, der ein Nukleosidphosphat als Substrat dient

Protisten: Mikroorganismen

Protomere: Untereinheiten der Quartärstruktur eines Proteins

Pseudoautosomale Region (PAR): An die Telomere grenzende Bereiche des kurzen und des langen Arms der Geschlechtschromosomen; darauf befinden sich homologe Abschnitte (PAR I, PAR II), die während der Meiose an der Rekombination beteiligt sind. Die genetischen Informationen dieser Regionen sowie auch einige Gene außerhalb der PAR-Abschnitte entgehen dem X-Inaktivierungsprozess

Pseudodominanz: Spezialfall rezessiver Vererbung. Bei Kindern zwischen einem homozygoten Genträger und einem heterozygoten Genträger ist der Erwartungswert, Merkmalsträger zu sein, 50%

Pubertät: Menschliche Entwicklungsperiode vom Beginn der Ausbildung der sekundären Geschlechtsmerkmale bis zum Erwerb der Geschlechtsreife. Bei Mädchen zwischen dem 10. und 15. Jahr, bei Knaben zwischen dem 12. und 17. Jahr

Pylorushypertrophie: Angeborener krampfhafter Verschluss des Magenpförtners

q-Arm: Langer Chromosomenarm

Q-Banden: Chromosomenbanden, die mit Quinakrin (einer fluoreszierenden Verbindung) erzeugt werden

Quartärstruktur von Proteinen: Aufbau aus mehreren Polypeptidketten in oft räumlich komplizierter Anordnung

Querschnittsstudie: Einmalige Untersuchung einer Stichprobe (z.B. Probanden) zum gleichen Zeitpunkt

Quinakrin: Fluoreszenzfarbstoff zur Chromosomenbänderung

Rare mating: Selten-Paarungs-Vorteil. Es verbreiten sich seltene Genotypen in der Population überproportional dadurch, dass sie relativ leicht und häufig einen Partner finden

Rassenhygiene: Eugenik des Nationalsozialismus

R-Banden: Chromosomenbänderung, bei der Heterochromatin in hellen und Euchromatin in dunklen Banden erscheint

Rekombinante DNA: DNA, die entstanden ist durch Ligation von DNA-Abschnitten, die normalerweise nicht zusammengehören

Rekombination: Neukombination von Genen auf einem Chromosom durch Austausch homologer Genloki von Nicht-Schwesterchromatiden

Renaturierung: Vorgang, bei dem einzelne Stränge denaturierter doppelsträngiger Nukleinsäuren sich wieder zu Doppelsträngen zusammenlagern

Replacement-Hypothese: Hypothese eines monogenetischen Ursprungs des Menschen, synonym mit der *Out-of-Africa-Hypothese* und dem Arche-Noah-Modell

Replikation: Ablesung und Speicherung von genetischer Information auf einem neuen Informationsträger durch Kopie einer vorher existierenden Einheit derselben Art. Biologische Systeme hierfür sind Nukleinsäuren

Replikationskomplex: An die Zellmembran gebundener Enzymkomplex von Prokaryoten, der die Replikation katalysiert

Replikon: Initiatorproteine und ein spezifischer Abschnitt auf der DNA, der Startpunkt oder Origin, bilden als regulatorische Einheit das Replikon

Reproduktive Fitness: Die möglichst frühzeitige und zahlreiche Produktion von Nachkommen

Response-Elemente (RE): Ca. 1 kb von der Transkriptionsstartstelle entfernte DNA-Sequenzen, die über Signalmoleküle am Start der Transkription beteiligt sind

Restriktionsendonuklease: Spezifische Nuklease, die spezifische DNA-Sequenzen erkennt und schneidet

Restriktionsfragmentlängen-Polymorphismus (RFLP): Längenvariabilität von Restriktionsfragmenten

Retinoblastom: Autosomal-dominant erbliche Erkrankung, sehr häufig Neumutationen. Maligner Augentumor aus embryonalen Netzhautelementen, im Säuglings- und Kleinkindalter auftretend. Ein Gen, dessen Mutation zum Retinoblastom führt, ist auf Chromosom 13 in der Bande 13q14 lokalisiert. Während bei doppelseitig befallenen Patienten Neumutationen auf solche in den Keimzellen der Eltern zurückgehen, gehen einseitig sporadische Fälle auf somatische Mutationen zurück

Retrotransposition: Vorgang der Umschreibung von RNA durch Reverse Transkriptase in natürliche c-DNA, die ins Genom integriert wird

Retroviren: RNA-Viren, die mit Reverser Transkriptase DNA aus RNA synthetisieren

Reverse Dot-Blot: s. ASO Dot-Blot

Reverse Transkriptase: (RNA-directed DNA-polymerase) Enzym von RNA-Tumorviren, das erlaubt, in das Genom einer höheren Zelle zu integrieren, indem eine doppelsträngige DNA-Kopie der Virus-RNA produziert wird

Rezeptor: Protein, das extrazelluläre Signale empfängt und daraufhin intrazelluläre Signale erzeugt

Rezeptorvermittelte Endozytose: Rezeptorvermittelte Aufnahme in eine Zelle

Rezessivität: Ein Gen verhält sich nach dem strengen Sprachgebrauch rezessiv gegenüber seinem Allel, wenn seine Wirkung im heterozygoten Zustand nicht phänotypisch erkennbar ist. Es macht sich demnach nur im Phänotyp bemerkbar, wenn es homozygot vorhanden ist. In der Humangenetik entspricht dieser strengen Definition nur ein Teil der als rezessiv bezeichneten Gene. Üblicherweise nennt man Gene rezessiv, wenn sie erst im homozygoten Zustand eine deutlich erfassbare Wirkung zeigen, selbst dann, wenn auch im heterozygoten Zustand Teilmanifestationen sichtbar werden

Rheumatoide Arthritis: Wahrscheinlich durch Immunvorgänge ausgelöste systemische Erkrankung des Bindegewebes mit Befall großer und kleiner Gelenke und möglicher Beteiligung von Sehnen, Sehnenscheiden und Gefäßen, auch im Bereich der Halswirbelsäule. Geht mit zunehmender Gelenkdestruktion einher

Rh-System: Umfangreiches Blutgruppensystem, entdeckt bei einem Experiment, bei dem Antikörper gegen Erythrozytenantigene von Rhesusaffen auch eine Agglutination menschlicher Erythrozyten hervorriefen

Ribonukleinsäure (RNA): Meist einsträngiges Polymer von Nukleotiden. RNA dient den Prozessen der Transkription und der Translation, die durch verschiedene RNA-Typen bewerkstelligt werden

Ribosom: Zellorganell, aus zwei Untereinheiten bestehend und aus RNA und globulären Proteinen zusammengesetzt, das eine wesentliche Rolle als universelle „Druckmaschine" bei der Proteinbiosynthese spielt. Unterschiedlicher Aufbau bei Pro- und Eukaryoten

Ribosonden: RNA-Sonden

Rippenwirbelsyndrom: Verwachsungen und Fehlbildungen im Rippen- und Wirbelbereich

Robertson-Translokation: Reziproke Translokation, bei der die langen Arme von zwei akrozentrischen Chromosomen verschmelzen und ein metazentrisches bilden (zentrische Fusion)

r-RNA: Ribosomale RNA

RT-PCR: Variante der PCR. Die Reverse Transkriptase-PCR benutzt als Ausgangsmaterial c-DNA, um sie für einen Mutationstest zu vermehren. Man erfasst mit dieser Methode Genmutationen, wenn die Exon-Intron-Struktur eines Gens noch völlig unbekannt ist.

Säkulare Akzeleration: Zunahme der durchschnittlichen Körperlänge in der Neuzeit

Same-sense-Mutation: Mutation, die nicht zu einer Veränderung der Aminosäuresequenz führt

Scaffold attachment regions (SAR): Gerüstkoppelungsbereiche, wahrscheinlich die Bereiche der DNA, die an zentrale Gerüstproteine binden

SCE-Test: Mutagenitätstestsystem, das auf der Analyse von Schwesterchromatidaustausch (*sisterchromatid exchange*, SCE) beruht

Schrotschussklonierung: Undifferenzierte Klonierung von DNA-Segmenten

Schwellenwerteffekt: Bei multifaktorieller Vererbung, wenn ein Merkmal erst nach Überschreitung einer bestimmten Grenze der genetischen Prädisposition zur Ausprägung kommt

Seatre-Chotzen-Syndrom: Ein autosomal dominantes Syndrom mit Brachyzephalie, Gesichtsdysmorphien, Syndaktylie an Händen und Füßen als Folge der Mutation im Twist-Gen

Segregationsanalyse: Statistisches Verfahren zur Abschätzung der Zusammensetzung der genetischen Faktoren in Familiendaten

Sekundärstruktur von Proteinen: Proteinstruktur, die aus der Primärstruktur durch die Absättigung von Nebenvalenzen entsteht

Selektion: Vorgang, der in einer Population den relativen Anteil der einzelnen Genotypen durch unterschiedliche Überlebens- und Reproduktionsraten bestimmt

Selektionsrelaxation: Umkehrung eines Selektionsvorteils in Form von Nachlassen der Selektion

Semikonservative Replikation: Modus der Replikation der DNA, charakterisiert durch die Separation der zwei Stränge der DNA-Doppelhelix und die Synthese einer komplementären DNA-Kopie zu jedem der zwei getrennten Elternstränge. Aus dieser Form der Replikation resultieren zwei doppelsträngige DNA-Moleküle, jeweils halb aus dem Parentalstrang und halb aus dem neusynthetisierten zusammengesetzt

Septischer Schock: Bakteriotoxischer, vor allem durch Endotoxine gramnegativer Bakterien bedingter Schock. Selten ist der Endotoxinschock durch grampositive Erreger

Sequence tagged sites (STSs): Jede kurze Sequenz, die einmalig im Genom vorhanden ist und für die Primer hergestellt wurden, welche eine spezifische Amplifikation der Sequenz erlauben

Severe combined immunodeficiency: Angeborene Immunschwäche

Sex determining region of the Y (SRY): Gen, welches das männliche Geschlecht determiniert

Sexchromatin oder Geschlechtschromatin: Ein, in pathologischen Fällen mehr als ein, plankonvexes sphärisches oder pyramidales und feulgenpositives intranukleäres Körperchen, gewöhnlich an der Peripherie des Interphasekerns gelegen (Barr-Körperchen). Es repräsentiert eines der beiden X-Chromosomen der Frau in aktiver Form. Sind im pathologischen Fall mehr als zwei Gonosomen vorhanden, so findet man für jedes weitere X-Chromosom ein Barr-Körperchen

Short interspersed nuclear elements (SINEs): Mittelhochrepetitive DNA-Sequenzen aus unterschiedlichen Sequenzfamilien, jede mit kurzer Konsensussequenz

Short tandem repeats (STRs): Ein Typus von einfachen Sequenzlängenpolymorphismen aus Tandemkopien kurzer Nukleotidrepeats, auch Mikrosatelliten genannt

Sichelzellanämie: Rezessiv-erbliche Hämoglobinopathie, bei der in der β-Kette des Hämoglobins in Position 6 Glutaminsäure durch Valin ersetzt ist

Silencer: Kurze DNA-Sequenzelemente, welche die Transkription eines Gens unterdrücken

Single-Lokus-Systeme (SLS): Restriktionsfragmentlängen-Polymorphismen mit einem definierten Lokus. Mit SLS erreicht man einen hohen Personenidentifikationsgrad mit statistischer Absicherung

Skewed inactivation: Verschiebung des statistischen Gleichgewichtes von 1:1 beim X-Inaktivierungsprozess. Dabei kann es zu einer überwiegenden Inaktivierung des väterlichen oder mütterlichen X-Chromosoms kommen

Slot-Blot: Abwandlung des Dot-Blot-Verfahrens. Die Ziel-DNA wird durch einen Schlitz in eine entsprechende Maske aufgetragen. Die Weiterverarbeitung ist identisch zum Dot-Blot (Slot-Blot = Schlitz-Klecks)

Smith-Lemli-Opitz-Syndrom: Ein metaolisch bedingtes Dysmorphie-Syndrom mit geistiger Retardierung, Mikrozephalie, Hypospadie und Syndaktylie der zweiten und dritten Zehe, bedingt durch Cholesterolsynthesedefekt

sno-RNA: *Small nucleolar* RNA; RNA-Familie, die überwiegend im Nukleolus zu finden und verantwortlich für Basenmodifikationen in r-RNA beim Prozessieren ist. Sie bewerkstelligt auch Basenmodifikationen in anderen RNAs

sn-RNA: *Small nuclear* RNA, eine heterogene Gruppe von annähernd 100 RNAs, die u.a. am Funktionsmechanismus der Spliceosomen beteiligt sind

Somatische Gentherapie: Übertragung eines Gens zur Substitution eines mutierten Gens in Somazellen eines Individuums

Somatotropin: Wachstumshormon

Southern-Blot-Hybridisierung: DNA-Technik zur Erkennung spezifischer DNA-Sequenzen

Spermatogenese: Entwicklung der Spermien von Spermatogonien bis zu reifen Spermien

Spermatogonien: Prämeiotische, sich mitotisch teilende Zellen der Spermatogenese

Spermatozyten: Meiosestadien der Spermatogenese, die sich ab der Pubertät entwickeln

Spermium: Männliche Fortpflanzungszelle

S-Phase: Synthesephase im Intermitosezyklus

Spinobulbäre Muskelatrophie (SBMA): X-chromosomal-rezessiv erbliche Muskelerkrankung, gekennzeichnet durch eine im Erwachsenenalter zunehmende Schwäche der Extremitäten-, Schlund- und Kehlkopfmuskulatur: Ursache ist eine CAG-Nukleotid-Triplett-Verlängerung auf dem langen Arm des X-Chromosoms: Wird auch als Kennedy-Disease bezeichnet

Spliceosom: Komplexe Struktur, die das Schneiden und Wiederverknüpfen beim Splicing katalysiert

Splicing: Herausschneiden nicht-kodierender Sequenzen aus der hn-RNA

SRP(7SL)-RNA: Bestandteil des Sequenzerkennungspartikels, das den Transport durch die Membran des Endoplasmatischen Retikulums erleichtert

Stammbaumanalyse: Aufzeichnungsform der verschiedenen Generationen einer Familie, die eine Analyse zugrunde liegender genetischer Defekte erleichtert. Die Symbolik hierfür ist international standardisiert

Stammzelltherapie: Therapie mit Geweben, die aus menschlichen embryonalen Stammzellen gezüchtet wurden

Startkodon: Kodon, das für Methionin kodiert und unter bestimmten Bedingungen den Start der Proteinbiosynthese veranlasst. Neben AUG kann auch GUG, welches für Valin kodiert, Methioninstart bedeuten

Sticky ends: „Klebrige Enden", die durch Restriktionsenzyme erzeugt und zum Einbau von DNA-Segmenten in einem Klonierungsvektor benutzt werden

Stopp-Kodonen: Tripletts UAA, UAG und UGA, welche die Proteinsynthese beenden

Stringenz: Zwingende Beweiskraft

Strukturproteine: Gerüstproteine (z.B. Elastin, Keratine, Kollagen)

Submetazentrisch: Chromosomen, bei denen das Zentromer zwischen metazentrischer und akrozentrischer Position liegt, so dass der eine Chromosomenarm länger als der andere ist

Substratinduktion: Form der Regulation der Genaktivität. Steuerung der Aktivierung von Genen, die zum Abbau eines bestimmten Substrats benötigt werden

Sulfonamide: Durch die Gruppen SO_2-NH_2 gekennzeichnete Amide der Sulfonsäuren; finden hauptsächlich Anwendung als Chemotherapeutika

Supercoils: Verdrillungen einer Superhelix

Superhelix: Bei ringförmig geschlossener DNA findet man oft Verdrillungen, die man als Superhelix bezeichnet, weil die Verdrillungen sich den Windungen in der Doppelhelix überlagern

Supravalvuläre Aortenstenose: Oberhalb einer Klappe lokalisierte Verengung der Aorta

Taq-Polymerase: Polymerase, welche in der PCR-Methode Verwendung findet und von Thermus aquaticus, einem hitzebeständigen Bakterium heißer Quellen, stammt

TATA-Box: Häufiges Element von Promotoren

Tay-Sachs-Erkrankung: Autosomal-rezessiv erbliche degenerative Nervenkrankheit

T-Banden: Markierung der Telomerregionen der Chromosomen

Teleangiektasien: Erweiterung der Kapillaren

Telomer: Der terminale Strukturabschnitt an beiden Chromosomenenden

Telomerase: Enzym, das mehrere Kopien derselben Telomersequenz an die Enden der Chromosomen anfügt und dadurch eine Matrize für die vollständige Replikation des Folgestranges erzeugt

Telomerase-Reverse Transkriptase (TERT): Enzym, das RNA in DNA übersetzt

Telomerfusion: Fusion zweier akrozentrischer Chromosomen, bei der beide ursprünglichen Zentromere erhalten bleiben, wobei nur eines der Zentromere die normale mitotische Funktion ausübt, das zweite in seiner Funktion unterdrückt ist (z.B. Chromosom 2 des Menschen)

Telophase: Mitosephase; abschließende Phase mit Entspiralisierung der Chromosomen, Bildung einer Kernhülle, Bildung von Nukleolen, Auflösung des Spindelapparats, Entstehung von zwei Tochterzellen und Bildung der Interphaseanordnung der Mikrotubuli

Teratom: Geschwulst, das von pluripotenten Zellen ausgeht und daher aus verschiedenen Geweben besteht

Termination: Beendigung der Transkription

Tertiärstruktur von Proteinen: Dreidimensionale Struktur eines ganzen Proteinmoleküls

Testikuläre Feminisierung: Häufigste Form des Hermaphroditismus masculinus: Verantwortlich ist ein X-chromosomales Gen, welches die Körperzellen mit Testosteronrezeptoren ausstattet. Es handelt sich um den Tfm- (*Testicular-feminization-mutation*) Lokus, der die Zellen unempfindlich für Testosteron macht

Tetradenstadium: Die vier Chromatiden eines Bivalents in der 1. meiotischen Teilung

Tetraphokomelie: Angeborenes Fehlen von bzw. verkürzt angelegte Gliedmaßen

Thalassämien: Erbliche hämolytische Anämieformen im Mittelmeerraum; zu den Hämoglobinopathien gehörend

Thanatophore Dysplasie: Eine schwere, letale Form der Skelettdysplasie, bedingt durch eine FGFR-Mutation

Therapeutisches Klonen: Methode zur Herstellung autologer Gewebe über menschliche embryonale Stammzellen

Topoisomerase: Protein, das die verdrillte Doppelhelix entspannt und Einzelstrangbrüche setzt

T-Phage: Bakteriophage mit komplexer Symmetrie mit kugeligem Kopfteil und einem Schwanzteil mit Grundplatte. Beim T-Phagen ist der Schwanzteil als Röhre ausgebildet. Er trägt an seinem Ende eine Platte mit Strukturen, die sich zu dem Zellwandrezeptor des Wirtes komplementär verhalten

Transduktion: Virusvermittelter Gentransfer

Transfektion: Bakterielle Transfektion: Aufnahme von nackter Phagen-DNA. Transfektion in tierischen Zellen: Aufnahme einer jeglichen nackten DNA

Transformation: 1. Aufnahme von nackter Plasmid- oder genomischer DNA durch eine bakterielle Zelle. 2. Veränderung einer normalen eukaryoten Zelle in eine Tumorzelle

Transgen: Zusätzliche DNA-Sequenz in einer Zelle

Transgene Tiere: Meist Mäuse mit einem in sie transferierten, zusätzlichen Gen. Der Gentransfer erfolgt im Pronukleusstadium über Mikroinjektion oder durch Injektion genetisch manipulierter embryonaler Stammzellen in Mäuseblastozysten. Transgene Mäuse sind moderne Tiermodelle, u.a. zur Grundlagenforschung bei genetisch bedingten Erkrankungen. Ein anderes Verwendungsgebiet ist die experimentelle Pharmakologie

Transgenetik: Fachgebiet, das sich mit dem Transfer von Genen in Organismen befasst

Transition: Substitution einer Purin- durch eine Purinbase oder einer Pyrimidin- durch eine Pyrimidinbase

Transkriptionsfaktor: Bezeichnung für Proteine, die nötig sind, die Transkription bei Eukaryoten zu starten oder zu kontrollieren

Translation: Umsetzung der m-RNA-Information in Protein

Translokation: Strukturelle Chromosomenveränderung, charakterisiert durch eine Änderung in der Position von Chromosomensegmenten innerhalb des Karyotyps

Transposon: Bewegliche DNA-Sequenz, an den Enden von repetitiven Sequenzen flankiert, die Gene trägt, welche für die Transpositionsfunktion kodieren

Transversion: Substitution einer Purinbase durch eine Pyrimidinbase oder umgekehrt einer Pyrimidinbase durch eine Purinbase

Trenimon: Trifunktionelles alkylierendes Agens mit zytostatischer Wirkung. Wird in der Tumortherapie eingesetzt

Trinukleotidexpansion: Zunahme von Trinukleotidfolgen mit pathologischer Auswirkung des betroffenen Gens

Triplett-Raster-Code: Universeller genetischer Code, nach dem drei Basen eine Aminosäure kodieren

t-RNA: Transfer-RNA

Trypsinierung: Inkubation von Chromosomen in Trypsinlösung im Rahmen der Chromosomenbänderung

Tuberöse Hirnsklerose: Autosomal-dominantes Erbleiden mit stark wechselnder Expressivität. Adenoma sebaceum, *white spots*, zahlreiche Hirnrindenknoten, verkalkende Hirnventrikel, Tumore, Netzhautgliome gehören zu den häufigsten, charakteristischen Symptomen dieser Erkrankung

Tuberöses Xanthome: Knotenförmige, gutartige Geschwülste, beispielsweise an der Haut bei Stoffwechselstörungen

Tunnelprotein: Protein, das eine selektive Einschleusung von Molekülen in die Zelle bewerkstelligt

Turner-Syndrom: Syndrom bei totaler oder partieller Monosomie der Gonosomen. Karyotyp meistens 45,X

Uniparentale Diploidie: Anwesenheit aller Chromosomen von einem Elternteil in einem Karyotyp

Uniparentale Disomie: Anwesenheit zweier Chromosomen von einem Elternteil

Urokinase: Enzym, das in der Niere gebildet wird, aus Zellkulturen gewonnen werden oder gentechnologisch hergestellt werden kann; direkter Aktivator der Umwandlung von Plasminogen in Plasmin

Variable Number of Tandem Repeats (VNTRs): Polymorphismus aus einer unterschiedlichen Anzahl von Wiederholungen eines bestimmten Basenmotivs (Repeat) in direkt hintereinander liegender Folge (Tandem Repeat); man bezeichnet sie auch als Minisatellitensequenzen

Vektor: Träger zur Klonierung von DNA, Plasmid, Virus oder Cosmid

Viren: Infektiöse Partikel von einer Proteinhülle umschlossen und Nukleinsäure (RNA oder DNA) enthaltend. Viren vermehren sich durch Lahmlegen der Vermehrungsmaschinerie der Wirtszelle, aus der dann neue Viruspartikel freigesetzt werden. Diese infizieren andere Zellen

Viroide: Nackte infektiöse RNA

Von-Hippel-Lindau-Syndrom: Autosomal-dominant erbliche Erkrankung. Netzhautangiomatose mit multiplen kapillären Angiomen der Netzhaut, des Kleinhirns, des Rückenmarks sowie Zystenbildung in Pankreas, Nieren und Leber, Phäochromozytomen und Nierenkarzinomen. Genlokus 3p25-26

Vorausbildung: Hypothese, nach der im Ei der ganze Organismus vorgeformt und vollständig ausgebildet ist

Western-Blot (Immunblot): Methode, mit der man Proteine in einem Polyacrylamidgel der Größe nach auftrennt und sie dann für den Nachweis mit einem Antikörper auf eine Nitrozellulose-Membran überträgt

Wiedemann-Beckwith-Syndrom: Fehlbildungskomplex mit Nabelschnurbruch, Makroglossie, Gigantismus, Eingeweideübergröße und Kerbenohren

Wobble-Hypothese: Fähigkeit bestimmter Basen, an der dritten Stelle im Antikodon einer t-RNA auf verschiedene Weise Wasserstoffbrücken zu bilden, die zur Paarung mit verschiedenen möglichen Kodons führt

Xeroderma pigmentosum: Rezessiv erbliche Krankheit, bei der es durch Sonneneinwirkung zu Hautentzündungen und in deren Folge zu dunkelbraunen Pigmentflecken und weißen atrophischen fleckenförmigen Herden kommt. Im späteren Stadium entstehen warzenartige Gebilde, die in Spinaliome oder Sarkome übergehen

XIST-Gen: Ein für den X-Inaktivierungsprozess verantwortliches Gen, das ausschließlich vom inaktivierten X-Chromosom aus exprimiert wird (X-inactive spezific transcript). Wie alle auf dem X-Chromosom inaktivierten Gene unterliegt auch das XIST-Gen einer monoallelen Expression

XIST-RNA: RNA. die in die Inaktivierung des X-Chromosoms assoziiert ist

Yeast Artificial Chromosome (YAC): Künstliches Hefechromosom, in dem man bis zu 350 kb große DNA-Fragmente klonieren kann

Zelldifferenzierung: Aufgabe der Omnipotenz einer Zelle durch differenzielle Genaktivität

Zellfusion: Bildung Mehrkerniger Zellkomplexe durch Verschmelzung über die Zellmembran

Zentriol: Zellorganell, aus einem Hohlzylinder bestehend, der aus 9 Tripletts von Mikrotubuli zusammengesetzt ist

Zentromer: Spindelfaseransatzstelle des Chromosoms während Mitose und Meiose

Z-Form der DNA: Im Gegensatz zur rechtsherum laufenden A- und B-Form der DNA linksläufige DNA-Helix. Das Zucker-Phosphodiester-Rückgrat nimmt eine Zick-Zack-Form an (daher der Name)

Ziel-DNA: DNA, die vermehrt werden soll

Ziliaten: Geißel-, Wimperntierchen. Einzellige eukaryotische Organismen (Protozoen), die durch Zilien (Geißeln) auf ihrer Oberfläche charakterisiert sind. Diese dienen der Bewegung und dem Einfangen der Beute

Zona pellucida: Schicht aus extrazellulärem, aus Glykoproteinen bestehendem Material auf der Oberfläche der Oozyte. Nach Eindringen des Spermiums ändert sich die Permeabilität schlagartig und verhindert somit ein weiteres Eindringen von Spermien

Zoo-Blot: Southern-Blot genomischer DNA-Proben von verschiedenen Spezies

Zyanose: Durch Abnahme des Sauerstoffgehalts im Blut bedingte blau-rote Färbung von Haut und Schleimhäuten

Zygotän: Prophasestadium der 1. meiotischen Teilung, in dem die homologen Chromosomen beginnen, sich parallel aneinander zu lagern

Zykline: Proteinkomponenten des Zellzykluskontrollsystems

Zyklopie: Gesichtsschädel-Hirn-Fehlbildung mit einem etwa in der Gegend der Nasenwurzel gelegenen Auge, auch mit rüsselförmigem Nasenrudiment

Zystinurie: Autosomal-rezessiv erbliche Erkrankung mit Rückresorptionsstörung von Zystin, Lysin, Arginin und Ornithin im Tubulus, die zur Bildung von Nierensteinen führt; Genort Chromosom 2p16.2

Zystische Fibrose: Chronische Pankreaserkrankung mit fibrösen Veränderungen und Auftreten von Zysten bei gleichzeitiger Störung aller schleimsezernierenden Drüsen (besonders der Bronchialdrüsen)

Zytokinese: Zellteilung

Zytosol: Bestandteil des Zytoplasmas, welches aus Zytosol und den darin verteilten zytoplasmatischen Organellen besteht

Zytostatika: Im weitesten Sinne alle Substanzen, welche die Zelle an Wachstum und Vermehrung hindern, aber auch solche, die eine Metastasierung verhüten. (Im Allgemeinen Substanzen, die maligne entartete Zellen schädigen und daher für die Chemotherapie maligner Tumoren Anwendung finden)

Literaturverzeichnis

Alberts B., Bray D., Johnson J., Ralf M., Roberts K., Walter P (1998) Lehrbuch der Molekularen Zellbiologie. Wiley-VCH, Weinheim New York Chichester Brisbane Singapore Toronto

Anderson S, Banker AT, Barrell, BG et al. (1981) Sequence and organization of the human mitochondrial genome. Nature 290: 457-465

Bardoni B, Zanaria E, Guioli S et al. (1994) A dosage sensitive locus at chromosome Xp21 is involved in male to female sex reversal. Nat Genet 7: 497-501

Beaudet AL, Scriver CR, Sly WS, Valle D (1995) Genetics, biochemistry, and molecular basis of variant human phenotypes. In: Scriver Ch, Beaudet AL, Sly WS, Valle D (Hrsg) The metabolic basis of inherited disease, 2nd edn. McGraw-Hill, New York St. Louis San Francisco, pp 3-125

Bird AC (2002) DNA methylation patterns and epigenetic memory. Genes Dev 16: 6-21

Botstein D, White RL, Skolnick M, Davis RW (1980) Construction of a genetic linkage map in man using restriction fragment length polymorphism. Am J Hum Genet 32: 314-331

Bouchard TG, Mc Gue M (1981) Familial studies of intelligence: A review. Science 212: 1055-1059

Bresch C, Hausmann R (1972) Klassische und molekulare Genetik. Springer, Berlin Heidelberg New York

Burke AC et al. (1995) Hox genes and the evolution of vertebral axial morphology. Development 121: 333-346

Buselmaier W (Hrsg) (2004) Abiturwissen Biologie. Fischer, Frankfurt a.M.

Buselmaier W, Geiger S, Reichert W (1978) Monogene inheritance of learning speed in DBA and C3H mice. Hum Genet 40: 209-214

Buselmaier W, Tariverdian G (1991) Humangenetik. Springer, Berlin Heidelberg New York Tokyo

Buyse M L (1990) Birth Defects Encyclopedia. Center for Birth Defects Information Service, Dover

Clement-Jones M, Schiller S, Rao E et al. (2000) The short stature homeobox gene SHOX is involved in skeletal abnormalities in Turner syndrome. Hum Molec Genet 9: 695-702

Connor M, Ferguson-Smith M (1997) Medical Genetics. Blackwell Science, London

Culotta E, Koshland DE Jr (1993) p53 sweeps through cancer research. Science 262: 1958-1961

Dean M (1996) Polarity, proliferation and the hedgehog pathway. Nature genetics 14: 245-247

Fearon ER (1997) Human cancer syndromes: Clues to the origin and nature of cancer. Science 278: 1043-1050

Fearon ER, Vogelstein B (1990) A genetic model for colorectal tumorigenesis. Cell 61: 759-767

Fishel R, Lescoe MK, Rao MRS et al. (1993) The human mutator gene homolog MSH2 and its association with hereditary nonpolyposis colon cancer. Cell 78: 539-542

Fodde R, Smits R, Clevers H (2001) APC, signal transduction and genetic instability in colorectal cancer. Nature Rev Cancer 1: 55-67

Francke U, Ochs HD, de Martinville B et al. (1985) Minor Xp21 chromosome deletion in a male associated with expression of Duchenne muscular dystrophy, chronic granulomatous disease, retinitis pigmentosa and McLeod syndrome. Am J Hum Genet 37: 250-267

Futeral PA, Kasprzyk A, Birney, E et al. (2001) Cancer and genomics. Nature 409: 850-852

Galton F (1865) Hereditary talent and charakter. Macmillans Magazine 12:157

Garrod AE (1902) The incidence of alkaptonuria: A study in chemical individuality. Lancet 2: 1616-1620

Gelehrter TD, Colling FS, Ginsburg D (1998) Principles of Medical Genetics. Williams & Wilkins, Baltimore Philadelphia London

Gorlin RJ, Cohen MM Jr, Hennekam RCM (2001) Syndromes of the Head and Neck. Oxford Univ Press

Gottschaldt K (1968) Begabung und Vererbung. Phänogenetische Befunde zum Begabungsproblem. In: Roth H (Hrsg) Begabung und Lernen. Klett, Stuttgart, S 129-150

Grupe G, Christiansen K, Schröder I, Wittwer-Backofen U (2005) Anthropologie. Springer, Berlin Heidelberg New York Tokyo

Gusella JF et al. (1983) A polymorphic DNA marker genetically linked to Huntington's disease. Nature 306: 234-238

Hansen MF, Cavenee WK (1988) Retinoblastoma and the progression of tumor genetics. Trend Genet 4: 125-128

Hardy GH (1908) Mendelian proportions in a mixed population. Science 28: 49-50

Hennig W (1998) Genetik. Springer, Berlin Heidelberg New York Tokyo

Innis JW (1997) Role of HOX genes in human development. Curr Opin Pediatr 9: 617-622

International Chicken Genome Sequencing Consortium (2004) Sequence and comparative analysis of the chicken genome provide unique perspectives on vertebrate evolution. Nature 432: 695-716

International Human Genome Sequencing Consortium (2001) Initial sequencing and analysis of the human genome. Nature 409: 860-921

International Human Genome Sequencing Consortium (2004) Finishing the euchromatic sequence of the human genome. Nature 431: 931-945

International Mouse Genome Sequencing Consortium (2002) The mouse genome. Nature 420: 509-590

Jeffreys AJ, Wilson V, Thein LS (1985) Individual-specific fingerprints of human DNA. Nature 314: 67-73

Jiricny J, Nystrom-Lahti M (2000) Mismatch repair defects in cancer. Curr Opin Genet Dev 10: 157-161

Jones KL (1997) Smith's Recognizable Patterns of Human Malformation. Saunders, Philadelphia London Toronto

Jones PA, Baylin SB (2002) The fundamental role of epigenetic events in cancer. Nature Rev Genet 3: 415-428

Jorde LB, Carey JC, Bamshad ML, White RL (1999) Medical Genetics. Mosby, St. Louis Baltimore Boston

Kinzler KW, Vogelstein B (1996) Lessons from hereditary colorectal cancer. Cell 87: 159-170

Knippers R (1990) Molekulare Genetik, Thieme, Stuttgart New York

Knippers R (2001) Molekulare Genetik, 8. Aufl. Thieme, Stuttgart New York

Knudson AG (2001) Two genetic hits (more or less) to cancer. Nature Rev Cancer 1: 157-162

Kulozik AE, Hentze MW, Hagemeier C, Bartram CR (2000) Molekulare Medizin. de Gruyter, Berlin New York

Landsteiner K (1900) Zur Kenntnis der antifermentativen, lytischen und agglutinierenden Wirkung des Blutserums und der Lymphe. Zentalbl Bakteriol 27: 357-362

Lenz W (1983) Medizinische Genetik, 6. Aufl. Thieme, Stuttgart New York

Macleod MD (1973) Scope monograph on cytology. Upjohn, Kalamazoo MI

Manzanares M. et al. (2000) Conservation and elaboration of Hox gene regulation during evolution of the vertebrate head. Nature 408: 854-857

Mendel G (1866) Versuche über Pflanzenhybriden. Verhandlungen des naturforschenden Vereins, Brünn

Moore KL, Persaud TVN (1998) Essentials of Embryology and Birth Defects. Saunders, Philadelphia London Toronto

Morell R, Spritz RA, Ho L et al. (1997) Apparent digenic inheritance of Waardenburg syndrome type 2 (WS2) and autosomal recessive ocular albinism (AROA). Hum Mol Genet 6: 659-664

Motulsky AG (1959) Josef Adams (1756-1818). Arch Intern Med 104: 490-496

Mueller RF; Young ID (1995) Emery's elements of medical genetics. Churchill Livingstone, Edinburgh

Müller HG (1989) Pädiatrie in Praxis und Klinik. Thieme, Stuttgart New York

Müller WA, Hassel M (2002) Entwicklungsbiologie und Reproduktionsbiologie von Mensch und Tieren. Springer Berlin Heidelberg New York Tokyo

Muenke M, Beachy PA (2000) Genetics of ventral forebrain development and holoprosencephaliy. Current Opinion & Development 10: 262-269.

Muenke M et al. (1997) A Unique Point Mutation in the Fibroblast Growth Factor Receptor 3 Gene (FGFR3) Defines a New Craniosynostosis Syndrome. Am J Hum Genet 60: 555-564

Nüsslein-Vollhardt C, Fronhöfer HG, Lehmann R (1987) Determination of anteroposterior in Drosophila. Science 238: 1675-1681

Nüsslein-Vollhardt C, Weischaus E (1980) Mutations affecting segment number and polarity in Drosophila. Nature 287: 795-801

Papaioannou VE, Sliver LM (1998) The T-box gene family. BioEssays 20: 9-19

Patel PI, Lupski JR (1994) Charcot-Marie-Tooth disease: a new paradigm for the mechanism of inherited disease, Trends Genet 10: 128-133

Pfeifer M (1994) The two facts of hedgehog. Science 266: 1492-1493

Ploetz (1895) Die Tüchtigkeit unserer Rasse und der Schutz der Schwachen: ein Versuch über Rassenhygiene und ihr Verhältnis zu den humanen Idealen, besonders zum Sozialismus. Fischer, Berlin

Reichert W, Hansmann J, Röhrborn G (1975) Chromosome anomalies in mouse oocytes after irradiation. Humangenetik 28: 35-38

Reik W, Walter J (2001) Genomic imprinting: parental influence on the genome. Nature Rev Genet 2: 21-32

Rich A (1978) Transfer RNA: three-dimensional structure and biological function. Trends Biochem Sci 3: 263-287

Rimon DL, Connor JM, Pyeritz PE, Korf BR (2002) Principles and Practice of Medical Genetics. Churchill Livingston, Edinburgh

Robertson EJ (1997) Left-right asymmetry. Science 275: 1280-1281

Sanger F, Nicklen S, Coulson AR (1977) DNA sequencing with chain termination inhibitors. Proc Nat Acad Sci USA 74: 5463-5467

Scriver Ch, Beaudet AL, Sly WS, Valle D (2001) The Metabolic And Molecular Bases of Inherited Disease. McGraw-Hill, New York St. Louis San Francisco

Strachan T, Read AP (2004) Human Molecular Genetics, 3rd edn. Garland Science, New York

Stubblefield E (1973) The structure of mammalian chromosomes. International review of cytology 35: 1-60

Talhammer O (1975) Frequency of inborn errors of metabolism, especially PKU in some representative newborn screening center around the world, A collaborative study. Hum Genet 30: 273-286

Tariverdian G, Buselmaier W (2003) Humangenetik, 3 Aufl. Springer, Berlin Heidelberg New York Tokyo

Tariverdian G, Paul M (1999) Genetische Diagnostik in Geburtshilfe und Gynäkologie. Springer, Berlin Heidelberg New York Tokyo

Turleau C, Grouchy J de (1973) Chromosomensatz vom Schimpansen und Mensch im Vergleich. Humangenetik 20: 151-157

Venter JC et. al (2001)The sequence of the human genome. Science 291 : 1304-1351

Veraska A et al. (2000) Developmental patterning genes and their conserved functions: from model organisms to humans. Molecular Genetics and Metabolism 69: 85-100

Vogel F (1979) Genetic of retinoblastoma. Hum Genet 52: 1

Vogel F (1985) Genetik des Retinoblastoms in Theorie und Praxis. In: Hammerstein W, Lisch W (Hrsg) Ophthalmologische Genetik. Enke, Stuttgart

Vogel F, Motulsky AG (1986) Human genetics, problems and approaches, 2nd edn. Springer, Berlin Heidelberg New York Tokyo

Vogel F, Motulsky AG (1996) Human genetics, problems and approaches, 3rd edn. Springer, Berlin Heidelberg New York Tokyo

Wain HM, Bruford EA, Lovering RC, Lush MG, Wright MW, Povey S (2002) Guidelines for Human Gene Nomenclature (HGNC Guide lines). Genomics 79: 464-470

Watson JD, Crick FHC (1955) Molecular structure of nucleic acids. Nature 171: 737-738

Weinberg RA (1991) Tumor suppressor genes. Science 254: 1138-1146

Weinberg W (1908) Über den Nachweis der Vererbung beim Menschen. Jahreshefte des Vereins für vaterländische Naturkunde in Württemberg 64: 368-382

Wiedemann HR, Kunze J (2001) Atlas der Klinischen Syndrome. Schattauer, Stuttgart New York

Wilichowiskie B (1990) Mitochondria. In: Siemes H (Hrsg) Myopathien und Enzephalomyopathien (Pädiatrie aktuell 3). Zuckschwerdt, München Bern Wien San Francisco

Wilkie AO (1997) Craniosynostosis: genes and mechanisms. Hum Mol Genet 6: 1647-1666

Wilmut J, Schnieke AE, Mc Whir J, Kind AJ, Campbell KHS (1997) Viable offsprings derived from fetal and adult mammalian cells. Nature 385: 810-813

Wilson AC, Cann RL (1992) The recent african genesis of humans. Sci Am 266: 22-27

Wilson AC, Stoneking M, Cann RL et al. (1987) Mitochondrial clans and the age of our common mother. In: Vogel F, Sperling K (eds) Human genetics. Springer, Berlin Heidelberg New York Tokyo, pp 158-164

Wilson GN (2000) A Short Course, Clinical Genetics. 2nd edn. Wiley & Sons, New York Chichester Weinheim

Winter RM (1996) Analyzing human developmental abnormalities. BioEssays 18: 965-971

Winter RM, Baraitser M (1991) Multiple Congenital Anomalies. A Diagnostic Compendium. Chapman & Hall Medical London New York Tokyo

Witkowski R, Prokop O, Ullrich E, Thiel G, (2003) Lexikon der Syndrome und Fehlbildungen. Ursachen, Genetik, Risiken. Springer, Berlin Heidelberg New York Tokyo

Sachverzeichnis

Zu den mit (G) gekennzeichneten Begriffen
bietet das Glossar nähere Erläuterungen

A

AB0-Blutgruppen 6, 322
Abstammungsgutachten 327
Abstammungsuntersuchung 217
Achondroplasie 99, 101, 102, 247, 278
ADA s. Adenosindesaminase
Adenin 15, 16
Adenosindesaminase (G) (ADA) 11
Adipositas 269, 270
Adoptionsstudien 163
Adrenogenitales Syndrom s. AGS
Adulte polyzystische Niere (G) 99, 247
Affektive Psychose 162, 276-277
Agarosegelelektrophorese 172
AGS
- klassisches 251
- nicht-klassisches 251
Aicardi-Syndrom 257
Akrozephalosyndaktylie (G) 101
Aktivatorlokus (AC) 223, 224
akute Lymphozytenleukämie 312
akute Monozytenleukämie 312
akute Myeloblastenleukämie 312
akute Promyelozytenleukämie 312
Akzeleration 157
Alagille Syndrom 240, 242, 246
Albinismus (G) 146, 251, 254
Alkoholismus 154
alkylierende Substanzen (G) 124
Allel(e) (G) 130, 131, 346
- multiple 129-131
Alpha1-(α1-) Antitrypsinmangel (G) 246, 251
Alpha2-(α2-) adrenerger Rezeptor 24
Alu-Familie (G) 225
Alzheimer-Krankheit s. Morbus Alzheimer
Ames-Test (G) 108-110
Aminosäure(n) 14
Aminosäuretransport 33
Amitose (G) 56, 57
Amnionzellkulturen (G) 70
AmpFLP (G) 173, 174, 324, 325
Amplifikation
- Gen- 96
amplifizierbare Fragmentlängen-Polymorphismen (G) s. AmpFLP
Amplimer(e) (G) 170
Anaphase (G) s. Mitose
Anenzephalus (G) 162
Aneuploidie (G) 230
Anfälligkeitsgen(e) (G) 161, 162
angeborene Fehlbildungen 278-283

angeborene Herzfehler 162
angeborene Hüftgelenksluxation 165
angeborene Immunschwäche des Typs X1 11, 308. 309
Angelman-Syndrom 150, 242, 264, 264
Angiotensin-II-Typ-1-Rezeptor 24
animal cloning (G) 302-304
Aniridie (G) 101, 278
Antikodon (G) 41
Antikörpergen(e) 26
Antizipation (G) 96, 258
Apert-Syndrom (G) 99, 101, 102, 247, 282
Apoptose (G) 315
Äquilibriumskonzept 357
Arche-Noah-Modell (G) 338
ARS 69
ASO Dot-Blot (G) 191
assortative mating (G) 350
Assoziation (G) 162
Ataxia Teleangiectasia (G) 241, 243, 251, 315, 319
Auffälligkeits-Gen(e) 268
Auslese (G) 347, 352
Australopithecus 332, 333
autonomously repeating sequence-Element s. ARS
Autosom(en) (G) 76

B

BACs 182-184, 210
Bakteriophage(n) (G) 178, 181
Bänderungstechnik(en) 70, 285
Barr-Body 83, 84, 86
Basen, seltene 34
Basentriplett 34
Bechterew-Erkrankung (G) s. Morbus Bechterew
Beckwith-Wiedemann-Syndrom (G) 263
Beratung, genetische 3
Beta-(β-) Globin 24, 25
Beta-(β-) Globingen 26
Bivalente (G) 59
Blasenkarzinom 312
Bloch-Sulzberger-Syndrom 102, 257
Bloom-Syndrom (G) 243, 319
Blutgruppen 6, 86, 135, 322, 351
body mass index (BMI) 269
branch site (G) 33
Brustkrebsgen(e)
- BRCA$_1$ 161, 269
- BRCA$_2$ 161, 269
Burkitt-Lymphom (G) 312-314

Sachverzeichnis

C

CAAT-Box (G) 29
Caenorhabditis elegans 212
- Genomgröße 213
Calcitoningen 33
Capping 31-36
C-Bänderung 71, 76
CdK 51
c-DNA 24
c-DNA-Bibliotheken 198
c-DNA-Selektion 201
CENP-A-Protein 68
CENP-B-Protein 68
CENP-C-Protein 68
CENP-G-Protein 68
Cervixkarzinom 313
CFTR 251
CFTR-Gen 252
CGH 74, 196, 240
Charcot-Marie-Tooth-Syndrom (G) 246, 266
- Typ IA/B 247
- Typ IV 254
Chédiak-Higashi-Syndrom 319
Chimären (G) 114-116, 230
Cholesterinstoffwechsel 248
Chorea Huntington (G) 99, 148, 149, 204, 246, 247, 259
Chorea-Huntington-Gen 151
Chorioideremie 254
Chorionzottenbiopsie (G) 70
Chromatin (G) 36, 66, 67
Chromosom(en) (G) 4-9
- Aufbau 64
- Beschreibung 76-78
- Darstellung 70
- Deletion 94, 120
- dizentrische 119
- Duplikation(en) 91-94, 119
- Enden 21
- Evolution 333, 336
- Färbung 70
- Fehlverteilung 61
- Fehlverteilung autosomaler 113,114
- Fehlverteilung gonosomaler 112
- fragile Stellen 82
- Hybridisierung 71
- Inversion(en) 93-94, 119, 237, 336
- mikroskopisches Bild 7
- NOR-Region 79
- territoriale Anordnung 65, 66
- Translokationen 88, 90, 94, 336
- Varianten 78-82
- Verkürzung 21
- Verpackung 66-68
chromosomaler Heteromorphismus 78-82
chromosomaler Polymorphismus 78
Chromosome painting (G) 73, 195
Chromosomenaberration(en) 230
- biologische Noxen 124
- chemische Substanzen 124
- häufige Symptome 123
- ionisierende Strahlen 123
- kleinere strukturelle 122
- somatische 123
- Spontanaborte 111, 122
- strukturelle 114-122, 237-240
Chromosomenbruchsysteme 241-245
Chromosomenfehlverteilung 61, 112-114
Chromosomeninstabilität 241-245
Chromosomenmikrodissektion (G) 209
Chromosomenmutationen (G) 55, 87-95, 105-107
- Auswirkungen 93-95
Chromosomenstörungen 230-245
- Alter der Mutter 111
- beim Menschen 110
- Häufigkeit 111
- numerische 110
Chromosomenumbauten
- Evolution 336
Chromosomenuntersuchung
- Indikationen 124
chronische Granulomatose 85, 254
chronische Myelozytenleukämie 312
chronische progressive externe Ophthalmoplegie 267
Code-Sonne 39
Coding-Strang 28
Colitis ulcerosa 162
comparative genomic hybridization (G) s. CGH
Comparative Genomics (G) 334
Contiguous-gene-Syndrom 240
copy-DNA s. c-DNA
Cosmid(e) (G) 181
CpG-Inseln 29,199
Cri-du-chat-Syndrom G) 9, 239
Crossing-over (G) 61, 121
- illegitimes 91, 130
- ungleiches 97, 98, 119, 334
Crouzon-Syndrom (G) 247, 282
cyclin dependent protein kinases s. CdK
cystic fibrosis transmembran conductance regulator s. CFTR
Cytosin 16

D

Daktyloskopie (G) 322
Datenbanksysteme
– STRs 326
DDS 82
Deletion(en) (G) 9, 88, 89, 94, 237
– Chromosomen- 88, 120
– Gen- 95-9
– interstitielle 88, 89, 120
– terminale 88, 89
Dentatorubropallidolysiane Atrophie (DRPLA) 259
Desaminierung 98
Desoxyribonukleinsäure (G) s. DNA
Diabetes insipidus 254
Diabetes mellitus (G) 154, 161, 162, 268, 270-272
Diakinese 59
Dickdarmkrebs ohne Polyposis 315, 318
Didesoxymethode (G) 195-200, 210
differentielle Genaktivität 37-39
DiGeorge-Syndrom 242
Dihydroxyuridin 35
Diploidie (G) 230
– uniparentale 87, 88
Diplotän (G) 59
direkte Genotypendiagnostik 192-194
Disomie
– uniparentale 87, 88, 263
Displacement(D)-Loop (G) 338
Dissoziations(DS)-Lokus 223, 224
DNA (G) 7-10, 14-29
– A-Form (G)18
– Alpha-Satelliten- (α-Satelliten-) 68, 222
– asynchrone Synthese 50
– Aufspreizung 20
– Bausteine 15
– B-Form (G)18
– Bindungsproteine 20
– Coding-Strang 28
– Datenbanken 202
– Doppelhelix17
– Elongation 23
– gonosomale 327
– intragenische Duplikation 334
– Isolierung 180
– kodierende 219
– Ligase 21
– lineare 19
– Linker- (G) 67, 179
– linksläufige 18
– Methylierung 29
– Mikrosatelliten- 221, 222
– Minisatelliten- 221, 222
– mitochondriale 216, 327
– nichtkodierende 221
– Polymerasen 20
– Polymerase I 21
– Polymerase α 20, 22
– Polymerase β 21, 22
– Polymerase γ 22
– Polymerase δ 22
– Polymerase ϵ 22
– Processing 27-30
– Reparatur 21
– repetitive 221
– Replikation 20-23
– ringförmige 19
– Satelliten- 221, 222
– Sinnstrang 28
– Struktur 18
– Superhelix 20
– Transkription 27-30
– verstreute repetitive 222
– Z-Form 19
DNA-Bibliotheken (G)
– c-DNA- 184-186, 198
– genomische DNA- 184-186
– Phagen-DNA- 72
– Plasmid-DNA- 72
DNA-Bindungsprotein 22
DNA-Chip (G) 195-197
DNA-Chip-Technologie 188
DNA-Datenbanken 201
DNA-Duplikation, intragenische 334
DNA-Klonierung 168-185
– In-vitro-Klonierung 168-176
– In-vivo-Klonierung 168, 176, 187
DNA-Makroarray 188
DNA-Mikroarray 188, 191
DNA-Polymerase 169
DNA-Polymerase α 22
DNA-Polymerase β 22
DNA-Polymerase γ 22
DNA-Polymerase ϵ 22
DNA-Polymorphismen
– gonosomale 327
– mitochondriale 327
DNA-Sequenzierung 196-200
DNA-Transposon 224, 226, 227
dominanter Letaltest (G) 105, 106
dominant-negative Genwirkung (G) 135
Dopaminrezeptor D1 und D5 24
DOP-PCR (G) 175, 177
Doppelhelix 17
dose-dependent sex reversal-Gen (G) s. DDS

Sachverzeichnis

Dot-Blot (G) 191
Down-Syndrom (G) s. Trisomie 21
Drosophila melanogaster 36, 212
– Genomgröße 213
– White-Serie 129
DRPLA 259
Drumstick (G) 84
Duplikation(en) (G)
– Chromosomen- 91, 119, 237
– Gen- 96, 97
Durchflusszytometrie 209
Dyskeratosis congenita 319
Dystonie 267
Dystrophie, myotonische 97, 99, 101, 259
Dystrophin 25
Dystrophingen 96, 219

E

Edwards-Syndrom (G) s. Trisomie 18
Ehelichkeitsanfechtung (G) 322
Ehlers-Danlos-Syndrom (G) 254, 266
Eierstockkarzinom 314
Einzelnukleotid-Polymorphismen (G) 207
Eizelle (G) 65
Elektropherogramm 324
embryonale Entwicklung
– genetische Grundlagen 278
embryonales Entwicklungsfeld 278
Embryonenschutzgesetz (G) 2
Endgruppentechnik (G) 195
Endmarkierung 188-190
endogene retrovirale Sequenzen s. ERV
Endomitose (G) 55, 56
Endosymbionten-Hypothese 335
Endproduktrepression (G) 37
Enhancer (G) 26-30
Epilepsie 162
Erbgang
– autosomal-dominant 135-138, 317
– autosomal-rezessiv 137-140
– rezessiv bei Blutsverwandten 139
– X-chromosomal dominant 143-146
– X-chromosomal rezessiv 142-145
Erkrankungen
– autosomal dominante 245-249
– autosomal-rezessive 206, 249-253
– monogene 230, 245-265
– multifaktorielle 162, 230, 268-279
– X-chromosomal-dominante 255-257
– X-chromosomal-rezessive 253-255
ERV (G) 226
Erythrozyten-Enzymsysteme 322

Erythrozyten-Membranantigene 322
Erythrozytenphosphatase 135
Escherichia coli 212
– Genomgröße 213
ETS 210
Euchromatin (G) 66, 215
Eugenik (G) 2, 7, 9, 285
Eukaryotengen 26
Eva-Hypothese (G) 338-341
Evolution der Globin-Gene 334, 335
Evolution menschlicher Populationen 343
evolutionsbiologische Untersuchungen 217
Ewing-Sarkom 312
Exon shuffling (G) 336
exon trapping (G) 201
Exon(s) (G) 24-26
Exonduplikation 334
Exongröße 220
$3' \rightarrow 5'$-Exonuklease(n) 171
Exonzahl 220
Exostose
– multiple 101
– kartilaginäre 247
expandierende Trinukleotide 150-151
expressed sequence tag (G) s. ETS
Expressionsklonierung (G) 185-187
Expressivität (G) 148, 264

F

Faktor VIII 25, 185
Fall-Kontroll-Studie(n) (G) 162
familiäre adenomatöse Polyposis 317
familiäre Hypercholesterinämie 99, 247, 248
familiäre Polyposis coli 247, 319
Familienstudien 163, 164
Fanconi-Anämie 241-243, 319
Farbenblindheit 254
– rot-grün 356
F-Body (G) 86
FGFR-Gene (G) 279
– Krankheiten 280-282
Fibroblastenkulturen 70
FISH (G) 71, 73, 74, 76, 122, 195, 240
Fitness 352
Fluoreszenz-in-situ-Hybridisierung (G) s. FISH
FMR_1-Gen 151, 260
Fokale dermale Hypoplasie 257
Formylpeptidrezeptor 24
Fragiles-X-Syndrom (G)151, 258-261
frameshift-Mutationen (G) 9, 95, 127, 245
Fremdstoffriesenzellen (G) 56
Friedreich-Ataxie (G) 251, 258, 259

G

G_0-Phase (G) 50
G_1-Kontrollpunkt 51, 52
G_1-Phase (G) 49, 315
G_1-Zykline 51, 52
G_2-Kontrollpunkt 51, 52
G_2-Phase (G) 49, 50
G6PD 130
G6PD-Varianten 85
Galaktosämie 252
Gallus gallus 212
– Genomgröße 213
Gardner-Syndrom 319
gastrointestinale Tumoren 314
Gaucher-Krankheit (G) 11, 141, 251
G-Bänderung 70, 76, 79
GC-Box (G) 29
Gelelektrophorese 190
Gen der myc-Familie (MYCL2) 24
Gen(e) (G) 7
– Antikörper- 26
– Aufbau 23, 25
– Definition 26
– der myc-Familie (MYCL2) 24
– Erkennungssequenzen 29
– Eukaryoten- 26
– Evolution 333
– Expression 35-37
– Haushalts- 29, 39
– Kontrollelemente 26
– mitochondriale 216
– Nomenklatur 211
– RNA- 215
– unterbrochene 24, 25
Genaktivität
– differentielle 37-39
Genamplifikation 37
Substratinduktion 37
Gendefinition 26
Gendichte 215, 334
Gendosiseffekt 85
genetische Beratung 3, 284-287
genetische Drift (G) 141, 351, 352
genetische Heterogenität 146, 264, 265
– allelische 146
– nicht-allelische 146
genetische Kartierung (G) 206-208
genetische Labordiagnostik 285
genetischer Abstammungsnachweis 322
genetischer Code 9, 14, 15, 41
– mitochondrialer 218
genetischer Fingerabdruck (G) 323

Genexport 348, 349, 351
Genexpression (G) 35-37
Genexpressionsuntersuchungen 201-203
Genfluss (G) 351
Gengröße 220
Genhäufigkeit (G) 346-349, 352
Genimport 348, 349, 351
Genkarte 205
Genmutationen (G) 87, 95-98, 106
– funktionelle Folgen 124
– väterliches Alter 100
Genom 20
– Evolution 333
– Größe 213
Genomäquivalent (G) 184
Genomduplikation 336
genomisches Imprinting (G) 149-150
Genommutationen (G) 87
Genom-Schrotschuss-Sequenzierungsstrategie 210
Genotypenbestimmung 324
Genotypendiagnostik (G) 172, 191-193
– direkte 192-194
– indirekte 193, 194
Genotypenhäufigkeit 347, 348
Genpool 346
Gentechnikgesetz (G) 2
Gentechnologie 14
Gentherapie 10, 305-310
Gen-Umwelt-Interaktion 154
Genverlust 336
Genvermehrung
– durch Duplikation 335
Gerüstkoppelungsbereich s. SAR
Gewebe-in-situ-Hybridisierung 202
Giemsa-Bänderung (G)70, 76, 79
Globin-Gene, Evolution 334, 335
Glukose-6-Phosphat-Dehydrogenase-Mangel 355
Glutamatdehydrogenase (GLUD2) 24
Glycerinkinase (GK) 24
Glycogenose(n) 266
Glykogenspeicherkrankheit 254
Goltz-Gorlin-Syndrom 257
Gonosom(en) (G) 76
Gonosomale Aneuploidien 233-238
Granulomatose, chronische 85, 254
Greig-Syndrom 278
Gründereffekt (G) 351, 352
Guanin 16

H

Haemophilus influenzae 212
– Genomgröße 213

Sachverzeichnis

Hämochromatose (G) 268
Hämoglobin E 33, 355
Hämoglobin(e) (G) 9, 38, 39, 130, 334
– embryonale 39
– Gene 126
– instabile 125, 126
– Primärstruktur 125
– Quartärstruktur 125
– Sekundärstruktur 125
– Tertiärstruktur 125
Hämoglobinmolekül 124
Hämoglobinopathien (G) 127, 128
Hämoglobinvarianten 125
hämolytische Anämie (G) 127
Hämophilie (G) 3, 101
– Hämophilie A 101, 102, 185, 254
– Hämophilie B 101, 254
Haploidie (G) 230
Haploinsuffizienz 128, 135, 240, 246
Hardy-Weinberg-Gesetz (G) 347
Haushaltsgene 29, 39
Hautpigmentierung 352, 353
Hedgehog-Gene
– Krankheiten 282, 283
Helikase (G) 20, 22
Hemizygotie (G) 82, 142
Hepatoblastom 312
hereditäre rekurrierende Neuropathie 246
Herzfehler, angeborene 162
Heterochromatin (G) 215, 221, 222
– fakultatives 66
– konstitutives 66, 71
Heterodisomie 150
heterogene nukleäre RNA s. hn-RNA
Heterogenität
– (s. auch genetische Heterogenität)
– phänotypische 322
Heteromorphismus, chromosomaler (G) 78
Heteroplasmie (G) 217, 266
Heterosis 357-359
Heterozygotenhäufigkeit 349
Heterozygotentest (G) 141
Heterozygotie (G) 130, 131, 141
high mobility group box s. HMG
high resolution banding (G) 71
Hirnsklerose 148
Histongene 24
Histon(e) (G) 67
HLA-System 322
HMG 83
hn-RNA (G) 29
Holoprosenzephalie 278, 282

Homo erectus 332, 333, 341
Homo habilis 332, 333
Homo heidelbergensis 332, 333
Homo neanderthalensis 332, 333
Homo sapiens 212
– Genomgröße 213
– Ursprung 332
Homogamie 156
Homonini-Arten 333
Homöobox (G) 279
Homozygotie (G) 130, 131, 141
Homozystinurie 251, 266
house keeping genes (G) s. Haushaltsgene
(HOX)-Gene (G) 279
HOX-Homeobox-Gen-Familie 221
Hüftluxation 162, 165, 277
Human Genom Projekt (G) 10, 204-206
Hybridisierungssonde(n) (G) 187, 188
– Sondenmarkierung 188-190
21-Hydroxylasedefekt 251
Hypercholesterinämie (G)11
– familiäre 99, 309
Hyperploidie 87. 88
Hypertension 161, 268
Hypertonie 154, 161, 162, 272, 273
Hypochondroplasie 266, 278
Hypoploidie 87, 88
2R-Hypothese 336
hypotone Behandlung (G)70

I

ICF-Syndrome 241
illegitimes Crossing-over (G) 91, 130
Immunblot-Methode 202
Immunfluoreszenzmikroskopie 202
Immunglobuline 29
Immunschwäche, angeborene,Typ1 11, 308, 309
Immunzytochemie 202
Imprinting 98
– genomisches 149
– Störung 262-264
Incontinentia pigmenti (Bloch-Sulzberger) (G) 102, 257
individualisierende Analyse
– DNA-Untersuchung 323
individualspezifische DNA-Komposition 322
In-frame-Mutation 245
Insert 172
Insertion (G)
– Gen- 96-98
In-situ-Hybridisierung 194, 200
In-situ-Suppressionshybridisierung (G) 73
instabile Trinukleotide 245

Insulin 10, 25
Intelligenz 158-161
Intelligenzquotient s. IQ
Intermitosezyklus G) 49, 50
– G_0-Phase 50
– G_1-Phase 49
– G_2-Phase 49, 50
– S-Phase 49
Intestinale Atresie(n) (G) 162
Intron(s) (G) 24-26
Introngröße 200
Inversion (G)
– Chromosomen- 93, 94, 119, 237, 336
In-vitro-Fertilisation 10
Inzucht (G)347, 350, 352
ionisierende Strahlen 103, 104, 123
– Äquivalenzdosis 104
– genetisch signifikante Dosis (GSD) 104
IQ 159, 273
IQ-Forschung 159, 160
Isochromosomen (G) 119
Isodisomie 159

K

Kandelaber-Hypothese (G) 341
Kandidatengen(e) (G) 161
Kartilaginäre Exostose 247
Karyogramm (G) 76, 78, 79
– Schimpanse und Mensch 337
Katzenschrei-Syndrom s. Cri-du-chat-Syndrom
Keans-Sayre-Syndrom 267
Kennedy-Disease (G) 258, 259
Kerngenom 214
Kinetochor 5 (G) 3, 68
kleinzelliges Lungenkarzinom 312
Klinefelter-Syndrom (G) 9, 84, 112, 235-237
– Zytogenetik 235
Klon (G) 178
Klon-Contig (G) 185
Klonierungs-Systeme 178
Klonierungsvektor 179
Klonschaf Dolly 11
Klumpfuß (G)162, 165, 278
Kolchizin (G) 70
Kollagenbildungsstörung 248
Kollagenmolekül(e) (G) 46
Kollagensynthese 250
Kolonkarzinom 312, 314
kolorektale Karzinome 317-319
kongenitale Hüftluxation (G) 162, 277-278
kongenitale Sphärozytose 247
Koppelungsanalyse (G) 161, 164, 207, 268

Koppelungsgleichgewicht (G) 162
Körperhöhe 155-158
Korrelationskoeffizient
– IQ 159
– Körperhöhe 155, 156
Kraniostenose 266
Kraniosynostose (G) 278, 282
Krankheiten
– monogene 245-265
– multifaktorielle 269-279

L

Lactoseunverträglichkeit 129
Laktasepersistenz 353
Lambda-(λ-)Bakteriophage 181
Lambda-(λ-)Genom 185
Lambda-(λ-)Insertionsvektor 182-184
Lambda-(λ-)Replacementvektor 182-184
Lamin(e) 51
Langer-Giedion-Syndrom 242
Leberkarzinom 313
Lebersches Syndrom 267
Leigh-Syndrom 267
Leptotän (G) 58
Lesch-Nyhan-Syndrom (G) 254
Letaltest, dominanter 105, 106
Ligation (G) 176, 177, 179
LINEs 224-227, 334
Lippen-Kiefer-Gaumen-Spalte 162
Lissenzephalie 278
LOH 315
long interspersed nuclear elements (G) s. LINEs
Longitudinalstudie (G) 160
loss of heterozygoty (G) s. LOH
Lowe-Syndrom 254
LTR-Retrotransposon (G) 225-227
Lucky-Mother-Hypothese (G)338
Lungenkarzinom 312, 314
Lupus erythematodes (G) 31
Lymphozytenkulturen 70
Lymphozytenleukämie 312
Lyon-Hypothese (G) 83
lysogene Vermehrung bei Lambda (G) 181
lytische Vermehrung bei Lambda 181

M

major histocompatibility complex (MHC) (G)130
Makroarray (G)188, 191 195
Malaria tropica (G) 127, 128, 354
malignes Lymphom 312
Mammakarzinom 314, 316-319
Manifestationsalter 148

Sachverzeichnis

Marfan-Syndrom (G) 99, 102, 147, 247
Markerchromosom (G) 79
Markergene (G) 180, 181
Martin-Bell-Syndrom (G) 82, 254, 258-261
Matrilinien (G) 338-340
Mäuse, transgene 25, 93, 292-296
McCune-Albright-Syndrom 246
Meckel-Gruber-Syndrom 251
Megakaryozyten (G) 56
Meiose (G) 4, 57-60, 110
– 1. Reifeteilung 58-60
– 2. Reifeteilung 60
– Anaphase I 59
– der Frau, Schema 63
– Diktyotän 63
– Funktion und Fehlfunktion 60-62
– Interkinese 60
– Metaphase I 59
– Prophase I 58
Melanom 314
MELAS 267
Menarche (G) 157
Mendel'sche Gesetze 6, 134
Meningeom 312
Menkes-Syndrom 254
menschliche Stammesgeschichte
– molekularbiologische Untersuchung 337, 338
MER-$_1$/MER-$_2$ (G) 226, 227
MERRF 267
Messenger-RNA s. m-RNA
Metaphase (G) s. Mitose
Metaphasechromosom 68
– Organisation der DNA 69
Metaphasekontrollpunkt 51, 52
Methämoglobinämie(n) (G) 125, 126
7-Methylguanosin 31
Methylierung 37
Migration (G) 351, 352
Mikroarray (G) 188, 195, 202
Mikrodeletion(en) 120
Mikrodeletions-Syndrom(e) 240-242
Mikronukleustest (G) 105
Mikro-RNA (G) 216
Mikrosatelliten (G) 173
Mikrosatelliten-Marker 207
Mikrosatellitensequenz(en) 325
Mikrotubulus(-i) (G) 68
Miller-Dieker-Syndrom (G) 240-242
Minisatellitensequenz(en) (G) 173, 324, 325
Missense-Mutation 245
mitochondriale DNA
– Mutationsrate 216

mitochondriale Eva 340
mitochondriale Myopathie 267
Mitochondriengene 24, 220
Mitochondriengenom 219
– Größe 220
Mitochondrium(-ien) (G) 14, 335, 336
Mitochondropathie(n) 230, 265-267
Mitose (G) 4, 50-55, 110
– Anaphase 54-56
– Metaphase 54-56
– Prometaphase 53-56
– Prophase 53-56
– Schema 53
– Telophase 54-56
MLS 323-325
MN-Blutgruppensystem (G) 135, 322
Mody-Diabetes 271
molekulare Uhr (G) 338, 341
Monaster (G) 54
Monosomie 113, 230
– Monosomie X 233
Monozytenleukämie 312
Morbus Alzheimer (G) 270
Morbus Bechterew 162
Morbus Crohn 162
Morbus Hirschsprung (G) 165
Mosaik(e) (G) 114-116, 123, 149, 230
M-Phase-Förderfaktor (MPF) (G) 51
m-RNA (G) 24, 26-31, 39
– Halbwertzeit 42
mt-DNA (G) 338-341
– Replikation 22
Mucopolysaccharidose 254, 266
Mukoviszidose 253
multifaktorielle Krankheiten 269-279
multifaktorielle Vererbung
– normale Merkmale 154-161
– pathologische Merkmale 161, 162
– Schwellenwert 164
Multikolorspektralkaryotypisierung (G) 73
Multi-Lokus-System (MLS) (G) 323-325
multiple Allele (G)129
Multiple Exostose 101, 246
multiples Myelom 312
Multiregionale Hypothese (G) 338, 341, 342
Mus musculus 212
– Genomgröße 213
Muskelatrophie 151, 251, 258, 259
Muskeldystrophie(n) (G) 266
– Typ Becker 253, 254, 256
– Typ Duchenne 85, 102, 240, 253-257
Mutagene 104, 108, 109

416 Sachverzeichnis

Mutagenitätstestsysteme 109
Mutagenitätstest 104-110
Mutation(en) (G) 10, 14, 37, 50, 348, 354-357
- Chromosomen- 55, 87-95
- frameshift- 9, 95
- Gen- 87
- Genom- 87
- Häufigkeit 99
- induzierte 103-110
- Klassifizierung 87
- postzygotische 149
- Raten 9
- Spleiß- 33, 98
- Ursachen 98
Mutationsprophylaxe 106
Mutationsrate(n) (G) 9, 216, 312, 356, 357
- direkte Methode 99, 100
- indirekte Methode 99, 100
Mutationsratenschätzung 101
Mutations-Selektions-Gleichgewicht (G) 356
Mutatorgen 314, 315
Mycoplasma genitalium (G) 212
- Genomgröße 213
Myeloblastenleukämie 312
Myelozytenleukämie 312
Myoblasten (G) 56
Myoglobin 334, 335
Myositis ossificans (G) 102
myotone Dystrophie s. myotonische Dystrophie
myotones Dystrophiegen 151
Myotonia congenita 266
myotonische Dystrophie (DMD) (G) 97, 99, 101, 148, 247, 259-262
M-Zykline 52

N

Neumutation (G) 98
Neuralrohrdefekt (G) 162
Neuroblastom 312, 314
Neurofibromatose (G) 99, 101, 102, 148, 315, 319
- Typ I 247
- Typ II 247
nicht-polypöser Dickdarmkrebs 315, 318
Nicktranslation (G) 189
Niemann-Pick-Krankheit (G) 141
Nierenkarzinom 312
Nijmegen-Breakage Syndrom 244
Non-disjunction (G) 230
- meiotisches 110
- mitotisches 112
Nonsense-Mutation 245
Nonsenskodon 41, 42

Norrie-Syndrom 254
Northern-Blot-Hybridisierung (G) 198, 201
Nukleinsäurehybridisation (G) 187-195
Nukleolus (G) 215
Nukleolusorganisatoren (G) 35
Nukleosid (G) 15
Nukleosom (G) 67
Nukleosomencore (G) 67
Nukleotid(e) (G) 15-17, 23
Nukleus (G) 65, 66

O

Obese-Mäuse 270
OCT 257
OFD (G) 102, 257
Okazaki-Stücke (G) 20
Oligonukleotidprimer 170
Oligophrenie 272-275
Omphalozele (G) 162
Onkogen 314
Ontogenese 37, 38
Oogenese (G) 57, 61-64, 117
- Ablauf 64
Oogonie(n) (G) 57, 64
Oozyten (G) 57, 58, 62, 64
open reading frame (G) 42
Ophthalmoplegie 267
origin of replication (G) 20, 65, 68, 69
Ornithin-Transkarbamylase-Defekt s. OCT
Orofaziodigitales Syndrom (G) s. OFD
Osteogenesis imperfecta (G) 101, 102, 246, 249, 250, 266
Osteoklasten (G) 56
Out-of-Africa-Hypothese (G) 338-342
Ovarialkarzinom 312
Ovulation (G) 64

P

P1-Bakteriophage(n) 182-184
P53-Gen (G) 313, 315
PACs (G) 182-184, 210
Pachytän (G) 59
Panmixie (G) 156, 346-350
papilläres Schilddrüsenkarzinom 313
Papilloma-Viren 313
PAR_1 (G) 82-86, 121
PAR_2 (G) 82-86
Paramyotonia congenita 246
Paranthropus 332, 333
Pätau-Syndrom (G) s. Trisomie 13
Paternität (G) 100, 322

Sachverzeichnis

PAX-Gene (G) 279
– Krankheit 283
PCR-Methode (G) 10, 324
– allelspezifische PCR 175
– Anwendungsbeispiele 172
– DOP-PCR 175, 177
– Empfindlichkeit 171
– Fehlerkorrektur 170
– genspezifische PCRs 173
– Genexpressionsanalysen 202
– Geschwindigkeit 170
– inverse PCR 177
– Ligation-Adapter-PCR 176, 177
– RT-PCR (Reverse Transkriptase-PCR) 169, 174
– schnelle Mutations-Screening-Verfahren 173
– Standard-Methode 169-171
– System der amplifizierungsresistenten Mutation (ARMS) 175
– Weiterverarbeitung der PCR-Produkte 172
Pearson-Syndrom 267
Penetranz 100, 148, 264
Peptidbindung 41
Personenidentifikation 20, 322-329
Peutz-Jeghers-Syndrom 319
Pfu-Polymerase (G) 170
Phagen-DNA-Bibliotheken 72
Phenylketonurie (G) 39, 251, 349, 353
Philadelphia-Chromosom (G) 313
Phosphodiesterbindung(en) 17, 21
Phosphoglyceratkinase (PKG2) 24
phylogenetischer Stammbaum 338-340
physikalische Kartierung (G) 208-211
Plasmid(e) (G) 178, 181, 182
Plasmid-DNA-Bibliotheken 72
Plasmid-Klonierungssystem(e) 172
Pleiotrophie (G) 146
Polyacrylamid-Gel 196
Polyacrylamid-Gelelektrophorese 173
Polyadenylierung (G) 31,32
Poly-A-Schwanz 32
Polyexokrinopathie 251
Polymerase(n) 20, 171
polymerase chain reaction s. PCR-Methode
Polymerase(n) 20
Polymerase-Kettenreaktion (G) s. PCR-Methode
Polymeraseslippage (G) 97, 99
Polymorphismus
– chromosomaler 78
– genetischer 357
Polynukleotidstrang (G) 16-20
Polypeptidkette (G) 41
Polyploidie (G) 55, 56, 87, 88, 114, 230

Polyploidisierung 110, 130
Polyposis coli, familiäre 247, 317-319
Polysomenverband (G) 42
polysymptomatischer morphologischer Merkmalsvergleich (G) 322
polyzystische Niere, adulte 247
Population(en) (G) 346
– Evolution menschlicher 343
Populationsgenetik (G) 7, 218, 346-359
postnatale Diagnostik 285
Prader-Willi-Syndrom 150, 242, 263, 264
prädiktive Diagnostik 285
Prägung, genomische 149
Präimplantationsdiagnostik (G) 2, 10, 285
präkonzeptionelle Diagnostik 285
pränatale Diagnostik 285, 286, 351
Primärstruktur (G) 125
Primase (G) 22
Primer 20
Prometaphase s. Mitose
Promotor (G) 26-30
Promotorbox 29
Promotormutation 245
Promyelozytenleukämie 312
Pronukleusstadium (G) 64
Prophase (G) s. Mitose
Protein p53 51
Proteinbiosynthese 39-43
proteincodierende Gene
– Zahl 220
Proteinpolymorphismen des Blutes 322
Proteinstruktur 43-45
– Primärstruktur 43, 45
– Quartärstruktur 44, 45
– Sekundärstruktur 43, 45
– Tertiärstruktur 44, 45
Protisten (G) 14
Protoonkogen 314
pseudoautosomale Region(en) (G) s. PAR
Pseudodominanz (G) 139
Pseudogene 220, 336
Psychose, affektive 276-277
Punktmutationen 95, 108
Purinbasen 15-17
Pylorusstenose 165, 277
Pyrimidinbasen 15-17
Pyruvatdehydrogenase E1a (PDHA2) 24

Q

Q-Bänderung (G) 70, 76, 79
Quartärstruktur (G) 125

Querschnittsstudie 160
Quinakrin-Bänderung (G) 70, 76, 79

R

random mating 350
rare mating (G) 350
Rassenhygiene (G) 2, 7
R-Bänderung (G) 71, 76
Reaktorunfall
- Tschernobyl 313
Regulation
- interzelluläre 37
- intrazelluläre 37
Reifeteilung s. Meiose
Reningen 161
Replacement-Hypothese (G) 338
Replikation (G)
- semikonservative 20
Replikationskomplex (G)20
Replikon (G) 50, 168
reproduktive Fitness (G) 351, 352
reproduktive Isolation 352
Restriktionsendonukleasen 10, 24, 168, 172, 323
- Wirkungsweise 178
Restriktionsfragmentlängen-Polymorphismus (-men) (G) s. RFLP
Retinitis pigmentosa 266
Retinoblastom (G) 101, 242, 247, 312, 315-317, 355, 356
Retinoschisis 254
Retrotransposons (G) 224-227
Reverse Dot-Blot (G) 191
reverse Transkriptase (RT) (G) 24, 27, 169
RFLP (G) 172, 193, 273, 323
Rhabdomyosarkom 312
rheumatoide Arthritis 162, 165
Rh-System (G) 322
Ribonukleinsäure (G) s. RNA
Ribosom(en) (G) 26, 35, 36, 40-42
ribosomale RNA s. r-RNA
Ringchromosom(en) 120, 237
RNA(s) (G) 14, 27-35
- kleine 24
- heterogene nukleäre 29
- katalytische 25
- messenger (G) 24, 26-31, 39
- mitochondriale (G) 22, 338-341
- Polymerasen 21, 28
- Präkursorform 29
- ribosomale 27, 35, 215, 216
- small nuclear (G) 29, 215, 216
- small nucleolar (G) 215, 216, 221

- spezifische β-Polymerase 21
- transfer (G) 24, 27-31, 33-35, 41, 215, 216
RNA-Gene 215, 220
RNA-Polymerase(n) 21, 28
Robertson-Translokation (G) 90-92, 117-119
Roberts-Syndrom 244
Romano-Ward-Syndrom 247
Rot-Grün-Farbenblindheit 356
r-RNA (G) 27, 215, 216
RT s. reverse Transkriptase
Rubinstein-Taybi-Syndrom 242

S

Saccharomyces cerevisiae 212
- Genomgröße 213
Sahelanthropus tschadensis 332, 333
säkulare Akzeleration (G) 157
Same-sense-Mutationen (G) 95
SAR (G) 68, 70
saure Erythrozytenphosphatase 135
SBMA 151, 258
SCA 259
scaffold attachment regions (G) s. SAR
SCE-Test (G) 105
Schilddrüsenkarzinom 313
Schizophrenie 154, 161, 162, 275-277
Schwellenwerteffekt (G) 163, 269, 277
Segmentales Aneuploidie-Syndrom 240
Segregationsanalyse (G) 161, 164
Sekundärstruktur (G) 125
Selektion (G) 348, 350-352, 354-357
Selektionsrelaxation (G) 355, 356
seltene Basen 34
Sendaivirus 208
sequence tagged site (G) s. STS
Serum-Proteinsysteme 322
sex determining region of Y (G) s. SRY
Sexchromatin (G) 83
short interspersed nuclear elements (G) s. SINEs
Short-Tandem-Repeats (G) s. STR
S-HT$_{18}$-Serotoninrezeptor 24
Sichelzellanämie (G) 9, 126
Silence-Mutation 245
Silencer (G) 29,30
SINEs (G) 225-227
Single-Gen-Syndrome 240
Single-Lokus-System (SLS) (G) 323-325
skewed inactivation (G) 254
skewed inactivation X-chromosome 84, 85
Sklerose, tuberöse 99, 101, 102
Slot-Blot (G) 191
SLS (G) 323-325

small nuclear RNA (G) s. sn-RNA
small nucleolar RNA (G) s. sno-RNA
Smith-Magenis-Syndrom 242
sno-RNA (G) 215, 216, 221
SNPs 207
sn-RNA (G) 29, 215, 216
Southern-Blot (G) 199
Southern-Blot-Hybridisierung 172, 191, 193
– Anwendung in der medizinischen Genetik 191-193
– Darstellung von RLFP 323
Spalthand 247
Spalthandfehlbildung 148
spastische Pylorushypertrophie 162
Speicheldrüsentumor 312
Spermatid(en) 62
Spermatogenese (G) 57, 61-64, 117
– Ablauf 64
– Maus 108
Spermatogonie(n) (G) 57, 61, 64
Spermatozyte(n) (G) 57, 58, 61, 62, 64
Spermium(-ien) (G) 57, 65
– Akrosom 62
– Entwicklung 61, 62
– Kern 62
– schematischer Aufbau 62
S-Phase (G) 49
spinale Muskelatrophien 251
spinobulbäre Muskelatrophie (SBMA) (G) 151, 258, 259
spinozerebellare Ataxien(n) (SCA) 259
Spleißen (G) 24, 25, 31-36
– alternatives 33, 334
Spleißmutationen 33, 98, 245
Splicing (G) s. Spleißen
Spottingroboter 195
SRY (G) 82, 83
Stammbaum, phylogenetischer 338-340
Stammesgeschichte, menschliche 337, 338
Stammzelltherapie (G) 2
Startkodon (G) 40-42
Stopkodon (G) 42
STR (G) 324, 325
Strangmarkierung 188, 189
STS 209
Superhelix (G) 20
Supravalvuläre Aortenstenose (G) 246
Sympolydactylie 278
Synapsis 58
Syndrome mit Kraniostenosen 266

T
Tandem-Repeat 324
TATA-Box (G) 29, 30

Taubstummheit 146
Tay-Sachs-Erkrankung 97, 141, 251, 351
Tay-Sachs-Syndrom s. Tay-Sachs-Erkrankung
T-Bänderung 71
TDF 82
Telomer(e) (G) 21-23, 58, 65, 68, 222, 223
Telomerase (G) 21-23
Telomerase-Reverse-Transkriptase (TERT) (G) 22
Telomerfusion (G) 336, 338
Telophase (G) s. Mitose
Terminator 26
TERT 22
Tertiärstruktur (G) 125
testikuläre Feminisierung (G) 254
testis determining factor s. TDF
Testosteron 37
Tetraploidie 87
Thalassämie(n) (G) 127, 128, 266, 355
– major 127
– minor 127
thanatophorer Zwergwuchs 266
thanotophore Dysplasie (G) 278
– Typ1 282
therapeutisches Klonen 303
Thymin 16
Tomaculous neuropathy 247
Topoisomerase (G) 20, 22
Transfer-RNA s. t-RNA
Transformation (G) 179
transgene Mäuse (G) 25, 93, 292-296
Transition (G) 95
Transkription 26-35, 40
– differentielle 38
– Unterdrückung 30
Transkriptionsende 26
Transkriptionsfaktor(en) (G) 29, 279, 281, 315
Transkriptionsgeschwindigkeit 30
Transkriptionsregulatoren 30
Transkriptionsstart 26
Transkriptionsunterdrückung 30
Translation (G) 14, 39-43
– Elongation 42
– Initiationskomplex 40-42
– Modifikation 43
– Termination 41, 42
Translationskomplex 41
Translokation(en) (G) 114-119, 237
– Chromosomen- 87-89, 94, 336
– insertionale 119, 237
– nicht-reziproke 90-94
– reziproke 90-94, 114-116, 237

– Robertson-Translokation 90-92, 117-120, 237
– zentrische Fusion 90-92, 117-119
Translokationstrisomie 21 234
Transposon (G) 222-227, 334
Transversion (G) 95
trichophalangeales Syndrom Typ II s. Langer-Giedion-Syndrom
Tricho-rhino-phalangeal-Syndrom 246
Trinukleotidrepeats 258-262
Trinukleotidwiederholung 96
Triplett-Raster-Code (G) 14
Triple-X-Syndrom 112, 238
Triploidie 87, 110, 117, 230
Trisomie 230
– autosomale 114
– freie 113
– gonosomale 112
Trisomie 13 9, 111, 233-236
– Zytogenetik 233
Trisomie 18 9, 111, 233-236
– Zytogenetik 233
Trisomie 21 9, 111, 231, 232, 236
– Altersrisiko 231, 232
– Zytogenetik 232
t-RNA (G) 24, 27-31, 33-35, 41, 215, 216
– DHU-Schleife 35
– Processing 35
tuberöse Hirnsklerose (G) 247
tuberöse Sklerose 99, 101, 102, 319
Tumorsuppressorgen 315
Turner-Syndrom (G) 9, 85, 87, 112, 233-238
– Zytogenetik 235

U

uniparentale Diploidie (G) 87, 88
uniparentale Disomie (UPD) (G) 87, 88, 150, 263
Uracil 16

V

variable number of tandem repeats (G) s. VNTRs
Vaterschaftsausschluss (G) 327
Vergleich von Kern- und Mitochondriengenom 219
Verlust von Heterozygotie s. LOH
Verwandtenehe 139, 140, 350
Vitamin D 353
Vitamin-D-resistente Rachitis 257
VNTRs (G) 173, 324, 325
Von-Hippel-Lindau-Syndrom (G) 101, 247, 315, 319

W

Waardenburg-Syndrom 246, 247, 278, 283
WAGR 242

Werner-Syndrom 319
Western-Blot (G) 202
White-Serie
– *Drosophila melanogaster* 129
Williams-Beuren-Syndrom 240-242
Wilms-Tumor 312, 315
Wiskott-Aldrich-Syndrom 254, 319
Wobble-Hypothese (G) 41, 95
Wolf-Hirschhorn-Syndrom 238
– Zytogenetik 238

X

X-Chromosom 76, 82-86
– Inaktivierung 83-86
Xeroderma pigmentosum (G) 50, 319
XG-Blutgruppengen 86
XIST-Gen (G) 84-86
XIST-RNA (G) 216
XYY-Syndrom 112, 238

Y

YAC (G) 72, 182-184, 209
Y-Chromosom 76, 81-86
Y-chromosomale STR 326
Y-Chromosomenaberration
– strukturelle 121, 122
yeast artificial chromosomes (G) s. YAC

Z

Zelldifferenzierung (G) 37
Zellfusion (G) 56
Zellkern 65, 66
Zellplasma 28
Zellzyklus 49-52
– Kontrollmechanismus 50-52
Zentriol(en) (G) 53
Zentromer(e) (G) 65, 68, 223
Zephalosyndaktylie-Syndrom 242
Zona pellucida (G) 64, 65
Zoo-Blot (G) 200
zuberöse Hirnsklerose 148
Zwei-Hit-Theorie von Knudson 315
Zwergwuchs 266
Zwillinge 328
– Eiigkeit 329
Zwillingsstudien 163
Zygotän (G) 58
Zyklin B 51
Zyklin(e) (G) 51
Zyklopie (G) 283
Zystische Fibrose (G) 11, 251-253, 266
Zytokinese (G) 55, 56